Augustin Friedrich Krämer

Hawaii, Ostmikronesien und Samoa

Verlag
der
Wissenschaften

Augustin Friedrich Krämer

Hawaii, Ostmikronesien und Samoa

ISBN/EAN: 9783957007155

Auflage: 1

Erscheinungsjahr: 2016

Erscheinungsort: Norderstedt, Deutschland

Hergestellt in Europa, USA, Kanada, Australien, Japan
Verlag der Wissenschaften in Hansebooks GmbH, Norderstedt

Verlag
der
Wissenschaften

Hawaii, Ostmikronesien und Samoa

Von

Professor Dr. AUGUSTIN KRÄMER

Tafel 1 (siehe Seite 242 und 404). Ralikerin in alter Mattentracht.

Hawaii, Ostmikronesien und Samoa

Meine zweite Südseereise (1897—1899)
zum Studium
der Atolle und ihrer Bewohner

Von

Professor Dr. AUGUSTIN KRÄMER

Marine-Oberstabsarzt

Mit 20 Tafeln, 86 Abbildungen und 50 Figuren

STUTTGART
Verlag von Strecker & Schröder
1906

Inhalt.

Verzeichnis der Tafeln, Abbildungen und Figuren.

(Die nicht selbst angefertigten sind mit einem * versehen.)

a) Tafeln.

b) Abbildungen.

c) Figuren.

Vorwort.

Meine zweite Südseereise! Ich könnte sie eigentlich meine dritte nennen, denn geboren in Chile an den Ufern des Grossen Ozeans, habe ich schon im Alter von zwei Jahren die Reise von Concepcion nach Panama gemacht, von wo meine Eltern nach Deutschland heimkehrten, um ihren Wohnsitz für immer in ihrer schwäbischen Heimat aufzuschlagen. Ihre alten Verbindungen mit meinem Geburtsland hielten stets die Erinnerungen an jene Gestade wach, und ihre Erzählungen nährten das Verlangen und die Sehnsucht nach fernen Ländern.

Reiselust tut es aber nicht allein, um die Welt zu sehen, es waren die Früchte ihrer Arbeit, ihrer Mühen, die es mir ermöglichten, mein Vorhaben auszuführen. Als ich im Frühjahr 1893 ein zweijähriges Kommando auf dem in der Südsee stationierten Kreuzer „Bussard" erhielt, da war meine Mutter eben verstorben, und zwei Monate darauf folgte ihr mein Vater. Es war ihnen nicht mehr vergönnt, mich hinausziehen zu sehen und mich im Geiste auf meinen Wanderungen zu begleiten.

Dem Andenken meiner Eltern

weihe ich darum dieses Buch.

Schon vor jener ersten Reise hatte ich in Kiel zoologische und geologische Studien betrieben, um draussen naturwissenschaftlich tätig sein zu können. Die Früchte der ersten Reise sammelte ich in einem kleinen Buche „Über den Bau der Korallenriffe und die Planktonverteilung an den samoanischen Küsten", welches in Kiel bei Lipsius & Tischer erschien. Da ich aber während jener ersten Fahrt keine Atolle zu sehen bekommen hatte, so suchte ich im Frühjahr 1897 um einen zweijährigen Urlaub nach, den mir meine vorgesetzten Behörden bereitwillig gewährten. Ein dreimonatlicher Vorurlaub diente zu vorbereitenden Studien auf der Zoologischen Station zu Neapel unter Herrn Lo Biancos kundiger Führung.

Als ich damals zu Weihnachten 1896 Stuttgart passierte, stellte
mir Herr Kommerzienrat Sprösser eine grössere Summe zur
Verfügung zwecks Anlage ethnographischer Sammlungen für das
Stuttgarter Museum. Bereitwilligst ergriff ich diese Gelegenheit, um
auch nach dieser Seite hin tätig sein zu können.

Die Sammeltätigkeit zog mich denn auch mehr und mehr in
das Gebiet der Ethnologie, in das Studium des geistigen Besitzes
der Naturvölker, hinüber, das mich schon während der ersten Reise
gewaltig angezogen hatte. So ist es zu erklären, dass die Ergebnisse
meiner Plankton- und Korallenriffstudien erst hier in einem kleinen
Anhang erscheinen, während die zahlreichen Einzelbeobachtungen
im Text vorangehen.

Da ich während der ersten Reise zwölf volle Monate auf den
Samoa-Inseln geweilt hatte, und mir Sprache und Volk somit wohlbekannt waren, entschloss ich mich, diese Inselgruppe möglichst
monographisch zu verarbeiten, und verbrachte deshalb die Hälfte
meiner Reisezeit, neue zwölf Monate, auf Samoa, vor allem auch der
ethnographischen Zoologie und Botanik, dem Wissen der Eingeborenen in den Naturwissenschaften, Beachtung schenkend. Alles
ist zusammengefasst in einem zweibändigen Werke „Die Samoa-
Inseln" nebst einem besonderen Anhang „Die wichtigsten Hautkrankheiten der Südsee", zu Stuttgart 1902 und 1903 bei Schweizer-
bart (E. Nägele) erschienen, unter dankenswerter Hilfe der Kolonialabteilung des Auswärtigen Amts.

Die ethnographischen Studien in den Ralik-Ratakinseln
hingegen erschienen in drei getrennten Aufsätzen im Archiv für
Anthropologie 1903 und 1904 und Globus 1905[1]. Eine kurze Zusammenfassung dieser Arbeiten nebst einigen neuen Notizen, vornehmlich Geschichten und Lieder, bringen die folgenden Blätter, die
im übrigen meine gesamten Studien in den Gilbertinseln umfassen.

Aus dem Titel ist zu ersehen, dass in der Hauptsache nur
Hawaii, Ostmikronesien und Samoa besucht wurden, während
die mehr oder weniger kurzen Aufenthalte auf anderen Inselgebieten

---

[1] Sie heissen: Über die Ornamentik der Kleidmatten und der Tatauierung.
Archiv für Anthropologie, Neue Folge, Bd. 2. — Über Haus- und Bootbau. Archiv
für Anthropologie, Neue Folge, Bd. 3. — Die Gewinnung und Zubereitung der
Nahrungsmittel auf den Ralik-Ratakinseln. Globus Bd. 87. 1905.

nicht in Betracht kommen. Unter Ostmikronesien versteht man die englischen Gilbertinseln (Makin-Peru-Gruppe) und die deutschen Marshallinseln (Ralik-Ratak), die von Westmikronesien, sonst als Karolinen wohlbekannt, durch den gemeinsamen Mangel des Webstuhles besonders scharf ethnographisch geschieden sind.

Dass Samoa auf den südlichen Schenkel des mikronesischen Winkels einwirkte, und Hawaii auf das Knie und den westlichen, wird man sich leicht erklären können. Dass aber die Gilbertinseln zu den durch eine lange leere Hypotenuse von ihnen entfernten Westkarolinen nähere Beziehungen haben als zu ihren nächsten Nachbarn, den Marshallanern, die ihrerseits wiederum den Ostkarolinern näher stehen, ist eine merkwürdige Tatsache. Möchte es mir auf meiner dritten Südseereise, die ich eben angetreten habe, vergönnt sein, hierüber etwas mehr Licht zu gewinnen.

Es bedarf noch der Erwähnung, dass fast alle „Bilder" nach eigenen Photographien hergestellt sind. Die unterwegs angekauften, also fremden, tragen als Kennzeichen einen Stern*. Die Zeichnungen („Figuren") sind teilweise nach meinen Entwürfen oder nach undeutlichen Photographien von meiner Frau gezeichnet.

Und noch einen Wunsch zum Schluss nach manch trüber Erfahrung: Möchten sich alle Deutschen im Auslande bestreben, ihre Muttersprache richtig zu gebrauchen. Es ist eine merkwürdige Erscheinung, dass junge Leute, die z. B. Englisch radebrechen, doch die fremde Sprache nach ihrem Glauben so ausgezeichnet können, dass sie niemals ein deutsches Wort zu Hilfe zu nehmen brauchen. Sprechen sie aber Deutsch, so fehlen ihnen in jedem Satz einige Vokabeln, die dann in Englisch ersetzt werden müssen. — Ich sah kurz vor seinem Tode den Baron F. von Mueller in Melbourne, als er schon fast ein halb Jahrhundert nahezu ununterbrochen in Australien war. Er sprach seine Muttersprache rein und frei von fremdem Beiwerk. Möchte dieser Pionier der deutschen Wissenschaft uns allen ein Vorbild bleiben in Arbeit und Rechtschaffenheit!

Atlantischer Ozean, Ende Januar 1906.
An Bord S. M. S. „Planet"

Dr. Augustin Krämer.

Talofa Samoa!

Ta - lo - fa Sa - mo - a Le - le - i le fa - nu - a Pei le

te - u fu - ga - la — 'a - u E pu - pu - la 'o - e i le mo -

a - na Ma - u - ga 'o te - le 'O a - fu i le va - nu Ma-

nai - a 'o te - i - ne Pa - gā i - a to - fā Ta-

lo - fa Sa - mo - a Le - le - i le fa - nu - a Pei le

te - u fu - ga - la 'a - u e pupu - la 'o - e i le mo - a - na!

Übersetzung.

Gegrüsst sei, Samoa,
Du herrliches Land,
Wie ein Blumenstrauss erglänzest
Du in dem blauen Meere!
Ihr hohen grünen Berge,
Ihr Bäche in den Schluchten,
Und ihr, ihr hübschen Mädchen,
Ach! lebet alle wohl!

Anmerkung zur Aussprache des Samoanischen:
$g = ng$. Der Hauch ' trennt die Vokale scharf, z. B. $fa'i = fa—i$.

Erstes Kapitel

Ausreise über Chile und Peru, durch Guatemala nach New Orleans, und über San Francisco nach Hawaii.

Genau einen Monat, vom 17. April bis 17. Mai 1897, hatte der Kosmosdampfer „Memphis" von Antwerpen bis Punta Arenas gebraucht, wobei nur in Porto Grande auf den Capverdischen Inseln zehn Stunden zum Kohlennehmen gestoppt worden war. Ich hatte diesen Weg gewählt, um in irgendeinem Hafen von Chile oder Peru eine Fahrgelegenheit nach den Südseeinseln zu bekommen. Schlug dies fehl, so hatte ich Gelegenheit, die Westküste Süd- und Zentralamerikas in bezug auf ihre ozeanographischen Verhältnisse, sowie auf das Vorkommen von Plankton und Korallenriffen daselbst, soweit angängig, zu untersuchen. Ferner fiel wohl auch ethnographisch etwas ab, und endlich konnte ich so den längst gehegten, dringenden Wunsch in Erfüllung gehen sehen, die Stätte meiner Geburt wieder zu schauen. Die Zeit der Überfahrt durch den Atlantischen Ozean liess ich nicht nutzlos verstreichen, es wurden täglich mehrfach genaue Beobachtungen über den Salzwassergehalt und die Farbe des Meerwassers gemacht, und indem ich täglich eine Stunde lang den Hahn der Badewanne in ein Netzchen aus feiner Müllergaze einfliessen liess, dessen Ertrag ich, so gut es bei dem oft recht kräftig schlingernden Schiffe ging, sofort mikroskopierte, konnte ich mir in Monatsfrist ein Bild der Ausbreitung des Oberflächenplanktons von 50° nördlicher Breite bis 50° südlicher Breite machen, gewiss eine seltene Gelegenheit. Während meiner ersten Reise hatte ich nämlich quantitativ das Plankton der Tropen stets ärmer befunden als das der gemässigten und kalten

Zone. Ich hatte gefunden, dass auf den samoanischen Ankerplätzen die sofort zentrifugierte Planktonmenge von 212 Vertikalfängen mit einem Planktonnetz nie 1 cbcm überschritt (bei Berechnung auf 1 cbm Seewasser), dass aber in den neuseeländischen Gewässern die meisten Fänge 1 cbcm und darüber waren. 223 Fängen von Samoa und Fidji mit durchschnittlich 0,42 cbcm Plankton auf 1 cbm Seewasser standen 117 in Neu-Seeland und Neu-Süd-wales mit durchschnittlich 1,84 cbcm gegenüber.

Die Hauptursache lag an dem im warmen Wasser weit spär-licheren Auftreten, ja Fehlen der kleinen Kieselalgen, der Dia-tomaceen, welche die kalten Gewässer oft in so ungeheurer Weise erfüllen.

Diese Untersuchungen waren lokal und deshalb nur von rela-tivem Wert; die folgende Reise sollte mir Gelegenheit bieten, die Beobachtungen weiter auszudehnen, vor allem auch die Unterschiede der Planktonmengen innerhalb der Korallenriffe und ausserhalb der-selben im umgebenden Meere festzustellen; ich werde Gelegenheit haben, anlässlich der Reise nach den Atollen der **Marshall-** und **Gilbertinseln** auf die Gesamtergebnisse meiner Plankton- und Korallenrifforschungen zurückzukommen.

Die Reise durch die Magelhaensstrasse und weiterhin verlief ohne besondere Vorkommnisse. Der Kapitän erzählte mir zwar stets von den Feuerländern, den „Lehmännern", den Pescherähs, doch bekam ich nie einen bei der Durchfahrt zu sehen, um so weniger als derselbe auch, wie mit Absicht, es pein-lich vermied, den mir von ihm so herrlich geschilderten Smith-kanal zu befahren. Es war ein sogenanntes Schweinewetter, als die „Memphis" bei starrender Dunkelheit und Blitz und Donner zur östlichen Ausfahrt hinaus in den wilden Südpacific hineindampfte. Kaum dass das Schiff gegen den Sturm ankam; rechts und links die seegepeitschten Felseninseln, an denen es bei der kleinsten Havarie elend zerschellt wäre. Es lag aller Grund vor, gerade diesmal den stillen Kanal zu wählen, den es immer früher gefahren war, aber nein, gerade diesmal musste man aussen herum. Frauen- und Kapitänslaunen sind unerforschlich. Man quittiert das Faktum und schweigt. Ich erfuhr später, dass der Kapitän auf der Rück-reise bei friedlichstem Wetter den Smithkanal wählte! Was ist mir Hekuba! Möge er als fliegender Holländer jene Gewässer durchfurchen.

Im übrigen war man auf den netten kleinen Kosmosdampfern recht gut aufgehoben, alles reinlich und anmutend, gute Verpflegung und angenehme Unterkunft. Nur eines war mir neu und ungewohnt, dass die Kojen querschiffs lagen, so dass einem bei stark schlingerndem Schiff nichts anderes übrig blieb, als sich in halbsitzender Lage ins Bett einzupolstern, um nicht mit dem Kopf unter die Horizontale zu kommen. Es waren nur wenige Passagiere an Bord, ein Kaufmann aus Valparaiso, ein Chemiker, nach Iquique bestimmt, und ich. Der Schiffsarzt Dr. Hänel ergänzte uns in angenehmster Weise. Am 22. Mai lief das Schiff früh in die hübsche Bucht von Corral ein, dem Hafenplatz von Valdivia. Zahlreiche Schnüre von Pelikanen durchzogen die Luft, Möwen umflogen die hohen Felsen, und Comorane tauchten allenthalben in die Tiefe, ein so belebtes Bild, wie man es in den tropischen Meeren nicht wahrnimmt. Natürlich fuhr die ganze Schiffsgesellschaft nachmittags auf einem kleinen Dampfer den Fluss hinauf nach Valdivia, der Stadt der Deutschen. Ich muss sagen, dass ich enttäuscht war. Wohl ist die deutsche Schule daselbst eine stolze Anlage, und noch stolzer mögen die Deutschen auf die Anwandtersche Bierbrauerei, auf die Lohgerbereien usw. sein, aber die Strassen, die Strassen; genau so grundlos wie in Punta Arenas, wo die Räder der Ochsenwagen bis zur Nabe in dem Pfuhl versanken. Dort las man auf den Gesichtern der armen Tiere die stoischen Worte: Es ist ein Unglück, ein chileuischer Ochse zu sein! Hier aber mischte sich etwas wie Ingrimm ein: Eure deutsche Kultur kann mir gestohlen werden! Für mich, den Autor, ist der Zustand der Strassen einer Stadt immer ein Massstab für die Güte der Verwaltung gewesen; wenn aber die Deutschen nun schon seit 50 Jahren den Ton in Valdivia angeben, so muss man sich fragen, ob es nicht möglich war, während dieser Zeit nach gutem deutschen Muster eine Strasse einzuwerfen oder gar zu pflastern. Solche Gedanken drängten sich einem unwillkürlich auf, wenn man über eine Planke über den Strassenmorast balanzierte. Ich will mich nicht mit der Geschichte der weltbekannten deutschen Kolonisationsarbeit hier abgeben, um so weniger als das vortreffliche Buch von Hugo Kunz,

„Chile und die deutschen Kolonien" alles Wissenswerte bringt. Für mich hatte der Süden auch deshalb weniger Interesse, da sich mein Vater der Grenze zwischen dem Süden und Norden, welche durch den mächtigen Fluss Biobio gebildet wird, zugewendet hatte. Dorthin strebte mein Sinn. Nachdem die Kolonisation jener Gebietsteile durch ein Gesetz vom 18. November 1845 freigegeben war, begann in Deutschland die Agitation für die Auswanderung nach Chile, welche anlässlich der politischen Wirren jener Zeiten auf günstigen Boden fielen. Die Hauptauswanderung erfolgte aber erst um 1850 unter der Ägide von Oberstleutnant Philippi, Kindermann usw. Bei dieser Expedition waren neben dem genannten Anwandter einige Mitglieder vom Stuttgarter Komitee, als Hermann Ebner, Willibald Lechler und Christian Kayser, die meinem Vater wohl die Wege gewiesen haben mögen. Er war allein, auf eigene Faust als 18jähriger Mensch den andern vorangeeilt und hatte sich nach Concepcion begeben, das an der Mündung des Biobio liegt. Dorthin begab ich mich auch am 24. Mai, nachdem ich mittags in Coronel der „Memphis" Valet gesagt hatte. Coronel liegt etwas südlich von Talcahuano, dem Hafenplatz von Concepcion, den das Schiff erst am folgenden Tag anlaufen sollte. So gewann ich Zeit, denn Coronel steht in Bahnverbindung mit Concepcion. Ausserdem hatte ich so Gelegenheit, noch den Industrieort Lota anzusehen, die Kupfer- und Kohlenminen daselbst und den herrlichen Park ihrer Besitzerin, der reichen Frau Cousiño. Ein eigentümliches Gefühl regte sich in meiner Brust, als ich am selben Abend auf einer unendlich langen Brücke über den Biobio fuhr, von dem ich in meiner Jugend schon so oft gehört hatte. Ich hatte den Ort erreicht, den wiederzusehen zu den Träumen meiner Kindheit, meiner Knabenzeit gehört hatte; die Mündung des Biobio schloss alles für mich ein. Wenige Augenblicke später fuhr der Zug in das dunkle Bahnhofsgebäude von Concepcion ein.

Ich begab mich sofort ins nächste Hotel und frug dort nach der Wohnung des Herrn Dr. Aichel. Man zeigte mir in der Nähe eine hübsche Villa, in die ich beim Abenddunkel eintrat. Das chilenische Dienstmädchen sah mich etwas verwundert an, als ich bat, meine Karte der Señora zu bringen. Frau Aichel war die Freundin meiner Mutter gewesen, sie hatte mich aus der Taufe gehoben, aber seit den Tagen, da ich meinen silbernen Löffel erhalten hatte, ganz vernachlässigt. Die Nemesis bleibt nie aus. Nach einem Menschenalter trat sie an in Gestalt eines ausgewachsenen Doktoren und erlaubte sich in eindringlicher und deutlicher Form auf die Pflichten aufmerksam zu machen, die aus einer Patenschaft erwachsen. Das war ein lustiger Abend im Familienkreise; da wurden Erinnerungen ausgetauscht, alte, längst vergangene Tage entstanden plötzlich wieder morgenfrisch, einst und jetzt stellten sich in buntem Wechsel gegenüber; nur eine trübe Wolke zog vor dem heiteren, augenblicklichen Bilde vorüber, der Gedanke, dass die Meinen nicht mehr waren, denen ich so gerne von diesen schönen Stunden berichtet hätte. Es waren wirklich diesmal nur Stunden, denn am folgenden Morgen musste ich weiter ins Innere, nach Los Angeles, und dieser Privattour wollte ich womöglich einen kurzen Ausflug ins Araukanergebiet anschliessen. Denn der Biobio bildete lange, lange Zeit die Grenze zwischen den nördlichen unterworfenen, bekehrten Indianerstämmen und den südlichen wilden, den *raucos*, den Freien. Doch versprach ich, noch einmal nach Concepcion zurückzukehren.

Als ich am folgenden Morgen landeinwärts fuhr, um meinen Geburtsort Los Angeles zu besuchen, traf ich auf der Bahn einen Chile-Deutschen, Herrn Torje Hoecker aus Lota, welcher auf einer Tour ins Araukanergebiet begriffen und der Sprache der Eingeborenen mächtig war. Da er mich einlud, mit ihm nach dem Zentralpunkt Temuco zu kommen, dem Endpunkt der Bahn nach Süden hin, um dann von dort aus einen kleinen Vorstoss zu machen, so entschloss ich mich schweren Herzens, die Fahrt nach Los Angeles um einige Tage aufzuschieben und erst nach Temuco zu fahren. In Santa Fé am Biobio, wo die Bahn abzweigt, löste ich mir dann ein Billett und fuhr in der frohen Hoffnung, bald etwas von urwüchsigen Araukanern zu sehen, nach Süden. Die Fahrt bot nichts Besonderes, das Land war hügelig, die Anden verdeckt. Herr Hoecker befasste sich mit der Aufgabe, die Bedeutung aller der zahlreichen indianischen Namen zu erforschen, welche, die Eingeborenen überdauernd, auf die Nachwelt übergehen. Wir kamen durch Collipulle, „Rote Erde", passierten den

96 m hohen Viadukt über den Maiecofluss (co Wasser), bis wir
dann bei Ercilla ins Waldgebiet kamen. Überall hier lagen
Beugen festen roten Buchenholzes herum, vom Fagus brucera, *rauli*
der Araukaner. Es dient zum Hausbau, wird aber auch zu Holzkohle verbrannt. Ferner zeigt sich hier schon viel Weizen angebaut.
Weiter ging's über Perchenco (Windwasser), Bilian Delbun
(Teufelswiese) nach Temuco, wo der Zug um 4 Uhr nachmittags
eintraf. Der Ort bestand nur aus einer Anzahl Holzbaracken und
liegt als Endstation der Südbahn schon mitten im Araukanergebiet.
Hier sieht man auch die Eingeborenen viel in der Stadt in ihrer
malerischen Tracht herumwandern. Herr Hoecker brachte mich
ins Hôtel de France, während er selbst wohlweislich zu Bekannten
ging. Wenn das stolze Frankreich wüsste, dass der Gasthof zu
Temuco ihm zu Ehren seinen Namen bekam, so würde es wohl auf
diplomatischem Wege vorstellig werden, denn es ist sicher kein
Bau, welcher der Vorstellung einer grande nation entspricht. Ein
breites Tor führte zwar in den von einem einstöckigen Holzbau
umfriedigten *patio*, aber dieses Tores bedurfte es eigentlich gar nicht,
denn man konnte durch irgendeines der Fenster, deren Brüstung
ungefähr 1 m über der Erde lag, ebensogut hineingelangen bzw.
in seine Hotelzimmer, die nach spanischer Art um den Hof herum
liegen. War irgendwo ein Fenster oder ein Laden geschlossen, so
tat dies der Absicht des Eindringlings wenig Eintrag, denn ein
Druck mit der Hand, nötigenfalls eine kleine Nachhilfe mit dem
Fusse genügte, um in aller Stille das morsche Holz zu lösen. Als
ich nach der Abendtafel etwas durch die Stadt geschlendert war
und in einigen Läden araukanisches Sattel- und Silberzeug gekauft
hatte, fand ich bei der Rückkehr ins Hotel unter der Veranda im
Hofe eine üble Gesellschaft von Gästen beisammen, die, teilweise
betrunken, sangen und schrien, dass einem angst und bang werden
konnte. Unglücklicherweise befand sich mein Zimmereingang in
nächster Nähe ihrer Tafel. Die Leute sahen aus, wie man bei
uns von einer Schmiere „die Räuber" vorgeführt bekommt. Ich
drückte mich möglichst ungesehen in mein Zimmer und sah zu
meinem Schrecken, dass die Türe weder verschliess- noch verriegel-
bar war. Auch fehlte eine der Glasscheiben. So nahm ich denn
alle Möbel, Tische und Stühle, die im Zimmer waren, und ver-

barrikadierte den Stubenausgang. Auch die Fenster und Läden
nach der Strasse band ich mit Schnüren meines Reisegepäcks so gut
es ging zu. Ich hatte nämlich um jene Zeit ziemlich viel englisches Gold bei mir, das ich möglichst für mich behalten wollte.
So versteckte ich es denn unter einer Diele und legte mich mit
meinem Freunde Revolver zusammen schlafen, der beste Reisebegleiter, den man im spanischen Amerika findet. Schlafen konnte

Bild 1. Araukanerhütten bei Temuco.

ich zwar nicht viel, aber es kam wenigstens nichts vor, und als
mich am andern Morgen Herr Hoecker mit einem Pferde abholte
und wir ins Land hinausritten, über Wald und Feld in die Einsamkeit, da war mir wieder recht wohl zumute. Leider hatte es
in der vorhergehenden Nacht stark geregnet, und so waren denn
die Strassen oft grundlos, aber die Pferde meisterten auch die
schlimmsten Pfuhle mit eiserner Fessel. Eine Stunde weit traf man
unausgesetzt auf Ansiedler, die mit der Axt dem Walde zu Leib
gingen, meist Deutsche, die sich hier ein neues Heim gründeten.
Hier wurde Viehzucht getrieben, dort stand eine Sägmühle, und ich

musste unwillkürlich meines Vaters gedenken, der wohl ähnliche Zeiten durchgemacht haben mochte, als der Norden sich noch im gleichen
Kulturzustande befand. Bald hörten aber die Ansiedlungen auf,
und nun waren auf ackerartigem Gelände, von Zäunen umschlossen,
einige Eingebo-
renenhütten zu
sehen. (Bild 1.)
Bei einer
Gruppe dersel-
ben zeigte sich
ein sogenannter
H e x e n b a u m
(Bild 2), *rehue*
von den India-
nern genannt.
Auf diese stei-
gen die Zaube-
rinnen z. B. bei
dem Tode eines
Kajiken, um von
dort im Trance
nach höherer
Eingebung die
Person zu ver-
künden, welche
an dem Tode
schuldig war;
dieselbe wird
dann getötet.

Bild 2. Araukanischer Hexenbaum.

Die Häuser wa-
ren ähnlich denen der Samoaner in ovaler Form gebaut, wie überhaupt die ganze Anlage sehr dem „Grossen Haus", dem *faletele* auf
Samoa glich. Verschieden war hier nur die völlige Umkleidung der
Seiten des Hauses bis auf den hohen, balkenumkränzten Eingang
an einem der Rundteile, und die zeltähnliche Abwalmung dieser
Rundteile durch senkrechte Sparren, anstatt der horizontalen Bogen-
pfetten. (Siehe Fig. 1.) Aber das in der Mitte befindliche, auf

zwei Pfeilern ruhende Satteldach nebst dem beiderseitigen Abschluss
durch Rundteile, und das übereinstimmende Vorhandensein der
Seitenpfosten überraschte mich erst etwas. Einzelne Häuser haben
auch den viereckigen Teil des Hauses in der Höhe der Dachtraufe
horizontal abgeschottet, als Vorratsraum; man gebraucht hiezu eine
kompakte Bambusart, *colihue* genannt, Chusquea couleu. Während
Herr Hoecker sich mit den Leuten unterhielt, benützte ich die
Gelegenheit, alles anzusehen. Rings an der Wand befanden sich
allenthalben erhöhte Schlafstellen auf einer Art von Bank; da
waren Holzschüsseln und ein Netz zum Aufbewahren der Nahrungs-

Netz zum Aufbewahren der Lebensmittel

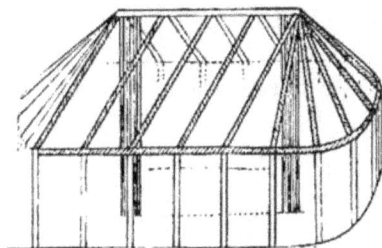

Durchschnitt mit oberem Vorratsraum

Hausgerüst der Araukaner bei Temuco.
Fig. 1.

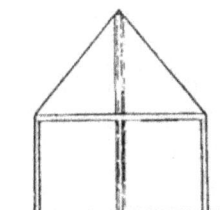

mittel. Das war so ziemlich der ganze Hausrat. Es war mir
möglich, einige Gegenstände zu erwerben; als Leibgurte *(trarihue)*,
einen Fellsack aus der Haut eines Pferdekopfes *(gudrun)*, einen
Sack aus einem Kuheuter gefertigt, ein Kindbrett, eine Holzschüssel,
zwei kleine Tongefässe usw.

Es fiel mir auf, dass nur einige wenige alte Männer auf den
Feldern zu sehen waren, die den Weizen aussäten, dessen Ernte
im Januar erwartet wird; auch in den Häusern waren nur Frauen
und Kinder vorhanden. Auf meine Nachfrage erfuhr ich, dass die
letzte Ernte recht schlecht geraten war und dass der Teurung
halber die meisten Männer nach Argentinien in die Pampas
gezogen seien, um sich dort durch Viehhüten einige Stück Rinder
zu erwerben. Am Jahresende treiben sie dann ihr Vieh über die

Cordilleren herüber, und wenn dann noch die Ernte gut ausfällt,
sind sie für einige Zeit geborgen. Bis 1880 noch absolut frei, ist
ihre politische Selbständigkeit nun gebrochen und mit dem jährlich
sich mehrenden Vordringen der Kolonisten in ihr Waldgebiet gehen
auch sie dem Untergang entgegen. Man nimmt an, dass jetzt noch
ungefähr 50000 zwischen dem Malleco und Valdiviafluss
vorhanden sind. Wenn aber erst die Bahn von Temuco nach Valdivia durchgeführt ist, dann hat ihr letztes Stündchen geschlagen.
Denn über ihr Land verfügt die chilenische Regierung nach Gut-
dünken; sie erhalten so viel Land zugeteilt, als ihnen zur Ernährung dient, und das sie nicht verkaufen dürfen. Alles was darüber
ist, verkauft die Regierung an die Kolonisten. An Widerstand ist
nicht mehr zu denken. Auch sie sind dahin, auf immer dahin!
Ich hatte erwartet, dass ich die also gedrückten Eingeborenen
in europäischen Lumpen und in Bretterbuden vorfinden würde.
Wie man aus der Beschreibung der Häuser sah, ist dies aber
keineswegs der Fall, und betreffs der Kleidung verhielt es sich
ebenso. Alle die Frauen, die ich sah, trugen ihre heimische Tracht,
aus dunkelblauem Stoff gefertigt und rot gesäumt. Sie besteht
hauptsächlich aus zwei Stücken, dem eigentlichen Kleid *chamal* und
dem Überwurf *quilla*. Beim Mann tritt an die Stelle des letzteren
der *poncho*. Der *chamal* ist ein ca. 1 qm grosses, schwarzblaues
Stück Tuch, welches unter den Armen um den Leib geschlagen
wird. Über den Schultern wird das Tuch durch Bänder getragen,
während es um die Taille durch einen rot und weiss gewobenen
Gürtel, den *trarihue*, zusammengehalten wird, welcher bei den
Frauen ca. 8, bei den Männern ca. 5 cm breit ist. Die *quilla* ist
gleichfalls nur ein einfaches Stück Tuch, ähnlich einem Umschlage-
tuch über die Schultern gehängt und vorne mit einer silbernen
Nadel zusammengesteckt. Ein Band um das Haupt vervollständigt
die einfache, aber malerische Tracht, zu der die Frauen den Stoff
mittelst eines einfachen Webstuhls sich selbst herzustellen vermögen.
(Bild 3.) Der silberne Zierat aber, der nicht allein aus unförmlichen
Vorstecknadeln, sondern auch aus riesigen Ohr- und Brustgehängen,
sowie Hals- und Stirnbändern besteht, wird von den Männern angefertigt. Es besteht eine besondere Zunft von Silberarbeitern,
die das Silber in kleinen Tiegeln mittelst eigenartiger Blasbälge

Bild 8.* Araukaner am Webstuhl.

einschmelzen und es dann in Formen von Lehm giessen. Die Männer lieben es, bei Festen ihre Frauen mit Silber reich zu schmücken, wohl wissend, dass das gleissende Metall sich in den rabenschwarzen Haaren und auf der lichtbraunen Haut gut ausnimmt. Im übrigen haben die Frauen ein dünnes, feines Gesicht und schmale, gebogene Nasen; es kommen aber auch breite Nasenflügel vor. Von Kupferbräune ist nirgends die Rede, wie man denn auch die „Rothaut" längst als schlechte Beobachtung der rot angeschmierten Neufundländer nachgewiesen hat.

Nachdem Herr Hoecker sein weit im Innern an einem Bache hübsch gelegenes Landstück besichtigt und den dortigen Eingeborenen Anweisungen betreffs dessen Bewirtschaftung gegeben hatte, kehrten wir zusammen noch am selbigen Abend nach Temuco zurück, von wo mich die Bahn am anderen Morgen wieder nordwärts führte. In Santa Fé stieg ich aber diesmal wieder um und fuhr nach Los Angeles, nachdem ich ein Telegramm vorausgeschickt hatte. In A r r a y a n, eine Wegstunde von Los Angeles, befand sich nämlich Herr C a r l o s H e c k aus S t u t t - g a r t. Lange hatte er dort eine Getreidemühle bewirtschaftet und dieselbe alsdann einem Herrn P i s t o r übergeben, um sich nach Deutschland zurückziehen zu können. Seine Musse sollte nicht allzulange dauern, denn Herr Pistor starb, und so blieb ihm nichts anderes übrig, als mit seinem Sohne wieder nach der neuen Welt zu fahren. Für mich war es ein Glück, nicht allein, weil ich in Arrayan liebenswürdigste Gastfreundschaft genoss, sondern auch weil Herr Heck noch einer der wenigen war, die von meinem Vater wussten. Kaum angekommen, begaben wir uns denn auch zu Fuss auf der Bahnlinie nach meiner Geburtsstadt, denn die Wege in jener Gegend sind grundlos. Es war gerade Himmelfahrtstag; ein schöner Ausflug! Von Schwelle zu Schwelle schreitend, sah ich eine weite Ebene vor mir sich ausdehnen, durch die mächtige Andenkette ostwärts abgeschlossen, deren Schneegipfel in der Abendsonne aufleuchteten. Das waren die Berge, die ich schon mit Kinderaugen geschaut, ein grossartiges Schauspiel, das aber aus meiner Erinnerung geschwunden war. Nach halbstündigem Marsche kamen wir zu einem kleinen Häuserkomplex auf der Linken. S a n M i q u e l nannte sich der Platz. Ein grosses Gehöft

von Häusern umgeben liegt hier am Rande eines Baches unter
hohen Pappeln. Die Gebäude waren zum Teil verrottet und nicht
mehr im Gebrauch. Das war das erste Unternehmen meines Vaters
gewesen: umfangreiche Sägewerke und Getreidemühlen, deren Pläne
er selbst entworfen hatte, und wozu er sich die Maschinenteile
alsbald aus Deutschland hatte nachkommen lassen. Das freie Land
rings herum bot dem Rindvieh und den Pferden eine treffliche
Weide. Die Pferde musste man sich mit dem Lasso erst holen,
wenn Geschäfte in dem 20 km entfernten Santa Fé oder gar im
eutfernteren Concepcion abzuwickeln waren, sei es, dass man die
Produkte auf der Achse dorthin schaffen musste, oder dass sich der
Unternehmer selbst zu Pferde dahin aufmachte. Denn Eisenbahnen
gab es damals in jener Gegend noch nicht, wo die unabhängigen
Araukaner als Grenznachbarn noch frei schalteten und walteten und
die Gegend unsicher machten. Erst 1856 wurde von Santiago
aus die Bahn nach dem Süden hin begonnen und langte dort zu
einer Zeit an, als mein Vater längst nach Deutschland zurückgekehrt war. Von San Miquel aus verlegte er später seinen
Wohnsitz nach dem kleinen Städtchen **Los Angeles,** das wir
in einer halben Stunde von San Miquel aus erreichten. Dorthin hatte er sich auch im Jahre 1862 eine Frau aus Deutschland geholt. Es begann schon dämmerig zu werden, als wir durch
die sauber gehaltenen Strassen des Städtchens schritten, das nahe
dem Bahnhof eine hübsche Plaza besitzt. In einer der Strassen
nahe einem kleinen Hügel und hübschen Bach lag dort ein ein-
stöckiger Gebäudekomplex, in der Mitte ein Hof, von Zimmern
mit Veranda umgeben. Wir traten durch das Tor ein, alles war
im Zerfall. Als Herr Heck mir das Zimmer zeigen wollte, in
welchem ich das Licht der Welt erblickt hatte, trat mir eine in
Lumpen gekleidete Chilenerin, halb Indianerin, eine *rota*, mit einem
schmutzigen Kinde auf dem Arme entgegen und fuhr mich in wenig
einladender Weise an. Meine Zudringlichkeit schien ihr wohl ebenso
unverständlich als unverschämt. Ein Blick durch die sich öffnende
Türe genügte mir denn auch, und ich stand ab von weiteren Versuchen, um mir nicht jegliche Illusion zu rauben. Nicht an vier
Wände soll sich der Gedanke an solcher Stelle heften, sondern an
das ganze Haus, an seine Lage und seine Umgebung. Davon hatte

mir der kurze Besuch wenigstens eine Vorstellung gegeben, die,
nicht mehr in Kombinationen und Phantasien schwebend, sich nun
in fester Form zu gestalten vermag. Noch eine andere Freude be-
scherte mir aber der Abend; wenig Schritte von meinem Wiegen-
palast entfernt wohnte ein alter Chilene, Emilio Luñiga, welcher
noch zu den guten Freunden meines Vaters gehört hatte. Wir
besuchten ihn, und es war rührend, die Freude des alten Mannes
zu sehen, wie er mich umarmte und liebkoste, als ob ich noch der
kleine Bengel gewesen wäre, den er vor 30 Jahren gesehen hatte.
Und wie erkundigte er sich nach meinem Vater und meiner Mutter,
deren Tod ihm so nahe ging! Voll von den Eindrücken dieses
Tages, der mir eine ganze Welt erschlossen hatte, der mir das
Beste und Heiligste für jeden Menschen vergönnte, die Stätte zu
besuchen, wo einem so nahestehende Dahingegangene in Freude
und Leid ihr Familienglück begründeten, wo man selbst einst gelebt,
ein anderer Teil seines Seins, erinnerungslos, selbst schon einmal
erstorben, voll von solchen Gedanken schritt ich bei fallender Nacht
mit meinem lieben Begleiter auf den Schwellen der Bahn wieder
nach Arrayan. Als ich am folgenden Tag wieder nach Concepcion
fuhr, sah ich noch einmal die Gipfel der Anden, die auf Los
Angeles herniederschauen, im Morgenlicht herübergrüssen, ein letztes
Lebewohl!

Einen schönen Tag verbrachte ich noch im Hause meiner
Patin zu Concepcion, die mir wie eine zweite Mutter erschien.
Wie manches hatte sie mir noch aus vergangenen Tagen zu erzählen,
wie umgab sie mich mit liebenswürdiger Sorgfalt! Als ich ein
halbes Jahr später auf Samoa die Nachricht von ihrem Tode
empfing, da pries ich das Geschick, das mich zu rechter Zeit noch
hinausgeführt, das mir vergönnt hatte, diese treffliche Frau kennen
zu lernen! Aber dieser Genugtuung mischte sich der herbe Schmerz
bei, sozusagen ein zweitesmal verwaist zu sein. Aber weiter, weiter,
rastlos, durch die Welt, durchs Leben!

In Concepcion hatte ich noch Gelegenheit, eine prächtige
Sammlung von Araukanergegenständen zu sehen, die Herr Carlos
Holz während eines Zeitraums von zehn Jahren durch zahlreiche
Reisen in das Gebiet zusammengebracht hatte. Leider stand der
hohe Wert derselben einer vorläufigen Erwerbung mittelst der mir

zu Gebote stehenden Gelder entgegen; aber als es im Jahre 1902 endlich gelungen war, dieselbe für einen geringen Preis für das schwäbische Museum zu sichern, wollte es das Unglück, dass der Dampfer, welcher die kostbare Ladung nach Europa bringen sollte, an den Felsen von Chile scheiterte.

Nach dem schönen eintägigen Aufenthalt in dem hübschen Concepcion fuhr ich mit dem Nordexpress von dort in elf Stunden nach Chiles Hauptstadt Santiago. Die Fahrt geht durch das Tal, welches längs der Küste zwischen der hohen und der Küstencordillere dahinzieht, und ein hübscher Salonwagen mit drehbaren Stühlen und grossen Scheiben gestattete herrliche Ausblicke auf die Bergriesen der Anden. Da gab's auch manchen sonst interessanten Punkt zu sehen, so das durch seine Thermen und Wälder bekannte Chillan, am Fusse des gleichnamigen Vulkans, 1700 m hoch gelegen, ein gesuchter Badeort. Auf dem Bahnhofe wurden hier hübsche kleine Tongefässe feilgeboten, welche die halb indianische, halb spanische Bevölkerung, die sogenannten *rotos*, verfertigen. Auch in dem nur zwei Stunden von der Hauptstadt entfernten Cauquenes sind viele Mineralquellen, und hierher zieht sich die Gesellschaft von der Hauptstadt zum Sommeraufenthalt im Dezember und Januar zurück, wenn sie es nicht vorzieht, die Seebäder in Viña del Mar bei Valparaiso zu gebrauchen. Da droben aber in den Andentälern, die sich in unendlich scheinender Zahl in das grosse Längstal öffnen, sind auch reizende Plätzchen allenthalben vorhanden, und es wäre noch schöner hier, wenn den *rotos* nur zu trauen wäre und — wenn es bessere Wege gäbe.

In dem schönen Santiago, das zu den herrlichst gelegenen Städten der Welt gehört, blieb ich nur zwei Tage. Ich fand in dem französisch geleiteten Hotel Oddó treffliche Unterkunft. Am Morgen nach der Ankunft begab ich mich zuerst auf den inmitten der Stadt gelegenen Hügel Santa Lucia mit seinen blütenreichen Gärten und überwucherten Bastionen. Der Anblick von hier an einem schönen Morgen ist in der Tat überwältigend. Unter sich die kirchen- und mauerreiche Stadt; östlich die über 6000 m hohen schneebedeckten Gipfel der Anden und westlich die niedrigen Cerros der Küstencordillere. Das war ein schönes Morgenstündchen, das ich hier vollbrachte, und als ich dann nach dem Stadtparke,

der sogenannten Quinta Normal schlenderte, fand ich noch
weitere Genüsse; denn dort ist das Nationalmuseum inmitten
prächtiger Parkanlagen, die ehemals im Jahr 1853 als bota-
nischer Garten angelegt wurden. Dr. Amandus Philippi, der
Gründer dieses, hat sie diesem Zweck nicht zu erhalten vermocht,
aber die naturwissenschaftliche und ethnographische Abteilung des
Nationalmuseums hat er in den nun 50 Jahren seines Wirkens
daselbst auf eine Höhe gebracht, dass sie getrost sich den besten
europäischen Museen an die Seite stellen kann. Natürlich ist das
eigenste Fach Philippis, die Botanik, trefflich vertreten, aber auch
die Robben und Seeelefanten, die Wale, sowie die übrige Tierwelt Chiles ist musterhaft und ziemlich vollzählig aufgestellt. Da
sieht man z. B. den Andenhirsch, den sagenhaften Huemul,
der mit dem grossen Kondor zusammen das Sternwappen von
Chile hält. Aber nicht allein in der Sammlung naturwissenschaft-
licher Objekte hat Amandus Philippi eine fruchtbare Tätigkeit entwickelt, sondern auch die ethnographische Sammlung ist hervor-
ragend. Besonders bedürfen hier die Steindenkmäler und Holz-
figuren der Osterinsel, welche ja unter der Oberhoheit von Chile
steht, Erwähnung. Zwei Typen fallen dabei anthropologisch auf,
eine mit breiter und konkaver Nase nebst geschwungenen Augenbrauen, die polynesische Form, und die mit gebogener, schmaler
Nase und horizontalen Augenbrauen, die indianische Form, ohne
dass ich damit sagen will, dass diese einzig dastehenden Stein-
kolosse der Osterinsel gerade amerikanischem Einflusse ihr Dasein
verdanken. Dass aber eine zweite Rasse neben der polynesischen
dort vorhanden war, ist zweifellos; zweifelhaft ist nur, ob dieselbe von Osten, von Amerika, oder von Westen, von Melanesien,
kam. Neben den Figuren sind auch etliche der Hölzer mit der
eigenartigen Schrift der Osterinsel vorhanden, von der Philippi
längst Nachbildungen hat anfertigen lassen. Auch die Pfeil- bzw.
Lanzenspitzen aus Obsidian erinnern in der Form sehr an die
Funde in den Gräbern von Caldera und nordwärts.

     Die Sammlung amerikanischer Objekte ist natürlich gleich be-
merkenswert; hierunter ragt die Saenz-Kollektion von Huacos
und Webereisachen aus den peruanischen Gräbern hervor, welche
die Regierung für 20000 Pesos erwarb. Dieses letztere Verdienst

Philippis wird erst in das richtige Licht gesetzt, wenn man bedenkt, welche Vorbildung in der Bewertung solcher „Curios" bei den Nackommen eines Pizarro und Valdivia zu erwarten war. Die Goldfunde dieser Kollektion hat denn auch der Kurator in seinem eigenen Geldschranke eingeschlossen, genau wie ein vorsichtiger Landwirt die Frischlinge vor ihrem mordlustigen Vater schützt. Im Hause des Professor Philippi, des Sohnes des Herrn Amandus, hatte ich das Glück, einige erholungs- und lehrreiche Stunden verbringen zu dürfen; eine stattliche Schar von heranwachsenden Söhnen sah ich dort, ein drittes und viertes Geschlecht, das auf den greisen, leider fast erblindeten Urgrossvater blickt! Es wird dafür sorgen, dass der mit der deutschen Kolonisation in Chile und mit dem Blühen der tatkräftigen Republik so eng verbundene Name Philippi seine ruhmvollen Traditionen bewahrt!

Das was ich von der Osterinsel im Museum zu Santiago gesehen hatte, liess den Wunsch in mir besonders dringend erstehen, diesem eigenartigen Eilande einen Besuch abzustatten. Ich begab mich deshalb zum deutschen Gesandten, um an ihn die Bitte zu richten, bei der Regierung nachzufragen, ob und wann eines der chilenischen Kriegsschiffe die Insel besuchen werde, oder ob sonst irgendeine Kommunikation vorhanden sei. Mit diplomatischem Scharfblick vermochte er sofort zu erkennen, dass weder jetzt noch später hiezu eine Gelegenheit sein werde, weshalb er sich gar nicht erst den Anschein gab, auch nur nachfragen zu wollen. Unter diesen Umständen begab ich mich alsbald nach Valparaiso und schiffte mich dort auf dem gerade nach Callao fälligen Kosmosdampfer „Ramses" ein, nachdem ich von der gleichfalls noch im Hafen liegenden „Memphis" mein Gepäck herübergeholt hatte. Die Fahrt bot nichts Besonderes; aber da sie fast alle chilenischen Küstenplätze nördlich von Valparaiso anlief, so hatte ich eine treffliche Gelegenheit, meine Seewasser- und Planktonmessungen fortsetzen zu können, wobei ich der stets liebenswürdigen Unterstützung des Herrn Kapitäns Heitemeyer mich zu erfreuen hatte. Sind die Südhäfen alle von dichtem Grün umgeben, so tragen die nördlichen Küstenberge das Gepräge absoluter Sterilität an sich, so in Coquimbo, Antofagasta, Iquique und Arica. Dies gilt auch für Peru, wo das ganze Küstengebiet der Vegetation bar

ist, eine endlose Wüste, aus der nur die wenigen Städte und Ortschaften wie Oasen herausragen. Ich will mich bei diesen Plätzen,
die ich globetrotterartig berührte und wo ich nur vereinzelt etwas
für meine Sammlungen zu ergattern vermochte, nicht aufhalten.
Auch von Lima will ich nicht weiter berichten, wo ich herrliche
sechs Tage im Hotel Francia y Ingelterra in Gesellschaft mit
dem deutschen Major in chilenischen Diensten Freiherrn Rogalla
von Bieberstein verbrachte, der in Mollendo an Bord des
„Ramses" gekommen war von einer Tour nach Bolivien und dem
Titicaca-See. In jenem Hafen waren auch zwei Franzosen an
Bord gekommen, Ferdinand Gautier und Sohn, die auf der
Heimreise von Bolivien nach Paris sich befanden, um sich neue
Maschinen für ihre Silberminen zu holen. Ach, was ich da alles
von den Hochebenen Boliviens, von Oruro, Sucre, Potosi,
La Paz, Titicaca, Cuzco zu hören bekam, reizte meine
Neugier in nicht geringem Grade. Schon in Antofagasta hatte
ich der Versuchung widerstehen müssen, da von dort aus die
Bahn nach Bolivien hinaufführt und das Ergebnis der Silber-
minen herabbringt. Und ich erinnere mich noch lebhaft des
Tages, da ich mit Herrn von Bieberstein die 4800 m hohe Oroja-
bahn hinauffuhr und als wir nur zwei Tagreisen von der Quelle
des Amazonas entfernt waren, von den Jivaros, deren
Federkronen und Schmuckstücke ich in Lima einem aus jenen
Gegenden kommenden Portugiesen abkaufte. Überall ist man
dort an den Mündungen der Strassen, die in die urwüchsigen
Gebiete des südamerikanischen Innern führen. Es war eine schwere
Versuchung für mich, der ich frei war; aber ich durfte das mir
vorgesteckte Ziel, die Südsee, nicht aus dem Auge lassen, und so
benützte ich die erste Gelegenheit, um weiter nach Norden zu fahren,
da nicht allein im salpeterreichen Iquique sondern auch in Callao
keine direkte Verbindung mit der Südsee vorhanden war. Ich kann
aber von Lima nicht scheiden, ohne der liebenswürdigen Fürsorge
des deutschen Ministers Zembsch daselbst Erwähnung zu tun,
welcher sich selbst viele Jahre auf Samoa aufgehalten hat; ich gedenke auch dankbar der Vermittlung des deutschen Augenarztes
Dr. Gaffron, wodurch ich eine schöne Sammlung von Töpfen, von
Huacos, aus den Gräbern der Küstenindianer bekam, und des Herrn

Grätzer, welcher mir seine phänomenale Sammlung von Inkagegenständen eingehend zeigte, wohl die grossartigste Sammlung dieser Art, welche für Berlin gerettet zu haben das unvergängliche Verdienst des Herrn Geheimrat Bässler ist. Ich gedenke noch meiner Verrugastudien, welche ich in einem Nachtrag zu meinem Samoawerk „Die wichtigsten Hautkrankheiten der Südsee" niedergelegt habe, der Ausflüge nach Miraflores, Magdalena und den Huacas dortselbst, den Ruinen der alten Befestigungen, den Grabhügeln der Indianer aus alter Zeit zwischen Lima und der Küste: Hier lag auch die alte Stadt Huadcar, welche sich in Middendorfs Peru näher beschrieben findet. Hier ist ein reiches Feld für den, welcher mit der Hacke arbeitet. Nur so während des Spazierganges las ich hier mehrere Schädel mit dem sogenannten Inkabein auf, die ich in mein Taschentuch eingeschlagen abends durch die Strassen von Lima trug. Etwas weiter ab liegen die durch Reis und Stübel bekannt gewordenen Gräberfelder von Ancon, Trujillo usw.

Am Freitag, den 18. Juni schiffte ich mich auf dem Dampfer „Titania" der Hamburg-Pacific-Linie ein, einem der Steinzeit der Dampfschiffahrt noch angehöriges Monstrum. Ich musste diesen Dampfer wählen, weil er Panama nicht anlief, von wo gerade der Ausbruch des gelben Fiebers gemeldet war. Sonst wäre ich auf den prächtigen chilenischen Dampfern, die nicht einmal teurer sind als der alte Rumpelkasten, gefahren. Man denke sich einen kleinen Dampfer mit offenem Deck, über das nur ein einfaches Sonnensegel ausgeholt wurde, keine Sitzgelegenheit an Deck, die Kajüten eng, klein, ohne Ventilation und dies in den glutreichen Häfen Zentralamerikas. Zwanzig englische Pfund musste ich überdies für diesen Genuss bezahlen, der freilich, nicht zu meiner Freude, bis zum 7. Juli dauerte. Dafür hatte ich aber den Vorzug, weil kein Arzt an Bord war, schiffsärztliche Verrichtungen versehen zu dürfen, namentlich als nach dem Anlaufen von Guayaquil mehrere auf Gelbfieber verdächtige Fälle auftraten. Die Angst, die unter den spanischen Familien ausbrach, deren Kinder gleich zu Beginn der Reise an den üblichen Kinderkrankheiten zu leiden anfingen, so dass ich die ganze Gesellschaft zu Baginsky wünschte, die Angst war unbeschreiblich. Obwohl mich die ganze Geschichte als rechten und

2*

schlechten Passagier nicht das mindeste anging, konnte ich mich doch aus Gründen der Menschlichkeit nicht gut entziehen.

Ich wollte es wäre eine Krankenkasse an Bord gewesen, dann hätte ich gestreikt.

Rührend war nur, mit welcher Freundlichkeit die Leute alle meine Dienste entgegennahmen, ohne mir beim Abschied auch nur mit einem Worte zu danken. Sie dachten jedenfalls, dass der Kapitän mich für meine Dienste bezahlte, und wenn man einen Arzt bezahlt, dann braucht man ja nicht zu danken. Für die Moral eines Spanisch-Amerikaners lasse ich mir die Entschuldigung allenfalls gefallen; dass es aber auch unser deutscher Kapitän vergass, der mich in dem Bewusstsein weidlich ausnützte, dass ein deutscher Marinearzt gerne freiwillig hilft, wo er kann, dies stellt ihn auf die ethische Höhe eines westamerikanischen Negers. Friede seiner Asche! Friede der „Titania“, die mich, den Zettel, in heisser Umarmung durch die von Glut zitternden Häfen schleppte, Eten, Payta in Peru, Guayaquil in Ecuador, Buena Ventura in Colombia, San Juan del Sur, Corinto in Nicaragua, Amapala in Honduras. La Union El Triunfo, La Libertad, Acajutla in San Salvador, bis ich mich endlich in San José de Guatemala loszureissen vermochte. Ich weiss nicht, welchem dieser Plätze die Palme gebührt; sie besitzen sie alle nicht. Aber Hitze, Schmutz und Verkommenheit eine ganze Masse. Ich weiss nur noch, dass ich in San José genug von der Seefahrt hatte, und statt mit dem nächsten Dampfer nach San Francisco zu reisen, über Land dorthin zu wandern beschloss. Dadurch aber, dass ich während dieser ganzen Tour Seewasser- und Planktonmessungen machen konnte, welch letztere mir namentlich in den zentralamerikanischen Häfen sehr interessante Resultate ergaben, habe ich dennoch diese Reise wenigstens nicht umsonst gemacht. Ausserdem teilten Herr Gautier und Sohn die Freuden und Leiden dieser Fahrt, und mit ihnen habe ich dann zusammen von der Hauptstadt Guatemala aus den Isthmus durchquert. San José de Guatemala ist ein eigenartiger Platz. Ein Hafen ist hier nicht vorhanden, sondern die lange pacifische See rollt in ihrer ganzen Stärke auf einer Sandbarre sich auf, die ca. 4 m über dem Wasserspiegel liegt und eine recht steile Böschung hat. Jenseits dieser Barren, die unseren heimatlichen Deichen auffallend gleichen, nur dass sie ähnlich den Nordseedünen ohne Menschenhilfe entstanden sind, liegt weithin Mangrovesumpf, bis allmählich das feste Land beginnt. Die ganze Westküste von Guatemala ist so beschaffen und somit hafenlos. Die Ursache ist, dass der nur ca. 100 km entfernte Gebirgskamm in zahlreichen kleinen Flüssen abwässert, die die ganze Küste zu einem grossen Ästuarium gestalten. An Land zu kommen, wäre hier sehr misslich, wenn nicht amerikanische Findigkeit einen eisernen Landungssteg gebaut hätte, der die Brandung überbrückend ins Meer hinausläuft. Aber auch dort am Kopf der Brücke wäre eine Landung der starken Dünung halber nicht möglich ohne besondere Hilfsmittel. Wenn man von Bord geht, muss man in einen Leichter springen, in den auch das Gepäck gelöscht wird. In diesem fährt man unter den Brückenkopf, von dem ein Fahrstuhl in Form eines Ballonkorbes in den Leichter herabgelassen wird, so dass er auf den Boden desselben zu stehen kommt. Man tritt in den Korb hinein und wird in demselben aufgeheisst. Unter gegebenen Verhältnissen ist dies das sicherste Landungsmittel und für die Interessenten auch das billigste. Leider in diesem Falle nicht auch für die Passagiere, denn jeder musste 1 Sol (ca. 2 Mark) bezahlen, und ich für mein aus acht Kisten bestehendes Gepäck noch ausserdem 16 Sol. Auf der Barre standen nur wenige Holzhäuser, die Bureaus und Lagerhäuser der Dampfergesellschaften, Zoll, der Bahnhof und Hotel. Sonst alles kahl und öde, das nächste Grün ein Mangrovesumpf, kurz eine liebliche Gegend. Ich übergab meine Kisten dem Agenten der Pacific Mail Steamship Company, damit er sie direkt nach San Francisco expediere, während ich mich zum Bahnhof begab. Hier blühte mir eine neue Überraschung. Als ich nach dem Preis des Billettes nach der Hauptstadt Guatemala frug, sagte mir der Schalterer: Sechs Sol. Da ich nur englisches Gold bei mir hatte, übergab ich ihm ein Pfund Sterling, worauf er sagte: Es stimmt!, ich sagte: Nein, es stimmt nicht, ich bekomme noch mindestens 4½ Sol zurück, worauf er wieder betonte: Nein, der Kurs ist hier so! Als ich ihm neue Belehrungen über den Wert des englischen Goldes beibringen wollte, sagte er kurzweg, ich möchte mir doch wo anders wechseln lassen, wenn ich

noch etwas sage, dann nehme er es überhaupt nicht an. Nach den
Erfahrungen, welche ich während der letzten Monate mit dem
englischen Golde in Südamerika gemacht hatte, wagte ich keinen
Widerspruch mehr und dankte ihm überhaupt noch, dass er so
gütig war, es anzunehmen. Hatte ich doch schon in Concepcion
vergebliche Versuche gemacht, das Gold einzuwechseln; nicht einmal
die erste Bank der Stadt wollte es annehmen. Man drehte die
Goldstücke einige Male in der Hand herum, wie wenn ein Wilder
zum erstenmal so etwas sieht, und gab sie mir achselzuckend zurück.
Hätte sich dort nicht ein deutscher Uhrmacher und Juwelier meiner
erbarmt, so hätte ich mich nach Santiago durchbetteln können,
denn dort erst wurde ich einen Posten los, wie auch in Lima,
aber natürlich stets mit ziemlichem Verlust. Ich hatte früher öfter
gehört, dass man mit englischem Gold durch die ganze Welt komme.
Für Südamerika tut man jedenfalls besser sich nicht darauf zu
verlassen. Im allgemeinen gilt der peruanische Silberpeso an der
ganzen Westküste, oder der nordamerikanische Dollar. Die Spanier
sind eben nun einmal keine weitblickenden, umsichtigen Geschäfts-
leute, und man könnte daran verzweifeln, ob sie es je noch einmal
werden.

Früh 7 Uhr war ich schon an Land gekommen; um 10 fuhr
der Zug nach der 120 km entfernten Hauptstadt. Die Wagen
waren gut und bequem, das Ganze ein nordamerikanisches Unternehmen. Nach Passieren des Brackwassersumpfes, in welchem ein
Negerdorf lag, fuhr die Bahn erst durch die Urwaldregion der
Niederung. Das war eine prächtige Fahrt so mitten durch das
dickste Grün, die Urwaldriesen von Schmarotzern überdeckt, unter
denen die Monstera mit ihren durchlöcherten Blättern besonders
häufig war. Als Unterholz sah man die gelb und rot blühenden
Strelitzien, Piperarten und die Rizinusstauden, daneben
Akazien usw. An einzelnen Stellen des Waldausschnittes waren
ungewöhnlich viel Schmetterlinge zu sehen, die dem langsam fahrenden Zug so nahe waren, dass man sich mit der grössten Bequemlichkeit von dem Eisenbahnwagen aus eine recht hübsche Sammlung
anlegen konnte. Da waren die grossen blauen Morphoarten,
die braunen Caligo, die unseren Zitronenfaltern ähnlichen Calli-
drias, die weissen gelbgetupften Anteos, die schwarzgoldroten

Heliconius und zahlreiche Papilioarten. Das Mittagessen wurde auf einer recht ansehnlichen Station Escuintla (330 m) eingenommen und war über Erwarten gut. Die kleine Stadt hat einen Ruf ihrer heissen Badequellen halber. Die nächste grössere Station war Palin, wo eine Unzahl hübscher junger Indianerinnen Früchte feilboten. Ihr Anzug war sehr malerisch: als Rock diente ein dickes dunkelblaues Tuch mit roten Fäden eingewebt, eng um den Leib geschlagen und durch einen Gürtel aus rotem Tuch festgehalten. Den Oberkörper hingegen bedeckte ein kleines weisses Jäckchen mit roten Ornamenten. Die frischen offenen Gesichter hatten alle den kindlichen, indianischen Ausdruck um die Augen, der Nasenrücken war mässig hoch, und an der Wurzel etwas breit. Die gelbbraune, leicht gerötete Haut passte trefflich zu der anmutigen Tracht. Leider waren sie so scheu, dass an ein Photographieren nicht zu denken war.

Jenseits von Palin hörte die leicht ansteigende ebene Urwaldzone auf. Die Wälder wurden dünner, es zeigten sich grosse Savannen, und Berge rückten mählich an die Bahn heran. Zwischen dem Gestrüpp und den Waldparzellen waren bald auch Kaffeepflanzungen zu sehen; Cordilyne und Kaktus begannen langsam in den Vordergrund zu treten, ferner Zuckerrohr und Mais. Um 4 Uhr hielt der Zug einige Zeit in Amatitlan, das an dem gleichnamigen 1200 m hohen, 15 km langen und 5 km breiten See gelegen ist, von den Vulkanen Agua und Fuego überragt. Beide haben durch je einen Ausbruch im Jahre 1541 und 1773 die ehemalige, jetzt verlassene Hauptstadt Antigua zerstört. Die Bevölkerung bot in Amatitlan Granatäpfel und die kleinen roten Azeirotas zum Verkauf. Zahlreiche heisse Quellen sieht man hier längs der Bahn dem Boden entsteigen, und an einer Haltestelle lag ein 20 m im Quadrat haltendes Bassin mit kochendem Wasser. Die Gegend wurde weiterhin immer schöner und grossartiger; grosse Täler öffneten sich, fast denen unserer Alpen vergleichbar, überall Fruchtbarkeit, Vegetation und — Vulkane. Um 6 Uhr abends traf der Zug in der 1450 m hoch gelegenen Hauptstadt Guatemala ein, wo ich mit den Herren Gautier zusammen in einem leidlich guten Gasthof, dem Hotel Rittscher abstieg. Noch am selben Abend lernte ich im Deutschen Klub meinen Landsmann Herrn Dr. Karl Sapper

kennen, welcher sich durch seine geographische und ethnographische
Erforschung Guatemalas sowie des übrigen Zentralamerika einen
Namen gemacht hat. Seit neun Jahren lebte er schon in Coban,
wo sein Bruder grosse Kaffeepflanzungen angelegt hat. Er war
gerade im Begriff, dahin abzureisen und lud mich ein, mit ihm zu
kommen, in die altertümer- und indianerreiche Gegend von Coban.
Ich musste meine ganze Energie zusammennehmen, um auch diesmal wieder stark zu bleiben, denn solch eine Tour in einer Gegend,
wo es keine Eisenbahnen und Strassen gibt, dauert immer Wochen,
wenn nicht Monde, denn weiter und weiter führt das Labyrinth der
wissenschaftlichen Forschung. Ich hatte mich aber mit den Herren
Gautier schon verabredet, zusammen auf Maultieren nach der Ostseite Guatemalas durchzudringen, und wir trafen deshalb dazu inzwischen unsere Vorbereitungen.

Während der drei Tage, welche diese Vorbereitungen in Anspruch nahmen, hatte ich reichlich Gelegenheit, die wenig Besonderes
bietende Stadt anzusehen, ja es war mir sogar noch möglich, den
dritten Tag, an dem Herr Sapper von dannen ritt, zu einem Ausflug nach dem Amatitlan-See zu benützen, um dort etwas Süsswasserplankton zu fangen. Da die Hauptstadt auf einer Hochebene
liegt, auf der Wasserscheide, fehlen ihr besondere landschaftliche
Schönheiten, und ihr Stolz, die Alameda, ein Park, „La Refor-
ma" genannt, kann sich mit Santiago in Chile nicht messen. Sie
ist hier im übrigen auch recht lang und entschieden grossartig angelegt, ja sie hat sogar einen recht hübschen Abschluss; denn am
Ende steht eine Art Ruhmeshalle mit dem Denkmal des ehemaligen
Präsidenten Barrios, welcher der liberalen Partei im Jahre 1872
über den Klerus zum Siege verhalf. Bis heute ist die liberale Partei
zwar herrschend geblieben, aber leider waren die Früchte nicht
entsprechend.

Eine zentralamerikanische Ausstellung, die gerade eröffnet
worden war, zeigte nur zu deutlich, wie verhältnismässig gering die
Erzeugnisse des Landes sind, wie gering die Fortschritte der Kultur.
Da waren neben den Pflanzungserzeugnissen als Kaffee, Kakao, Mais,
Tabak, Reis, Bohnen usw. nur noch einige hübsche Webereien von
Quezaltenango, ferner einige Bastflechtereien; San Salvador
zeigte Seidenwebereien, Nicaragua Kautschuk und Seide, Honduras

Indigo, das übrige war meist alles europäisch. An allen Ecken und Enden sieht man eben bei den spanischen Republiken Amerikas, dass eine Industrie durch eigene Kraft fast völlig fehlt, wie auch das Streben nach Wissenschaft und Kunst völlig erstickt ist. Sind das die Nachkommen eines Velasquez, Murillo, eines Lopez de Vega und Cervantes? Nein, es sind die Nachkommen der spanischen Eroberer, auf denen der Fluch ihrer Taten lastet! Möchte die Zeit nicht allzu fern sein, da sie mit der Vergangenheit brechen und nicht mehr mit den Boulevards von Paris liebäugeln. Sie haben die Kraft, es fehlt ihnen nur der Führer, ein strenges Regiment und das Bewusstsein, dass der Mann auch noch zu anderen Zwecken da ist als zur Stillung seiner tierischen Qualitäten. Wo hört man, dass ein Landesbewohner spanischer Abkunft oder gar die Regierung einer der Republiken sich um wissenschaftliche Erschliessung ihres Landes angenommen hätten, um die Rettung seiner kostbaren Altertümer? Fast alles in dieser Beziehung wurde durch Europäer oder Nordamerikaner getan. Dass ein Anlauf zur Besserung genommen ist, zeigte, dass zahlreichen Steindenkmälern ein Platz auf der Ausstellung gegönnt wurde. Freilich war nichts unter Verschluss, so dass durch Diebstahl vieles verloren gegangen sein mag. Aber der Begriff des Wertvollen bricht sich doch dadurch Bahn, und so mag man auch hier der Zukunft vertrauen.

Am Sonnabend waren die Verhandlungen wegen des Weitermarsches glücklich zum Abschluss gelangt. Ein Arriero, ein Maultiertreiber, hatte sich erboten, die Herren Gautier und mich in zwei Tagen nach El Rancho zu bringen, von wo die Bahn nach der Ostküste, nach Puerto Barrios führt. Er stellte sechs Maultiere, jedes zu 16 Sol pro Tag, für sich im ganzen extra 30 Sol und für seine Gehilfen 10. So zog denn am Sonntag den 11. Juli früh 8 Uhr die Kavalkade zu den Toren Guatemalas hinaus. Auf drei Maultieren sassen die Herren Gautier und ich, und die übrigen drei trugen unser Gepäck. Zwei Maultiertreiber liefen hinter den Tieren her, durch Peitschenhiebe dieselben unausgesetzt zum Laufen antreibend. Nachdem wir die schmutzigen Vororte passiert hatten, ging es durch eine tiefe Schlucht. Jenseits derselben hatte man noch einmal einen hübschen Überblick über die Stadt mit ihren

niederen weissen Häuschen und Kirchen in der weiten Ebene, im
Hintergrunde die Vulkane Agua und Fuego. Dann weiter durch
ein hügeliges grünes Land, streckenweise durch Eichen- und Kiefern-
wälder oder durch Gebüsche von Agaven und Guayaven, mit
Klematis und Ipomoea übergossen. Mittags wurde ein kleines
Frühstück in einem hübschen Rancho (siehe Bild 4) eingenommen,

Bild 4. Ein Rancho im Innern Guatemalas.

dessen Besitzer an einem Schlaganfall danicderlag, von seinen zwei
anmutigen Töchtern gepflegt. Als diese hörten, dass ich ein Doktor
sei, baten sie mich alsbald, nach ihrem Vater zu sehen. Ich untersuchte ihn und fand den Fall nicht hoffnungslos, bedeutete ihnen nur,
die verschriebene Arznei von Guatemala möglichst bald holen zu
lassen. Als ich den Mädchen noch weiter einiges über Pflege und
Ernährung auseinandersetzte und sie ermahnte, gut für den Alten zu
sorgen, legte die jüngere in ihrer kindlichen Unschuld einen Arm
um mich, wie als ob sie sagen wollte: „Bleib hier!" Aber draussen

scharrten schon die Mulas ungeduldig, denen der Arriero wieder das Gepäck aufgeladen hatte, und weiter ging's bald im Trab, bald im Schritt, bergauf, bergab im bunten Wechsel.

Die spanische Mischbevölkerung ist hier allenthalben bunt gekleidet, ähnlich den Indianern; sie zeigte sich recht gutmütig und selbst in dem verlassenen Innern verlässlich und gastfreundlich. Freilich wird einem allgemein geraten, wenn man jemand begegnet, namentlich so etwas abseits, den Revolver immer so zu tragen, dass ihn der compadre sieht, nur damit er weiss, dass man ein richtiger Hidalgo ist und sich nicht überrumpeln lässt. Hier ist das so Brauch bei Schützen. Von Indianern erblickten wir nur hin und wieder einzelne, welche schwere Lasten so trugen wie die Araukanerinnen ihre Kinder, stierähnlich, mit einem Band um die Stirne. Es wurde mir ganz wind und weh, wenn ich die Kerls so die sonnigen Berg-rücken hinaufsteigen sah. Ich hatte schon gerade genug, wenn der Arriero die Peitsche schwang und mein Tier, das gleichfalls unter meinem Gewicht litt, zum Traben anfeuerte. Ungefähr um die sechste Reitstunde hatte mich der zu kurze und mit Holzbuckeln ver-sehene spanische Sattel derartig durchgeritten, dass ich glaubte, auf Nesseln zu sitzen. Aber es half nichts, weiter trieb der unbarm-herzige Arriero, der auf meine Beschwerde, dass es mir weh täte, mit dem lakonischen Amerikanismus: „Como no, señor" ant-wortete. Gegen Abend gab er mich aber auf, und ich trottete allein hinterdrein, als es eine Stunde lang wohl an 1000 m tief hinabging, auf waldigen Felsstegen entlang, in eine Schlucht, durch die sich ein ca. 20 m breiter Fluss schäumend ergoss. Nur einige wenige Ranchos waren hier vorhanden. El Puente, die Brücke, heisst der Ort, da hier ein steinerner Steg in grossem Bogen über das Wasser führt, den Rio Plátanos. Er ist ein rechter Neben-fluss des Rio Grande, des Hauptflusses im östlichen Guatemala, welcher sich ins Caribische Meer ergiesst. Hier winkte Er-lösung! Es wurde abgesattelt. Da es sich in den Ranchos schlecht kampiert, so hatte hier in der Einsamkeit ein Amerikaner einige Segeltuchzelte aufgeschlagen, in denen einige Esels als Lagerstätte dienten. Mitten im Wald schliefen wir nach einem leidlich guten Abendessen einen wohlverdienten Schlaf, umschwirrt von Leucht-käfern, die den Wald wie Irrlichter durchschwärmten.

Am nächsten Morgen ritten wir selbst über die gewaltige Stein-
brücke, hinter der sich der Weg steil bergan windet. Lange stiegen wir
so, bis es wieder hinabging durch ein kleines Flusstal des Rio Zubi-
nal, in dem uns der Anblick vieler Kokos- und Fächerpalmen erfreute.
Noch einmal gab's eine geringe Höhe zu überwinden, dann gegen
Abend kam ein langer sanfter Abstieg in das Tal des Rio Grande.

Bild 5. Säulenkaktus bei Rancho de San Augustin. Geier am Pferdekadaver.

Die Strasse ist hier breit, auf den Seiten mit Säulenkakteen bestanden, weiterhin einzelne Bäume und Gruppen, parkähnlich anzuschauen, und über alles hinweg als ein schöner Abschluss der
herrliche Ausblick auf die nördlich des Flusses gelegenen Montes
de las Minas! Ein unvergessliches Bild! Ungefähr 400 m von
dem Fluss entfernt liegt der kleine Ort El Rancho de San
Augustin. (Bild 5.) Bis hierher war im Jahre 1897 der Bahnbau vorgedrungen, wenn auch noch nicht dem Verkehr übergeben,
welcher erst in Zacapa, ca. 40 km östlich, beginnt. Da von

El Rancho bis zur Hauptstadt die Entfernung nur ungefähr 80 km beträgt und besondere Schwierigkeiten keineswegs zu überwinden sind, so ist die Vollendung des guatemaltekischen Schienenstrangs, der die Ost- mit der Westküste verbindet, nur eine Frage der Zeit; freilich muss man bis zu deren Lösung Geduld haben. Ich glaube nicht, dass heute nach sechs Jahren die Bahn wesentlich über El Rancho vorgedrungen ist. Die Spanier haben Zeit; sie sehen es nicht ein, welch grossen Nutzen ihre Länder durch gute Verkehrswege erfahren würden. Wer weiss, was aus Guatemala schon geworden wäre, wenn es zeitiger den Bahnbau durchgeführt hätte; vielleicht hat derselbe nicht mehr jenen Nutzen, wenn er nach einer weiteren Spanne von Jahren allmählich vollendet wird. Was ging schon an Spannkraft, an Produktion durch eine solche Langsamkeit verloren. Es ist bezeichnend, dass am Beginn des 20. Jahrhunderts ganz Spanisch-Amerika nur an der dünnsten Stelle Panama-Colon eine durchgehende Bahn hatte, während Germanisch-Nordamerika trotz seiner Breite von ungefähr ein Dutzend Eisenbahnen durchkreuzt wird.

Das Land, das ich in den zwei Tagen durchritt, zeigte sich als fast noch völlig unausgenützt. Man sah eigentlich nur in der Nähe der Ranchos Mais- und Bohnenanpflanzungen, womit die Bewohner ihren eigenen Bedarf decken. Der Mais wird auf Steinen mit einer Walze zerrieben, das Maismehl mit Wasser zu Teig geknetet und dieser dann mit der Hand in Kuchen geschlagen, die gebacken das Hauptnahrungsmittel, die Tortillas abgeben. Die Bohnen aber werden zu einer Art schwarzen Suppe zerkocht, Frijoles genannt. Daneben bereitet man aus dem Mais mit Zucker ein dem süssen Apfelwein nicht unähnlich schmeckendes Getränk, fresco genannt. Während des heissen Rittes war es der einzige Trost in dieser Gegend, den ich überaus angenehm und kühlend fand. Kein Rancho, an dem ich nicht fresco gestammelt hätte, und meist nicht umsonst. Ferner fand sich in der Nähe der Wohnungen sehr häufig eine Art Grasbaum, dessen weisse im Mai erscheinenden Blüten, flor d'isote genannt, mit Eiern gebacken gegessen werden, ähnlich unserem Flieder. Seltener sieht man in dieser Gegend auch Platanen- und Kaffeepflanzungen; aber überall, auch in den liederlichsten Hütten, bekommt man einen guten, echten Kaffee zu

trinken, einfach so hergestellt, dass man eine Handvoll Kaffeemehl
in das siedende Wasser wirft und einige Minuten kochen lässt;
dazu gebraucht man den in Lande verfertigten nicht raffinierten
Zucker. Auch eine Art Kaffeeextrakt ist viel im Gebrauch, von
dem man einen Esslöffel voll in eine Tasse heissen Wassers gibt.

Während des Rittes durch die Wälder zwischen Puente und
Rancho fiel mir der grosse Reichtum an Vögeln auf, besonders
Tyranniden und Tauben zeigten sich allenthalben.

Auch die Flora war sehr vielfältig. Eichen und Kiefern zeigten
sich hier in den tiefer gelegenen Landesteilen nicht mehr, sondern
mehr die tropischen Pflanzen, vor allem Baumfarne mit teilweise
1—2 Fuss dicken Stämmen. Daneben sah man eine grosse Zahl
von Pflanzen wild wachsen, welche wir in unseren Gärten zu
züchten pflegen, und die sich vielfach auch als Unkraut über die
Inselflur des Stillen Ozeans ausgebreitet finden, so die grosse gelbe
Glocke Allamanda Schotti, die Spargelpflanze, Asparagus
plumosa, die Dracaena, Croton, Sida, Canna usw.

Beim Abstieg in das Rio grande-Tal aber waren es 5—10 m
hohe Säulenkaktusse der Cereusart, welche der Landschaft ein
eigenartiges Aussehen gaben.

Alle paar Tage einmal kommt ein Zug auf der noch unfertigen
Strecke von Zacapa nach Rancho betreffs Arbeiterverteilung usw.
Er nimmt aus Gnade auch Passagiere mit, und wir machten mit
Vergnügen von diesem Vorzuge Gebrauch. So wurde am Abend
nach unserer Ankunft ein solcher erwartet. Es drieselte langsam
vom Himmel herunter, als ich mich an den Holzschuppen lehnte,
welcher Stationsgebäude hiess. Hier duselte ich so bis morgens
um 3 Uhr auf einem Holzhaufen unter freiem Himmel, bis das
wilde Schnauben einer Maschine mich aus den Balken riss. Bald
sassen wir im Zug, der eine Stunde später nach Zacapa ging,
von wo er um 8 Uhr weiter talabwärts fuhr, immer am Rio grande
entlang, oder wie er nahe seiner Mündung auch heisst, Rio Motagua.
Wie im Westen, so war auch im Osten viel Urwald, dagegen
fehlte die Grossartigkeit der Andengegend hier natürlich völlig.
Eine Unterhaltung gewährte bei der herrschenden Hitze nur der
Fluss, auf dessen Sandbänken sich die Alligatoren sonnten.
Sobald die Spanier dieser Tiere ansichtig wurden, holten sie ihre

Revolver hervor und schossen vom fahrenden Zug aus auf dieselben.
In Ermanglung an etwas Besserem beteiligten wir uns natürlich
auch an diesem grossartigen Vergnügen. Was frägt man hier in
der freien Republik nach Jagdscheinen und Schiessverbot!

Puerto Barrios ist ein jammervoller Platz, der eigentlich
nur aus einem leidlichen Hotel besteht — Hotel del Norte
genannt — was allerdings just für uns das wichtigste in einer solchen
Gegend war, und aus einem Wohnhaus, welches dem Minister
Silvanus Miller gehörte. Dieser bot es aber um 40000 Pesos
zum Verkauf aus, da sein Mahagoniholzhandel nicht mehr so gut
zu gehen schien. Eigentlich hätte das etwas näher an Zacapa, am
selben Hafen gelegene Städtchen Santo Thomas der Endpunkt der
Bahn werden sollen. Aber das Land in Puerto Barrios hatte der
Präsident Maria Reina Barrios und sein Minister Silvanus Miller
vor dem Bahnbau gekauft — in Deutschland nennt man solche Leute
Träumer — und da wäre es doch sehr unrecht gewesen, wenn der Staat
das Land an einem anderen Platz einem anderen abgekauft hätte.
Denn was für eine „verdiente“ Familie die Barrios in Guatemala sind,
das sieht man doch aus der Ruhmeshalle in der Hauptstadt.
Hatte doch der Staat Peru den Silberminen seines Präsidenten zu-
liebe die 4800 m in die Höhe führende Orojabahn bauen lassen,
nur so ins dunkle Blaue der Anden hinein, um Silber zu holen,
obwohl er davon schon so viel hatte, dass die Einfuhr von peruanischem
Silbergeld im eigenen Lande verboten werden musste, während es
Chile und Argentinien noch nicht fertig gebracht haben, den
3800 m hohen Upsalattapass zu durchstechen, um ihre
Länder dem Weltverkehr zu eröffnen. Da spricht sich noch eine
Liebe des Volkes zu ihren Beherrschern aus! Wir kennen aber
aus der jüngsten Venezolanischen Vergangenheit ähnlicher Beispiele
genug, um zu verstehen, warum es mit den spanisch-amerikanischen
Staaten nicht vorwärts will!

Bei der Schönheit von Puerto Barrios war es unser heissestes
Begehren, möglichst bald weiter zu kommen. Zwei Linien verbinden
wöchentlich Puerto Barrios mit den Vereinigten Staaten,
die Matcheco-Linie mit New Orleans in Mississippi und eine
norwegische Dampferlinie mit Mobile in Alabama, letzteres
dicht bei ersterem gelegen. Während die New Orleans-Dampfer

nur Passagiere mitnehmen, denen der amerikanische Arzt in
Livingston einen Gesundheitspass ausgestellt hat, nahm die Ala-
bama-Linie die Untersuchung erst in Mobile vor, wodurch Zeit
und Geld erspart wird. Natürlich mit dem Norweger! So schlau
waren aber andere offenbar auch, denn der Dampfer war schon
voll besetzt. So blieb uns nichts anderes übrig, als am folgenden
Morgen nach Livingston zu fahren, das auch am G o l f   v o n
A m a t i q u e liegt, in dem Eck, das die Halbinsel Y u c a t a n mit
dem Festlande bildet. Ein kleines Dampferchen besorgt die tägliche
Verbindung, die in anderthalb Stunden erfolgt. Noch andere Ab-
gewiesene fuhren mit uns. Als die Herren Gautier und ich bei
dem amerikanischen Arzte gefragt wurden, woher wir kämen, sagten
wir nichtsahnend von San José de Guatemala, worauf der amerikanische Kollege erklärte, dass er uns dann keinen Reisepass geben
könnte, da dort das Gelbfieber ausgebrochen sei. Ich bot meine
ganze Beredsamkeit auf, um dem Herrn klar zu machen, dass
wir nur zwei Stunden in San José gewesen seien, zu dieser Zeit
noch fieberfrei, dass wir unbehelligt nach Guatemala gereist seien
und dort uns unterwegs längere Zeit aufgehalten hätten. Es half
nichts, er blieb starr und so unhöflich, wie ich es späterhin in
den Staaten noch oft erfahren musste. Erst verlangte er sogar,
wir sollten acht Tage in Livingston unter seiner Aufsicht bleiben,
damit er sehe, ob und wann wir das Fieber kriegten; aber ich
erklärte ihm, dass ich kleine Ausflüge machen müsste, um meine
Arbeitszeit auszunützen.

Obwohl Livingston auf erhöhtem Fels weit hübscher liegt als
Puerto Barrios, ist es im ganzen doch nur ein elendes Negerdorf,
wo die westindischen Afrikaner in lumpigen Bretterhäusern wohnen.
Es liegt westlich am Ausfluss des berühmten R i o   D u l c e, berühmt
durch seine Schönheit. Schon in Guatemala hatte man mich
ferner auf die bei Puerto Barrios gelegenen M a y a - R u i n e n von
Q u i r i g u á aufmerksam gemacht. Es liess sich vielleicht eine
Expedition nach den Korallenriffen an der Küste von B r i t i s c h
H o n d u r a s machen, nach den sogenannten Cays. Zuerst also
den Rio Dulce hinauf. Die Herren Gautier schüttelten zwar
etwas den Kopf zu meinen Plänen, aber sich im Hotel hinzusetzen
und zu warten, bis das gelbe Fieber kam, dazu hatten sie auch

keine Lust. Sie gingen in selbstloser Weise auf meine Pläne ein
und waren trotz mancher Unbequemlichkeiten, Schwierigkeiten und
Kosten stets die liebenswürdigsten Begleiter. Vom Doktor los-
gekommen, gingen wir sofort in das Hotel, wenn man eine Bauern-
schenke so nennen will. Sie lag dicht am Wasser, an der
abschüssigen Strasse, die vom Dorf oben nach dem Strand hinab-
führte. Es gelang, alsbald eines kleinen Dampfbootes, einer Art
Dampfpinass, habhaft zu werden, die sich erbot, uns den Rio
Dulce hinauf nach dem See Yzabal und zurück — für 75 Pesos
zu befördern. So fuhren wir denn nachmittags um 3 Uhr am
selben Tage den Fluss hinauf. Unmittelbar hinter Livingston beginnt der fjordartige Flusslauf. Die Höhen sind 100—200 m hoch,
nahezu senkrecht dem Wasser entsteigend und ganz mit Urwald
verdeckt, das Wasser selbst nur 2—300 m breit. Es war eine
idyllische Fahrt an diesen Hängen entlang, wo von den mächtigen
Bäumen die Lianen und Moose ins Wasser herabhingen und riesige
Farnwedel allenthalben durch das dunkle Grün lugten. Eine
feierliche Stille herrschte hier, nur selten durch den Schrei eines
Papageien oder den Ruf einer Taube unterbrochen. Aber nur eine
Stunde lang behielten die Flusswände diesen Charakter, dann wurden
sie allmählich niedriger, und das Bett verbreiterte sich zu einer Art
Lagune, die von zahlreichen flachen Inseln erfüllt war. Im Februar
und März sollen hier zahlreiche Schildkröten ihre Eier ablegen.
Allmählich schlossen sich dann die Ufer wieder näher zusammen,
und am Ende der dritten Stunde gelangte man durch eine Enge,
deren westliches Kap die Ruinen einer alten spanischen Feste San
Felipe zierten, in die grosse Lagune von Yzabal. In diese fliesst
der wasserreiche Rio Potochic, auf dem Flösse und flache Prähme
die Kaffeeerzeugnisse Cobans nach dem Meere schaffen. Diese
Flüsse schwellen zur Regenzeit bedeutend an und führen dann viel
Erdreich in die Lagune, so dass dieselbe allmählich ausflacht, obwohl
sie ein recht ansehnliches Wasserbecken ist, das über 40 km lang
und stellenweise 20 km breit ist. Ich fand in der Mitte, als wir
nach dem am Südufer des Sees gelegenen Orte Yzabal fuhren,
eine Tiefe von 19 m; eine wesentlich tiefere Stelle dürfte in dem
See kaum vorhanden sein. Der See ist sehr fischreich. Man sah
daher zahlreiche Pelikane, Comorane und Möwen; dagegen

waren auf der ganzen Fahrt hin und zurück keine Alligatoren zu
erblicken. Nach vierstündiger Fahrt von San Felipe langten wir bei
Nacht in Yzabal an und schliefen in dem Hause einer fetten
Negerin auf kümmerlichen Lagerstellen. Wie in Livingston, so
besteht auch hier die ganze Bevölkerung des kleinen Orts aus
Negern.

Die Umgebung des Sees ist keineswegs schön; niedrige Hügel-
reihen rahmen ihn ringsum ein, und die Gegend hat etwas Totes.
Jedenfalls möchte ich Touristen raten, nicht weiter als bis San
Felipe zu fahren; das genügt!

Als nach unserer Rückkehr der Quarantänearzt in Livingston
sich von unserem Wohlbefinden überzeugt hatte, fuhren wir am
folgenden Morgen früh um 6 Uhr mit der Dampfpinass nach
Puerto Barrios hinüber, um von dort um 8 Uhr mit dem Zuge
nach Los Amates zu fahren, in dessen Nähe die berühmten
Maya-Ruinen von Quiriguá sind. Wir waren tags zuvor in Yzabal
nur 20 km in der Luftlinie von denselben getrennt gewesen, aber
der Weg wurde uns allgemein als wenig empfehlenswert angegeben,
und so hatten wir uns leicht bewegen lassen, wieder nach Livingston
zurückzukehren und unten herum die bequeme Tour zu machen,
zumal da es uns ja an Zeit nicht gebrach, im Gegenteil dieselbe
absolviert werden musste. In fünf Stunden hatten wir die 65 km
Bahnstrecke bis Amates zurückgelegt, waren also um 1 Uhr dort.
Alsbald suchten wir nach Führern und fanden auch solche. In
einem grossen Einbaum fuhren wir dann eine kleine Stunde lang den
Fluss, an dessen linkem Ufer Los Amates liegt, hinunter. Als wir
in dem schwanken prähistorischen Kahn durch die Stromschnellen
des Flusses fuhren, in welchem wir wenige Tage zuvor die Alligatoren
liegen gesehen hatten, die wohl noch etwas durch unsere Revolver-
kugeln gereizt sein mochten, war uns durchaus nicht sehr behaglich
zumute. Wir begrüssten deshalb das Land diesmal besonders
freudig. Einige Ranchos standen an dem Orte, wo wir uns wieder
aufs feste Land begaben, auf der linken Seite des Flusses. Von
hier gingen wir eine halbe Stunde mitten durch den dicksten Urwald
und standen plötzlich vor einem Weltwunder. Mitten aus dem
Grün ragten hohe vierkante Säulen in das Laubdach empor, voll
der reichsten Steinreliefs. Die Steinsäulen waren meist 7 m hoch

und hatten 1 m im Quadrat. Fünf sah man auf einer Lichtung
stehen im Trapez angeordnet, und zwar so, dass die drei je 15 m
voneinander abständigen Säulen zweien 20 m voneinander getrennten
in 10 m Entfernung gegenüberstanden. Dass der Wald daselbst
gelichtet und die Bildhauerarbeiten so schön zu sehen waren, das
verdankte ich einem Vereinsstaatler, welcher einige Jahre zuvor
zu Forschungszwecken dieses alte Zeugnis der dahingegangenen
Mayakultur aufgenommen hatte. Wie die Steine früher aussahen,
zeigte eine in der Nähe liegende umgestürzte Säule, ein ca. 1 m
grosser Katzenkopf, eine Schildkröte, ein medaillonartiger Stein,
welche alle dicht mit Moos überzogen waren, nach dessen Entfernung die Figuren zum Vorschein kamen. Auch zeigten sich in
der Nähe mehrere niedere Pyramiden aus quadratischen Steinen
aufgebaut. Welche Pracht einst die ganze Anlage in ihrer Vollendung
entfaltet haben mag, davon kann man sich nach der Schönheit der
Steinmetzarbeiten einen Begriff machen. Meist zeigten die Säulen
vorn und hinten eine Götterfigur, das Gesicht voll, die Nase leicht
gebogen, in den dicken, fleischigen Händen staken kleine Menschen-
figuren, während auf den Füssen ein einem Tirolerhut ähnlicher
Aufsatz zu sehen war. Die Köpfe sind von mehreren, fratzenhaften
Angesichtern übertürmt und darüber dehnt sich ein Federdiadem
aus, das nach beiden Seiten hin in Blätter sich auflöst. Die beiden
anderen Seiten waren mit Maya-Hieroglyphen ausgefüllt. (Bild 6.)
  Eine feierliche Stille herrschte hier mitten im dichten Wald
bei diesen stummen Zeugen einer vergangenen Welt. Die Märchen
vom Dornröschen, vom verwunschenen Schloss tauchten aus der
Seele mit leisem Klingen wieder empor wie ein Traum aus vergangenen Tagen. Stumm sassen wir da, und jeder liess seine Gedanken, seine Phantasie spielen und liess sich von dem eigenartigen
Zauber der Vermischung von Sage, Kunst und Natur gerne gefangen nehmen. Als sich der Abend nahte, nahmen wir Abschied
von der Stätte und erreichten, in derselben Richtung, in der wir
gekommen waren, weitergehend, die Bahnlinie bei M. 56 von
Puerto Barrios. Auf der Bahn bis M. 59 zurückmarschierend,
kamen wir dann bald wieder nach Los Amates, wo wir auf der
Veranda eines Rancho in Hängematten übernachteten. Der folgende
Tag wurde durch die Rückfahrt nach Puerto Barrios vollständig

in Anspruch genommen, und zwar wirklich vollständig, denn da
der Lokomotive in Tenedores der Dampf ausging, musste diese
von neuem geheizt werden, so dass wir unser Ziel erst um $9^1/_2$ Uhr
nachts erreich-
ten. Da wir den
ganzen Tag fast
noch nichts ge-
gessen hatten,
begaben wir
uns in das
schonerwähnte
Hotel del
Norte, wo wir
aber schön an-
kamen. „You
come to late,"
sagte man,
„dinner is at
seven o'clock!"
Trotz unserer
rührendsten
Bitten war die-
sen Hotelhyä-
nen auch nicht
ein Stück Brot
zu entlocken,
und als ich
eine Sardinen-
büchse, das
letzte Über-
bleibsel der

Bild 6. Mayadenkmal bei Quiriguā.

Fahrt, für uns öffnete und wir uns anschickten, diese auf einem Stuhl
der Veranda als Tisch zu verzehren, wenigstens den Inhalt, da wollten
sie uns sogar noch dies unterbinden. Es war ja auch gerade Sonntag.
Dafür gab's aber an der Bar zu trinken, so viel man wollte. Nun,
mit der Beeinträchtigung betreffs unseres Sardinenmahles kamen
sie nun aber diesmal an die Rechten. Ich war gerade in der

Stimmung. Ich fing dermassen zu schimpfen an, wobei Amerika, Venezuela, Zivilisation, United States Whisky eine sehr breite Fläche einnahmen. Und erst als sie mich hinauszusetzen drohten, gab ich angesichts der Hotellosigkeit des Orts und des nahen Mangrovesumpfs nach. Als sie uns am andern Morgen die Rechnung präsentierten, mussten wir den ganzen Pensionspreis für einen Tag, 6 Pesos, bezahlen, für ein blankes Bett und einen Morgenkaffee. Mit einem unbeschreiblichen Blick, aber geschlossenem Munde verliess ich diesen Palast und empfehle ihn zukünftigen Besuchern auf das wärmste. Um Mittag müde in Livingston eingetroffen, folgte nun die letzte Tour, nachdem sich der Quarantänearzt wieder von unserem Dahinsiechen überzeugt hatte. Bei dieser Gelegenheit hatte der Herr die Gnade, sich mit mir in ein längeres Gespräch einzulassen, und als ich ihm auseinandersetzte, was für eine Zeitverlust mir durch sein Verfahren entstanden sei und ihm noch einmal erklärte, warum ich reise, sagte er plötzlich ganz erstaunt: „Ja, wenn ich gewusst hätte, dass Sie Marinearzt sind, hätte ich Sie nicht festgehalten." Ich drückte ihm gerührt die Hand, mietete mit meinen beiden Reisebegleitern zusammen eine Kutter, „Elite" genannt — er war auch danach — für 30 Pesos von einem Neger, um den Cays, den Koralleninseln einen Besuch abzustatten.

Von der Grösse und der Reinlichkeit des Fahrzeuges will ich lieber keine Schilderung entwerfen, um die Illusion eines selbstgemieteten Kutters nicht ganz zu zerstören. Ich kann nur versichern, dass das Boot wenigstens gedeckt war. Es wehte eine recht frische Brise über den Golf von Amatique, oder besser von Honduras genannt, als wir um 3 Uhr von Livingston absegelten. Aber der Weg bis zur Küste von Britisch Honduras hinüber nach dem Orte Punta Gorda war weit, und so kamen wir erst gegen 8 Uhr dort an und gingen auf der Reede zu Anker. An ein Land gehen war nicht mehr zu denken, denn wir lagen ziemlich weit ab, und es war auch allmählich eine recht tüchtige See aufgekommen. So hingen wir denn unsere Hängematten, so gut es in dem engen Raum ging, den der Neger cabin nannte, auf. Das Boot arbeitete recht unangenehm, und in der cabin war eine Menge wohlassortierter Gerüche. Kaum hatte ich mich hingelegt, so stürzte ich auch schon hinauf und blieb auf der niederen Heckreeling eine Zeitlang seekrank

liegen, mich mit den Wellen unterhaltend und die Cays verwünschend.
Noch mehr taten mir aber meine Begleiter leid, die ich zu einer
solchen Tour verleitet hatte. Am andern Morgen um 8 Uhr gings
wieder Anker auf, und nun kreuzten wir gegen einen recht heftigen
Nordost-Passat an, bis wir endlich gegen 2 Uhr an einer der Inseln
ankamen. Es war eine Sandbank von ca. 100 m Länge und 20 m
Breite, ganz mit Grün überzogen. Kokos- und Fächerpalmen,
Mangroven, Hibiskus, Cyperus und eine weisse Iridee
bildeten den Hauptbestand. Einige der Bäume sassen voll von
Orchideen. Das Wasser in der Nähe der Insel, namentlich
seewärts, war nur 1—2 Fuss tief; aber trotz eifrigen Suchens konnte
ich von einem eigentlichen Korallenriff weit und breit nichts entdecken. Dass die Insel aber doch einem solchen ihr Dasein verdankt, zeigte der flache Strand aus Tümmern von Madreporen,
Astraeaceen, Maeandrien usw. Am Nordoststrand befand
sich auch ein littoraler morscher frischer Sandstein, von braunem
Detritus durchsetzt.

Diese Cays gehören der ganzen Ostküste der Halbinsel Yucatan
an, und unzählige solche kleine Inseln begleiten dieselbe in 10
bis 20 Seemeilen Entfernung von der Küste, ohne dass eine zusammenhängende Riffkante sich auszubilden vermöchte. Die Gründe
hiefür sind verschiedener Art und liegen auf der Hand. Erstens
münden zahlreiche Flussläufe hier in das Meer, welche eine Barrenbildung hervorrufen, von der schon bei der Ankunft an der Westküste von Guatemala die Rede war. Das ausgesüsste Küstenwasser
fängt sich in der Bucht von Honduras und trägt viel Erde und
Sand ins Meer hinaus, so dass das keimende Korallenleben allenthalben erstickt wird. Nur an den Stellen, wo es tiefer wird, vermögen sich meerwärts Korallenrasen zu bilden, deren Kalktrümmer
durch Gegenwirkung von Brandung und Gegenstrom (Barren) oder
durch Stürme die Inseln, die Cays, bilden. Ein zweiter hemmender
Faktor ist aber zweifellos auch der Mangel eines ausgiebigen Ge-
zeitenwechsels, worauf ich bei der Bildung der Korallenriffe der
Hawaiischen Inseln noch zurückkommen werde. Jedenfalls sind die
Cays sehr armselige Gebilde, wobei freilich mitgewirkt haben mag,
dass mein Besuch in die Zeit der Quadraturen fiel, wenn die schon
ohnedem so geringe Gezeit keine Niveauunterschiede hervorruft.

Wir fanden nun die Umgebung der Insel sehr reich an Tieren, insbesondere an Seehasen (Aplyzia) und Schnecken (Fusus, Strombus usw.), welche die Grösse von 1 Fuss erreichten, Hornschwämmen, Seesternen, Seeigeln usw. Welche der Cayinseln diese war, konnte ich nicht sicher ausmachen, da es mit der Navigation unseres Negers etwas bedauerlich stand, aber ich glaube, dass es die südlichste der Snake Islands ist.

Um 3 Uhr fuhren wir vor dem Winde wieder nach Punta Gorda, wo wir um 6¹/₂ Uhr anlangten und die Nacht wieder verbringen mussten. Ich weigerte mich aber diesmal, an Bord unserer Jacht zu schlafen, und so zogen wir denn an Land, um dort in der Hütte eines Negers untergebracht zu werden. Wir hingen unsere Hängematten hier an den Balken des Inneren auf und verfielen bald in wonnigen Schlaf.

Als der Tag graute, wachte ich trotz meiner Müdigkeit durch ein ungewohntes Geräusch auf, obwohl ich noch recht schlaftrunken war. Ich konnte durch das übergehängte Moskitonetz hindurch und aus der Tiefe der Hängematte heraus nicht mit den Augen ausmachen, was es war, aber ich erinnerte mich doch bald durch das öfter sich wiederholende Spucken und das darauffolgende taktmässige Wischen, dass das nur ein mit dem Wichsen von Schuhwerk beschäftigtes Individuum sein konnte. Ich hatte am Abend vorher — ich erinnerte mich deutlich — meine Schuhe direkt unter meiner Hängematte auf den Estrich gestellt; das Geräusch war gerade unter mir. Dank dir, Neger, du sollst fürstlich belohnt werden! Seit der Abreise von Guatemala Stadt war das Paar Schuhe, das ich mitgenommen hatte, nicht mehr gereinigt worden. Im höchsten Gefühl der Befriedigung drehte ich mich um und schlief bald wieder ein, im Traum umgaukelt von ein Paar blank gewichsten Stiefeln. Aber wer beschreibt mein Entsetzen, als ich nach einem erquickenden Morgenschläfchen unter mich blickte und drunten meine Schuhe genau so rot stehen sah, wie ich sie am vorhergehenden Abend hingesetzt hatte. Ich überzeugte mich bald, dass der Gastwirt zwar seine eigenen, wohl zur Feier des Tages geputzt hatte, aber nicht die meinen. Sprachlos stöhnte ich, auf dieselben mit dem Finger hindeutend und dann auf die seinen, worauf er in fliessendem Festtagsenglisch „Yes" antwortete. Dabei blieb's

auch. Der Bootsführer kam und ermunterte zur Weiterfahrt, und
bald waren wir wieder im alten Zeug, und nach einem kräftigen
Frühstück, dem üblichen guten Kaffee, frischen Eiern und Speck,
fuhren wir mit frischem Wind nach Livingston zurück, wo wir um
1 Uhr wieder eintrafen. Wir machten einen rührenden Abschieds-
besuch bei unserem Quarantänearzt, der uns beglaubigte, dass wir
nicht am gelben Fieber erkrankt waren. Schade, dass er uns zur
Sicherheit nicht noch acht Tage festhielt, denn um soviel später
kam dasselbe wirklich nach Livingston. Ich holte meinen Pass, mein
Movimiento maritimo, vom Commandante del Puerto und war nun
bereit für den Dampfer nach New Orleans, der am folgenden
Morgen fällig war. Endlich war ich dem Erlösungsort San Francisco
nahe, dem Tore des Pacific.

Über New Orleans und San Francisco nach Hawaii.

War ich in den verflossenen Monaten auch nahezu stetig am
Rande des „Grossen" pacifischen Ozeans längs gefahren, so gelang es
mir doch erst von San Francisco aus, in das Herz desselben vorzudringen, und zwar, wie ich schon oben betonte, aus dem einfachen
Grunde, weil sich an der ganzen Westküste des langen amerikanischen Kontinents nirgends eine Fahrgelegenheit nach den Südseeinseln bot. Man hatte es mir zuvor gesagt, dass es so kommen
werde, und ich hatte mich auch darauf gefasst gemacht. Aber ich
hoffte doch im stillen auf ein gütiges Geschick, das mir in irgendeinem der Häfen irgendein passendes Fahrzeug in den Weg werfen
würde; eine Barke, ein Schoner, ja selbst ein Kutter schien mir
köstlich, an einen Dampfer, ein Kriegsschiff oder eine Jacht wagte
ich nicht einmal zu denken. Nichts ist bezeichnender für die Kultur-
zustände jener spanisch-amerikanischen Länder als das Fehlen jeg-
licher expansiver Handelsbeziehungen, die sich eben bei der nahezu
vollständigen Produktionslosigkeit nicht aufrichten lassen. Welch
ein ungeheurer Unterschied zwischen Valparaiso, dem Handelsemporium des Südens, und San Francisco, der Beherrscherin des
Nordens, und wenn erstere Stadt trotzdem sogar im Verhältnis betrachtet noch eine gewisse Bedeutung beanspruchen darf, so verdankt

sie dies gewiss nicht zum mindesten der rastlosen Tätigkeit der germanischen Nationen.

Es ist eine alte abgeblätterte Tatsache, dieses Hinsiechen der spanischen Kulturelemente, die an die lendenlahme Gestalt eines seine Jugend allzu genusssüchtig verlebthabenden Greises erinnern könnten, wenn nicht einzelne, leider nur zuweilen hervortretende kräftige und sympathische Gestalten an ein besseres Können gemahnten. Aber Gewohnheit, System, Sitte und Überlieferung sind Momente in der Völkergeschichte, an denen der Wille des einzelnen scheitert, wenn er nicht von gigantischer Grösse ist und wenn nicht ein glückliches Geschick helfend beitritt.

Solche Reflexionen anzustellen hatte ich genugsam Zeit, wenn ich von Ort zu Ort geworfen, Tage um Tage gewissermassen nutzlos zubringen musste, fast von dem einzigen Streben beseelt, weiter und meinem Ziele näher zu gelangen. Und als ich in das Gebiet der nordamerikanischen Staatenunion eintrat, da drängten sich die Vergleiche zwischen den beiden grossen amerikanischen Kulturrassen Schritt um Schritt auf. So gross sie sind, so berührten viele gemeinsame Charakterzüge namentlich unter den Völkern der Westküste doch so eigentümlich, dass ich mich des Staunens nicht erwehren konnte. Vor allen Dingen führt man hier Klage über eine gewisse Bestechlichkeit des Beamtentums und über eine oft ans Laszive grenzende Leichtlebigkeit der besseren Gesellschaft, beides sind Eigenschaften beider Rassen, die wir in Europa entweder gar nicht oder doch nur in milderer Form zu sehen gewohnt sind. So lächerlich es klingen mag, es gibt sich der Kulturzustand hier sogar in der Behandlung der Schuhe kund. Denn in nahezu ganz Amerika werden die Schuhe nicht zu Hause, sondern auf der Strasse gereinigt. Im ganzen ist dies eine romanische Eigentümlichkeit, die man übrigens auch bei den orientalischen Völkern findet, kurzum überall da, wo man kein zuverlässiges Dienstpersonal hat. Obwohl man nun eigentlich gerade hierüber in den Vereinigten Staaten nicht klagen kann, scheint man diese Eigenart namentlich im Westen der Union aus der ehemaligen spanischen Zeit mit herübergenommen zu haben. Ist sie hier indessen keineswegs von tragischer Bedeutung, so sind ihre tieferen Gründe in den südamerikanischen Ländern wahrhaft erschreckend.

Schlafen doch dort die besser situierten Klassen bis spät in den
Tag hinein und die Dienerschaft natürlich auch in treuer Nach-
ahmung. Nachdem der Frühkaffee etwas spät im Bett eingenommen
ist, erhebt sich der Herr des Hauses und wandelt alsbald stolz in
Schlafpantoffeln in die gute Stube, wo alles noch so wie am vorhergehenden Tage liegt. Im Schlafzimmer aber ist's dumpf und trübe,
denn alle Naturnotwendigkeiten der vergangenen Nacht finden sich
im Nachttisch verschlossen oder gar im freien Zimmer in dem bekannten Gefässe stehend und ein fragrantes Parfüm von Mille fleur
oder Moschus lagert in dunstiger Atmosphäre über dem durch-
wühlten Pfühl. Neben dem Gefässe aber thronen in friedlicher
Ruhe ein Paar Schuhe, noch in selber Position, wie sie der stolze
Caballero in der vorhergehenden Nacht je nach Laune oder Geschick hingesetzt hatte. Dem Neuling könnte es scheinen, dass sie
geputzt sind; der Kenner aber weiss, dass es Lackschuhe sind, die
der nun zum Ausgehen sich ankleidende Herr mit einem geschickten
Griff erfasst. Ein Spuck, eine Socke und es entfaltet sich ein
Glanz, in dem sich der Künstler mit Wohlgefallen spiegelt. Wenige
Augenblicke später wandelt er nach der Alameda, innerlich zufrieden, das sieht man ihm an, denn unablässig, wenn auch mit Intervallen, schweift sein Blick hinab, an dem Glanz und der schlanken
Form der Füsse sich weidend. Regnet es aber, oder ist es gar
schmutzig, so kehrt er alsbald wieder um oder geht zu einem
Freunde; denn was könnte ihm Schrecklicheres passieren, als wenn
die Schuhe schmutzig würden. So ist das Leben vieler dieser
Menschen, und wenn ich, einem Sezessionisten vergleichbar, etwas
krasse Farben gewählt habe, so ist das Gesamtbild doch ein lebens-
wahres. Wir brauchen aber gar nicht so weit zu gehen, das herrliche
Italien bietet uns leider auch manchen unliebsamen Einblick in
solche Verhältnisse. Natürlich sind es immer nur gewisse korrum-
pierte Gesellschaftsklassen, aber diese dafür dann auch in sprossen-
der Fülle. Wem ist es nicht schon aufgefallen, der Süditaliens
sonnige Gauen durchwandelte, dass er nirgends einen Spaziergänger
der besseren italienischen Gesellschaft antraf? Man mag die Ursachen
dafür suchen, wo man will; geht man der Sache auf den Grund, so
ist es das Schuhwerk als pars pro toto, das jene Menschen zu Sklaven
macht. So tief kann der Mensch sinken — bis auf das Schuhwerk.

Wenn ich nun in dieser unglücklichen Schuhaffäre vorher einen Vergleich zwischen den romanischen und germanischen Bewohnern Amerikas zog, so bezieht sich dies hauptsächlich nur darauf, dass beide Teile sich vielfach mit Vorliebe und unter dem Zwang ihrer häuslichen Verhältnisse ihre Schuhe von eigens hierin arbeitenden Stiefelputzern auf der Strasse putzen lassen, meist auf einem hohen Thron, von dem aus man wohlbefriedigt auf die vorbeiwogenden Massen schaut. Denselben Vorwurf aber gegen die Nordamerikaner in bezug auf das Spazierengehen anzuwenden, wäre falsch, denn diese lieben die Natur nicht minder, als es ihre englischen und deutschen Brüder allenthalben tun. Davon kann man sich in New Orleans, in Westend und San Francisco beim Cliffhouse deutlich überzeugen. Doch genug der Abschweifung.

Ich will in kurzen Zügen die Reise skizzieren, die mich von Guatemala aus nach diesen Städten führte, um dann rasch weiter nach meinem eigentlichen Reiseziel, den Südseeinseln, zu wandern. Am 22. Juli 1897 hatte ich mich früh um 7 Uhr auf den amerikanischen Dampfer „Stillwater" der Matscheco-Linie begeben, welcher mich in allem an die oben geschilderte „Titania" erinnerte. Nach dem kurzweiligen, aber zeitraubenden Quarantäneaufenthalt in Livingston war ich aber doch froh, überhaupt wieder an Bord zu sein und vorwärts zu kommen. Ich liess mich sogar nicht in meiner Freude stören, als meine Mitpassagiere, unter denen, wie die Sache lag, glücklicherweise keine Dame sich befand, in Hemdsärmeln zu Tisch kamen und während und nach der Mahlzeit etwas lauter, als es absolut nötig war, mit der Zunge schnalzten und rülpsten. Ich wunderte mich anfangs, dass niemand bei Tisch etwas an Getränken zu sich nahm, denn auf den drei deutschen Dampfern, auf denen ich eben erst gefahren war, war dies durchaus Sitte gewesen. Mit Zagen bestellte ich denn auch zur Hauptmahlzeit eine Flasche Bier, denn ich hatte das Gefühl, dass man das von mir als Deutschen verlangte, german und Bier sind für einen Engländer unzertrennlich. Meine Reisegefährten begnügten sich stets mit Wasser, was mir entschieden bedenklich war. ich witterte ein Verhängnis. Dieses trat denn auch am folgenden Tage ein, indem mir der Steward erklärte, dass die gestrige Flasche die letzte gewesen sei. Auch an Whisky war nichts mehr vorhanden, so

unglaublich dies klingen mag, und so war ich denn zum erstenmal
in meinem Leben dazu verdonnert, eine Reihe von Tagen und noch
dazu im tropischen Klima ohne einen Tropfen Alkohol zuzubringen.
Ich bin nie ein Trinker gewesen und meiner Korpsfuchsenzeit denke
ich heute immer noch mit einer gewissen Beklemmung, obwohl ich
mit meinen Fuchsmajor recht gut stand, aber zwangsweise für
einige Zeit völlig abstinent leben zu müssen, berührte mich doch
schmerzlich. Ich ahnte freilich nicht, wie rasch sich das ändern
sollte. Als ich in New Orleans an Land stieg, hatte ich persönlich — auf fremde Versicherungen hatte ich bis dahin nicht viel
gegeben — die Erfahrung gemacht, dass sich ohne Alkohol im
tropischen Klima nicht allein gut auskommen liesse, sondern dass
man sogar dabei besser fahre. Dass man zugleich dadurch um ein
Bedeutendes billiger lebt, namentlich im Auslande, wo eine Flasche
Bier meist 1,50 bis 2,00 Mark kostet, braucht nicht näher bewiesen zu
werden. So wurde mir der Name dieses Schiffes, „Stillwater",
den ich anfangs mit einer gewissen Scheu als etwas Unbekanntes
betrachtet hatte, zum Verhängnis und Heil. Denn ich glaube
nicht, dass ich die schweren Strapazen, die ich späterhin auf den
Inseln durchzumachen hatte, so gut ertragen hätte, wenn ich mich
nicht während derselben gänzlich frei von Alkohol gehalten hätte.

Abgesehen von diesen internen Schiffserlebnissen bot die Fahrt
nichts Besonderes. Am Tage der Abfahrt wurden noch einige
Häfen an der Küste von Britisch Honduras angelaufen, Punta
Gorda, Monkey River usw., wo allenthalben Bananen geladen wurden,
und dann am folgenden Tage die Hauptstadt dieser englischen
Kolonie, Belize. Das hier schon völlig flache Land, woraus der
Norden Yucatans besteht, war mit dichten Mangrovebüschen
umgeben, und so zog ich es vor, bei dem ohnedies recht kurzen
Aufenthalt, lieber unter meinen teuren Bordgenossen zu bleiben.
Bald ging es denn auch durch einen geräumigen Kanal durch das
hier einen breiten Gürtel bildende Barrierenriff hinaus ins blaue
Meer und dann zwischen der Barriere und dem grossen Turneffe-
atoll nordwärts. Da ich speziell der Korallenriffe halber nach der
Südsee fuhr, so interessierten mich diese Korallenbildungen natürlich gar sehr. Ich war aber sehr erstaunt, so wenig von denselben
zu sehen. Den Aufschluss darüber sollte ich erst zwei Jahre später

bekommen, als ich an Bord S. M. S. „Stosch" Westindien zu besuchen Gelegenheit hatte, vornehmlich die Küste von Venezuela und die Insel Curaçao.

Nichts von den grossartigen Riffbildungen, wie sie die Südsee aufweist, war hier zu sehen. Der nackte Korallenfels ragte zumeist ziemlich senkrecht 1—2 Fuss aus dem Meere empor, und höher stieg derselbe am lebenden Riff überhaupt nicht an. Manche Faktoren mögen hier auf die Riffbildung hemmend einwirken, einer ist zweifellos die geringe Höhe der Gezeit, welche im Caraibischen Meer vorherrscht, und ein weiterer die matteren Wirkungen eines Binnenmeeres, das sich dem Grossen Ozean nicht an die Seite zu stellen vermag. Ich will mich indessen hier bei der Korallenrifffrage nicht länger aufhalten, deren ich bei Hawaii und Marshallinseln noch eingehend gedenken werde.

Am 24. Juli passierte das Schiff früh die flache, bewaldete Insel Cozumel und mittags kam die flache Küste von Yucatan in Sicht. Das Meer war spiegelglatt und tiefblau und blieb so, bis am 26. Juli plötzlich früh um 7½ Uhr die Farbe sich mit einem Strich in grün verwandelte[1]. Ebenso rasch war dreieinhalb Stunden später der Wechsel zwischen grün und braungelb. Zwanzig Minuten danach war das Schiff im Delta des Mississippi.

Es berührt eigentümlich, wenn man zwischen den Dämmen dahinfährt, welche die Ausläufer dieses Deltas bilden; als ob sie von Menschenhänden aufgeführt wären. Nirgends in der Welt, glaube ich, selbst nicht im Nildelta, finden sich diese pseudopodienähnlichen Fortsätze so scharf ausgeprägt wie hier. Das gelbe Wasser, das, wie ich eben angab, 20 Minuten weit hinausreichte, zeigt zur Genüge an, wieviel Sediment der Fluss mit sich führte, und dies im Juli, als die Zeit der Überschwemmungen vorüber war. Wieviel mehr also, wenn die mächtigen Wasser des Mississippi in reissendem Strom alles überschwemmen und mit Sediment bedecken. Diese Überschwemmungen scheinen mir für die Deltabildung dasselbe zu bedeuten wie die Stürme für die

---

[1] Die scharfe Grenze entsteht dadurch, dass schmutziges Süsswasser durch die Berührung rasch sich klärt. Man mache den Versuch mit zwei Flaschen Wasser, nachdem man in der einen einen Löffel Kochsalz aufgelöst hat. Gibt man in beide etwas tonige Erde, so wird sich die Salzwasserflasche rascher klären.

Koralleninseln. Was unter gewöhnlichen Verhältnissen erst in Jahrzehnten sich bildet, schafft die entfesselte Naturgewalt in wenigen Augenblicken. Wie im allgemeinen ein Delta, ein Schwemmland entsteht, wird kaum jemand fragen. Und doch sind die Ansichten über die Entstehung der Flussdelta in wissenschaftlichen Kreisen noch nichts weniger als geklärt. Die Meinung vieler, dass eine kräftige Gezeitenbewegung der Deltabildung hinderlich sei, wird von anderen heftig bekämpft. Und doch finden wir die ausgebildetsten, die vorgeschobenen Delta zweifellos in stillen Meeren, wie z. B. das des Mississippi, das der Rhone, des Po, des Ebro, und das sekundär vorgeschobene des Nil. Auch die Wolga in der Kaspischen See und vielleicht auch der Dnjepr und die Donau im Schwarzen Meere könnten hierfür als Beispiele herangezogen werden, während z. B. der Rhein der eigenartigen gleichförmigen Nordseestrandbildung halber nicht in Vergleich gezogen werden darf. Dem gegenüber führt man an, dass an derselben Küste Flüsse mit und ohne Deltabildung auftreten, wie z. B. Orinoco und Amazonenstrom, Lena und Jenissei, Sambesi und Limpopo, Ganges und Indus usw. Diese Beispiele scheinen mir aber wenig stichhaltig und glücklich, ebenso wie ich mich für die Annahme des bekannten Greifswalder Geologen Credner, welcher die beste kritische Arbeit [1] über Delta geschrieben hat, nicht erwärmen kann, dass Niveauveränderungen, und zwar positive (Hebungen) offene Flussmündungen erzeugen, während negative (Senkungen) zur Deltabildung führen. Es scheint mir auch hier wie bei der Darwinschen Senkungstheorie betreffs der Entstehung der Riffatolle die Niveauveränderung als ein Ausfluchtsmittel herangezogen, als andere Erklärungsmethoden nicht befriedigten. Je mehr man aber alle diese Bildungen an Ort und Stelle praktisch studieren wird, je länger man sich mit einer Aufgabe beschäftigt, je mehr man Material zusammenbringt, desto näher wird man der Lösung einer solchen Frage treten. Sicher aber wird jeder, der diese Forderungen erfüllt, wenn er selbst nicht zu einem sicheren Ziele gelangt, sehr vorsichtig mit bestimmten Äusserungen sein und Beweise erst dann erbracht sehen, wenn ausreichende und um-

---

[1] R. Credner, Die Deltas. Gotha 1878. Ergänzungsheft No. 56 zu Peterm. Geogr. Mitteilungen.

fassende Forschungen über lange Zeit und allseitig angestellt sind.
Für die Deltafrage wird man verlangen müssen, dass man die
Wassermassen eines Flusses kennt, namentlich während der Über-
schwemmungsperiode, wieviel Sediment er in einem Kubikmeter
während dieser und während der Trockenperiode führt, die geologische
Beschaffenheit der Landesteile, die er durchfliesst, die Niederschlags-
mengen auf den verschiedenen Stellen des Laufes, die Beschaffenheit der Küste, die Tiefe des umgebenden Meeres, die Höhe der
Gezeit, ihre Strömung, die vorherrschenden Winde usw. — und alles
dies möglichst in jahrelanger Beobachtung.

Von der Grösse eines solchen Deltas kann man sich einen
Begriff machen, wenn man bedenkt, dass wir um $11^1/_2$ Uhr vormittags in das Delta einliefen und erst abends um 9 Uhr am
„Knopf des Fächers" in New Orleans eintrafen. Wem fällt dabei
nicht Kairo ein, dem es vergönnt war, diese Glänzende zu sehen
„der Diamantknopf am Griffe des Deltafächers"? Freilich so schön
wie Kairo ist New Orleans lange nicht, ja ich sollte es besser in
diesem Vergleich gar nicht nennen, aber sicher ist es hier ebenso
warm wie dort, denn 30^0 nördlicher Breite und Juli sind zwei Faktoren, die dieselben Wirkungen hervorbringen. Auf dem Schiffe
war es demgemäss drückend heiss, und als dasselbe am Bollwerk
festgemacht hatte, suchte ich schnell das Land zu gewinnen. Aber
so rasch ging es nicht. Nicht etwa, dass die Gesundheitsbehörde
Schwierigkeiten gemacht hätte; dieselbe hatte das Schiff schon am
Eingang zum Delta kurz aber genau untersucht. Vielmehr waren
es die Herren vom Zoll, die ich in ihrer ganzen tragischen Grösse
im freien Amerika kennen lernen sollte, nicht allein hier, sondern
auch einige Tage später in San Francisco, und zwar dort in für mich
noch weit empfindlicherer Weise.

Als ich in New Orleans an Land wollte, hiess es, dass die
Zollbeamten während der Nacht nicht arbeiteten und dass wir bis
zum kommenden Morgen zu warten hätten. Abgesehen davon, dass
ich so die Möglichkeit verlor, mit dem Abendzug nach dem Norden
zu dampfen, wurde ich dadurch auch genötigt, in einer unmöglichen
Temperatur und unter den unvermeidlichen Bollwerksgerüchen noch
eine Nacht an Bord zuzubringen, die zu den lieblichsten in meiner
Erinnerung zählt. Um sich gänzlich die Lage klar machen zu

können, muss man sich denken, dass man zu zweien in einer
Klavierkiste liegt, die in einem römischen Dampfbaderaum untergebracht ist. Dass ich unter obwaltenden Umständen den bald
nach 8 Uhr am andern Morgen erscheinenden Zollbeamten nicht
mit der liebenswürdigsten Miene entgegentrat, kann man begreifen,
war ich doch diesmal in Anbetracht meines kleinen Handkoffers mit
dem Stolz eines Spaniers gewappnet. Die höfliche Frage eines
zweifellos etwas schuldbewussten Mitglieds der Zollklasse, ob ich
etwas Verzollbares habe, wies ich mit den Worten zurück: Öffnen
Sie und sehen Sie selbst! Antwortet man nämlich auf ihre erste
Frage nein! so pflegen sie zu sagen: Swear! Schwören Sie! Auf
die feierliche Versicherung: I swear! folgt dann das unabwendbare
Öffnen Sie! Der zum Tode Erschrockene öffnet mit zitternden
Händen, denn er ist nun völlig in der Macht dieser Zollhyänen,
die nach Belieben etwas Zollpflichtiges finden können! Das Unglück
mit dem Meineide pflegt allerdings in dieser neuen Welt nicht sehr
gross zu sein. Er kostet in den verschiedenen Staaten der Union
verschieden viel, in San Francisco z. B., wie mir erzählt wurde,
5 Dollar (20 Mark). Findet also der Zollbeamte z. B. eine Zigarre,
so pflegt er zu rufen: Five dollars! Man entrichtet sie dann am
besten alsbald und zieht gesühnt von dannen.

Man sieht, dass man ohne eine gewisse Reisegewandtheit hier
nicht ungerupft durchkommt. Unseren Zolltag, den 27. August,
verbrachte ich durch Vermittlung der liebenswürdigen Zollbehörde
in New Orleans, welche Stadt nichts weniger als schön ist. Am
Abend begab ich mich beizeiten auf den Bahnhof der Sunset-Linie.
So nennt man die Southern Pacific Railway, welche New Orleans
und San Francisco direkt verbindet. Die Tour dauert vier Tage und
vier Nächte; da man sie aber in den weltberühmten Pullmann Cars
zubringen darf, so schreckte sie mich nicht, Eile war ja auch geboten. Ich versicherte mich gleich, wann der erste Dampfer von
San Francisco nach den Südseeinseln ging, kaufte demgemäss alle
neuesten Zeitungen aus San Francisco auf, und da fand ich denn
alsbald auch eine Notiz, dass am 1. August zum erstenmal ein
Dampfer zwischen San Francisco und Tahiti fahre, und dass diese
Dampferroute, wenn sie sich bezahlt mache, künftighin aufrecht erhalten werden solle. Mir ging der Atem aus vor Freude. Heute

der 27. Juli, vier Tage Fahrt, also Ankunft am 31. abends. Das
reichte ja aus. Dass allerdings der erste ein Sonntag war, verursachte mir Beängstigung, denn mein von San José de Guatemala
aus abgesandtes Gepäck lagerte ja in San Francisco. Aber das
muss sich ja doch arrangieren lassen. Im Augenblick waren alle
Schönheiten Nordamerikas, das grosse Cañon, die Felsenstädte
der Indianer in Arizona usw. für mich gegenstandslos geworden.
Der Gedanke, in 18 Tagen auf den Marquesas-Inseln oder in
Tahiti sein zu können, nahm mich vollständig gefangen. Ich löste
also ein direktes Billet erster Klasse nach San Francisco und begab
mich um 8 Uhr in meinen Pullmann Car. Über diese Eisenbahn-
tour brauche ich kaum einige Worte zu verlieren. Am 28. ging
es durch die weiten Ebenen von Texas, durch zahllose deutsche
Ansiedlungen hindurch. Vielleicht fuhr ich in nächster Nähe an
unserer alten Köchin vorbei, welche an zwanzig Jahre im Hause
meiner Eltern treu geschaltet und gewaltet hatte, sich dann verheiratete und mit ihrem Manne nach Texas ausgewandert war.
Zwei Tage ging es so weiter bis El Paso, welches an der Grenze
von Texas, New Mexico und Alt Mexico liegt. Zu dem
Schmerz, hier aus dem Wagen geworfen zu werden und einen neuen
Zug suchen zu müssen (in Amerika nennt man diese Bequemlichkeit „durchgehender Zug") gesellte sich noch der, dass die Scheide-
stunde von meinen Reisegenossen Gautier Vater und Sohn schlug.
Sie wandten sich nun nordwärts, um dann über New York nach
Frankreich zu reisen. Seit Mollendo, wo die beiden Herren am
9. Juni an Bord kamen, bis zu diesem Tage, hatten wir Freud
und Leid geteilt. Ich erinnerte mich mit Bangen, wohin ich überall, um meinem Wissensdurst zu genügen, den bejahrten, aber allerdings sehr rüstigen, Herrn Gautier Vater geschleppt hatte, und wie
er immer trotzdem von der gleichen Liebenswürdigkeit gewesen
war. Ein Händedruck in der Eile des Wagenwechsels, und beide
Züge rollten nach wenigen Minuten auseinander, der eine Reisende
heimwärts ins Vaterland, der andere hinaus ins Ungewisse. Und
als ich wieder im Wagen sass, dachte ich darüber nach, wie
wunderbar das Geschick oft die Menschen zusammen- und wieder
auseinanderführt. Man lernt sich kennen und schätzen und trennt
sich wieder — vielleicht auf Nimmerwiedersehen.

War die Fahrt bis hierher zwar langweilig, aber wenigstens
verschönt durch meine angenehmen Reisebegleiter gewesen, so begann sie von nun ab schrecklich zu werden. Die folgenden Tage
fuhr der Zug durch die Wüsten von Arizona. Die Hitze, die bis
hierher schon recht tüchtig gewesen war, fing an unerträglich zu
werden. Das Thermometer zeigte den Tag über 45° C und ver-
harrte auf dieser Höhe auch während der Nacht. Des fürchterlichen Sandstaubes halber mussten aber alle Fenster verschlossen
bleiben, ohne dass sie vermocht hätten, denselben abzuhalten.
Alles im Wagen war mit einer dicken Staubschicht bedeckt, und
da musste man auf seiner Sitzbank verharren, die nur ungefähr
1 m breit war mit etwa fusshoher Rücklehne, gepolsterte Arm-
lehnen zum Aufstützen der Arme fehlten. Dabei sitzt man in
einem Raume, in dem, wenn er voll besetzt ist, ungefähr 50 Personen untergebracht sind, und wenn einige Bänke frei bleiben,
so kann man sicher sein, dass die Negerbediensteten sich darauf herumlümmeln. Ja, es passierte mir, dass ein solcher, als
ich für einige Zeit mich erhoben hatte, sich auf meinen Platz
setzte und ich ihn bei der Rückkehr erst freundlich bitten musste,
wieder ein bisschen auf meinen Platz sitzen zu dürfen. Was
für eine Luft in einem solchen Raum bei dichtgeschraubten Fen-
stern herrscht, kann man sich denken. Ich kann diese Art der
Unterbringung von Menschen nur mit der von Zwischendeckspassa-
gieren an Bord von Schiffen vergleichen, um so mehr als die Unterbringung der Schlafenden eine ähnliche ist. Abends um 8 Uhr
wird man nämlich von seinem Platze weggeschubst, und man kann
sich eine bis zwei Stunden irgendwo stehend herumtreiben, bis
das Bett gemacht ist. Die zwei sich gegenüberstehenden Bänke
einer Seite werden verbunden und dann aus der Decke der Wagens
ein zweites Bett heruntergeklappt, das über das untere gehängt
wird. Bretter werden zwischen die einzelnen Abteilungen geschoben und ein Vorhang nach innen zu angebracht; der Mittel-
gang längs durch den Wagen bleibt für den öffentlichen Verkehr
frei. Dass vom Entkleiden und von Körperpflege in einem solchen
Kasten keine Rede sein kann, liegt auf der Hand. Sitzt man nämlich im unteren Kasten, so stösst man mit dem Kopf gegen die
unpraktischerweise mit erhabenen Verzierungen versehenen Decke

des heruntergeklappten Bettes. Auf die Füsse wird einem aber
getreten, sobald man sie auch nur um einen Zoll vorrückt. Das
untere Bett hat trotzdem den Vorteil, dass man an Deck ist und
überhaupt sitzen kann und dass man ausserdem durch das Fenster
etwas frische Luft bekommt. Ferner kann man am folgenden Morgen,
wenn man den Vorhang etwas in die Höhe rückt, ein Stündchen
vom Bett aus die vorüberfliegende Landschaft betrachten, zweifellos
das schönste Stündchen des ganzen Tages. Wer aber in der Höhe
schlafen muss, hat ein Gemenge aller Ausdünstungen des ganzen
Raumes als liebliche Zugabe, er liegt wie in einem Sarkophage
und hat seine liebe Not mit dem Aus- und Ankleiden, denn er muss
jede grössere Bewegung vermeiden, will er nicht in das Bett seines
oder gar seiner Nächsten sehen. Der Waschraum, der an einem
Ende des Wagens liegt, unterscheidet sich zumeist von den Wasch-
einrichtungen unserer deutschen Eisenbahnwagen in nichts; höchstens
dass manchmal drei bis vier Waschschüsseln statt einer da sind.
Direkt schrecklich ist aber, dass man in der Mitnahme von Gepäck auf einen kleinen dünnen Handkoffer, den man unter seinen
Sitz schieben kann, beschränkt ist. Der Amerikaner, der an seine
Bahnen gewöhnt ist, hat einen solchen, der Fremde aber besitzt
natürlich nur einen feisten Handkoffer, den er nicht mitnehmen
darf. So sah ich mich auf meine Handtasche beschränkt, in
die ich das Allernotwendigste an Wäsche hineingestopft hatte.
Als ich in El Paso, wo ich mein Gepäck im Wagen liegen sah,
neu auffüllen wollte, wurde mir dies rundweg abgeschlagen, obwohl
ich meine Kontermarke vorwies und trotz mehrfachen, lebhaften
Protestes! Kein menschliches Flehen rührte diese schmutzigen
Gepäckwagenseelen! In welchem Zustande ich deshalb bei dem
Staub und Russ der Fahrt nach den vier Tagen in San Francisco eintraf, wage ich kaum anzudeuten. Wenn ich noch erwähne,
dass in diesem Zuge sich kein Rauchwagen befand, die ich überhaupt nur später auf der Linie San Francisco-Chicago sah, und dass
Speisewagen zu den Seltenheiten gehörten, so dass man gezwungen
war, sein Essen auf irgendeiner obskuren Station in 25 Minuten
heiss hineinzuschlingen, so möchte ich die Reisenden fragen, die
in früheren Reiseberichten die Pullmann Cars verhimmelt haben,
womöglich auf Kosten unserer deutschen Eisenbahneinrichtungen,

was sie eigentlich für Anforderungen an einen Grossverkehr stellen! Ist da nicht ein D-Zug mit Schlaf- und Speisewagen, wie sie bei uns sogar im Lokalverkehr eingestellt sind, die reinste Orgie dagegen? Vermag die etwas luxuriösere Ausstattung mit Holztafelwerk in Amerika so zu verblenden, dass man die grösseren Vorzüge unserer eigenen Einrichtungen darüber völlig vergisst! Reist man doch bei uns in der zweiten Klasse bequemer als in Amerika in der ersten, die man obendrein zu reisen gezwungen ist, da die zweite auf grösseren Strecken unbenützbar zu sein pflegt. Man bedenke, dass man für die Reise von New Orleans nach San Francisco ungefähr 300 Mark zu bezahlen hat. Man darf freilich nicht verkennen, dass unsere Eisenbahneinrichtungen erst in den letzten Jahren sich auf ihre jetzige Bequemlichkeit emporgearbeitet haben; wie man aber überhaupt für einen Pullmann Car schwärmen kann, das hat mir persönlich bis jetzt noch nicht recht klar werden können.

Als ich am 31. Juli, abends 7 Uhr in Oakland dem Zug entstiegen war und mit der Dampffähre nach San Francisco hinüberfuhr, ging eben die Sonne golden zwischen den beiden felsigen Landspitzen unter, welche die Einfahrt zum Hafen von San Francisco bilden. Ich war am Tore des Pacific angekommen, das in diesem Augenblick seinen Namen The Golden Gate mit Recht verdient. Mein erstes Dichten und Trachten war nun aber mein Gepäck und der nach Tahiti fällige Dampfer „Vomer". Ich fand das kleine Schiff am Quai liegend und Holz ladend vor und hörte, dass es wirklich am folgenden Morgen um 9 Uhr in See stechen werde. Nun galt es nur noch mein Gepäck zu bekommen. So begab ich mich denn nach dem Bollwerk der Pacific Steam Navigation Company und fand auch dort alsbald im Zollschuppen meine Kisten und Kasten vor. Aber die Zollwächter sagten mir, es sei nicht möglich, mein Gepäck vor Montag früh zu bekommen, da man bis dahin nicht mehr arbeite. Und obwohl ich ihnen klar machte, dass ich ja mein Gepäck gar nicht ins Land hinein haben wolle, sondern aus dem Land hinaus, indem ich es nur auf den wenige Schritte entfernten Dampfer „Vomer" zu bringen beabsichtige, um am folgenden Morgen nach Tahiti zu dampfen, so blieben doch diese Zollseelen ungerührt. Ich setzte mich auf eine der Kisten, wie um davon Besitz zu ergreifen, heuchelte eine zer-

drückte Träne; lag doch wenige Schritte entfernt mein Dampfer,
und es wäre so einfach gewesen, dieselben in wenig Augenblicken hinüberzuwälzen. Eine gewisse Rührung packte doch nun
auch diese Menschen, und sie schlugen mir nun vor, ich solle zum
Oberzolldirektor fahren, der gerade heute abend Ball habe, und
dort einen Erlaubnisschein holen. Ich sah mich schon im Geiste
klingeln, tanzende Paare durch die Glasscheiben blinken und einen
Walzer an mein Ohr schlagen. Ein Diener kommt, ich wünsche den
Herrn des Hauses in einer dringenden Angelegenheit zu sprechen;
ich werde in ein Nebenzimmer geführt. Der frackbekleidete Haus-
herr erscheint nach einiger Zeit in atemloser Spannung. Was mag
passiert sein? Ich möchte mein Gepäck haben! stottere ich. Wer
sind Sie? Was wollen Sie? Wie kommen Sie dazu, jetzt, heute
abend! Gäste, Ball, Gepäck, jeder kommen, unverschämt, raus,
wirbelt mir durch den Kopf! Ich sehe die Unmöglichkeit eines
solchen Beginnens ein, ich danke den Zollbrüdern für ihre gute
Gesinnung. Damit war die Reise nach Tahiti ins Wasser gefallen.
Ich begab mich ins Hotel und beschloss das Weitere abzuwarten.
Ich erfuhr alsbald, dass ein Dampfer nach Honolulu in sechs Tagen
fahre, und so brauchte ich mich nun nicht zu beeilen. Am folgenden Sonntagmorgen konnte ich es aber mir doch nicht versagen,
der Abfahrt des „Vomer" beizuwohnen, und ich pries die Leute glücklich, die an Deck standen. Ziemlich zur selben Stunde legte ein
Segelschiff von dem Bollwerk ab, welches seit langer Zeit den
monatlichen Verkehr zwischen Tahiti und San Francisco vermittelte
und das durch den Dampfer aus dem Feld geschlagen werden sollte.
Während aber das Dampferunternehmen schon nach wenigen Monaten
scheiterte, fährt dieses Segelschiff so wie ehedem auch heute noch.
Auf jenem Segelschiff des 1. September fuhr, wie ich wenige Stunden danach auf dem deutschen Konsulate beim Holen meiner
Briefschaften erfuhr, der bekannte Professor Karl von den
Steinen, um die Marquesas-Inseln zu erforschen. Als ich an
jenem Sonntagnachmittage endlich einmal wieder in vollkommener
Ruhe, der ich nach den Strapazen der vergangenen Wochen auch
wirklich bedurfte, im Hotel in einem Polstersessel versunken sass,
hatte ich Zeit darüber nachzudenken, welche Zufälle bei einer solchen Reise ausschlaggebend sind. Wäre ich um einen Tag früher

hier eingetroffen, so wäre ich jetzt auf dem Wege nach Tahiti,
das ich nun voraussichtlich überhaupt nicht zu sehen bekommen
würde. War der grosse Umweg, den ich um die Südspitze von
Amerika gemacht hatte, überhaupt lohnend, das heisst Zeit und
Kosten entsprechend? Nahezu fünf Monate hatte ich hiezu gebraucht? Ich hätte zur selben Zeit, als ich von Antwerpen ab-
reiste, Mitte April, schon in San Francisco sein können. Wogen
die wissenschaftlichen Resultate diesen Umweg auf? Ich konnte
mir offen sagen, nein!

Aber ich hatte vor allen Dingen ja einmal das Land meiner
Geburt sehen wollen, ich wollte mir ein Bild von Handel und Verkehr in den südamerikanischen Republiken machen, und nachdem
die Überfahrt von dort nach den Südseeinseln missglückt war, hatte
ich durch die Durchquerung von Guatemala ein gewaltig Stück von
dem Lande kennen gelernt. Ich hatte zahlreiche Sammlungen gewonnen und Verbindungen angeknüpft, und den Aufenthalt auf den
Schiffen redlich dazu benützt, Wärme, Salzgehalt und Farbe der
Meeresteile von Kap Horn bis Guatemala genauer festzustellen.
Auch das Schwanken der Masse des Planktons und seiner Zusammensetzung, die Gründe für das Fehlen von Korallenriffen
an jenen Küsten suchte ich zu ergründen, und ich war darin
nicht völlig erfolglos gewesen, so dass ich mit dieser Zeitver-
geudung wohl zufrieden sein konnte. Ich war es aber keineswegs.
Diese Gegenden waren eben nicht mein eigentliches Arbeitsgebiet, und wenn man noch nichts geleistet hat, befriedigt dieses
globetrotterähnliche Herumreisen von Ort zu Ort durchaus nicht.
Freilich sagte ich mir, wenn man einmal in seinem Arbeitsgebiet
sitzt, so pflegt man später zu nichts mehr zu kommen. Und in
der Tat erging es auch mir so, wie man sehen wird. Nicht allein,
dass man allmählich etwas schmüde wird, es macht sich auch
ein dringenderes Heimatsgefühl geltend und ein Verlangen, die gewonnenen Schätze möglichst rasch und wohlbehalten nach Hause
zu bringen, um sie dort baldigst, solang das Gedächtnis noch frisch
ist, in Musse verarbeiten zu können. Deshalb kann ich jedem,
welcher grössere Ländergebiete sehen möchte, nur dringend raten,
es am Anfang der Reise zu tun, denn am Ende pflegt man gewöhnlich nicht mehr dazu zu kommen. Dann ist die schönste

Losung, sobald man seine Aufgaben erfüllt hat, so rasch als möglich nach Hause!

Die folgenden Tage, die ich in **San Francisco** zu verbringen hatte, verflogen mir rasch in der glänzenden, leichtlebigen Stadt des amerikanischen Westens, welche Schönheit und Anmut vor ihren östlichen Schwestern auszeichnet, von diesen aber ihrer leichten Sitten halber „The hell", die Hölle, genannt wird. Eine Eigenheit besteht z. B. darin, dass jede Bar, zu deutsch „Stehbierhalle" einen Ausgang in das Haus hinein hat; man gelangt in ganze Stockwerke von Chambres separées, oft zimmerartig, oft zellenförmig wie die Auskleidekabinetts in Schwimmanstalten. Es ist eine bekannte Tatsache, dass sich hier die Damen der besten Gesellschaft mit ihren Verehrern treffen, letztere durch die Bar, erstere durch den Hauseingang dasselbe Ziel erreichend, nämlich den Oberkellner, welcher der manager ist. In der Stadt findet man ferner Einrichtungen, welche dem bekannten Fischmarkt in Kairo gleichen, ganze Strassen, in welchen Haus an Haus die Buhlerinnen der Menge sich in Schaufenstern ausstellen, um ihre Opfer anzulocken.

Ein eigentümliches Beispiel einer gewissen Sittenfreiheit kann man auch bei dem schön am Meere gelegenen Cliffhouse gewahren. Dort sind die sogenannten Sutrobäder, welche ein reich gewordener Jude deutscher Abstammung gestiftet hat. Es sind mehrere grosse Hallen, ähnlich dem Frankfurter Bahnhof, mit grossen Bassins und allerhand Springkünsten, und rings auf hohem Balkone die Damen in schönem Kranz. Wer gedenkt da nicht der Thermen des Caracalla, des alten Pompeji, wenn er im lebenslustigen San Francisco weilt! Da ich wissentlich keine Bekannte in San Francisco hatte, schlenderte ich täglich nach Gefallen durch die Strassen, um die Sehenswürdigkeiten zu besichtigen, denn an wissenschaftlichen Sammlungen ist nur sehr wenig vorhanden. Als ich am dritten Tage meines Aufenthaltes die Chinesenstadt besucht hatte, welche einen ganzen Stadtteil einnimmt und wo die Bürger des Reiches der Mitte ganz nach ihren heimatlichen Sitten leben, traf ich zufällig auf das Denkmal des schottischen Dichters S t e v e n s o n, welchen ich im Jahre 1893 zu Apia kennen gelernt hatte und welcher kurz darauf verstorben war. Das schön geformte, hohe Standbild fesselte mich lange Zeit. Ich gedachte seiner Werke des „Treasury Island",

des „Island Nights Entertainments" und des in Deutschland einst
berüchtigten „Eight years of trouble in Samoa, a foot note of history",
in dem die Vorgänge von 1888 und 1889 in einer für die Deutschen
vielfach wenig schmeichelhaften Weise behandelt wurden. Das
Buch erschien damals in der Sammlung englischer Autoren bei
Tauchnitz und wurde bald nach seinem Erscheinen verboten,
wofür ich die Gründe nicht völlig einzusehen vermochte, da das
Buch zwar viele scharfe Kritiken enthält, aber doch wenigstens
nicht in einer solch gehässigen Weise abgefasst ist, wie man dies
sonst manchmal bei englischen Autoren finden kann, wie z. B.
in den so niedlichen und lebenswahren Südseegeschichten des
Australiers Louis Becke, der den handelnden Personen mit
Vorliebe ein „German pig" in den Mund legt. Unter anständigen Menschen fallen solche Ausfälle stets auf den Täter selbst
zurück. In der Tat ist das Stevensonsche Buch auch seitens
der Marineangehörigen, die doch hauptsächlich betroffen waren,
dem als Schriftsteller so ausgezeichneten Manne bald verziehen
worden. Eben im Jahre 1893, als ich an Bord S. M. S. „Bussard"
zu Apia war, machte, natürlich nach den nötigen diplomatischen
Vorverhandlungen, der Dahingegangene dem Kommandanten und
der Offiziersmesse des Kreuzers seinen Besuch, der dann alsbald
erwidert wurde. Mit ihm weilte damals auf seinem mitten im Urwalde, eine Stunde Weges hinter Apia angelegten Landgute seine
liebenswürdige Frau, deren Tochter Frau Strong und sein geschickter Stiefsohn Lloyd Osborne. Ein reger, angenehmer und
anregender Verkehr begann sich zu entwickeln, der nur durch den
bald darauf erfolgenden Weggang des Schiffes nach Neu-Seeland
unterbrochen wurde. Dort traf uns wenige Wochen später die Nachricht von dem plötzlich erfolgten Tode des Dichters. Er, von
glühender Liebe zu dem schönen Inselreiche erfüllt, verlangte nicht
nach einem Grabe in heimatlicher Erde, an der Seite seines berühmten Landsmanns Walter Scott, er wollte auf Samoas
Bergen begraben sein, und dort ruht er nun, auf dem hinteren
Teil des Apiaberges über Vailima, 300 m über dem Meere, mitten
im Urwalde, dessen Wipfel im Passate gewiegt ihm ein ewiges
Schlummerlied singen! Keine schönere Stelle konnte er finden,
ein Rastplatz würdig eines Dichters, wie Bild 7 es zeigt. Da stand

ich zu Füssen des kleinen hageren Mannes, dem Samoa alles gewesen war, und dessen glänzender Stil seine Verehrer in Amerika
vermocht hatte, ihm ein solch fürstliches Denkmal zu setzen.
Als ich voll von der Erinnerung mich zur inneren Stadt zurück-
wandte, stiess ich an der Ecke einer der besuchtesten Strassen
plötzlich auf ein bekanntes Gesicht. Es war Herr A h r e n s,
ein junger Hamburger Kaufmann, mit welchem ich viele fröhliche

Bild 7. Stevensons Grab bei Vailima.

Tage in Samoa verlebt hatte, und der nun in San Francisco sein
Glück versuchte, und als wir in der Freude des Wiedersehens
kaum die ersten Worte getauscht hatten, trat ein Dritter auf uns
zu, welcher zur selben Zeit wie wir in Samoa gewirkt hatte, der
Vizekonsul G e i s s l e r, der eben mit seiner jungen Frau von dort
eingetroffen war, um nun endlich einmal wieder in die Heimat
zurückzukehren.

Ich war eigentümlich berührt durch diesen Zusammenfall von
lebendigen Zeugnissen aus den schönen Inseln, in denen ich

voraussichtlich in wenigen Wochen wieder weilen sollte. Ich
ahnte freilich nicht, dass ich anderthalb Jahr später an selber
Stelle stehen sollte, gehetzt von Reportern, verdächtigt als ein
deutscher Spion, aber doch innerlich befriedigt in dem Bewusstsein,
für die gute Sache gekämpft und vor allem ein reiches wissen-
schaftliches Material erworben zu haben, das es mir ermöglichte,
eine ausführliche ethnologische und ethnographische Darstellung des
samoanischen Volkes versuchen zu können.

Unser samoanischer Dreibund war natürlich von nicht langer
Dauer. Herr Vizekonsul Geissler reiste mit seiner Frau Gemahlin
am folgenden Abend der Heimat zu, nachdem wir zusammen ge-
speist und ihm das Geleite noch nach Oakland hinüber gegeben
hatten. Ich aber schiffte mich am 5. August an Bord des der
Pacific Mail Steamship Company zugehörigen Dampfers „China",
eines prächtigen Fahrzeuges von selten schöner Ausstattung, ein,
um nach Honolulu zu fahren. Dieser Dampfer ist mir neben anderen
besonders dadurch angenehm in Erinnerung, dass das Promenade-
deck eben in den Bug des Schiffes ausläuft, dass man also von
hinten nach vorn bis zur vordersten Spitze des Schiffes wandeln
kann, ohne auf Ankermaschinen oder Mannschaftslogis zu stossen.
Im allgemeinen betrachteten die Seeleute nämlich bis noch vor
kurzer Zeit das Vorderteil eines Schiffes als Aufenthaltsraum der
Mannschaft, und den achteren Teil als Reservat der Offiziere, be-
ziehungsweise auf Passagierdampfern für die Fahrgäste erster Kajüte
bestimmt, und auf Kriegsschiffen ist dies fast durchweg heute noch
so. Jeder, der längere Zeit zur See gefahren ist, weiss, dass die
Bewegungen des Schiffes im mittleren Drittel angenehmere sind
als ganz vorn und namentlich ganz hinten, und dem hat man auch
auf den Passagierdampfern längst allenthalben Rechnung getragen, indem man die erste Kajüte in die Mitte und die zweite nach achtern
verlegte. Neuerdings rückt man aber noch weiter vor und weist den
Kajüten erster Klasse die ganze vordere Hälfte des Schiffes, wenigstens des Oberdecks zu. Die Vorteile springen in die Augen. Man
hat nicht mehr unter dem Rauch zu leiden und immer freien Blick
voraus. Man hat immer frische Luft aus erster Hand, und besonders in den Tropen macht sich der von vorn kommende Luftzug bei
schnell fahrenden Schiffen in der angenehmsten Weise bemerkbar.

Aber neben diesen angenehmen Seiten bietet der Aufenthalt am Bug des Schiffes auch viel Unterhaltung, denn gerade vorne sieht man am besten, was auf dem Meere vorgeht. Wer Interesse für die Tierwelt des Meeres hat, kann sich von ihrem Vorhandensein nirgends besser überzeugen als auf dem Buge eines Schiffes. Nirgends kann man das Spielen der Delphine herrlicher beobachten als hier, und nach Bonitos und Goldmakrelen wird man vergeblich an einem andern Teil des Schiffes aussehen. Ebenso steht es mit den fliegenden Fischen, welche nirgends in den tropischen Meeren ganz fehlen. Ja und das gilt in noch höherem Grade für Glastiere, die Quallen und Salpen, die im stillen Bugwasser leicht zu sehen sind, während man dieselben im aufgeregten Kielwasser nicht mehr wahrnehmen kann. Und wie mit den genannten so steht es mit allen übrigen Seetieren; nur die Seevögel sind die einzigen lebenden Wesen, die man am Heck am besten beobachtet, da sie nach Abfällen ausspähend den Schiffen oft tagelang folgen, allerdings auch zumeist nur in der Nähe von Land, während man sie auf hoher See nur selten antrifft. Freilich ist bei schlechtem Wetter der Aufenthalt am Bug unmöglich, und auch bei mittelmässigem stampft es vorne oft so, dass die empfindlicheren Passagiere den Aufenthalt dort peinlich vermeiden. Schliesslich gibt es aber doch auch schön Wetter in See, und ein schöner Tag am Bug verbracht, entschädigt für viele schlechte, namentlich in den Tropen. Ich bin überzeugt, dass alle grossen Passagierdampfer in Zukunft ihre Promenadendecke nach vorne werden eben auslaufen lassen, und dass man sogar Glaspavillon oder wenigstens Schutzfenster dort provisorisch aufbauen wird, um die Passagiere auch diese Freuden des Seelebens kosten lassen zu können. Ganz abgesehen aber von den Annehmlichkeiten weist auch die Schiffshygiene dringend auf eine Verschiebung im selben Sinne hin. Ist es nicht ein Unding, dass man die Aborte zumeist in den vordersten Teil der Schiffe verlegt, und ebenso alle Ausgüsse für Abfälle, so dass namentlich bei zu Anker liegenden Schiffen aller Unrat am ganzen Schiffe gemütlich längs treibt? Die Pumpen pflegen ihr Wasser zumeist auch hinter diesen Ausgüssen zu entnehmen, statt da, wo das Wasser am reinsten ist, am Bug. Aber es gibt nichts so Konservatives als den Seemann; er hängt so am Althergebrachten, dass man auf eine baldige

Umänderung kaum hoffen darf. Dass man aber doch auch auf der
See in dieser Beziehung fortzuschreiten beginnt, das bewies mir die
„China", und deshalb ist mir dieses Schiff immer noch in angenehmer
Erinnerung. Dazu kam, dass ich eine auserlesene und interessante
Gesellschaft hier vorfand. Neben dem Admiral für das ameri-
kanische Geschwader in Honolulu, Herr Miller, befand sich auch
der Finanzminister der Hawaiischen Inseln, Herr Damon, an
Bord, und beide Herren boten mir in ausgesuchter Höflichkeit ihre
Dienste und ihr Heim in Honolulu an, und wenn ich davon später-
hin keinen Gebrauch machte, so war es nur, weil ich mit dem
Betreten der polynesischen Inseln möglichst mit allen gesellschaftlichen Verpflichtungen zu brechen hatte, um ganz der Arbeit und
der Forschung zu leben. Neben jenen Herren befand sich auch
noch der mexikanische Gesandte für Japan an Bord, Herr Minister
Wollheim, ein Deutscher von Geburt, und eine Schar russischer
Marineoffiziere, welche nach Wladiwostok reisten, um dort ihre
Kameraden abzulösen. Diesen schlossen sich zahlreiche junge
Kaufleute und Missionarsfamilien an, die nach China zogen und
last, aber diesmal auch least — vier Demimonde-Damen, welche
unter dem Schutz einer Matrone auf dem Wege nach Shanghai
waren. Obwohl nun diese in sehr guten Toiletten zu Tisch kamen
und sich in keiner Weise etwas zuschulden kommen liessen, so
hatte doch dieses unvermeidliche Zusammenleben der Demimonde
mit anständigen Familien für mich wenigstens etwas Unbehag-
liches. Hielten sich auch die älteren Herrn stets von denselben
fern, so scharten sich des öfteren doch die jungen Leute dicht
um dieselben, namentlich in den Abendstunden nach dem Diner,
und dann wurden gemeinschaftlich Lieder gesungen bis spät in die
Nacht hinein. Das Lieblingslied, das immer wieder ertönte, war
der damals noch neue Sang mit dem Refrain It was a hot time
in the old town to night, my baby! Merkwürdig! Ich hörte nicht,
dass sich irgend jemand darüber beschwert hätte! Und alle wussten
es doch!

Am 11. August früh wurde Land gemeldet. Aber als ich
mein Fernrohr auf die aus dem Wasser emportauchenden Berge
rückte, wäre es mir beinahe vor Schreck aus der Hand gefallen.
Da sah man nur schwarze, braune und rote Zinken, nirgends etwas

Grünes. Oder doch, da droben auf der Spitze des Berges stand ein Baum, ganz deutlich hob sich die Krone vom Himmel ab. Ich war missgestimmt. Mir war das grüne Samoa noch in Erinnerung und ich dachte, alle Südseeinseln müssten so aussehen! Als wir näher kamen und in die Strasse zwischen O a h u und M o l o k a i einbogen, sah man in den Schluchten wenigstens etwas Wald. Vamos a ver!

Zweites Kapitel.

Hawaii.

Am 11. August 1897, 9 Uhr vormittags, machte die „China“ am Bollwerk in Honolulu fest. Wie der erste Anblick der Inseln, so ist auch der erste Schritt an Land wenig erfreulich. Ein sonniges Gelände mit Lagerschuppen und kümmerlichen Häusern. Auch der zunächst gelegene Teil der Stadt ist alles weniger, denn anmutig. Allenthalben nur Weisse, nichts von Eingeborenen zu sehen. Hier sollte ich länger als 14 Tage bleiben? Sofort an die Arbeit. In wenig Augenblicken führte mich ein Mann der Gepäck- beförderungsgesellschaft, welche sich meiner Kisten annahm und sie ohne meine Gegenwart anstandslos durch den Zoll brachte, zu dem Geschäftsgebäude der Firma Hackfeldt & Co. Mein erster Gang war zum deutschen Konsul, Herrn Hackfeldt, welcher mir in liebens- würdigster Weise alsbald einen Eingeborenendiener besorgte und Rat- schläge wegen Mietung eines Hauses gab. Es dauerte nicht lange, so hatte ich eine kleine Cottage in der nahen Alekenstrasse Nr. 27 bei einer Mrs. Lewey gefunden für 5 Dollar die Woche. Es war ein kleines zweizimmeriges Holzhaus mit Veranda, ganz dicht an der Strasse und in der Nähe des Hafens gelegen, unter dem Drang der Verhältnisse das Beste, was ich erhalten konnte. Vor der Tür stand ein hoher Tamarindenbaum, mit dessen eingekochten Früchten mich meine freundliche Wirtin des öfteren beglückte, ohne freilich viel Dankbarkeit meinerseits zu finden, da ich vor der Wirkung derselben zurückschreckte. Bald nach dem Frühstück in dem nahegelegenen glänzend angelegten Hawaian Hotel meldete sich mein neuer Diener, ein junger Hawaiier Namens Mahelone. Auch die Kisten waren inzwischen erschienen, wir packten aus, und um 6 Uhr abends war alles klar. Ich benützte den Abend noch, um durch die Stadt zu schlendern. Schöne breite, mit Grün eingefasste Strassen umgaben die Aussenteile, mit Ausnahme des Chinesenviertels, hübsche Villen mit prächtigen Gärten prangen draussen, während das Zentrum der Stadt und die Hafengegend winkelig und holperig ist. Allenthalben Elektrizität, Droschken, Strassenbahnen und Omnibusse. Es fehlt nur eines: die Eingeborenen, die nun einmal allein einer tropischen Stadt ein glänzendes Gepräge zu verleihen vermögen. Honolulu ist deshalb im Grunde ein langweiliger, einförmiger Platz, weil ihm das Leben fehlt, das eigenartige bunte Leben der Eingeborenen! Alle die Bücher und Broschüren in den Schaukästen und Ladenfenstern, die den prunkenden Titel Paradise of the Pacific, Gem of the islands usw. tragen, muteten mich an wie die Lobpreisungen einer alten Kokette, deren Reize verblüht sind, leere Phrasen, unwahr, eingebildet, erträumt! Nichts von dem Zauber, dem Dunst, dem Weihrauch, der über Indiens Tempeln und Städte lagert, alles modern, profan, zweckdienlich, kurzum business. Und doch schwebt ein eigentümlicher Hauch über dem Ganzen, nicht über Honolulu, nein über den ganzen Inseln, und man wird beim Umherwandern von Gefühlen berührt, die jeden ankommen, der die Stätten alter Geschichte betritt. Und solche Stätten sind alle die vielen Inseln des Grossen Ozeans, auf denen jahrtausendelang die Eingeborenenvölker lebten und noch leben, bis der weisse Mann kam, vor dessen Kultur sie mit ihren Sitten dahinschwinden. Am liebsten wäre ich gleich ganz hier geblieben, um diese Geschichte zu ergründen und niederzuschreiben, ehe die letzten Zeugen der alten Zeit dahingeschwunden sind, eine Geschichte, von deren Reichtum Fornander, Remy, Jarves, Hopkins, Bastian, Alexander und selbst der greise letzte König Kalakaua uns genügend Proben gegeben haben, um ihren Reichtum zu begreifen. Dann hätte ich aber alle meine Pläne zwecks Erforschung der Atolle fallen lassen müssen, und aus einer Südseereise würde ein Aufenthalt auf Hawaii geworden sein. Möchten die amerikanischen Ethnologen als die Berufeneren sich des untergehenden hawaiischen Volkes annehmen, sie, die in so vorbildlicher Weise den Indianern Nordamerikas ihre Forschung zugewandt haben. Hawaii hat es mindestens ebenso nötig.

Am Morgen nach meiner Ankunft, um 7 Uhr in der Frühe, stand Mahelone bereit zur Riffwanderung. Er hatte schon ein Boot mit einigen Fischern bestellt und die nötigen Eimer beschafft. Ich selbst nahm an Gläsern und Geräten mit, was mir nötig deuchte, und so pullten wir um 7½ Uhr, nachdem meine Wirtin mir noch vorher erstaunt über die Frühheit einen solennen Kaffee überbracht hatte, zum Hafen von Honolulu hinaus.

Die Korallenriffe sind an der Südwestküste von Oahu, wo Honolulu liegt, nicht sehr mächtig entwickelt. (Fig. 2.) Mit den Korallenriffen, wie sie mir aus früherer Zeit von Samoa bekannt waren, können sicherlich die hawaiischen nicht zusammen in einem Atem genannt werden. An den Seiten des Hafeneinganges war nur Sand zu sehen, aus dem einige wenige Korallenstöcke hervorragten. Die verhältnismässig schmale Lagune der Strandriffe war bei dem herrschenden Springniedrigwasser fast durchweg ½—1 m tief, dem Strande zu allmählich flacher werdend, so dass also ein Strandkanal hier völlig fehlte. In der Lagune waren auch nur wenige Korallenstöcke sichtbar, meist die ästigen

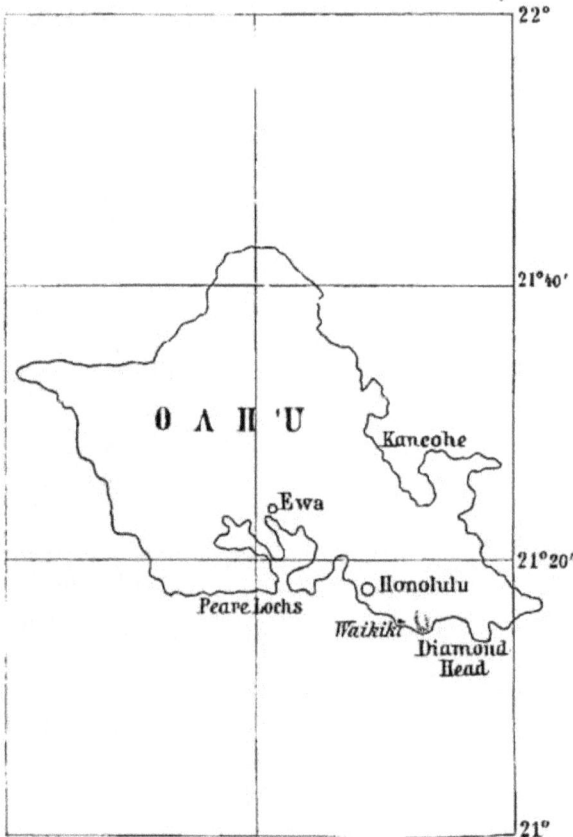

Fig. 2. Skizze von Oahu.

Pocilloporen und Stylophoren, dann den Porites verwandte Arten, wogegen Madreporen völlig fehlten. Der Riffrand, die sogenannte Riffkante, schloss sich unvermittelt an die Lagune an und war fast allenthalben nur ungefähr 20—30 m breit und seewärts in zahlreiche Felsen aufgelöst (Bild 8), die bei Niedrigwasser frei kamen. Man musste hier von Fels zu Fels springen;

Bild 8. An der Riffkante bei Honolulu.

denn es war keine zusammenhängende Riffkante vorhanden, wie bei den regelmässig gestalteten Riffen im übrigen Pacific, und ich erinnere mich, eine ähnlich kümmerliche Rifform überhaupt nur noch an der Küste von Venezuela und auf Curaçao in Westindien gesehen zu haben, wovon ich oben sprach. Nur am Westriff, südlich vom Ahua Point, fand ich eine 100—200 m lange, zusammenhängende Riffkante, sonst nirgends mehr.

Wenn Dana in seinem bekannten Buche „Corals and Coral Islands" die Korallenriffe von Oahu und Kauai „fringing reefs"

Krämer, Hawaii. 5

nannte, so ist dies zweifellos zwar richtig, aber man darf sich
dennoch dieselben nicht so gebaut vorstellen, wie ich es an den
typischen „Strandriffen" Samoas gesehen und beschrieben habe[1].

Wer an solchen und ähnlichen Korallenriffen seine Studien
macht, der wird nie das Bild der klassischen Rifformen der zentralen
Südsee sich vorzustellen vermögen, von denen ich noch weiter unten
zu reden haben werde. Nur eines hat die Riffkante hier mit jenen
gemein, den Mangel an jeglichem sichtbarem Korallenwachstum.
Korallinenalgen überdecken hier wie dort das nackte Gestein, das
durch Seeigel und Würmer völlig durchlöchert ist. Auch seewärts unter
Wasser fand ich auf Hawaii keine Madreporen, wie denn ein Riff-
fuss hier fast ganz fehlt, und alsbald weiter draussen sandigen
Grund, wie im Hafen sich zeigte. Man muss allerdings berücksichtigen, dass diese Südwestseite der Insel die Leeseite ist, dass
also hier viel getrübtes Wasser zufliesst, das durch Sedimentierung
das Korallenleben erstickt. Aber, um es vorwegzunehmen, ich
fand ein ausgebildetes Strandriff ebensowenig an der dem Nordost-
Passat ausgesetzten Nordseite von Oahu, wie an den Nordost-
seiten von Kauai, Maui und Molokai, und so glaube ich bestimmt annehmen zu dürfen, dass typische Strandriffe den Hawaiischen
Inseln völlig fehlen[2]. Man kann hier höchstens von „verkümmerten
Strandriffen" reden. Der Grund hierfür muss in erster Linie in
dem Fehlen der Madreporen gesucht werden, jener ästigen und
tellerförmigen Gebilde, welche, in ausgiebigerem Wachstum dem
Lichte zustrebend, die Riffe see- und hafenwärts, soweit es irgend
möglich, vergrössern. In stiller Passatzeit üppig in dem gleichmässig stark bewegten Wasser sich entfaltend, werden sie freilich
bei Stürmen losgerissen und auf das Riff hinaufgeworfen, wodurch
jene Schuttwälle entstehen, die allein die Bildung der Koralleninseln
ermöglichen.

So wirken sie schaffend nach oben; aber auch die Stelle, wo
sie sassen, hat ihren Nutzen davon. Auf dem toten Stumpf, der
den harten Fels des Riffrandes, wenn auch wenig, aber doch um

---

[1] Über den Bau der Korallenriffe und die Planktonverteilung an den
samoanischen Küsten. Kiel 1897. (Lipsius & Tischer.)

[2] Eine gewisse Ausnahme machen die Korallen im Nordwesten (Laysan), auf
die ich noch zurückkomme.

ein gewisses vergrössert, siedeln sich alsbald neue Larven an, meist derselben Art, wie neuerdings P l a t h e im Roten Meer beobachtete, und so resultiert aus dem Vorhandensein der Madreporen ein Wachstum des Riffes nach oben und nach unten hin, welches in ähnlicher mächtiger Art den madreporenlosen Riffen fehlt. So ist es auch ohne weiteres erklärlich, warum man auf den Riffen von

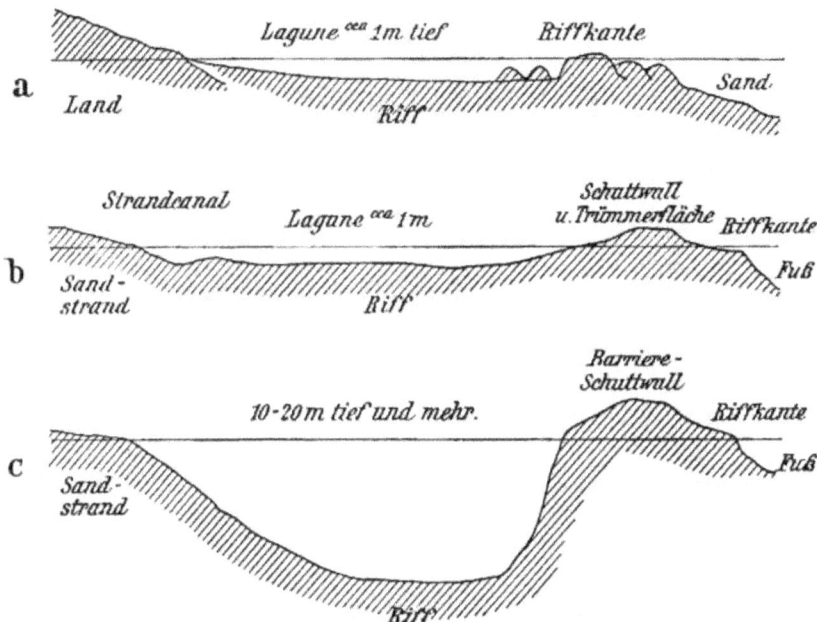

Fig. 3. Schnitt durch Korallenriffe.
a. Verkümmertes Strandriff, Hawaii. b. Strandriff, Samoa. c. Barrierenriff, Fidji.

Hawaii alsbald aus dem Wasser der Lagune auf die Felsen der Riffkante steigt. Folgender ideale Durchschnitt durch das Westriff von Honolulu möge dies illustrieren. (Fig. 3 a). Daneben gebe ich zugleich den Durchschnitt durch ein samoanisches Strandriff und ein Barrierenriff, um die Unterschiede zu verdeutlichen.

Was ist aber der Grund für das Fehlen der Madreporen auf Hawaii? Die Isoliertheit der Lage des Archipels im äussersten Nordosten Polynesiens darf man nicht als solchen anführen, denn sonst müssten auch die übrigen Korallen fehlen. In der Tat sind

aber alle Korallenfamilien ubiquitär im Pacific, ja sogar in den
Tropen überhaupt. Und schliesslich fehlen die Madreporen den
Hawaiischen Inseln nicht gänzlich, wie Schauinsland kürzlich
nachwies, sondern sie sind nur so selten und sporadisch vorkommend,
dass sie für die Bildung der Riffe nicht in Frage stehen. Dana
gibt der subtropischen Lage der Inseln die Schuld, dass dort die
Korallen weniger üppig und geringer an Artenzahl sind, und dies
hat zweifellos vieles für sich. Wenn man bedenkt, dass Kauai,
die nördlichste der Inseln, auf 22° nördlicher Breite liegt, also dem
nördlichen Wendekreis ziemlich nahe gerückt ist, so kann man ermessen, dass die Temperatur des Wassers meist eine geringere ist
als in den niedrigeren Breiten nahe der Linie, und dies um so eher,
als der meist recht kräftig wehende Nordost-Passat kühleres Wasser
aus den nördlicher gelegenen Meeresabschnitten zuführt. Fand ich
doch an jenem Morgen des August um 8 Uhr die Wasserwärme
= 25,7° C und ausserhalb = 26° C, und dies zur wärmsten Zeit
des Jahres. Ähnlich waren die Temperaturen, die ich in den
folgenden Wochen auch an anderen Orten, besonders an der Luvseite
der Inseln mass.

Betrachtet man aber den schönen ozeanographischen Atlas zum
Segelhandbuch des Stillen Ozeans, von der Deutschen Seewarte in
Hamburg herausgegeben, so findet man die Oberflächentemperaturen
des Meeres nordöstlich von Hawaii noch weit geringer.

Es ist natürlich, dass den Madreporen, jenen typischen Vertretern der hochtropischen Korallenfauna, eine Temperatur unter
27° C, sicher unter 25° nicht zusagt, und wenn Dana auch die
Grenzen für das Vorkommen von Riffkorallen zu 20 und 30° C
nach unten und oben annimmt, so sieht man eben betreffs Hawaii,
wie man dies aufzufassen hat. Bezeichnend ist, dass er die isokryme
Linie, die Kaltwasser-Linie, von 68° F (20° C), auf den 28. Parallel
legt, was also nur 300 Seemeilen (ca. 500 km) von Hawaii entfernt
wäre, und sogar nur 145 von der Koralleninsel Laysan, welche
800 Seemeilen von Honolulu entfernt und im Nordnordwesten
davon auf 25° 46′ liegt, von der uns Schauinsland[1] eine ausführliche Schilderung gegeben hat. Diese Insel ist eine reine

---

[1] Drei Monate auf einer Koralleninsel (Laysan). Bremen (Nessler) 1899.

Korallenbildung, ein geschlossenes Atoll, und besitzt demgemäss auch ausgedehnte „Strandriffe" von 800—1200 m Breite, wie Schauinsland angibt, sogar mit einem Strandkanal, was bei Atollen freilich nicht die Regel ist. Auch die übrige Schilderung deutet darauf hin (Bilder fehlen leider), dass Laysan von den Atollen des tropischen Pacific erheblich abweicht, was aus dem Fehlen der Madreporen sich leicht erklärt und vor allem auch aus dem Fehlen einer ausgiebigen Gezeit. Denn die Höhe der Gezeit ist auf Laysan nur 50—60 cm, während sie auf Samoa 130 cm beträgt. Wie mächtig aber Ebbe und Flut auf die Form der Korallenriffe ein- wirken, davon werde ich noch später zu reden haben. Ich möchte das für manche der Leser trotz der Feuchtigkeit etwas trockene Thema der Korallenriffrage von Hawaii später nicht wieder berühren, und so will ich vorgreifend noch spätere Untersuchungen auf Maui hier erwähnen, welche auf die Frage von der Ursache des Fehlens [1] oder vielmehr des beschränkten Vorkommens der Riffe auf den südlichen Inseln des Archipels etwas mehr Licht zu werfen geeignet sind. Drei Faktoren sind es allenthalben auf der Erde, die das Riffwachstum zu hemmen oder zu verhindern imstande sind, die Kälte, die Wasserverunreinigung und die Wasserverdünnung, denn die Nahrung kommt, weil allerseits reichlich vorhanden, nicht in Frage. Von den Modifikationen, welche durch die ersteren beiden entstehen, war schon die Rede. Neben dem Antrieb kühlen Ober- flächenwassers möchte ich aber noch des Auftriebes kalten Tiefen- wassers gedenken, besonders an den Kontinenten, wodurch genügend das Fehlen der Riffe dortselbst erklärt wird, wie im weiteren durch die Schuttablagerung und Wasseraussüssung durch die Flüsse. Solche sind nun freilich auf Hawaii nicht vorhanden, denn durch die Ausrodung der Wälder und die geringe Humusdicke des Bodens fliesst alles Wasser meist unterirdisch ab, und die ober- irdisch bleibenden Bäche sind von solcher Schwäche, dass sie höchstens sehr lokal einen geringen Effekt in genannter Richtung hervorzubringen vermögen. Der wasserreiche Nordost-Passat bläst frei über das warme untere Gelände, aber wo er auf die Flanken der hohen Berge von Maui und Hawaii trifft, wird er abgekühlt

---

[1] Dana p. 342 sagte, dass nur Kauai und Oahu „Strandriffe" hätten.

und gibt das überschüssige Wasser ab. Deshalb sieht man auch
die Flanke jener Berge in der Höhe von 1500—2500 m stets
von einem Nebelgürtel umgeben, in dessen Bereich man bei Be-
steigungen immer Niederschlägen ausgesetzt ist. Nirgends aber
zeigt sich ein Rinnsal auf den Bergriesen des Mauna Loa und
Haleakalá. Denn es ist eine Erfahrungstatsache, dass in allen
vegetationslosen, jungvulkanischen Gebieten mit geringer Böschung
kein Wasser zu Tal rinnt, weil alles Zeit genug hat, unterirdisch
abzufliessen. Bewaldete Schluchten aber führen immer eine Wasser-

Fig. 4. Skizze von Maui.
a, b, c, d, e an der Südküste bedeuten die Stellen der Salzwassermessungen.

ader, deren Grösse von der Höhe und Länge derselben abhängig
ist. Wohin gelangt nun aber das Wasser des Mauna Loa und
des Haleakalá? Es muss notgedrungen unterirdisch bis zum
Wasserspiegel des Meeres vordringen, wo es allenthalben aus dem
Meeresboden emporquillt. Um zu sehen, ob dies sich wirklich
so verhält, machte ich auf Maui das Experiment. Wenn man die
Gestalt der Insel mit einer Sanduhr vergleicht, die von Westen
nach Osten lagert (siehe Fig. 4), so nimmt die östliche Anschwellung der über 3000 m hohe Haleakalá ein. An der südlichen Seite
der Verjüngung nun marschierte ich am Strande längs, von der
niedrigen flachen Landenge aus bis zum Fusse des grossen Berges,

und je näher ich diesem kam, desto geringeren Salzgehalt zeigte das Meerwasser, obwohl ein Wasserlauf hier nirgends einmündete. Die Zahlen sind die folgenden:

	Aräometer	Temp. Cels.	% Salz
Stelle a) Westl. Landungssteg	1024,7	26 °	3,51
b) Landungssteg	1023,8	26 °	3,39
c) I. Haus	1023,6	26,5	3,38
„ d) II. Haus	1021,9	27 °	3,18
„ e) Dünengräber (b. Makena)	1021,2	29,5 °	3,17

Die ganze Strecke ist ungefähr 10 km lang.

Die beiden Häuser (c und d) liegen ungefähr 100 m auseinander. An der Stelle (d) fand ich am Tage zuvor 1022,6 und 26,4 ° C (doppelte Messung).

Leider erlaubte mir die Zeit nicht, solche Untersuchungsreihen in umfassenderem Massstabe anzustellen, aber das wenige, was ich auch sonst sammelte, zeigte mir doch, dass meine Schlüsse im allgemeinen zutrafen. Wenn ich nun auch zugeben muss, dass die Mengen Süsswassers, welche auf diese Weise dem Meere zugetragen werden, geringfügig sind gegen die Wassermassen des Meeres, so kann doch zweifellos an einer stillen Leekante bei dem geringen Flutwechsel zur Zeit der Quadraturen eine so starke Aussüssung wenigstens zeitweise erfolgen, dass das Wachstum der Korallen dadurch gehemmt wird. An jener Stelle jedoch, wo ich die Wassermessungen vornahm, war noch ein anderes Phänomen, welches den Faktor der Wasserverunreinigung dartut. Die ganze Landenge von Maui wird nämlich von grossen Sanddünen eingenommen, die dem Korallenstrand auf der Luvseite ihr Dasein verdanken. Diese Dünen erreichen auf der Leeseite eine besonders starke Ausbildung und Ausbreitung, indem sich der durch den hier überaus kräftig wehenden Passat über die niedere Landenge geblasene Sand an der Küste fängt. Als ich mich auf jenen Dünen nach Skeletten suchend aufhielt, erreichte der Wind eine solche Stärke, dass ich mich nur mit Mühe aufrecht halten konnte und grosse Staubwolken auf das Meer hinauswirbelten. Dass diese Depositen im Meere dem Korallenwachstum ebenfalls nicht günstig sind, liegt auf der Hand, und so lässt es sich bei Berücksichtigung dieser drei Faktoren in der Tat leicht verstehen, warum die Korallenriffe auf den Hawaiischen Inseln eine so kümmerliche Ausbildung erfahren haben.

Die Frage der Dünenbildung drängt mich, hier auch diese Seite noch zu erledigen. Dana p. 155 erwähnt den „drift sandrock" schon von Oahu, dass er dort vom Nordkap an auf der dem Passat zugewendeten Seite streckenweise bis zum Südkap hin vorkomme, dem eine Stunde ostwärts von Honolulu gelegenen Küstenberge Diamond Head. Gerade auf dieser geschützten Seite am Fuss des Berges kommen aber Sandsteinfelsen vor, die man zeitweise für gehobenen Korallenkalk gehalten hat, da sie einige 30 m hoch liegen. Es kann aber kaum ein Zweifel bestehen, dass es sich auch hier nur um äolische Bildungen handelt, wie Dana und Agassiz schon betont haben, und welchen Eindruck ich durch die Besichtigung auch gewonnen habe.

Dana berichtet ferner: „Sie kommen auch auf Kauai vor, einer anderen der Hawaiischen Inseln. Aber auf Upolu (Samoa), wo die schützenden Riffe breit sind, traf der Autor kein Beispiel, das der Erwähnung wert wäre." Nun, dies erklärt sich einfach aus der Qualität des Windes, denn auf Samoa erreicht der Südost-Passat kaum jemals die Stärke, mit welcher der Nordost-Passat fast regelmässig zu wehen pflegt. Betreffs Kauai aber bin ich in der Lage, eine Photographie von dem „Bellenden Sand von Mana" (Bild 9) zu bringen, welche am besten die Mächtigkeit dieser Sandanhäufungen zeigt. Dieser Sand ist dadurch bekannt, dass er in durchaus trockenem Zustande beim Betreten einen bellenden Ton von sich gibt und besonders, wenn man auf ihm herunterrutscht. Betont muss aber auch hier werden, dass dieses Mana im Südwesten der Insel liegt, also auf der äussersten Leeseite, während ich an der Nordostseite der Insel weniger Dünen gesehen habe, sondern vornehmlich im Nordwesten, von dem noch weiter unten die Rede sein wird. Dieser bellende Sand ist nicht einzigartig; man kennt ihn auch von der Hebrideninsel Eig, vom Sinai, von Nubien usw.

Allenthalben, wo grobkörniger Sand, oder wo rundgeschliffene Steine aufgehäuft liegen, entsteht die Erscheinung in mehr oder

Bild 9.* Der bellende Sand von Mana auf Kauai.

weniger starkem Masse. Bedingung ist vornehmlich, dass die einzelnen
Flächen der Kiesel sich nicht völlig decken, sondern dass zahlreiche Hohlräume entstehen, die als Resonanzräume kumulierend
wirken, wenn die Masse in Bewegung kommt. Solche tönenden
Flächen kann man allenthalben an den Felsenküsten der Meere
finden, wo eine kräftige Brandung bei Sturm die rund gemahlenen
Kiesel hoch auf den Strand wirft, ebenso wie auf den Korallenriffen. Noch jüngst, im Juli 1903, habe ich im südlichen Norwegen,
am Südstrand der Insel T r o m ö beim H a a r e S k o g einen solchen
klingenden Strand angetroffen, wo die bis zu kindskopfgrossen Kiesel
beim Auftreten und Werfen dröhnten und stöhnten. Hier, wo die
Steine alle lose beweglich unter- und durcheinander lagen, war die
Erklärung eine einfache; dieselbe dürfte aber auch beim bellenden
Sand zu Mana anzuwenden sein. Trockenheit begünstigt natürlich
die Erscheinung, und auf den Hawaiischen Inseln regnet es, dank
der Abholzung an einzelnen Stellen, fast nie.

  In ähnlicher Weise nordwestlich gelegen, wie auf Kauai die Dünen,
scheinen die hohen Kalkfelsen von Oahu, beim Nordkap K a h u k u
zu sein, welche Dana p. 155 „elevated bluffs“ nennt, ca. 80 Fuss
über dem Meer und mit einer Spitze von drift sandrock, welcher auf
den teils noch in situ befindlichen Korallen ruht. Dana hat diese
Felsen in seinem Buche „Volcanoes and the Hawaiian Islands“
abgebildet. Alexander Agassiz hat aber schon längst darauf hingewiesen[1], dass die Angaben Danas keineswegs beweiskräftig sind,
ich möchte mich ihm auch hierin anschliessen, nachdem ich in so
manch anderer Beziehung, betreffs seiner Ansichten über die Entstehung und Bildung der Koralleninseln, ihm beipflichten gemusst
habe. Ich bemerke dies deshalb, weil neuerdings Schauinsland
in seiner schon erwähnten Arbeit über Laysan p. 31 angibt, an
der Südküste von Molokai 300 Fuss oberhalb des Meeresspiegels
eine Ablagerung echten Korallengesteins gefunden zu haben, das
ausschliesslich aus wohlerhaltenen, häufig sehr grossen Korallentrümmern und Muschelschalen in Verbindung mit abgerundeten
Basaltbrocken zusammengesetzt war[2]. Er meint, es sei unmöglich,

---

[1] The coral reefs of the Hawaiian Islands 1898. Mus. Comp. Zool.
[2] Von Dana p. 377 übrigens schon erwähnt.

dass der Wind dieselben hier heraufgeweht haben könnte und dass
sich ihr Vorkommen an dieser Stelle nur durch Hebung erklären
lasse. In einer Anmerkung fügt er dann hinzu, dass Agassiz nun
durch diese Funde von dem Gegenteil seiner Ansicht überzeugt
werden dürfte. Ich glaube nicht, dass dies der Fall sein wird,
denn solch isolierte Korallenkonglomerate sind nicht beweiskräftig.
Dass anstehender Riffels auf Molokai vorkäme, habe ich trotz aus-
gedehnter Touren auf jener Insel, wie man unten sehen wird,
nicht wahrnehmen können. In grösseren Höhen fand Schauinsland
auf Molokai zwar Kalksandsteine, was aber nach dem oben Ausgeführten wohl verständlich ist, wenn man bedenkt, dass auch diese Ab-
lagerungen auf der Leeseite der Insel liegen. Hat man doch auch
für Samoa solcher Sandsteine halber Hebungen nachweisen wollen,
was ich in einer früheren Arbeit[1] zu widerlegen versucht habe.
Man bedenke, was die grossen Flutwellen zu leisten vermögen,
welche nach den Erderschütterungen von Japan über den Stillen
Ozean laufen, was Orkane ausrichten und eventuell sogar lokale
submarine Ausbrüche, gewiss keine Seltenheit in einem so vulkanischen Gebiet, wie die Hawaiischen Inseln es sind, zu geschweigen
von der Arbeit von Menschenhand und dem hier überaus kräftig
wehenden Passat. An und für sich wäre ja nichts weiter Wunderbares dabei, wenn Hawaii eine geringe Hebung durchgemacht haben
sollte; denn diese sind im Pacific ungemein häufig. Ich glaube
nur, dass die Sandsteinfelsen von Hawaii die Annahme einer solchen
nicht rechtfertigen, und dass sie in erster Linie dem so stetig und
häufig sturmartig wehenden, wirbelnden Nordost-Passat ihr Dasein
verdanken.

Ähnlich steht es mit der Senkung, über die ich endlich
noch wenige Worte hinzufügen möchte. Man fand nämlich, wie
Dana schon ausführlich in einem Appendix seines Buches her-
vorhebt, bei Brunnenbohrungen in der Nähe von Honolulu unter
der Lava in mehrfachen Schichten Kalk, kurzweg Coral genannt.
Ein Beispiel möge genügen. Die Schichten folgten also aufeinander:

---

[1] Die angeblichen Hebungen und Senkungen in Samoa. Peterm. Geogr.
Mitt. 1900.

        8 Fuss Boden und schwarzer Sand
       64   Coral
        6   Lava
       60   Weisse Koralle
      240   Ton
       75   „   Coral
      254   Ton und Kies
       55   Lava
      ──────
Summa 762 Fuss Tiefe des Bohrloches.

(Picturesque Hawaii p. 164.)

       50 Gravel and Beach sand
      270 Vulkanischer Tuff
      505 Hard, white coral, like marble, without break
       75 Dark brown clay
       25 Wasted gravel
       59 Very red clay
       28 Soft white coral
       20 Soft rock like soapstone
      110 Brown clay with broken coral
       45 Hard blue lava
       10 Black clay
       18 Red pipe clay
      249 Porous lava rock.
      ──────
     1464

Dana sagt, dies scheine ein gutes Zeugnis einer früheren höheren Oberfläche der Insel um einige hundert Fuss und daher einer allmählichen Senkung; der einzige Zweifel komme nur von der Möglichkeit, dass der Korallenfels in den tieferen Schichten kein wahrer Riffels sei, sondern pelagischen Ursprungs[1]. Nun, daran habe ich nicht den geringsten Zweifel. Auf zweierlei Art kann der Sand in jene Tiefen gedrungen sein, entweder durch Einströmen in präformierte Lavahöhlen, oder, was wahrscheinlicher ist, durch Überfliessen von Lava über die Meeresdepositen bzw. durch Über-

---

[1] Agassiz sagt: The corals in these wells was so ground up, that it could only be recognized as such from its larger fragments and the so called clay was mainly lava detritus finely pulverized.

lagerungen mit Asche und Ton unter der Meeresoberfläche. Viele Jahrhunderte können ja die vulkanischen Ergüsse an einer Stelle schlummern, bis sie plötzlich von neuem sich entladen, die neugebildeten Meeresablagerungen zudeckend. Kann man so leicht der Erklärung durch Senkung entraten, so soll damit nicht gesagt sein, dass lokale Einbrüche oder Hebungen nicht vorkommen könnten. Zeigt man doch an der Küste von Puna auf Hawaii ein Stück Land, das von der See überflutet ist, aber bis 1868 trocken lag. Lange sollen die Kokospalmen dort im Meere gestanden haben!

Doch genug davon; es war nur meine Absicht, hier zu zeigen, auf wie schwachen Füssen vielfach die Angaben über Hebungen und Senkungen betreffs der Korallenriffe in der Südsee stehen. Speziell die Hawaiischen Inseln sind ein deutliches Beispiel, wie man Hebung und Senkung zugleich geradezu an einer Insel nachzuweisen sucht, ein mir bis jetzt unerklärt gebliebener Vorgang. Oder glaubt ein Geologe wirklich, dass ein Teil einer Insel sich heben und der andere sich stark senken könnte? Müssten dann nicht mindestens deutlich wahrnehmbare Bruchlinien vorhanden sein? Glücklicherweise ist das Land viel stabiler, als man im allgemeinen anzunehmen geneigt ist, und betreffs der Südseeinseln können wir auch beruhigt sein. Sie werden uns trotz Darwin nicht wegsinken. Und wirklich ist auch seit Menschengedenken noch nichts in der Südsee in dieser Richtung vorgekommen.

Solche Riffausflüge, wie der vom 12. August, wiederholten sich in der Folge des öfteren. Daneben waren die ersten Tage meines Aufenthaltes in Honolulu reichlich damit ausgefüllt, die Stadt und die Bevölkerung kennen zu lernen. Vor allem entdeckte ich in dem Fischmarkt eine herrliche Gelegenheit, die so buntfarbigen Tropenfische zu sammeln und kennen zu lernen. Es ist nämlich eine freie offene Markthalle am Strande erbaut mit schönen Auslagetischen, und wenn man bedenkt, dass 97 Varietäten, davon 25 nahezu regelmässig, hier feilgeboten werden in 38—80 000 Exemplaren während einer Woche, so kann man sich einen Begriff davon machen, welch geschickte Fischer die Hawaiier sind[1], die vorzugsweise

---

[1] Frau Emma Beckley hat eine kleine Broschüre darüber veröffentlicht: Hawaiian Fisheries and methods of fishing etc. Honolulu 1883. Siehe auch Brighams Museum-Katalog.

allein den Fischfang betreiben, von welchem Wert andererseits
aber auch eine gut angelegte Markthalle für eine tropische Stadt
ist, so dass man sich wundern muss, dass um 1900 noch eine
solche zu Apia fehlte. Kein Wunder deshalb, dass dort die
Lebensmittelpreise so hoch sind und dass bei Diners die Gastgeber
häufig zu klagen pflegen, dass sie keinen Fisch bekommen hätten.
Zu Honolulu, welches allerdings eine Stadt von 20 000 Einwohnern
ist, dürfte so etwas nicht vorkommen. Alle die Fische werden mit
ihren Eingeborenennamen registriert und wird darüber seitens weisser
Aufsichtsbeamten Buch geführt. Es war somit leicht, die Eingeborenennamen zu erfahren, unter denen viele mit Samoa gleich
sind, als *atu, atule, ise, pelu, ula, ulua, masimasi, malolo, manini,
moa, mu, nofu, panu, palagi, pusi, rana* usw., die auf das gleichmässige Vorkommen der Fische und die Gleichmässigkeit der polynesischen Sprache zugleich hindeuten. Als ich aber die wissenschaftlichen Namen erfahren wollte, wurde mir bedeutet, dass diese
Identifikation noch nicht erfolgt sei. Denselben Bescheid erhielt
ich auch im Museum zu Honolulu, und so machte ich mich daran,
möglichst alle Fische zu konservieren und mit den Eingeborenennamen zu versehen, um diese Seite der Frage zu fördern.

Später habe ich dasselbe auf Samoa und auf den mikronesischen Inseln getan, da diese Seite der Sprache fast allenthalben
noch ganz vernachlässigt ist. Die Liste am Schluss bringt
die Resultate dieser Arbeiten. Nächst den Korallenriffen
und dem Fischmarkt war das Museum mein häufigster Aufenthalt.
War hier die Zoologie auch damals noch nicht besonders gefördert,
so hat doch die Ethnographie der Hawaiischen Inseln unter der
Ägide des fleissigen Herrn Brigham hier eine Heimstätte von
seltener Grossartigkeit gefunden. Sieht man draussen auf den
sonnigen Inseln nur Verfall und Hingang der Eingeborenenkultur,
hier lebt noch das alte Hawaii. Das Museum wurde im Jahr 1889
von dem reichen Bankier Bishop in Honolulu gegründet zu Ehren
seiner Frau Bernice Pauahi, welche aus königlichem Geschlecht
stammte. Kein schöneres Denkmal konnte dieser Mann der Dahin-
geschiedenen setzen, als ein Steinhaus, in welchem die letzten Reste
eines starken, aber dem Untergange geweihten Volkes vor dem
gänzlichen Verlust bewahrt bleiben. Freilich geschah es schon

recht spät, in zwölfter Stunde; aber es war selbst diese Zeit noch
eine glückliche zu nennen, wenn man die Erfolge des Herrn Brigham
hier vor Augen sieht. Die Ethnographie ist leider eben noch eine
sehr junge Wissenschaft, die den alten Entdeckern noch nicht bekannt war, und heute sogar noch vielen Schiffskapitänen recht fremd
ist. Das Schnitzwerk eines Naturvolkes ist für sie ein kurioses
Stück Holz, wie die Kerbschnitzereien unserer Kinder. Wie zieht
es einem das Herz zusammen, wenn man liest, dass der grosse
Cook seine Leute zwölf Holzidole eines Tempels auf Hawaii an
Bord schleppen lies, um Brennholz zu bekommen, was ihm, dem
allzu übermütig gewordenen Augustus, das Leben kostete. Wenn
ein Weisser seine Schweinskarbonade auf hawaiischem Holzidolen-
feuer brät, ist das etwa weniger schlimm, als wenn ein Brauner
einen gebratenen Mitmenschen zurichtet. Und was soll man zu dem
Feldzug der Missionare gegen die Idolatrie sagen, wenn man liest,
dass Kuuhamanu, die verhetzte Lieblingsfrau des letzten grossen
Königs Kamehameha, im Jahre 1822 den berüchtigten Giftgott
ihres Gemahls, Kalaipahoa mit Namen, mitsamt 102 anderen
Idolen in einem Freudenfeuer zu Hilo und Kailua verbrennen
liess? Ach, was seufzte ich da mit dem guten Herrn Brigham zusammen über den Barbarismus der so hoch über ihren dunkeln
Brüdern stehenden Indogermanen, wenn man auf die unausfüllbaren
Lücken im Museum schaute! Herr Brigham hat das Bestreben,
alles auf Hawaii Bezügliche möglichst in seinem Museum zu vereinigen, und so gelang es ihm, Dinge wieder zurückzuerobern, die
heute auf den Inseln längst nicht mehr vorhanden sind, wie z. B.
einen der menschengrossen Götzen, den ihm das Kabinett A. B. C.
Foreign Mission zu Boston auslieferte, und den ich daselbst
photographierte (Bild 10). Man sieht daraus, dass die amerikanischen Missionare doch nicht alles verbrannt haben und wenigstens einiges retteten. Und wie dankbar ist man heute sogar
für das wenige. Was aber gerettet wurde, das ging meist ausser
Landes und ist nun über die ganze Welt zerstreut, meist in den
Museen der europäischen Metropolen, wie z. B. auch die prachtvollen Federmäntel und Helme der hawaiischen Grosshäuptlinge.
Da unternahm es nun Herr Brigham und bereiste als Pacificer
die zivilisierte Welt, um in derselben Hawaii zu erforschen, und er

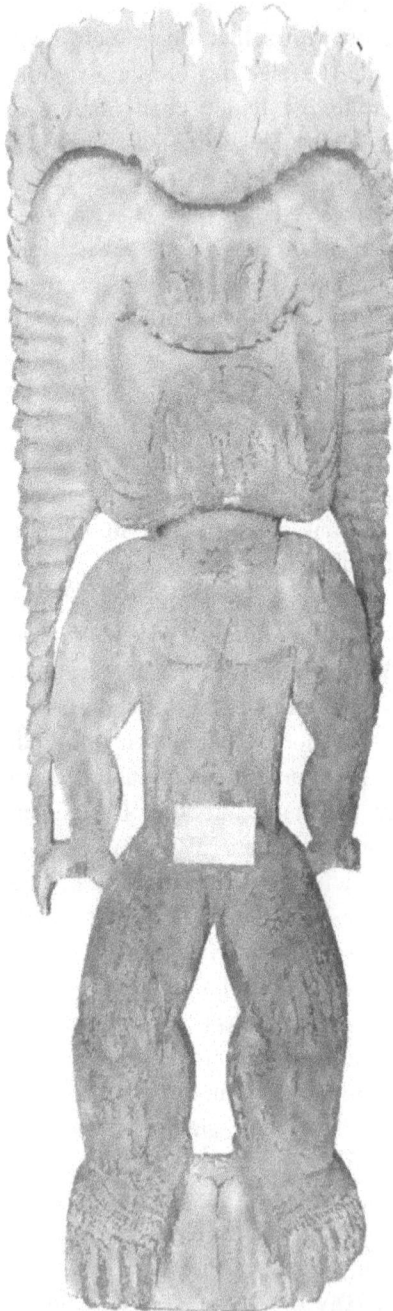

hat diese seine Reise in der ersten
Lieferung des I. Bandes der „Oc-
casional papers of the Bernice
Pauahi Bishop Museum of
Polynesian ethnology and Na-
tural history" (Honolulu 1898)
niedergelegt. Welch ein Wechsel
der Zeit, die Morgenröte einer
neuen Ära der Forschung, die zer-
streuten Kinder einer einheimischen
Kultur geistig zu vereinen und in
der Heimat die Nutzanwendung
daraus zu ziehen. Das kleine Heft
von 72 Seiten bringt neben der
Aufzählung eine Reihe ausgezeichneter Abbildungen der fremdwärts
befindlichen hawaiischen Menschen-
nachbildungen, vor allem auch der
kleineren Idole, von denen sich
übrigens eine erkleckliche Anzahl
in Honolulu befindet.

In den folgenden drei Heften
wurden dann noch zahlreiche andere Gegenstände abgebildet und
beschrieben. Auch seltene Stücke
aus dem übrigen Polynesien befinden sich dort im Bilde, und es
muss für die Zukunft als ein höchst
erstrebenswertes Ziel gelten, dass
die Museen in gegenseitigen Austausch guter Abbildungen ihrer
Originalstücke treten, diese Wie-
dergaben würden vielfach genügen
und dem Beschauer auf relativ
billige Weise einen trefflichen Überblick über die Kultur eines Volkes
gewähren, was zurzeit nur durch

Bild 10. Idol des Gottes Akuakahiko.

kräftiges Bücherwälzen, und dabei noch unzulänglich möglich ist. Es
sei betont, dass für viele Südseearchipele die Zeit der völligen Aus-
plünderung schon gekommen ist, und eines der traurigsten Beispiele
hiefür ist Hawaii. Und um so trauriger ist es, wenn die alten
Kulturobjekte vernichtet oder weggeschleppt wurden, ohne dass ihre
Bedeutung und Geschichte klargelegt worden ist. Es leuchtet ein,
dass die Gründung eines Museums im Heimatlande und die Vereinigung der heimischen Erzeugnisse dortselbst vieles von dem Versäumten noch wieder gut machen kann, wenn auch lange nicht
alles. Ein merkwürdiges Geschick ist es aber, dass solche heimischen Sammlungen immer erst dann angelegt werden, wenn es
eigentlich zu spät ist, wie auf Neu-Seeland, Australien, Neu-
Kaledonien und Hawaii.

Dass aber die anderen Gebiete aus dieser traurigen Tatsache
Nutzen zögen, konnte man bis jetzt nicht beobachten. Die Marquesas-
Inseln, Tahiti, Samoa, Fidji usw. usw. gehen denselben Weg. Die
Völker gehen zugrunde; niemand rettet sie zum Nutzen des Handels, niemand rettet ihre geistigen Schätze zum Nutzen unserer
eigenen Vorgeschichte. Denn was Sir George Grey in Neu-
Seeland und Fornander auf Hawaii getan, kann nur als Vor-
arbeit für eine gründliche Erschliessung gelten. Möge es Herrn
Brigham vergönnt sein, sie auf dem begonnenen Wege zu Ende
zu führen, wenn auch im Auge behalten werden muss, dass dies
nicht mehr vollständig möglich ist. Denn aus Bennetts Schilderungen geht deutlich hervor, dass Honolulu im Jahre 1834 sich
schon in einem vorgeschritteneren Stadium der Auflösung befand,
als das heute zu Apia der Fall ist. Und wie schwer es mir an
letzterem Ort wurde, das Material für eine Monographie zusammen-
zubringen, werde ich noch unten zu schildern haben. O über die
Philanthropie der Weissen!

> Und immer war er unser grosser Vater
> Und liebte seine roten Kinder sehr. —
> Ich habe, Brüder, weiter nichts zu sagen! (Chamisso.)

Die erste Woche verbrachte ich in Honolulu im Museum, auf
den Korallenriffen und auf dem Fischmarkt. Natürlich unterliess
ich es dabei nicht, die sonstigen Sehenswürdigkeiten der Stadt und
der Umgebung zu besuchen, von letzteren besonders den direkt

hinter der Stadt gelegenen kleinen ausgebrannten Vulkan, den sogenannten Punchbowl hill, ferner das Seebad Vaikiki und den schroffen Gebirgspass, Pali genannt, wie sonst auch alle schroffen Wände auf Hawaii heissen. Globetrotterausflüge, schön, himmlisch, tausendfach beschrieben und besungen.

Aber noch eine andere Tätigkeit entfaltete ich im stillen: ich sammelte Ethnographica.

Wer sich dies aber so denkt, dass man die Sachen von den Eingeborenen zu Honolulu erhandelt, der hat immer noch nicht den richtigen Begriff von dem Zustand der Dinge. Wenn des Tages Arbeit vorüber war und der liebliche Abend sich nahte, dann bätelte ich durch die Stadt und beschaute die Ladenfenster auf ihren Inhalt. Zwei Hauptquellen hatte ich schon am ersten Tage entdeckt, einen Missionsladen „Womans Exchange" und eine Konditorei. Hier erhielt ich nicht allein eine ausgezeichnete Auslese namentlich von schön geschnitzten Tapaschlegeln, Bambusmatrizen, ornamentierten Kürbisschalen usw., sondern auch zahlreiche Stücke von anderen Südseeinseln, besonders aus Mikronesien. Diese letzteren Sachen pflegt nämlich das amerikanische Missionsschiff „Morning Star" bei der Rückkehr von seinen Kreuztouren in der Konditorei abzuladen. Freilich, die Preise waren auch danach, aber immerhin, es waren gute Sachen und der Zweck war erfüllt. Viele andere Dinge brachte der Zufall. So sah ich einmal beim Barbier eine modern geschnitzte Kokoskeule stehen, sonst wäre ihr Wert wohl zwei Mark gewesen, hier kostete sie acht. Sie wanderte mit. In einem Zigarrenladen fand ich eine hübsche Sammlung der mählich absterbenden prächtigen Achatinella - Landschnecken, bei einem Chinesen einige Fischhaken usw. Von Eingeborenen selbst erhielt ich jedoch in Honolulu nichts, obwohl ich meinen Genossen Mahelone allzeit auf die Suche schickte. Ein Lumen erster Klasse war freilich dieser Jüngling keineswegs; er überragte im Gegenteil seine polynesischen Mitbrüder an Indolenz und Faulheit. Da er regelmässig morgens zu spät kam und er auf meine Vorstellungen hin erwiderte, dass er ja nicht wissen könne, wieviel Uhr es sei, übergab ich ihm meine zweite Repetieruhr mit der nötigen Instruktion. Zu meiner nicht gelinden Erbosung kam er aber dafür am folgenden Morgen eine Stunde später als sonst, und als ich ihn wütend anfuhr, was das bedeute, erklärte er mir in der gelassensten Weise, dass er schon mehrere Stunden die Uhr aufgezogen habe, ohne dass er sie zum Gehen bringen könne. Ich erwartete nur noch, dass er mir noch einige Überstunden berechnete. Wieviel vom Erfolge bei einer wissenschaftlichen Reise oft von einem Diener abhängt, davon weiss gar mancher Reisender ein Lied zu singen. Es ist sicher, dass an den geringen Erfolgen, welche mir mein Aufenthalt auf den Hawaiischen Inseln zeitigte, Mahelone einen guten Teil der Schuld trägt. So schickte ich ihn des öfteren aus, um auf den Bergen hinter Honolulu Vögel zu schiessen, da ich selbst nicht Zeit hatte, auf die Jagd zu gehen. Er brachte mir aber nur einmal zwei eingeführte Tauben mit, die ich auf dem Markte von Honolulu viel billiger bekommen hätte, und späterhin ging es nicht viel besser. Man hofft eben immer, dass er als Anfänger erst lernen müsse, und später ist man zu bequem, einen neuen anzuwerben, in der Angst, dass man einen noch schlechteren bekommt. Die Abende indessen, welche ich um jene Zeit im Hause des Herrn Konsul Hackfeldt zuzubringen das Glück hatte, boten mir dafür manch andere Anregung. Hier wurde ich auf die nördlich gelegene Insel **Kauai** aufmerksam gemacht, die noch ursprünglicher sei als die übrigen, und so beschloss ich, alsbald einen Ausflug dorthin zu unternehmen. Am 17. August, abends 5 Uhr, schiffte ich mich mit Mahelone an Bord des kleines Dampfers „Makahala“ ein, welcher den Verkehr zwischen Oahu und Kauai vermittelt.

Am Bollwerk waren wie immer zahlreiche Eingeborene, natürlich in völlig europäischer Tracht, erschienen, um ihren wegreisenden Freunden Lebewohl zu sagen. Sie brachten mächtige Blumenketten, völlige Girlanden, mit denen sie die Scheidenden umwickelten und welche einen fragranten Geruch verbreiteten. Unter Gesang an Bord und an Land legte der Dampfer ab, fuhr zum Hafen hinaus, westwärts erst an der Südküste von Oahu entlang, dann nordwestlich. Die Berge der Insel mit ihren grünen Spitzen sahen aus ihrer luftigen Höhe herab auf das bunte Völkchen an Bord, das sich eifrig plaudernd die Zeit vertrieb. Als die Sonne sank, war auch schon das letzte Vorgebirge erreicht, und nun ging's langsam hinaus in den dem Wind preisgegebenen offenen Zwischeninselkanal. Hier ist es oft recht ungemütlich an Bord eines so kleinen Dampfers;

6*

aber Wind und See waren an jenem Abend gnädig, und so blieb
alles munter an Deck, um die schöne Dämmerung zu geniessen. Ich
hatte schon am Bollwerk einige leidlich hübsche junge hawaiische
Mädchen entdeckt, welche die Fahrt mitmachten. Zu ihnen setzte
ich mich, und sie erzählten mir manches vom Leben in Honolulu
und auf Kauai, und als es dunkler wurde, da tanzten sie mir auch
ein wenig vor und sangen dazu eine eigenartige Weise, wie sie so
charakteristisch ist für jene Inseln. Die Worte habe ich nicht erfahren, aber die Töne habe ich mir notiert. Sie lauteten folgendermassen:

In unendlicher Wiederholung sangen sie diese Weise und tanzten
abwechselnd stehend dazu. Es war nichts Besonderes, aber es war
nach einwöchigem Aufenthalt auf den Inseln der erste Eingeborenen-
hauch in einer natürlichen Form. Bald zog sich indessen alles zum
Schlafen zurück, und ich begab mich mit Mahelone in eine Kammer,
wo ich ihm wohlweislich die untere Koje anwies. Obwohl das Schiff
nur wenig arbeitete, fing er, sowie er in der Koje lag, energisch
zu würgen an, so dass ich ihn alsbald an die Luft setzte.

Am anderen Morgen früh um 3 Uhr ging das Schiff in einer
breiten Bucht an der Ostseite der Insel, der Nawiliwili-Bai zu
Anker. Die Höhen zu beiden Seiten sind kahl und niedrig, aber
schroff, wenigstens malerisch. Überall dunkles vulkanisches Gestein.
Ich begab mich bei Tagesanbruch an Land, und daselbst wartete
schon ein Hotelwagen, um die fremden Gäste nach dem inlands
gelegenen Ort Lihue zu bringen. Kein Strauch, kein Baum war
in der Einöde, durch die der Wagen fuhr; aber im Hintergrunde
winkten hohe Berge, ganz nahe, und grün schillernd der ca. 1000 m
hohe, steile Vaialeale in der Mitte, von einem Wolkenschleier
umgeben. Vaialeale „sprudelndes Wasser". Oben soll ein Tümpel

sein. Dort wäre vielleicht Süsswasserplankton zu ergattern. Das
wäre noch der Mühe wert. Und seltene Vogelarten sollen dort vorkommen. Der Wagen hielt vor dem Hotel; ein zweistöckiges kleines
Landhaus aus Holz mitten in einem Acker. Ich frug, wann der
nächste Dampfer zurückführe. Am Sonnabend den 21. um 6 Uhr,
hiess es. Ich begab mich auf mein mir angewiesenes Zimmer,
wusch mich, und war um 8 Uhr beim Frühstück. Mahelone lag
auf der Veranda und schlief die Sorgen der vergangenen Nacht
aus. Seine Ruhe sollte nicht lange dauern. Herr Konsul Hackfeldt hatte mir ein Empfehlungsschreiben an Herrn Pastor Isenberg mitgegeben. Mahelone besorgte den Brief. Kurze Zeit darauf war auch schon der freundliche Herr Pastor im Hotel, um
mich abzuholen. Er führte mich erst in sein Heim, in den Kreis
seiner Familie, und nach dem Frühstück wurden die Pferde gesattelt, und nun ging's durch die grossen Zuckerpflanzungen. Herr
Pastor Isenberg ist nicht mit einem unserer deutschen Landpfarrer
zu vergleichen, die neben ihrer Pfarrstelle noch ein kleines Kohl-
gärtchen haben, nein, er regiert die ganze grosse Lihue-Zucker-
plantage, die jährlich 40000 Tonnen Zucker liefert und über
800 Arbeiter hat. Allerdings ging er ursprünglich zur Seelsorge
nach Kauai, da diese Insel seit langer Zeit grosse deutsche Ansiedlungen hat.

Die grosse Ebene von Lihue, die ca. 100 m über dem Meere
liegt und welche der Nawiliwili-Fluss durcheilt, wird, wie schon
erwähnt, westwärts von den schroffen Hängen des zentralen Gebirgsstocks, des Vaialeale, begrenzt. Ringsum ist die Ebene jedoch,
namentlich südwärts, von niederen Höhen umgeben, so dass ich
den Eindruck eines grossen Kraterfeldes gewann. Westwärts,
dem grossen Vaialeale zu, erhebt sich aus der Ebene ein sekun-
därer Kraterkegel von ca. 100 m Höhe, Kilohana genannt,
der hunderttalige, denn seine Flanken sind von einer Unzahl
von Tälern zerspalten, welche alle radiär vom Gipfel ausstrahlen.
In diesen Tälern ist eine hübsche Vegetation von Pandanus, Hibiskus, Lichtnussbäumen, während die breiten Rücken der Höhen mit
Gras und niederem Buschwerk bedeckt sind. Der Krater selbst ist
ungefähr 400 m breit und 50 m tief, allenthalben mit Baumgruppen
bestanden. Diesen umfangreichen flachen Kraterkegel ritten wir

allenthalben ab, bis wir westwärts an den Fuss des grossen Vaia-
lealeberges gelangten, in ein Flusstal, dessen flache Ufer mit manns-
hohem Gras bewachsen waren. Da ich meine Flinte mitgenommen
hatte, um in den Wäldern des Vaialeale am kommenden Morgen
zu jagen, so liess mich Herr Isenberg auf meinen Wunsch hier in
einer Wellblechhütte zurück, die am Ufer des Flusses stand und
zeitweise den Viehhütern zur Unterkunft diente. Bald waren Mahelone und ich allein in der Wildnis, und wir begannen, uns häuslich
einzurichten. Die Pferde wurden abgesattelt, angeseilt und das
Innere des Hauses alsdann gereinigt und aufgeklart. Als ich mich
aber dann zu einer kleinen Abendpürsche anschickte, bemerkte ich
erst, welche Dummheit ich gemacht hatte. Mit Mühe und Not kam
ich 50 Schritte flussaufwärts in dem dichten hohen Gras; ein
Überschreiten des Flusses war wegen seiner Tiefe und Breite nicht
möglich, und überdies sah das jenseitige Ufer allenthalben ebenso
grasig wie diesseits aus. Das einzig Erfreuliche in diesem Jammer
war das Vorhandensein von Wildenten, von denen ich einige abstreichen sah. Zum Schuss kam ich jedoch nicht. Da der Abend
nahte, fingen wir an, im Hause Kaffee und Reis zu kochen. Der
Rauch des kleinen Holzfeuers belehrte uns aber bald von der Anwesenheit eines Wespennestes, die in bedrohlicher Nähe unsere
Köpfe umkreisten. Und hier in diesem Hause schlafen, das kann
nett werden. Wir enteilten flugs dem Raum, trugen dem Feuer
nasses und trockenes Gras zu und verschlossen die Türe, um die
Wespen ordentlich einzuräuchern. Auf allen Seiten quoll bald der
Rauch unter dem Dach hervor, so dass ich in Sorge geriet, das
Holzfachwerk im Innern möchte Feuer gefangen haben. Ich öffnete
mit Mahelone die Tür, der alsbald mächtiger Rauch entströmte. Zugleich aber kamen die wütenden Wespen, und im kräftigsten Galopp
eilten wir beide zum Fluss, um nötigenfalls hineinzuspringen. Alles
ging indessen gut, und nach einiger Zeit bezogen wir nach einem
kargen Abendessen unser Nachtquartier. Wie erwartet, verlief die
Morgenpürsche ebenso resultatlos, trotzdem ich watend und stampfend eine grössere Strecke weit den Fluss hinauf vordrang. Allenthalben zeigte sich der Wald stark gelichtet und tot, die Anzeichen
der vordringenden Kultur. Zurückgekehrt, wurden die Pferde gesattelt und der Heimweg nach Lihue angetreten, wo wir nach

dreistündigem Ritt gegen Mittag wieder eintrafen. Da ich aber
gehört hatte, dass in den Tälern bei Hanalei im Norden der Insel
die besonders seltenen Vogelarten noch zu finden seien, wie der
aa (Acrulocercus braccatus), welcher neben dem auf Hawaii vorkommenden *oo* (Acrulocercus nobilis) die gelben Federn für die
Federmäntel der Eingeborenen lieferte, so beschloss ich, dorthin zu
reisen. Um 1½ Uhr sass ich mit Mahelone schon auf einem hübschen Jagdwagen, den mir der Hotelwirt vermietete. Nordwärts
ging's in flinkem Trab, durch Zuckerpflanzungen, immer an der
baumlosen Küste längs, im Sonnenbrande, nahe dem Meere. Während rechts das Branden der Wogen und der weite blaue Ozean
mich begleitete, erblickte ich links die kahlen Küstenberge. Ich
kann nicht gerade sagen, dass ich überwältigt war von der Schönheit Kauais, und als bei Kapa´a der Weg etwas landeinwärts
ging, wurde es noch schlimmer. So ging's bis Kealia auf stau-
bigen Feldwegen, genau so, wie wenn man bei uns zur trockenen
Sommerszeit durch die Äcker fährt, hier Rüben, Kartoffeln, Ge-
treide, dort Zucker und ewig Zucker. Wie konnte mich da oft
die Wut erfassen, wenn ich in meinem Tourist's Guide las: „Man
passiert Äcker von Zuckerrohr, die dank ihrer graziösen Schönheit niemals ein monotoner Anblick werden"! Ich fand sie geradezu
abscheulich, um so mehr wenn ich mir vergegenwärtigte, dass diesem
Erwerbszweig ein ganzes Volk zum Opfer fallen musste, ein ganzes
Land zugleich, möchte ich sagen, denn wenn man sehen will, wie
man ein Land abwirtschaftet, so muss man nur nach Hawaii gehen.

Durch diese trostlose Gegend fuhr ich in der Nachmittagshitze
dahin, und nur der kräftig wehende Passat milderte wenigstens etwas
das körperliche Unbehagen. Vergeblich schaute ich mich nach Eingeborenenhütten oder Individuen um, keine Spur war davon zu
sehen. Allmählich wurde es etwas besser. Der Weg kam wieder
näher dem Meere, da ein Bergausläufer hier bis zum Strande
vordrang. Ich pries den Berg; er hatte oben in der Höhe ein
Felsenloch. Als ich Mahelone frug, was das bedeute, erklärte er
mir, es sei nur a hole, ein Loch, auf englisch natürlich (denn *ahole*
heisst im Hawaiischen ein Fisch). Ich dankte ihm mit einem
innigen Händedruck für diese interessante Belehrung und griff nach
meinem „Führer". Ach, das ist doch schön, wenn es schon so

etwas in einem Lande gibt; wozu da noch die Eingeborenen fragen,
die es einem höchstens falsch sagen. Da stand: Mount Kalalea
— wo, so sagen die Eingeborenen, vor vielen Jahren ein berühmter
Krieger von grosser Statur und Stärke focht mit Kauahoa, dem
Riesen von Hanalei. Da Kauahoa keine passende Waffe fand, um
seinen Gegner anzugreifen, der ihn plötzlich überfiel, riss er einen
grossen Koabaum aus und warf ihn nach seinem Gegner. Dieser
wich aus und schleuderte seinen grossen Speer nach Kauahoa, und
zwar mit solcher Stärke, dass derselbe durch den Berg fuhr und
das Loch zurückliess. Dicht bei dem Berge war ein kleines Tal
Auahola mit einem Fluss, der auf einer Fähre passiert werden
musste. Endlich gegen 6 Uhr abends kam der Wagen auf eine
Höhe, und nun öffnete sich plötzlich ein herrlicher Ausblick auf das
in der Abendsonne prangende Hanaleital. Ein breites silbernes
Band, durchschlängelt der Fluss in der Form eines grossen römischen S den Alluvialboden des breiten Talausganges, den zahlreiche Reispflanzungen bedecken. Allseits umgeben stattliche Höhen
das Tal, besonders im Westen und Süden, nur an der Nordseite eine breite Ebene offen lassend, die das Meer bespült. Die
Talform redet ihre Geschichte selbst. Das Ganze war einst ein
grosser Kraterkessel. Mit dem Erlöschen der vulkanischen Tätigkeit bedeckten sich die Höhen des zentralen Gebirgsstocks mit
Grün, das eine reichliche Bewässerung zur Folge hatte. Ein mächtiger Fluss ergoss sich in die grosse Bucht, welche ein seichtes Meer
bedeckte. Die Depositen des roten Flusswassers füllten die Bucht
mählich aus, und Überschwemmungen halfen nach. Je weiter aber
das Meer zurückgedrängt wurde, desto grösseren Widerstand setzte
die auflaufende Brandung dem Erguss der Inlandwasser entgegen,
namentlich als der Fluss das schützende Vorgebirge im Osten, an
das er sich anschmiegte, verlassen musste. Herausdringende Kraft
von innen, eindringende Kraft von aussen schuf so das Schwemmland, die Barre, die den Fluss zwang, weit nach Westen zu laufen
um dann erst durch eine neue Zunge geschützt ins Meer sich zu
ergiessen (siehe Bild 11). Blicken wir in die Zukunft, so wird die
Wasserquelle mit dem Schwinden des Waldes auf den Höhen des
Vaialeale versiegen, wenn anders die Verwaltung der Insel nicht
Schritte tun wird, einem solchen Unglück vorzubeugen. Umsonst

Bild 11.* Das Hanalei tal auf Kauai.

sieht man sich dann nach dem fruchtbaren Hanaleital um, keine
Reisfelder werden mehr dort zu finden sein, und vergebens wird
man nach Wasser suchen, um die Zuckerfelder der Ostküste zu
bewässern.

Der Wagen fuhr auf einer leidlich guten Strasse den östlichen Talrand hinab, setzte auf einer Fähre über den Fluss und
war dann bald in einem kleinen, netten Boardinghouse, welches
ein Herr Deverill hier nahe der Flussmündung an deren linkem
Ufer unterhielt, um hier die zugereisten Fremden zu bewirten. Ich
traf eine kleine Schar lustiger Ausflügler dort an, einige Halbblut,
Lehrerinnen von Honolulu und Kauai, darunter ein niedliches Ge-
schöpfchen, Piilani mit ihrem Vornamen, und so floss die Abend-
stunde an der Tafel in munterem Gespräch dahin. Sie hatten für
den kommenden Tag einen Ausflug nach den grossen Höhlen der
westlich gelegenen Küste verabredet, und da sie mich einluden, an
ihrer Partie teilzunehmen, zögerte ich nicht lange. Denn schon bei
der Ankunft sah ich, dass der Urwald von hier auch nur in einem
Tagemarsch zu erreichen war, und dies bestätigte mir Herr Deverill.
So blieb mir nichts anderes übrig, als Mahelone am folgenden Tag
auf gut Glück zum Vogelschiessen auszusenden, während ich die
Höhlen westwärts besuchen wollte, in der Hoffnung zugleich, endlich einmal Eingeborene in ihren angestammten Häusern anzutreffen.
Denn Herr Brigham hatte mir erzählt, dass der Westen von Kauai
noch die einzige einigermassen unberührte Gegend sei.

Am folgenden Morgen um 8 Uhr bewegte sich eine stattliche
Kavalkade vom Hause des Herrn Deverill westwärts durch den
Talboden bis zum westlichen Kapgebirge, welches nach Passieren
eines Flusses in mässiger Höhe überritten wurde. Der Flussüber-
gang war aber recht eigenartig. Obwohl das Wasser nicht sonderlich tief und nur etwa 10—20 m breit war, wurde man von den
Landeskundigen gewarnt, wegen des im Flussbett nahe der Mündung
vorhandenen Treibsandes das Wasser nicht zu durchreiten. Schon
oft kam es vor, dass die Pferde derart in den Sand versanken,
dass sie nicht mehr loskamen, und für Menschen ist es nicht minder
gefährlich. Sinkt man ein, so muss man sich sofort auf den Bauch
werfen und in schwimmender Bewegung das Feste wieder zu erreichen suchen. Man reitet deshalb bei solchen Flussmündungen

etwas ins Meer hinaus und kehrt halbkreisförmig, in einem Bogen wieder ans anderseitige Ufer zurück. Ähnliche Flüsse mussten während des folgenden Rittes und der späteren Expedition auf den übrigen Inseln des Hawaiischen Archipels noch manche passiert werden; auf Kauai scheinen sie aber besonders gefährlich und gefürchtet zu sein. Der Ritt nach den Höhlen war sehr abwechslungsreich. Erst ging's bergauf, bergab über niedere Gebirgsausläufer und durch anmutige kleine Täler, in deren Tiefe meist ein recht stattlicher Flusslauf war, so im Lumahai- und Wainikatal, in welch letzterem sogar eine Fähre benützt werden musste. Die Vegetation in den Tälern bestand neben viel Pandanus meist aus eingeführten Pflanzen, deren reichliche Ausbreitung den Inseln schon viel Schaden zugefügt hat, nämlich die Lantana und Guayave. Erstere ist ein meist nur niedriges, krautartiges Gewächs mit rot und gelb durchmischten Blütendolden. Oft aber wachsen sich die Kräuter zu fast undurchdringlichen Gebüschen aus, die geradezu ein Ruin des Landes werden können. Davon vermögen die Hawaiischen Inseln ein Liedchen zu singen, denn die ungeheure Ausbreitung der Lantana über die Inseln wird durch einen von einem Dr. Hillebrand eingeführten staarähnlichen Vogel verursacht, den sogenannten Meina bird, richtiger Meinate oder Mino (Gracula religiosa L.), welcher die Beeren frisst und deren Kerne über das Land hin ausloost. Es ist deshalb begreiflich, wenn andere Südseekolonien sich der Lantana zu erwehren suchen, wie z. B. zu Apia die Landeigentümer ehedem einen Dollar Strafe bezahlen mussten, wenn auf ihrem Lande eine Pflanze getroffen wurde. Hoffentlich ist unter deutscher Verwaltung diese Verfügung nicht aufgehoben worden. Betreffs der zweiten importierten Pflanze, der Guayave, möchte ich ein so herbes Urteil nicht fällen. Denn wenn sie sich auch recht unangenehm stellenweise ausgebreitet hat, so sind die Sträucher doch wenigstens nicht dornig und tragen überdies eine Menge recht angenehm schmeckender feigenähnlicher Früchte, die mir persönlich wenigstens auf dem heissen Ritte Labung gewährten. Man konnte sie vom Pferde aus leicht allenthalben greifen; so zahlreich waren diese Büsche hier vorhanden. Obwohl die Früchte eingekocht und in gelatinisierter Fruchtsaftform recht vielfach beliebt sind, scheint die Nachfrage doch noch

keine besonders grosse zu sein. Nach zweistündigem Reiten wurde
nach Passieren einer Grasebene einer der höheren Küstenberge mit
jähen Zinken und Graten erreicht. Das war eine Lust, als die
Kavalkade nach dem langen Schrittreiten über die Hügel nun
auf blankem Rasen im Galopp dahin-flog, Piilani mit wallenden Gewändern voran, wie eine Amazone rittlings im Sattel, denn das ist so hawaiische Art. Die Röcke sind so gearbeitet, dass sie aus zwei Teilen bestehen, ganz ähnlich einer Hose, nur eben viel, viel weiter. Es ist natürlich, dass beim Gehen das nicht weiter auffällt, und auch zu Pferde sieht

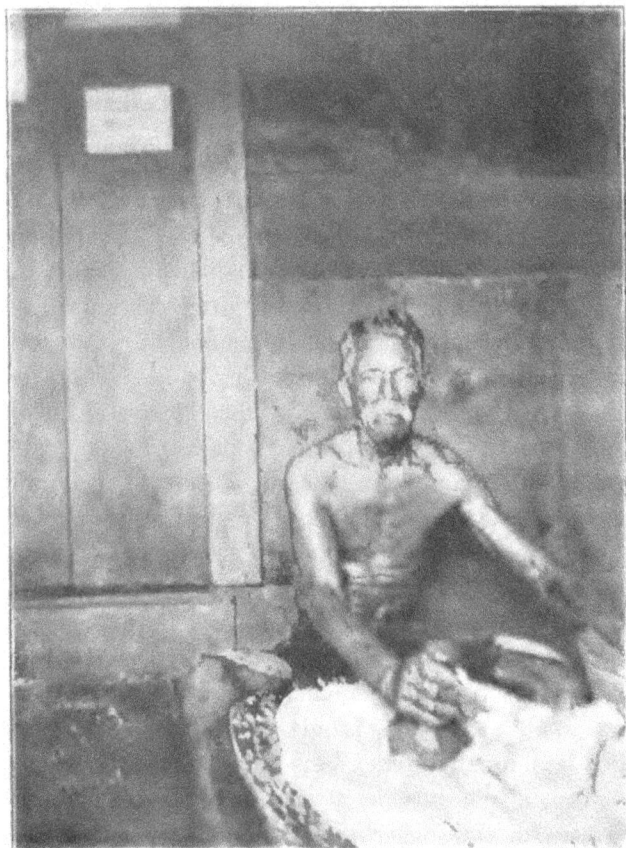

Bild 12. Ein Eingeborener auf Kauai bei der *poi*-Bereitung.

es von jeder Seite so aus, als ob der Rock ganz auf der dem Beschauer
zugewendeten Seite hinge. Nur der nach vorn gewendete Oberkörper
verrät die Sitzart. Bald waren wir an ein auf der Strandebene
gelegenes Holzhaus gelangt, halb im Grünen verborgen, in Guayaven
und Lantana. Hier sollte ich zum erstenmal einen alten Hawaiier
in Urtracht gewahren, d. h. nur mit einem Lendentuch bekleidet,

und was noch seltener war, er bereitete gerade *poi*. Wir standen
um ihn herum und sahen zu, wodurch er sich aber wenig beirren
liess. Unablässig hieb er seinen Steinstössel in den zähen Taroteig,
welcher auf einem Brette ausgebreitet lag. (Bild 12.) Ich versäumte
nicht, ein Bild dieses seltenen Vorgangs aufzunehmen, heute selten, da die *poi*-Fabrik in Honolulu ja die Eingeborenen der

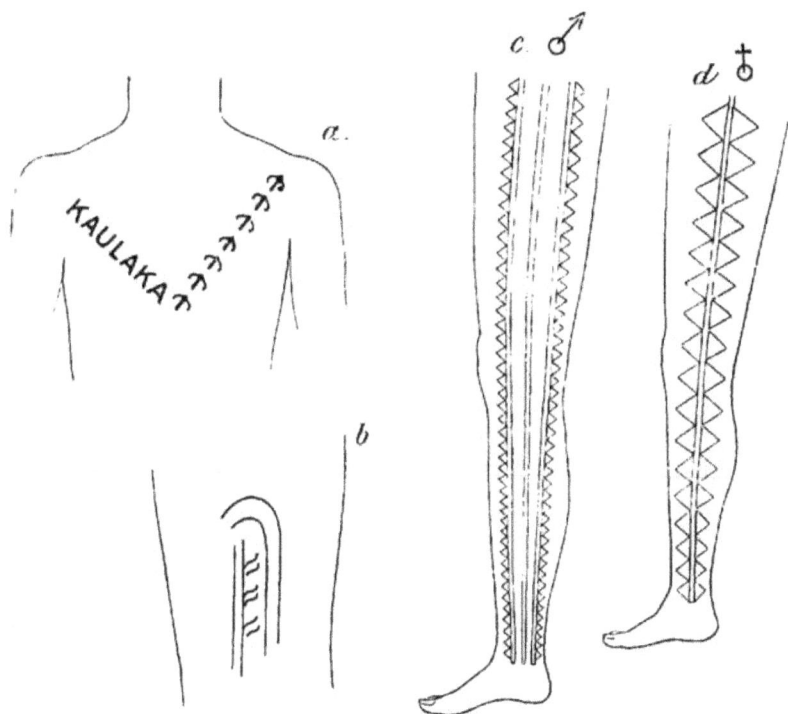

Fig. 5. Tatauiermuster von Hawaii.

Mühe des Knetens benimmt. Der Mann zeigte überdies noch
Tatauierung[1], und Piilani diente mir als geschickter Dolmetsch.
Auf der rechten Brustseite (Fig. 5), von der Spitze des Brustbeins
schräg hinauf zur Achsel laufend, stand KAULAKA, der Name
seiner verstorbenen Frau, und auf der linken Seite symmetrisch nach
oben aussen verlaufend, war eine Schnur von ungefähr sieben Vögeln

---

[1] Über diese richtige Schreibart des Wortes Tätowierung siehe achtes
Kapitel.

(Fig. 5a) zu sehen, nach Angabe des Mannes Tropikvögel, *koae*
genannt, welche die Mauern der nahen Höhle umflogen. Die Form
der Vögel war ganz ähnlich dem Seeschwalbenornament *(gogo)* in
der Tatauierung der Samoaner. Auf dem linken Arm trug der
Mann ausserdem noch ein Ornament von einer eigenartigen Form
(Fig. 5b), dessen nähere Bedeutung ich nicht zu erfahren vermochte.
Um hier das wenige, was ich überhaupt über die ehemalige Tatauierung der Hawaiier erfahren habe, noch zusammenzufassen, so sagte
mir Herr Deverill, dass vor alters auf Kauai sich die Männer die
Aussenseite der Beine mit langen Streifen tatauiert hätten, ähnlich
die Weiber. Die Art dieses Schmuckes geht aus Fig. 5c und d
hervor. Ausserdem pflegte man häufig Fingerringe nachzuahmen,
wie ich des öfteren zu sehen Gelegenheit hatte.

Endlich sah ich noch einen alten Mann auf der Insel Hawaii,
welcher Linien der Form e und f an den Armen trug, die er
alanui o Kamehameha bezeichnete, „der lange Weg des Kamehameha", einer grossen Strasse, die ich noch unten erwähnen
werde. Die ganze Tatauierung erinnert sehr an Mikronesien. Besonders geht dies auch aus den Abbildungen von Choris hervor, welcher als Maler den russischen Kapitän von Kotzebue
auf seiner zweiten Weltreise um die Erde begleitete, und welcher
auf seinen Abbildungen der Hawaiier und Marshallaner besonders
auch die Tatauierung berücksichtigt hat. Nach seinen Aufzeichnungen zogen lange Linien in einem Fall über die linke Gesichts-
hälfte, über den Hals und die Brust nach unten, während die rechte
Seite frei war. In einem anderen Fall war nur die rechte Brustseite schachbrettähnlich beschlagen, und über das Brustbein nach
unten zogen drei Linien, einem Mast ähnlich, wie bei den Marshallanern, an welche die Tatauierung in mancher Beziehung erinnert,
wie z. B. auch betreffs des Gesichts. Auch in Cooks Reisebeschrei-
bungen finden sich einige Zeichnungen, die Material beibringen.
Im ganzen scheint die Tatauierung nie grosse Ausdehnung auf Hawaii
gehabt zu haben; schon Bennett sagte im Jahre 1834: „Der Gebrauch der Hauttatauierung war niemals sehr allgemein unser diesen
Eingeborenen und ist nun beinahe veraltet. Die primitiven tatauierten Zeichen, die man bei den älteren Eingeborenen betrachten kann,
sind weniger elegant als die der Sozietäts-Insulaner und stellen

hauptsächlich Kokospalmen, Vögel, Haifische, Fächer und unregelmässige Punkte und Linien dar, dünn ausgestreut über den, Rumpf
und die Extremitäten; das Gesicht war selten geschmückt." Wenn
dies ein guter Beobachter schon 63 Jahre vor meiner Anwesenheit
aussprach, so glaube ich, dass die Zeit in unseren Tagen für ein
genaueres Studium der Tatauierornamentik vorüber ist. Erwähnt
doch auch Brigham in seinem Catalogue derselben nicht und gibt
nur einige wenige Namen betreffs der Tapamuster.

Möge mir diese kleine Abschweifung über die Tatauierung hier
nicht verargt werden. Zeigt sie doch, wie wenig Aufmerksamkeit
derselben in früheren Zeiten geschenkt wurde, mit Unrecht, denn
auch sie ist ein wichtiges Hilfsmittel für die Erforschung des
näheren Zusammenhanges der Südseevölker.

So gelangen wir auf Umwegen endlich zu den Höhlen. Unmittelbar hinter dem kümmerlichen Bretterhaus, in welchem der
alte Hawaiier *poi* stampfend sass, steigt eine Felswand von einigen
hundert Meter Höhe empor, an deren Fuss die erste wenig schöne der
Höhlen lag, Maninikolo (Drycave meines Führers) genannt. Ungefähr 10 m über dem Meere liegend, ist ihr Eingang an 100 m
breit und 6 m hoch, nach hinten zu keilförmig sich verflachend,
im ganzen ebenso lang wie breit (Fig. 6 a). Weicher, feuchter,
ebener Lehmboden bedeckte den Grund. Hier sind in alter Zeit
die Häuptlinge von Kauai begraben worden, im innersten Innern,
wo jetzt noch Federmäntel und Federhelme versteckt liegen sollen.
Der Ritt von hier weiter war in hohem Grade schön. Die
flache schmale Strandebene zeigte sich mit zahlreichen Sanddünen
seewärts bedeckt, und zur Linken türmten sich die hohen Lavafelsen
viele hundert Meter hoch senkrecht empor, oben mit buntem Grün
bedeckt. Nach einer Viertelstunde war die zweite Höhle erreicht.
Hier muss man erst einen kleinen Schutthügel hinaufsteigen, den
ein Kukuibaum krönte. Dann sah man hinab in den breiten Raum
der Höhle, welcher von einem stillen See ausgefüllt ist. (Fig. 6 b.)
„Wasser des Tagaloa" — *Vaia kanaloa* — heisst er, und ist
natürlich in der Sage der Eingeborenen unergründlich. Ich stieg
ca. 10 m tief hinab zum Wassersrand. Ein 20 m hohes, 50 m
breites Gewölbe breitete sich domartig über mir aus. Der See war
ungefähr 40 m breit und wurde durch die Felswand nach Bildung

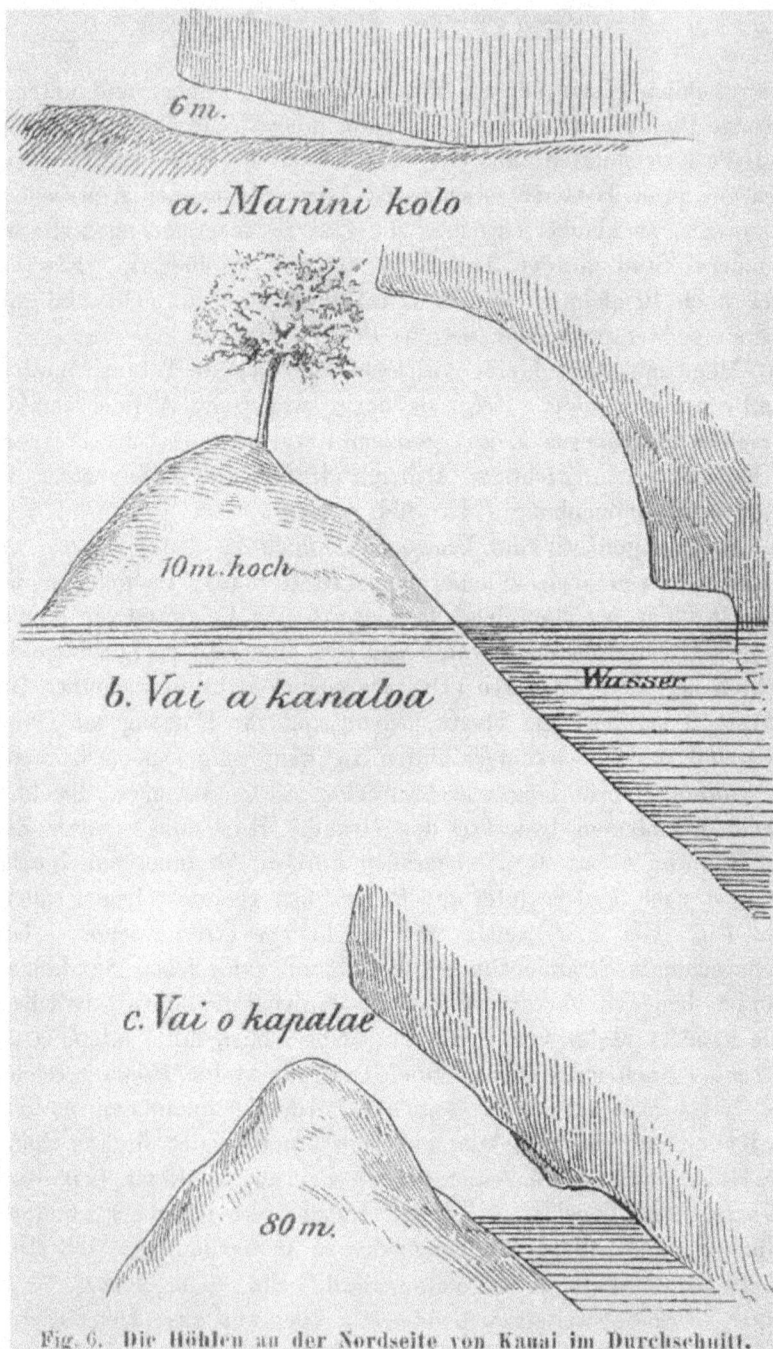

6 m.

a. Manini kolo

10 m. hoch

b. Vai a kanaloa

Wasser

c. Vai o kapalae

80 m.

Fig. 6. Die Höhlen an der Nordseite von Kauai im Durchschnitt.

einer zweiten kleineren Höhle abgegrenzt. Ich fischte mit meinem Müllergazenetzchen nach Süsswasserplankton, fand aber das Wasser sehr arm daran. Die Tiefe konnte ich vom Ufer aus in 10—20 m Entfernung auf ca. 20 m berechnen, so dass also das Ganze einen unter 45° abfallenden Schlackengang darstellt, welcher sich mählich mit Wasser gefüllt hat. Ähnlich wie die zweite ist auch die dritte nahe dabei gelegene Höhle beschaffen, das „Wasser der Kapalae", nur ist der Schuttkegel hier viel höher, ca. 80 m, während man drinnen von ungefähr 50 m wieder absteigen muss. (Fig. 6 c.) Demgemäss ist auch die Höhle nicht so geräumig.

Diese Höhlen bilden einige der Hauptsehenswürdigkeiten von Kauai. Als ich sie gesehen hatte, dürstete mich nach weiterem nicht mehr. Alle Fremden wallen dort hin, wohl die meisten, um enttäuscht wiederzukehren. Schon Graf Aurep-Elmpt beschreibt sie in seinem Buche „Die Sandwichsinseln", freilich so, dass man zweifeln muss, ob er dieselben gesehen hat. Und doch gibt er dieselben Namen an. Natürlich sind diese Namen der Höhlen mit alten Sagen verknüpft, die ich — es sei mir verstattet — wieder meinem Führer entnehme:

„In den alten Sagen hawaiischer Geschichte soll ein Bruder mit seiner Schwester von ferher gekommen sein, um die Hawaiier mit Wasser zu versehen, woran sie sehr Mangel litten. Sie kamen zu einem Berge und gruben an dessen Seite, um Wasser zu bekommen. Kanaloa, der Bruder, fand nach einiger Zeit einen See, dessen Wasser er über das Land fliessen liess, und bis zum heutigen Tag erhalten die Taropflanzungen ihr Wasser davon. Ebenso erreichte Kapalae einen See. Diese beiden Höhlenseen sind also nach Auffassung der Hawaiier Wasserreservoirs, und wenn man erwägt, dass nach langer Trockenzeit die Flüsse auf den kleinen Südseeinseln zu versiegen pflegen, so leuchtet ein, dass hier unversiegbare Mengen vorhanden sind. Hier in dieser Gegend sah ich zum ersten und letzten Male einige Eingeborenengrashäuser. (Bild 13.) Wie die früheren Beobachter betonten, sahen sie aus der Entfernung wie Heumeiler aus. Es sind in der Tat recht armselige Wohnungen, nicht vergleichbar den prächtigen Häusern der Samoaner. Hier war nur ein einfaches Satteldach vorhanden, das auf einem viereckigen, auf Pfosten liegenden Rahmen ruhte. Dach, First, Giebelflächen

und Seiten waren alle dick mit Gras verkleidet, kunstlos, ohne
nennenswerte Technik. Das Innere war einförmig leer, so fade
wie die in europäischen Kleidern gehenden Bewohner.

Um 5 Uhr abends war unsere Gesellschaft in Hanalei zurück,
wo Herr Deverill ein hübsches Abendessen bereit hatte, das nach
den Anstrengungen des Tages nicht übel mundete, und der Abend

Bild 13. Eingeborenenhäuser auf Kauai.

verfloss in froher Unterhaltung, alte Geschichten wurden erzählt
und Lieder des Landes gesungen, die anmutigen hawaiischen
Lieder, die Musikdirektor Berger in Honolulu längst gesammelt
und herausgegeben hat. Herr Deverill machte mir aber an jenem
Abend noch eine besondere Freude, indem er mir einen Fisch als
Andenken überreichte, den jüngst die ungestüme See auf den Strand
geworfen hatte. Er hatte ihm die Haut abgezogen, die er mir nun
ausgestopft überwies. Ich erkannte ihn sofort als den Sonnenfisch.
dem Orthagoriscus nahe verwandt, obwohl er nur 22 cm lang war

und ich versprach ihm, dass, wenn er neu sei, was wahrscheinlich wäre, er seinen Namen haben solle, weshalb ich ihn als Orthagoriscus Deverilli beschreiben möchte.

Gleich gross war die Freude an jenem Abend nicht, als mir Mahelone seine Beute vorlegte, zwei gemeine Würger waren es, die er im nächsten Holz geschossen haben mochte. Die übrige Zeit wird er wohl angenehm bei Landsleuten verbracht haben.

Am nächsten Morgen um 6 Uhr sass ich im Wagen, war um 10¹/₂ Uhr wieder in Lihue, wo ich von Herrn Pastor Isenberg Abschied nahm, während Mahelone in seinem Jagdeifer auf dem Dorfsumpfe zwei Rohrhühner (Gallinula chloropus) schoss. Als aber abends das Schiff in dem Kauaikanal heftig gegen den Passat anstampfte, da lag er in seiner ganzen Jämmerlichkeit da, und auch ich schloss mich ihm diesmal an, nachdem ich die enge Koje verlassen und mich ans Heck begeben hatte. Das Schiff hatte widerliche Bewegungen am Leibe. Jede dwars einlaufende See warf den Kasten auf die Seite, nachdem sie erst den Bug in die Höhe geworfen hatte, um darauf mit dem Schiffe wegzulaufen. Da nützt es nichts, das Atemholen mit dem Fallen oder Steigen — denn die Luft geht einem so wie so aus, wenn einem das Deck unter den Füssen wegsackt — da nützt es nichts, auf einen Punkt zu stieren oder den „Wellen" mit dem Auge zu folgen — man schliesst sie lieber, dass man nicht all den Jammer der anderen auch noch sieht, — da nützt es nichts, die Diät und alle die Zaubermittelchen, die witzige Seelen gegen die Seekrankheit anpreisen — man gibt lieber freiwillig alles her, was man hat, und legt sich hin in frischer Luft und hält aus, so gut man kann, in der Aussicht, dass alles einmal vorübergeht. Das ist das beste Mittel gegen Seekrankheit. Es ist unglaublich, wie wissenschaftliche Männer oft nur auf Grund weniger Seefahrten Abhandlungen über Seekrankheit zu schreiben wagen und noch unglaublichere Universalmittel dagegen anpreisen. Es müsste ihnen doch zu denken geben, warum gerade diejenigen, die dazu berufen sind, dies zu tun, die Seeleute und die Marineärzte, es unterlassen, aus dem einfachen Grunde, weil sie in langjähriger Erfahrung sehen, dass man Seefestigkeit, wenn überhaupt, nur praktisch erwerben kann. Es gibt Menschen, welche so empfindlich gegen Schiffsbewegungen sind, dass sie auch geringe Bewegungen auf die Dauer nicht ertragen können; sie sind selten. Häufiger sind schon die Leute, welche angeblich überhaupt nie seekrank werden, und die grosse Mehrzahl wird bei der ersten Seefahrt in den ersten Tagen unwohl, erkrankt dann später gelegentlich bälder oder später wieder bei Schlechtwetter, gewöhnt sich aber allmählich daran. Ich bin während zweier Jahre auf Schulschiffen gefahren, wo 250 Kadetten und Schiffsjungen jahrweise eingeschifft wurden, und erinnere mich nur eines Jungen, der wegen steter Seekrankheit entlassen werden musste. Die meisten wurden in der Ostsee überhaupt nicht krank, und erst wenn das Schiff in der Nordsee oder im Atlantischen Ozean etwas zu schlingern anfing, dann ging es allerdings auch mit Macht los und die Ausgüsse und Baljen waren dick besetzt. Aber schon nach wenig Tagen war alles überwunden. Hierzu trägt freilich bei, dass man den jungen Leuten nicht allzulange gestattet, über die Miseren der Seefahrt nachzudenken, sondern sie anhält, in der gewohnten Beschäftigung fortzufahren. Ein gewisser Zwang hierin wirkt Wunder. Was schadet's denn, wenn man sich mal übergeben muss, das ist keine Schande; man kehrt zur Arbeit zurück, und alles ist in Ordnung. Eine Schande ist es höchstens, sich vollständig gehen zu lassen, allen ein Bild des Jammers und des Elends! Was soll man da als Arzt tun, wenn jemand bei Schlechtwetter verunglückt, und auf Segelschiffen kommt doch dies gerade dann am häufigsten vor. Ich erinnere mich eines unangenehmen Tages des Jahres 1893, als S. M. S. „Bussard" Apia verlassen hatte, an Bord welchen Schiffes ich damals Schiffsarzt war. Es stand eine mächtige See an der Nordküste von Upolu, und das Schiff schlingerte und stampfte recht unangenehm. Es war mir nach dem langen Hafenaufenthalt nicht sonderlich zumute, und das Missgeschick wollte es, dass eine grössere Operation bei einem Kranken sofort vorgenommen werden musste. Das Lazarett liegt vorne im Zwischendeck neben der Taulast, und nasses Regenzeug mischte seine feuchten Dämpfe dem lieblichen Teergeruche bei. Alle Seitenfenster dicht verschlossen, die Luken verschalkt. Es half nichts, ich musste hinab. Und da hatte ich nun über eine halbe Stunde zu arbeiten, wobei mir ein Matrose ständig eine Pütze vorhalten musste, in die ich meine überflüssigen Lebensgeister aushauchte. Ein reiner Genuss war das nicht, aber weil es sein musste, ging es auch. Doch genug davon! Es war ein herrlicher Morgen nach der unangenehmen Fahrt! „Nach langer Schmerzensnacht jetzt Waldes Morgenpracht", sang ich wie Amfortas, als ich an jenem friedlichen Sonntagmorgen unter dem Tamarindenbaum vor meiner Wohnung sass und Bein mit Bein dachte, und dachte, was die kostspielige Tour nach Kauai für mich gezeitigt hatte. Das war wiederum nicht viel, genau genommen und abgesehen von dem ausgestopften Fisch au Positivem nichts. Nicht einmal die Eingeborenen hatte ich finden können, und noch weniger war es mir möglich gewesen, etwas zu sammeln. Allerdings hatte ich mich überzeugt, dass an dem ganzen Nordostteil von Kauai Korallenriffe auch nur in so untergeordnetem Masse vorkommen wie auf Oahu. Es handelte sich nun für mich darum, ob ich nach vierzehntägigem Aufenthalte nach Apia abreisen sollte, oder noch vier Wochen länger bleiben, was ich wohl tun konnte, da der Palolo, meine nächste Aufgabe, dort erst im Oktober bzw. im November erscheint. So verbrachte ich den Sonntag in stiller Beschaulichkeit, um nochmal den ganzen Reise- und Studienplan klar zu legen. Vier Monate waren schon herum. Mahelone erschien ja so wie so nicht; denn kein Gebot führen die bekehrten Polynesier gewissenhafter durch als das Nichtarbeiten am Sonntag. Ich frühstückte für mich in den schönen Räumen des Hotels und wanderte nachmittags nach Waikiki hinaus, wo ein Seebad und die nachfolgende Siesta in den dortigen Parkanlagen mich weidlich erquickte. Ich beschloss, einen Dampfer zu überschlagen und zu versuchen, ob nicht doch noch aus dem ausgeraubten Land etwas herauszuquetschen wäre. Wenn nicht, nun dann wollte ich wenigstens den ganzen Archipel kennen lernen, den ein zweitesmal zu besuchen wohl kaum mehr sich lohnen dürfte. Am Montagmorgen erschien wieder Mahelone, wir gingen auf den Fischmarkt, balgten Vögel ab, entwickelten Platten, und am Dienstag beschloss ich, über den Gebirgspass des Nuanuntales nach der Nordseite der Insel zu reiten, um die dortigen Korallenriffe, im besonderen die der Kaneohe-Bai zu besichtigen. Mahelone begleitete mich auf dem Stahlross. Eine leidlich gute Fahrstrasse führt das hinter Honolulu sich hinziehende Tal hinauf. Langsam ging's vorwärts in baumfreiem Gelände mit hübschen Ausblicken auf die Stadt und die schroffen

Seitenwände des Tales. In anderthalb Stunden erreichten wir das
Felsentor in 360 m Höhe, überragt von dem an 1200 m hohen Kamm-
gebirge. Eine prächtige Aussicht öffnete sich plötzlich nach Norden
hin, nach welcher Seite die Felsen senkrecht abfallen. Leider war
der Genuss nicht ungetrübt, denn durch das Tor blies der Passat
mit einer solchen Macht, dass ich glaubte, vom Pferde gerissen
zu werden. Ich sprang ab und führte meine Rosinante. Schön lag
die Kaneohe-Bai in der Ferne ausgebreitet, und zu meinen Füssen
klaffte der Abgrund, der einstens vor hundert Jahren von Geschrei
und Stöhnen widerhallte, als Kamehameha der Grosse einige hundert
Hawaiier, die der Ausbreitung seiner Herrschaft den letzten Widerstand entgegensetzten, die Felsen hinabjagte. Das war ein zweites
Arica! Lange sollen auch hier noch Schädel und Knochen in der
Sonne bleichend auf den Felsen gelegen haben, aber jetzt war
nichts mehr davon zu entdecken. (Bild 14.) An eine Stelle östlich
ist ein Pfad in den steilen Abhang hineingearbeitet, der im Zick-
zack treppenähnlich in die Ebene hinableitet. Diesen führte ich
das Pferd am Halfterbande hinab, tief hinab, bis es wieder möglich
war, in den Sattel zu steigen. Dann ging's über welliges Gelände
auf einer breiten schönen Strasse nach dem Strande. Nur wenige
Bretterhäuser lagen hier zerstreut herum, und mit Mühe gelang es
mir, für Geld und gute Worte einen Kanaken zu bewegen, mich
in seinem Boot in die grosse Bucht hinauszufahren. Mein Besuch
fiel in ungünstige Zeit, da gerade Hochwasser war. So konnte ich
nur aus sandigem Grunde der Bucht einige Korallen fischen, meist
Pocillopora und Poritesarten, während es mir nicht möglich war,
das anstehende Riff zu erreichen, das sehr weit draussen liegen
muss und auch nur von untergeordneter Bedeutung sein kann.

Zurückgekehrt machte mich Herr Hackfeldt darauf aufmerksam, dass eine Tour auf den 4000 m hohen Vulkan Mauna Loa
zurzeit sich leicht und bequem ausführen liesse. Da dieser Berg
auf der grossen, südlichsten Insel Hawaii liegt und ein Dampfer
nach dorten am folgenden Freitag abging, so entschloss ich mich
zu dieser Tour. Am Mittwoch kam die „Alameda" von San
Francisco an, auf der ich ursprünglich nach Apia zu reisen beabsichtigte. Als ich bei Herrn Hackfeldt nachmittags vorbeiging, um
nachzusehen, ob etwa Post für mich eingetroffen wäre, und um einen

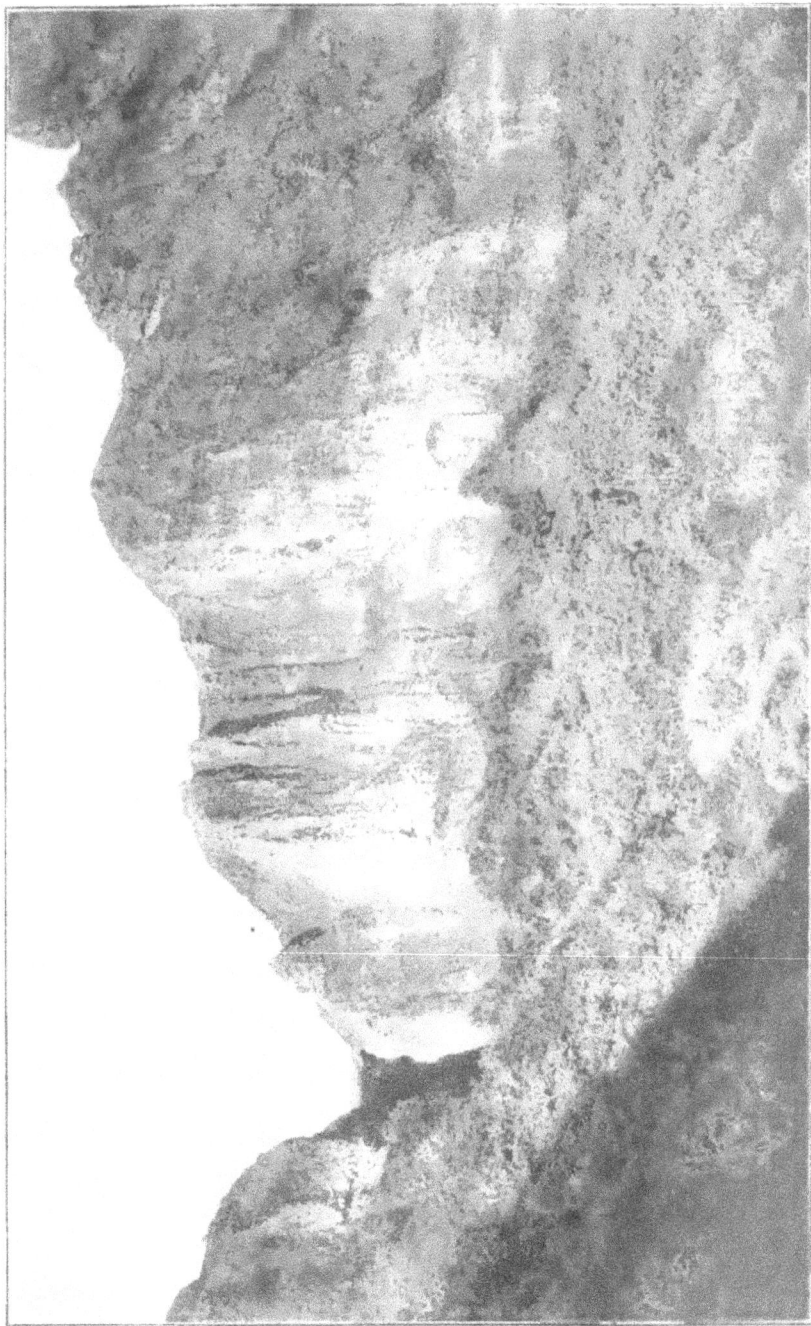

Bild 14.* Der Pali bei Honolulu von Norden aus.

Empfehlungsbrief für den Mauna Loa abzuholen, erfuhr ich dort, dass mit der „Alameda" eben ein Privatdozent aus Strassburg eingetroffen sei, Herr Thilenius, welcher zu Studienzwecken nach der Südsee gehe und im Hawaiian Hotel sich befinde. Ich begab mich zur Essenszeit dorthin und setzte mich an einen der vielen kleinen Tische des Speisesaales. Bald darauf setze sich ein junger Mann mit einem blonden Vollbart mir gegenüber, und alsbald war es mir klar, der ist es und kein anderer. Wir assen beide stillschweigend weiter und schauten uns nur manchmal fragend gegenseitig an; er schien dasselbe zu denken. Erst beim Braten brach ich die feierliche Stille; er war es richtig. Er hatte seitens der Akademie der Wissenschaften zu Berlin den Auftrag bekommen, Studien über die Entwicklung der Tuatara-Eidechse auf Neu-Seeland zu machen, und befand sich auf der Reise dorthin. Aber wie für mich der Palolo zu Apia erst im Oktober schwärmte, so war die Brunstzeit für die Eidechsen erst im Dezember bis Januar. Wir hatten also beide noch Zeit übrig. Ich lud Herrn Thilenius alsbald ein, die schon vorbereitete Mauna Loa-Tour mitzumachen. Er zögerte keinen Augenblick, und in wenigen Minuten hatte ich so einen Reisegenossen gefunden, der Freud und Leid während der folgenden Zeit redlich mit mir teilte, bis uns im November in Apia unsere Arbeitswege wieder auseinanderführten.

Am Freitag, den 27. August, 10 Uhr vormittags, legte der Dampfer „Mauna Loa" vom Bollwerk in Honolulu ab und langte am Sonnabend vormittag nach · dem Passieren von Molokai und Maui in der Kealakeakua-Bai auf Hawaii, am Fusse des Mauna Loa an, vor dem Dörfchen Napoopoo. Wir lagen in derselben kleinen Bucht, auf deren westlichem Cap einst der grosse Cook ermordet wurde; ein Obelisk bezeichnet die Stelle. Seine Gebeine ruhen auf dem Grunde der Bucht, und wirklich nur seine Gebeine; denn der Körper wurde von den wütenden Eingeborenen zerschnitten und ausgeteilt, angeblich um gefressen zu werden, aber wahrscheinlich behufs Gewinnung der wunderstarken Knochen, in denen sie überirdische Kraft mutmassten und die deshalb gutes Material für Fischhaken und Mordwerkzeuge abzugeben versprachen. Mit Mühe gelang es den Engländern, dieselben wieder zusammenzubekommen, um ihnen ein ehrliches Seemannsgrab zu sichern.

Wir schifften uns aus und trafen in Napoopoo auch alsbald unseren
Führer, Herrn Gaspar, dem unser Heil für mehrere Tage nun
anvertraut war. Betreffs der Mauna Loa-Tour waren wir bald
handelseinig. Da aber die Vorbereitungen bis zum Aufbruch
24 Stunden benötigten, blieb genügend Zeit übrig, die Umgebung
genauer anzusehen.

Eine Stunde südlich von Napoopoo liegt der alte Heiau von
Honaunau, und da dieser als einer der besterhaltensten alten
Tempel gilt, so wollte ich es nicht versäumen, ihn zu besuchen.

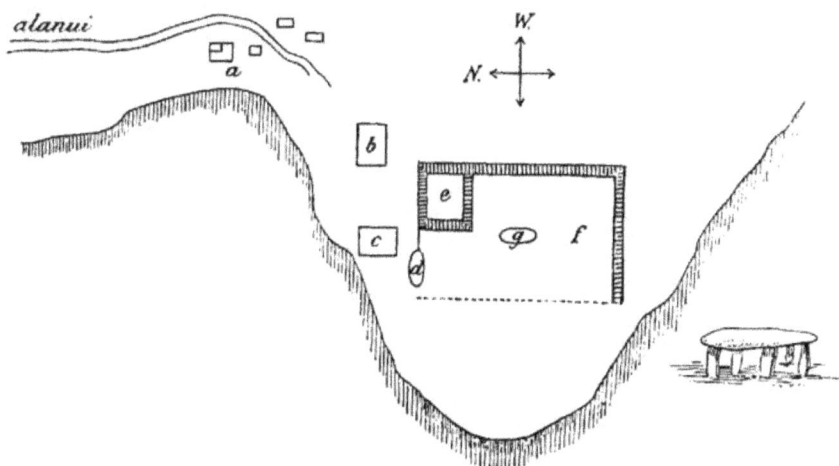

Fig. 7. Der Heiau von Honaunau.

Wir nahmen also Pferde und ritten an der niederen Steilküste entlang südwärts. Es musste dabei ein noch ziemlich junger Lavastrom passiert werden — angeblich 1877 vom Mauna Loa herab-
geflossen — von den ersten Pflanzen eben besiedelt, eine rote Vinca,
Indigo, Ipomoea, einige Farne und die unvermeidliche Lantana.
Nach einer Stunde gelangt der schattenlose Weg, welcher als *alanui*
bezeichnet wird (siehe oben die Tatauierung), nach einer ganz kleinen
Bucht, deren südliches Kap einige Steinmauern aufwies. Heiau
pflegen wir gewöhnlich mit Tempel zu übersetzen; richtiger ist wohl
Kultstätte. Mein Hawaiian Guide sagt, dass der Platz, einst Residenz vieler hawaiischer Könige, von grosser Bedeutung gewesen
sei, zugleich „Zufluchtsstätte" für Verfolgte. Wer die Mauern des

puuhonua erreicht hatte, war seinen Verfolgern entronnen. Unter Austossung eines Dankgebetes warf er sich vor den Idolen nieder. Diese sind natürlich, wie oben schon bemerkt, längst verschwunden. Was heute noch zu sehen ist, ist eine 2—3 m hohe und 1 m dicke Steinmauer, zwar nur zyklopisch gefügt, aber doch noch fest zusammenhaltend. Sie bildet ein grosses Rechteck (Fig. 7), von dem nur die Seeseite fehlt. Landwärts, an der nordwestlichen Ecke ist ein kleineres Gemach (e) abgeteilt, welches mir als Sakristei, Zimmer der Priester, *tohuga*, angegeben wurde. Mitten auf dem freien Plan (f) lag eine grosse Steinplatte (g), welche einst tischähnlich auf einigen Pfeilern ruhte und als Altar gedeutet werden muss. An der nördlichen Seitenwand dagegen war ein ca. 3 m langer und 50 cm dicker, quadratischer roher Steinblock, welcher angebetet wurde. An den Stellen a, b, c waren noch die Spuren von Häusern zu sehen, in denen Häuptlinge, Priester und Fremde wohnten. Dies war alles, was noch vorhanden war.

Leider finden wir bei Cooks dritter Reise nichts über denselben vermerkt, was um so befremdlicher ist, wenn man von den zahlreichen Ausflügen während der zwei früheren Reisen auf den verschiedenen Inseln liest. Dies erklärt sich einfach aus dem Ausspruche Cooks vor seiner letzten Fahrt: „Verflucht sind alle Gelehrten und alle Gelehrsamkeit obendrein." Er hatte sich, verhetzt durch den Lord Sandwich, der unangenehmen Begleiter der ersten und zweiten Reise entledigt. Er begann und endete als echter Seemann der alten Schule, und so hat die Wissenschaft an und für sich keinen Grund, seinen vorzeitigen Tod zu beklagen; er war am Ende seiner Laufbahn, und der ältere Forster hat sicher nicht so ganz unrecht, wenn er meint, dass er seinen Tod auf den Sandwichinseln nicht gefunden hätte, wenn das mässigende Element der wissenschaftlichen Begleiter mit ihm gewesen wäre. So hat der Herr Sandwich in traurigster Weise seinen Namen ein Jahrhundert lang mit jenen Inseln verknüpft. Glücklicherweise hat man wenigstens äusserlich seinen Namen von der Liste gestrichen, denn man spricht heute doch eigentlich nur noch von den Hawaiischen Inseln. Cook war es sich freilich nicht bewusst, welch ungeheuren Dienst er im Vergleich zu den übrigen Seefahrern aller Zeiten trotzdem besonders der Ethnographie geleistet hat, nur durch gute

Beobachtungsgabe und fleissiges Niederschreiben seiner Eindrücke und Erlebnisse. In dieser Beziehung wird er stets ein leuchtendes Beispiel sein.

Geographische Entdeckungen rücken in die Geschichte ein, aber ethnographische werden wertvoller mit jedem neuen Tag.

> Denn Länder bleiben bestehen,
> Die Völker aber vergehen!

Von Honaunau ritten wir nach einstündigem Aufenthalt landeinwärts und gelangten durch Kaffeepflanzungen und Lichtnussbestände nach dem hinter Napoopoo in 325 m Höhe gelegenen Haus des Herrn Gaspar, wo wir nächtigten, im Abendsonnenschein noch den schönen Ausblick auf die Küste geniessend.

Für den Sonntagnachmittag um 2 Uhr war der Aufbruch zum Mauna Loa angesetzt. So benutzten wir noch den Vormittag und gingen nach Napoopoo hinab, wo wir am Südkap der Bucht zwischen den Felsen ein erfrischendes Bad nahmen. Man konnte sich in der engen kleinen Bucht so recht die Szenen vergegenwärtigen, die sich hier 118 Jahre früher abgespielt haben. Im engen Hafen lagen die „Discovery“ und die „Resolution“, drüben am Nordkap waren die Zelte aufgeschlagen, behufs Ausbesserung des Schiffsinventars, dort war der Begräbnisplatz mit den Götzen und dort wohnte auch der König, den Cook gewaltsam wegführen wollte, wobei er erschlagen wurde. Im Hintergrund der Bucht ist die senkrechte Wand ein *pali* mit Felsengräbern, von der die Eingeborenen ihre Steine nach dem Schiffe rollten und daneben südlich Napoopoo, die ehemalige grössere Niederlassung, die Kapitän Clerke aus Rache niederbrannte. Ein einzelnes zerfallenes Grashaus am Südrande der Bucht ist alles, was noch an die alte Zeit erinnert. Punkt 12 Uhr waren wir nach einem einstündigen Marsche in der heissen Sonne — denn Lantana, Indigo und Guayaven bilden auch hier so ziemlich die ganze Vegetation — wieder oben bei Herrn Gaspar. Es gab Bohnen mit Speck. Dieses Abschiedsessen ist mir unvergesslich. Zu fünfen sassen wir um einen Holztisch, Herr Gaspar und Sohn, Mabelone und wir zwei Touristen, die Berggenossenschaft. Jeder hatte eine Art Waschschüssel voll des substantiellen Gerichtes vor sich, unter den trostreichen Worten des Herrn Gaspar, dass es sobald nichts mehr zu essen gebe. Ich

hielt es immer für Spass und ahnte nicht, welch bittere Wahrheit
er uns verkündete, aber nach einstündiger Arbeit war unter gutem
Zureden meine Schüssel leer. Weiter gab's nichts; es war auch
nicht nötig.

Um 2¹/₂ Uhr waren die Pferde gesattelt; sieben waren es im
ganzen, fünf für die Reiter und zwei für Gepäck, worunter ein
Zelt, wollene Decken, mein photographischer Apparat und Proviant
für uns und für Herrn Guppy. Herr Gaspar erzählte nämlich, dass
ein Naturforscher dieses Namens schon seit drei Wochen allein
auf der Spitze des Berges weile, um meteorologische Beobachtungen
zu machen. Dies konnte nur der Korallen-Guppy sein, der Er-
forscher der Salomoinseln; so fesselte mich ein doppeltes Interesse
an den Mauna Loa, und der Aufbruch gestaltete sich vielver-
sprechend, obwohl ein leichter Regen nicht eben besonders er-
munternd wirkte. Der Anstieg vollzog sich erst etwas schroff, bald
aber auf sanfter Böschung, durch Parklandschaften, grüne sumpfige
Wiesen mit Baumgruppen eingestreut; denn je höher wir kamen,
desto üppiger wurde die Vegetation. In 800 m Höhe erschienen
Cibotium, Farnbäume und weiterhin niedrige Lehua- Eisenholzbäume, Metrosideros, von Ipomoea und Freycinetialianen¹ umrankt,
welch letztere schöne dreizackige Blüten in voller Entfaltung zeigten.
Diese Pflanzen waren indessen in 1100 m Höhe wieder verschwunden, während hier und 100 m weiterhin die Eisenholzbäume einen
hohen stattlichen Wald bildeten, der Hauptaufenthalt der schönen
Drepaniden, die an dem Honigseim der lieblichen Myrtenblüten
der Bäume ein besonderes Wohlgefallen haben. Bei 1200 m jedoch
beginnt sich der Wald zu ändern; der eigentliche Urwald beginnt,
der in der Höhe, bis zu 1500 m, wie ein Gürtel den Berg umschlingt. An Stelle der Eisenholzbäume tritt der so eigenartige
Koabaum, die Acacia koa, welche in mancher Beziehung an die
Eukalypten Australiens erinnert. Dies bezieht sich nicht allein auf
das äussere Ansehen der Blätter, die wie bei den Eukalypten ähnlich sichelförmig gekrümmt, geformt und gefärbt sind, sondern auch
in der Entwicklung finden sich verwandte Züge. Die jungen Koabäume zeigen nämlich die Fiederblättchen der Akazien und nehmen

---

¹ Freycinetia arnotti, auf Hawaii wie auf Samoa *ieie* genannt.

erst später die Blätterform der alten Bäume an, wie die jungen
blaugrünen Riesenbäume (Gummibäume) unserer Gärtner mit ihren
vierkantigen Stengeln und grossen, krautigen Blättern ihren Alten
in Australien noch nicht gleichen. Wir haben es wohl in beiden
Fällen mit Konvergenzerscheinungen zu tun, ähnliche terrestrische
Einwirkungen, welche gleiche Anpassung hervorbringen.

Die Koabäume beherrschen die Region von 1200 bis 2500 m
Höhe, jenseits von 1500 mehr und mehr sich lichtend und schliesslich nur noch in vereinzelten Baumgruppen auftretend, wie wir es
nach unten hin von den Lehuabäumen gesehen haben. Nur unterscheidet sich der Koa-Urwald durch ein noch viel dichteres, ja stellenweise fast undurchdringliches Unterholz von Farnen, Lobelien,
Pipturus *(olapa)*, Cassien *(maile)* usw. Besonders sind es aber hier
3—4 m hohe Rubusstauden, deren Passage selbst hoch zu Ross
teilweise recht unangenehm ist. Dazu kam, dass der Waldweg von
dem steten Regen sehr durchweicht war, besonders an den Stellen,
wo ein Wechsel des verwilderten Rindviehs sich kundgab. Denn
dieses war namentlich ehedem in grossen Massen vorhanden, und
die Lehuabestände scheinen im besonderen durch dasselbe gelitten
zu haben. Das Schwinden der hawaiischen Wälder ist zum nicht
geringsten Teile dem Rindvieh zur Last zu legen.

Als wir bei anbrechender Nacht die obere Urwaldgrenze noch
nicht erreicht hatten, überfiel uns plötzlich ein dichter Nebel, so
dass wir in kürzester Zeit in solche Finsternis gehüllt waren, dass
man den Kopf seines Reitpferdes nicht mehr sehen konnte. Glücklicherweise waren wir aus dem dichtesten Unterholz heraus, hatten
dafür aber auch den Weg sofort verloren. Und nun ging's über
Stock und Stein weiter; an eine Leitung des Pferdes war nicht
mehr zu denken, man liess es eben laufen, wohin es wollte. Drei-
mal schien das Weiterkommen nicht mehr möglich. Man zündete
dann Streichhölzer an, soweit der mählich sich verstärkende Regen
dies erlaubte, und dann sah ich einige Felsblöcke, Baumstämme,
Farne um mich herum, die alsbald wieder in Nacht und Vergessenheit zurückversanken. Anderthalb Stunden dauerte dieses
Manöver; ich hatte mich schon willenlos in mein Schicksal ergeben,
und sah mich auf die nasse Moosdecke hingestreckt, als Herr
Gaspar plötzlich behauptete, er hätte den Weg wieder. In kurzem

erwachte ich auch plötzlich aus einem lethargischen Halbschlaf, und
beim Schein einer Laterne sah ich nun vor mir ein kleines Holzhäuschen, welches Herr Gaspar etwas opulent als seine Dairy Farm
bezeichnete. Es waren zwei Räume darin, einer für Geräte, der
andere zum Schlafen, weshalb der Boden des letzteren mit Heu be-
streut war. Beim Schein der Laterne wurden die Pferde abgesattelt, in eine Umzäunung geführt, getränkt und gefüttert. Dann
setzten wir uns im Haus um die Laterne, voll Hoffnung auf den
kommenden Abendgenuss. Denn obwohl das konsistente Bohnen-
gericht seine Wirkung getan hatte, verspürte ich nach sechs-
stündigem Ritt bei Regen und 12° C Aussentemperatur doch wieder
eine gewisse Lehre in meinem Magen. Bald nahte denn auch Herr
Gaspar mit einem dampfenden Kessel und stiess die klassischen
Worte hervor: „Now, gentlemen, we take a coffee!" Warmer, heisser
Kaffee, echter Konakaffee aus der Pflanzung des Herrn Gaspar,
das war es, wonach meine kalte Seele sich sehnte! Jeder erhielt
einen tüchtigen Napf voll, und aus einer Düte mit unraffiniertem,
braunem Oahuzucker schöpfte man sich dazu die erforderliche Süsse.
Milch erschien nicht; aber man kann ja den Kaffee auch schwarz
trinken, alles ist Gewohnheit, also machen wir sie dazu! Auf einem
Papier brachte unser Wirt nun einige Hartbrotscheiben, Cracker
genannt, weil sie beim Zerbrechen krachen wie eine Wallbüchse.
Man kann sich ein Loch damit in den Kopf schlagen, aber im
heissen Kaffee gehen sie auseinander wie Dampfnudeln. Ich stippte
die Hälfte denn auch ein und liess ziehen. Als ich aber immer
noch auf das Essen wartend, mit der anderen Scheibe harrend dasass, frug mich Herr Gaspar, ob es mir nicht schmecke. Das war
eine bittere Frage bei meinem Hunger, denn die inhaltsschweren
Worte enthielten die unumstössliche Ankündigung, dass weiter nichts
zu erwarten war. Nun, man weiss sich zu bescheiden, mein Reisegenosse und ich tauschten einige vielsagende und doch entsagungs-
reiche Blicke aus, und ich stippte die andere Hälfte meines Hart-
brotes in den dunkeln Kaffee. Als der Schmaus vorüber war,
legten wir fünf uns in den engen Raum dicht nebeneinander, nachdem die wollenen Decken ausgeteilt worden waren. Das Licht
wurde ausgeblasen, und bald lag alles in stiller Ruhe da. Mir wollte
aber der Schlaf nicht kommen. Ich hatte so ein eigentümliches

Jucken am Körper, das ich schon seit einiger Zeit verspürte, aber erst auf die durchnässte Kleidung zurückgeführt hatte. Auch meinen Reisegenossen und Schlafnachbarn fühlte ich des öfteren sich kratzen, da eine Verwechslung der Gliedmassen in der Dunkelheit nichts Befremdliches an sich hat. Aber als mir auch noch der Magen wieder zu knurren anfing, da wurde das Mass voll. Ich alarmierte und stellte Herrn Gaspar zur Rede, was denn eigentlich hier für ein Hexentanzplatz sei, und er erklärte mit der sanftesten Stimme von der Welt, dass die Flöhe, wie es scheine, wieder munter geworden seien. Dies hätte er gar nicht zu sagen brauchen, denn bei dem inzwischen entwickelten Kerzenlicht sprangen diese Tiere dermassen legionenweise herum, wie die Kohlensäurebläschen auf einem starken Säuerling. Der grausamste Alpenfex hätte hier die schönsten Erinnerungen an die Heuschober der Sennen feiern können! Ich schlug eine Ausmistung vor, fand aber nur wenig Neigung zu weiteren Unternehmungen, und ausserdem meinte Herr Gaspar, dass die Tiere immer bald wieder zur Ruhe kämen, wenn sie satt seien. Man musste den schuldigen Tribut an Lebenssaft den Geistern des Mauna Loa bewilligen, meinte Mahelone. Nun, dachte ich, das könnt ihr ja machen, blies das Licht wieder aus und schlich mich hinaus mit der Vorgabe, etwas sehr Notwendiges vorzuhaben. Draussen hatte es inzwischen zu regnen aufgehört, aber dicke Nebelballen flogen noch um die Wipfel der nahen Koabäume her, und die Pferde im Kral scharrten unruhig mit den Hufen. Dicht an das Haus gelehnt, sass ich so ein halbes Stündchen in meine Wollendecke gehüllt, denn es war empfindlich kühl. Ich harrte, ob nicht angenehmere Geister des Mauna Loa mir etwas erzählen würden, aber es blieb alles stille und nebelhaft. Als ich zu frösteln begann, kehrte ich wieder zurück und legte mich wieder an meinen alten Platz, und wirklich, die Hüpfgeister schienen sich inzwischen an den anderen gesättigt zu haben, denn ich hatte keinen Biss mehr und schlief bald selig ein.

Am folgenden Montagmorgen um 8 Uhr, nach dem Kaffee mit Crackern, sassen wir wieder im Sattel. Der Koawald hatte sich in einzelne Waldparzellen aufgelöst, die durch grasiges Gelände voneinander getrennt waren. Wie in den Lehuaparzellen unterhalb des Waldes (diese Bäume traten übrigens auch noch in 2500 m

Höhe vereinzelt auf), sah man auch in dem offenen Gelände oberhalb desselben, bis zu 2500 m hinauf sehr häufig den hawaiischen
Raben (Corvus hawaiiensis) und Sylviiden. In dieser Höhe waren
die Koabäume nur noch sehr vereinzelt, und in der Region von
2500—3000 m waren überhaupt Baumgewächse gar nicht mehr vorhanden. Hier herrschten *ohelo*, die Heidelbeersträucher (Vacci-
nium reticulatum), ferner Coprosma. Cyathodes, Dodonaea, Geranium,
Gnaphalium und das Büschelgras, das in 3000 m noch eine kurze
Strecke weiterhin ganz vereinzelt die Herrschaft behielt.

Nahe der 3000 m-Grenze sah ich plötzlich einige Gänse
(Bernicla sandvicensis Nere) über uns wegstreichen. und da ich
meine Flinte stets mit mir führte. hatte ich Gelegenheit, eine
herunterzuholen. Es ist merkwürdig, dass diese Wassertiere in
solch einer wasserlosen Felsenwüste sich aufhalten. Das Exemplar
war gross und fett, die Heidel- und weissen Coprosmabeeren. die
ich im Magen vorfand. müssen sehr nahrhaft sein. Dies hatte ich
eben an mir selbst erfahren, als wir in 2650 m Höhe in einer
Lavahöhle eine halbstündige Mittagspause hielten. Da keine Zeit
zum Abkochen war, holte unser Wirt eine einpfündige Lachsbüchse
heraus, die wir alle erstaunt anblickten. Eine einpfündige Lachsbüchse für vier Mann. Dazu gab's Cracker und Wasser aus dem
Wassersack. Und dabei den ganzen Tag noch nichts gegessen! Ich
begab mich deshalb alsbald zum Nachtisch ins Grüne und ass Heidel-
beeren nach Herzenslust; handvollweise sättigten wir den leeren
Magen mit der köstlichen Naturgabe. Bald ging's aber weiter. War
der Boden, je mehr wir in die Höhe kamen, desto rauher und un-
regelmässiger geworden, so wurde das Gehen für die Pferde in der
Heidelbeerzone schon teilweise recht gefährlich, so dass man vielfach
zu Fuss zu gehen und das Pferd zu führen gezwungen war. Man
konnte zwei Formen von Laven hier unterscheiden, die mehr glatte,
dünnflüssige Fladenlava und die Schollenlava, erstere bildet an der
Oberfläche zahlreiche Falten und Kanäle, ja geradezu Röhren-
formen von 1—2 Fuss im Durchmesser. In solche, deren Decken oft
nur wenige Zentimeter dick waren, brachen die Pferde des öfteren
ein. Einmal, als ich gerade aufgestiegen war, ereignete es sich,
dass mein Pferd mit der Hinterhand so festkam, dass die Fessel
buchstäblich herausgemeisselt werden musste. Dies scheint nicht so

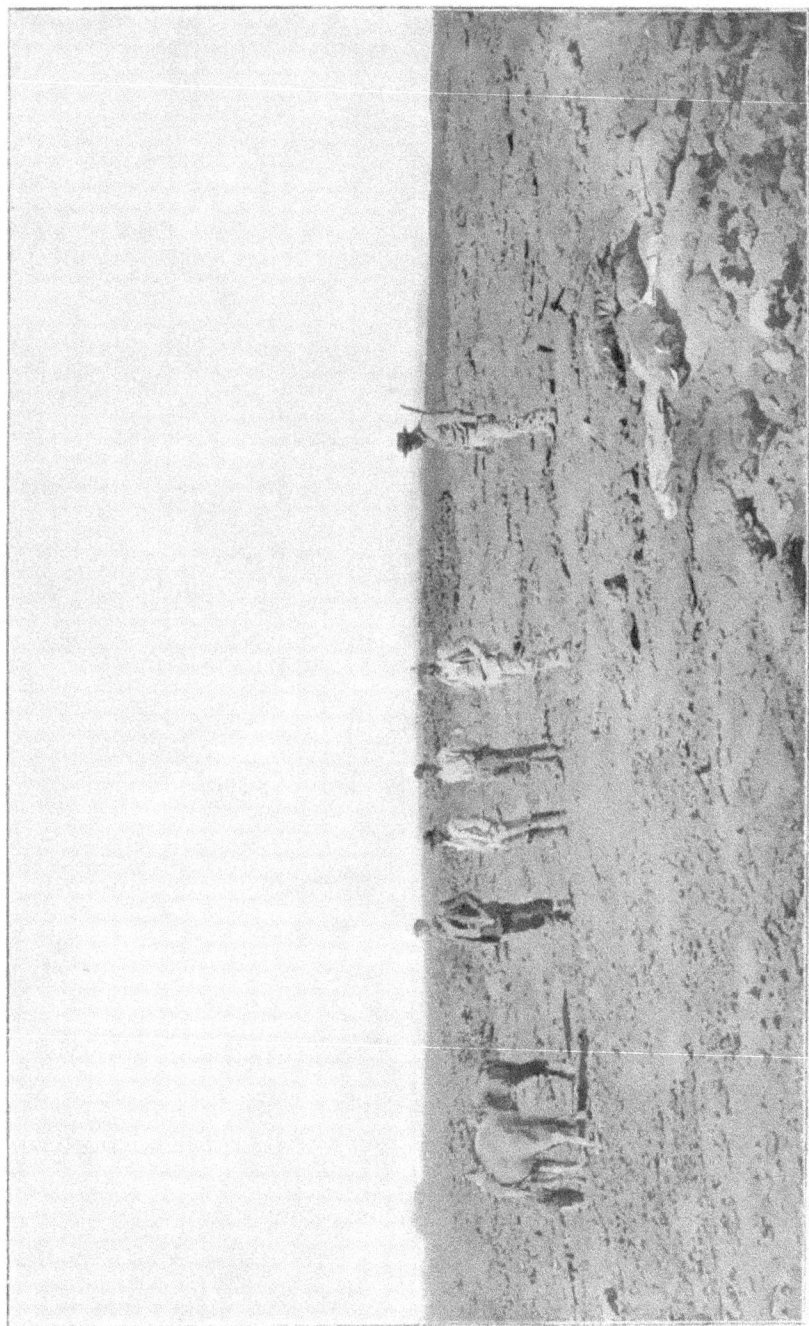

Tafel 2 (siehe Seite 118). **Guppy's Heimkehrung von Mauna Loa.**

selten vorzukommen, denn Herr Gaspar hatte extra für den Zweck einen Hammer und Meissel mitgenommen. Diese Lavaform nennen die Hawaiier *pahoehoe*, während die frischen, konsistenteren Lavaströme, die Block- oder Schollenlava (weil der frischen Ackerscholle so ähnlich) *a'a* genannt wird. Ist die erstere für die Pferde der Spalten halber gefährlich, so wirkt die letztere ihrer spitzen, glasigen, schwammigen Formen halber geradezu sinnenverwirrend. An ein Reiten in solch neuem Lavafeld ist nicht zu denken, obwohl die Pferde Bewundernswertes im Auffinden der besten Stellen und im Überwinden der stetig vorhandenen Schwierigkeiten leisten. Ist man doch schon mit seinen eigenen zwei Beinen und seinem Verstande genügend in Mühe und Sorge, um sich nicht die Schienbeine aufzustossen und beim Fall die Hände zu zerschneiden. Die Schuhe aber müssen's auf alle Fälle büssen. Wie erwähnt, war über 3000 m von Vegetation nichts mehr vorhanden. Das Wandern über die öden, sterilen Lavafelder wirkte auf die Dauer ermüdend. Zwar kam mit dem Herumwenden auf die westliche Flanke des Berges der im Norden vorgelagerte Hualalai in Sicht, aber er lag zumeist zu sehr im Dunst verborgen, um einen befriedigenden Anblick zu gewähren; unter uns zogen aber immer Nebelstreifen vorbei, die den Ausblick aufs Meer verschlossen, ja zuweilen uns selbst überfielen, so dass Herr Gaspar dreimal die Richtung verlor. Endlich aber gegen 3 Uhr erreichten wir eine auf einen Steinhaufen wehende kleine weisse Flagge, welche unser Führer sich als Merkpunkt in dieser Einöde errichtet hatte. Nun begann die Besteigung des eigentlichen Gipfels, der etwas steiler anstieg als die sanfte Böschung der Bergflanke des „langen Berges", wie er nicht mit Unrecht in Beziehung auf seine langgestreckte Form heisst. Die erste Flagge stand in 3000 m Höhe, und von hier aus begann der direkte Aufstieg zum Gipfel. Die Richtung war durch zwei weitere Flaggen bezeichet.

Diese letzten 1000 m bis zur dritten Flagge waren sehr hart. Nicht allein, dass die ungewohnte Dünne der Luft Herzklopfen und Kopfweh verursachte, auch die zunehmende Kälte machte einen, trotz der Anstrengung erschauern. Dazu kam, dass wir durch die steten Verirrungen eine solche Verspätung hatten, dass die Nacht uns eine Stunde unter dem Gipfel überfiel. Wie ich überhaupt

diese letzte Stunde vorwärts kam, ist mir später nicht mehr ganz
klar geworden. Es war ein Kampf mit sich und mit der Welt, ein
Hasten, Pusten, Fallen, Schnaufen. Niemand sagte ein Wort, es
drohte ein Generalstreik auszubrechen. Selbst die Pferde wollten
nicht mehr und konnten nur durch deutliches Ziehen am Zaum
vorwärts gebracht werden. Endlich um 7 Uhr waren wir an der
dritten weissen Flagge. Mein Aneroid zeigte 4000 m. Wir waren oben,
wenigstens begann das Felsenmeer wieder ebener zu werden, so
dass die letzten 100 m bis zum Kraterrand nicht mehr in Betracht
kamen. Ein eisiger Wind empfing uns da droben. Ich löste einige
Schüsse, um Herrn Guppy auf unser Kommen aufmerksam zu
machen, wenn er nicht schon tot war. Eine Viertelstunde später
kam er uns entgegen, der Einsiedler vom Mauna Loa, und ich
hatte so ein Gefühl von „Wie Stanley Livingstone fand", als ich
die biedere Rechte des Mannes fasste, der sich als Opfer für die
Wissenschaft drei Wochen lang allein in dieser Einöde aufgehalten
hatte. Ich wenigstens hatte schon von den wenigen Stunden genug.
Als wir an seinem Zelte angelangt waren, ein elendes Leinwandzelt
in einer Felsen-Kuhle, 100 m vom Kraterrande entfernt, hatte ich
erst eine Restauration notwendig. Am Mittag vorher noch bei 30° C
am Meeresstrand und heute unter 0° auf dem Mauna Loa, 4000 m
hoch, das ist ein Unterschied.

Ich schrie nach meiner wollenen Decke, in die ich mich
einwickelte und mich so unter einen Felsblock klemmte. Meine
Zähne klapperten wie eine Dreschmaschine. „Lassen Sie mir für
eine Viertelstunde Frieden," rief ich; alles war mir gleichgültig,
Hawaii, Mauna Loa selbst — Guppy! Gaspar! — Kaffee waren
meine letzten Worte, dann verfiel ich in einen Regenerationstraum.
Bald machte indessen bei mir dem Gefühl der Kälte eine linde
Wärme Platz, und während ich so dasass, in der Hoffnung, dass
es noch ein bisschen besser käme und der Kaffee bald fertig wäre,
kam mir auch der Appetit wieder, und ich dachte, dass es heute
nach anderthalb Tagen Fastenzeit ein herrliches Diner geben müsste.
Bald umfing mich denn auch ein milder Kaffeegeruch, und es bedurfte
nicht mehr der Stimme unseres Lukulls, um mich zum leckeren
Mahle zu rufen, denn schon sass ich im Zelt, wo die anderen
andächtig um die brodelnde Kaffeemaschine des Herrn Guppy

versammelt waren. War das eine Wonne, als der braunschwarze Sud
dem dampfenden Topfe entquoll, als man den braunen Melassen-
zucker hineingab und die Cracker hineinstippte. Heute gab es
zwei, das war eine gute Vorbedeutung. Bald setzte Herr Gaspar
denn auch einen zweiten Topf aufs Feuer, und nun floss die Unterhaltung munter in dem mählich sich wärmenden Zelt dahin. Und
es gab eine Masse zu erzählen. Herr Guppy war früher englischer
Marinearzt gewesen und hatte in dieser Eigenschaft mehrere Jahre
auf den Salomonsinseln zugebracht, wo er das Material für seine
Studien über die Korallenriffe sammelte, sowie für wertvolle ethnographische Mitteilungen über diese selten besuchten Inseln. Es
war ein merkwürdiges Geschick, dass man hier auf dem Mauna Loa
zufällig sich treffen musste! Da sassen wir im engen Zelt, während
draussen Schneestürme über uns wegbransten, und plauderten von
jenen sonnigen Inseln, die ich bald selbst wieder sehen sollte. So
verfloss in munterer Unterhaltung die Zeit, bis plötzlich Herr Gaspar
durch ein: „Now gentlemen" wieder die Aufmerksamkeit auf sich
lenkte. Er hielt den dampfenden Kessel in der Hand, und das
Herz hüpfte uns im Leibe über diesen, trotz aller Mühsale und
Unbequemlichkeiten, doch noch so schön gestalteten Abend.

Mein Gesicht mag freilich nicht sehr geistvoll ausgesehen haben,
als Herr Gaspar nach Abgiessen des Wassers einen kleinen Hut-
voll Bohnen auf einen Blechteller entleerte, der beim Auffallen
derselben einen glockenähnlichen Klang von sich gab. Herr Guppy
klärte uns alsbald über das Naturphänomen auf, indem er bei
dieser Gelegenheit eine Art Beschwerde gegen die Verpflegungsart
des Herrn Gaspar vorbrachte, der ihn für seinen mehrwöchentlichen
Aufenthalt hier oben nur mit Bohnen und Speck versehen habe.
Da die Bohnen jedoch bei der niedrigen Siedetemperatur des Wassers
hier oben nicht gar würden, so sei er bis jetzt ganz auf den Speck
und auf seinen Tee angewiesen gewesen. Nun war mir die ganze
Situation auf einmal klar geworden; nun begriff ich den vollen
Sinn der Worte „Now, gentlemen, we take a coffee," nun lag auch
die nächste Zukunft so klar wie eine Wassersuppe vor meinen
Augen. Meine letzte Hoffnung war nun noch der Speck des Herrn
Guppy. Unter dem neuen mitgebrachten Proviant war nur eine kleine
Speckseite neben einem Sack Bohnen. Herr Gaspar hatte gedacht,

8*

dass davon hier oben noch ziemlich viel übrig sein müsse. Das
war nun zwar nicht der Fall, aber Herrn Guppy lag an einer
Fortsetzung der Speckdiät offenbar nicht mehr viel. Es war
ersichtlich, dass diese einseitige Lebensweise ihm sehr zugesetzt
hatte, er sah recht abgemagert und blass aus; auch sein körperliches
Wohlbefinden hatte in letzter Zeit zu wünschen übriggelassen, er
hatte gefiebert und einen der letzten Tage fast ganz gelegen, hier in
dieser Einöde, allein, fürchterlich; nun quälten ihn noch rheumatische
Schmerzen. Es war kein Zweifel, er musste mit allen Mitteln der
Beredsamkeit bewogen werden, diesen verzweifelten Posten aufzugeben, nötigenfalls sogar gezwungen.

Da sich bei reiflicher Überlegung diese Überzeugung immer mehr
in mir befestigte, fing ich mutig an, eine Scheibe von der Speckseite
herunterzusäbeln, und ich hatte die Genugtuung, dass ich meinen Reisegefährten bald folgen sah. Ja Herr Gaspar selbst liess sich nicht
irre machen, und Mahelone nahm sich ein so ungebührlich grosses
Stück, dass ich ihn befremdet ansah. Er indessen zahlte mich
mit einem Blick auf den Rucksack heim, der die Gans enthielt.
Er ahnte meine Schwäche, aber ich kämpfte sie nieder. Als die
Speckseite verschwunden war, gab Herr Guppy allmählich freiwillig nach und erklärte, dass er am folgenden Tag mit uns zurückkehren wolle. Darob war allgemeine Freude, und Mahelone wetzte
schon sein Messer zu neuen Heldentaten, aber das Stück, das noch
übrig war, stellte sich als so empfindlich klein heraus, dass man
es für den folgenden Tag aufzubewahren beschloss. Dagegen beschloss ein Schnaps aus der Flasche des Herrn Guppy die würdige
Feier, und bei einer Pfeife Tabak wurde alsdann noch ein kleines
Stündchen geplaudert. Allmählich fing es aber wieder kalt im
Zelt zu werden an, und so bereiteten wir das Lager. Da der Boden
eine unebene, mit einem Segeltuch bedeckte Lavafläche war, so
bedurfte es einiger Zeit bis jeder seinen Körper den Krümmungen
angepasst hatte. Auch machte es Mühe, Steine draussen zu finden
von solcher Höhe und Glätte, dass sie als Kopfkissen schickliche
Verwendung finden konnten. Schliesslich waren aber alle zufrieden-
gestellt, und nun streckte man sich dicht nebeneinander aus, jeder
in seine Decke gewickelt. Was nun kam, ist das Schrecklichste,
was ich je erlebt habe, und ein gütiges Geschick vergönne es mir,

das ich's nie wieder durchmachen muss. Je weiter die Nacht vorrückte, desto heftiger brausten die Schneestürme über das Zelt weg, das sich hob und senkte wie eine Sturmsee. Ich dachte, es fliege im nächsten Augenblicke davon. Da lag man auf dem blanken Fels in eine dünne, wollene Decke gehüllt in fast tropischem Gewande. Denn wenn unten die Sonne einen versengt, so denkt man nicht, dass es da droben so kalt sein könne. Wenn ich sage, dass ich zitterte und mit den Zähnen klapperte, so ist das nur eine sehr schwache Bezeichnung. Meine Zähne schlugen derart aufeinander, dass sie mir auszubrechen drohten, ich schlug mit den Händen, als ob ich einen Cocktail schütteln sollte, und die kalten Füsse suchten vergeblich Schutz gegen die allerseits eindringende Kälte. Es war eine verzweifelte Nacht; wird es denn nicht bald Morgen? Draussen stürmten die armen Pferde herum, scharrend und wiehernd. Ich erhob mich und sah nach der Zeit; 3 Uhr und 8° minus. Noch drei Stunden dauert es, bis es Tag wird.

Ich war aber auch selbst schuld, dass ich nicht wärmeres Zeug angezogen hatte und vor allem, dass ich den warmen Schlafsack, den ich eigens für solche Zwecke zu Hause von Ferdinand Jacob bezog, nach Samoa vorausgeschickt hatte. Welch köstliche Stunden mir dieser bereitet hat, werde ich später erzählen, und ich werde nie wieder eine Reise, wohin es auch sei, antreten, ohne dieses leichte und wenig voluminöse Gepäckstück mit mir zu führen. Jedem Mauna Loa-Besucher möchte ich aber raten, die Nacht nicht oben auf der Spitze, sondern 1000 m tiefer an der Westseite zuzubringen. Freilich der Morgen entschädigt für manches Harte der vorangegangenen Nacht!

Schon um 5 Uhr war es licht hier oben, und während unter uns die tanzenden Nebel wogten, war es klar um uns. Noch war es kalt, aber bald stieg die Sonne empor, die Nebel zerrissen, und der ganze Berg ward auf kurze Zeit frei. Da lag der unermessliche Ozean mit dem Himmel in eins verschwommen, und von Norden winkte der breite Rücken des Hualalai und weiterhin der noch um 39 m höhere Mauna Kea[1] seine Morgengrüsse herüber.

[1] Nach dem Hawaiian Annual von 1899 ist der Mauna Kea 13805 Fuss (4139 m), der Mauna Loa 13675 (4100 m) und der Hualalai 8275 Fuss (2481 m) hoch, während die Kilauea nur 3971 Fuss hat (1191 m).

In nächster Nähe aber, wenig Schritte von unserem Lager entfernt, tat sich ein schauerlich schönes Bild vor unseren Augen auf. Man tritt plötzlich an den oberen Rand einer Felswand, die mauerähn-lich senkrecht ca. 250 m ab-stürzt. Ja der nördliche Rand war noch höher und muss nahe-zu 300 m hoch sein. Man nennt solche Kra-ter „Einbruchkrater" und mit Recht. Es ist gerade als ob sie herausgestanzt wären. Unten lag in dem nahezu 6 km langen und 3 km breiten Becken ein glatter Lavasee, erkaltet, starr, mit zahlreichen Spalten, wie ein gefrorenes schwarzes Wasser. Nur an zwei Stellen stieg Dampf aus der leblosen Masse auf. (Fig. 8.) Ich ging vom Zelt-lager nach der Nordspitze und photographierte von dort aus den Krater, um nicht gerade gegen die aufgehende Sonne arbeiten zu müssen. Ich verzichte auf die Wieder-gabe der Bilder, da die Plat-ten schadhaft wurden. Nur

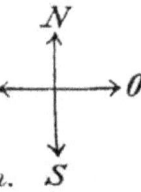

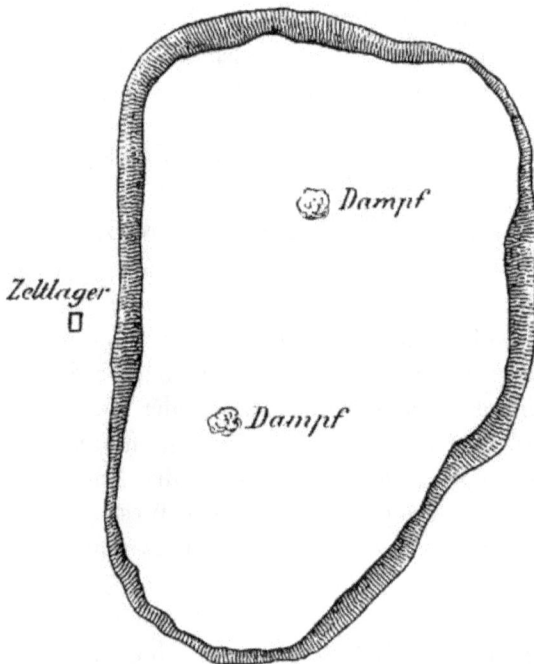

Fig. 8. Ungefähre Form des Kraters Mokuaweoweo auf dem Mauna Loa.

die Truppe im Siegeszug auf dem Lavafeld am Kraterrand, voran Guppy, dann Gaspar und Sohn, Thilenius und zum Schluss Mahelone als Jäger, möchte ich nicht vorenthalten. (Tafel 2.) Mahelone sollte mir beim Photo-graphieren helfen. Als ich nordwärts zog und ihn mit dem Apparat zu folgen anwies, kam er zwar anfangs flink nach. Als ich mich aber

einige Minuten später nach ihm umsah, war er spurlos verschwunden.
Erst dachte ich an ein Unglück, dass er vielleicht zu nahe an den
Kraterrand gekommen und abgestürzt wäre. Ich kroch auf dem
Bauche so nahe wie möglich an die Brüstung und schaute in die
gähnende Tiefe. Da war aber nichts zu sehen. Dann ging ich wieder
zurück und suchte alles ab, und nach langem Suchen fand ich ihn denn
auch in einer Versenkung neben dem Apparat liegen. Ich dachte,
er sei gestürzt, aber als ich ihn untersuchte, zeigte es sich, dass
er nur bergkrank war und im Stadium absoluter Wurstigkeit. Ich
nahm deshalb den Apparat an mich und half mir selbst, so gut
es ging. Meine ursprüngliche Absicht, mit Mahelone als Träger
nach dem Kilauea, dem siedenden Lavasee, durchzubrechen,
musste ich aufgeben. Merkwürdigerweise wurde es danach sichtlich
bei ihm besser. Um 9 Uhr vormittags nahmen wir bei 20 ° C in
herrlicher Morgensonne den Frühkaffee ein, — mit Crackers. Inzwischen hatte sich die Seite des Berges mit Passatwolken belegt
die bis zu 3000 m heraufreichen mochten, während wir im reinsten Äther schwammen. Es war, als ob man auf einen grossen
Federnhaufen hinabblickte, als ob man hineinspringen müsste in
die blendend weissen, reinen Wolkenbänke. Lange dauerte aber
dies Vergnügen nicht; um 10 Uhr begann der allgemeine Abstieg,
und um 12 Uhr hatten wir schon wieder die unterste weisse Flagge
in 3000 m. Nun ging's wieder an der Flanke des Berges südwärts
in sehr sanftem Abstieg, so dass wir gegen 3 Uhr nachmittags noch
in 2500 m Höhe waren. Einzelne niedere Lehuabäume traten
schon hier in Erscheinung, im Heidelbeerdickicht zerstreut. Plötzlich
überfiel uns aber hier ein solch dicker Nebel, dass wir mehrere
Stunden umherirrten, ohne einen Anhalt für den Weg zu finden,
und es musste die Absicht, noch am selben Tag die Sennhütte zu
erreichen, aufgegeben werden. In einer kleinen Schlucht, die ganz
von Beerenkraut und einzelnen Lehuabäumchen erfüllt war, wurde
abgesattelt und das Lager aufgeschlagen. Hier erinnerte ich mich
auch der geschossenen Gans wieder, die immer noch nicht abge-
balgt war. Als ich sie meinem Rucksack entnahm, warf ihr Herr
Gaspar einen bedeutungsvollen Blick zu, aber als ich meine Instru-
mente zum Abbalgen, die Gips- und Arsenikbüchse zugleich entwickelte und noch die inhaltsschweren Worte hinzufügte: „Now,

gentleman, wc take a coffee," da war der Mann vollkommen
fassungslos und ergab sich in das für ihn und für uns so schwere
Schicksal. Übrigens balgte ich das Tier so vorsichtig ab, dass
wenigstens die Brust noch geniessbar war, die aber meine Reisegenossen, wohl im Hinblick auf den Arsenik, dankend ablehnten,
so dass mir nichts anderes übrigblieb, als sie unter Beihilfe des
opferfreudigen Mahelone allein zu verzehren, was man schon im
Interesse der Wissenschaft tun musste. Ich machte die Erfahrung,
dass das Beerenfutter eine ausgezeichnete Nahrung für das Feder-
vieh ist, denn das Fleisch schmeckte überaus aromatisch und zart.
Mahelone fand dies auch. An diesem Abend konnte ich noch
einen überraschenden Einblick in die Küchengeheimnisse unseres
Wirtes tun. Als er nämlich die Pferde abgesattelt und getränkt
hatte, fuhr er ihnen, wohl als Liebkosung, einmal mit der Rechten
unter den Schwanz und unter den Bauch und alsbald mit derselben
Hand in den Kaffeesack, dem er eine ordentliche Handvoll
entnahm, diese in den Topf warf und dann mit dem Wasser zusammen kochte. Seit diesem Abende war mir auch der Kaffee
etwas verleidet, und so gehörte ich nicht zu den Klagenden, als
wir am andern Mittag Dairy Ranch und abends um 7 Uhr wieder
Gaspars Haus erreichten, wo eine Stunde später derselbe Topf
mit Bohnen und Speck wieder auf der Tafel erschien, der mit
demselben Appetit ausgelöffelt wurde. Ich hatte bis dahin nicht
gewusst, dass man dreieinhalb Tage bei heftigen Anstrengungen nur
von Kaffee mit Crackers leben kann, aber das Experiment war vollständig geglückt, und Herrn Gaspar gebührt die Ehre, der Erfinder
dieser Kost zu sein.

Am Donnerstag, den 2. September verbrachten wir den Vormittag
gemeinschaftlich bei Herrn Gaspar oben, wo ich noch einige Vögel
abbalgte, welche Mahelone am Tage vorher im Wald geschossen
hatte, darunter zwei rote Drepaniden, die erste Tat, freilich auch
die letzte, die Mahelone in sechs Wochen vollbracht hat. Nachmittags aber schifften wir uns wieder in Napoopoo auf der „Manna
Loa" ein, die von ihrer Hawaii-Tour nun wieder nach Honolulu
zurückkehrte. Auch Herr Guppy fuhr mit, schiffte sich aber in
Kailua nach wenigen Stunden wieder aus, da er seine Studien über
die Strandvegetation dort fortsetzen wollte. So führte uns ein

merkwürdiges Geschick auf kurze Zeit zusammen; einsam zog der verwitwete Mann seinen mühsamen Weg, den besten Trost in der Arbeit suchend, im Streben und Forschen. Und ich habe bis heute kein Wort mehr von ihm gehört. Ob ich ihn wohl irgendwo einmal wieder finden werde, den Einsiedler vom Mauna Loa?

Die Kunde von unserer Besteigung dieses Berges und von der Entsetzung des Herrn Guppy hatte sich rasch in Honolulu verbreitet, und bei unserer Ankunft erschienen spaltenlange Artikel darüber in den Zeitungen. Die Tour ist zwar an und für sich nichts Besonderes und schon verschiedentlich ausgeführt, aber immerhin selten, weil mit nicht unerheblichen Strapazen und Kosten verbunden. Mir persönlich diente sie als Ersatz für den zu jener Zeit ausnahmsweise untätigen Krater- und Lavasee des Kilauea. Obwohl Neues bei diesen Vulkantouren nicht erwartet werden durfte, so lag mir doch daran, in Hinsicht auf die Entstehung der Koralleninseln diese imposantesten Zeugen des Vulkanismus im Pacific kennen zu lernen, die klassische Arbeitsstätte Danas und Agassiz'.

Unseres Bleibens in Honolulu nach der Rückkehr war aber nicht lange. Fünf Tage später fuhren wir wieder auf der „Mauna Loa" nach der Hawaii zunächst gelegenen Insel Maui. Denn es galt, dem 3000 m hohen Haleakalá einen Besuch abzustatten (siehe Fig. 4). Will man sich die Topographie von Maui vergegenwärtigen, so ist es am besten, wenn man die Insel mit einer westöstlich (genauer Westnordwest nach Ostsüdost) gelegenen Sanduhr von ca. 78 km Länge vergleicht. Westlich liegt ein schmaleres, bewaldetes Bergland mit schroffen Zinken und tiefen Tälern, ostwärts der breite, fast vegetationslose, dem Mauna Loa an Gestalt ähnliche Haleakalá. Beide Teile werden durch einen schmalen, niedrigen, wüstenähnlichen Isthmus verbunden. Auf diesem an der Südseite, an einem Maalaea genannten, nur aus wenigen Bretterhäusern bestehenden Platze landeten wir und bekamen dort ein Fuhrwerk, das uns in einer Stunde nach dem nahe dem nördlichen Rande des Isthmus hübsch gelegenen Orte Wailuku brachte, hübsch sage ich, denn es waren einige nette Häuser und mehrere ganz grüne Bäume da, und dann war der Ausblick nach beiden Bergseiten hin durchaus fesselnd, so dass man sich in einem breiten Tale wähnte.

Hier in Wailuku war auch ein gutes Gasthaus, das ein bejahrter Deutscher namens Schröder unterhielt, und ich muss sagen, dass wir uns hier unter den patriarchalischen Verhältnissen bald recht wohl fühlten. Um keine Zeit zu verlieren, setzten wir noch am selben Abend die Bergtour in Szene. Zwei Amerikaner, die als einzige Gäste im Hotel Schröder waren, schlossen sich an. So bewegte sich am folgenden Morgen um $7^1/_2$ Uhr wieder mal eine stattliche Kavalkade, diesmal die Strasse von Wailuku entlang. Nur einer fehlte, Mahelone, den ich in Anbetracht seiner Leistungen auf dem Mauna Loa bei dem Mangel des Waldes am Haleakalá nach dem Jaotal geschickt hatte. Während also Mahelone auf den Bergen westwärts jagte, ritten wir in glühendem Sonnenbrand vier Stunden lang ostwärts durch die Steppen von Maui nach dem Fuss des Haleakalá; da waren keine Bäume, keine Sträucher, nur zeitweise einige Zuckerrohrfelder, zu deren Subsistenz ein endloser Aquädukt das Wasser aus dem Jaotal im Westen herleitete. Auch der Passat setzte zur Feier des Tages ausnahmsweise spät ein, und als er dann mit gewohnter Zudringlichkeit zu wehen anfing, war man in solche Staubwolken gehüllt, dass man kaum seinen Nebenmann sehen konnte. Dies war andererseits ein Glück: Ich hatte nämlich einen der Amerikaner ständig neben mir als Reitgenossen, der sich auf seine Kenntnisse der deutschen Sprache etwas zugute tat, und als mir die Zunge in der dritten Stunde sozusagen am Gaumen festklebte und ich zur Unterhaltung und Erfrischung Uhlands Lied von dem tapferen Schwaben vor mich hinzitierte in steter Wiederholung wie auf der Eisenbahn, da sagte der Fürchterliche, auf den Haleakalá deutend: „Oben gibt's Siechen!" Ich wäre dem Manne beinahe um den Hals gefallen, wenn ich nicht ein so bösartiges Pferd unter mir gehabt hätte. Mit einem Schlag war ich in Berlin in der Behrenstrasse beim Korpsfrühschoppen seliger Erinnerung. Das Siechen-Bier war mir zwar stets etwas zu kräftig eingebraut gewesen, aber nach dieser Staub-, Feuer- und Wassernot ein kaltes Glas Siechen-Bier, das wäre zu grossartig gewesen, als dass es hätte wahr sein können. Nein, das ist nicht möglich! Wie sollte hier Siechen herkommen, obwohl man mir erzählt hatte, dass auf dem Berggipfel ein Steinhaus sei. Ich wollte einen kleinen Hymnus anstimmen, aber der Hals war so

dick, dass ich nur stotternd die Worte: Siechen? Bier? hervor-
brachte. Erstaunt blickte mich der Vertreter Onkel Sams an und
sprach: „Bier? Nein, Siechen, goats, zum Schiessen!" Ich hatte
nämlich meine Flinte auf dem Rücken und mochte ein recht mar-
tialisches Aussehen haben. Aber das war zu viel! Mit der letzten
Kraft gab ich meinem Pferde die Sporen und jagte davon. Ich
verzieh dem Manne erst wieder, als wir um 11½ Uhr in 450 m
Höhe einen kleinen Ort Makavao erreichten, wo einige Chinesen
wohnten, die Limonaden feilboten und uns ein kleines Mittagessen
bereiteten. Von hier aus begann um 1 Uhr der eigentliche Anstieg,
der nichts Besonderes bot; nicht einmal Wald wurde passiert, nur
in 600 m Höhe sah man in der Ferne einige Kukuibäume. Um
2 Uhr wurde in 1150 m Höhe die Olindafarm durchritten, die der
Viehzucht gewidmet ist, und in 1200 m Höhe begann hier schon
die Heidelbeer- und Coprosmazone, welche nahezu bis zur Spitze
sich ausdehnt, aber in 2500 m schon erheblich dünner wird. In
2000 m traten hohe Geraniumstauden hinzu, und ganz oben fanden
wir auch das schöne Silbergras (Argyroxyphium sandwicense), von
den Eingeborenen *ahinahina*, „der Weisse", genannt. Um 5 Uhr
war das Haus erreicht. Es liegt nur wenige Schritte vom Kraterrande entfernt im Schutz einiger Felsen, zwischen denen man in
den Krater hinabblickt.

Hatte die Bergtour bis hierher wenig des Interessanten und
Eigenartigen geboten, so war der erste Anblick des ungeheuren
Kraterfeldes des Haleakalá geradezu überwältigend. Es war, als
ob man in eine andere Welt blickte. Da lag der grösste Krater
der Erde, eine Aufrissspalte, 12 km lang, 4 km breit. Der Boden
aber war nicht glatt wie beim Mauna Loa, sondern mit zahlreichen
Sekundärkraterkegeln gespickt, deren jeder ein grosser Berg für
sich ist, 200—300 m hoch, und in allen Farben schillernd. Ich
zählte ungefähr ein Dutzend solcher Kegel, von denen die meisten
in einer Linie liegen, die von Nordnordwest nach Südsüdost zieht.
Der Boden des Kraters soll nur 2210 m über dem Meere liegen,
und liegt somit in Wirklichkeit 800 m tiefer als die höchste Spitze
im Westen. Ihr gegenüber, im Nordosten, befindet sich ein mächtiger Durchbruch, ein Barranco, und zwei kleinere im Süden,
die aber verdeckt sind. Damit ist die Grossartigkeit der Anlage

gekennzeichnet, der sich nichts auf dem Erdenrund an die Seite
zu stellen vermag. Das Haus, in dem wir nächtigten, liegt am
Nordrande in 2750 m Höhe, nimmt also eine vermittelnde Stellung
ein, wodurch der Anblick um so wirksamer wird. Im Abendsonnenschein winkte über den Südrand des Kraters der Hualalai und ihn
bedeutend überragend der Mauna Loa herüber, auf dessen Gipfel
wir gerade vor acht Tagen gewesen waren, und als es Nacht geworden war, hob sich der Vollmond und warf bald sein magisches
Licht in die von Nebeln wallende Kratertiefe, und man konnte
sich nicht satt sehen an dem wunderbaren Bild. Trotzdem wir
hier im Haus schlafen konnten und 1300 m tiefer als am Mauna
Loa, war doch die Nacht auch hier recht empfindlich kalt, und
wir alle jubelten, als die Sonne mit Macht durch das offene östliche Tor in das „Haus der Sonne", das Hale a ka lá ihren Einzug hielt. Um 9 Uhr 45 Minuten begann der allgemeine Aufbruch,
und abends um 7 Uhr waren wir wieder bei unseren lieben Wirts-
leuten in Wailuku.

Um diese Zeit trugen mein anatomischer Reisegefährte und
ich uns sehr mit Knochengedanken. Es hat dies überall in polynesischen Landen seine Bedenken, weil hier diese Reliquien der
Ahnen in hohen Ehren gehalten werden, vielleicht mehr aus aber-
gläubischer Furcht vor den Geistern der Abgeschiedenen als aus
wahrer Pietät. Tatsache aber ist, dass sie ihre Knochen nicht
gerne zu Markte tragen. Da die Beisetzung in Höhlen im alten
Hawaii Sitte war, so richteten wir unser Augenmerk stetig auf alle
Löcher in den Felswänden. Mein „Hawaiian Guide" verriet nun,
dass im oberen Jaotal ein Begräbnisplatz der alten Könige und
Häuptlinge von Mani gewesen sei. Dann fand auch hier eine der
grossen Schlachten des Kamehameha statt, welcher den König von
Maui, Kahekili mit seinen Kriegern in dies Tal hineintrieb und
niedermachte. Nur der Prinz Kalanikupule entkam nach Oahu,
wo dann die erwähnte Schlacht am Pali den Feldzug des Kamehameha beschloss. Das Gemetzel war so gross, dass der Jaofluss
durch die Masse der Erschlagenen aufgestaut und blutrot gefärbt
gewesen sein soll, woher der Name Wailuku, „Wasser der Zerstörung", kommt. Es schien also möglich, dass in diesem Tale
etwas sich fand, und so brachen wir am folgenden Tag mit Pferden

dahin auf und ritten das Tal soweit es ging hinauf. In 400 m
Höhe kamen wir in einen Talkessel, welcher landschaftlich ungemein
reizvoll war. Saftige Wiesen breiteten sich an dem wasserreichen
Flüsschen aus, und ringsum rahmten steile Felswände, mit üppigem
Grün überzogen, dieses Idyll ein. Wir sahen nun zwar zahlreiche
Löcher an den Felsen in der Höhe, aber es war klar, dass man
nur mit Tauwerk von oben, den Adlerjägern vergleichbar, an diese
herangelangen konnte. Jedenfalls gehörte zum Absuchen dieser
Gegend eine Menge Zeit und Geduld und nicht unbedeutende Mittel,
da man zu solchen Arbeiten nur Fremde gebrauchen kann. Wie
sich die hawaiische Regierung zu solch einem Unternehmen gestellt
hätte, war eine zweite Frage. Wir gaben deshalb diesen Plan als
untunlich auf, zumal da wir noch einen anderen weniger goldenen,
aber anthropologisch wenigstens ebenso wertvollen, in Aussicht hatten.
Für heute vergnügten wir uns im Anblick der schönen Natur, im
Anblick des Waldes, der so selten auf den Inseln ist, und mit der
Vogeljagd, die wie immer recht wenig erträglich bezüglich der sel-
teneren Vögel verlief. Gegen Abend trafen wir wieder in Wailuku
ein und machten nach dem Abendessen im Vollmondschein noch
einen Ausflug per Wagen nach einem in der Nähe des Nordstran-
des gelegenen Heiau. Derselbe liegt auf einem kleinen Hügel auf
der linken Seite des Wailukuflusses, nahe dessen Mündung. Da
der Hügel eine westöstliche Richtung hat, so liegt das Rechteck
des Heiau auch in dieser Richtung, und somit ist die Nord- und
Ostseite desselben vollkommen dem Nordost-Passat preisgegeben
und durch Sand verweht. Auf der Südseite aber ist die Mauer
umgestürzt, und hier liegt ein grosses Trümmerfeld von Lavablöcken.
Mehrere Gelasse schienen wie zu Honaunau, so auch hier, abgegrenzt
gewesen zu sein, wie sich denn auch noch ein kleineres besonderes
Rechteck an der südwestlichen Ecke des grösseren befand. Im
ganzen machte dieser Platz den Eindruck, als ob er auch als Fort
benützt worden wäre, denn schlachtenreich ist ja die Ebene von
Wailuku, und die Dünen, die sich nordwärts an den Heiauhügel
anlehnend eine Stunde weit am Strande hinziehen, sollen manchen
Toten bergen. Diese Dünen durchziehen nun auch den ganzen
Isthmus, über den der Nordost-Passat, eingeengt durch die beiden
seitlichen hohen Berge, mit Macht dahinbraust. Ja der Wind fängt

sich besonders am südwestlichen Fusse des Haleakalá, so dass die
Dünen auch noch dort, ganz in Lee der Insel in grosser Ausdehnung und Mächtigkeit anzutreffen sind.

Doch ehe ich näher auf diese Bildungen eingehe, will ich
noch kurz erwähnen, wie die Nacht nach dem Besuch des Heiau
zu Ende ging. Wir trugen nämlich Begehren danach, einmal einen
echten hawaiischen Tanz zu sehen. Ich hielt das abgelegene Wailuku als besonders günstig für diesen Plan, und Mahelone war darin
mit mir ganz derselben Ansicht. Er war Feuer und Flamme für
diese seltene Abwechslung, obwohl, wie er sagte, das Tanzen verboten sei. Wie ein erfahrener Cicerone versprach er aber alles
glänzend zu arrangieren für wenig Dollars, und wir waren in nicht
gering gespannter Erwartung. Vom Heiau stiegen wir hinab zu
unserem Wagen, und in wenig Augenblicken waren wir zu einer
Gruppe von Kukuibäumen gelangt, aus der uns verstohlen ein
kleines Bretterhaus entgegenblinkte. Gross konnte die Tanzgesell-
schaft nicht sein, das war sicher; aber ich hatte auf Samoa die
Eingeborenen oft auf unglaublich geringem Raum die hübschesten
Tänze aufführen sehen. In der Türe empfing uns eine ältere
Hawaiierin, und im Zimmer stand ein grosses Bett, ein Tisch
und zwei Stühle, auf denen zwei junge Mädchen sassen, die sich
bei unserem Kommen erhoben und uns begrüssten. Von Tanz-
veranstaltungen sah ich zwar noch nichts, aber das konnte ja
kommen. Sie luden uns ein, Platz zu nehmen, doch bei der opu-
lenten Sitzangelegenheit zogen wir es vor, stehen zu bleiben und
zur Sicherheit die Leute über den Zweck unseres Kommens aufzu-
klären. „Einen alten hawaiischen Tanz,“ wiederholte ich. Jawohl,
sagte die Alte, nur einen Augenblick Geduld, es kommen sofort noch
einige Mädchen. Es erschienen denn auch bald zwei weitere schlanke
Gestalten mit Strohhut und langen, losen Mrs. Hobart-Kleidern,
in denen sie nun hin- und herzuwogen anfingen, tarantellaähnlich,
beim Klang einer Gitarre. Dies war an und für sich ganz nett,
und ein Globetrotter hätte sich ja auch damit zufrieden geben
können, wenn er eine etwas pikante Umrahmung noch dazu kon-
struiert hätte. Uns war aber darum nicht zu tun, und ich bedeutete
Mahelone, dass wir einen *hula* in althawaiischen Gewändern zu
sehen wünschten. Davon hatten aber wohl die Mädchen und Mahe-

lone ebensowenig eine Ahnung wie ein Säugling von Wertpapieren, sie dachten wahrscheinlich, dass althawaiisch für uns gleichbedeutend mit nackt sei. Als die Unterhandlungen seitens Mahelone weiter geführt wurden, entledigten sich einige der Mädchen ihres Überkleides, in der Absicht, in ihrem liederlichem Unterzeug den Tanz fortzusetzen. Wir bedeuteten ihnen indessen alsbald, dass sie uns völlig missverstünden, und baten sie, doch schleunigst ihren Rock wieder anzuziehen, was sie sich nicht zweimal sagen liessen. Wir sahen uns wie zwei hereingefallene Mitteleuropäier an, erklärten uns für befriedigt und griffen in die Taschen. Zwei Dollar für die gesamte Leistung erachtete ich für genügend, aber da kam ich recht an. Jedes der vier Mädchen wollte mindestens einen Dollar haben und die Alte auch, und so waren wir zufrieden, mit fünfen davonzukommen. Mahelone machte auch schon eine Extragratifikationsmiene, worauf ich ihm ein paar Backpfeifen anbot. Die Wut hatte mich erfasst über diesen Kanaken, der mich immer nur Geld kostete und dessen Leistungen gleich null waren. Aber mit Zorn kommt man bei den Polynesiern nicht weit; man muss immer lächeln, lächelnd weinen, lächelnd strafen, es ist lächerlich! Als wir wieder im Wagen sassen, Mahelone stolz auf dem Bock, kamen die beiden Tänzerinnen nachgestürzt und verlangten, mitgenommen zu werden, da sie in der Stadt zu Hause seien. Wir waren denn auch so galant und nahmen sie in unseren Landauer herein; nichtsnutz, schalkhaft lachend, sassen sie uns zur Seite, als wir im hellen Mondlicht auf der Strasse Wailuku zu rollten. Wieder und wieder sangen sie das Lied, das sie zum Tanz gesungen hatten, in ewiger Wiederholung, und das mir heute noch in den Ohren klingt, ein Beispiel jener schwärmerischen, leichtfertigen, aber eigenartigen neuhawaiischen Musik:

Als wir zu den ersten Häusern kamen, verabschiedeten sich unsere Schönen, und wir fuhren allein, unschuldsvoll, als ob nichts passiert wäre, beim Hotel Schröder vor, wo alles schon im Schlafe lag. Am folgenden Tag machten wir noch einen Ausflug in das hübsche Waiheetal, kehrten aber auch von dort unverrichteter Sache zurück. Als wir am Abend jenes Tages an der Schröderschen Tafel es uns weidlich schmecken liessen, erzählte die Wirtin schauder-erfüllt, dass ein Mann heute hier gewesen wäre, mit einem Schädel, um ihn uns zum Kauf anzubieten, dass sie ihn aber entrüstet wieder fortgeschickt habe. Sie würde kein Auge schliessen, wenn sie wüsste, dass solch ein Ding unter ihrem Dache wäre, so meinte sie. Wir traten uns fast die Füsse ab, und frugen ganz verstört, woher dieser furchtbare Mensch denn solch ein Ding nur herhaben könnte, wor-auf sie uns treuherzig erzählte, dass in den Dünen von den früheren Kämpfen her noch viele Knochen lägen, die zeitweise vom Wind freigelegt würden. Besonders drunten am Südufer, es sei schreck-lich. Fast einstimmig wiederholten wir „schrecklich", was entschieden ihre Befriedigung hervorrief.

Da der folgende Tag ein Sonntag war, mussten wir uns da-mit begnügen, auf einem Spaziergang Umschau zu halten. Wir be-suchten zu diesem Zweck die Dünen am Nordstrand, östlich vom Jaofluss, fanden aber nichts Besonderes. Ich hatte jedoch Gelegen-heit, daselbst die Quelle der Sandbildung in Augenschein nehmen zu können. Diese ist zweifellos ein unterseeisches Korallenriff, denn oberflächlich ist von einem solchen in der Kahului-Bai nichts zu sehen. Dass aber Korallen vorhanden sind, beweist der Strand, der eine eigentümliche treppenförmige Bildung zeigt. Die unterste Stufe, auf der die Seen sich brechen, besteht aus runden grossen Lavakieseln, die mittlere 2 Fuss höhere aus Korallentrümmern (meist Pocilloporen und Fungia), und die oberste wieder um 2 Fuss höher gelegene, aus groben Lavakieseln. Im ganzen ist der Strand ungefähr 2 m hoch und 10 m breit und ein Beweis für den mächtigen Passat, der hier fast unausgesetzt weht. Die eigen-artige Strandbildung erkläre ich mir so, dass unter regelrechten oder wenig verstärkten Windverhältnissen die leichteren Korallen bei Flut auf die zweite Stufe geworfen werden, von wo der zermahlene Grus vom Winde inlands getragen wird. Ist aber Wind und See von besonderer Stärke, dann werden die Korallen ganz nach oben geworfen, wo sie allmählich zerrieben und weggeweht werden, wenn nicht eine neue Katastrophe die alte ablöst. So kommt es, dass oben, wo man die Korallen am ehesten erwarten sollte, nur Lavakiesel liegen. Immer muss man sich die Stärke des Passates zum Verständnis solcher Vorgänge vor Augen halten; ich werde noch ein Beispiel in Molokai erwähnen. Wir wanderten an jenem Tage bis nach Spreckelsville ostwärts, einer kleinen Niederlassung an der Bucht mit Zuckermühlen und -siedereien für die schon genannten grossen Zuckerfelder. Spreckel ist jener Deutsch-Amerikaner, welchem Hawaii den Aufschwung seiner Zuckerindustrie verdankt; hat doch die Produktion desselben in manchen Jahren schon ¹/₇ der kubanischen betragen, als Kuba noch spanisch war. Damals musste der Zucker von Kuba indessen Eingangszoll in den Staaten bezahlen, während der nichtraffinierte, braune Hawaiizucker zollfrei war. Deshalb wurde nur solcher auf Hawaii eingesottene verschifft und in den Staaten raffiniert. Wollten die Bewohner von Honolulu aber raffinierten Zucker haben, so mussten sie diesen wieder von den Staaten importieren. Es ist bezeichnend für die deutsche Rübenzuckerindustrie, dass der deutsche Zucker trotzdem unter obwaltenden Umständen noch billiger kam als der einheimische. Wenigstens haben wir damals im Hotel Schröder nur heimatlichen Würfelzucker genossen.

Gegen Mittag waren wir wieder bei unseren Wirten, nachdem die Rekognoszierungstour betreffs der Knochen wiederum resultatlos verlaufen war. Wir kamen nun auf den Weg, den wir aus Furcht, uns zu verraten, erst nicht zu begehen gewagt hatten, nämlich einfach die Leute danach zu fragen. Am nächsten lag es, dass wir uns mit dem Kutscher, den wir ja vom grossen „Hula" her schon kannten, ins Benehmen setzten, denn ihn brauchten wir ja doch auf alle Fälle. Gesagt, getan; der Mann hatte zwar erst Bedenken, aber bei dem Worte Dollar wurde er schon bedeutend entgegenkommender. Er erzählte, dass er von einem ganz einsam am Südstrand gelegenen Platz auf den Dünen gehört hätte, wo häufig der Wind Knochen freiwehte. Nur ein Japaner wohne in der Gegend. Wir waren bald handelseinig und fuhren sofort dorthin. Als wir seine Aussagen bestätigt fanden, bestellten wir den Wagen sogleich

für den kommenden Morgen. Mahelone wurde wie üblich auf die
Pürsche geschickt und schoss wie üblich nichts. Wir fanden an
den Dünen längs fahrend bis in die Gegend von Makena, dem
kleinen Eiland Molokini gegenüber, den Japaner, und dicht beim
Hause auf den Dünen von Kalnaihakoko waren die Gräber. Es
gelang, nach längerem Suchen einige mehr oder weniger vollständige
Skelette zu bekommen. Freilich, die Arbeit des Grabens im Sande
war eine keineswegs erfrischende. Der von Norden herabbrausende
Passat wehte bis nachmittags 5 Uhr in einer Stärke von 6—8 und
war voll von Staub und Sand, und mittags stieg die Temperatur
bis 45° C, so dass man nahe daran war, verschmachtet in die selbst
gegrabenen Höhlen hineinzusinken. Dass bei einem solchen Winde
die Form der Dünen sehr veränderlich ist, lässt sich begreifen.
Man fand neu aufgeworfene Hügel, dem Winde zu langsam schief
ansteigend und in Lee über 45° steil abfallend, wie ein Sprungbrett,
eine Form, wie sie allenthalben beobachtet wird. Es ist begreiflich,
dass man nur an die Gräber kommen kann, welche eben freigewebt
sind. Man wird dann durch kleine Unebenheiten im Sand, durch
einen hervorstehenden Stein oder Knochen auf die richtige Spur
geführt.

Es gelang indessen, auf diese Weise im ganzen fünf Schädel und
zwei bis drei vollständige Skelette zu bekommen. Als Attribut fand
sich ein Hundskopf in einem Massengrab, aus dem drei Schädel
entnommen werden konnten, und in einem anderen Grab war dem
Skelett eine Octopusangel beigegeben, dort wohl Krieger, hier ein
Fischer. Jedes Skelett wurde für sich in einen Sack gepackt und
die Reste gleichfalls zusammen in Papier gewickelt. So kamen wir
mit unserer eigenartigen Fracht bei Dunkelheit vor dem Hotel
Schröder an, wo glücklicherweise gerade niemand zugegen war.
Wir trugen die Säcke eigenhändig nach dem hinteren Teil des
Hauses und packten sie unter die Veranda. Als wir dann bald
wieder alle vereint bei der Abendtafel sassen, da fielen mir wieder die
Worte der guten Wirtin ein! Wozu ihr eine schlaflose Nacht bereiten:
Was ich nicht weiss, macht mich nicht heiss, ist ein wahres Sprich-
wort. Da überdies in selbiger Nacht um 2 Uhr unser Dampfer von
Maalaea wieder abfuhr, so brauchten wir auch unser Gewissen nicht
zu belasten, und um 10 Uhr verliessen wir das gastliche Haus,

um uns nach Molokai zu wenden. Wie eine Ironie kam es uns aber doch vor, dass die gute Frau, die nicht einen Schädel unter ihrem Dache hatte dulden wollen, nun nichtsahnend eine ganze Kompanie für kurze Zeit bei sich beherbergen musste.

Früh 7 Uhr, am Dienstag den 14. September, war die „Mauna Loa" vor Kaunakakai[1], einem elenden Landungsplatz an der Südseite von Molokai. Wir wären hier gar nicht an Land gekommen, wenn nicht Herr Hackfeldt in seiner zuvorkommenden Art die nötigen Schritte getan hätte, damit uns ein Boot von Land aus abholte. Molokai ist nämlich die sterilste, somit wenig bewohnteste aller Inseln und als der Aufenthalt der Aussätzigen auch von den Fremden gemieden. Um sich die Topographie zu vergegenwärtigen, stellt man sich die von Ost nach West verlaufende Insel am besten als eine Pultdach von ca. 60 km Länge und 12 km Breite vor, und zwar liegt die Böschung der Insel südwärts, der ca. 4—600 m hohe, fast senkrechte Absturz aber an der Nordseite. Am Fuss dieses Absturzes liegt in der Mitte der Nordseite ein niedriger, flacher Landvorsprung, völlig abgeschlossen von der Aussenwelt, das Lepersettlement. Der Westteil der Insel flacht sich etwas aus; hier liegen auch zwei sehr niedrige, kaum bemerkbare isolierte Kraterberge, von denen einer den Namen Mauna Loa, wie sein grosser Bruder auf Hawaii führt, obwohl er nur 400 m hoch ist. Ostwärts aber ist dem nördlichen Höhenzug ein Gipfel aufgesetzt, der schlank in den blauen Himmel ragt, der 1380 m hohe Molokui, und es erinnert dieser Inselteil sehr an den Westteil von Maui, denn hier oben auf den luftigen Höhen ist üppiger Wald, und zahlreiche Wasserläufe eilen von dort die steilen Hänge hinab in die Schluchten und Täler der Nord- und Ostseite, überall Pflanzenwuchs um sich her ausbreitend, während das übrige Molokai, besonders das, was unter der 300 m-Linie liegt, also namentlich der Mittel- und Westteil, absolut steril ist. In Kaunakakai erwartete uns Herr Meyer von Kalae mit Pferden. Wir stiegen alsbald in den Sattel, und nun ging es langsam in die Höhe, das felsige Gelände hinauf, nordwärts. In 300 m Höhe fing das Land an, sich mit

---

[1] Kainakaki, im Gilbertinischen nach Wilkes das Elysium, das Hawaiki, ist wohl dasselbe Wort.

einem grünen Flaum zu überziehen, und bald stiessen wir auch
auf weidende Viehherden, Herrn Meyers Besitzstand. Ein Deutscher
war es des Namens, der vor etlichen Jahrzehnten sich hier in
440 m Höhe in Kalae eine Farm gegründet hat. Einige hübsche
Holzhäuser fanden wir in einem prächtigen, sauber gehaltenen
Garten vor, ein Idyll in dieser Verlassenheit, wo weit und breit
kein Mensch wohnte; nur 1 km lag die Farm von dem nördlichen
Absturz entfernt, die am Fusse desselben wohnenden Leprösen sind
somit die nächsten Nachbarn.

Leider war der alte Deutsche drei Monate vor unserer Ankunft
gestorben und hatte den Besitzstand seiner Frau, einer würdigen
Vollbluthawaiierin, und seinen zwei Söhnen hinterlassen. Die Aufnahme, die wir hier fanden, war überaus herzlich und in der lieblichen Niederlassung um so erquickender. Alles atmete deutsche
Ordnung und Sauberkeit. Wir durften aber nicht lange rasten.
Kaum nach zweistündigem Ritte angekommen und nach einem
stärkenden Frühstück, sassen wir um 11 Uhr wieder hoch zu Ross,
um nach dem nördlichen Absturz zu reiten. Dort banden wir die
Pferde fest, und durch eine enge Bresche im Felsen, die uns einer
der jungen Herrn zeigte, stiegen wir allein, selbander auf schwind-
lichtem Steg das 400 m tiefe Pali hinunter zum Lepersettlement,
das uns als Ärzten natürlich von nicht geringem Interesse war.
Wir hatten uns die Erlaubnis zum Besuch in Honolulu ausgewirkt.
Erst aus der Vogelschau das ganze 6000 Acker grosse Gebiet
überblickend, sahen wir es in zwei Hauptniederlassungen verteilt, westlich Kalaupapa und östlich Kalawao. Wir begnügten uns mit
dem Besuch der ersteren, wo wir den Pater Wendelin antrafen,
einen Schweizer, der sich in aufopfernder Weise mit einigen Schwestern
der Pflege der armen Aussätzigen geweiht hat, nachdem sein Vor-
gänger der Ansteckung zum Opfer gefallen war. Die protestantischen
Missionare der Amerikaner und Engländer sind so leicht bei der
Hand, Steine auf ihre katholischen Kollegen zu werfen, indem sie
denselben zum Vorwurf machen, dass sie in der Südsee erst kamen,
nachdem das Feld bereitet war, und um ihnen das sauer und hart
Erworbene aus der Hand zu reissen. Für die meisten Gebiete
Polynesiens trifft dies zweifellos zu; andererseits aber muss man
den heutigen Protestanten zum Vorwurf machen, dass sie vielfach

nicht in die Fussstapfen ihrer eigenen Pioniere zu treten geneigt erscheinen, sondern ebenso sich nun an den fetten Pfründen ergötzen. Ich werde weiter unten die daraus resultierenden, ungesunden Zustände noch näher zu beleuchten haben. Von Hawaii ist es bekannt, dass die amerikanischen Missionare sich auf Kosten der Eingeborenen sehr bereichert haben. Nirgends gilt wahrer das Sprichwort: Zuerst hatten die Missionare die Bibel und die Eingeborenen das Land; bald aber hatten die Eingeborenen die Bibel und die Missionare das Land. Das verarmte, besitzlose Volk geht bald unaufhaltsam zugrunde. Den unangenehmen Austrag überlassen sie dann gerne ihren katholischen Genossen, ohne damit sagen zu wollen, dass die katholische Kirche weltlichem Besitz abhold ist. Bei der Schilderung der Gilbert- und Marshallinseln noch weitere Beispiele. Pater Wendelin führt uns in Kalaupapa herum. Zahlreiche Holzhäuschen sind über den Ort hin ausgestreut; in den kleineren wohnen die Familien, die entweder insgesamt hierher übersiedeln mussten, oder Ehepaare, die sich hier gefunden haben; denn man gestattet das Heiraten der Kranken unter sich, da bei der Art der Erkrankung Nachkommenschaft doch wenig zu befürchten ist. Kurzum, man lässt die Kranken hier unter sich möglichst frei umhergehen und umherschweifen, so wie es ihnen gefällt, und das lindert ihr Los in hohem Grade. Da ist die Küste mit ihrer reichen Abwechslung, da ist das Land, auf dem sie hin und her wandeln können, stundenweit, und ostwärts in der Felsenwand liegt eine tiefe, grosse Schlucht, vom Molokui herabkommend, eine herrliche Natur auf einem kleinen Raum. Die hawaiische Regierung ist mit Recht stolz auf diese Einrichtung, und mein Guide sagt mit gern bewilligter Emphase: „If christianity consists in practicing the precepts of the Great Master, then Hawaii may lay some slight claim to being called a christian people among the nations of the earth." Wie gesagt, ich vermisse nur die amerikanischen Priester, die ihre Kinder in dieser Not verlassen haben; dank den katholischen Patres aber haben die Bedauernswerten doch die Wohltaten der Religion, welche den Schwerkranken ein besonderes Bedürfnis sind. Zur Zeit unseres Besuchs befanden sich auf Molokai an 1400 Aussätzige. Da sah man alle Formen des Knotenaussatzes, die wulstigen Nasenflügel und Ohrläppchen, die knotig verdickten Wangen, die den Gesichtern

etwas Löwenähnliches (facies leonina) geben, und bei den mangelnden
Augenbrauen, die schon früh ausfallen, einen schrecklichen Anblick
gewähren. Daneben zahlreiche mehr oder weniger vorgeschrittene
Fälle der anästhetischen Form, wobei Gefühllosigkeit, Nervenläh-
mungen neben lanzinierenden Schmerzen vorherrschen. Zerstörte
Augen, schiefe Gesichter, Verlust von Zehen- und Fingergliedern,
ja ganzen Füssen und Händen charakterisieren diese verheerende
Form. Mehrere Abbildungen nebst Beschreibungen dieser Kranken
habe ich für die speziellen Interessenten in einem Anhang zu meiner
Monographie der Samoainseln gebracht, so dass ich mich jeden
weiteren Wortes hier enthalten kann.

　　Um 3 Uhr verliessen wir diesen traurigen Ort wieder und
hatten nun das Vergnügen, die steile Felswand, die wir eben herabgekommen waren, wieder hinaufzuklimmen, wobei der wieder einmal recht kräftig an den Felsen sich brechende Passat nicht gerade angenehm war. Nach anderthalbstündigem Anstieg waren wir
oben bei unseren Pferden und ein Viertelstündchen später im Kalae,
wo uns Herr Meyer junior erwartete. Da es schon beinahe 5 Uhr
geworden war, beeilten wir uns, noch einen anderen Punkt auf der
Höhe zu besuchen. Ich hatte nämlich schon in Honolulu gehört,
dass in der Nähe von Kalae eine alte hawaiische Kultstätte liege,
ein Hügel, einst mit Wald bedeckt, aber nun der Sonne, dem Regen
und Wind preisgegeben, so dass die daselbst befindlichen Steinfiguren wohl bald verschwunden sein werden. Man konnte den
Hügel, den zuoberst ein grosser Stein zierte, von Kalae aus sehen.
Herr Meyer führte uns dahin, und nach kurzem Ritte standen wir
oben und sahen, dass der Stein ein über mannsgrosser, männlicher
Phallos war. Ringsum lagen mehrere Steinblöcke, auf denen Figuren
eingemeisselt waren, wie wir sie in der Jugend mit Streichhölzern
darzustellen beliebten, wobei der kugelige Kopf des Zündhölzchens
den Menschenkopf darstellt. Die Figuren waren ungefähr ein Fuss
gross, teilweise mit gehobenen, teilweise mit halb oder ganz gesenkten
Armen, viele davon durch Witterungseinflüsse schon ganz zerstört.
Das Abmessen und Aufzeichnen derselben war bei dem hier oben
ganz besonders stark wehenden Passat ungemein mühevoll.

　　Am schwierigsten war es in einem kleinen Felsenloch, dessen
Innenseiten sich mit Figuren übersät zeigten. Der Raum war nur

so gross, dass man gerade darin sitzen konnte, und hier pfiff der
Wind mit einer solchen Macht durch, dass man drinnen sitzend
sich kräftig mit Arm und Beinen anstäubern musste, um nicht
herausgeblasen zu werden. Dazu fing sich hier der Sandstaub
dermassen, dass man nach kürzester Zeit die Augen voll hatte.
Abwechslungsweise krochen wir hinein und heraus, um uns gegenseitig die Augenlider umzukrempen. Die kurze Stunde, die uns
bis zur Dämmerung blieb, reichte aber doch noch hin, um das
Ganze aufzunehmen; die Resultate habe ich alsbald im Globus
(Band 73) veröffentlicht. Solche Steinzeichnungen sind ja auf den
polynesischen Inseln nicht gar so selten, man fand sie z. B.
auch auf der verlassenen Insel Pitcairn, auf der Osterinsel,
wo die dortige Schrift viele ähnliche Figuren aufweist usw. Da
diese Gebiete alle am Ostrande der pacifischen Inselwelt liegen und
eine ähnliche Bilderschrift vielfach auch bei den amerikanischen
Indianern im Gebrauch war, so ist man geneigt, einen Zusammenhang anzunehmen, oder vielmehr man schreibt die polynesischen
Steinfiguren einer Einwanderung aus Amerika zu. Letzteres ist
bestimmt nicht anzunehmen, wenn man auch gegen eine mehr oder
weniger zufällige, zeitweise Verbindung nichts einwenden kann. Dass
Polynesier, welche die Strecke von Asien bis zur Osterinsel, ein
Weg von 8000 Seemeilen, zurückgelegt haben, auch nach Amerika
gekommen sind, ist nicht allein wahrscheinlich, sondern es war
unvermeidlich. Denn sowohl Hawaii als Osterinsel liegen wenig
mehr als 2000 davon entfernt. Umgekehrt können Indianer westwärts verschlagen worden sein. Ein dauernder Kulturzusammen-
hang bestand aber wohl nie; in diesem Falle müssten deutlichere
Zeugen vorhanden sein. Auch kommen ähnliche Zeichnungen ja
auch in Afrika vor.

    Betreffs der Molokaifiguren war etwas Bestimmtes, wie in den
übrigen ähnlichen Fällen nicht auffindbar. Ich glaube, dass eine
besondere Bedeutung denselben nie innegewohnt hat. Es handelt
sich höchstens um Erinnerungszeichen an bestimmte Dämonen
göttlicher oder menschlicher Abkunft, der niedrigste Stand einer
Schrift. Wenn man die Zeichnungen der Australier bei Andree
(Ethnogr. Parallelen und Vergleiche) vergleicht, so sieht man dort
Tausende Eingeborene in ähnlichen Stellungen, wie die hawaiischen

Steinzeichnungen sie einnehmen. Um viel mehr als solche Darstellungen dürfte es sich auch hier nicht handeln. Im übrigen erfuhr
ich am folgenden Tag im Halawatal, wo man die Kultstätte wohl
kannte, noch etwas Näheres über diese ganze Anlage. Man hiess
dort den grossen Phallos Kaule a Nanahoa, „das Glied des
Nanahoa", und erzählte, Nanahoa sei ein Gott gewesen, der auf
dem Hügel mit seiner Frau gelebt habe. Der König von Molokai
hätte ihm anlässlich eines Traumes den Gedenkstein setzen lassen.

Der Ausflug ins **Halawatal** fand am folgenden Morgen statt,
nachdem wir in Kalae eine herrliche kühle Nacht verbracht und
von Dank erfüllt unseren liebenswürdigen Wirten Lebewohl gesagt
hatten. Um 7^1/$_2$ Uhr brachen wir von Kalae auf und trafen um
9^1/$_2$ Uhr in Kaunakakai wieder ein, wo ich während eines halbstündigen Aufenthalts umsonst nach Mahelone spähte. Als wir aber
eine Stunde ostwärts am Strande entlang geritten waren, unter importierten Allgarobe-Bäumen und zwischen Binsen bei schon recht
ansehnlicher Glut, hörte ich plötzlich einen Schuss in meiner Nähe,
und auf meinen Anruf trat wie ein deus ex machina Mahelone aus
den Binsen hervor. Er hatte nach Enten gejagt und diese auch
noch dazu gefehlt, was mir sehr leid tat, weil ich sie ihm gern
abgenommen hätte. Wahrscheinlich wird er sich aber doch noch
nachher einige für seinen Magen besorgt haben, denn bei meiner
Rückkehr hatte er zwar alle Patronen verschossen, aber aus den
Wäldern des Molokui doch nichts vorzeigen können. Stetig durch
ödeste und wasserlose Gegend weiterreitend, gelangten wir nach
zweieinhalbstündigem Ritte (von Kaunakakai) an einen Ausläufer
des Molokui, an dessen Fuss das Dorf Kamalō lag. Hier rasteten
wir unter einigen wenigen Bäumen im Schatten eines Chinesenhauses,
dessen Inhaber uns ein leidliches Mittagsmahl bereitete. Der Ort
stand noch im Verruf, da vor Jahresfrist der frühere Chinese von
drei Hawaiiern hier ermordet worden war. Um 1 Uhr ging's weiter,
immer am sonnigen, wasserlosen Strande entlang, eben, wenn auch
in grösster Nähe die Ausläufer des Molokui sich in die Höhe
arbeiteten. Viele Fischteiche gewahrte man hier am Strande,
100—200 m lange, durch Steinmauern eingedämmte, schmale, flache
Wasserbecken, in welchen die alten Hawaiier die gefangenen Meeräschen behufs Mästung einzusetzen pflegten. Um 2^1/$_2$ Uhr gelangten

wir nach einem kleinen Orte Kaluaaha, wo nur wenige Bretterhäuser standen und etwas Wasser vorhanden war, dann um 3½ Uhr
nach Pukoo, wo auch nur wenig Wasser zu finden war. Von
hier aus ging's nach halbstündiger Rast weiter, auf felsigem
Grund an der Steilküste entlang, denn die Gebirgsausläufer traten
hier direkt ans Wasser. Ein Korallenriff lief nahe dem Strande
mit, aber keine zusammenhängende Riffkante, sondern diese in
einzelne isolierte Felsen aufgelöst, wie schon oben beschrieben.
Nach Passieren eines 200 m hohen Rückens gelangten wir dann
am Abend ins Halawatal, ans östlichste Ende von Molokai.

Das Tal ist am Ausgang ca. 1 km breit und von steilen Höhen
begrenzt, die sich nach hinten zu keilförmig zusammenschliessen.
Wir hatten Empfehlungen an den Schulmeister des Ortes, den wir
aber erst nach einiger Zeit auffanden. Es war ein noch junger
Mensch, Peter Pascal Kahauaunui mit Namen, halb Chinese,
halb Hawaiier, aber wohlgebildet und voll von Interesse für unsere
Absichten. Er nahm uns freundlich auf und gab uns Nachtquartier,
d. h. er bot uns den Boden seines Zimmers an, auf dem wir es
uns nach Möglichkeit bequem machten. Da von Schlafen unter
obwaltenden Umständen nicht viel die Rede war, erhoben wir uns
schon um 6 Uhr, um das Tal hinaufzuwandern, dessen Abschluss
ein hübscher Wasserfall bilden sollte. Peter begleitete uns. Der
Talboden stieg nur wenig an, aber wir kamen, je näher wir uns
dem Ziele nahten, nur desto langsamer vorwärts, da Lantana und
Guayaven ein geradezu undurchdringliches Gebüsch bildeten. Schliesslich gelang es uns doch durchzudringen, und ich war wie gebannt,
als ich plötzlich nach dreiviertelstündigem Marsch im Grün verborgen einen mächtigen Wasserfall eine senkrechte Felswand von
ungefähr 100 m Höhe herabstürzen sah, von einem kleinen dünneren
zu seiner Linken begleitet. Peter gab uns die Namen Moaula
und Hipuapua für die beiden. Über denselben sah man in
luftiger Höhe einen einzelnen und einen Doppelgipfel in Grün gehüllt emporragen, welche die Schönheit des Landschaftsbildes erhöhten. Der Fluss, der mit brausendem Gefälle hier talwärts abfloss, war voll von Garneelen und Süsswasserfischen. Peter zeigte
uns eine Stelle auf der rechten Seite des Flusses, wo ein kleiner
60 cm hoher Steinaufbau zu sehen war, in Mannshöhe über dem

Wasser. „Hier," sagte er, „stand einst ein Steingötze, Hoomilianuhe genannt, so hoch, dass der angeschwollene Fluss ihn nicht erreichen konnte. Ging in ruhiger Zeit der Fischfang schlecht, wurde der Stein in Kokoskernsaft gekocht, und dann sammelten sich die Fische *nakea* und *aholehole* um ihn, die dann durch zerriebenes *auhuhu*-Kraut betäubt und gefangen wurden." Ich erfuhr auch, dass Peters Grossvater den Stein weggenommen habe und noch zu Hause aufbewahre. Auf! zu ihm!

Erst zeigte mir aber Peter noch verschiedene Pflanzen, z. B. das *auhuhu*-Kraut, welches die bekannte, auch auf den übrigen polynesischen Inseln für denselben Zweck verwendete Tephrosia piscatoria ist. Auf Hawaii verwendet man aber noch ein schärferes Gift, welches neben den Fischen auch die Garneelen *(opai)* betäubt; es ist die Rinde von *akia*, nach Brighams Katalog Wickstroemia foetidia. Die Blätter dieses Strauches sollen als Mittel gegen Soor gebraucht werden, ebenso wie die Beeren des *ulei*-Strauches (Ostcomeles anthyllidi folia). Ja sogar die Flechte *(limu)* soll verwendbar dagegen sein, wenn sie auf dem *ulei*-Strauch gewachsen ist. Ein kleiner Strauch *moa* (Psilotum triguetrum) dient als Abführmittel, und das Wort *moa*, das ja sonst im Polynesischen Huhn heisst, scheint eine gewisse Beziehung zum Wasserfall zu haben, ähnlich wie *hipuapua* auf Entenloosung anzuspielen scheint. Als wir im Fluss ein erfrischendes Morgenbad genommen und einige Jambosen und Ohia-Äpfel gefrühstückt hatten, wanderten wir an der Nordseite des Tales hinab, zum Grossvater. Es dauerte einige Zeit, bis der alte Herr sich geneigt zeigte, den Stein hervorzuholen, der in ein weisses Zeug eingeschlagen war. Es war ein glatter Stein in der Form und Grösse eines Ochsenherzens mit einer Nabe vorn. Die Trennung fiel ihm so schwer, als ob ein liebes Kind von seiner Brust gerissen würde. Endlich gab er ihn für 5 Dollar weg. Hier und in der Nähe bekam ich noch mehrere alte Rindenstoffe verschiedenartiger Färbung. sowie die Handwerkszeuge zu ihrer Herstellung. Auch von der präparierten Rinde des *olona*, der Touchardia latifolia bekam ich ein *kaan*, wie man ein aus 40 Fasern bestehendes Bündel nennt, und dazu ein Schabbrett. Über alles findet man bei Brigham Andeutungen, besonders auch über die Rindenstoffe, hier *kapa* genannt, über deren Muster und

Herstellung. Schon Cook und Banks haben uns auf der ersten
Reise über die letztere so genau von Tahiti berichtet, dass nicht
viel hinzuzufügen bleibt.

Nur über Färbung und Muster ist noch einiges zu sagen. Dieselbe ist oft grau von verdünnter Holzkohle vom Kukuibaum, welcher
auch den Russ für die Schwarzfärbung liefert. Gelb gibt wie
anderwärts die Gelbwurz, *o lena*, und wenn diese Farbe mit dem
Kukuischwarz gekocht wird, erzielt man ein schönes Braungelb.
Das Rotgelb wird, wie z. B. auch auf Tonga, von der Wurzelrinde
des *noni*, der Morinda citrifolia, gewonnen durch Mischung mit
Kalk; in dieser Mischung getränkt, werden die Stoffe noch zwei
Tage mit Seewasser ausgewaschen und dann die Muster eingetrieben.
Wenn man nämlich hawaiische Rindenstoffe alter Art betrachtet,
so sieht man die Ornamente nicht ohne weiteres, wie z. B. auf den
samoanischen. Erst bei durchfallendem Licht sieht man sie in der
Art von Wasserzeichen, und bei der Dünne und Feine derselben
wirkt diese Zier durchaus künstlerisch. Deshalb haben die Hawaiier
hiezu auch nicht die Druckmatrizen der Samoaner und Tonganer,
sondern die Muster befinden sich, den Typen beim Buchdruck-
gewerbe gleichend, auf Bambusstäbchen oder auf Schlegeln, und
werden ungefärbt in den mit Farbe getränkten Rindenstoff hinein-
geschlagen. Leider unterliess es Brigham, eine genaue Beschreibung davon zu geben.

Was das Wort *Kapa* anbelangt, so möchte ich ihm noch
wenige Worte widmen. Brigham meint, es komme von *ka pa*, das
Schlagen. *Tapa* heisst aber auf den meisten polynesischen Inseln
der Rand von etwas, die Borte, wie denn der Rindenstoff auf Samoa
siapo heisst, und auf Tonga *gnatu*; man bezeichnet dort mit *tapa*
nur den weissen Rand eines solchen Rindenstoffes. Es ist anzunehmen, dass auch auf Hawaii ein allgemeiner Name für *Kapa* im
Gebrauch war; aber er ist mir nicht bekannt geworden.

Es wurmte mich, dass ich zu guter Letzt erst nach Molokai geraten war, die Zeit drängte nun so, dass der Aufenthalt im Halawatal nicht länger als einen halben Tag währen durfte. Hätte ich
das unglückselige Kauai fallen gelassen und wäre gleich nach
Molokai gekommen, so hätte sich manches Nützliche für die Wissenschaft erzielen lassen, was nun nicht mehr möglich war. Peter

erzählte uns von Höhlen in der Umgebung des Tales, die alte Schätze
bergen sollten; hätte ich ihn statt Mahelone als Gefährten gehabt,
wie anders hätte alles werden können. Aber man sieht daraus
erstens, wie sehr man von Glückszufällen auf solchen Reisen begünstigt sein muss, und zweitens, wie langer Zeit man auf den
schon so weit im Verfall befindlichen Inselgruppen bedarf, um ein
einigermassen befriedigendes Ziel zu erreichen. Was sind sechs
Wochen, selbst in einem so kleinen Gebiet, trotz Mühe, Entbeh-
rungen und Kostenaufwand? Sie genügen gerade, um einen Überblick über das Ganze zu gewinnen, um zu erfahren, wo man mit
der Arbeit ansetzen muss. Nur um dies vor Augen zu führen, bin
ich, hoffentlich zu Nutz und Frommen anderer, so ausführlich gewesen.
Aber nun genug davon. Wir nahen uns der Abreise, der Fahrt
nach glücklicheren Gebieten.

Mittags ritten wir von Halawa zurück und waren abends wieder
in Kaunakakai, wo Mahelone auch schon ewig beutelos unserer
harrte. Nach einer wenig erquickenden Nacht in einem kahlen
Bretterhaus fuhren wir am folgenden Morgen um $5^1/_2$ Uhr auf einem
kleinen Dampfer, „Mokulii" genannt, nach Honolulu zurück. Da
der Dampfer aber von Kaunakakai aus den Weg ostwärts, an der
Südküste von Molokai entlang nahm, so hatten wir nicht allein die
Freude, die Plätze unseres gestrigen und vorgestrigen Rittes noch
einmal von See aus zu sehen, sondern auch weiterhin noch eine der
grössten landschaftlichen Schönheiten zu bewundern, die man von
einem Schiffe aus geniessen kann.

Als das Schiff die letzte Spitze des Ostkaps von Molokai umfuhr,
wobei man im Hintergrunde das von zackigen Waldbergen überragte Halawatal liegen sah, bot sich unerwartet ein ganz neues,
eigenartig fesselndes Bild: nahezu senkrecht bis zu 600 m Höhe
steigen die gewaltigen Hänge des Molokai aus dem Meere.
Reicher Pflanzenwuchs schmückt sie, soweit er sich an den abschüssigen Felsen zu halten vermag. Wie wehende grüne Tücher,
ein Gruss dem Reisenden, der unmittelbar unter ihnen hinführt!
Zahlreiche Wasserfälle kommen aus dem Grün über der Felswand,
meist in Staub sich auflösend, andere weiter unten aus Spalten und
Klüften. Jetzt tut sich eine grosse Schlucht auf, Papalaua genannt, in die sich an 100 m hoch ein mächtiger Giessbach stürzt.

Nach einer kleinen Landspitze aber öffnet sich ostwärts der grosse Kessel des Vailautales, in denen die dünnen Silberfäden von sieben Rinnsalen hinabrieseln, wie im Geirangerfjord. Eine Viertelstunde später zeigen sich die wilden Felskulissen des Pelekonutales, und nachdem noch zwei weitere Täler an unserem Auge vorübergezogen sind, ging das Schiff abends 6 Uhr auf kurze Zeit vor dem Lepersettlement Kaulapapa zu Anker, um dann seine Fahrt nach Honolulu fortzusetzen. Da sahen wir nochmal die steile Felswand, die wir zwei Tage zuvor hinaufgeklettert waren, und oben von der Höhe winkte der Phallos des Nanahoa seinen Abschiedsgruss. Diese sechs Nachmittagsstunden an der Nordostküste von Molokai entlang gehören zum Schönsten, was ich von Bord eines Schiffes aus je gesehen, und gewissermassen versöhnt durch diesen schönen Abschluss, gelangten wir am folgenden Morgen um 3 Uhr nach Honolulu zurück.

Nur fünf Tage blieben noch bis zur Abfahrt des nächsten Dampfers nach Samoa. Es war nicht zu viel, was erreicht war, aber immerhin gab es genug zu tun, um bis dahin reisefertig zu sein. Die Fische, die Korallen, die Vogelbälge mussten noch einmal nachgesehen und verpackt werden, vor allem auch die ethnographische Sammlung. Besondere Arbeit machte noch das Gelatinisieren der Skelette von Molokai, die sich in einem teilweise recht brüchigen Zustand befanden. So schwanden die wenigen Tage bei Arbeit und im Kreise unserer gastfreundlichen Honoluluaner rasch dahin.

Als der Abschied nahte, fasste mich noch einmal eine Schwäche für die Weidmannskünste von Mahelone. Ich hatte ihm bis jetzt stets wenig Zeit zum Jagen übriggelassen, eben immer nur ein bis zwei Tage, und das ist bei dem reduzierten Waldbestand der Inseln sehr wenig. Ich frug ihn, ob er der Jagd während meiner Abwesenheit nicht erfolgreicher obliegen könne, da er ja Zeit und Musse dazu habe, und er bejahte dies begeistert, indem er darauf hinwies, dass er zu seinen Verwandten nach Hilo wolle und dass in den Wäldern daselbst auf Hawaii die seltensten Arten vorkommen. Dieses ungemeine Verständnis brach meine letzten Bedenken, ich besorgte ihm einen Jagdschein, kaufte ihm eine alte Doppelflinte für 15 Dollar und gab ihm beim Abschied auf dem

Bollwerk, längseit der „Mariposa", die uns am 23. von dannen
trug, noch ein 10 Dollar-Goldstück, damit er nach Hawaii fahren
konnte. Fast standen mir die Tränen in den Augen; ich ahnte,
es war ein Abschied auf Nimmerwiedersehen. Ich sehe heute noch
deutlich vor meinen Augen das Goldstück in Mahelones Linken
aufblitzen und in der Westentasche verschwinden. Ich habe von
beiden nichts mehr gehört, und so erging es auch Herrn Hackfeldt,
bei dem Mahelone seine Schätze abzuliefern versprach. *Alohanui!*
Wieder einmal winkten Taschentücher durch die Luft, und bal-
samische Blumendüfte umgaben das Schiff, als es von der Mole
ablegte. Aber es war kein schwerer Abschied: Uns erwarteten
aussichtsreichere und lieblichere Gestade! Die eigentliche Arbeit
begann!

Drittes Kapitel.

Oktober und November 1897 auf Samoa.

In der Morgenfrühe des 30. September wurde Land gemeldet. Bald tauchten die grünen Berge Upolus aus der dunstigen Morgenatmosphäre empor, erst in verschwommenen Konturen, dann mählich plastischer hervortretend. Ich erkannte rasch alle die Berge, die Plätze, die Orte wieder, wo ich ein paar Jahre vorher so viele Monate geweilt, und Freude überkam mich, wie wenn man einem alten lieben Freunde nach langer Trennung entgegengeht, in der gewissen Aussicht, ihm in kurzem die Hand drücken zu können. Apia liegt an der Nordseite Upolus, und so ging der Kurs stracks drauf los. (Fig. 9.) Bald trat der hinter Apia gelegene, von dem 1000 m hohen Gebirgskamm abgetrennte, und nur 400 m hohe Apiaberg hervor, von den Samoanern Vaea genannt nach einer alten Sage. Den Namen führt jetzt die am Fusse des Berges ca. 50 m hoch gelegene katholische Missionsstation, die einen kleinen Leuchtturm befeuert, der mit dem gleichfalls auf katholischem Boden am Strande bei der Kirche gelegenen in eins kommend, die Aussteuerungslinie für den Apiahafen gibt. So bringt die katholische Mission hier nicht allein am Lande „light to the benighted people", wie die englischen Missionare in ihren Schilderungen von sich auf jeder Seite zu sagen belieben, sondern auch auf See den benachteten Seeleuten. Noch sieht man den Strand von Apia nicht; aber doch sucht man schon mit dem Fernrohr den Hafen nach Masten ab, an denen man erkennen könnte, was für Schiffe da sind. Man findet aber keine, und als man näher kommt, bestätigt es sich, weder deutsche noch englische Kriegsschiffe sind anwesend. Jetzt sieht man auch schon die Häuser am Strande, wie sie sich an der halbkreisförmigen Bucht längs ziehen. Links das Kap Matautu, wo der englische und amerikanische Konsul wohnt. Nach innen zu, jenseits der Mündung des Vaisiganoflusses, der Stadtteil Apia mit dem Tivolihotel und einer englischen Kirche. Weiter im Grunde der Bucht an der Mündung des Flusses Mulivai der gleichnamige Stadtteil mit der katholischen Kirche, auf deren Grund und Boden das untere Leuchtfeuer steht. Daran schliesst sich

Bild 15. Adlerwrack Apia.

direkt Matafele an mit dem deutschen Konsulat. Auch hier ist eine englische Kirche, sowie zwei Hotels und zahlreiche Kaufläden. Weiter westwärts folgt Savalalo; hier ist die deutsche Schule, ferner das Kloster, wo die katholischen Samoanerinnen von Schwestern erzogen werden, und der Gebäudekomplex der Deutschen Handels- und Plantagengesellschaft; weiter folgt die Villenkolonie von Sogi, allmählich auslaufend in die Halbinsel Mulinu'u mit dem Königssitz. Das Auge fliegt über die lange Linie hin; da steht noch alles wie ehedem; da liegen auch allenthalben die Hütten der

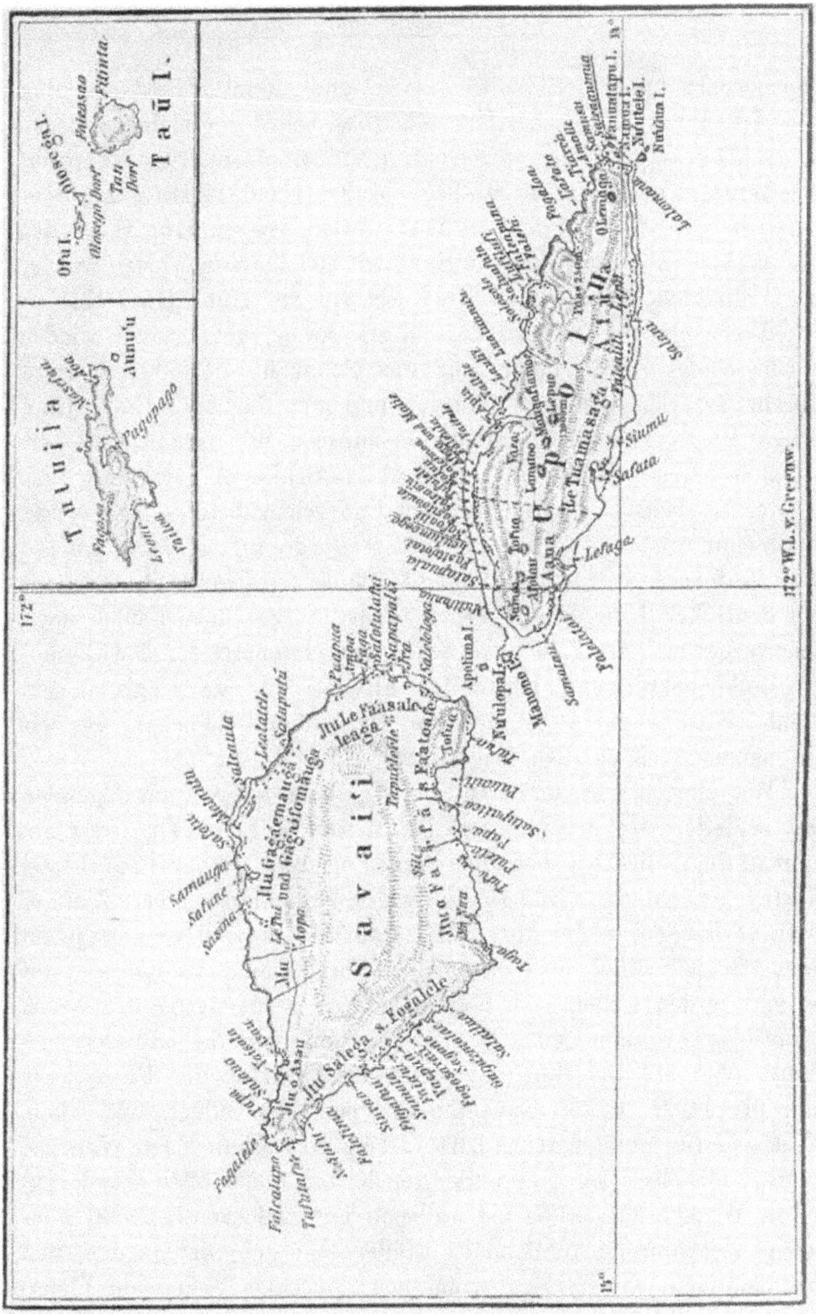

Fig. 9. Karte von Samoa.

Eingeborenen unter den Kokospalmen, und dahinter hebt sich das
grüne Land, ein unendlicher Urwald, alles, selbst die höchsten Bergspitzen überkleidend, das ganze Gebirge wie mit einem grünen Teppich
bedeckend. Und vor dem Stadtteil Mulivai in der Mitte, auf dem
Mittelriff das Wrack des „Adler", welcher am 16. März des
Jahres 1889 im Orkan wie ein Spielball hier hinaufgeworfen wurde,
das Wahrzeichen des Seemannes: Sei auf der Hut! (Bild 15.)

Während das Auge an dem altgewohnten, aber immer wieder
neu fesselnden Bilde hing, fuhr das Schiff in die 800 m breite
Einfahrt zwischen den Korallenriffen und ging dort zu Anker. Eine
Menge Boote, europäische und samoanische mit ihrem Ausleger,
warteten schon und umgaben alsbald das Schiff. Als ich mich über
die Reeling beugte, um nach einer Fahrgelegenheit zu sehen, da
tönten mir alsbald Willkommengrüsse entgegen: *Talofa, fomaʻi!
Paga, le fomaʻi o le manuao Siamaniʻua toe foʻi mai!* „O, der Arzt
vom deutschen Kriegsschiff kehrt wieder!" Sie hatten mich noch
nicht vergessen! Da kam auch schon der Hafenarzt Dr. Funk und
der Zollinspektor und Leute der Firma. Und da ging's an ein
Händeschütteln und Vorstellen, ein Fragen und Scherzen, bis wir
mit meinem Gepäck dem Lande zueilten.

Wir stiegen vorerst im Internationalhotel ab, und am folgenden
Tag erhielten wir durch die gütige Vermittlung von Dr. Funk ein
Haus in Sogi, direkt neben dem seinen gelegen, wo wir uns alsbald
häuslich einrichteten. (Bild 16.) Es waren zwar nur drei leere Zimmer
darin vorhanden, in der Mitte ein Salon und zu beiden Seiten je ein
kleines Schlafzimmer; aber da vorne und hinten eine Veranda war, auf
der man in den Tropen sich zumeist aufhält, so genügte dies unseren
Ansprüchen vollkommen. Schwieriger war nur die Möblierungs-
frage; aber als uns Herr Riedel, der Direktor der Firma, wie
man die D. H. P. G. gemeinhin zu benennen pflegt, mit einem
Tisch und vier Stühlen aushalf, da waren unsere sehnlichsten Wünsche
erfüllt. Die ihres Inhaltes entleerten Kisten und Koffer wanderten
an die Wand und wurden mit wollenen Tauschdecken bedeckt, über
welche samoanische buntbemalte Rindenstoffe gebreitet wurden, und
so entstanden, wie im Zaubermärchen, lauschige Sofas und Kana-
pees. Meine Bücherkiste war schon so gebaut, dass sie nach Ab-
nahme des Deckels einem Regal glich, und Vorhänge im heissen

Bild 16. Thienius' und Krämers Arbeitshaus in Sogi zu Apia mit den Bildern der Gestammten.

Klima — gibt's nicht. Eine alte Türe, die im Hofe lag, wurde auf der vordern Veranda an zwei Taue gehängt und als Tisch hergerichtet, und dort, durch einen luftigen Verschlag vor den Augen der auf der Strasse Wandelnden verborgen und doch im Genusse des kühlenden Seewindes, habe ich in der Zukunft meine ganzen schriftlichen Arbeiten gemacht. (Bild 17.) Hinten hinaus aber, auf der achtern Veranda, welche die Abendsonne hatte, wurde das Laboratorium zur Konservierung der Meerestiere eingerichtet. Dort lag auch ein grosser Wasserbehälter, der das Regenwasser vom Hausdache auf-

Bild 17. Ausblick vom Sogi-Haus auf den Hafen von Matautu.

nahm, und mit der Veranda durch einen Gang verbunden, das Kochhaus, an das sich dem Garten zu noch ein Badehaus anschloss. In dem schmalen Garten hinter dem Hause war eine Bananen- und Kokospalmenpflanzung; das Grundstück reichte einige hundert Meter weit bis zum rückständigen Mangrovesumpf, der Lagune von Faleata.

Auch die Einrichtung der Schlafzimmer machte wenig Sorge. Die Koffer bildeten den Kleider- und Wäscheschrank, einige Riegel an der Wand die Kleiderhaken, eine Kiste den Waschtisch und der Boden — das Bett. Dies klingt im Anfang ungeheuerlich, aber nirgends schläft man in den Tropen besser, als auf einer harten Unterlage, und es ist merkwürdig, wie schnell man sich daran gewöhnt. Direkt auf ein Brett zu liegen, ist eigentlich das schönste und beste. Ich zog es indessen aus zivilisatorischen Gründen vor, einige wollene Decken als Unterlage zu nehmen und darüber sechs bis zehn samoanische Matten. Über dem ganzen ein Moskitonetz und da hinein geschlüpft in leichten Nachtkleidern, nur eine weisse Leinwand als Decke, und man könnte mir damastene Federbetten bieten, ich würde sie mit Wonne in den Passat ausschütteln. Dass uns Herr Riedel jedem noch einen schwarzen Jungen als Diener verehrte, muss ich noch beifügen, um seine Güte und unser Glück ins rechte Licht zu setzen.

Da wir Samoa zu unserem Hauptquartier während der nächsten anderthalb Jahre zu machen beschlossen, so mieteten wir das Haus, das wir gerade am 1. Oktober bezogen, zunächst fest auf ein Jahr, und hatten so den Vorteil, nicht allein ein festes Heim zu haben, sondern auch unsere Sammlungen und überflüssigen Geräte hier deponieren zu können.

Ich will die folgende Zeit, die ich mit Herrn Thilenius auf Samoa verbrachte, kurz abhandeln, da ich ja meine ganzen Arbeiten beim zweiten längeren Aufenthalt wieder aufnahm, bei dessen Schilderung ich etwas näher auf die Sitten der Eingeborenen einzugehen Gelegenheit haben werde. Hier seien in der Hauptsache nur einige Ausflüge verzeichnet, die wir gemeinschaftlich unternahmen. Nachdem die ersten Tage mit Besuchen und Festen des Wiedersehens verstrichen waren, eröffneten wir nach einigen Riffausflügen die Campagne am 4. Oktober mit einem Jagdausfluge nach dem Kratersee Lanuto'o, den ich zwar schon in den Jahren 1893 und 1894 besucht hatte, dessen Nebenkrater Laloanea und Lanoatata mir damals aber noch nicht bekannt geworden waren. Diesen See hatte schon Dana im Jahre 1840 besucht, der als Geologe der United States Exploring Expedition Samoa erforschte. Er nannte den See Lauto, und seit

dieser Zeit spukt dieser Name in unseren Karten als ein Berg
hinter Apia, während der gemeinte See doch mehr westwärts hinter
Vaitele liegt. Dorthin wandten wir uns am Morgen des 4. Oktober
und erhielten daselbst von dem Pflanzungsvorsteher Tiedemann
zuvorkommend einige schwarze Arbeiter aus Neu-Pommern als
Träger. Auch unsere schwarzen Burschen, Goäsep und Pakolai,
waren mit von der Partie, und so zogen wir denn, ein Dutzend
Leute, durch die sonnige Kokospalmenpflanzung, bis uns nach drei-
viertelstündiger Wanderung in 60 m Höhe der kühle Busch aufnahm. Ein schmaler aber deutlicher Urwaldpfad führte auf sanft
ansteigendem Gelände erst durch niederen Wald, später unter den
grossen Waldriesen entlang in südöstlicher Richtung nach einem
Felsenkessel, in den ein Bach hinabstürzt. Wir erreichten den
oberen Rand des Tapatapao genannten Ortes in fünf Viertelstunden
vom Buschrande aus. Hier rasteten wir einige wenige Minuten am
oberen Rande des Kessels, welcher ungefähr 300 m über dem
Meere liegt und von dem aus man in der Ferne Apia in nordöst-
licher Richtung erblickt. Den Wasserfall selbst kann man oben
nicht sehen, da die ganzen Hänge mit Buschwerk bedeckt sind;
es ist der Fuluasoubach, den man auf dem einstündigen Marsche
nach Vaitele halbwegs passiert. Von Tapatapao aus geht der Weg
südlich direkt auf den Gebirgskamm los, aber drei Viertelstunden
lang sehr wenig ansteigend (ca. 50 m) erst durch niederen Hibiskus-
busch, dann durch schönen Hochwald und weiterhin durch Bambus-
wälder. Erst wenn man den Fluss, der beim Tapatapaoplatz
abstürzt, bei einem Leaupuni genannten Rastplatz überschritten
hat, beginnt wenigstens für eine Viertelstunde ein recht erhebliche
Steigung, deren Ende ein Taualeo'o genannter Rastplatz anzeigt.
100 m gewinnt man auf diese Weise in kurzer Zeit und befindet
sich alsdann in 450 m Höhe. Diese Rastplätze sind eigenartige
samoanische Einrichtungen. Meist sind es nur von Buschwerk befreite Waldplätze, wo aber stets Reste zerfallener Hütten, alte
Feuerstellen und Küchenabfälle den mehr oder weniger weit zurück-
liegenden Aufenthalt von Eingeborenen andeuten. Hier rasten die
Eingeborenen auf ihren Märschen, schlagen ihr Nachtquartier auf,
wenn sie im Busch zu arbeiten haben, wenn sie nach Pflanzungen
sehen oder Hölzer holen, oder aus sonst irgendeinem Grund. Die

Namen, die sie diesen Plätzen geben, sind meist zufällige oder auf frühere Begebenheiten anspielende, wie z. B. Taúaleo´o heisst „Krieg kommt nicht an", was wohl bedeuten mag, dass die feindlichen Krieger den steilen Abhang behufs Überfall nur mit Gefahr zu erklimmen vermögen. Denn auf die Höhen solcher Abhänge, *mato* genannt, pflegten sich die Samoaner ehedem im Kriege gerne zu flüchten. Nicht weit hinter dem Platz trifft man denn auch auf alte Wälle und Verschanzungen, die in früheren Kriegen eine sichere Zuflucht gebildet haben müssen, denn auf einem ziemlich schmalen Grat führt der Weg weiterhin inlands, zugleich stetig langsam ansteigend, bis man nach weiteren drei Viertelstunden nach einem Taugapū genannten Rastplatze kommt, welcher 650 m hoch liegt, und in den man von Norden her eintritt. Dieser Platz ist ein Kreuzweg. Östlich (links) zweigt der Weg nach dem Lanuto´o ab, westlich führt ein selten begangener Pfad an der Berghalde längs, während südlich der Weg nach der Südküste leitet. Der Taugapū ist also die Passhöhe. Wenn man den südlichen Weg genau 20 Schritte weitergeht, so zweigt rechts (westlich) ein Pfad nach dem Laloanea ab, den wir am folgenden Tag aufsuchten.

An diesem Tag wandten wir uns nach links, nach Osten, und stiegen den Kraterwall des Lanuto´o, teilweise recht steil, eine halbe Stunde lang hinauf, bis wir den Kraterrand erreichten. Wie der ganze zurückgelegte Weg, so war auch hier alles vom üppigsten Walde bedeckt, und man konnte den See, welcher im Krater liegt, nur durch die Baumzweige hindurchschimmern sehn. Als ich im Jahre 1893 an diese Stelle gelangt war, stieg ich von hier aus in den bewaldeten Krater hinab, wo am Seerande ein Lagerplatz sich befand; dort in der Wildnis schlugen wir eine Hütte auf. Inzwischen hat sich aber der Strom der Weissen dieser lieblichen Waldeinsamkeit zugewandt. Besonders der Arzt Dr. Funk ist es, der seitdem jährlich einige Wochen hier oben zubringt, in der erfrischenden kühlen Berg- und Waldluft, und seinem Beispiel sind zahlreiche andere Apianer gefolgt. Ein gut gangbarer Weg führt nun rings um den Krater herum und an mehreren Stellen im Südosten, Südwesten und im Nordosten sind Öffnungen geschlagen, so dass man prächtige Ausblicke auf die Nord- und Südküste von

Upolu hat, über das Meer grüner Wipfel hinweg hinüber in die
Ferne des blauen unendlichen Ozeans. An der Nordostecke ist
eine Reihe von Hütten errichtet, zwar immer noch Waldhäuser,
aber doch aus so kräftigem Material, dass sie den Ausflüglern einen
sicheren Unterschlupf bieten. Dieser Platz, den man am Wald-
aushieb leicht von Apia aus erkennt, liegt ungefähr 720 m hoch,
während die Südwestecke des Kraterwalles etwas höher ist, ungefähr 740 m [1]. Der ganze Wall ist aber völlig geschlossen und
nahezu kreisrund. Der Spiegel des Sees liegt ziemlich genau 700 m
über dem Meere, und hat einen Durchmesser von annähernd 1 km.
Um die Tiefe des Sees zu erfahren, baute ich mir am Tage nach
der Ankunft ein Floss und ruderte hinaus auf den stillen See,
welcher in der Mitte nur 16 m Tiefe aufwies. Dabei spürte ich
aber deutlich, wie der an der Leine angebundene Stein 1—2 m
tief durch den laubigen Morast des Seebodens sich durcharbeiten
musste, bis er auf festen Grund kam. Der samoanische Spruch
Lanuto'o e lē toia e laumea „der Lanuto'o nie getroffen von welkem
Laub" ist demnach praktisch nicht ganz richtig, wenn auch das
immergrüne Waldkleid die Worte des Dichters rechtfertigen mag.
Wie alle Waldseen, so ist auch der Lanuto'o arm an Tierleben;
Fische fehlen völlig, und nur einige wenige niedere mikroskopische
Krebstierchen, Würmer und Algen vegetieren in dem bräunlich-
grün schimmernden Wasser. Es ist offenkundig, dass das Ganze
eine Regenwasseransammlung darstellt. Doch ist ein Steigen und
Fallen des Seespiegels bislang nicht bekannt geworden, so dass
man annehmen muss, dass das Wasser einen regelmässigen geringen
Abfluss unterirdisch hat, in jungvulkanischen Gebieten eine oft
gefundene Erscheinung. Ist doch der Lanuto'o der einzige bislang
bekannte Krater von Upolu, welcher eine so grosse Wasseransammlung besitzt, dass dieselbe auf die Bezeichnung See Anspruch
machen kann, und welche nie auszutrocknen scheint. Die Krater
des Lepue, des Tofua usw. sind zwar gleichfalls geschlossen,
bleiben aber meist trocken. Dem Lanuto'o ähnliche Seen finden

---

[1] Alle die Höhenmessungen sind mittelst eines Aneroids ausgeführt, also
nicht sehr genau. Jedenfalls ist die Höhenangabe Wegeners von 783 m
(Deutschland im Stillen Ozean p. 22) zu gross, wie andererseits die Seenbreite
von 200 m viel zu klein ist.

sich nur noch auf Savai'i, die Reinecke besucht und beschrieben hat[1].

Der liebliche Bergsee Lanuto'o, in dessen stillem Wasser sich
die Bäume des Waldes, der wilde Pandanus, die Bergpalmen
(Cyphocentia samoensis) spiegeln, ist natürlich sagenumwoben. Die
Samoaner, die noch heute in altem eingewurzeltem Aberglauben die
ganze Natur von Geistern und Dämonen belebt sehen, erzittern,
wenn der Sturmwind nachts heulend über den See braust. Dann
hören sie den To'o um seinen im Kampf gefallenen Bruder Ata
klagen; sie hören das Klopfen, wie der Trauernde mit den wild-
bewegten Händen die Erde schlägt und ein Loch gräbt, das den
Strom seiner Tränen auffängt.

Am folgenden Tag machten wir einen Ausflug zum Laloanea
und Lanoatata. Erst ging's zum Taugapüplatze zurück, dann die
20 Schritte weit südlich auf dem Safataweg, und einen deutlich
vorhandenen Waldweg westwärts auf wenig absteigendem Grunde.
Nachdem wir eine Viertelstunde auf diesem Wege marschiert waren,
gelangten wir an eine Lichtung und nach wenig weiteren Schritten
an einen trockenen Zirkus von ungefähr 200 m Durchmesser. Ein
ca. 20 m breiter, von hohem Gras und Binsen bestandener Ring umgab
den eigentlichen Seeboden, den Laloanea. Es zeigte sich, dass zur
Regenzeit hier einige Fuss hoch Wasser stehen kann, dass aber dasselbe zur Trockenzeit wieder verschwindet. Jetzt war der ganze Seeboden mit einer wohlriechenden, ne'iafu genannten kleinen Pflanze
bedeckt. Der Kraterrand, der im Westen, Süden und Norden
10—20 m hoch ist, war wie beim Lanuto'o mit Wald bedeckt.
Wir überschritten denselben westwärts und suchten nun nach dem
anderen See, dem Lanoatata. Da wir keine samoanische Führer
mit hatten, verliess ich mich auf die Beschreibung einiger früherer
Besucher und drang mit dem Kompass in der Hand in südlicher
Richtung vor. Nach einer Viertelstunde mühsamen Arbeitens durch
Gestrüpp und Lianen gelangten wir in freiere Waldung, und bald
fiel das Land auch ziemlich steil ab. Ich dachte, dass wir am
Kraterrande angekommen wären, und so begannen wir den Ab-
stieg. Mühsam kletterten wir hinab, aber wir sahen kein Wasser

---

[1] Petern. Geogr. Mitteil. 1903.

durchblinken, obwohl wir 50 m tiefer gestiegen waren. Wir
mussten schon auf der Safataseite sein und den See verfehlt haben.
So stiegen wir wieder nach oben; ich orientierte mich, so gut es in
dem dichten Walde ging, und nun drangen wir auf der Höhe westlich
vor. Bald stieg das Land, und wir hatten in ungefähr 30 m die
Höhe erreicht, von der es steil wieder hinab ging. Das musste der
Krater sein. Nach wenig Schritten sahen wir denn auch Wasser
durch die Bäume schimmern und befanden uns bald im Grunde
eines Kraters, der sich in der Grösse nicht vom Laloanca unterschied, nur dass er ganz geschlossen war und der Südrand wie beim
Lanuto'o um ca. 20 m höher erschien als der nur 20 m hohe Nord-
rand. Den Boden des Kraters bedeckte ein an $^1/_2$ m tiefer See,
auf dem ein paar Wildenten schwammen, von denen ich eine beim
Abstreichen schoss, um einen Abendbraten zu haben. Bei der Rückkehr zum Laloanca konnte ich feststellen, dass das Lanoatata in
der Peilung Südwesten zu Süden von ersterem liegt. Beider
Kraterboden liegt ungefähr 600 m hoch, und dieselbe Höhe hat
die zwischen ihnen liegende Ebene. Beifolgende Skizze illustriert
die Lage. (Fig. 10.)

Als wir wieder in Apia angekommen waren, machten wir uns
reisefertig, um die Oktoberpalolozeit auf Savai'i zu verbringen. Ich
wählte dazu Palauli aus, das man von Sapapali'i an der Ostküste leicht erreichen kann. Molī nämlich, der Bruder des Königs
Malietoa Laupepa, hatte uns dorthin eingeladen, und da die
alte Residenz der Malietoa in nächster Nähe von Iva liegt, wo
Herr Allen Haus und Hof besitzt, und wohin er mit seinem Kutter
am 12. Oktober zu fahren beabsichtigte, so zögerten wir nicht, diese
freundliche Einladung des Molī anzunehmen. In viereinhalb Stunden
legte Allens Kutter mit dem Namen „Manutangi"[1] die Strecke zurück. An einem herrlichen Oktobermorgen ging's zum Hafen von
Apia hinaus, und draussen empfing uns alsbald ein frisch wehender
Morgenpassat, so dass das kleine Boot vor dem Winde fröhlich
dahinflog. Obwohl der Steuermann ziemlich weit ab vom Riffrande
hielt, sah man doch fast allenthalben hier noch den Meeresgrund,
farbige Korallenrasen und dunkle Tangflächen in buntem Gemisch

---

[1] Der Name der kleinen hübschen Fruchttaube Ptilopus fasciatus Peale.

vorüberfliegen. Rasch liessen wir die Berge Upolus, die ihr grünes
Haupt in der Morgensonne badeten, hinter uns. Bei Malua ging's
durch den Riffeinlass in die hier bei Flut mehrere Meter tiefe Lagune, und bei Mulifanua wieder hinaus, dann über die Meerenge
zwischen Upolu und Savaiʻi, an Manono und Apolima vorbei
auf den Riffeinlass von Sapapaliʻi zu. Dieser Riffeinlass — ara ist
der Name für solche im Samoanischen — ist am Eingang an 100 m
breit und 15 m tief. Kaum ist man aber in denselben hinein-
gefahren, so legt sich landwärts eine Riffbarre vor, der Paloloplatz
hier. Diese Barre muss man flink mit Ruder hart Steuerbord aus-

Fig. 10. Skizze der Seen am Lanutoʻo.

reichen, um sie dann in einer Kabellänge nördlich in 6 m Wasser
zu passieren. Dann geht's direkt auf Land los durch die Lagune,
die ungefähr 8 m tief ist, bis in die Nähe zweier kleiner Laguneninseln, wo geankert wird. Das ganze Riff hat hier entschieden den
Charakter eines Barriereriffs, wenn auch die Barriere selbst, der
Riffrand, nur 20—30 m breit ist. Als wir zu Anker waren,
wurde ein Boot klar gemacht, und wir fuhren zwischen den beiden
Inseln hindurch landwärts nach Iva, nach dem Heime des Herrn
Allen, einem zweistöckigen Holzhaus, welches hier mitten im Ein-
geborenenrevier auf einer Landspitze liegt. Der Ort, wo das Haus
liegt, heisst Lalomalava, „unter dem Mamalava-Baum"; denn
hier rastete einst der Sage nach unter dem Baume der samoanische
Heros Pili, als ihm sein Tragestock gebrochen war, an dem er

Lasten von Tarosetzlingen aus Savaiʻi nach Upolu zu tragen im
Begriff war. Lalomalava ist nur ein kleiner Dorfteil der grossen
Dorfschaft Iva, welche zusammen mit Salelologa im Süden und
im Norden Sapapaliʻi Safotulafai, Faga und Amoa den
führenden Distrikt Le Faʻasaleleaga bilden, einen der sechs von
Savaiʻi. (Siehe Fig. 9, Seite 145.) Wenn man den kleinen Garten
hinter Allens Haus verlässt, so befindet man sich alsbald in einem
Wald von Kokospalmen, das substanzielle Attribut jedes samoanischen
Dorfes, Schatten- und Nahrungsspender zugleich. Wir durchschritten
diese Pflanzung nachmittags mit dem Häuptling Moli zusammen,
welcher selbst von Sapapaliʻi herübergekommen war, uns zu holen.
Er war offenbar besorgt, dass wir unserem Versprechen untreu
werden möchten. Denn die Samoaner sind überaus gastfreundlich,
und einen Weissen zu beherbergen, rechnen sie sich stets zur besonderen Ehre an. Freilich tragen dazu die für sie abfallenden Geschenke mächtig bei, aber im Grunde ist der Begriff der Gegenleistung nicht das Leitende im Handeln, sondern jeder, der es kann,
nimmt Gäste auf, ohne zunächst an Entgeltung zu denken. Ja, je
reicher und höherstehender einer ist, desto weniger wird er auf
Bezahlung rechnen, und nur wenn er seinen Gast besonders lieb
gewinnt, tut er ihm die Ehre an, mit dessen geringeren Verhältnissen gelegentlich auch vorlieb zu nehmen. Führt sich aber
ein Gast schlecht auf und macht sich unbeliebt, so verzichtet auch
der ärmste Mann gerne auf Entschädigung, ja er weigert sich, von
einem solchen Menschen ein Gegengeschenk anzunehmen, oder gar
wieder dessen Gast zu sein. Diese hospitalen Verhältnisse sind auf
der ganzen Welt gleich, und von diesem Standpunkte aus muss
man auch die samoanische Gastfreundschaft beurteilen, die oft schon
recht hart verdammt wurde. Ich glaube, dass selten ein Weisser
dieselbe so oft und so gründlich in Anspruch genommen hat, wie
ich, und ich habe nur die besten Erfahrungen gemacht, wie kaum
bei einem anderen Volke. Ist es doch samoanische Sitte, jedem
Fremdling, der rasten will, Obdach und Nahrung kostenfrei zu gewähren. Der Gastgeber weiss, dass er auf seinen Reisen allenthalben
ebenso behandelt wird. Wenn aber der Samoaner dem fremden
Weissen gegenüber von dieser Regel abweicht und Geschenke oder
Bezahlung annimmt, so tut er dies in dem Bewusstsein, dass er

seinerseits auf einer Reise nach Apia von den Weissen nicht aufgenommen wird, ganz abgesehen davon, dass er lieber zu seinen
samoanischen Freunden geht. Uns kann dies nur angenehm sein,
und aus diesem Grunde war ich auf meinen Ausflügen stets beflissen,
beim Abschied den Eingeborenen das in Geld oder Waren zu erstatten, was sie für mich und meine Begleiter an Nahrung aufgetischt
hatten. Und obwohl ich trotzdem sehr in ihrer Schuld blieb, hat
doch nie einer derselben, wenn er nach Apia kam, Aufnahme oder
Essen in meinem Hause verlangt; ja, sie vermieden es in ihrer Be-
scheidenheit, mich zu besuchen. Nur die Schönen machten hierin
zuweilen eine Ausnahme, wenn sie auf ihre Reize bauend und durch
ihre natürliche Liebenswürdigkeit oder Neugier getrieben, doch
noch manches Nachgeschenkchen dem Fremdling zu entreissen wissen.
Man denke aber nicht, dass sich eine Samoanerin schnöden Ge-
winnes halber anbietet und wegwirft. Selbst wenn sie allein das
Haus eines weissen Junggesellen betritt, was übrigens auch dort
keineswegs für schicklich gilt, so kann man sicher sein, dass irgendein harmloser Grund für ihr Kommen besteht. Eine Dorfjungfer
aber, die Tochter eines hohen Häuptlings, darf überhaupt nur unter
Beaufsichtigung, von einigen älteren Weibern begleitet, ausgehen.
Ich werde auf diese Dorfjungfern, die bekannten *taupou*, noch
später gelegentlich zurückkommen. Sie sind es nämlich hauptsächlich, welche die Gäste unterhalten und die Honneurs machen.
Während bei den meisten Völkerschaften, namentlich den negri-
tischen, alles Weibliche verschwindet, wenn fremde Männer kommen,
ist es bei den Polynesiern und speziell auf Samoa, umgekehrt.
Wohl sind beim Empfang vorerst noch die Häuptlinge und männlichen Verwandten zugegen, aber nach der Kawa und wenn die
Tänze und Lustbarkeiten beginnen, ziehen sich dieselben zumeist
zurück, um den jungen Mädchen und Weibern die Unterhaltung
der Gäste zu überlassen. Und sogar bei der Nachtruhe verlassen dann diese ihre Gäste nicht; Seite an Seite liegt alles
im grossen Hause beisammen. Deshalb brauchen aber die Mütter
zu Hause um ihre Söhne da draussen nicht bange zu sein; über
Zudringlichkeit seitens der Samoanerinnen wird sich kaum einer
zu beklagen haben, und sei er noch so schön und gut, wie alle Söhne
schliesslich sind. Ist er selbst aber etwas frivol aufgelegt, so wird

ihm die nötige Zurechtweisung nicht erspart bleiben; denn nichts gilt als unanständiger, als das Gastrecht in zudringlicher Weise zu missbrauchen. Er wird es draussen lernen, dass man unbeschadet seiner Tugend unter jungen Mädchen schlafen kann, und wenn ich auch Samoa nicht gerade als Erziehungsinstitut für junge Männer empfehlen will, so möchte ich doch betonen, welche moralische Kraft in einem solchen Naturvolk steckt, die bei dem fast völligen Mangel ethischer Konsequenzen und bei der grossen Wertschätzung der reichen und mächtigen Weissen bedeutend höher veranschlagt werden muss als bei uns in unseren geregelten Verhältnissen. Dies alles wollte ich nur anführen, damit man an meine folgenden Erzählungen das richtige Mass anlegen kann, wenn sie verschiedener Deutung fähig sein sollten! Denn ich möchte mir in der wahren Schilderung des Lebens da draussen keine Schranken auferlegen, nichts hinzufügen und nichts weglassen, was von Bedeutung ist.

Molī holte uns also von Iva ab, und wir wanderten ungefähr zehn Minuten unter den Kokospalmen dahin, bis wir die ersten Häuser von Sapapalīʻi erreichten. Bei Safua, dem nördlichsten Dorfteil von Iva, hatten wir ein grosses Wasserloch passiert, in dem eine Schar junger Mädchen Kleider wusch und sich badete. Sie riefen uns freundliche Worte zu, und wenn sie auch keine direkte Einladung, in Safua zu bleiben, wegen des uns begleitenden Häuptlings auszustossen wagten, so blickte Molī uns doch besorgt an, als wir kurze Zeit stehen blieben. Das war das schlechte Gewissen; denn was er uns wenige Augenblicke später an Ehrendamen vorsetzte, war zwar besorgt und höflich, aber minder schön. Sapapalīʻi ist keine grosse Dorfschaft. Kaum dass wir den südlichen Dorfteil Vaitolo zwischen niederen Mauern unter Brotfruchtbäumen durchschritten hatten, gelangten wir auch schon nach dem nördlichen Poutoā (Fig. 11), das andererseits nur wenige Schritte von der Dorfschaft Safotulafai getrennt ist, welche nicht allein den Distrikt, sondern sozusagen ganz Savaïi regiert. Deshalb heisst Safotulafai auch Pule, „die Herrscherin", und danach benennt man ganz Savaïi bei politischen Ansprachen, worauf ich noch unten zurückkommen werde. Sapapalīʻi hat dagegen keine politische Bedeutung, sondern ist nur als Residenz der Malietoa von Gewicht. Diese stammen eigentlich von Upolu, aus Malie bei Apia, wo sie auch

zumeist jetzt wieder wohnen; aber einer ihrer Vorfahren, **Fiti
semanū** mit Namen, heiratete die Tochter des **Memea** von Sapapali'i, die ihm den **Vaiinupō**[1] gebar, und dann die Tochter des
Gaugau vom selben Orte, und diese gebar ihm den **Taimalelagi**[1].
Die beiden Schwiegerpapas waren nun Sprecherhäuptlinge nicht
sehr hochstehenden Ranges, desto mehr suchten sie durch Heran-
ziehen ihrer Enkel an sich ihr Ansehen zu vermehren, und dies
gelang ihnen auch in hohem Grade, als Vaiinupō, der ältere, durch

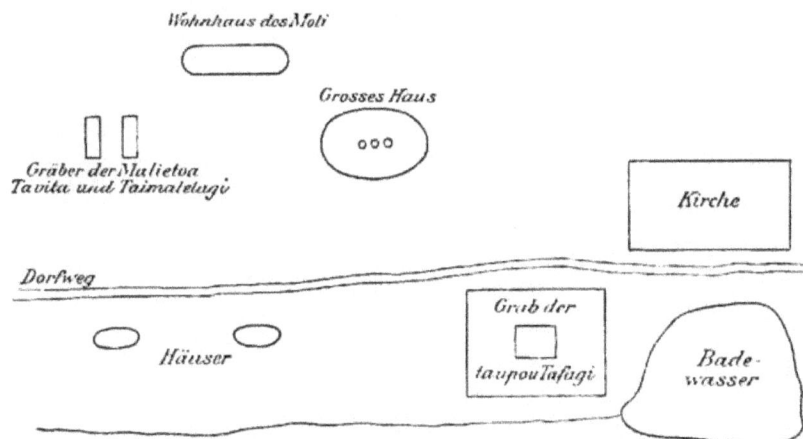

Fig. 11. Plan von Poutoā (Sapapali'i).

besondere Umstände im Jahre 1840 allgemein anerkannter König
von Samoa wurde.

Diese besonderen Umstände wurden durch die Ankunft der
Missionare im August des Jahres 1830 gezeitigt, welche zufällig in
Sapapali'i erfolgte. Der bekannte Südseeapostel **John Williams**,
welcher später auf den **Neuen Hebriden** ermordet wurde, betrat
zum erstenmal samoanischen Boden, und die kleine Kirche, welche
heute in Sapapali'i am Strande steht, ist zur Erinnerung an dieses
Ereignis erbaut. Vaiinupo erhielt später bei der Taufe den Namen
David, auf samoanisch **Tavita**, und als solcher ist er als Malietoa Tavita, durch den Einfluss der Missionare König geworden.

---

[1] *Tai inu pō* heisst „Wasser trinken Nacht" und *Tai ma le lagi* „Meer
und der Himmel".

Dadurch kam die Malietoa-Linie auf den Thron und behielt ihn
bis zu den letzten Samoakriegen, über die ich am Schluss des
Buches berichten werde.

Sapapalïi ist also in mancher Hinsicht ein interessanter und
vornehmer Platz, ein Platz der Geschichte. Molï führte uns nach
dem Kronland **Feagaimaleata**, „Gegenüber der Morgenröte“,

Bild 18. Das grosse Haus Feagaimaleata in Sapapalïi.

wo er selbst wohnte. Auf einem grossen, freien Platz, der mit
wenigen Brotfruchtbäumen und Kokospalmen eingefasst war, lag
hier das grosse Haus **Feagaimaleata** (Bild 18). Hier schlugen
wir für einige Zeit unser Lager auf, hier schliefen wir, hier begrüsste uns beim Erwachen die Morgensonne, deren erste Strahlen,
wenn sie aus dem Meere stieg, die Wipfel der Palmen vergoldeten
und dann ins Haus fielen. Wir fühlten uns völlig würdig dieser
freundlichen Aufmerksamkeit der Sonne, denn Molï hatte uns die

grossen Namen seiner Ahnen, Vaiinupo und Taimalelagi gegeben, und wir waren also nun samoanische Häuptlinge! Es war ein lieblicher Anblick, morgens von hier aus hinauszublicken aufs Meer, wenn die Sonne aus den Bergen Upolus herausstieg. Da lag in friedlicher Stille die grün schillernde Rifflagune, und von draussen leuchtete das dunkle Blau des Meeres, des *moana*, herein, von dem vorderen, grünlichen Wasser getrennt durch ein weisses Band, die ewige, unermüdliche Brandung. Nur dumpf drang erst ihr Rauschen und Brüllen zu uns herüber, deutlicher, wenn gegen 8 Uhr der Passat einsetzte. Dann sah man die Katzenpfoten draussen plötzlich auf der dunklen, wogenden Fläche erscheinen, und die glatte Lagunenfläche zog ihre Stirne in Falten. Jetzt trafen die ersten Vorboten des Windes auch uns, die wir im offenen Haus beim Morgenfrühstück sassen, bedrückt von der heissen Schwüle, die immer in den Tropen herrscht, wenn Windstille ist. Wie oft wollte uns der selbstbereitete Frühkakao nicht munden, zu dem unsere Heben uns das siedende Wasser herbeischleppten, das sie in unseren eigens mitgebrachten Kochgeschirren hinter dem Hause im Busch gekocht hatten. Wie strahlte uns die Hitze aus den Emailtassen entgegen, wenn wir sie beim Trinken an den Mund setzten, und wie perlte alsbald der Schweiss auf der Stirn! Und wie änderte sich alles plötzlich, wenn der frische Passat ins Haus hereinfegte! Beglückt wurde dann das schon abgebrochene Frühstück fortgesetzt und noch eine Büchse Marmelade oder gekochter, kalifornischer Früchte aus dem Speisekammersack herausgeholt. Dann begannen unsere Freundinnen, die, weil sie den Kakao nicht mögen, bescheiden unserer Winke gewärtig abseits gesessen hatten, näher zu rücken, und wenn auf einem Stück Hartbrot dann eine dicke Lage Mus sich ihnen darbot, dann griffen sie mit einem *Fa'afetai tele laea* herzhaft zu, und ihre fröhlichen Gesichter nahmen einen Ausdruck unsagbarer Befriedigung an. Molī und Frau waren aber schon zivilisierter, er behauptete, dass seine Frau schon lange magenkrank sei — alle älteren Samoaner sind magenkrank vom vielen und fetten Essen — und dass ihr deshalb eine Tasse Kakao sicher sehr gut tun würde. Und so wanderte an jedem Morgen ein eigens für den Zweck recht süss mit Streuzucker angerührter Kakaohumpen ins Hinterhaus, wo Madame Molī in ihrem

Morgenschal gehüllt sass und die Gabe wie eine prinzipessa ent-
gegennahm; Herr Moli versäumte es nicht, seiner Gattin durch
Teilnahme am Mahle den Genuss zu verdoppeln. Wir begaben uns
dann zum morgendlichen Bade; denn dicht am Hause entquoll den
Strandfelsen ein Quell, welcher ein Bassin voll glasklaren Wassers
füllte. Hier sich hineinzustürzen, war reine Götterlust! Dass dieses
Bad so nahe lag, ist kein Zufall! Die Samoaner sind ein badelustiges
Volk, und die Häuptlinge verlegen ihre Hausplätze stets in die
Nähe eines guten Badewassers. Die Badewasser des Tuiaana zu
Leulumoega und des Tuiatua zu Lufilufi und Amaile
(Mata'afa) sind berühmt und haben ihre besonderen Namen. Des-
halb ist es gut, wenn man auf Samoa bei Hohen zu Gaste ist. Je
höher, je besser, je näher das Badewasser.

Aber wir wollen uns in Sapapali'i nicht allzu gedehnt aufhalten.
Von zwei Tagen, die wir hier blieben, benutzten wir einen dazu,
um einen Ausflug nach dem Inlanddorf Tapu'ele'ele zu machen.
Dort befindet sich eine grosse Höhle, die wir besichtigen wollten.
Wir marschierten erst an einem wenig Wasser führenden Bach
entlang durch dichten Wald, sehr gelinde ansteigend eine Stunde
inlands, bis wir an eine Lichtung kamen, wo ein grosser *ifi*-
Baum[1] stand. Der Weg führte weiterhin durch Bananen- und
Taropflanzungen bis wir nach einer weiteren Stunde in 200 m
Höhe den Ort erreichten, der aus nur fünf Hütten bestand. Ungefähr zehn Minuten westlich, ziemlich steil abwärts steigend, gelangten wir an eine Mulde von 10 m Tiefe, im Gebüsch versteckt,
sie enthält den nur 3 m hohen Eingang der Höhle, der ganz von
Selaginellen und anderen Farnen überwachsen war. Als wir ein-
drangen und mit Talglichtern bewaffnet in die Tiefe stiegen, surr-
ten zahlreiche Schwalben und Fledermäuse durch die Luft, woher
auch der Name Anape'ape'a[2] kommt. Die uns begleitenden
Samoaner waren ängstlich, als wir einige davon schiessen wollten,
denn sie halten sie für Dämonen, für *aitu*, die in den Höhlen
wohnen. Deshalb waren unsere Begleiter auch nicht zu bewegen,
mit hineinzusteigen. So drangen wir zwei Weisse allein vor und

---

[1] Inocarpus edulis, „samoanische Eiche" genannt. Die Kerne der münzen-
förmigen Früchte sind essbar und schmecken recht gut.
[2] *ana*, die Höhle, *pe'a pe'a*, die Collocaliaschwalbe.

stiegen unter 45° Gefäll auf nassen Felsbröckeln über 50 m tief
hinab. Die Höhle war hier an 10 m hoch und breit und recht ansehnlich. Boden und Decke stiegen an dieser Stelle einige Meter hoch
an, um dann unter 45° weiter in die Tiefe zu stürzen. (Fig. 12).
Die Felsbröckel waren hier aber so gross und nass und der Grund
so schlammig, dass es nur mit äusserster Mühe gelang, vorwärts
zu dringen, und so gaben wir den Versuch bald auf und kehrten
zur Freude unserer Samoaner wieder wohlbehalten ans Tageslicht
zurück, nicht aber zu unserer, denn die weissen Beinkleider hatten

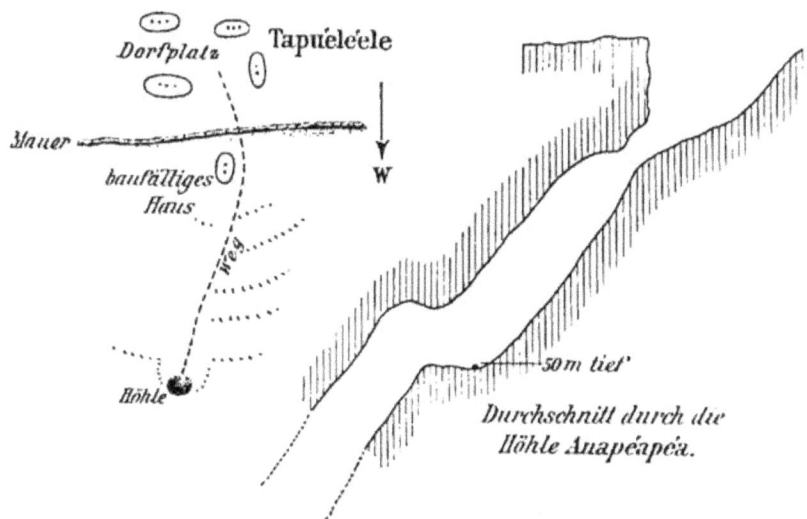

Fig. 12. Plan von Tapu'ele'ele und die Höhle Anape'ape'a.

ein stark gesprenkeltes und die Schuhe ein lehmiges Aussehen
angenommen. Wir wandten uns zum Dorf und zum Dorfhäupt-
ling zurück, der inzwischen den gloriosen Gedanken gefasst hatte,
für den Besuch der Höhle 1 Dollar — *se tasi tala* — Ein-
trittsgeld zu verlangen, worauf er aber auf meinem Gesicht nur
ein höhnisches Grinsen als Erwiderung fand. Ich setzte ihm mit
sämtlichen mir zu Gebote stehenden oratorischen Prunkstücken der
Samoasprache auseinander, dass dies kein gutes Benehmen gegen
Fremde, gegen die *papalagi*, sei, Geld zu verlangen, wenn man sein
Land sehen wolle, zumal wenn er ·durchaus nichts dafür leistete.
So sei nicht einmal ein Weg mehr zur Höhle vorhanden gewesen,

11*

den hätten wir uns selbst schlagen müssen. Die Höhle aber hätte
ja nicht er gemacht, sondern ein Dämon, ein *aitu*, oder Gott, *atua*.
Im übrigen seien wir Gastfreunde von Moli, mit dem er sich aus-
einandersetzen könne. Ob dieser gewichtigen Argumente war er
zufrieden. Da er aber doch etwas davon haben wollte, so bat
er uns nun, mit etwas Essen vorlieb zu nehmen. Dazu brauchte
er mein Gewehr, um ein Huhn zu schiessen. Ich gab es ihm nebst
zwei Patronen, und die Hühnerjagd machte ihm nun so viel Freude,
dass er alles andere darüber vergass. Rasch verschwand er im
Gebüsch, und in kurzer Zeit dröhnte ein Schuss und dann noch
ein zweiter, und bald erschien er auf dem *malae*, stolz wie ein
König, mit zwei weidgerecht erlegten Hennen, die er gnädigst
einigen Jünglingen zuwarf. Diese machten sich alsbald darüber
her, rupften sie, nahmen sie aus, während in einem lodernden
Feuer die Steine für den Ofen geglüht wurden. Als diese heiss
waren, wurden sie in einer Erdgrube ausgebreitet; die Hühner waren
mit wohlriechendem Laub ausgestopft und dann einige heisse Stein-
chen zwischen das Füllsel geschoben. Dann wurden sie in Bananen-
blätter gewickelt, die Pakete auf die ausgebreiteten Steine gelegt
und alles zusammen mit Laubwerk bedeckt. In einer kleinen Stunde
waren so ein paar prächtig gedünstete Hühner auf der Tafel, so
zart und schmackhaft, wie sie unsere Köche nur selten zu liefern
vermögen.

Etwas kalter ebenso gekochter Taro an Stelle unserer Kar-
toffel vervollständigte die Mahlzeit. Auf einer kleinen rechteckig
geflochtenen Kokosmatte wurde uns das Essen präsentiert, als wir
im Hause sassen, kreuzbeinig an unsere Pfosten gelehnt. Ich darf
wohl sagen, dass wir uns das Essen ordentlich schmecken liessen;
als wir aber jeder ein halbes Huhn verschlungen hatten, gab ich
meinem Begleiter zu verstehen, dass wir nun ausscheiden müssten,
damit die Samoaner die Mahlzeit fortsetzen könnten. Dies betrachten sie als ihr heiliges Recht. Der Häuptling isst zuerst, aber nie
alles, sondern gibt stets den Anwesenden etwas davon ab. Es gilt
bei den kommunistischen Samoanern nichts für so gewöhnlich, als
etwas für sich allein zu behalten. Dies geht so weit, dass wenn
man einem Kinde das Höchste, was es kennt, einige *lole*, Bonbons, schenkt, so isst es nicht etwa davon, sondern rennt damit

zu seiner Mutter, zu seinen Geschwistern, um mit ihnen zu teilen; dies tut es sogar, wenn es das Geschenk an einem Orte bekommt, wo es niemand sehen kann. Im höchsten Glück rennt dann das kleine Wesen davon und bringt strahlend die Gabe den Seinen, um dann aus deren Händen seinen Anteil zu bekommen. Diese edle Angewohnheit muss man bei dem Verkehr mit dem Volke beachten, um nicht in dessen Wertschätzung zu verlieren.

Nachdem wir unser Mahl beendet hatten, dem wir zur Freude des Dorfhäuptlings noch einige Konservebüchsen beifügten, und nachdem ich der Hausfrau noch 2 Schilling für die Hühner in die Hand gedrückt hatte, traten wir den Rückweg an. Beim *ifi*-Baum angekommen, nahm ich indessen allein mit einem Samoaner einen Abweg nach Safotulafai, das ja nahe am Strande bei Sapapalïi liegt, um einige Tauben zu schiessen, die auf den *moso‘oi*-Bäumen [1] der Niederung hier zahlreich vorhanden waren.

Diese Jagd betrieben wir auch am folgenden Tage in den Wäldern hinter Sapapalïi; denn kaum irgendwo sonst braucht man so wenig zu klettern wie hier, um die grossen Fruchttauben, die *lupe* (Globicera oder Carpophaga pacifica) zu schiessen. In dem dichten Laubwerk sind sie aber nicht leicht auszumachen und es ist deshalb gut, wenn man einen Samoaner mitnimmt, der sie einem zeigt und auch apportiert, in welchen Eigenschaften sie einen Gebrauchshund ersetzen. Überaus schwierig ist es nun für einen lederbeschuhten Weissen, sich an das Wild heranzubirschen, da die Taube beim geringsten Geräusch abstreicht. Man tut deshalb gut, sich mit den billigen schwarzgummisohligen Harburger Segeltuchschuhen zu versehen, die sich überdies viel leichter und bequemer beim Marschieren tragen. Bei steinigem Boden kann man sie mit einem Stück leinenen Zeuges, ähnlich einem Fusslappen, umhüllen; aber es ist merkwürdig, wie verhältnismässig lange sie bei gewandtem Gehen ungeschützt aushalten. Im übrigen trug ich auf allen diesen Touren nur ein baumwollenes, poröses, weisses Hemd, ein Tennishemd, grob wie Sackleinwand, eine leinene weisse Hose, durch einen Ledergürtel in den Hüften festgehalten, an dem sich Uhr, Messer und eine Ledertasche befand,

---

[1] Die Cananga odorata, welche das fragrante Parfüm Ylang-Ylang liefert.

und ein paar hohe Strümpfe nebst den Gummischuhen. Ein Träger
trug an einem Stab, dem *amo*, vorn und hinten eine Last von je
10—20 Pfund, und zwar bestand die eine aus dem Schlafsack
nebst Moskitonetz und Nachtzeug, in ein 10 qm grosses Stück
schwarzen, wasserdichten Mosetigbattist eingeschlagen, das bei Regen
auch als Zeltdach beim Kampieren im Busch diente, die andere
Last setzte sich aus photographischen und wissenschaftlichen Appa-
raten, Notproviant, Tabak, Steichhölzer usw. zusammen. Letztere
beiden Artikel dienten hauptsächlich als Geschenke für kleine Leistungen der Eingeborenen. Hat man z. B. unterwegs eine Kokosnuss
zum Trinken überreicht bekommen, so gibt man dankend eine
Schachtel Schwedische mit den Worten: *Faʻa molemole, e tele ma-
tira lo matou aiga!*   Entschuldige, sehr arm ist unsere (meine)
Familie!

So spricht nämlich immer der Samoaner, wenn er sich darum
drücken will, etwas Wertvolles zu verschenken, und er merkt den
leichten Spott wohl, der dabei aus dem Munde des Weissen klingt,
wenn dieser dieselben Worte gebraucht. Er freut sich und lacht und
sagt: *Soia!* Lass doch! Ich wollte ja nichts dafür haben; ich gab
es dir nicht, um etwas dabei zu verdienen, sondern nur aus Liebe zu
dir! Und man antwortet wieder darauf: *Faʻafetai tele lara i lou
agalelei, lou talimalō!* Danke recht sehr für dein gutes Betragen,
deine Gastfreundlichkeit! Und so beglückt man das samoanische
Herz und erreicht durch Höflichkeit oft in wenigen Minuten, was
dem Hochmütigen durch Geld oft in Monaten nicht gelingt. Freilich,
ein höflich Wort tut es nicht allein; es muss auch die Liebe für das
Volk daraus herausklingen, das Interesse, das man an seinen Sitten
nimmt; sie als Mitmenschen, als gleichberechtigte Wesen vor unserem
Schöpfer zu betrachten, ist die erste Bedingung für einen erfolg-
reichen Verkehr mit den „Wilden“. Das klingt selbstverständlich,
und doch, wie wurde schon dagegen gefehlt; die ganze alte Kolonial-
geschichte ist ein fortlaufender Beweis des Dünkels und des Eigen-
nutzes der Weissen ihren farbigen Mitmenschen gegenüber. Und
die Zeiten sind längst noch nicht überwunden! Wer wird sich
darüber wundern, wenn er offenen Auges unsere Salons und ihre Ge-
sprächsthemata belauscht. Vermögen viele schon hier die gesellschaftlichen Formen nicht zu bemeistern, wie rasch werden sie draussen aus

der Rolle fallen, wenn sie frei schalten und walten können und als
Herren auftreten. Da tönt schon längst der Mahnruf bei uns, dass
man nicht den Auswurf unserer Gesellschaft nach draussen schicken
solle, sondern dass die Besten allein brauchbar und fähig sind, um
die grossen Probleme der Menschheit zu fördern!

Am Freitag, den 15. Oktober brachen wir nach Palauli auf,
da am 17. oder 18. daselbst der Palolo zu erwarten war. Moli
versäumte es nicht, uns, den grossen Häuptlingen Vaiinupo und
Taimalelagi, entsprechende Begleitung in Gestalt einiger Sprecher
mitzugeben und bestimmte dazu seinen Verwandten, den Sprecherhäuptling Gaugau und die beiden *tulafale* Omutaua und Kuka.
Letzteren kannte ich noch vom Jahre 1894 her. Wenn zwei so
hohe Häuptlinge auf Reise, auf *malaga* gehen, und in solch zweck-
entsprechender Begleitung, dann ist etwas Besonderes zu erwarten.
Deshalb wandte ich mich, als wir südwärts wandernd, Herrn Allens
Haus passierten, nochmals zu diesem hinein in seinen „Schopp",
um noch das nötigste an Konserven, Streichhölzern, Lavalavas und
sonstigen Krimkrams, der zu Geschenken nötig ist, zu kaufen. So
zogen wir wohlbewehrt südwärts durch Iva und die grosse Dorfschaft
Salelologa, voran die weissen Häuptlinge, gefolgt von den drei
Sprechern und als Abschluss die beiden schwarzen Jungen Pakolai
und Goäsep mit den Lasten. Wir platzten sozusagen alle vor
Selbstbewusstsein. Dieser eigenartige Aufzug verfehlte seine Wirkung
nicht auf die in ihren Häusern sitzenden Samoaner, wenn wir die
Dorfstrassen entlang gingen, und allenthalben tönte die Frage
heraus: Wohin geht die Reise? Was ist der Zweck? und die
Sprecher unterliessen es nie, in jedem Falle ausführlichste Auskunft zu geben, soweit dies im Vorübergehen möglich war. Die
Häuptlinge aber schritten stumm voran, und nur gelegentlich
warfen sie ein Schlagwort dazwischen, wenn des Fragens kein
Ende werden wollte, so dass alles in Lachen ausbrach. Eine
Stunde brauchten wir so, um das lang am Strande hingestreute
Salelologa zu passieren, dann bog der Weg inlands ein, um die
südöstliche Halbinsel abzuschneiden, an deren südlichem Fusse Palauli liegt. Sanft ansteigend ging es nun zweieinhalb Stunden lang
durch Pflanzungen und niederen Wald, bis wir einen Rastplatz
in 200 m Höhe, Maota genannt, erreichten, wo wir eine Stunde

ausruhten. Dann ging's in einer Stunde hinab nach Palauli durch
herrlichen Wald.

Es war gegen 5 Uhr nachmittags, als wir die ersten Häuser
von Palauli erreichten, und zwar den am östlichsten gelegenen
Dorfteil Fa'ala. Da hierher unsere Bestimmung lautete, so
waren wir auch alsbald am Ziel.

Gaugau führte uns zu einem Sprecherhäuptling mit Namen
Manusina, „das weisse Tier"; denn Sprecherhäuptlinge halten zusammen, und er brachte uns natürlich dahin, wo er aus Dankbarkeit
am meisten Nutzen und Entgelt bei anderer Gelegenheit erwarten
durfte. Palauli ist im übrigen als Regierungsort reich an Sprechern,
an *tulafale;* denn es regiert über all die Dorfschaften an der Südseite von Savai'i bis Salailua hin, mit Ausnahme der gleichfalls an
der Bucht von Palauli gelegenen Dorfschaft Satupaitea, das die Regierung über die an der Westküste von Savai'i liegenden Dorfschaften
in Händen hat, der einzige Fall auf Samoa, dass ein Regierungsort
vollständig abgetrennt von dem ihm unterstehenden Gebiet ist. Dies
wird durch Häuptlingsverwandtschaften aus alter Zeit begründet,
wie ich in meinen Arbeiten ausführlich nachgewiesen habe.

Im Hause des Manusina wurde alsbald Kawa bereitet und
danach bestimmte der Familienvater einem jeden von uns eine
seiner Töchter als persönliche Adjutanten während unseres Aufenthaltes, Fa'apī und Sina (Bild 19); sie waren in der Tat sehr
um uns besorgt und wichen während des Tages nicht von unserer
Seite, wenn wir sie nicht wegschickten. Am Abende des Ankunftstages war grosser Tanz bei Manusina, ausgeführt von zwei hübschen
Häuptlingstöchtern Pona Tapusoa und Lomaga, Tochter
des Lagaia. Ich werde später auf die Tänze der Samoanerinnen
zurückkommen. An jenem Abend hatten wir nicht sehr viel Genuss davon, denn wir waren müde von dem sechsstündigen Marsch
und legten uns deshalb bald schlafen. Am folgenden Morgen
besahen wir uns zuerst die Gegend. Palauli liegt an einer grossen
halbkreisförmigen Bucht, die nach Süden hin durch ein Korallenriff
abgeschlossen ist. Das Innere der Bucht, die Lagune, ist flach und
durch das Einmünden zweier Flussästuare gebildet, die das ganze
Wasser der östlichen Südseite von Savai'i hierher während der Regenzeit abführen. Dadurch hat sich hier viel Schlamm im Innern der

Bucht abgesetzt, woher diese auch den Namen hat *(palapala* Schlamm,
uli schwarz). Palauli besteht aus drei Sprengeln Fa´ala, und
westwärts davon Vaito´omuli und Vailoa. Vaito´omuli liegt
nur wenige Minuten von Fa´ala entfernt, und wir trafen dort in einem
hübschen Hause, unter Brotfruchtbäumen gelegen, die Witwe oder
richtiger gesagt, eine der Witwen des verstorbenen Königs Tamasese,
Taoso mit Namen (Bild 20) und ihre Tochter Lauitiiti. Sie waren

Bild 19. Sina und Fa´apī in Fa´ala (Palauli).

recht böse auf uns, dass wir nicht bei ihnen eingekehrt waren, und
wir hätten es zweifellos bei ihnen besser, interessanter und schöner
gehabt als bei den Sprechern von Fa´ala; aber nicht allein das, wir
hätten auch wissenschaftlich bei ihnen mehr erreicht, wie sich nur
zu bald herausstellen sollte. Taoso und Lauitiiti umgaben uns
während unseres kurzen Aufenthaltes mit rührender Aufmerksamkeit
und Liebe. War der Besuch von Deutschen für die Frau doch
eine leibhaftige Erinnerung an die Zeit, als ihr Gemahl durch
Deutschlands Gnaden auf dem Thron von Samoa sass!

Als wir bei Taoso und Lauitiiti ankamen, waren sie gerade damit beschäftigt, das Vormittagsfrühstück einzunehmen. Sie luden uns ein, daran teilzunehmen, und ich gewahrte alsbald eine Masse kleiner, dem whitebait ähnliche Fischchen von 1—2 cm Länge in ein Bananenblatt eingewickelt und gedünstet, als *igaga* bekannt. Sie waren am

Bild 20. Taoso, Witwe des älteren Tamasese in Vaito'omuli.

vorhergehenden Tage zu Pulei'a gefangen worden, als sie eben im Begriff waren, aus dem Meere in den Pulei'afluss über den Wasserfall an dortiger Stelle aufzusteigen. Sie sind als Palolofische besonders bekannt, da ihr Auftreten das Nahen des Palolowurms anzeigt. Es war mir überaus interessant, hier den Beleg für das Vorkommen des *igaga*-Fischchens handgreiflich zu haben. Ich tat alsbald einige derselben in Spiritus; es sind die Jungen des *apofu*

genannten Fisches, einer Eleotris-Art[1], welche ihre erste Jugend im
Meere zubringen, um später in die Flüsse aufzusteigen. Ich hatte
im folgenden Jahre Gelegenheit, den Ort Pulei'a, der zwei Stunden
von Satupaitea entfernt ist, zu besuchen. Dicht bei den Häusern
des genannten Ortes fällt das 3—4 m breite, wasserreiche Flüsschen
senkrecht, mehrere Meter tief, auf den Strand, um dann ins Meer
abzufliessen. Das ist der Ort, wo die *igaya*-Fischchen gefangen
werden. Der Sinn ist, dass zu Anfang November in der Natur
unter jenem Himmelsstrich eine energischere Tätigkeit der Fortpflanzung sich kundgibt als sonst. Auch andere Fische kommen
um jene Zeit in Schwärmen aus dem Meere in die Rifflagunen,
und Krebse, die auf dem Lande leben, ziehen zum Meere, um zu
laichen. So ist das Erscheinen des Palolo lediglich ein Fort-
pflanzungsprozess, welcher nur in einer besonders auffallenden und
anscheinend abweichenden Form stattfindet. Wir erwarteten den
Palolo am folgenden Morgen, einem Sonntag, und legten uns am
Samstagabend deshalb bald schlafen, nachdem ein erneut angesagter
Tanz der Mädchen sich zu unserer Genugtuung zerschlagen hatte.
Wir hofften, dass die Samoaner uns in der ersten Morgenfrühe
wecken würden. Aber, da der Regen auf das Blätterdach unseres
Schlafhauses während der Nacht des öfteren mächtig nieder-
prasselte, so duselten wir weiter, bis wir zu unserem Schrecken
plötzlich bemerkten, dass der Osten sich zu lichten begann. Es war
zu spät zum Fang, denn das ist just die Zeit des Aufsteigens des
Wurmes draussen am Riff. Nun war es vorbei mit meiner samoanischen Höflichkeit; ich schalt sie Feiglinge, die den Regen fürch-
teten usw. Es stellte sich aber bald heraus, dass das nicht der einzige
Grund war, sondern dass sie nicht zum Fang fahren wollten, weil
es Sonntag war. Das liebliche Wort *missionali* tauchte nun auf
einmal auf, das schon so viel Segen, aber auch so viel Unfrieden
in der Südsee gestiftet hat. Dass mich auch an jenem Morgen
eine nicht gelinde Wut auf diese Menschen erfasste, kann man sich
denken. Unser Herrgott hatte ja den Palolotag auch nicht deshalb
verlegt, weil es Sonntag war, somit kann es nach logischem Denken

---

[1] Eleotris fusca (Bl. Schn.) Gthr. Auch noch zwei andere Arten, Eleotris
muralis C. V. und Eleotris semipunctatus Rüpp. kamen vor.

auch keine Sünde sein, wenn man den nur am Sonntag kommenden
Wurm fängt. Das ist aber immerhin von geringer Konsequenz; ein
Palologericht kann man ja schliesslich entbehren. Es ist aber
schon an zahlreichen Plätzen vorgekommen, dass Dampfer, die
gerade am Sonntag einen Ort anliefen, wegen der *missionali* ihre
Ladung nicht löschen konnten und entweder wieder auslaufen
mussten oder bis Montag warten, was mit grossen Kosten verbunden war. Ich kann es daher den Handelsleuten durchaus nicht
verargen, wenn sie die Missionare der Gewinn- und Herrschsucht
anklagen und in den kräftigsten Tönen über sie losziehen; denn
was der Kirche frommt, ist durchaus nicht am Sonntag verboten,
und wenn es die niederste Arbeit ist. Ich schätze die Missionare
der alten Zeit ihrer Arbeiten und Aufopferung halber ungemein
hoch; aber die auf den Erfolgen und Mühen der Alten nun aus-
ruhende junge Generation habe ich an jenem Sonntag nicht mit
den wärmsten Segenswünschen überschüttet.

Ich entsinne mich noch heute lebhaft der Erregung, die mich
an dem Morgen beseelte. Ich war doch schliesslich deshalb nach
Samoa gekommen, hatte meinen ganzen Reiseplan danach eingerichtet,
um das Erscheinen des Palolo beobachten zu können, und wenn
ich ja auch einen Monat später zu Apia noch einmal Gelegenheit
dazu hatte, so war dieser erste Ausfall immerhin schon recht
misslich. In solchen Momenten nicht ungerecht und allzu schroff
zu werden, bedarf man seiner ganzen Beherrschung. Schliesslich
sind ja jene Eingeborenen immer noch Lernende und in ihren
Lebensauffassungen oft genug wie Kinder; aber auch einem Kind
darf man einen Fehler nicht ungestraft hingehen lassen. Wir hatten
ein herrliches Mittel zur Rache. Nachdem wir gefrühstückt hatten,
nahmen wir unsere besten Geschenke und zogen schweigend ab mit
unseren Schwarzen nach Vaitoʻomuli zu Taoso. Einen grösseren
Tort hätten wir den Faʻalaleuten nicht antun können; wussten
sie doch nicht, ob wir überhaupt zu ihnen zurückkehren würden.
Ich sehe noch heute Faʻapī, wie sie im Hause sass und Sonntags-
toilette machte. In einem Blatt hatte sie einen roten Teig aus
der Rinde des *ifiifi*-Baumes, des Parinarium laurinium, den sie
mit Kokosöl anrührte, um sich die Haare damit zu ölen und
zu färben, was man *tuitui* nennt. Wie sie gerade mit ihren

Fingern die langen Haare „durchstach“, verliessen wir schweigend das Haus, gefolgt von den mit den Geschenken beladenen Schwarzen. *Fomaʻi, fomaʻie!* rief sie, Arzt, Arzt, *Poʻo alu ifea?* Wohin gehst du? Nach Vaitoʻomuli, rief ich und sah in das bekümmerte Antlitz der kleinen Hexe, so dass ich fast wieder aus Mitleid umgekehrt wäre. Drüben, in Taosos Haus nahm man uns fürstlich auf; unsere Geschenke, worunter sich eine meiner schönen bunten Decken aus Apia befand, wurden natürlich mit strahlendem Jubel begrüsst. Wir erfuhren hier, dass in der Tat an jenem Sonntagmorgen der Palolo erschienen war, den die Katholiken des Ortes in Massen gefangen hatten. So hatten wir wenigstens das Vergnügen, ihn zum Frühstück, das wir gegen Mittag dort einnahmen, gedünstet geniessen zu können. Wie grüne Fadennudeln, ähnlich der italienischen Vermicelli, präsentiert sich das Gericht und schmeckt recht angenehm, zwischen Miesmuschel und Auster stehend; zwar streng marin, doch immerhin! Zum Frühstück gab es noch Hühner, Taro und *palusami*, ein Gemisch von gekochten jungen Taroblättern, Kokoskernsaft und Salzwasser. Auf den Abend war uns noch etwas Besseres, was immer ein Schwein ist, in Aussicht gestellt. Wir suchten nun den Sonntag so gut wie möglich unterzubringen. So schlugen wir vor, am Nachmittag mit einigen Samoänern nach Satuapaitea hinüberzurudern, und sie stellten uns alsbald ein grosses Auslegerboot, einen *soatau*, in dem sechs Menschen sitzen und rudern konnten, zur Verfügung. So hatten wir Gelegenheit, auch diese Dorfschaft zu sehen, welche sich an der Südwestseite der Bucht bis zu deren felsigem Kap hinzieht. Spät abends erst kehrten wir zu unseren Gastgebern in Faʻala zurück, die uns zwar traurig, aber doch froh genug, dass wir überhaupt wieder zurückkamen, willkommen hiessen. Sie versprachen uns denn auch hoch und teuer, am folgenden Morgen noch einen Versuch mit uns zu wagen. Wirklich weckten sie uns in der Frühe des Montags, und so fuhren wir gegen 5 Uhr in die Lagune hinaus. Bald waren wir an der Stelle, südöstlich, wo die Einfahrt von Manono her ist. Sie war nicht tief, denn beim Rudern stiessen wir beständig mit den Pagaien auf die Korallenblöcke. Hier warteten wir, bis es Tag wurde. Natürlich kamen an jenem Morgen nur noch einige wenige Nachzügler, die den

Haupttag aus irgendeinem Grunde vergessen hatten, aber es war doch genügend, um zu zeigen, dass wir an der richtigen Stelle waren.

Hier befestigte sich in mir die Ansicht, dass der Palolo nicht aus der Tiefe aufsteigt, sondern dass er aus oberflächlichem Korallenkalk herauskommen müsse, somit, dass er auffindbar sei. Ich beschloss, in diesem Sinne zu Apia zu suchen. Jener Morgen war herrlich. Vom Boote aus erblickten wir vor uns die vergoldeten Bergspitzen von Savaiʻi, den breiten von Westen nach Osten streichenden Bergkamm, südlich vorgelagert der breite Vulkankegel des Mafane oder Mafaga und östlich der zackige Krater Piʻo.

Wir begaben uns am Ostkap an Land und rasteten dort ein wenig, den Anblick geniessend. Darauf kehrten wir wieder nach Faʻala zurück und betrieben sofort unsere Abreise. Gegen 11 Uhr traten wir den Rückmarsch nach Sapapaliʻi an, das wir in vier Stunden wieder erreichten. Dort erwarteten uns schon unsere alten Freundinnen, um uns die von dem Marsche ermüdeten Beine zu massieren. Sie hatten eine Masse von Matten im Hause aufgehäuft, um ein recht reiches Lager für die *papalagi* zu schaffen; Moli schaute wohlgefällig drein. Am Abend stellte sich der Mann ein, welchen ich vier Tage vorher mit meinem Gewehr in die Berge geschickt hatte, um einen *punaʻe* zu schiessen. Es ist dies ein nur auf Savaiʻi vorkommender, rallenähnlicher Vogel, welcher in Erdlöchern lebt, Pareudiastes pacificus Hartl. und Finsch. Der Missionar Whitmee gab an, dass er mit seinen verkümmerten Flügeln Löcher in den Schlamm der Küste grabe; aber soviel ich hörte, kommt er nur in den Wäldern vor. Auch der Konsul Pritchard erzählt, das der *punaʻe* bei dem Inlanddorf Aopo ehedem mit Hunden gejagt worden sei. Es scheint fast, dass der Vogel jetzt schon ausgestorben ist.

Ich hatte dem Manne Essen und wollene Decken mitgegeben, damit er im Busch kampieren könne, und ausserdem für jedes erlegte Exemplar 20 Mark versprochen. Vergeblich! Er kam ohne Beute zurück, brachte nur einen *manumea*, eine Zahntaube mit, das war alles. Er versprach von neuem auszuziehen, auch ein zweiter Mann meldete sich zum selben Zweck; aber den Vogel bekam ich nicht.

Wir beschlossen, nun wieder nach Apia zurückzukehren, und
Gaugau erbot sich, für 10 Dollar uns über Apolima hinüber-
zuschaffen. So traten wir am Dienstag, den 19. Oktober die Rückfahrt an, und wenn wir nicht noch Gelegenheit gehabt hätten, einige
interessante alte Keulen und Speere einzuhandeln, so hätte man
sagen können, die Reise war ohne ein Resultat, abgesehen davon, dass
wir einiges Neue gesehen hatten. Aber es zeigte sich doch wiederum,
wie sorgsam man da draussen zu Werke gehen muss, wie vieler
Arbeit und Mühe es bedarf,
um ein Ziel zu erreichen,
und dass man durchaus nicht
glauben darf, dass einem die
Früchte sozusagen in den
Schoss fallen. Ich persönlich wurde durch den Besuch
von Apolima entschädigt, der
sicher zum eigenartigsten gehört, was man erleben kann.
Apolima liegt mitten drin in
der Strasse, welche Savaiʻi
von Upolu trennt, und ist
rings von tiefem Wasser umgeben [1], während das näher
an Upolu gelegene Manono
in der Lagune des grossen
Strandriffes von Aana liegt.
Zwischen Manono und Apo-

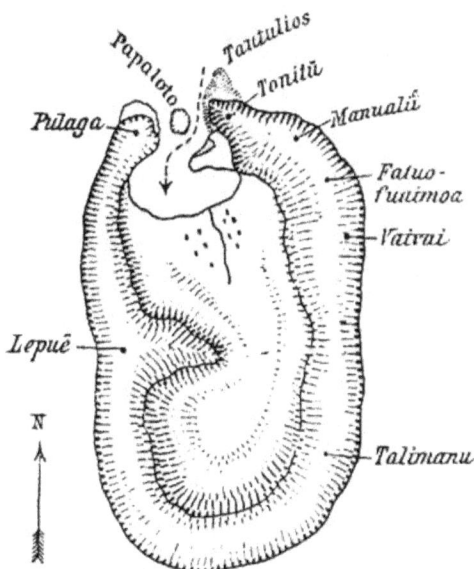

Fig. 13. Skizze von Apolima.

lima ist noch ein 40 m hoher Fels, mit Busch bedeckt, Nuʻulopa
benannt, hart an der Riffgrenze. Die Felsen von Apolima steigen
steil aus dem Wasser empor. Wenn man die Insel von Aana aus
ansieht, gleicht ihre Gestalt einem auf dem Bauch liegenden Menschen, der sich auf die Ellbogen gestützt hat und an dem sich drei
Erhebungen markieren, die Hacken, das Gesäss und der Hinterkopf,
letzterer die höchste Stelle, ungefähr 150 m. Der niederste Teil

---

[1] Dieses ist östlich 2 km breit bis zu dem Fels Nuʻulopa, und westlich
bis Savaiʻi 9 km.

liegt gegen Norden, und hier ist in dem Kraterwall ein Ausschnitt, der dem Meere den Eintritt ins Innere der Insel gestattet, ähnlich wie es bei der Insel St. Paul im südlichen indischen Ozean der Fall ist. Der innere Meeresteil hat aber nur eine Ausdehnung von ca. 100 m im Durchmesser und füllt somit nur einen kleinen Teil des Kraters von Apolima aus, der rings von steilen Höhen begrenzt ist und durch eine westlich vorspringende Landzunge in zwei Teile geteilt wird. (Siehe Skizze 13.)

Ehe die Einfahrt gewagt werden konnte, bedurfte es einiger Geduld. Die Samoaner warten immer ab, bis sich mehrere grosse Seen hintereinander gebrochen haben, worauf dann eine Reihe von Sekunden die See ohne Brecher ist. Dies ist aber durchaus nicht immer nach mehreren grossen Seen der Fall; es bedarf eines guten, geübten Auges, um zu sehen, ob eine neue grosse See im Anzug ist, denn diese gibt sich ja erst in der Nähe durch weissen Schaum kund. Ist man aber erst einmal in diesen, und damit in die Sturzsee geraten, dann kommt das Boot in Gefahr, auf die Felsen geworfen zu werden. So warteten wir auch hier vor dem Einlass, vor dem Tor von Apolima. Denn rechts und links steigen die Felsen ziemlich senkrecht über 10 m hoch empor, während der an 50 m breite Einlass dazwischen, von niedrigen flachen Steinen ausgefüllt ist, die bei niedrigem Wasser ihre mit Tang und Kalkalgen besetzte Stirne zeigen. In der Mitte lag ein grosser tischähnlicher Fels, *papaloto* genannt („mittlerer Fels"), zwischen diesem und dem östlichen Torpfeiler ist der Einlass. Hier lagen wir und warteten, auf den Riemen liegend. Da plötzlich rief alles *„masa le sami"*, „glatt ist das Meer", und wie ein Pfeil flog das Boot in den Einlass. Der Steuermann stand in gespanntester Aufmerksamkeit hinten im Boot, die Ruderer anfeuernd. Denn direkt vor uns sprang quer ein Fels vom Ufer aus vor, der die Einfahrt landwärts verlegte. In der Ecke aber, die dieser Fels mit dem Lande bildete, ist ein mächtiger Strudel, *rili* genannt. Wird in diesem das Boot festgehalten und schiebt die See nach, so wird es unweigerlich zertrümmert. Die Bewohner Apolimas versammeln sich denn auch hier, um im Notfalle Hilfe zu leisten. Aber glücklicherweise war dies nicht nötig. Mit hart Steuerbord Ruder warf Gaugau das Boot herum, so dass es

hinter dem Mittelfels, dem *papaloto*, kam, und wenige Augenblicke
später glitt es geräuschlos in die stille Lagune von Apolima, von
der nachdrängenden See geschoben. Dies war ein aufregender
Moment.

Wenn der Passat zu kräftig weht, ist die Einfahrt nicht möglich und ebensowenig die Ausfahrt. Es kam schon vor, dass Leute
8—14 Tage dort eingeschlossen waren. Mit solch tröstlichen Aussichten stiegen wir, nachdem wir der Scilla und Charybdis entronnen waren, an Land.

Ein kleiner Bach ergoss sich in die Lagune. Rechts von demselben lagen auf etwas erhöhtem Grunde einige Häuser. Im ganzen
schienen nicht mehr als zwei Dutzend Menschen hier zu sein.
Wir begaben uns in eines der Häuser und liessen erst die nötigen
Fragen und Höflichkeitsworte über uns ergehen. Dann begab ich
mich mit einem niedlichen jungen Mädchen von zehn Jahren, dem
einzigen Führer, den ich erhalten konnte, auf die östliche Krater-
wand hinauf. Wir stiegen erst auf den östlichen Torpfeiler. Senkrecht stürzten die Felsen hier seewärts ab, und als ich an den
Rand treten wollte, um hinabzuschauen, hielt mich die Kleine an
meinem Gürtel fest; die Felsen sind überhängend und unterhöhlt,
es ist sehr gefährlich hinauszutreten, sagte sie. Ich gehorchte den
angsterfüllten Blicken, und so stiegen wir langsam auf dem Grat
des Kraterrandes weiter hinauf. An einer Stelle war der Weg nur
1 m breit, während der Fels beiderseits wie eine Mauer abstürzt;
manuali'i wurde diese Felspartie genannt, der Name des Sultans-
huhnes. Weiter führte der Weg an einen Stein, Fatu o Fuaimoa,
und dann in 50 m Höhe ungefähr, nach einer Schutzhütte, Vaivai
genannt. Hier bot sich ein wunderbarer Anblick dar; da lag unter
uns das blaue Meer, und dicht dabei der schroffe Fels von Nu'ulopa,
dahinter Manono und weiter zurück das Bergland von Upolu. Da
sah man das ganze grosse Riff, wie es jene Inseln umschlang, in
seinen farbigen Abtönungen vom dunkeln Braun bis zum Smaragd-
grün wechselnd, dazwischen die graugrünen Palmen Manonos hineingeworfen. Besonders die dunkeln von der Brandung zerfressenen
Felsen von Nu'ulopa nahmen sich dämonisch aus, und als ich auf
die dunkeln Höhlen daselbst meine jugendliche Begleiterin hinwies,
erzählte sie mir in ihrer Unschuld, dass dort ehemals die Toten

von Manono beigesetzt worden seien. Die Knochenlust von Hawaii, nur mühsam im schönen Samoa zurückgedämmt, flackerte alsbald wieder auf, und ich beschloss im stillen, dieser Insel auch möglichst bald einen Besuch abzustatten. Als ich wieder ins Dorf hinabgestiegen war und meiner Führerin als Lohn ein Handtuch und einige Kleinigkeiten geschenkt hatte, erzählte ich meinem Begleiter sofort höchst wichtig meine neue Entdeckung der Höhlen von Nuʻulopa. Der aber lachte und sagte, dass er das auch schon von einem französischen Pater auf Savaiʻi gehört hätte. Das erschien glorios! Denn dadurch gewann diese Annahme, dass in der Tat noch Schädel dort vorhanden seien, an Wahrscheinlichkeit. Samoanische Schädel sind etwas sehr Seltenes in den Sammlungen, denn die Samoaner, so geldgierig sie in mancher Beziehung sein mögen, halten die Gebeine ihrer Angehörigen für heilig und für Fremde unantastbar. So besprachen wir einen Plan, wie wir unbemerkt Nuʻulopa besuchen könnten. Es sollte sich bald erfüllen. Wir verliessen am selben Tag nachmittags 5 Uhr Apolima wieder und begaben uns nach Manono, wo unsere *malanga* um 7 Uhr eintraf und Nachtlager bezog. Manono ist bekannt als moskitofrei, und wir schliefen in der Tat jene Nacht zum erstenmal ohne Moskitonetze stichlos in den offenen Häusern, nachdem uns eine fette *taupou* mit einem kleinen *siva* erfreut hatte. An Dorfjungfern und Tänzen lag uns aber jetzt nichts. Am anderen Morgen in der Frühe fuhren wir weiter und erreichten noch am selben Tage nachts $10^1/_2$ Uhr, nach stattlichen Pausen in Mulifanua und Tufulele, unser Heim in Apia wieder. In Mulifanua wurde der Anschlag auf Nuʻulopa mit Herrn Krüger, dem damaligen Leiter der dortigen Pflanzung der D. H. P. G. (nun leider auch schon dahingegangen), beratschlagt. Er stellte uns sein Gig und die Bootsmannschaft, die nur aus schwarzen Jungen bestand, in Aussicht; denn Samoaner durften hiebei nicht zugezogen werden.

So kehrten wir nach einem vierzehntägigen Aufenthalt zu Apia, während welchem die alten Studien fortgesetzt wurden, wieder nach Mulifanua zurück. Mulifanua heisst eigentlich die ganze Leeseite der Insel und schliesslich jeder Insel, denn es heisst das Land *(fanua)*, das hinter *(muli)* dem Winde liegt, also die Westseite, während die Ostseite, im Antlitz *(mata)* der Passates liegend, *mata-*

fanua genannt wird. Hier aber hiess auch so speziell die dort Manono gegenüber befindliche samoanische Dorfschaft, während der Ort selbst, wo die Pflanzungsgebäude liegen, bei den Samoanern Paepaeala genannt wird. Hieher begaben wir uns am Donnerstag den 4. November und nahmen die stets bereite, aber leider von vielen schon so oft missbrauchte Gastfreundschaft des Herrn Krüger dankbarst in Anspruch.

Betrachteten doch damals die meisten Weltbummler, die Apia oft nur für wenige Tage besuchten, als ihr gutes Recht, bei einem Ausflug nach Mulifanua die „Herberge" Krüger zu besuchen. Es widerstrebte uns eigentlich, Herrn Krüger zur Last zu fallen, aber im Interesse der Wissenschaft nahmen wir seine Einladung an, und alle Hilfe, welche er uns bei unserer Arbeit leistete, haben wir ihm auf ihr Konto geschrieben. So befanden wir uns am folgenden Tage vormittags beim Krankenhaus, das einige Minuten westwärts vom Hauptgebäude liegt, und wo die erkrankten schwarzen Arbeiter durch einen früheren Lazarettgehilfen, Herrn Rönneberger, gepflegt wurden. Die Einrichtungen waren recht mangelhaft und sprachen jeder Hygiene Hohn. Der Arzt, Dr. Funk, kam von Apia höchstens alle vier Wochen einmal auf einen Tag heraus, um nach dem Rechten zu sehen. Kein Wunder, wenn da Todesfälle durchaus nicht zu den Seltenheiten gehörten, mochte sich Herr Rönneberger noch so sehr Mühe geben. Wir hatten Gelegenheit, einige Reihen von Gräbern in der Pflanzung zu sehen, die alle nur ein bis zwei Jahre alt waren, und von denen Herr Rönneberger die Einlieger noch wusste. Wir erhielten Erlaubnis, mehrere davon auszugraben, deren Skelette ja für die Wissenschaft, weil genau bestimmt, besonders von Wert sind. Den ganzen Tag arbeiteten wir hier. Einige schwarze Jungen, alle Bekannte der Dahingegangenen, halfen uns dabei. Allerdings waren sie erst etwas ungehalten über diese Grabschändung und nicht zu bewegen, mehr zu tun, als mit der Hacke die Gebeine freizulegen. Wir mussten dann in den Gruben hockend, die Knochen von der umgebenden Erde befreien, und sie draussen auf Leinwand auslegen, um zu sehen, ob nichts Wichtiges vergessen war. Bei der hier herrschenden Hitze war dies eine ungewöhnliche Anstrengung, und es gelang uns nicht mehr als acht zusammen während des ganzen

Tages zu sichern. Am Nachmittag freilich, als die Hitze besonders
lästig wurde, fingen die Jungen an, sich allmählich auch mehr für
die Sache zu interessieren und ihre Scheu zu überwinden. Galt es
doch, wie wir sagten, an den Knochen die Krankheiten zu studieren,
um dafür wieder anderen Menschen helfen zu können. Wir sagten
ihnen ausserdem: „You take him white fellow man you kill him
belong kaikai, we take him black fellow man bone belong make him
good." „Ihr nehmt den weissen Mann und tötet ihn zum Essen, wir
nehmen den Schwarzen tot, um euch Gutes zu tun." Das leuchtete
ihnen ein, und bald griffen sie munter zu und bewiesen dabei eine
beängstigend gute Kenntnis der einzelnen Knochenteile, was ja bei
Menschenfressern nicht weiter wunderbar ist. Zugleich bereiteten
wir sie aber für die kommende Expedition nach Nuʻulopa vor.

Dieselbe fand am Sonntag statt. Den Sonnabend zuvor
ritten wir mit dem Grafen Wurmbrandt, einem der Abteilungs-
pflanzer, nach Falelatai hinüber. Da ich diese Gegend später noch
des öfteren besuchte, so will ich nur erwähnen, dass ich den Ausflug bis Pata ausdehnte, einem der Dorfteile der grossen Dorfgemeinde. Dort besuchte ich einen alten Bekannten, einen Samoaner,
den schon genannten Le Kuka. Er hatte einen Bruder, der
Sprecherhäuptling war, Saulā mit Namen. Nachdem wir in dessen
Hause einige Hühner nebst Taro verzehrt hatten, sah ich gelegentlich ein Buch in seiner Hand, in welchem Samoanisches geschrieben
stand. Ich bat, einen Einblick nehmen zu dürfen und fand nun
zahlreiche Dorfschaftsnamen dort eingeschrieben und darunter Häupt-
lingsnamen usw., stets mit *tulouga*, „Gegrüsst", beginnend. Es
dämmerte mir alsbald, dass dies etwas sein müsse, was ja noch
ganz fremd war. Die Samoaner nennen es *faʻalupega*, die „Aus-
rufung", der Titel der Häuptlinge und Sprecher einer Dorfschaft,
der *aliʻi* und *tulafale*.

Ich erinnerte mich nun, früher einmal einem grossen *fono*, der
Ratsversammlung eines Distrikts, beigewohnt zu haben, bei welcher
ein Sprecher, ehe er seine Rede hielt, immer *tulouga* und etwas
dazu gesagt hatte. Das war also die Begrüssung der einzelnen erschienenen Ratsmitglieder gewesen, wie man bei uns auf der Korps-
kneipe die erschienenen Vertreter fremder Korps mit stereotypen
Redensarten willkommen heisst. Wenn es gelingen sollte, die politische

Organisation Samoas festzustellen, so musste ja dies eines der vorzüglichsten Hilfsmittel sein. Wie sonderbar, dass noch niemand es der Mühe wert erachtet hatte, darüber etwas zu veröffentlichen; ja nicht einmal das Vorhandensein einer solchen war genügend bekannt. Als ich das Heftchen, in welchem die inhaltsschweren Worte standen, in Händen hielt, war es mir klar, dass ich es unter keinen Umständen wieder unbenutzt hergeben dürfe, und ich sagte deshalb Le Kukas Bruder Saulā, unter häufiger Zufügung des Wortes Dollar, dass ich mich sehr für die *fa'alupega* von Samoa interessiere und dass ich sein Buch zu Hause durchlesen möchte. Er könnte es am Montag früh in Paepaealā selbst wieder abholen, oder wenn er dahin nicht kommen könne, in meinem Hause zu Apia, das seinem Bruder ja bekannt war. Er war erst etwas betroffen und zagend, gab aber in Aussicht der Belohnung nach; Montag früh würde er aber bestimmt in Paepaealā sein. Wir ritten alsdann wieder zurück, ich jubelnd, als ob ich „Schön Rotraut" erworben hätte. Unterwegs konnte ich mir es aber nicht versagen, den ursprünglichen Hauptzweck des Rittes auszuführen, nämlich die verschiedenen Paloloplätze dieser Küstenpartie anzusehen. Allenthalben musste ich Eingeborene durch Geld und gute Worte dazu bewegen, im kleinen Auslegerboot, im *paopao*, mich hinauszufahren. Drei grössere Plätze waren vorhanden, einer gegenüber dem Dorfteil Pata, ein Riffeinlass bei dem westlichen Dorfteil Si'ufaga, Ovatelē „grosser Riffeinlass" genannt, und einer bei dem zu Samatau gehörigen Dorfteil Leulumoegā, Avaitolo mit Namen. Besonders die letzteren beiden waren von eigenartiger Gestalt, hatten nämlich die Form einer liegenden Bocksbeutelflasche, enger Eingang und weites, tiefes, blaues Becken, das rings aus dem weissen Riffels gleichsam herausgestanzt erschien. Der Riffels nun, so gaben die Samoaner an, gebäre den Palolo: *'o le ma'a 'ua fanau le palolo*, sagten sie. Neben dem Riffrand waren aber in der etwas tieferen Lagune zahlreiche Poritesfelsen, die Bildungen der massigen Poriteskoralle, welche säulenförmig bis zur Wasseroberfläche wächst, an besagter Stelle ungefähr 1 m hoch und ebenso breit. Auf diesen Steinen stehend, sagten die Samoaner, kann man bequem die Würmer fangen, und aus denselben müssten sie auch kommen. Die fixe Idee, welche ich fürderhin dadurch für die Poritessäulen fasste, ist mir lange Zeit verderblich geworden, wie man weiterhin sehen wird. Eines aber ging aus diesen Plätzen, wie beim Besuch des Fangplatzes von Palauli, auch hervor, dass nämlich die Würmer nicht aus der Tiefe des Meeres, sondern aus dem Korallenfels nahe an der Oberfläche kommen. Nachdem ich den letzten Riffeinlass, den Avaitolo, welcher an 400 m weit vom Strande ablag, und dessen Besuch bei dem frischen Passat in dem kleinen Auslegerboot sehr viel Mühe machte, nachdem ich diesen besucht hatte, sprengten wir zusammen wieder nach Krügers gastlichem Hause zurück, wo uns des Grafen Wurmbrandt unzählige lustige, österreichische Geschichten den Abend verkürzten. Leider konnte ich sie nicht lange geniessen, denn ich musste mich bald ans Abschreiben der *fa'alupega* machen, die sich als recht umfangreich herausstellte.

Für den kommenden Tag war ja doch der Ausflug nach Nu'ulopa geplant, und Montag früh war Termin. Zufällig hielt sich auch ein Halbblut hier zu Besuch auf, Charles Taylor mit Namen, von den Samoanern kurz Sale genannt, der recht gut Englisch und Deutsch sprach, und sich ein Vergnügen daraus machte, mir beim Abschreiben behilflich zu sein. Freilich, als ich ihn nach der Bedeutung einzelner Worte und Sätze fragte, merkte ich alsbald, dass er hierin ungefähr genau so viel wusste als ich, dass also die Erklärung der *fa'alupega* nicht so einfach war. So musste ich mir die Erklärung und das Studium dieser verfassungsreichen Urkunden auf später vorbehalten. Aber eine Abschrift zu haben, war immerhin schon etwas.

Am folgenden, am Sonntag den 7. November unternahmen wir die vielversprechende Fahrt nach Nu'ulopa. (Siehe Fig. 14.) Um 1 Uhr nachmittags lag Herrn Krügers Gig mit fünf schwarzen Jungen bemannt klar an der Landungsbrücke von Mulifanua. Leider hatte der Passat aufgehört zu wehen, und eine leichte südliche Brise machte sich bemerkbar, die aber nicht raum genug war und auch zu flau, um zum Segeln auszureichen. So mussten die Jungens in der Mittagshitze zu den Riemen greifen und brauchten anderthalb Stunden bis zu dem schroffen Inselfels. Als wir Manono an der Nordseite passierten, fürchtete ich, von den Bewohnern dort angerufen und beobachtet zu werden. Aber es zeigte sich niemand am Strande;

war doch die Insel, wie schon erwähnt, aus politischen Gründen schon längere Zeit verlassen, und die wenigen Weiber und Kinder, die zurückgeblieben waren, pflegten der tiefen sonntäglichen Nachmittagsruhe. So gelangten wir völlig unbemerkt zur Insel der Seeligen. Beim Näherkommen zeigte sich an der Nordseite ein einzelstehender kleiner Fels. Da wir uns kurz vor Mittelwasser der Insel nahten, vermochten wir gut zu landen. Am nordöstlichen, manonowärts gelegenen Teil, war ein Stückchen Sandstrand, auf den wir das Boot zogen.

Von hier stiegen wir durch Schlinggewächs unter Calophyllum und Cerberabäumen den steilen Hang hinauf und gelangten nach wenigen Minuten an einen senkrechten, wohl 30 m hohen Absturz. Wir mussten uns niederwerfen, krochen auf allen Vieren an den Rand und hatten nun als Lohn einen herrlichen Anblick.

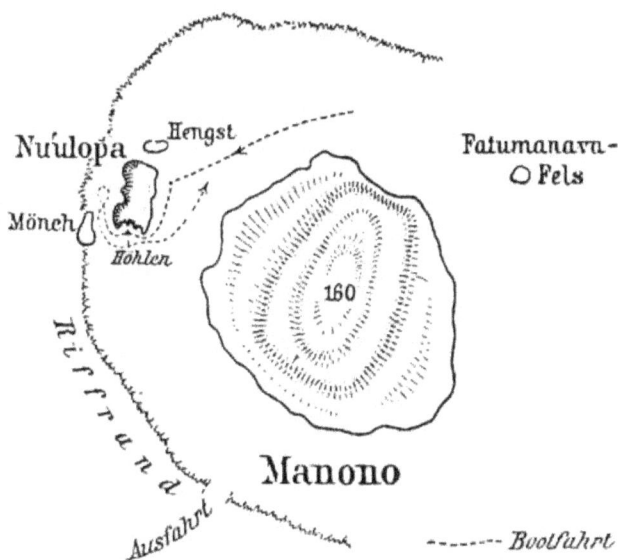

Fig. 14. Plan von Manono und Nu'ulopa.

Von dem überhängenden Rand schauten wir auf die Seen hinab, welche sich in geringer Entfernung am Riffrande brachen, und deren Ausläufer den für uns fast unsichtbaren Fuss der Felswand umspülten. Vor uns aber, nur in Steinwurfweite, stieg ein Felsblock nadelförmig aus dem Korallenriff, fast bis zu unserer Höhe empor, ganz wie der Mönch in Helgoland, während man den nördlichen Fels mit dem Hengst vergleichen könnte. Unter uns das strudelnde, kochende, grüne Wasser, daneben der dunkle Fels mit seinem Pflanzenschmuck, weiter ab der weisse Gischt der Brandung und darüber das blaue Meer, aus dem in mächtigen

Linien das nahe Apolima sich hob, — lange fesselte uns das lockende
Bild, aber Zeit und Arbeit drängte. So stiegen wir wieder den
Abhang hinab, von Baum zu Baum uns verholend, wobei wir es
nicht versäumten, nach Gräbern uns umzusehen. Aber nur einige
Steinhaufen an der Südseite sahen danach aus, als ob hier früher
einmal ein samoanischer Häuptling gelegen haben könnte. Auch
fanden sich einige Schlackenröhren am Abhang im Gestein, die wie
Schornsteine aus dem Meere aufstiegen. Eine hatte ungefähr 6 m
Länge und fast $1/2$ m im Durchmesser. Wir eilten zurück zu den
Booten, und nun begann eine waghalsige Fahrt nach der Westseite
der Insel, auf die wir soeben hinuntergeblickt hatten. Ich hatte
das Steuer in der Hand und lernte erst die Schwarzen an, meine
Kommandos zu verstehen und rasch auszuführen, „langsam rudern,
hart, rückwärts, vorwärts an Backbord oder Steuerbord, streichen,
Wasserhalten." Als die Manöver zu unserer Befriedigung ausgefallen
waren, fuhren wir erst nach der Südseite, wo nur eine leichte
Dünung sich bemerkbar machte. Zu unserer Freude sahen wir
hier im tuffigen Fels zwei Kammern, die nur von Menschenhand
stammen konnten. Da sie nur wenig über der Meereshöhe lagen,
so brauchte man nur vorsichtig mit dem Bug des Bootes anzulegen,
um in dieselben zu gelangen. Die eine war ungefähr 5 m lang und
3 m hoch und tief, so dass man bequem darin stehen und gehen
konnte. Aber nichts Greifbares war hier vorhanden. Ebenso in der
anderen. So fuhren wir weiter nach der Westseite. Nach wenig
Ruderschlägen befanden wir uns an der Ecke, wo schon eine hef-
tigere Dünung weitere Unannehmlichkeiten erwarten liess. Besorgt
blickten wir uns auch oftmals um und zurück nach Manono, ob
nicht Eingeborene uns verfolgten, aber weit und breit lag still die
Lagune. So fuhren wir in die Enge zwischen der Insel und dem
Fels, dem Mönch. Immer höher kamen uns die Seen entgegen,
aber eine Umkehr war nun nicht mehr möglich, wollte man nicht
gegen die Felsen geworfen werden. Ich rief den Schwarzen zu,
gut aufzupassen, und so rückten wir langsam aber stetig vor. Bald
kamen wir vom Mönch frei, und die Breitseite des Bootes war nun
ganz den Ausläufern der Seen preisgegeben, die sich über das Riff
stürzten. Ein Blick nach der Felswand genügte, um mich zu belehren, dass der dunkle Fleck, den ich von Apolima aus gesehen

hatte, eine natürliche mandelförmige Aushöhlung der Felswand war, wohl durch den brandenden Gischt der Seen bei den Weststürmen verursacht, darüber der überragende Felsrand, auf dem wir gelegen und in die Tiefe geschaut! Eine mächtige See rollte eben herein und war im Begriff, uns zu Füssen der Mandelhöhle zu betten. „Alle, drei kräftige Schläge voraus!" während ich das Ruder hart Backbord legte, mitten in die See hinein; „an Steuerbord allein einen Schlag!" „Stop!" Nun lag das Boot mit dem Bug gegen die See und trieb nach achtern. „Steuerbord alle Kraft voraus, Backbord streichen!" „Alle voraus!" Es war ein höchst kritischer Moment gewesen, weniger vielleicht unseres Lebens halber, als wegen Herrn Krügers Gig! Die Lebensgefahr war zudem auch gross genug! Wie sollten wir bei Hochwasser aus dem Engpass herauskommen, höchstens schwimmend. Nun, wenn man ein- oder zweimal ordentlich gegen die Steine geworfen worden ist, dann schwimme ich wenigstens nicht mehr um eine kleine Insel herum, der ich mich als Glanzleistung einmal 15 Minuten in der Ostsee über Wasser halten konnte! Es war besser so! Mit Gig und Leben, ungeschunden, wenn auch ohne „Knochen" zurück! Das war die einzige Jagd, die ich auf Samoanerschädel je gehalten habe; es lag mir daran, mit den Leuten in gutem Einvernehmen zu bleiben, deshalb unterliess ich es in Zukunft. Wie ich später hörte, war Nuʻulopa die Begräbnisstätte der Tuilepafamilie auf Manono; da schon bald nach 1840 ein englischer Missionar Heath auf Manono für einige Zeit weilte, so wird er es wohl gewesen sein, der die Beisetzung der Knochen in manonischer Erde veranlasste. Interessant blieb aber immer der Befund, da es mir bis dahin nicht bekannt geworden war, dass die Samoaner ihre Toten in Höhlen beisetzten wie auf Hawaii, auf Tahiti usw.; es war aber wohl auch in diesem Falle nur eine Ausnahme.

Am folgenden Morgen schossen wir noch einige Vögel, ritten nachmittags nach Samea hinauf, und am folgenden Tag um 1½ Uhr ging's zurück, zu Pferde, nach Apia. Unterwegs, in Nofaliʻi, besuchten wir den jungen Tamasese in seinem einfachen Haus inlands vom Wege. Um 6 Uhr waren wir in Afega, und langsam schritten unsere Pferde von hier weiter im Vollmondschein, so dass wir erst um 8 Uhr in Apia in unserem Heime eintrafen.

Mitte November nahte sich die Zeit des Palolo. Da der
letzte Vollmond am 9. gewesen war, so musste der Wurm acht
Tage später erscheinen, also am 17. in der Morgenfrühe. Das
war ja nun alles wundervoll, aber etwas lag mir doch schwer auf
dem Herzen. Der Kommandant S.M.S. „Bussard", Herr Kapitän
Winkler, hatte mich eingeladen, an Bord seines Kreuzers die
Rundreise nach den Schutzgebieten mitzumachen und mir seinen
Abfahrtstermin, den 15., mitgeteilt. Was nun tun, den Palolo fahren
lassen, dessenthalb ich herübergekommen war, oder die schönste
und billigste Gelegenheit des Besuchs der Atolle der Marshallinseln
aufgeben? Kurz entschlossen warf ich mich in ein frischgewaschenes
Päckchen und fuhr an Bord. Ich schilderte dem Kommandant, wie
interessant der Palolo sei. Er merkte auch bald, wo ich hinaus
wollte und frug mich lächelnd, ob ich zufrieden sei, wenn er die
Abreise um zwei Tage verschiebe. Das sind Momente im Leben,
wo man sozusagen kein Wort herausbringt, wo einem zumute ist,
als ob einem die Worte im Halse stecken blieben. Nur Tränen
der Rührung kann man nachweisen. Mit diesen begab ich mich
bald wieder ins Boot und fuhr beglückt nach Hause. Keine lange
Wahl mehr; beides! Dafür gab es aber auch in den folgenden
Tagen doppelt viel zu tun. Nicht allein, dass ich die Vorbereitungen zum Palolo zu treffen hatte, ich musste packen und disponieren, was ich für meine Korallenriffuntersuchungen mitzunehmen
hatte und was besser zurückblieb. Da mein Reisegenosse, Herr
Dr. Thilenius, nämlich auch an Samoa so sehr Geschmack gefunden
hatte, dass er beabsichtigte nach dem auf Neu-Seeland verbrachten
Sommer (November bis April) wieder nach Samoa zurückzukehren,
so mieteten wir von unserem Hauswirt Herrn Kruse in Vaivase das
Haus auf 1. Oktober 1898, also auf zehn weitere Monate für
300 Mark insgesamt. Wir hatten dadurch verschiedene Vorteile,
erstens, dass wir unsere für die Expedition überflüssigen Sachen
hier zurücklassen konnten, und zweitens, dass wir ein Heim hatten,
wo wir uns im kommenden Mai wieder treffen wollten — wenn
nichts dazwischen kommen würde. Man unterschätze dieses Gefühl
nicht! Wenn man da draussen von Ort zu Ort wandert, allein,
ganz allein, Wochen und Monde, so schwebt einem dieses, wenn
auch dürftige und flüchtige Heim wie ein köstliches Gut vor!

Der Arbeit gab's genug. Fast täglich fuhr ich nun aufs Riff
hinaus mit Beilen, Äxten und Brechstangen, mit Lot und Dredsche,
um herauszufinden, wo der Palolo eigentlich wohne. Wusste ich
doch nicht, ob ich im nächsten Jahre wieder zur selben Zeit hier
sein konnte.

Am Sonnabend, den 13., vormittags, als wir nach der morgendlichen Riffkampagne es uns auf der Veranda in den Stühlen bequem machten, kam plötzlich Besuch von Palauli. Fa'apī, Sina
und der *tulafale* Manusina nebst einigen Adjunkten, worunter die
taupou Lomaga. Die Begrüssung war anfangs unsererseits nicht
überaus herzlich, denn etwas Ruhe wäre uns lieber gewesen, und
die Begeisterung für unsere Gastgeber war überdies nach allem,
was geschehen, mit der Länge der Zeit nicht schritthaltend gewachsen.
Aber wir wussten, was sich schickt. Ausserdem bemerkten wir bald,
dass sie verschiedene Gegenstände mitbrachten, die sie uns verkaufen wollten. Dies erleichterte unsere Gemüter sehr. Denn jedes
Zeremoniell fiel so weg. Wir gingen alsbald medias in res. Thilenius kaufte unter anderem eine weisse Zottenmatte, 'ie *sina* genannt,
für 9 Dollar (36 Mark), ich ein Scheibenspiel, *lafoga tupe*, für
20 Mark. Dies altehrwürdige polynesische Häuptlingsspiel interessierte uns in mancher Beziehung sehr; ist aber der Seltenheit wegen
sehr teuer. Die zehn Scheiben, mit denen man wirft und deren Grösse
von 5 zu 10 cm Durchmesser paarweise allmählich ansteigen, sind aus
der gemeinen Kokosschale geschnitten, geglättet und geschwärzt
und als Erkennungszeichen mit Punktornamenten versehen. Immer
zwei von denen, die sich am meisten an Grösse gleichkommen, gehören zusammen, indem jede der zwei Parteien je eines von den
fünf Paaren erhält. Da wir das Spiel praktisch kennen lernen
wollten, schlug ich unseren Gastfreunden vor, alsbald ein kleines
Spielchen zu unternehmen. Wir begaben uns in die gute Stube.
Tisch und Stühle wurden beiseite gerückt, und alles nahm am Boden
Platz. Zwei junge Männer waren hinausgegangen und brachten
einen langen Kokoswedel, dessen Mittelrippe sie längs spalteten,
so dass zwei halbe Wedel entstanden. Diese beiden Hälften nun
legten sie so auf den Boden, dass die Fiedern sich gegenseitig bedeckten, während die beiden Rippen parallel nach aussen zu liegen
kamen. Auf die Fiedern wurde die Spielmatte gelegt, welche bei

einer Länge von $6^1/_2$ m nur 23 cm breit ist, ähnlich wie das Mittel-
brett unserer Kegelbahn. Die Lagerung auf den Fiederblättern dient
dazu, der Matte eine federnde Unterlage zu geben. Zu demselben
Zwecke sind auch die grösseren Scheiben gemäss der Wölbung der
Kokosnussschale beim Anfertigen in mehrere Stücke gebrochen und
diese durch Nähte wieder vereinigt. So wird es möglich, diese
schweren und grossen „Scheiben" *tupe* auf der federnden leichten
Matte zu „werfen" *lafo*, woher das Wort *lafoga tupe* kommt. Als
die Matte ausgelegt war, setzten wir uns nun zu zwei an die beiden
Enden, A und B diesseits, C und D jenseits. A und B erhielten
zuerst jeder fünf Scheiben; von denen jede ihren Namen hat. A
wirft seine kleinste Scheibe *lau* so weit als möglich, aber so, dass
sie noch auf der Matte liegen bleibt, B die seine ebenfalls. Liegen
beide *lau* nun nebeneinander am anderen Ende der Matte, so suchen
die beiden abwechselnd weiter werfend mit den Scheiben wachsen-
der Grösse die kleinste Scheibe des Gegners von der Matte herunter-
zuwerfen. Bleibt die kleine *lau* Scheibe des A auch nach dem
fünften Wurf des B auf der Matte, so hatte A einen Punkt
gewonnen, im anderen Falle B. Deshalb war der erste Wurf
„*mua*" der kleinen Scheibe *lau* stets der wichtigste, und heisst
laumua, welchen Ehrennamen auch der Regierungsort A f e g a des
grossen Distriktes L e T u a m a s a g a auf Upolu angenommen hat.
Davon wird noch unten bei der Besprechung der Verfassung Samoas
die Rede sein.

Waren A und B fertig, kamen C und D daran. So spielen
die Häuptlinge leidenschaftlich seit alters auf Samoa, es war nicht
selten, dass ein Häuptling seinen ganzen Schweinebestand, seine
Boote, ja sein Haus verlor; dieselbe Leidenschaft in den Natur-
vertretern, wie sie die Träger der Kultur heute noch an der Riviera
pflegen. Nun, wir waren frei davon. Denn als mein Hausgenosse
mit mir einen Gang gewechselt hatte, wobei es unmöglich war, den
Gewinner auszumachen, da unsere Scheiben stets über die Matte
hinausflogen und unsere Gegenüber ernstlich bedroht waren, gaben
wir es auf. Ich bezahlte das Spiel, das sich so trefflich bewährt
hatte, und bald hatten wir die Genugtuung, dass unser Besuch sich
wieder zurückzog. War doch nachmittags noch mancherlei zu erledigen. Herr Kapitän Winkler, der nach annähernd zweijährigem

Aufenthalt auf der Station Samoa in wenig Tagen endgültig verliess, hatte nämlich die Apienser Gesellschaft zu einem Bordfest auf 3 Uhr eingeladen, dem wir trotz unserer Arbeiten nicht ferne bleiben wollten. Man traf denn auch an Bord S. M. S. „Bussard" so ziemlich alle Mitglieder der weissen Gesellschaft und obendrein noch mehrere der hübschesten Halbblutfräuleins. Dieses bunte Gemisch machte das Fest zu einem überaus frohen. Hatte doch der Kommandant in schalkhafter Weise in seiner Kajüte folgenden Zettel anschlagen lassen, den der Konsulatsdolmetscher M e i s a k e gerne auch dem des Samoanischen nicht Kundigen verdeutschte:

'O le poloaiga sili!

'O teine muli 'uma e 'aumaiia
i le potu sili o le Kapiteni e maimoaai e totogi le maliu mai i le
ali'i na te 'aumai ia i le kisi lelei
lava e tasi! E lē fa'atali lava!
E leai se aitalafu!

Ein hoher Befehl!

Die jungen Mädchen alle, die in das hohe Gemach des Kapitäns kommen, um es anzusehen, zahlen an den Herrn, der sie gebracht hat, einen sehr guten Kuss. Nicht warten! Keine Schulden!

Man kann sich denken, dass dieser Anschlag alles in nicht geringe Heiterkeit versetzte, und es war possierlich anzusehen, wie die samoanischen Schönen diesen Befehl aufnahmen. Die jungen Herrn der Firma und die Leutnants zeigten sich durchaus nicht abgeneigt, den ihnen zustehenden Lohn entgegenzunehmen — auch die älteren Herrn suchten sich mit Anstand aus der Affäre zu ziehen — aber, ich glaube, im grossen ganzen kam da draussen nicht mehr dabei heraus als bei unseren Pfänderspielen zu Hause. Ich weiss es aber nicht; so was weiss man nie. Ich war nur Zeuge, wie Frau S e n i t i m a ihrem gestrengen Gemahl einen Kuss geben wollte, der aber ungalanterweise unter scharfer Betonung des *teine muli* dankend ablehnte. Gegen Abend zog alles fröhlich an Land und nach Hause, wir, um am folgenden Sonntagmorgen wieder zur neuen Riffahrt klar zu sein. Ich zog mit meinem schwarzen jungen G o ä s e p und mit dem Samoaner S a l a i a von S i u m u wieder hinüber nach M a t a u t u auf den Paloloplatz, um Steine zu brechen, die ich nachher zu Hause zerschlug, um den Wurm herauszumeisseln. Alles war vergeblich. Am folgenden Montagmorgen kam Salaia

um 5 Uhr früh mit bewegten Beinen und holte mich zu neuen
Taten. Als wir uns Matautu gegen 6 Uhr näherten, gewahrten
wir im Halbdunkel zahlreiche Boote in jener Riffgegend, wo der
Palolo zu erscheinen pflegt. Wir eilten hin und fanden die stille
Wasseroberfläche des Palolotiefs mit einem feinen braunen Schaum
bedeckt und im Wasser einige spärliche Palolowürmer in Bruch-
stücken. Es war klar, heute war der erste Tag, welcher *motusaga*
genannt wird, und morgen wird der grosse Fangtag der *tatelega*
sein. Nun galt es aber auch zu handeln.

Heute mussten die Würmer noch in den Steinen sein, morgen
fliegen sie alle von dannen. Salaia zeigte mir nun die Poritesfelsen,
welche den Rand des Palolotiefs begrenzen. Es waren dieselben,
welche ich an den Riffeinschnitten von Falelatai gesehen hatte
und welche mir auch dort als Paloloträger bezeichnet worden waren.
Es sind dies kreisrunde Säulen von ungefähr ein Meter im Durchmesser, die sich aus geringer Tiefe bis zur Wasseroberfläche erheben und deren oberste Fläche abstirbt, sobald sie beim tiefsten
Springniedrigwasser, welches während der Palolozeit einzutreten
pflegt, frei zu liegen kommen. Deshalb bekommen diese Säulen
oben eine muldenartige Vertiefung leblosen Kalkes, während der
Wall ringsum nach aussen hin von der lebenden Korallenmasse
überzogen ist.

Der abgestorbene Kalk zeigte sich stets von zahlreichen Wurm-
röhren zerfressen, während der lebendige fast rein kompakt, wie
Marmor aussah. Ich hatte mir folgendes überlegt: Wenn die
Würmer hier drinnen leben, so müssen sie auch morgen früh aus-
kriechen, wenn man die abgeschlagenen Steinbrocken in einen Eimer
legt. Ich nahm deshalb mehrere Eimer im Boote mit, die ich mit
abgeschlagenen, zerfressenen Poritesblöcken füllte und dann unter
Wasser setzte. Diese brachte ich nach Hause, setzte sie auf die
hintere Veranda und sah nun voller Erwartung der Zukunft entgegen. Sie war zwar nicht sehr verheissungsvoll; denn weder beim
Abschlagen der Stücke hatte ich etwas Paloloähnliches gesehen,
noch fand ich etwas beim Zerkleinern eines Stückes zu Hause.
Aber immerhin, man kann nicht wissen. Die Eimer waren jedenfalls meine letzte Hoffnung, denn alles Suchen war vergeblich geblieben.

Eine andere Abschiedssorge drückte mich noch in jenen Tagen. Mein Junge Goāsep konnte sich nicht entschliessen, ob er mit mir in seine Heimat reisen sollte oder nicht. Er war drei Jahre zuvor aus Nusa auf Neu-Pommern im Bismarckarchipel herübergekommen nach Samoa, als Arbeiter für den D. H. P. G. Seine Zeit war bald um, und nach Rücksprache mit dem Direktor der Gesellschaft schlug ich ihm vor, mit mir zu kommen, anstatt ein halb Jahr später mit dem Arbeiterschiff zurückzureisen. Ich hatte den kleinen Kerl liebgewonnen durch sein nettes offenes Wesen; wenn er lachte, kamen aus seinem tief schokoladebraunem Antlitz zwei Reihen blendend weisser Zähne zum Vorschein, die wohl vorher schon manches Menschenbein bedient hatten. Aber wenn ich ihm den Finger hinhielt und sagte: Goāsep, you like kaikai? dann tat er beleidigt, oder er sagte: White fellow man he no good, he stink gin! „Der Weisse ist nicht gut, er riecht nach Wacholderschnaps", und dann zogen im Geist die ermordeten Koprahändler Melanesiens an mir vorüber, die ihm zu dieser Überzeugung wohl schon verholfen hatten. Die Gründe, welche ihn ängstigten, mit mir zu reisen, sind charakteristisch für einen Melanesier und im speziellen bezeichnend für Goāseps Unschuld. „Wenn ich an einem Platz an Land komme, wo nicht Nusa ist, werde ich aufgefressen." Vom Arbeiterschiff wusste er, dass es ihn mit seinen übrigen Nusaleuten da wieder abliefern würde, wo er abgenommen worden war. Ich versprach ihm, ihn selbst nach Nusa zu bringen; er dachte wahrscheinlich, du redest gut, mir kostet es meine Haut; denn er wusste wohl, warum ich reiste und dass ich verschiedene Inseln besuchen wollte. „Goāsep," sagte ich ihm am Sonntagmorgen, drei Tage vor der Abfahrt, „hast du mich nicht gern, willst du mich verlassen, du sollst es gut haben!" „Tailo" (ich weiss nicht), sagte er auf samoanisch, und die hellen Tränen liefen ihm über die Wangen. Er hatte nämlich ganz nett während seines samoanischen Aufenthaltes die Landessprache gelernt, und ich zog diese dem schauderhaften Pidgin-Englisch vor, das nun einmal unsere deutschen Pflanzungsgesellschaften gar zu gern ihren farbigen deutschen Schutzbefohlenen aufhängen! „Goāsep," sagte ich, ihm auf die Schulter klopfend, „du musst es selbst herauskriegen, was du tun willst, ich will dich

nicht zwingen. In drei Tagen geht das weisse Kriegsschiff, das
da draussen im Hafen liegt; siehe zu, ob du mitkommst." Er zog
sich an seinem freien Sonntagnachmittag zu seinen Landsleuten
zurück und hielt einen *fono* ab, eine Beratung, was er tun solle.
Man kann sich denken, dass es nicht zu meinen Gunsten ausfiel.
Sie rieten ihm natürlich ab, und so kam er am folgenden Morgen
mit Tränen in den Augen an und sagte, er könne nicht. Da er
aber gesehen hatte, dass am Sonntagvormittag meine samoanischen
Freunde gekommen waren, um mir Abschiedsgeschenke zu bringen,
einige Rindenstoffe, Fächer, Matten usw., eine landesübliche Aufmerksamkeit, so wollte er mir auch wenigstens noch ein Andenken
geben. Es ist mir unvergesslich, wie er plötzlich, nachdem er mir
seinen Entschluss mitgeteilt hatte, einen aus Holz geschnitzten Vogelkopf aus einem Bündel hervorholte und ihn mir, mit seinen treuen
Augen mich anblickend, überreichte. Es war ein Nashornvogelkopf,
wie ihn die Nusaner beim Tanze im Munde halten; der Vogel, der
die schwarzen Seelen ins Jenseits rettet! Sollte es eine Warnung
sein?

Am Dienstag, den 16. November 1897 war der grosse Palolotag zu Apia. Es war ein regnerischer Tag, und man möge ver-
zeihen, wenn mein Hausgenosse und ich (natürlich nur deshalb)
zu spät zum Palolo kamen. Da ich im folgenden Jahre darauf
zurückkomme, kann ich mich diesmal mit der Feststellung der Tatsache begnügen, dass wirklich an jenem Morgen der eigentliche
Palolotag, das *tatelega*-Fest war. Als wir aber nach Hause kamen
und ich nach meinen Eimern und den Palolosteinen darin schaute,
wie erstaunte ich da, als unten am Boden zahlreiche Palolowürmer
lagen. Das war ja herrlich. Folgerichtig mussten nun die fehlenden
Köpfe in den Steinen sein, denn im Bodensatz fand sich nichts
Kopfartiges. Sofort schlug ich sämtliche Blöcke wie ein Strassenstein-
klopfer in kleine Stücke. Aber so viel ich auch zerschlug, nirgends
kam ein Kopf zum Vorschein, und so stieg der Verdacht in mir
auf, dass einer meiner guten samoanischen Freunde mir hilfreich
beigesprungen war. Salaia war früher als ich vom Palolo heim-
gefahren. Sollte er aus Mitleid über meinen Misserfolg und weil
er mir die Steine empfohlen hatte, etwas in die Eimer gegossen
haben? Nächstes Jahr Nachprüfung! Ich konservierte das Material,

Tafel 3 (siehe Seite 206). Die Landeshauptmannschaft auf Djailut. Im Garten Lovelăg.

packte und machte mich reisefertig, das Weitere auf später ver-
schiebend.

Am folgenden Morgen um 8 Uhr lichtete S. M. S. „Bussard"
die Anker zur Fahrt nach den Schutzgebieten. Das Schiff war
von zahlreichen Booten umringt, die dem beliebten, auf immer
scheidenden Kommandanten und den übrigen auf kürzere Zeit Ab-
wesenden Valet sagten. Da waren die weissen Freunde, die sich
kurz zuvor bei einem Sherry in der Messe bedeutender verabschiedet
hatten und im letzten Augenblick noch ins Boot spediert werden
mussten, da waren die samoanischen Häuptlinge, die Briefe und
Grüsse für den zu Djalut in der Verbannung weilenden Mata'afa
mitgaben, ja der junge Telea von Fale'ula brachte noch eine grosse
grüne Kawawurzel für den Alten, deren ich mich annahm; da waren
endlich die *teine moni*, die treuen Mädchen, in ihren Auslegerbooten,
die Wäscherinnen der Offiziere, die Freundinnen der Matrosen, die
noch Blumen zum Abschied gebracht hatten. *Tofa, tofa, soifua*
tönte es von allen Seiten, die Schiffskapelle spielte „Muss i denn
zum Städtle hinaus" und „Talofa Samoa", während der weisse
„Bussard" majestätisch durch den Riffeinlass auf die blaue See
hinausfuhr!

Viertes Kapitel.

Fahrt von Samoa nach den Marshallinseln.
(Ralik-Ratak.)

Die erste Zeit an Bord war in reger Tätigkeit verstrichen. Es
galt für mich vornehmlich, meine Fangapparate in Ordnung zu
bringen, denn der Kommandant des Schiffes hatte mir in seiner
besonderen Liebenswürdigkeit versprochen, täglich einmal mit dem
Schiff zu stoppen, damit ich meine Netze in die Tiefe des Ozeans
hinablassen konnte. Es handelte sich darum, volumetrische Plankton-
fänge aus einer Tiefe von 100 m bis zur Oberfläche zu machen, oder
populär ausgedrückt, ich wollte messen, wieviel Kubikzentimeter der
niederen mikroskopischen Lebewesen in 1 cbm Wasser des offenen pacifischen Ozeans vorhanden sind. Hatte ich nachher Gelegenheit, in den
flachen Lagunen der Marshall- und Gilbertatolle ebensolche Fänge
zu machen, so konnte ich erfahren, ob ausserhalb oder innerhalb
der Korallenriffe mehr Nahrung für die Korallenpolypen vorhanden
ist. Die wissenschaftliche Ansicht darüber war die, dass innerhalb
der Atolle das Wasser planktonärmer ist, weil die von den Meeres-
strömen auf die Riffe zugeführten Planktonmengen durch die ungeheure Zahl der Korallenpolypen dezimiert würden. Wie dankbar
ich deshalb das freundliche Angebot des Herrn Korvettenkapitän
Winkler annahm, kann man sich denken. Denn Fänge innerhalb
der Riffe kann man leicht privatim mit einem Ruderboot oder von
einem ankernden Schiff aus machen, aber eine Gelegenheit hiezu
auf offener See hat man nur äusserst selten, und höchstens ein
Kriegsschiffkommandant ist in der Lage, eine solche Gunst zu gewähren. Im pacifischen Ozean waren meines Wissens solche Fänge
überhaupt noch nicht gemacht worden, und mein ganzes Sinnen

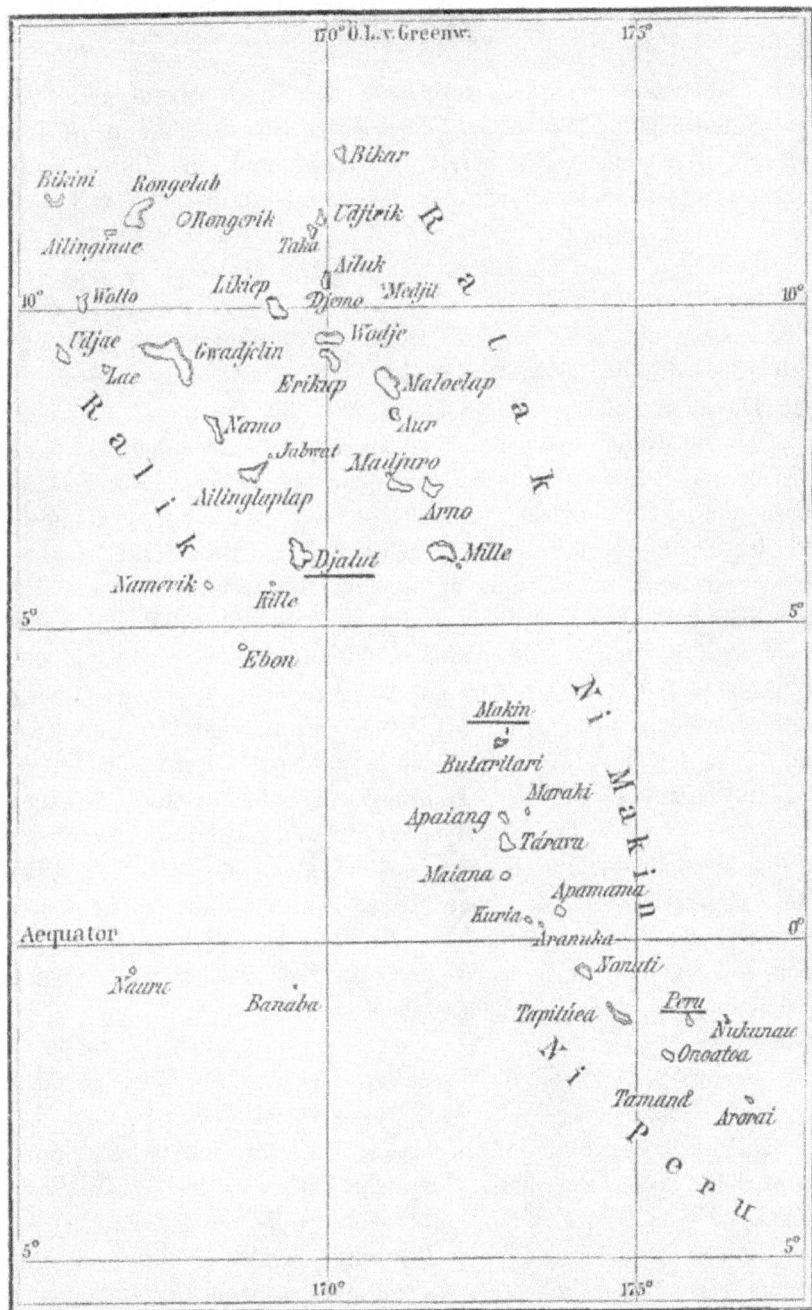

Fig. 15. Karte der Marshall- und Gilbertinseln.

13*

und Trachten war deshalb im Laufe des Tages darauf gerichtet,
die Netze instand zu setzen, die Zentrifugiermaschine nebst den
Gläsern und Chemikalien bereit zu stellen, und eine 200 m lange
Leine von genügender Stärke, nebst einem 10 kg Bleilot vom Bootsmann mir zu besorgen.

Dann ging's an die Instruktion der vier Matrosen, welche mir
für das Firen und Aufholen der Leine zur Verfügung gestellt waren.
Sie mussten die Leine klar an Deck aufschiessen, damit sie, ohne
sich zu vertörnen, auslaufen konnte, sie mussten einen Block an
den David anschlagen, damit das Gestell mit den zwei Netzen frei
von der Bordwand kam, und mussten angewiesen werden, mit einer
bestimmten Schnelligkeit die Leine gleichmässig Hand über Hand
einzuholen. Um 5 Uhr nachmittags war die Zeit gekommen,
da der erste Fang vonstatten gehen sollte. Das Schiff stoppte.
Alles war an Deck versammelt, um dem historischen Moment beizuwohnen. Aber das Manöver misslang, der Südost-Passat wehte
recht kräftig, und da das Schiff nicht mit dem Bug völlig in den
Wind gelaufen war, trieb es mit der Breitseite ab, und dadurch
kam die Leine beim Aufholen schief anstatt gerade. So waren
die Fänge für die Messungen nicht brauchbar. Als man sich jedoch
am folgenden Abend die Erfahrungen zunutze machte, gelangen
die Fänge in der Folge fast stets vortrefflich. Anfangs dauerte das
Manöver noch über 20 Minuten, später jedoch höchstens 10. Über
die Art der Netze und Fänge jedoch will ich mich nicht weiter
ergehen, da ich ein besonderes Kapitel den Ergebnissen dieser
Forschungen und meinen Studien an den Atollen weiter unten
widmen werde, für diejenigen, welche sich für diese Fragen interessieren.

Endlich, nachdem die Fänge an jenem ersten Tage gemacht
waren und alles ausgepackt war, wurde es mir möglich, mich mit
Behaglichkeit der Situation zu widmen. Es war inzwischen Abend
geworden. Noch waren die Berge Samoas, das westlichste Ende
der Insel Savai'i, sichtbar. Man konnte die weissen Brecher an
der dunkeln Steilküste noch deutlich unterscheiden, und die sinkende
Sonne beleuchtete eben noch die luftigen, grünen Bergspitzen der
massigen Insel, welche in ihren sanften Gehängen völlig dem
Mauna Loa auf Hawaii gleicht. Und wie merkwürdig; auch

die Samoaner nennen den langen Bergrücken ihrer Insel Savaï'i
den Maugaloa, den langen Berg, ein Zeugnis für die nahe Verwandtschaft der polynesischen Stämme. Auch ich zog nun auf
ihren Bahnen ins Ferne, ins Ungewisse, ins Unbekannte aus dem
mir heimischen Samoa. Ich wusste nur, dass der „Bussard“
zuerst nach den Marshallinseln, und dann auf seiner weiteren
Rundfahrt durch das Schutzgebiet nach dem Bismarckarchipel
und nach Neu-Guinea segeln sollte. An welchem der Punkte
ich mich ausschiffen würde, je nachdem sich eine günstige Gelegenheit für meine Studien bieten würde, darüber war ich selbst mir
noch völlig im ungewissen. Dachte ich doch selbst daran, bei
günstiger sich bietender Gelegenheit von Neu-Guinea nach Amboina
auf den Molukken zu fahren, um daselbst im März des folgenden
Jahres den Wawo, den Bruder des Palolo, aufsteigen zu sehen.
Sollte ich dies auszuführen vermögen, so würde ich vor Ablauf
eines Jahres kaum wieder nach Samoa zurückkehren können, und
so, von den Gedanken der Ungewissheit erfüllt, sah ich wehmütig
die grünen Inselberge am fernen Horizonte in der Abenddämmerung
verschwinden. Aber noch war ich sozusagen daheim, denn das
Schiff, auf dem ich fuhr, war mir alt vertraut. In den Jahren
1893—1895 war ich ja selbst auf demselben als Schiffsarzt eingeschifft
gewesen, und jedes Fleckchen, jedes Plätzchen erinnerte mich an
die alten, vergnügten Tage von Samoa, Australien und Neu-Seeland.
Der jetzige Kontreadmiral Scheder war damals Kommandant gewesen, Kapitän Kinderling erster Offizier, und die Leutnants
Hollweg, Varrentrapp und Karpf, der Ingenieur Tamm und
der Zahlmeister Wolschke waren die Messekameraden. Da gab
es manche Erinnerungen aufzufrischen. Als ich nun wieder in der
lieben Bussardmesse sass, wo jetzt Kapitänleutnant Ewert präsi-
dierte, umgeben von dem Schiffsarzt, Stabsarzt Martin und den
Leutnants von Studnitz, Michaelis und Gygas, da war es
mir wieder wie im alten, fröhlichen Kreise, und rasch hätte ich
den Schmerz des Abschieds vergessen, wenn nicht die anderen
immer darüber gejammert hätten, dass auch sie so bald schon
wieder aus dem schönen Samoa scheiden mussten. Auch der
Kommandant des Schiffes, Herr Kapitän Winkler, war mir
aus Kiel her noch wohlbekannt als eines der tapfersten Mitglieder

des Offiziergesangvereins Heulboje. Nicht allein, dass er die Wissenschaft zu fördern beflissen war, er tat auch sein möglichstes, um
mir den Aufenthalt an Bord angenehm zu machen. An Bequem-
lichkeiten allerdings kann einem der Kommandant eines kleinen
Kreuzers nicht viel bieten, und als Passagier auf solchem Schiff
hat man deshalb die dringende Pflicht, so wenig als möglich An-
sprüche zu stellen. Aus Erfahrung wusste ich, dass Gäste an
Bord auf die Dauer ein Greuel sind, und dieser steigert sich bis
zu Wutausbrüchen, wenn der Gast, sei er so hoch gestellt als er
wolle, nach der Kammer eines der Schiffsangehörigen trachtet.
Ich lehnte deshalb das mir noch nicht gemachte Angebot einer
solchen im voraus sofort ab und suchte nach einem Plätzchen
für eine angenehme Nachtruhe. Dies fand ich in dem Vorraum
vor den Kammern unter der Hütte. Der „Bussard" hat hinten
einen Aufbau, die sogenannte Hütte, in die man direkt von Deck
aus hineintritt, und in welcher ein Teil der Offizierskammern und
ganz achtern die Kommandantenkajüte liegt. Aus dem Vorraum
führt mitschiffs eine Treppe hinab ins Zwischendeck, in welch
letzterem auch einige Offizierskammern nebst Anrichte und Offiziersmesse liegen, eine wichtige Verkehrsader also für Menschen
und Wohlgerüche. Das war mein Plätzchen, und dort hängte
ich mich auf. Ich besorgte mir vom Bootsmann die Lotsenhänge-
matte, im viereckigen Rahmen, auf der ich herrliche Nächte
verbrachte. Wer die Treppe herauf musste, pflegte pflichtgetreu
nach alter Seemannssitte gegen meine Hängematte zu bumsen,
traf aber zu meinem freudigen Erstaunen statt meiner Unter-
seite meist nur den Holzrahmen. Eine andere Entdeckung aber
machte mir mehr Kummer; über mir war ein Deckslicht, ein
Satz von Klappfenstern, welche, wie das auf Schiffen so üblich zu
sein pflegt, leckten. Wenn nachts die strömenden Tropenregen
niedergingen, dann fühlte ich alsbald an den Beinen eine auffallende
Frische, während der Kopf und Oberkörper glücklicherweise noch
unter dem Hüttendeck lag. In einer der folgenden Nächte gesellte
sich der Leutnant von Studnitz zu mir an meine Seite, da es ihm
in seiner Kammer zu dämpfig war, und es war mir eine reine Freude,
als er plötzlich während der Nacht zu jammern anfing, dass es ihn
so an den Füssen fröre. Wir kamen nun zusammen auf den schlauen

Gedanken, dass eine über das Luk gebreitete Persenning dem Übel
Abhilfe tun würde, und da es in seiner Machtbefugnis stand, den
Bootsmannsmaat der Wache für diese Idee zu begeistern, so sollten
wir bald ein fast ungetrübtes Dasein in unserer Hängematte geniessen. War dieses mein Schlafgemach zwar etwas öffentlich, so hatte
mir der Kommandant als Boudoir die Instrumentenkammer dicht
neben seinem Eingang angewiesen, den einzigen verfügbaren Raum,
welcher auf dem Schiff vorhanden war. Ich war nun genötigt, vor
der Frühstückszeit des Kommandanten diesen Waschraum zu benützen, weil ich sonst leicht demselben beim Morgenkaffee einen
wenig erfreulichen Anblick geboten hätte, denn, wollte ich mich
nicht in strammer Haltung waschen, so musste ich die Türe hinter
mir öffnen, da der Raum einem Schornsteine glich. Er hätte dann
leicht einen Körperteil zu Gesicht bekommen, den man einem bei
solchen Gelegenheiten wenigstens nicht zu bieten wagt. Aber was
sind alle diese kleinen Unbequemlichkeiten gegen die vielen fröhlichen Stunden, die ich von neuem auf dem „Bussard“ verlebte,
auf den Planken des lieben Schiffes. Draussen um uns her passierte wenig, der „Stille Ozean“ ist wirklich still, und ein unend-
liches Gefühl der Einsamkeit beschleicht den, der ihn befährt.
Nur selten zeigt sich ein Vogel, und dies zumeist nur in der
Nähe einer Insel oder eines Riffes. Kaum einen Fisch sieht man
in der weiten Wasserwüste. Freilich für den Zoologen ist das
Meer unter seiner Oberfläche dicht bevölkert, und mit den feinen
Planktonnetzen vermag er ein reiches Leben aus der Tiefe zu
heben, zusammengesetzt allerdings aus so kleinen Vertretern, dass
die Masse sich nach dem Zentrifugieren auf Teilstriche eines Kubik-
zentimeters zusammendrängt. Dies konnte ich täglich meinen
Schiffsgenossen vorweisen, und wir machten dabei die merkwürdige
Erfahrung, dass von Süden nach Norden mit dem Steigen des
Salzgehaltes des Meerwassers auch die Planktonmenge täglich um
ein geringes anschwoll, bis beide mit dem Eintreten in den äqua-
torialen Gegenstrom, welcher unmittelbar nördlich vom Gleicher in
einer Breite von ca. 100 Seemeilen von Westen nach Osten zieht,
entgegengesetzt der nördlichen und südlichen Passatdrift, bis beide,
sagte ich, hier in der Nähe unseres Reiseziels Djalut von ihrem
Höhepunkt plötzlich um ein erhebliches abfielen. Dieses Ergebnis

war so interessant und eigenartig, dass dies allein schon genügt
hätte, um mein Forscherherz mit reiner Freude zu erfüllen. Nicht
minder interessante Ergebnisse sollten mir aber die längs der Fahrtlinie
gelegenen, bald darauf besuchten Atolle der Gilbertinseln liefern,
worüber ich mich weiter unten insgesamt im fünften Kapitel aus-
sprechen werde. Auch sonst möchte ich es unterlassen, auf die
grössere und kleinere Tierwelt des Ozeans einzugehen; denn nicht
allein haben die grossartigen Expeditionen des Challenger der
„Gazelle", des Amerikaners Agassiz usw. hier schon ihre Fang-
netze ausgeworfen, auch die Valdivia-Expedition hat aus ihren
reichen Forschungen in der ausgezeichneten Reisebeschreibung Chuns
so vortreffliche Abbildungen und Beschreibungen der Tierwelt des
Meeres gebracht, dass man gerade hierin sich nur wiederholen
könnte. Flog uns doch auch nur am dritten Tage eine Tölpel-
seeschwalbe (Anous stolidus) und ein schwarzweisser Tropik-
vogel (Phaeton) zu, welche bald an Ermüdung zugrunde gingen
und in Leutnant Gygas einen begeisterten Abbalger fanden. Tags
über nur einige wenige fliegende Fische, die immer gegen den Wind
abflogen, im Wasser ein paar Physalien und Velellen und
abends im Schraubenwasser das Aufleuchten der phosphoreszierenden
Meerestiere, das merkwürdigerweise auch von Süden nach Norden
an Stärke zunahm. Am Sonntag, den 21. November 1897 wurde
der 180. Längengrad passiert, und weil dies von Ost nach West
geschah, so hätte dieser Tag eigentlich ausfallen sollen. Aber das
gefühlvolle Herz des Kommandanten konnte es nicht über sich
bringen, den Mannschaften einen Sonntag zu rauben, und verschob
den Ausfall daher auf den folgenden Montag. Ein Kommandant
hat ja die Macht, einen beliebigen Tag aus der Weltgeschichte zu
streichen, wie es ihm gefällt. Ich habe es ja sogar einmal erlebt,
dass ein Admiral dekretierte: „Morgen geht die Sonne eine Stunde
früher auf," weil er haben wollte, dass der Dienst etwas früher
anfing.

Am Tag nach dem ausgefallenen Montag sollte an Backbord
Land in Sicht kommen, und so richtete ich krampfhaft mein Tele-
skop auf den Horizont, gewahrte aber dauernd nichts. Als mich
einer der Offiziere frug, was ich denn da sähe, und ich ihm mein
Vorhaben verriet, lachte er und wies mich nach Steuerbord. Und

da lag sie gross und breit, kaum fünf Seemeilen von uns entfernt, die Gilbertinsel Nukunau. Der Strom hatte uns während der Nacht um zehn Seemeilen nach Westen versetzt, ein Beweis, mit wieviel Schwierigkeiten die Navigation in jenen korallenriffreichen Gegenden zu kämpfen hat. Gegen Mittag des selbigen Tages passierten wir die Insel Peru in sechs Seemeilen Entfernung und am folgenden Tag in nächster Nähe, kaum 2 km von der Westseite entfernt, die Insel Maraki. Zwei Delphine hatten uns am Morgen hier begrüsst, lustig den Bug des Schiffes umspielend. Sie blieben die einzigen während der ganzen Reise, welche ich innerhalb der Wendekreise zu Gesicht bekam. Die Tiefenfänge wurden hier in nächster Nähe der Insel gemacht und waren besonders reich an Tierformen, unter denen die eigenartigen Wasserwürmer der Tomopteriden hervorstachen. Lieblich war der Anblick der grünen Palmenhaine auf dem flachen, weissen Korallenstrand, über die hinweg man vom Mars aus in die flache, grüne Lagune schauen konnte. Denn Maraki bildet als Ausnahme unter den Gilbertinseln einen fast völlig geschlossenen Ring und dabei von solcher Kleinheit, dass man dieses prächtige Beispiel eines Atolls bequem überblicken kann. Ich dachte nicht, dass ich wenige Wochen später den Fuss hier ans Land setzen sollte. Diesmal wandte sich der „Bussard" von der Insel ab und steuerte nordwestwärts gen Djalut. Der folgende Tag, der 24. November, war der letzte Seetag. Zahlreiche Bonitoscharen spielten, den Delphinen gleich, am Bug während des Tages; wunderbar schillerten sie in dem tiefblauen Wasser, ihr Rücken sah schwefelgelb aus, die Schwanzflosse schwarz, und wenn sie sich wandten und drehten, dann erglänzte der Bauch in reinstem Silber. Sie jagten nach fliegenden Fischen, verschmähten aber den ihnen vom Schiff aus zugeworfenen Blinker, so dass wir keines habhaft zu werden vermochten. Auch sonst zeigte sich in dieser Gegend eine reichere Tierwelt als südlich um Samoa. Als am Abend der Kommandant das Schiff etwas langsam gehen liess, warf ich ein kleines Schleppnetz aus, welches zahlreiche Leuchtfische (Scopeliden), Rippen- und Röhrenquallen, Krebse usw. lieferte. Am folgenden Morgen endlich, am 25. früh, erwarteten wir, unser Reiseziel zu erblicken, aber starke Regenfälle verhüllten den Horizont. Da wir

beilagen, um zu warten, bis es sichtiger wurde, hatte ich Gelegenheit, noch einen 100 Meter-Fang zu machen. War es mir möglich,
noch am selben Tag einen Fang innerhalb des Riffes zu machen,
so bot sich Gelegenheit, den Seefang mit dem Lagunenfang in
direkten Vergleich zu bringen. Es sollte gelingen. Um 9 Uhr
lichtete sich das Firmament, und man sah einen grünen Strich auf
dem Wasser, welcher sich bei der Annäherung als das ersehnte
Ziel herausstellte. Bald konnte man unter dem wolkenschweren
Gewitterhimmel die im Winde wogenden, glitzernden mattgrünen
Palmenhäupter erkennen, lodernd wie ein feuriges Band, und unter
dem dunkleren Unterholze trat bald der gelbe Schuttwall hervor,
die blendenden Korallenkiesel, in dichten Haufen lagernd. Und
davor die schäumende Brandung und unter ihr das blaue, wind-
durchwühlte Meer. Und über dem Ganzen ein nebeliger Dunst, als
ob ein Maler sein farbenreiches Gemälde mit einem feinen Hauch
von Zinkweiss überzogen hätte. Ein Bild, so einfach und doch so
eigenartig und grossartig, wie es nur eine Koralleninsel zu bieten
vermag. Als der „Bussard" sich der Einfahrt näherte, kam ihm
schon das Boot des Lotsen entgegen, der das Schiff sicher durch
die Einfahrt hindurchgeleitete. Gegen Mittag lagen wir vor der
deutschen Niederlassung wohlgeborgen im stillen Lagunenwasser,
und nachdem die Besuche empfangen sind, bereitet man sich vor,
an Land zu gehen.

Auf Djalut (Jaluit).

Am Freitag, den 26. November 1897 ereignete sich für mich
ein grosses Begebnis: Vormittags die erstmalige Einfahrt in ein
Atoll, nachmittags das Betreten einer dazu gehörigen Koralleninsel.
Es war gerade niedrig Wasser, als wir uns dem Kanal näherten,
welcher in die Lagune führt. Zu beiden Seiten, rechts und links,
sah man die Riffe meerwärts freiliegen, und eine endlose weisse
Schaumlinie, von trübem Dunst umhüllt, am Horizonte sich verlieren. Mild schien die Sonne zwischen den Regenwolken hindurch
auf die Schuttwälle der blendenden Korallenkiesel, welche zu Füssen
der Palmenhaine sich ausbreiten. Lustig wogten die Kokospalmen
im frischen Nordost-Passat, der uns im Rücken stand, als der

„Bussard" in die Inselkette hineinfuhr (Bild 21). Da Niedrigwasser
war, so floss nur ein geringer Strom. Eine Stunde später oder
früher würde die Flut oder die Ebbe ein Manövrieren des Schiffes
sehr behindert haben, und wenn auch die Einfahrt recht breit
erscheint, so sind die Gefahren bei starkem Strom wegen der
Länge des Schiffes innerhalb der Riffe doch sehr gross. Die Seeleute wählen deshalb entweder Niedrigwasser oder Hochwasser

Bild 21. Die Einfahrt in das Atoll Djalut von der Südseite aus.

für die Einfahrt in die Atolle, weil dann das Wasser nur geringen
Strom hat.

Wäre die Einfahrt in das Djalutatoll nur ein einfaches Loch,
wie das Loch in einem Ring, so wäre die Sache nicht so schlimm.
Aber dieselbe ist lagunenwärts durch eine Insel, Kabbenbock
mit Namen, verlegt, welche den Kanal in zwei Arme teilt. Durch
die linke, südliche, welche sehr eng ist, mussten wir hindurch. Die
Karte (Fig. 16) illustriert die Situation. Links der Einfahrt der
Ort Djalut, auf der Insel Jabor gelegen, rechts der Einfahrt
Enisop (auf der Karte Seite 204 nicht erwähnt), und vorgelagert nach innen zu, wie eben erwähnt, Imrod, auf den Karten

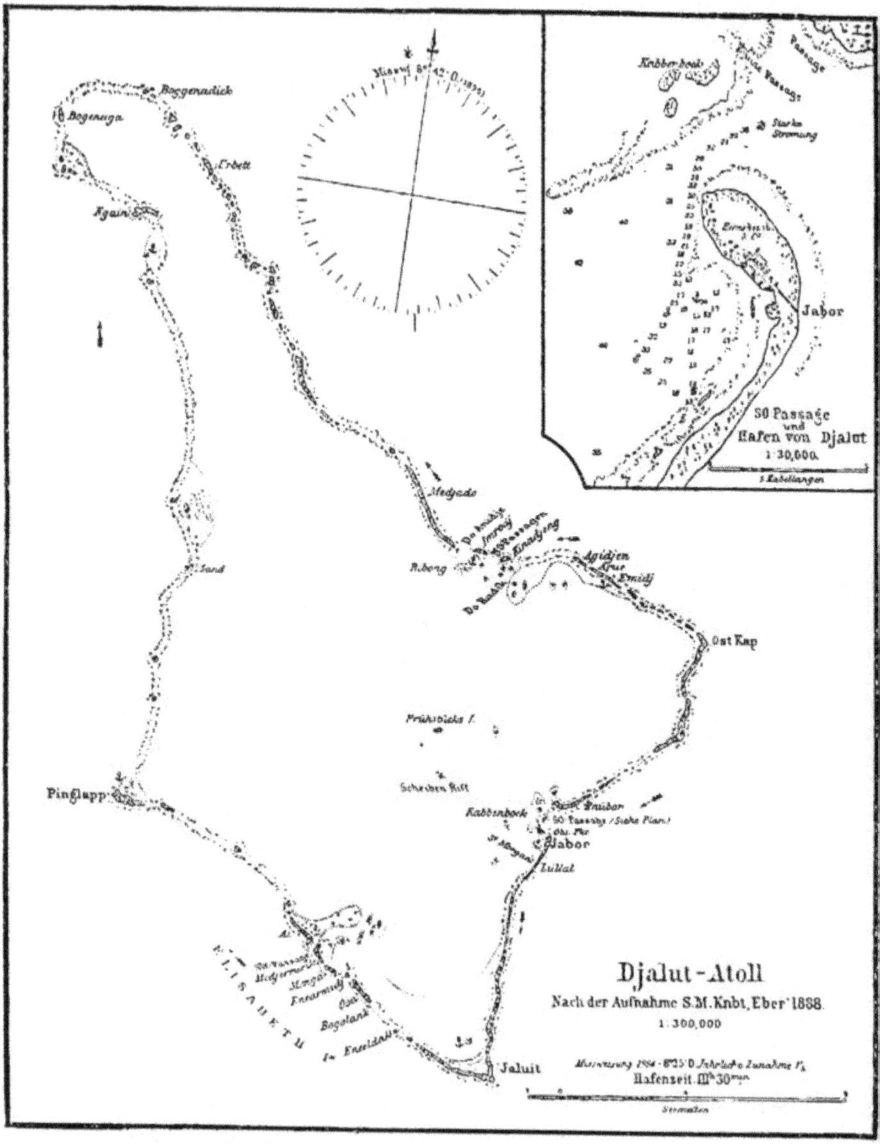

Fig. 16. Karte des Atolls Djalut.

Kabbenbock genannt. Als wir in den südlichen Zweigkanal einfuhren, sahen wir am Lagunenstrande unter den Palmen in nächster
Nähe die Häuser der Weissen und die Hütten der Eingeborenen

liegen. Nachmittags fuhr ich mit dem Kommandanten an Land,
und als wir nach drei Stunden wieder an Bord zurückkehrten,
hatte ich alles gesehen, was man landläufig auf Djalut für sehens-
wert erachtet, Land und Leute und obendrein die ansässigen
Fremden. So klein liegt hier alles beisammen auf einem kleinen
Flecken Kalk. (Bild 22.) Im Sinne eines Globetrotters konnte
ich nun behaupten, dass ich alles Sehenswerte gesehen und genug
davon hatte; als Forscher musste ich mir sagen, dass hier ein
reiches Arbeitsfeld vor mir liege. Ich war aber bei meiner Rückkehr an Bord keineswegs zu einem Entschluss gekommen, ob ich
nun für die nächste Zeit hier mein Lager aufschlagen oder mit

Bild 22. Die Handelsniederlassung auf Djalut von der Lagune aus.
Im Hintergrund die auf Bild 21 sichtbare Insel Kabbenbock.

dem „Bussard" weiterziehen solle. Ich beschloss nur, die Zeit des
Aufenthaltes möglichst viel zu nützen und von den Erfolgen und
Aussichten die weitere Reise abhängig zu machen. Zwecks einer
erspriesslichen Arbeit war schleunige Ausschiffung dringend erforderlich, und ich nahm deshalb die liebenswürdige Einladung seitens
der Leiter der Jaluitgesellschaft, der Herren Hütter und
Wolfhagen, dankbarst an, die Einladung, mich im Landeshauptmannschaftsgebäude niederzulassen. Der Landeshauptmann
Dr. Irmer, zurzeit Generalkonsul in Genua, hatte nämlich eben
seinen Posten verlassen. Man harrte eines neuen, welcher täglich
eintreffen konnte, und dessen Name noch nicht bekannt war. Er
sollte aber während meines Aufenthaltes noch nicht kommen und
dieses war mein Glück. Denn wäre er gekommen, so würde ich

obdachlos geworden sein, weil auf Djalut eine zweite freie Wohnung
nicht vorhanden war. Das war wieder eben einmal mein Glück,
dass das Haus leer stand, und so zog ich stolz in die Landeshauptmannschaft (siehe Tafel 3) ein. Es ist ein mittelgrosses, ein-
stöckiges Gebäude, von einer umlaufenden Veranda umgeben und
aus drei grossen Räumen bestehend, alle drei lagunen- und seewärts je eine Türe führend. Der Passat vermag so an drei Stellen
durch das Haus zu wehen und erhält es frisch und kühl. Einer
der Räume genügte mir. Hierher schaffte ich die wenigen Habseligkeiten, die ich an Bord hatte, und verbrachte schon die
erste Nacht an Land. Ehe ich mich aber einrichtete, machte ich
mit dem Kommandanten die Antrittsbesuche in der deutschen
Kolonie und bei Mata'afa. Es ist bekannt, dass dieser samoanische Oberhäuptling im Jahre 1889 an der Spitze seiner Truppen
gegen uns Deutsche auf Samoa gekämpft hat, und die Verluste,
welche die deutsche Marine im Gefecht bei Vailele im Dezember
1888 erlitten hat, sind heute noch in trauriger Erinnerung. Nachdem sich Mata'afa später selbst ausgeliefert hatte, um weiteres
Blutvergiessen zu verhüten, wurde er dann im Herbst 1893 auf
S. M. S. „Sperber" nach Djalut in die Verbannung überführt,
wobei ich damals zugegen war. Hier auf der einsamen, flachen,
heissen Koralleninsel lebte er also schon mehr als vier Jahre, als wir
ihn antrafen, und man kann sich denken, wie freudig bewegt er war,
direkte Nachrichten von seinen Angehörigen und von seinen Getreuen
aus dem schönen Samoa zu haben. Er war zwar nicht für sich allein
auf Djalut, denn eine Anzahl von Häuptlingen teilte mit ihm sein
Geschick, und überdies eine seiner Verwandten, Talala mit Namen;
(siehe Tafel 4); aber sie alle vermochten ihm die Heimat nicht zu
ersetzen. Versteckte Tränen blinkten ihm in den Augen, als wir
ihn mit dem heimatlichen *Talofa* begrüssten, als wir in seiner
engen, kleinen Hütte auf den frisch ausgebreiteten Matten kreuzbeinig uns niederliessen, als ich ihm mit dem Samoanisch, das mir
zur Verfügung stand, die Kawawurzel mit Grüssen aus der Heimat
überbrachte, die Kawawurzel, welche der junge Telea zu Apia
an Bord gebracht hatte. Und der alte Telea, wie leuchtete sein
Auge, wie strahlte sein gutes, biederes Gesicht, als er von seinem
Sohn und von seiner Familie hörte! Und der Le'iataua von

Bild 23. **Lüftungshütten der Eingeborenen am Aussenstrand unter einem Pandanusbaum.**
Im Hintergrund die **Krankenhäuser.**

Manono, Fiamē von Lotofaga, der Tagaloa von Tufu, Soa von Safata und die übrigen: lautlos sassen sie da, jedes Wort gierig aufschnappend, das ihnen erfreuliche oder betrübsame Nachricht bedeuten sollte. Schon allein, dass sie einen Fremdling ihre Sprache sprechen hörten, liess sie für Augenblicke ihre traurige Lage vergessen, und freundliches, ja herzliches Lachen lag auf ihren Angesichtern, wenn ein launiges Wort der Rede sich vermischte. Hatten doch auch der Kommandant und die Oberleutnants von Studnitz und Gygas, sowie Stabsarzt Martin während ihres kurzen Aufenthalts auf Samoa genügend von der Sprache gelernt, um hie und da einige passende Worte einfliessen zu lassen, die mit nicht geringer Heiterkeit aufgenommen wurden. Bald war auch schon die Kawa bereitet, welche Tauiliili mit grossem Pathos ausrief. Dann zogen wir uns rücksichtsvoll bald wieder zurück, da wir gewahrten, wie den guten, höflichen Leuten die ungeöffneten, längst entbehrten Briefe in der Hand brannten. Die übrigen Besuche waren bald gemacht. Da waren noch der Regierungsarzt Dr. Bartels, den ich von Kiel her kannte, wo er als Einjährig-freiwilliger Arzt gedient hatte, ein alter Deutscher namens Kapelle, und Kapitän Kessler und Frau. König Kabua war verreist. Dagegen war sein nächster Angehöriger, Lóiak anwesend. Wir besuchten noch die Eingeborenenniederlassung, die in der Nähe der Einfahrt, am Strande der Lagune wie alle übrigen Häuser, gelegen ist. Nur das Haus des Arztes nebst den Krankenhäusern liegt dem äusseren Strande zu. (Bild 23.)

Aber suchen wir erst einen Überblick über die Lage und Geschichte der Gemeinde von **Djalut** zu gewinnen. Der Name der Eingeborenenniederlassung heisst Djabor oder vielleicht richtiger Djabwor. So müsste also auch die Handelsniederlassung heissen. Aber nach der Jaluitgesellschaft nennt man den Ort Jaluit, obwohl dies der Name der Insel ist, auf dem er liegt. Wenn ich Insel sage, so meine ich nicht das Atoll, welches freilich auch Djalut nach der Insel Djalut genannt wird, genauer Djalutatoll, sondern den Teil des Ringes, welcher so heisst. Die Eingeborenen unterscheiden auch hierin scharf, indem das Atoll *ailing* und die Inseln *enni*, *äni* gesprochen, heissen. Die Insel Djalut ist die grösste und wichtigste, wonach das ganze Atoll nach der Landessitte

Tafel 4 (siehe Seite 206). Mata'afa mit seinen Häuptlingen und Talala in der Verbannung zu Djalut.

benannt zu werden pflegt. Solche Atolle besitzt der Marshall-
archipel 29, nebst 4 Einzelinseln, welche keine Lagune besitzen.
Davon entfallen auf die westliche, die Ralik-Kette, 15 und 2, während
den Rataks 14 und 2 zugehören. Wegen der Namen bitte ich, die
Karte einzusehen. (Seite 195.) Unbewohnt sind von den Atollen
Ailinginae in den Ralik und in den Ratak Taongi (Gaspar
Rico), Bikar, Taka und Erikup.

Die Bezeichnung Marshallinseln besteht eigentlich nicht zu
Recht, da die jetzt so benannten Inseln schon vor Marshall durch
die Spanier und den Engländer Byron entdeckt worden sind,
wenigstens einige davon. Die Mehrzahl freilich, sowohl der Gilbert-
als der Marshallinseln wurden wohl zum ersten Male von den beiden
englischen Kapitänen Marshall und Gilbert erblickt, als sie im
Jahre 1788 auf der Fahrt von Sydney nach Canton sehr weit
nach Osten ausbogen. Mit dem Sehen scheinen sie sich allerdings auch
begnügt zu haben. Sie selbst tauften die neuentdeckten Inseln insgesamt nach dem ersten Lord der Admiralität Lord Malgreve-
inseln, bis Krusenstern die jetzt übliche Benennung vorschlug,
die rasch Aufnahme fand. Die Russen waren es, die uns die
Kenntnis der Marshallinseln vermitteln sollten. Zwar hat sie Krusenstern auf seiner bekannten Weltumsegelung selbst nicht besucht,
aber in seiner Begleitung war Otto von Kotzebue, der Sohn
des Lustspieldichters, durch dessen zwei Südseereisen die Marshallinseln bekannter und berühmter wurden, als irgendein anderer
Archipel im Pacific. Wer kennt nicht die Schilderungen Chamissos
über die Rataker? Er war es, der die erste Reise auf dem „Rurik“
in den Jahren 1815—18 mitmachte, und zwar als Naturforscher,
und mit besonderem Erfolg, indem er mit Eschscholtz zusammen
den Generationswechsel der Salpen entdeckte. Das schönste
Denkmal hat er aber sich selbst in dem Tagebuch seiner Reise
gesetzt, und in dem Anhang dazu, den Bemerkungen und Ansichten,
worin aufmerksame wissenschaftliche Beobachtung sich mit Herzens-
güte und Seelenreinheit paart, die vorbildlich für jeden Forscher
und Kolonialmenschen sind. Und wenn er auch die Leutchen für
zu gutmütig und brav hielt, was schadet's: besser so, als wenn die
früheren Seefahrer, — vor dem genialen Cook, die Eingeborenen
summarisch als Tiere und Feinde betrachteten und zur Sicherheit

erst gründlich beschossen! Auch Kotzebues Reisebeschreibung ist
eine Leistung, wie sie in der vorcookschen Zeit nicht möglich gewesen wäre. Und welche Fürsorge auch hier! Versorgte doch
der menschenfreundliche, uneigennützige Kommandant auf beiden
Reisen seine geliebten Wodjeaner oder Otdianer, wie er für W o d j e
sagt, mit Schweinen, Ziegen und zahlreichen Gewächsen, die den
Insulanern noch unbekannt waren, freilich ohne ein greifbares
Resultat zu erreichen. Lieblich sind die Erzählungen vom ersten
und späteren Zusammentreffen mit jenen noch unberührten Menschen-
kindern, die Erzählungen von K a d u, L a g e d i a k usw. Man muss
die Aquarelle sehen, welche der Maler C h o r i s, ein weiterer Begleiter der Expedition, uns in zwei Werken hinterlassen hat, und
welche betreffs der Tatauierung sowohl, als auch des Eingeborenen-
lebens überhaupt so wahrheitsgetreu sind, dass ich sie für meine
wissenschaftlichen Arbeiten über die Insulaner als verlässliche
Quellen benützen konnte. Besonders durch C h a m i s s o aber sind
die Rataker seinerzeit weltberühmt geworden, und so schien es
mir angebracht, wenn statt der Benamsung M a r s h a l l i n s e l n, die
obendrein meist M a r s c h a l l geschrieben wird, der Eingeborene-
name R a l i k - R a t a k in Gebrauch käme. Auch statt J a l u i t
würde es richtiger sein, **Djalut** zu schreiben, wie ich in meiner
Arbeit über die Kleidmatten und die Tatauierung der Insel näher
ausgeführt habe. Jaluit ist nämlich ein englisches Wort, in welchem
j das englische dsch vertritt und das englische ui das phonetische u.
Da aber das Wort in dem Namen Jaluitgesellschaft schon so ein-
gebürgert ist, wird sich die richtige Schreibweise wohl kaum mehr
erreichen lassen.

Die Jaluitgesellschaft hat sich seit dem Jahre 1876 hier nieder-
gelassen. Der einzige Pionier war der Hamburger Kaufmann
H e r n s h e i m, unter dessen Vorsitz später die Aktiengesellschaft
gebildet wurde, welche heute noch zu den bestrentiertesten in der
Südsee gehört. Hernsheim kaufte zuerst Land auf Djalut an, wo
der Zentralplatz angelegt wurde, und gründete dann Faktoreien in
E b o n, N a m e r i k, M a d j u r o, A r n o und M i l l e. Später wurden
die übrigen Inseln des Archipels fast sämtlich mit einbezogen und
der Handel auch auf die G i l b e r t i n s e l n und die K a r o l i n e n
ausgedehnt. Erst war der Prinzipal des Geschäftes, Herr Hernsheim,

zugleich deutscher Konsul. Aber die Annexionsgelüste der auf den deutschen Handel eifersüchtigen australischen Kolonien Englands mehrten sich und führten sogar zu Verwicklungen, indem beispielsweise ein Arbeiterschiff aus Queensland eine Faktorei der Firma Hernsheim & Co. auf den Laughlan-Inseln an der Ostküste Neu-Guineas zerstörte, nur in der Vermutung, dass der dort stationierte Händler die Eingeborenen vor den Werbern gewarnt habe. Die Geschichte der spanischen und englischen Arbeiteranwerbungen in der Südsee gehört zu den dunkelsten in der ganzen Weltgeschichte, und wenn auch im Jahre 1884 schon längst Regierungsbeamte an Bord der Schiffe waren, um die Anwerbung zu überwachen, so blieben Ausschreitungen doch immer noch an der Tagesordnung [1]. Kein Wunder, dass die Jaluitgesellschaft und die Deutsche Handels- und Plantagengesellschaft der Südseeinseln zu Hamburg, welche beide zusammen den ganzen Handel auf den Südseeinseln fast vollständig in Händen hatten, sich nach der Flagge sehnten, welche allein den unsicheren Zuständen ein Ende zu machen imstande ist. Feststellungen des deutschen Konsuls in Sydney um dieselbe Zeit ergaben noch zum Überfluss, dass der Handel der australischen Kolonien mit genannten Inseln verschwindend gering war. Durch die meist mit Zwang ausgeführten Arbeiterrekrutierungen wurde aber auch die Sicherheit, namentlich in den melanesischen Gebieten immer mehr gefährdet, während andererseits durch eine Annexion seitens Englands die deutschen Landeigentümer in die schwierigste Lage kommen mussten, wie die Annexion von Fidji so deutlich lehrt. Hatte doch die International Convention damals noch nachträglich, nach der Annexion, eine Resolution angenommen, wonach jeder vor der englischen Annexion gemachte Landankauf null und nichtig sein sollte [2]. Unter dem Druck dieser Verhältnisse wurde gegen den Schluss des Jahres 1884 von S. M. S. „Elisabeth" an der Nordküste Neu-Guineas und auf Neu-Britannien die deutsche Flagge gehisst, nachdem England schon kurz zuvor an der Südküste der grössten Insel unserer Erde mit der Flaggenhissung vorangegangen war, um sie ganz für sich in

---

[1] Man lese Cannibals and Convicts von Julian Thomas und Churchwards Buch.

[2] Siehe darüber das Weissbuch, 2. Teil, 1885.

Anspruch zu nehmen. Ein Jahr später, im Oktober 1885, wurden auch die Marshallinseln dem Südseeschutzgebiete einverleibt. Es mag verwunderlich erscheinen, dass ich so lange bei der Besitzergreifung der melanesischen Gebiete verweilte: aber der Hauptkampf spielte sich dort ab, die Aufregung um die armen Koralleninseln war eine weit geringere. Die gegebenen, etwas ausführlichen Darstellungen sind aber auch eine Vorgeschichte für die unten geschilderten Kämpfe um Samoa.

Nach Schilderung dieses Verhaltens seitens der australischen Kolonien werden auch die Ereignisse des Jahres 1905 verstanden werden. Die australische Bundesregierung hat Beschwerden gegen die Monopolisierung des deutschen Handels auf den Marshallinseln eingelegt. Da es aber dort nur eine Jaluitgesellschaft gibt, so wendet sich der Angriff gegen diese. Schon längst ist eine Firma aus Sydney, Henderson & Macfarlane, neuerdings in die Pacific Islands Co. in London umgewandelt, in den Archipel eingedrungen und hat für ihre Dampfer ein Kohlendepot auf Arno oder Mille angelegt. Die Australier sind von der merkwürdigen Einbildung befangen, dass sie die meisten Südseeinseln dem Handel erschlossen hätten, was nach dem eben gegebenen geschichtlichen Rückblick der Wahrheit zuwiderläuft. Besonders in Beziehung auf die Marshallinseln ist diese Auffassung höchst merkwürdig. Drei Jahre nach der Besitzergreifung, 1888, traf das Deutsche Reich ein Abkommen mit der Jaluitgesellschaft, wonach diese auf ihre Kosten die Verwaltung der Marshallinseln übernahm zugleich mit dem Recht, Steuern und Abgaben auszuschreiben und zu erheben, unter der Aufsicht eines Landeshauptmanns. Die Gesellschaft suchte natürlich den Handel von den australischen Kolonien abzulenken, der ohnehin nicht gross war.

Dies feuerte die grosse australische Reedereifirma Burns, Philip & Co. an, eine wohlorganisierte Konkurrenz, denn um eine solche handelte es sich nur, in die Wege zu leiten, indem sie mehrere Dampfer dorthin beorderte. Natürlich antwortete die Jaluitgesellschaft mit Gegenmassregeln, und erhob für jedes Handelsschiff, das innerhalb des deutschen Protektorats eine Reise machte, 50 £ (1000 Mark), und ausserdem 225 £ (4500 Mark) Lizenzgebühr für jeden Monat und jedes Schiff einer Firma, die nicht auf den

Inseln etabliert war. Eine Etablierung fremdländischer Firmen im
Schutzgebiet ist aber nicht erlaubt. Als die Australier trotzdem nicht
nachgaben, wurde letztere Gebühr auf 450 £ (9000 Mark) erhöht, und
ausserdem noch 30 sh. (30 Mark) Ausfuhrzoll auf die Tonne Kopra erhoben. Dadurch kam in Wirklichkeit der Ausfuhrzoll auf eine Tonne
(1000 kg) Kopra auf durchschnittlich 60 Mark[1], bei einem Durch-
schnittsmarktpreis der Tonne von 220 Mark. Das ist gewiss viel.
Aber steht es denn den Engländern nicht frei, es in ihren Schutzgebieten ebenso zu machen? Da sind z. B. die Djalut nächst benachbarten Gilbertinseln, von denen die Jaluitgesellschaft sich die
Kopra holt. Die Australier brüsten sich damit, dass jedes eigene
und fremde Schiff nur eine Abgabe von 100 £ (2000 Mark) bei
ihnen jährlich zu zahlen brauche. Wollen sie etwa uns damit glauben
machen, dass es nur Courtoisie ist, wenn sie den Satz für deutsche
Schiffe nicht in gleichem Masse erhöhen? Nun, die Bücher eines
Cooper, Most, Churchward, Stevenson und des schon
Seite 56 erwähnten Becke usw. belehren uns hinreichend über
unsere Beliebtheit in den australischen Kolonien. Wenn das Sprichwort „Viel Feind viel Ehr" wahr ist, dann sind wir die Geehrtesten
auf dem Erdenrund. Jedem Nachdenkenden muss es aber auf-
dämmern, dass hier andere Motive zugrunde liegen, die darin gipfeln,
dass die Australier gegen deutschen Handel und Gewerbefleiss
nicht aufzukommen vermögen, und dass dies Ohnmachtsgefühl sie
zu den bedauerlichen Wutschreien veranlasste. Schliesslich ist
doch jeder Herr in seinem eigenen Hause. Allerdings scheint
auch für uns bei unserem ausgedehnten Handel mit den australischen Kolonien, der im übrigen ihnen so nötig ist wie uns,
ein gutes Einvernehmen wünschenswert, und so hat sich unsere
Regierung entschlossen, am 1. Oktober 1905 der Selbstverwaltung
der Jaluitgesellschaft ein Ende zu machen. Damit wird die einzige
Kolonie, die uns bis jetzt nichts kostete, auch eine teure für uns
werden! Schade! Djalut hat sich seit der Niederlassung der
Firma Hernsheim nicht viel verändert. Einige Holzhäuser entstanden an der Lagunenseite; ein Kopraschuppen, ein Kaufladen, die
Bureaus; und dann eine Reihe von Wohnhäusern setzten die Kolonie

---

[1] Die Gesamtausfuhr schwankt meist zwischen 3000 und 4000 Tonnen.

zusammen. Nach der Besitzergreifung kam noch das Landeshauptmannschaftsgebäude und einiges Wenige sonst dazu —, aber ein
grosser Aufschwung ist unter den gegebenen Verhältnissen nicht
möglich. Lebten doch während meines Aufenthaltes nicht mehr
als 25—30 Weisse am
Platze, und ist der verfüg-
bare Raum nach meiner
Berechnung nicht grösser
als 15 ha, also ungefähr
1,7 Quadratkilometer.
Die grösste Länge des
Platzes ist 850 m, die
grösste Breite 350 m, ein
kreisförmiger Fussweg
um das Ganze herum,
einige wenige Seiten- und
Querwege; darauf tobt
sich das Leben unserer
Marshallpioniere ab. Man
kann freilich weiter süd-
wärts wandern, denn die
Insel Djalut ist 2 km
lang, oder man kann ver-
suchen, um das ganze
Atoll herumzurasen, was
man auf Djalut gemein-
hin die Atollwut nennt:
nun, wer es einmal ver-
sucht hat, der gibt es
schon vorher wieder auf,
er müsste denn schon ein

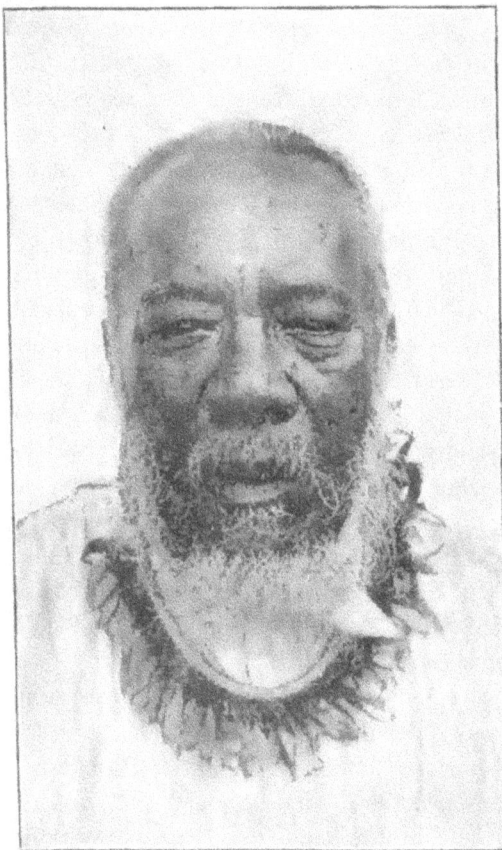

Bild 24. König Kabua.

doppelter Nachtigal oder Flegel sein. Denn die afrikanische
Wüste scheint mir nur ein schwacher Vergleich gegen die glühenden Korallenplatten, auf denen man hin und her pendelt, im wider-
lichen Halbgestrüpp, zu niedrig, um vor der Sonne zu schützen,
aber hoch genug, um einem auch den Genuss der Seebrise zu entziehen.

Ich habe noch ein Gebäude zu erwähnen vergessen, welches auf Djalut ausnahmsweise nicht vorhanden ist, nämlich eine Kirche. Eine solche befindet sich nur auf Ebon, wo die protestantische Bostoner Mission im Jahr 1857 das Bekehrungswerk begann. Die weissen Missionare haben aber längst das geistig und leiblich wenig erfreuliche Feld verlassen, und es versehen jetzt zehn ordinierte und fünfzehn unordinierte Eingeborenenmissionare die Seelsorge auf den verschiedenen Inseln unter der Aufsicht des Obermissionars Rife, der auf der benachbarten Karolineninsel Kusaie residiert. Solche Propheten können einen Pfarrer ebensowenig ersetzen, wie ein Lazarettgehilfe einen Arzt, und dabei sind es noch Eingeborene. Ein Zweidutzend solch unmündiger Menschen soll eine über ebenso viele Inseln ausgestreute Gemeinde von 13500 Eingeborenen versorgen! Die materiellen Nachteile werden sich weiter

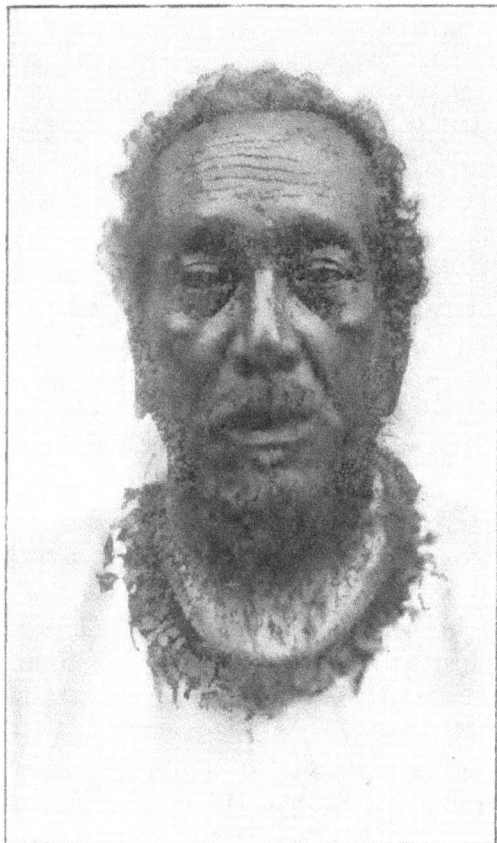

Bild 25. Lóiak.

unten bei der Schilderung der Krankheiten ergeben, ganz abgesehen von dem moralischen Schaden, der kaum festzustellen sein wird. Kein Wunder, dass die katholische Mission sich neuerdings der Inseln annimmt und auf Djalut schon eine bescheidene Kirche und eine Schule errichtet haben soll, welch letztere den Eingeborenen besonders vonnöten ist. Ganz bildungsunfähig scheinen sie nicht zu sein,

denn als der frühere Landeshauptmann Irmer einstens dem Grosshäuptling Kabua seine Wohnung und das Postgebäude zeigte, bemerkte dieser das deutsche Wappenschild mit den zwei nackten,
keulenbewehrten Männern und frug nach der Bedeutung. Als ihm
der Führer erklärte, dass dies seine Vorfahren, die alten Deutschen,
seien, meinte er: Dann könnten sie es ja auch noch so weit bringen
wie die Deutschen, und war sehr heiter. (Bild 24.) Djalut ist
nämlich auch Residenz des Königs Kabua, welcher hier ein hübsches Holzhaus mit Veranda, hinter den Gebäuden der Gesellschaft
gelegen, besitzt. Eigentlich ist er nicht König, sondern Grosshäuptling der Ralikkette, während in den Rataks der Mächtigste
der Murdjil von Maloelap ist. König ist Kabua auch nur von
der Deutschen Gnaden, denn nur auf den Inseln hat er etwas zu
sagen, die ihm gehören. Neben seinem Verwandten Lóiak (Bild 25)
und beider Söhne Lakadjimi und Ridjino wohnen noch zwei
sehr wohlhabende Besitzadlige, welche man *burac* nennt im Gegensatz zu den königlichen *irodj*, in Djalut, Nelu und Letakwa.
(Tafel 5.) Da Nelu eine Tochter Kabuas zur Frau hat, hat er sich
mit diesem verbunden, während Letakwa mit Lóiak einen Bund
eingegangen hat. So wird Ansehen, Macht und Geld vereint.

Trotzdem geht aber das ralische Königsgeschlecht dem Aus-
sterben entgegen, weil nämlich bei dem dort herrschenden Mutterrecht die Nachkommen der männlichen Familienmitglieder unseben-
bürtig sind und die Erbfolge den Söhnen der hohen Frauen vorbehalten bleibt. Ich werde einen Stammbaum im achten Kapitel
mitteilen. Erwähnt sei auch noch die Eingeborenenniederer-
lassung, welche am nördlichsten Ende von Djalut an der Lagune
gelegen ist. Es sind ungefähr zwei Dutzend Häuser, vielmehr Hütten,
mit rings verkleideten Wänden, wie es die Missionare verlangen.
Am Morgen nach der Ankunft galt mein Besuch dem Arzte und
seinen Kranken. Und auch manch andere Stunde habe ich namentlich in der Anfangszeit dort verbracht, da sich daselbst die zahlreichen Kranken am Vormittag ein Rendezvous gaben. Herr
Dr. Bartels war hier emsig tätig, und viel Neues bekam ich zu
sehen. Die Marshallaner sind, trotzdem sie auf einem sterilen
Kalkboden wohnen, kein sehr gesundes Volk und sind wegen
Mangels an Frischwasser von mancherlei Hautkrankheiten befallen.

Tafel 5 (siehe Seite 216). Häuptling Letakwa von Djalut in europäischer Tracht mit Frau und Tochter Landrak.

Bild 26. Nuar. Libidiélok.

Neben dem Ringwurm, der Tinea circinata, welche durch den
Trichophytonpilz entsteht, und sich ringförmig mit entzündlichem
Walle auf der Haut ausbreitet — weshalb Borkenringwurm benannt — kommt ein Schuppenringwurm vor. Dieser letztere, durch
einen andersartigen Pilz hervorgerufen, wird Tinea imbricata
genannt. Er überzieht den ganzen Körper und bildet grosse Haut-
schuppen, die dachziegelähnlich sich decken (daher imbricata von
imbrex — der Dachziegel). Da diese Schuppen sehr hell auszusehen
pflegen, so sehen die armen Befallenen wie räudig aus, als ob sie
in ein Mehlfass gefallen wären. Entzündliche Borken bilden sich
aber dabei nicht. Nichtsdestoweniger ist die Behandlung eine recht
langwierige und schwierige. Ich sah den Schuppenringwurm später
noch häufiger auf den Gilbertinseln, wo er durch die Wilkes-
Expedition um 1840 sozusagen neu entdeckt wurde, denn er
war schon früher von den Molukken beschrieben worden, aber in
Vergessenheit geraten. Von den Gilbertinseln, oder vielmehr von den
ihnen benachbarten Tokelaninseln wurde er durch Eingeborenenmissionare nach Samoa verschleppt, wo er aber der samoanischen
Reinlichkeit halber nicht dauernd Fuss zu fassen vermochte und
heute kaum noch vorkommt. Er wurde hier *lafa tokelau* genannt,
während der Borkenringwurm *lafa* seit alter Zeit heisst. Häufig
sieht man ihn in Gestalt eines fünfmarkstückgrossen Fleckens auf
Brust oder Wangen der jungen Mädchen. Auch Mataʻafa hatte
noch einen solchen Denkzettel aus vergangener Zeit, mit dem er
zu Dr. Bartels kam. Auf Samoa übrigens passierte noch etwas
recht Drolliges mit dem Schuppenringwurm bei seinem Auftreten
daselbst, da die Missionare behaupteten, dass nach der Anwendung
von Schwefelsalbe die Erreger der Krankheit in Gestalt von be-
flügelten Insekten aus der Haut herauskämen, selbst für die humoral-
pathologische Zeit ein starkes Stück, doch eine echte Südsee-
geschichte. Der Entdecker Fox von der Wilkes-Expedition liess
sich Schuppen und Insekten nach Amerika einsenden und fand
dabei in den Schuppen das Mycel eines Pilzes, welches man später
und neuerdings zur Aspergillusform gehörig beschrieben hat. Neben
diesen unschuldigeren, unschönen Hauterkrankungen kommen aber
noch zwei entstellende, auf der äusseren Haut hervortretende
Leiden auf den Marshalls vor, die in der Südsee eine weite

Verbreitung haben, die Elefantiasis und die Lepra. Erstere, welche mit monströsen Verdickungen der Gliedmassen, der Brüste und Geschlechtsteile, auftritt, ist zwar nicht so häufig wie auf Samoa, aber doch zweifellos beobachtet. Sie wird durch einen kleinen Fadenwurm, die Filaria, die in unzähligen Mengen im Blute lebt, und durch Stechfliegen, ähnlich der Malaria, übertragen wird, verursacht, indem die kleinen Würmchen in die Lymphgefässe eindringen und diese durch Entzündung zur Verlötung bringen. Glücklicherweise werden die Weissen nur selten davon befallen; es ist mir nur ein Deutscher auf Samoa bekannt, der nach zwanzigjährigem Aufenthalt unter den Eingeborenen dicke Beine bekam. Auf Djalut stellte mir Dr. Bartels die Prinzessin Nuia vor, welcher er an einem nicht näher definierbaren Orte einige Geschwülste von Kindskopfgrösse entfernt hatte. Er hatte sie dadurch so gut wiederhergestellt, dass sie, die, die an edlem Geblüt König Kabua fast noch überragte, bei ihrer uneingeschränkten Macht über ihren Stamm nun wieder die jungen Leute zu sich kommandierte. Wer die gute Nuia kennt, die zwar noch verhältnismässig jung, aber ein Ausbund der Hässlichkeit ist, wird sich eines stillen Schauders nicht erwehren können. Noch schlimmer als Elefantiasis ist der Aussatz, die Lepra. Zwar kommt er nicht in so grossen Zahlen vor, wie ich es von Hawaii schilderte, und es waren während meines Aufenthaltes nur drei davon Befallene auf einem besonderen Grundstück isoliert, aber das Vorkommen überhaupt auch weniger Fälle wird leicht verhängnisvoll. Den Bemühungen der Regierungsärzte ist es in der folgenden Zeit gelungen, im ganzen über ein Dutzend Fälle aufzufinden, welche aber, wie ich hörte, nicht alle isoliert worden sind. Es ist dies eine grosse Härte, aber unumgänglich notwendig, um eine Weiterverbreitung zu verhüten. War doch einer der auf Djalut verbannten Samoaner, der Häuptling La'ulu von Savai'i, auch mit den drei Marshallanern zusammen isoliert, mit denen er indessen keine Gemeinschaft pflog. Er hatte sein Häuschen, eine elende Holzbaracke, für sich allein und lebte darinnen wie ein Einsiedler. Die Samoaner sind zu stolz, um mit den Marshallanern, die sie tief unter ihnen stehend erachten, in nähere Beziehung zu treten. Ich habe wiederholentlich Mata'afa und seine Häuptlinge daraufhin geprüft, was sie bei dem vierjährigen Aufenthalt auf

Djalut etwa an Marshallworten aufgeschnappt hätten, aber es ging kaum über den landläufigen Gruss „*Yokwe yuk*" hinaus, und sie glichen an Ungeschicklichkeit und Abgeschlossenheit direkt den Engländern. Nie dass ich einen Marshallaner einmal bei den Samoanern im Hause angetroffen hätte oder umgekehrt, sogar Mataʻafa und Kabua kamen nur äusserst selten zusammen. Auch den Frauen gegenüber verhielten sich die Samoaner ablehnend, und nur Tauiliili, der Schreiber Mataʻafas, lebte mit einer Marshallanerin zusammen, von der er auch ein kleines Mädchen hatte, das er später — aber nur das Mädchen — mit nach Samoa nahm. Es machte mir eine Freude, den aussätzigen Laʻulu in seiner Einsamkeit öfters ein Viertelstündchen zu besuchen und mit ihm von Samoa zu plaudern, wofür er sehr dankbar war. Er litt an der anästhetischen Form der Lepra, bei welcher besonders Hände und Füsse gefühllos werden und dadurch leicht in Verlust geraten, während die drei Marshallaner an der tuberösen knotigen Form litten. Die Abbildungen der vier Leprösen und zweier an Schuppenringwurm erkrankter Marshallaner habe ich schon im Anhang zum zweiten Bande „Die Samoa-Inseln" gebracht, der besonders erschienen ist unter dem Titel „Die wichtigsten Hautkrankheiten der Südsee". Endlich ist noch die S y p h i l i s zu erwähnen, welche leider in erschreckender Weise sich unter den Eingeborenen ausgebreitet hat. S t e i n b a c h, der nur zu früh heimgegangene Regierungsarzt, nahm an, dass auf den meist betroffenen Atollen Djalut, Ebon und Madjuro an 50 % der Bewohner syphiliskrank seien. Wahrscheinlich wurde die Seuche durch Walfischfänger eingeschleppt, die zu Beginn des vergangenen Jahrhunderts auf der Suche nach dem Potwal die zentralpacifischen Inseln zur Verproviantierung und zur Erheiterung anliefen. Damit stimmt auch Steinbachs Angabe überein, dass nach K u s a i e verschlagene Marshallaner bei ihrer Rückkehr um 1850 die Krankheit importiert hätten, denn Kusaie und P o n a p e wurden aus nicht misszuverstehenden Gründen ehedem The sailors paradise genannt. Chamisso, der im Jahre 1817 die Marshallinseln auf dem „Rurik" besuchte, erwähnt noch nichts von dieser Seuche. Seine Schilderungen sind freilich viel zu rosig gefärbt und haben der späteren, genaueren Bekanntschaft durch die Europäer Raum geben müssen. Wenn er die Eingeborenen als

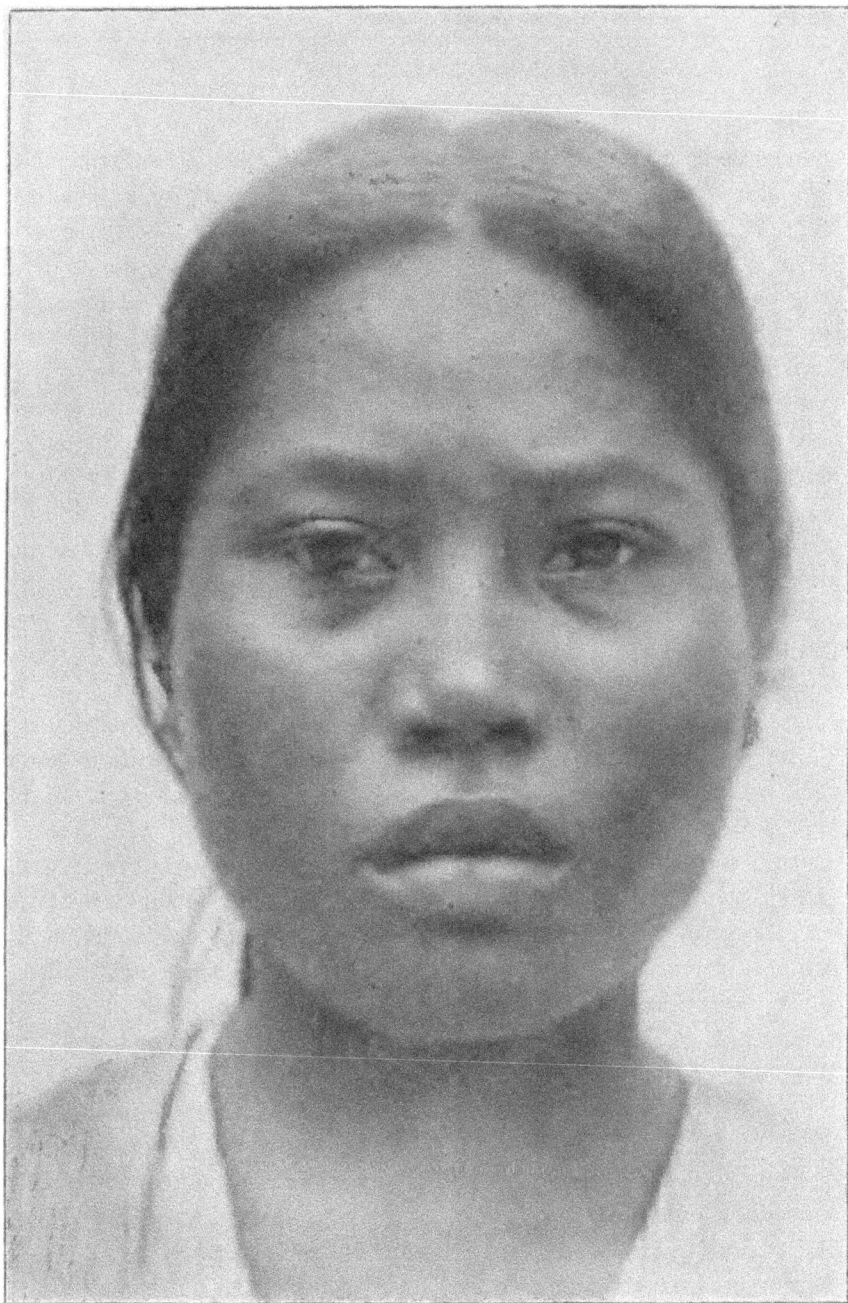

Bild 27. Limōdelok von Maloelap.

tugendhaft und sittsam schildert, so ist ihm ein wesentlicher Charakterzug der Marshallaner entgangen, welcher damals wie heute gleichmässig vorhanden gewesen sein muss, die zügellose Sinnenlust der Häuptlinge und des Volkes. Heute wenigstens gibt es in dieser Hinsicht kein Volk im Pacific, welches die Marshallaner darin zu überbieten· vermöchte, wenn auch z. B. die Bewohner der Marquesas-Inseln und Karolinen sicher neben denselben genannt zu werden verdienen. Die Ursache liegt in den gesellschaftlichen und politischen Verhältnissen. Auf verschiedenen Inseln des Archipels gibt es gewisse Oberhäuptlinge, welche über ihre Untertanen mit absoluter Willkür regieren, und sie benützen ihre Macht gern dazu, um die Mädchen und Weiber nach ihrem Belieben zu sich zu kommandieren. Wehe der, die nicht gehorcht oder sich durch die Flucht entzieht. Dies gilt nicht allein für die Männer, sondern die Frauen von hohem Geblüt sind nicht minder frivol. Genug davon; das, was ich alles während meines kurzen zweimonatlichen Aufenthaltes darüber von den besten Landeskennern an Ort und Stelle gehört und erfahren habe, bleibt besser unerwähnt. Dass aber diese Zustände sich in 80 Jahren, seit Chamisso, so verändert hätten, ist schon deshalb nicht anzunehmen, weil Sitten und Gesetze, Herkommen und Überlieferungen dieser Völker viel älter und fester sind, als wir gemeinhin annehmen. Und von diesen Leuten schrieb Chamisso: Ich fand bei ihnen reine, unverderbte Sitten, Anmut, Zierlichkeit und die holde Blüte der Schamhaftigkeit. So lange die Geschlechtskrankheiten auf den Inseln nicht vorhanden waren, wurden den Eingeborenen ihre Lebensgewohnheiten nicht zum Schaden. So hat auch hier der Einzug der Weissen ihnen nichts Erspriessliches gebracht. Hören wir, was Steinbach über diese Zustände berichtet:

„Die Folgen dieser Seuchen treten auch überall hervor. Die Zahl der Fehl- und Frühgeburten ist, wie ich durch Erkundigungen bei eingeborenen Frauen und durch eigene Erfahrung kennen lernte, eine überraschend grosse. Wenn auch dabei in Betracht kommt, dass Aborte oft künstlich aus Nützlichkeits- oder anderen Gründen hervorgerufen werden, so wird doch der grösste Teil derselben durch die Syphilis der Eltern hervorgebracht sein. Habe ich doch nur wenige Säuglinge gesehen, die nicht die Zeichen hereditärer Syphilis darboten, und traten mir doch auch im späteren Kindesalter überall die Zeichen erblicher Erkrankung entgegen! Viele Ehen bleiben überhaupt unfruchtbar; fast jeden Tag werde ich von Eingeborenen, besonders Frauen, angegangen, ihnen doch eine Arznei zu geben, die sie fruchtbar mache.

Neben einer energischen Behandlung habe ich es mir angelegen sein lassen, durch Belehrung über das Wesen und die Gefahr der Krankheit an Häuptlinge und andere intelligente Persönlichkeiten der weiteren Ausbreitung der Krankheit entgegenzuarbeiten.

Wie mir ältere, hier ansässige Weisse versicherten, hat die Seuche sich erst in den letzten Jahrzehnten so rasch und allgemein verbreitet, und soll auch seitdem sowohl die Kinderzahl als auch die Körperkraft der Eingeborenen sich vermindert haben. Hauptsächlich hat wohl zu der weiten Verbreitung der Umstand beigetragen, dass die Eingeborenen nirgends dauernd sesshaft sind, sondern zeitweise von Insel zu Insel ziehen.

In der letzten Zeit scheint auch in den sogenannten Missionsfesten ein zur Verbreitung der Krankheit beitragendes Moment zu liegen. Zu denselben strömen Hunderte von Menschen zusammen und leben mehrere Tage in der Nähe der Missionsstation, abwechselnd betend und singend, und dazwischen wieder einheimische Tänze und Spiele aufführend.

Das letzte derartige Fest, das ich mir selbst angesehen habe, fand am 25. Dezember 1890 auf der Insel Imrodj der Lagune Djalut statt und wurde von etwa tausend Menschen besucht. Während bis dahin primäre syphilitische Affektionen mir fast gar nicht zu Gesicht gekommen waren, haben sich in der letzten Hälfte des Januar 1892 derartige Fälle geradezu gehäuft. Dabei wurde mir, wenn ich mich bei den einzelnen Kranken erkundigte, wo wohl die Infektion stattgefunden hätte, fast ausschliesslich und oft sehr bestimmt die Antwort: ,in Imrodj' gegeben."

Das, was ich bei Dr. Bartels zu sehen bekam, war unendlich traurig, alle Stadien der Krankheit bei alt und jung. Die luftigen Krankenhäuser waren mit Patienten angefüllt, die von allen Teilen des Archipels herzugeströmt kamen. Welch ein Glück, dass unsere Medizin in der grauen Salbe ein so erfolgreiches Mittel gegen die Syphilis besitzt, wodurch unser Ansehen bei den Eingeborenen nicht

wenig gehoben wird. Freilich, eine eingehende Behandlung ist bei
den sorglosen Naturkindern schwer durchzuführen, und sobald die
Erscheinungen nach dem ersten Einreiben schwinden, wollen sie
wieder von dannen, und sind nur mit Mühe zu bewegen, die allernotwendigste Zeit auszuhalten. Was hier Fournier mit seiner
intermittierenden Behandlung, der Wiederholung mehrerer Schmier-
kuren hintereinander zwecks völliger Ausheilung, ausrichtete, liegt
auf der Hand, und so kann von einer Verbesserung der Zustände
unter den augenblicklichen Verhältnissen wenig die Rede sein. Wohl
gab Dr. Bartels seinen Kranken die nachgesuchte Longtaim mit
— so heisst man dort die graue Salbe, weil sie lange Zeit, Long-
time, eingerieben werden soll, ein treffliches Beispiel für die Fortschritte der deutschen Sprache in unseren Kolonien —, ob aber
die Eingeborenen nicht zu faul sind für die langwierige Arbeit, das
ist eine andere Sache. Wieviel gutes aber dennoch hier durch die
Anstellung eines Arztes geschaffen wurde, wird man begreifen, und
die Regierung könnte sich durch die Aussendung weiterer nach den
verschiedenen Inseln grosse Verdienste erwerben. Die Aufsicht der
Ärzte ist dringend für ein solches Volk notwendig, und je mehr
man die Juristen durch Mediziner ersetzen wird, desto besser wird
es für unsere Kolonien sein.

In einer jungen Eingeborenenkolonie gibt es nichts zu regieren,
wenigstens nichts für einen Juristen. Ein solcher ist nur bei An-
sammlungen von Weissen erforderlich, nicht für die Farbigen. Diese
regieren sich seit den ältesten Zeiten ganz allein, und zwar zumeist
recht gut, und wenn die Weissen sich in ihre Regierung einmischen,
dann geht der Eingeborenenstaat und mit ihm der organische Kom-
ponent zugrunde. Ähnlich steht es mit der Religion. Die Missionare
sind stets zu übereifrig und ehrgeizig in ihrem Bekehrungswerk, um
einen recht grossen Erfolg ihrer Kirche nach Hause berichten zu
können. Ja die Kirchen, die Kirchen sind es, welche schon so
viel Unheil in ihrem Glaubenseifer auf dieser Erde angerichtet haben,
nicht die Religionen. Sie stecken verängstigt die Köpfe zusammen
wie eine Herde Schafe, aber die Schäfer jagen die schwarzen und
weissen Schafe auseinander und hetzen sie mit ihren Hunden. Die
gefestigten Nationen halten den Ansturm aus, die schwachen urwüchsigen gehen darob zugrunde. Möchten sich doch unsere kirchlichen

Tafel 6 (siehe Seiten 226 und 385). Nemedj.

Bild 28. Limadjur und Rébaka auf einer Königsmatte.

Machthaber die Lehren Gregors I. zu Herzen nehmen, der beim
Bekehrungswerk der Germanen den Apostel Augustin und dessen
Sendboten anwies, den Heiden nicht auf einmal alles zu nehmen, sondern ganz allmählich sie in die neue Glaubenslehre einzuführen. Man
bedenke, dass es mehr denn 500 Jahre währte, bis ganz Deutschland bekehrt war, und wir wollen in einem Menschenalter ganze
Völker in eine ihnen neue und fremde Ideenwelt hineinzwingen. Stetig
mehren sich die Stimmen, welche der ärztlichen Mission das Wort
reden. Sie soll die Bahnbrecherin sein. Das muss jedem darüber
Nachdenkenden einleuchten, denn eine Regierung und eine Religion
ist überall schon vorhanden, aber eine Heilkunde nicht. Erstere
beide hat ja auch China und Japan dankend abgelehnt, aber
unsere Ärzte waren ihnen immer willkommen. In der Tat genügen
eine Anzahl Ärzte und nötigenfalls eine Polizeitruppe in einer jungen
Kolonie vollkommen. Ist es nicht fast komisch, dass auf mehreren
unserer Südseeinseln Regierungsvertreter sind, die kaum mehr als
ein Dutzend Weisser regieren? Wählt da die weisse Kolonie nicht
besser ein Haupt, einen Bürgermeister, aus ihrer Mitte, und über-
lässt die Eingeborenen der ärztlichen Mission, die nichts weiter tut
als heilen und raten? Dann kommen die Schullehrer, und dann erst
die Missionare und die Regierung. Auf diese Weise würden wir eine
wahre Kolonisierung und nicht eine Entvölkerung erreichen, wie sie
als ausnahmsloses Beispiel der Südsee an die Stirne geschrieben ist!

Im übrigen sind die Marshallaner trotz ihrer Zügellosigkeit
kein unbegabtes Volk, im Gegenteil leisten sie in der Schiffahrt und
im Bootbau, in der sinngemässen Ornamentierung ihrer Tatauierung
und ihrer Kleidmatten, sowie in ihrer Lyrik mit das Beste im Gebiet. Die Bilder 26, 27, 28, 29, sowie die Tafel 6 geben einige
Volkstypen. Ich begann alsbald mein Augenmerk hierauf zu lenken,
auf die Überlieferungen, auf Schmuck, Kleidung und Gewerbe, während Herr Kapitän Winkler an Bord des „Bussard" das Studium
der marshallanischen Schiffahrt übernahm. Täglich liess er zu sich
auf sein Schiff die Häuptlinge Nelu, Lóiak und den König Kabua,
der wenige Tage später nach uns eintraf, kommen, und sich von
ihnen die Geheimnisse ihrer Navigation an den eigenartigen Stabkarten erklären. Auf die Ergebnisse seiner und meiner Studien
werde ich im Lauf der Schilderungen meines zweiten Aufenthaltes

auf den Marshallinseln zurückkommen. Hier will ich nur noch kurz
den Verlauf des ersten schildern. Schon am Tag nach meiner Ankunft war mir das Wichtigste zuteil geworden, was für einen
Forscher in einem fremden Lande nötig ist, ein Diener, der zugleich als Dolmetscher fungieren kann. Von der Güte eines solchen
hängt unendlich viel für einen Fremdling ab, welcher ethnographische Studien machen will, und ich gedenke deshalb meiner
Diener mit besonderer Liebe, aber leider teils auch mit besonderem
Schmerz, da sich meine Erfolge und Misserfolge ganz aus ihnen
herleiten. Herr H ü t t e r verschaffte mir auf Djalut einen jungen
Mann, einen Bruder der Königin, namens L o v e l ä g; so wenigstens
ungefähr sprach sich der Name aus. Ich will dabei gleich erwähnen, dass die Laute der Marshallsprache für uns Europäer fast unmöglich sind, wenigstens zu Beginn. Ich will offen bekennen, dass
es mir während meines zweimonatlichen Aufenthaltes, obwohl ich
mir durch beharrliches Auswendiglernen und durch Übung einen
ziemlichen Schatz von Vokabeln angeschafft hatte, nur sehr mühsam
gelang, mich zu verständigen, nicht einmal den Rufnamen meines
Dieners beherrschte ich zur Genüge. Wenn er einmal nicht erschienen war, und ich bei seinen Verwandten nach ihm frug: Wo
ist Loveläg? so sahen sie mich verständnislos an, und wenn ich
auch das Wort fünf- bis zehnmal erst mit Zephyrgeflüster, dann mit
Donnergepolter ihnen vortrug, so kam keine geistige Erhellung in
ihre Züge. Gewöhnlich wurde der Lärm dann erst durch die Hilfe
eines zufällig Hinzugekommenen aufgeklärt, der mein Wünschen
ahnte, und ein erleichtertes: Ah Loveläg! der Gefragten linderte
rasch die Spannung, die ich dann durch ein lachendes: Sag' ich
doch, Loveläg! vollends beendete. Loveläg tat übrigens sein Bestes,
um mich dieser unangenehmen Situation zu entheben, und da er
leidlich gut Englisch sprach, so leistete er mir als Dolmetscher
gute Dienste. Sie genügten vollständig für das tägliche Leben,
für Einkäufe und auch für die Erklärung kleinerer, ethnographischer
Exkursionen. Wo es sich aber um Übersetzung von Überlieferungen handelte, reichten seine Kenntnisse weder der eigenen
noch der fremden Sprache aus. Hiefür fand ich ein treffliches
Objekt, einen Halbblut J o c h e n de B r u m, Sohn eines Portugiesen, welcher auf L i k i e p mit einer Marshallanerin verheiratet

war. Diesen Jochen lernte ich im Hause des Dr. Bartels kennen, woselbst er beflissen war, etwas Medizin aufzuschnappen, um auf seiner Heimatinsel der leidenden Menschheit beispringen zu können, ein zwar lobenswertes, aber auch sehr gefährliches Experiment. Ich suchte ihn zu überreden, mir seine Dienste zu widmen gegen eine angemessene Entschädigung, was er auch gerne tun wollte, aber es zerschlug sich immer wieder, weil, wie er sagte, sein medizinischer Lehrmeister es nicht haben wollte. Immerhin habe ich ihn einige Male für einige Stunden in meinem Hause dingfest machen können, wodurch ich die Übersetzung einer Anzahl Lieder und Sagen aus dem Urtext ermöglichte. Was ich alles hätte tun können, wenn er mir ganz zur Verfügung gestanden hätte, das mögen die ermessen, welche meine Arbeiten über die Marshallinseln unter dem Gesichtspunkt meiner kurzen Anwesenheit durchschauen. Mit Loveläg liess ich mir in der Folge vornehmlich die Erforschung der Riffe angelegen sein. Meist kam er morgens um 7 Uhr, um mich zu wecken und uns das Frühstück zu bereiten. Gegen 9 Uhr zogen wir, wenn vormittags Niedrigwasser war, zusammen auf das Aussenriff, an die Luvseite der Insel, die vom Landeshauptmannschaftsgebäude nur wenige hundert Schritte entfernt ist. Dort an den losgerissenen Felsen, die auf der Riffplatte herumlagen, oder im anstehenden Fels des Korallenriffes in der Brandung suchten wir mit Stemmeisen, Hammer und Meissel nach Fischen, Gliedertieren, Würmern, Seerosen, Seeigeln und Seewalzen, Muscheln und Schnecken, kurz den hundertfältigen Tierarten, welche das Riff bevölkern. Es gibt wohl kaum einen bequemer gelegenen Platz für einen naturwissenschaftlichen Sammler als das Aussenriff von Djalut, welches man in wenigen Minuten trockenen Fusses von seinem Hause aus erreichen kann. Hatten wir die Schätze nach Haus gebracht, so suchten wir sie möglichst umgehend zu konservieren und ihre Eingeborenennamen zu erfahren, wobei ich häufig zwei Fliegen mit einem Schlage traf, da ich die mir benachbart wohnenden und mir befreundeten Häuptlinge zugleich nach derselben Richtung hin ausbeutete. Eine Frischwasserdusche im Badehaus leitete dann die Toilette ein, die für das Mittagsmahl notwendig war.

Die Herren der Jaluitgesellschaft hatten in ihrer besonderen Zuvorkommenheit mich eingeladen, dasselbe ein für allemal mit

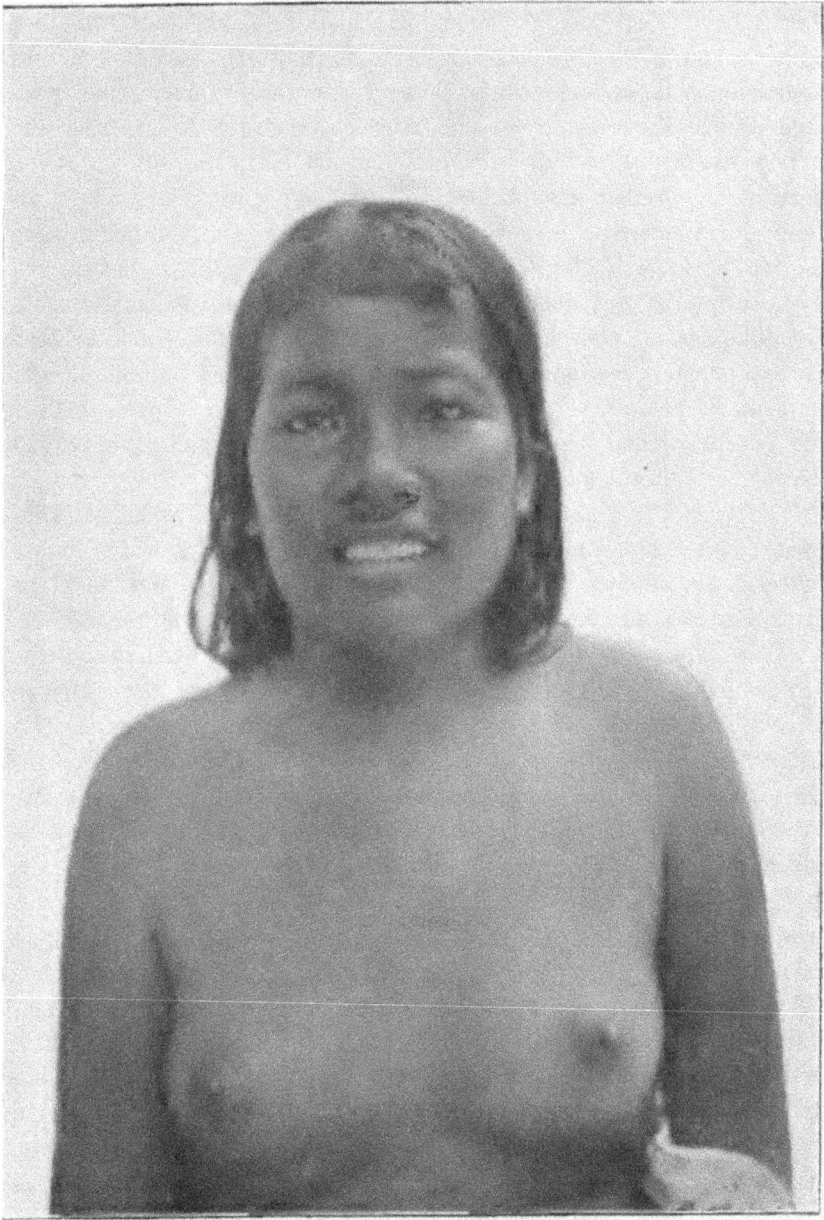

Bild 29. Libaterik.

ihnen zu teilen, und ich nahm dies dankbarst an, teils weil ihre
chinesischen Köche vortrefflich kochten, teils der anregenden und
angenehmen Tischgesellschaft halber. Es war für mich eine stete
Quelle des Erstaunens, welche Abwechslung die Köche und die
Wirte der Tafel auf der produktenarmen Koralleninsel zu geben
verstanden, freilich eine Hauptbedingung für eine Erträglichgestal-
tung des Lebens in jener ozeanischen Einsamkeit. Manches neue
Gericht lernte ich hier kennen, so z. B. den beberühmten Palmen-
spitzensalat aus dem Herzen der Kokospalmenkrone geschnitten,
ein lukullisches Gericht, da ein ganzer Baum für einen solchen
Zweck geopfert werden muss. Auch eine hübsche Bibliothek war
in dem Speisehaus vorhanden, worin ich manches Lesenswerte über
die Inseln vorfand. Nach Tisch zog sich jeder in seine Häuslichkeit
zurück, um Siesta zu halten.

Gegen $3^{1}/_{2}$ Uhr pflegte dann meist einer der bestellten Ein-
geborenen zu erscheinen. Zur Sicherheit sandte ich indessen immer
Loveläg aus, damit der Bestellte nicht verschliefe, denn auch die
Eingeborenen neigen zu einem ausgedehnten Nachmittagsschlafe.
Fiel die Ebbe auf den Nachmittag, so machte ich nachmittags den
Riffausflug und arbeitete vormittags zu Hause; auf dem kleinen
Fleck Erde liess sich leicht über Ort und Zeit disponieren. So
klein aber dieses Fleckchen ist, so unerschöpflich schien mir die
Erforschung des Riffes zu sein, und eine erhebliche Anzahl von
Ausflügen war notwendig, um mir einen auch nur oberflächlichen
Überblick über den Aufbau des Riffes zu verschaffen. Alle Aus-
flüge lagunenwärts musste ich mit dem Boote machen, und zwar
war mein Hauptausflugspunkt die schon genannte Insel Kabbenbock in der Einfahrt. Sie ist durch einen Kanal vom eigentlichen
Djalut getrennt, der erwähnte südliche Zweig der Einfahrt. Das
Inselchen besteht aus zwei kleinen Korallentrümmer-Anhäufungen[1],
welche durch eine kleine, flache, kraterähnliche Lagune voneinander
getrennt sind; dies fällt bei Niedrigwasser nahezu ganz trocken,
während bei Hochwasser die Inseln voneinander getrennt sind.
Es ist also die Insel Kabbenbock ein kleines Atoll mit zwei Aus-

---

[1] Auf der älteren Admiralitätskarte aus drei, was zu meiner Zeit nicht mehr
stimmte.

gängen und innerhalb der grossen Djalutlagune gelegen. (Siehe
Fig. 17.) Wenn man von der kleineren Insel b der Skizze meerwärts wandert, so fällt das sich anschliessende Riff bald langsam
meerwärts ab. Dieser Teil liegt ja gerade der Einfahrt gegenüber
und hat somit nicht allein den heftigen Andrang des Gezeiten-
stroms, sondern auch der Seen und Brecher auszuhalten, besonders
bei südöstlichem Winde. Geht man aber von der anderen Insel a
an den Riffrand, der schon im Kanale Djalut gegenüber sich befindet, so sieht man den scharf abgesetzten Riffrand unter einem

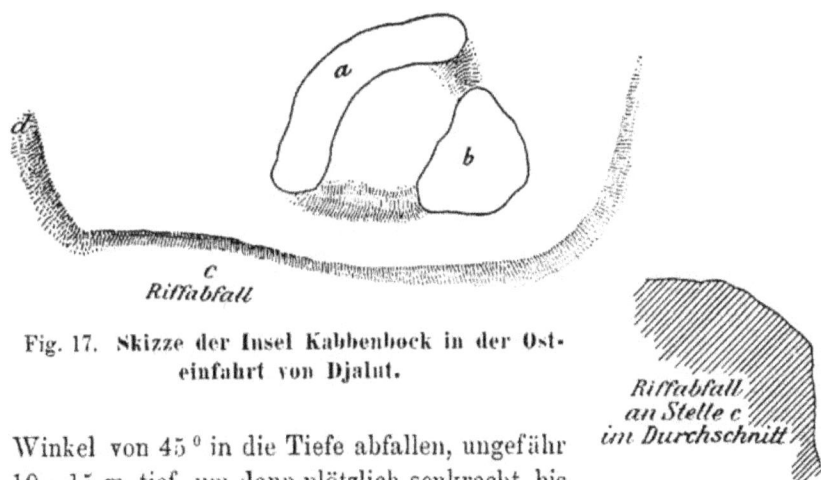

Fig. 17. Skizze der Insel Kabbenbock in der Ost-
einfahrt von Djalut.

*Riffabfall
an Stelle c
im Durchschnitt*

Winkel von 45 ⁰ in die Tiefe abfallen, ungefähr
10—15 m tief, um dann plötzlich senkrecht bis
auf 30 m vollends abzustürzen.

Dieselben Riffverhältnisse hatte ich kurz zuvor am Riffeinlass
von Apia gefunden. Dort fällt am innersten Teil das Riff senkrecht wie eine Mauer bis zu 13 m Tiefe ab, und je weiter man
nach aussen kommt, um so mehr gleicht das Riff einem Würfel,
von dem man eine Kante in der Schnittrichtung der Diagonale
Schicht um Schicht abträgt, bis man schliesslich im offenen Meere
an Stelle der stärksten Brandung eine vollkommene schiefe Fläche
hat, den Würfel diagonal in zwei Hälften geteilt. Diese apianischen
Verhältnisse, welche sich sinngemäss auf alle anderen Korallenriffe übertragen lassen, habe ich schon an anderer Stelle veröffentlicht. (Die Samoa-Inseln, Band 2, Seite 396.) Um zu erfahren,
ob die Luvkante im offenen Meere auf Djalut sich ebenso verhalte,

wie bei Apia, fuhr ich mit dem Boote bei Hochwasser durch die
Einfahrt hinaus. Dies ist nicht so einfach getan als gesagt. Denn
der in jenen Gegenden stets kräftig wehende Nordost-Passat erzeugt so starke Seen, dass man im Boot kaum Lotungen vorzunehmen vermag. Überdies läuft man stetig Gefahr, von den
starken Gezeitenströmen weggetragen zu werden, um dann als halb-
verhungerter Ozeanier im günstigsten Falle auf irgendeiner Südseeinsel zu landen. Ich wählte deshalb stets eine Zeit, wo das
Wasser einfloss, also die Zeit der Flut. Nach manchen missglückten
Versuchen gelang es mir endlich festzustellen, dass in 180 m Entfernung vom Riffrand der offenen See die Tiefe 42 m war, in 150 m
32 m und einige 10 m weiter landwärts nur noch 20 m. Hier kam
ich mit dem Boot schon in eine solche bedenkliche Nähe der langen
Brandungseen, dass ich mit meinen wenigen, ungeübten Ruderern
nicht wagen konnte, noch weiter vorzudringen. Es war dies auch
schon die Stelle des lebenden Riffes, denn vom Riffrande aus, ungefähr 200 m weit ins Meer hinaus bis zu einer Tiefe von 30 m,
pflegt im offenen, klaren Wasser das üppige Korallenwachstum vor-
zuherrschen, das uns die Feder schon so vieler Reisender in über-
schwenglichen Farben geschildert hat.

Darunter und darüber ist alles tot. Draussen im offenen
Meere glückt es einem Sterblichen freilich nur recht selten, diese
Polypengärten zu sehen. Glücklicherweise gedeihen sie aber auch
im ruhigeren Wasser, wenn dasselbe nur rein ist und keine sandigen Beimengungen enthält. Solch eine Stelle ist die schon erwähnte Stelle (c) bei der Insel Kabbenbock. Das ist der nächste
Platz bei dem Orte Djalut, den man besuchen muss, wenn man
schönes Korallenwachstum sehen will. Dorthin pflegte ich mit
meinem Boot zu fahren. Ich verankerte mit einer langen Leine
das Boot auf dem Riff und holte diese ein, oder steckte sie aus,
je nachdem der Strom mich nach der einen oder der anderen
Seite trieb. Lag dann das Boot über einer bestimmten Stelle still,
die ich mit dem Meereskieker ausgesucht hatte, einem gestielten
Blechgefäss mit einem Glasboden, welches, auf das Wasser gesetzt,
einen herrlichen Überblick über den Meeresboden gestattet, so
konnte ich meine Arbeiten beginnen. Die besondere Durchsichtig-
keit des Wassers in der Djalutlagune ist für solche Arbeiten

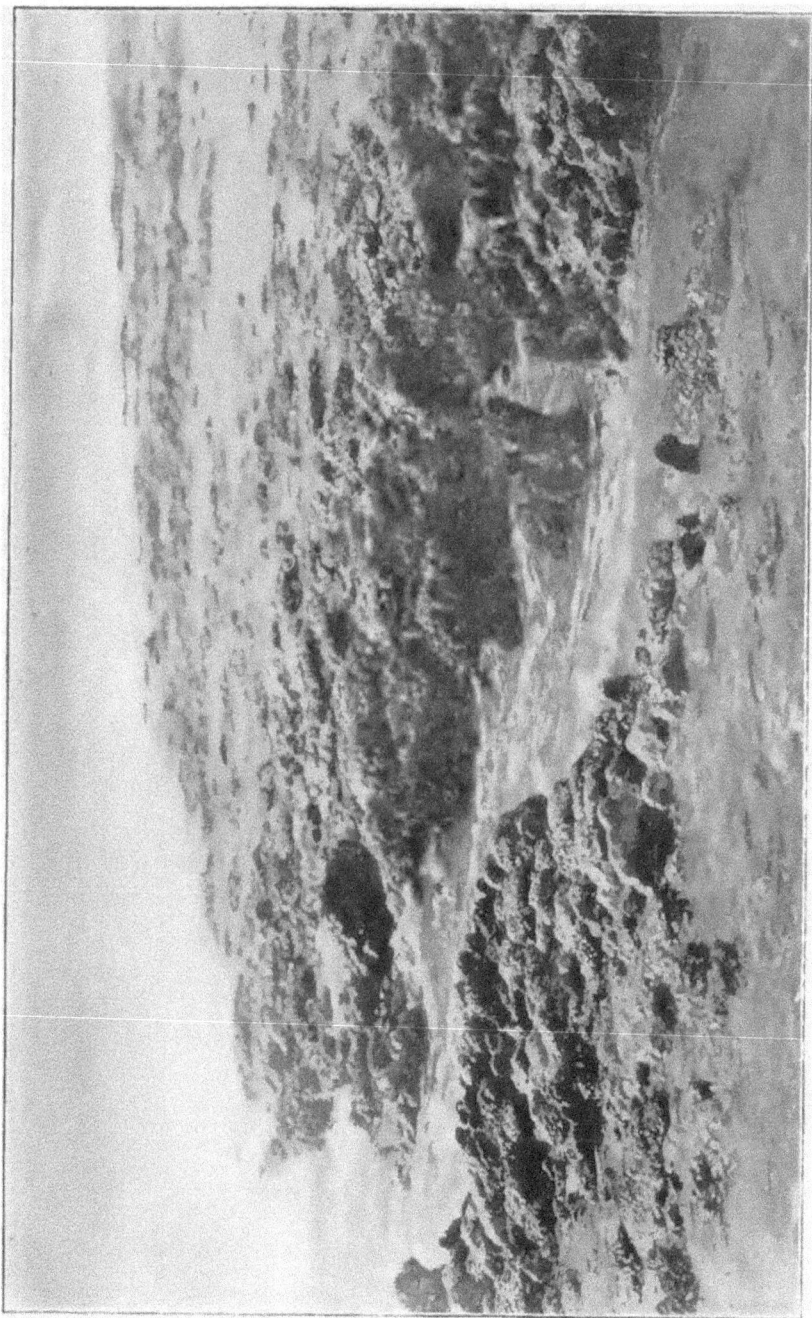

Tafel 7 (siehe Seite 236). Abflusskanal an der Riffkante.

ungemein günstig. Schon auf dem „Bussard", der in 30 m Tiefe
verankert lag, war mir dieses Phänomen aufgefallen: Den ganzen
Meeresboden sah man von Bord aus unter sich in der Meerestiefe
liegen, namentlich morgens früh, wenn der Passat noch nicht so
stark eingesetzt hatte. Das Schiff schien wie auf Kristall gebettet, jeden Fisch konnte man beobachten und verfolgen, und wenn
man einen Kokoswedel ins Wasser warf, so sah man ihn wie eine
silberne Feder, leuchtend und glitzernd, in die Tiefe versinken. Ich
nützte diese herrliche Gelegenheit, um Daten über das Tiefenwachs-
tum der Kalkkorallen zu sammeln; die Stelle d der Skizze bot dazu
eine treffliche Gelegenheit, da dort jene Korallen in allen Tiefen-
lagen zu sehen waren. Die oberen Schichten bis zu 10 m waren
hier durchweg nahezu alle Arten in buntem Gemisch vorhanden,
voran die Madreporen, dann die Coelorien, Mäandrinen,
Asträen, Fungien usw. und vereinzelt einige wenige Leder-
korallen. (Siehe das Verzeichnis im Anhang.)

Bis zu 15 m Tiefe konnte ich diese Korallenarten deutlich
alle nebeneinander erblicken ohne einen wesentlichen Zwischenraum,
wie ein Teppichbeet in einem Garten. Es zeigte sich dabei, dass
die einzelnen Exemplare in 5—10 m Tiefe ihre bedeutendste Grösse
erreichten und nach der Tiefe hin allgemein kleiner wurden. Besonders fiel mir das bei einer fächerförmigen Madrepore (Madrepora cytherea Dana) auf, welche in höheren Regionen einen Durchmesser von 2—3 m erreicht. An abschüssigen Stellen ragt sie wie
ein Schirm in das blaue Wasser hinaus, und unter ihrem Dache
liegen die Fische auf der Lauer, weshalb sie von den Marshallanern
das Haus des Haifisches genannt wird. Ich liess mir von tauch-
gewandten Marshallanern solche Madreporen aus 8—10 m Tiefe
heraufholen, welche sie mit Hammer und Meissel samt Stiel ab-
trennten. Eine derselben hatte 1 m im Durchmesser und befindet
sich auf Bild 30 oben abgebildet. Diese Schirmmadreporen konnte
ich ihrer Grösse und Helligkeit halber recht weit in die Tiefe verfolgen, obwohl sie unter 15 m schon recht vereinzelt auftraten. Einmal, an einem besonders ruhigen und klaren Tage, gelang es mir
festzustellen, dass eine solche Schirmmadrepore von 1 m Durchmesser noch in 22 m Tiefe bei Niedrigwasser zu gedeihen vermag.
Die Grösse stellte ich dadurch fest, dass ich einen 35 cm langen

weissgestrichenen Eisenstab an einer Schnur in die Tiefe versenkte und solange zielte, bis der Stab auf die Koralle zu liegen kam. Danach war die Grösse leicht abzuschätzen. Unter dieser Tiefengrenze

Bild 30. **Meine Korallensammlung von Djalut.**

konnte ich eine dieser Tellermadreporen trotz häufigen Suchens nicht mehr entdecken, so dass dies wohl als ein Unikum anzusehen ist. Nur noch vereinzelte ästige Madreporen konnte ich bis zu 25 m in dünnen, durch Sandflecken getrennten Rasen wahrnehmen. Dagegen traten in jenen Tiefen und darunter die Milleporen in Zahl und Arten hervor.

Wenn man den Gesamtaufbau des Djalutatolls, im besonderen in der Höhe von Djalut betrachtet, so kommt man zu folgendem Durchschnitt: Aus der abyssischen Tiefe des Ozeans steigt der Berghang empor, der von dem Riffkranz des Atolls gekrönt wird. Ungefähr 30 m unter der Oberfläche beginnt der Fuss des lebenden Riffes. Unter einem Winkel von 45°, teils etwas geringer, teils etwas mehr, steigt der Fuss des Korallenriffes bis zur Oberfläche des Meeres empor. Die Linie, welche bei Niedrigwasser frei zu liegen kommt und auf der die See brandet, nennt man die **Riffkante**, der Fuss heisst auch **Talus**. Auf diesem langsam aufsteigenden Fusse nun rollen sich die Seen ab. Wenn man auf der Riffkante steht, natürlich auf der Wetterseite, der Luvseite, welche zumeist dem Passate ausgesetzt ist, so sieht man in 50—100 m Entfernung die stetig sich heranwälzende See sich aufbäumen, und je näher sie der Riffkante kommt, desto hohler und überhängender wird sie, um in einer Entfernung von 10—20 m vom Beschauer zusammenzustürzen. Sie gerät dann sozusagen aufs Trockene, sie strauchelt mit den Beinen, fällt vornüber und umschlingt mit ihren Armen des Beschauers Füsse. Die Riffkante, welche so jahraus jahrein in 24 Stunden zweimal bei Niedrigwasser von der Brandung geschlagen wird, besonders stark freilich nur während der Syzygien, bei Voll- und Neumond, sieht demgemäss zerfressen und zerschlissen aus. Zahlreiche Kämme dringen wie Stützen in das Wasser vor, kleine Buchten und Rinnsale bildend, durch welche das auf das Riff geworfene Wasser wieder abfliessen kann, und allenthalben sieht man aus dem weissen Gischt einzelne dunkle Felsen heraussehen, die Spitzen der vorgeschobenen Brandungskämme. Bei gewöhnlichem Wetter vermögen sie der Wassergewalt zu trotzen, aber wenn ein Orkan losbricht, und die Seen besonders hohl laufen, werden viel zentnerschwere Blöcke losgerissen und aufs Riff hinaufgeworfen. Dicht beim Landeshauptmanngebäude liegt z. B. ein solch besonders grosser von 7 m Länge und $2^1/_2$ m Höhe, ein Zeuge eines früheren Orkanes. Der unaufhörlichen Brandungsseen halber vermag auf der Riffkante nur ein spärliches Korallenwachstum sich zu entfalten. Wenigstens pflegt man ein solches an den Stellen, die zum Vorschein kommen, nicht zu entdecken, und nur an den Abflusskanälen gewahrt man am Rande in deren Bett einige gedrungene Formen. Von einem solchen Abflusskanal, deren Vorhandensein bislang fast allen Riffbeobachtern entging, gebe ich hier eine Abbildung. (Tafel 7.)

Alle 50—100 m sieht man einen solchen bei Niedrigwasser 10—20 m weit aufs Riff hinauflaufen und dort blind enden wie ein Sack. Sie sind meist ungefähr 1 m breit und ebenso tief und dienen dazu, das Wasser, das jede Sturzwelle auf das Riff hinaufwirft, wieder abfliessen zu lassen. Bei jeder sich brechenden See vollständig überschwemmt, kommen sie nur einige Sekunden völlig frei zu liegen, wenn eine neueinkommende See alles Wasser an sich gesaugt hat. Diesen Augenblick musste ich benutzen, um den Kanal photographieren zu können. Unmittelbar darauf war er, nachdem sich die neue See gebrochen hatte, wieder von Wasser bedeckt. In diesen Kanälen kann man, wie erwähnt, kleinere Korallenstücke finden und auch sonstige Meerestiere, wie z. B. von Seeigeln den Heterocentrotus mit seinen kinderfingerdicken Stacheln, von denen das Bild ein Exemplar in situ zeigt. Im übrigen ist der tote Kalkfels hier an der Riffkante von einer Kalkalge, einer roten Korallinenalge überzogen, welche den Fels nicht allein schützt, sondern ihm sogar noch Kalk zuzuführen vermag, als ob man die Riffkante mit Mennige angestrichen hätte. Das ist das Bild der Riffkante und dessen, was meerwärts von ihr vorhanden ist.

Landwärts nun folgt die sogenannte **Riffplatte.** Auf Djalut pflegt sie 50—100 m breit zu sein und sanft anzusteigen, im ganzen ungefähr 2—3 m. Gerade bei der Niederlassung zeigt sie sich so glatt und eben, dass man mit einem Phaeton darauf spazierenfahren könnte. Wie eine zementierte Promenade sieht sie aus, beinahe dem Zwinger in Dresden vergleichbar. Dies natürlich nur bei Niedrigwasser, wenn die Seen nur bis zur Riffkante reichen. Sechs Stunden später ist die Riffplatte vollständig mit Wasser bedeckt, und statt auf dem Riffusse, rollen sich die Seen nun auf der Riffplatte ab. Bei gewöhnlichem Wetter erreichen aber die Brandungseen die landseitige Grenze der Riffplatte auch nicht annähernd, und nur wenig Wasser bespült den Fuss des **Schuttwalles,** wie wenn man an dem sanft geneigten Strande unserer Nordseeinseln, deren Badestrand man füglich mit der Riffplatte vergleichen kann, wandert. Wie sich hier bei uns landwärts vom Strande die

Düne hebt, so steigt mit gleich starker Böschung der Schuttwall der Koralleninseln empor, freilich nicht so hoch, dafür aber kräftiger und gedrungener, aus Felsplatten und Korallentrümmern bestehend. Dieser Schuttwall ist meist nur 2—3 m hoch, aber steil wie ein Dach abfallend. Unmittelbar hinter ihm senkt sich das Land wieder um 1—2 m, das eigentliche Land der Koralleninseln. (Siehe Bild 31.)

Bild 31. Schuttwall am Aussenstrande und Blick auf die Riffplatte.

Wenn man zur Zeit eines Sturmes draussen am Strande sich behauptet, hat man Gelegenheit zu sehen, welch ein Unterschied zwischen Frieden und Krieg auch hier in der Natur ist. Mächtig rollen die Seen über die Riffplatte daher in kurzen Abständen, oft mehr als fünf hintereinander; dröhnend klingen die Korallenplatten des Schutthügels unter der andrängenden Wassermasse, und unaufhörlich spritzt der Gischt bei auflandigem Wind über den Wallkamm. Ja, wenn der Orkan seine Höhe erreicht und es ist zugleich höchster Wasserstand, so fliegen auch Korallentrümmer

inlands, und man tut dann gut, sich in sicheres Gewahrsam zurückzuziehen. Diese Korallentrümmer sind meist Schirme oder Äste
der schon erwähnten Madreporen und sind vom Riffusse losgerissen. So kommt es, dass man oft noch weit inlands auf den
Korallenriffen solche Trümmer findet. Ja auf Samoa fand ich
einmal Madreporenstücke von 1 Fuss Grösse zahlreich jenseits des
Grates der Insel Fanuatapu[1], deren Böschung schroff nahezu
50 m aus dem Wasser ansteigt. Eine andere Deutung als die
durch den Transport von Sturmseen konnte ich daselbst nicht finden,
und auch die Eingeborenen bestätigten meine Mutmassung. Kann
man sich so leicht erklären, wie eine 200—300 m breite Koralleninsel völlig mit Kalktrümmern übersät ist, obwohl ein Schutzwall
das Land vom Meere trennt, so kommen hier doch noch andere
Faktoren für die Inselbildung in Betracht. Wandert man nämlich
vom Schuttwall aus lagunenwärts über das Land, so findet man
dasselbe durchaus nicht immer gleichmässig abfallend, sondern
häufig wellig. Ja man findet sogar nicht selten kleine Tümpel
und Teiche, welche bei Ebbe trocken fallen und bei Flut sich
wieder füllen, ein Zeichen, dass das ganze Korallenriff keine kompakte Masse bildet, sondern von zahlreichen Höhlen und Rissen
durchzogen ist. Ich hatte dies noch später auf Nauru zu sehen
Gelegenheit, welche Insel ein gehobenes Korallenatoll ist. Ich
werde darüber weiter unten berichten. Auf Djalut liegt ein solcher
Teich von recht ansehnlicher Grösse in der Nähe der Einfahrt,
(siehe Bild 32), und ein Tümpel zwischen der Landeshauptmannschaft und dem Aussenriff. Diese Einsenkungen und die Land-
wellen, die parallel dem Schuttwall zu laufen pflegen, deuten auf
das Wachstum des Landes von der Lagune aus seewärts hin. Man
ist zur Annahme gezwungen, dass sich zur Zeit, als das Korallenriff
sich zur Meeresoberfläche hinaufgewachsen hatte, erst eine kleine
Schuttfläche bildete, und zwar an der Stelle ungefähr, wo heute
die Lagune beginnt. Durch das stetige Wachsen des Riffes seewärts und durch die Gezeitentätigkeit wurde allmählich Sand- und
Korallengrus angeschwemmt, und die Stürme warfen dann im

---

[1] Siehe Näheres in: Die angeblichen Hebungen und Senkungen in Samoa.
Peterm. Geogr. Mitteil. 1900. Heft 1.

Bild 32. Teich auf der Insel bei der Einfahrt, mit Ebbe und Flut sich leerend und füllend.

Gefolge die grosssteinigen Wälle auf, welche einen natürlichen Schutz des gewonnenen Landes bildeten. Je weiter der vorhandene Untergrund dem lebenden Riff eine Ausdehnung nach der Peripherie meerwärts gestattete, desto breiter musste die Riffplatte werden, desto mehr Raum wurde geschaffen für einen neuen sekundären Schuttwall.

Ein dritter, ein vierter und fünfter schloss sich im Laufe der Jahrtausende an. Auf diese Weise ist das Land auf den Koralleninseln entstanden zu denken, welches nahezu die Breite eines Kilometers und darüber erreichen kann. Auf Djalut kann man sich, abgesehen von den Teichen, von dem Vorhandensein solch welligen Landes leicht überzeugen an einer Stelle, die einen Überblick über die ganze Breite der Insel gestattet. Dies ist ein von den Weissen angelegter Weg, welcher vom Aussenstrande aus an den Krankenhäusern vorbei senkrecht auf die Lagune zuführt. Die Tafel 8 enthebt mich jeder weiteren Auseinandersetzung. Den Marshallanern ist diese Erscheinung wohl bekannt, und eines ihrer Ornamente auf den Kleidmatten, eine sägenförmige Zickzacklinie nennt sich *gobarlóngedong* und bedeutet — das wellige Land der Inseln. Wir sind am Rande der Lagune angekommen.

Statt der Korallentrümmer und des festen Kalkgesteins draussen am Aussenriff findet man am Lagunenstrande zumeist nur Sand, wie auf unseren Nordseeinseln. Aber keine Seen rollen dort die Strandböschung hinauf, langsam hebt sich und senkt sich das Wasser bei Flut und Ebbe, wie in einem Hafen. Nur wenn starke Winde auftreten, kommt das Wasser der Lagune in Bewegung, wie auf einem grossen Inlandsee. Die Lagune des Djalutatolls hat in ihrer grössten Länge einen Durchmesser von annähernd 60 km. Die Tiefe ist nicht genau bekannt, dürfte jedoch 50 m kaum wesentlich überschreiten. Wenn man bedenkt, dass dieser so ausserordentlich grosse See innerhalb sechs Stunden seinen Wasserspiegel um 1—2 m verändern muss, so kann man sich vergegenwärtigen, welch ein starker Strom in den Riffeinlässen vorhanden sein muss, durch welche das Wasser aus- und einfliesst. Mir sind nur deren drei bekannt, und alle nicht breiter als höchstens 1000 m. Dass noch mehr vorhanden sind, wenn auch teilweise recht klein und flach, liegt auf der Hand, und so darf man sich den Ring

Tafel 8 (siehe Seite 240). Welliger Weg über die Breite der Insel, zwischen Krankenhaus und Arzthaus hindurchführend. (Szene der letzten Katastrophe vom 30. Juni 1905.)

eines Atolls nicht geschlossen vorstellen, sondern aus sehr zahlreichen, mehr oder weniger kleinen Inseln zusammengesetzt[1], wie eine unregelmässige Perlenkette. Ein Atoll, wie es Dana in seinem Coral and Coral Islands abbildet und wie es in die Lehrbücher übergegangen ist, einen grossen See von einem ununterbrochenen, dünnen Korallenring umgeben, gibt es nicht. Mindestens ist es nicht typisch. Haben wir auf der Djalutseite die Wetter-, also die Luvseite des Atolls kennen gelernt, so finden wir an der Leeseite im wesentlichen ähnliche, aber doch verschiedene Züge. Im allgemeinen hat die Leeseite der Atolle nicht so viele ausgebildete Inseln. Ja oft sind solche auf weite Strecken hin gar nicht vorhanden, und nur eine schmierige Trümmer- oder Sandfläche gibt bei Niedrigwasser kund, wo der Riffkranz sich befindet. Findet man aber doch irgendwo kleinere oder grössere Inseln, so sind sie im wesentlichen ein Gebilde der Weststürme, welche vornehmlich vom November bis März aufzutreten pflegen.

Diese Stürme können so heftig auftreten, dass sie Riffinseln in wenigen Tagen zu erzeugen vermögen. So wurde mir von glaubwürdiger Seite erzählt, dass auf der nahen Karolineninsel Kusaie im März 1891 ein Weststurm eine Riffinsel von 3 Meilen Länge und 3—5 m Höhe in wenigen Tagen aufgeworfen habe, an einer Stelle, wo früher nur flaches, von Hochwasser bedecktes Riff gewesen war. Wird eine solche Riffinsel durch einen späteren Sturm nicht wieder zerstört und begrünt sie sich allmählich, so wird sie so fest, dass ihr Bestand gesichert erscheint. Freilich auch hier kann eine Flutwelle in wenigen Augenblicken vernichten, was in vielen Jahrzehnten oder Jahrhunderten langsam sich gebildet hat. Beispiele hierfür werde ich weiter unten bei Likiep und bei Butaritari schildern, auf welchen Inseln ich die heimgesuchten Stellen sah. Diese Flutwellen pflegen aber meist nur auf der Ostseite der Inseln, die mit der Wetterseite zusammenfällt, Unheil zu stiften. Die Leeseite ist solchen Gefahren weniger ausgesetzt. Hier pflegt die meiste Zeit des Jahres Ruhe und Friede zu herrschen,

---

[1] Hernsheim zählt für das Djalutatoll 55; auf der Ostseite 34 und auf der Westseite 21.

nicht allein auf der Lagunenseite, sondern auch auf der Seite des offenen Ozeans. Oft habe ich mich hier auf den Rand des Riffes, die Riffkante zu stellen vermocht und habe auf die Korallengärten hinabgesehen, welche steil abfallend sich bald in dem schwarzblauen Wasser der Tiefe verlieren. Nur eine sanfte Dünung hob und senkte die träge, glatte Wassermasse um eine bis zwei Handbreiten, langsam floss mir das klare Wasser um die Knöchel, um im nächsten Augenblick langsam wieder meerwärts abzufliessen, ein stetes, ruhiges Atmen. Wenn man sich vergegenwärtigt, dass um dieselbe Zeit an der Luvseite mannshohe Brecher ohne Unterlass sich auf das Riff stürzen, wenn man die Seen sicht, welche daselbst das Meer im frischen Passate heranwälzt, so ist es einem fast unbegreiflich, dass man sich hier am offenen Meere befindet.

Ich habe hier die Beschreibung eines Atolls an einem Beispiel, dem Djalutatoll, gegeben, obwohl ich mir eine nähere Beschreibung für das Kapitel von Plankton und von den Korallenriffen vorbehalten wollte. Aber teils war ein Überblick anlässlich der Erzählungen meiner Riffstudien gegeben, teils war ein solcher für das Verständnis der weiteren Reisen innerhalb des Atollgebietes notwendig. Für das genannte Kapitel bleibt noch genug zu sagen übrig.

Wie ich zu den weiteren Reisen kam, will ich hier noch kurz schildern. Auch sei noch einiges vom ersten Aufenthalte auf Djalut erwähnt. Da ich gerne einmal einen Eingeborenentanz gesehen hätte, so lag ich Herrn Hütter und Wolfhagen in den Ohren, doch ihren Einfluss zur Gestaltung eines solchen zu verwenden. Sie schüttelten anfangs zweifelnd das Haupt, ob ein solches Unternehmen irgendeinen Ausblick auf einen nennenswerten Erfolg haben könnte. Nicht allein sie, sondern auch andere Weisse, welche schon eine recht erhebliche Zahl von Jahren auf den Marshallinseln gelebt und gewirkt hatten, erklärten, Tänze der Marshallaner noch nicht gesehen zu haben. Wenn man aus dem tanzesfrohen Samoa kommt, so ist es verzeihlich, dass man einen solchen Zustand für unmöglich hält. Die Anwesenheit des Kriegsschiffes gab aber doch genug Folie für ein grösseres Fest, und da man ja bei solchen Tänzen nicht selbst mitzutanzen, sondern nur zuzusehen braucht, so verfehlte der Gedanke meinerseits bei den Inselweissen

nicht eine gewisse Sympathie zu erwecken. Die Bemühungen des
Herrn Hütter waren von glänzendem Erfolge gekrönt und sollten
direkt empochemachend für Djalut wirken. Am Freitag, den 3. Dezember 1897 hatten die liebenswürdigen Leiter der Jaluitgesell-
schaft die Offiziere S. M. S. „Bussard" und mehrere Deutsche am
Lande, zu denen auch ich mich rechnen durfte, zu einem reichen
Gastmahl im Speischause geladen. Unter den Gerichten stachen
Austern in der Schale, welche hier durch die Tridaknamuscheln
vertreten werden, hervor. Diese Muscheln erreichen auf den nördlichen Riffen eine Grösse von ungefähr 1 m in der Länge und ihre
Schalen werden zentnerschwer. In vielen unserer katholischen
Kirchen geben die Weihwasserbecken Kunde davon. Auf der Tafel
zu Djalut waren sie ungefähr handtellergross und schmeckten vorzüglich. Ein weiteres Gericht bestand aus Strandläufern, Chara-
drius- und Strepsilas-Arten, welche an den Gestaden der Koralleninseln recht zahlreich sind, aber ihrer Scheu halber nicht leicht
erlegt werden können. Dass ein guter Braten, treffliche Weine
und Sekt dem leckeren Mahle nicht fehlten, braucht kaum hervorgehoben zu werden; es war ein besonderer Tag. Nach dem Essen
begab man sich auf die Veranda und harrte dort in bequemen
Sesseln der Entwicklung der Dinge. Bald lichteten einige Fackeln
aus trockenen Kokoswedeln die Dunkelheit der Nacht, und in einer
langen Reihe, im Gänsemarsch, kamen die Mädchen und Frauen
aus dem Stamme des Lóiak an. Alle trugen sie weisse wallende
Musselingewänder, und um Hals und Stirne schlangen sich die dicht
geflochtenen Kränze aus der lieblich duftenden *irut*-Blüte, der
Fragraea Berteriana. Sie sangen zwei Lieder, nachdem sie
Halt gemacht hatten und wiegten sich dabei in den Hüften und
drehten das Gesicht mit einer sanften Neigung des Kopfes nach
rechts und links rhythmisch im Takte. Langsamen Schrittes verschwanden sie nun im Hintergrund. Darauf spie das Dunkel der
Nacht zwei Reihen auf einmal aus, eine Mädchen- und eine Knaben-
reihe, welche nebeneinander singend langsam heranmarschierten. Es
waren die Leute aus dem Stamme des Lädigö, von der Insel
Mille, welche sich mit ihrem Oberhäuptling, einem liebenswürdigen,
famosen alten Herrn damals besuchsweise auf Djalut aufhielten.
(Bild 33.)

16*

Auch hier trugen die Mädchen die langen, weissen Gewänder, leider, denn die einheimische Mattentracht ist ungleich kleidsamer und schöner, wie auf der Tafel 1 zu sehen. Und die Jünglinge! Alle trugen sie einen Strohhut, weisse Jacken und — sage und schreibe — Hosen; nur die nackten Füsse erinnerten noch etwas an primitive Verhältnisse. Das ist das Verdienst der amerikanischen Mission, die sich schon früh um diese Inseln bekümmert hat und ihre Bevölkerung, wie die der Hawaiischen Inseln — mit Schmerz muss ich es sagen — zugrunde gerichtet hat. Es wäre verdienstvoller für sie gewesen, den moralischen Zustand des Volkes zu heben. Jedenfalls ist der Beweis hier auf den Marshallinseln dafür erbracht, dass Röcke und Hosen allein dies nicht herbeizuführen imstande sind, was im umgekehrten Verhältnisse die Samoaner beweisen. Denn diese haben, trotz der in dieser Hinsicht ebenso unvernünftigen englischen Missionare, noch nicht die Geschmacklosigkeit besessen, Hosen anzuziehen, und es wäre zu wünschen, dass dieser kräftige Volkscharakter sich noch recht lange erhält. Freilich betreffs der Mädchen und Frauen sind die Missionserfolge auf Samoa etwas nachhaltiger gewesen, und besonders grossartig ist das erreichte Ziel, dass die barfüssigen Samoanerinnen am Sonntag in der Kirche mit einem Hut erscheinen, weil das bei den Damen in England so Sitte ist. Ich bin sonst bereit, für die Missionare in der Südsee einzutreten, wo ich nur kann, denn die Geschichte hat ihre grossartigen Taten und ihre Aufopferung in ihr Buch für ewig eingetragen. Aber wenn ich auf die Kleiderfrage komme, dann verliere ich die Fassung. Hierin halte ich das Vorgehen der Missionare nicht allein für künstlerisch unschön, sondern für unhygienisch, und vom Standpunkt der Eingeborenen aus betrachtet, geradezu für unmoralisch! Hier hat eine weise Regierung die Pflicht, mildernd einzugreifen.

Was soll dieser Exkurs hier an dieser Stelle? Es waren die Reflexionen, die durch die Häupter der Zuschauer an jenem Abend auf Djalut gingen, und die sich in derben Ausdrücken allseitig Luft machten. Möchten den Betroffenen die Ohren geklungen haben.

Der Tanz der Milleleute gestaltete sich in der Folge um ein geringes lebhafter, als der erste; die Männer hatten an Stelle der abhanden gekommenen Speere lange Stöcke mitgebracht, welche sie hin und her bewegten. Früher hatten sie umflochtene Tanzstäbe,

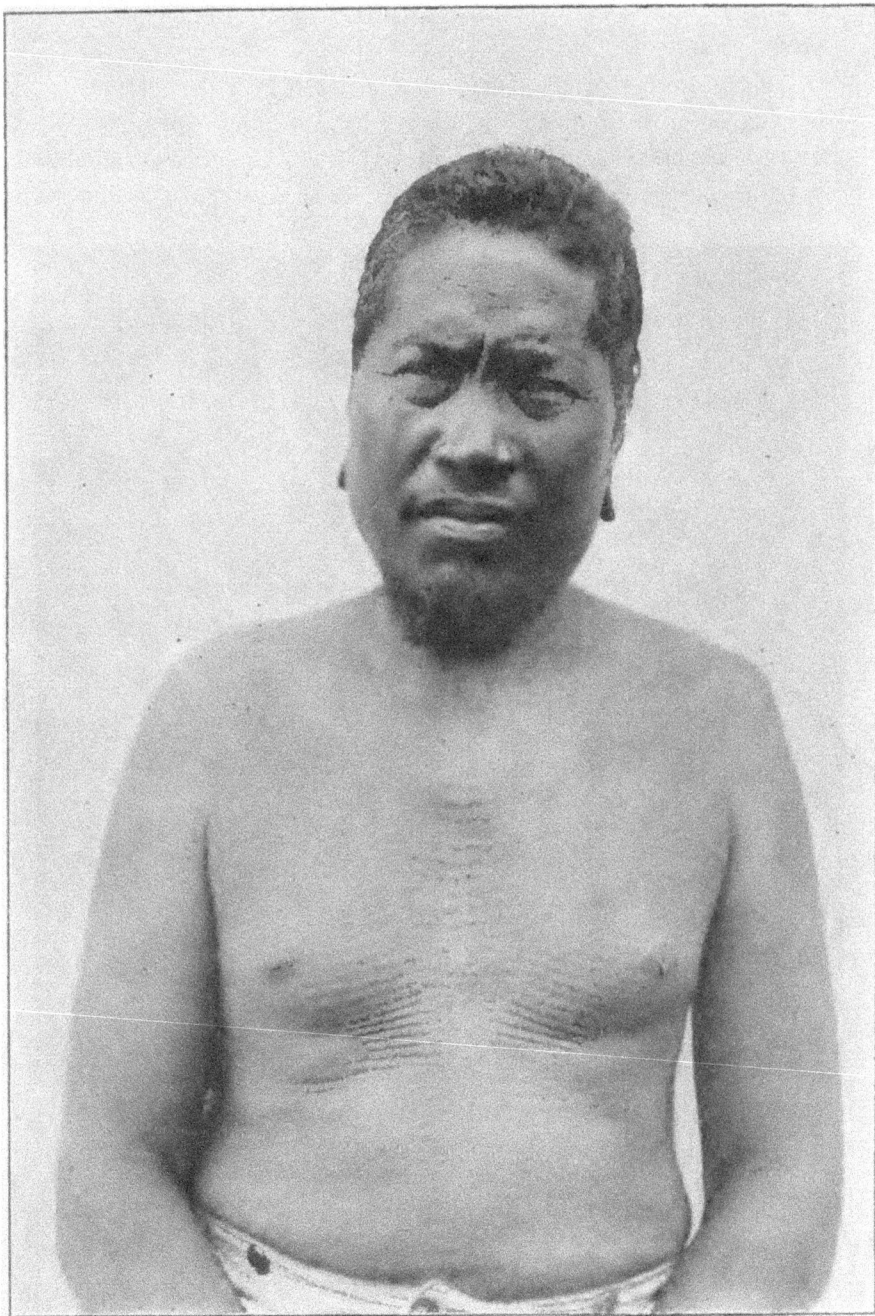

Bild 33. Häuptling Laninat von Mille mit schöner Brusttatauierung.

im Geflecht ähnlich ornamentiert wie die von Truk (siehe Bild 34).
Die Eingeborenen drehten sich dabei zeitweise einmal um sich selbst
herum, ohne indessen die Reihe zu verlassen. Immer aber blieben
die Beine bescheiden trippelnd, zu weiteren Aufregungen kam es

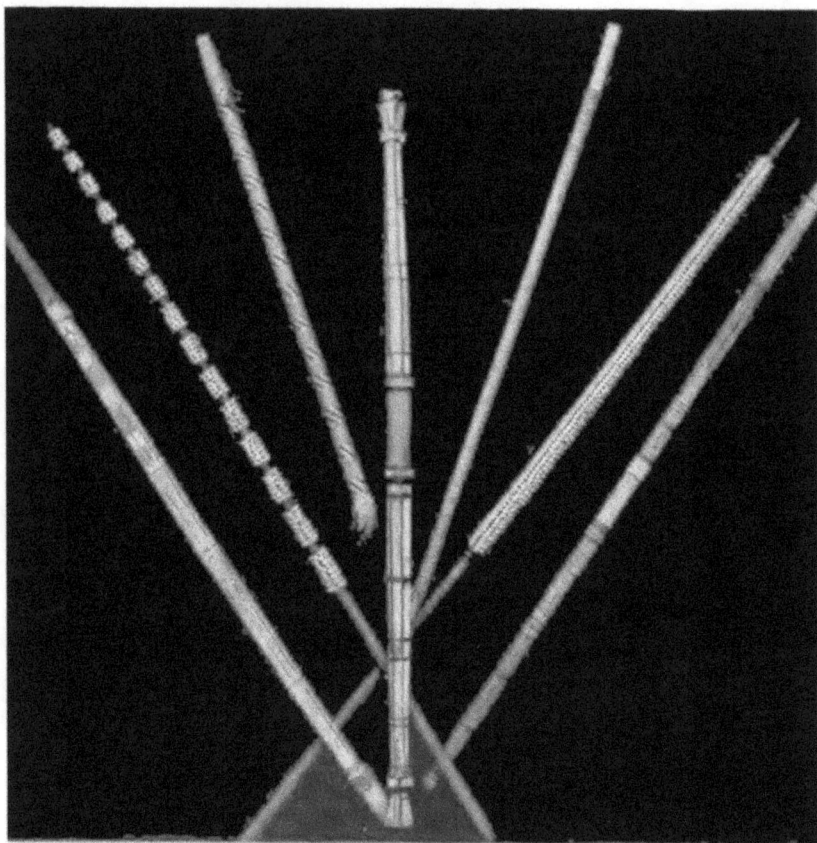

Bild 34. Tanzstäbe und Speere von Ralik-Ratakinseln und von Truk.

nicht. Auch der Gesang, zu dem sie in modernster Art auf Blech-
büchsen den Takt schlugen, war gemessen und friedlich. Die Melo-
dien, welche ich mir alsbald notierte, waren ganz nett, scheinen
aber durch die Kirchenmusik beeinflusst zu sein. Ich gebe eine
derselben mit dem Text, der die Vorwürfe für die Tänze kundgibt, im folgenden wieder.

1. Tanzgesang der Lóiakleute.

La la la ledj djeor edj	La la la, aussehen, treten
djuredjure	
Wa in, wan Kabua, bwen rub;	Nach dem Schiff, dem Schiff Ka-
	buas, um es zu zerbrechen;
Er ki enem rube wáin i Djalut.	Lasst es uns zerbrechen, das Schiff
	in Djalut.
Aub djab rub eban, rub bwe	Aber nicht zerbrechen können wir's,
lalin.	zerbrechen hienieden.

Lalin, gleich dem samoanischen *lalolangi*, das Weltall, deutet auf die Mächtigkeit Kabuas hin, an dessen dämonischer Häuptlingsmacht alles zerschellt (vgl. *káwon* im folgenden Lied).

Die Melodie zu dem Liede war ungefähr folgendermassen:

La la la ledj djeor edj dju-re dju-re Wa in wan Ka-bu-a

bwen rub; er ki en-em ru-be wa in i Djalut

Aub djab rub e-ban rub rub bwe la-lin

2. Tanzgesang derselben.

a) *Kienin eu rim, káwon*	Das Gesetz ist sehr stark, das
	Häuptlingsgesetz
Lakinjon rebidji kien bwen	Des Lakinjon (Kabua), das Gesetz,
rim.	das sehr stark ist.

Refrain:

Elka rim, rim, rim,	Macht es stark, stark, stark,
Elka rim, rim, rim.	Macht es stark, stark, stark,
Elka rim, rebidji.	Macht es stark, haltet fest.

b) *Likot kare in Aan re redj*   Er (Kabua) bringt Weiber von
             kaub,   Äan[1] in seinem Gefolge,
   Lo úwé, ren djur aren enin.   Die mit ihm an Bord gehen, um
                                 hier zu landen.

c) *E bungbung ke Luna edj,*   Berühmt ist Luna[2]
   Kwin in komwe ar Sip ilo   Sie ist Lotse für das Schiff in der
              do in.   Riffeinfahrt.

d) *Do tok iaren Ebon, djudjuri*   Er (Kabua) geht in Ebon an Land,
               im,   sie treten,
   Djuri aj keibelki.   Sie treten und bewegen sich hin
                                   hin und her[3].

Hatte man bis dahin von Tänzen auf Djalut nichts gewusst, so schien nunmehr die Tanzfurie in die Leiber der sonst so stillen Eingeborenen gefahren zu sein. Schon drei Tage später waren die Zuschauer beim Tanzfeste wieder versammelt zur Begehung eines „intimen“ Abends unter Ausschluss der Öffentlichkeit. Ich hatte nämlich Lóiak zur Rede gestellt, ob diese Tänze denn alles gewesen seien, was man in alten Zeiten auf Djalut *éop* — Tanz — genannt habe. Ich frug ihn, ob es bei ihnen denn nicht auch Sitztänze wie auf Samoa gäbe, und als er es bejahte, forderte ich ihn auf, mir doch die Gelegenheit zu verschaffen, einen solchen zu sehen. Er sagte es zu, wobei er aber verschmitzt lächelnd andeutete, dass er dies nur hinter Schloss und Riegel tun könne. Dankenswerterweise wurde wieder das Speisehaus zur Verfügung gestellt, wo sich drei Tage später die Festgesellschaft wieder versammelte. Nach den ersten Massentänzen zu schliessen, brauche ich kaum zu erwähnen, dass sie in allem, in Grazie und Anmut, in Durchführung, in Musik und Gesang weit hinter den samoanischen zurückblieben. Auch sassen die Tänzerinnen nicht kreuzbeinig wie dort, sondern auf den Knieen kauernd, wobei sie den Oberkörper hin und her wiegten und die Arme meist schräg in der Verlängerung ausgestreckt hielten, wie die Vogelscheuchen im Saatfeld. Dabei zitterten die Hände

---

[1] Äan auf Ailinglaplap.
[2] Luna, Prinzessin auf Ebon.
[3] Gemeint sind seine Leute, die sein Ansehen bedeuten.

fast unausgesetzt, und die Gesichter verzogen sich in wilden Grimassen. Zum Schluss warfen sie die beengenden Kleidungsstücke ab, und nun konnte man wenigstens die Bewegungen in ihrer Natur sehen, aber hinreissend war es keineswegs. Vielleicht auch, dass Lóiak glaubte, uns einen besonderen Gefallen zu erweisen, wenn er seine Frauen anwies, sich „nur mit Anmut zu kleiden", wie Ehlers einst es bezeichnete; ich habe jedenfalls nichts darüber erfahren können, inwieweit und ob solche zynischen Tänze ehemals bei den Eingeborenen Sitte waren, oder auf den abgelegeneren Inseln noch sind. Verdorben hat jedenfalls Lóiak an jenem Abend in Anbetracht der geringen Schönheit und der Bejahrtheit der Damen, die er sandte, niemanden von uns, und in diesem Bewusstsein trennten wir uns wieder nach einigen Stunden fröhlichen Beisammenseins. Wenn ich aber sagte, dass die Tanzfurie auf Djalut ihren Einzug gehalten hätte, so bezog sich dies vornehmlich auf freiwillige Tänze, welche nun fast täglich unangemeldet in der Eingeborenenniederlassung stattfanden. Meist bewegten sich zwar die Massentänze ähnlich wie an jenem ersten Abend nur in gemässigten Rhythmen, aber es kam doch auch vor, dass einzelne Häuptlinge, Krieger nachahmend, in wilden Sprüngen sich vor den übrigen Tanzenden hin und her bewegten. Es ist mir unvergesslich, wie ich den guten, alten, dicken Lädigö einmal bei einer solchen Tanzorgie erwischte, vollständig in Schweiss gebadet und aufgelöst, und es war possierlich anzuschauen, wie seine beiden Frauen ihm dabei Luft zufächelten.

So flossen die Tage rasch auf Djalut dahin, am 5. Dezember war der Postschoner, welcher die Verbindung Djaluts mit Ponape, und so mit der Aussenwelt herstellte, mit dem Sekretär der Regierung und stellvertretenden Landeshauptmann, Herrn Senfft, eingetroffen. Er hatte eine Dienstreise nach Nauru unternommen. Da aber das Segelschiff, das ihn hinbrachte, und ihn nach drei Tagen wieder abholen sollte, mit dem Strom abgetrieben war, hatte er einen unfreiwilligen Aufenthalt von vier Wochen auf Nauru nehmen müssen. Dies gab mir zu denken. Denn auch ein anderer Schoner hatte in jenen Tagen vor Djalut geankert, der „Neptun", dessen Besitzer, Herr Kapitän Kessler, mich eingeladen hatte, gegen geringen Entgelt eine Kreuzfahrt im Gilbertarchipel mitzumachen. Er

versicherte mir zwar, dass er in vier, spätestens sechs Wochen fast
sämtliche Hauptinseln der Gruppe anlaufen würde, und mich recht-
zeitig nach Butaritari bringen werde, von wo der Postschoner
mich dann zurückbringen könnte, aber ein Schoner hat nun einmal
keine Schraube.

Auf der anderen Seite war Herr Kapitän Winkler gerne bereit, mich nach dem Bismarckarchipel und nach Neu-Guinea
mitzunehmen, um mich dann im Februar in Sydney abzusetzen.
Ja er stellte mir sogar verlockend in Aussicht, die selten besuchte,
kleine Insel Nauru anlaufen zu wollen. Die melanesischen Inseln
zu sehen, welche ich auf der ersten Südseereise leider vermissen
musste, die lang begehrten diesmal endlich zu sehen, schien mir
zu köstlich, als dass ich mich für die Gilberttour ohne weiteres
hätte entschliessen können. Je mehr ich aber in meinen Arbeiten
fortschritt, im Studium der Korallenriffe und der Landesbewohner,
desto mehr musste ich mir sagen, dass, wenn ich schon in kurzem
mit dem „Bussard" auf Nimmerwiedersehen das Atollgebiet verlassen würde, alles Angefangene nur Stümperarbeit bleiben müsste.
Ich hatte die seltene Gelegenheit gehabt, längs der Gilbertatolle
Hochseefänge zu machen, und nun bot sich mir auch die weitere Gelegenheit, innerhalb jener Atolle die Vergleichsfänge zu bekommen, und ausserdem einen Archipel besuchen zu können, der
von Weissen so selten heimgesucht wird. Dazu kam noch, dass
ich, wenn die Voraussagungen des Kapitän Kessler sich erfüllten,
nach Verlauf von zwei Monaten wieder auf Djalut zurück sein konnte,
um die begonnenen Arbeiten fortzusetzen und zu einem gewissen
Ende zu führen.

Es blieb mir dann ja noch die Möglichkeit, im Februar oder
März mit dem Postschoner nach Ponape, und von da mit den
spanischen Dampfern über die Westkarolinen nach Manila zu
fahren, wo ich an die Weltlinie wieder angeschlossen sein würde.
Am Sonnabend, den 11. verliess Herr Hütter mit dem Postschoner
Djalut in der Absicht, wieder von Ponape mit demselben zurückzukehren, was ungefähr Mitte Januar sein musste. Er versprach
mir, den Schoner dann alsbald nach Butaritari zu senden, so
dass ich von da wieder nach Djalut zurückzukehren imstande
war. Kurz entschlossen sagte ich zu. Es war ja auch die höchste

Zeit, denn am folgenden Morgen sollte der „Neptun" segeln. Er hatte am Bollwerk festgemacht, und ich ging alsbald an Bord zu Herrn Kapitän Kessler, um mit ihm noch einmal über die Sache endgültig zu sprechen. Es war ein schönes Schiff von 140 Tonnen, nach den Angaben Kesslers von Turner in San Francisco gebaut. Es hatte eine grosse Messe, welche sich völlig über Deck befand. Sie besass nach vorne und hinten einen Ausgang, war also gut ventiliert, und führte die Kammern alle längsseit. Alles sah rein und sauber aus. Eine schönere Gelegenheit, auf einem Kopraschoner zu fahren, gab es im ganzen Pacific nicht wieder. Und um das Mass seiner Güte voll zu machen, drang der Kapitän darauf, dass ich seine Kammer bewohnen solle, welche er so gross gebaut hatte, dass er auch seine Frau mitnehmen konnte, die aber während der folgenden Fahrt in Djalut zu bleiben beschlossen hatte. Was blieb mir da anderes übrig, als mit Freuden den biederen Willkommgruss der deutschen Seeleute anzunehmen, und so begann ich alsbald meine Einschiffung in die Wege zu leiten. Zuerst fuhr ich an Bord des „Bussard", um den Kommandanten und die Offiziere von meiner Entschliessung in Kenntnis zu setzen, und ihnen für ihre freundschaftliche Aufnahme zu danken. Zugleich nahm ich meine Netze und die grosse Zentrifuge mit, welche ich an Bord gelassen hatte, weil Herr Stabsarzt Dr. Martin sich erboten hatte, an verschiedenen Stellen der Lagune, die der „Bussard" bei den Schiessübungen besuchte, Fänge zu machen, wodurch sich mein Material sehr bereicherte. Ich brachte den Apparat an Bord des „Neptun", um ihn auf der Gilbertreise in eifrigen Gebrauch zu nehmen. Meine Sachen an Land waren rasch zusammengepackt. Nahm ich doch nur das Notwendigste mit, und brauchte meine Sammlungen und Präparate nur im Landeshauptmannschaftsgebäude bis zu meiner Rückkehr einzuschliessen. Abends war noch grosser Bierabend auf dem „Bussard", am anderen Morgen lag der „Neptun" seeklar. Zwar verzögerte sich die Abfahrt durch heftige Regenschauer, aber um halb zehn konnte er doch vom Bollwerk loswerfen. Mit schöner Backstagsbrise segelte er stolz in die Lagune hinaus, südwärts, den „Bussard" an Steuerbord passierend, wo eben Sonntagsmusterung war. Grüsse hinüber und herüber, Mützenschwenken, und bald war alles ausser Sicht. Zwar glückte es nicht, ohne weiteres

die Lagune zu verlassen, da der Wind schralte und neue Regen-
massen niedergingen. So musste der „Neptun" noch diesen Sonntag-
abend innerhalb der Lagune verbleiben und in 20 Faden Wasser zu
Anker gehen. Am folgenden Montagmorgen indessen wehte ein
frischer Passat, und mit brausender Fahrt steuerte nun der „Neptun",
der nur die Breitfock gesetzt hatte, der Südwestpassage zu. Ehe wir
aber an den Riffkranz kamen, sah ich zu meinem Erstaunen das ganze
Fahrwasser durch Korallenriffe verlegt. Kapitän Kessler war auf-
geentert und steuerte, auf der Rahe stehend, durch das wundersame
Fahrwasser. Und wundersam war es in der Tat; ich habe nie
wieder etwas Ähnliches gesehen. Zuerst kamen einige mächtige
vereinzelte Korallenfelsen, die an Backbord liegen blieben. Dann
breitete sich ein ungeheures Riffplateau von ungefähr 1 km Breite
und Länge vor uns aus, rotbraun, gelb und grün schillernd, bei
dem eben herrschenden Niedrigwasser fast ganz trocken liegend.
Und durch dieses sonnenbeglänzte Steinfeld zog sich ein blauer
Kanal, S-förmig geschlungen und so scharf sich abhebend, als ob
er mit Hammer und Meissel herausgehauen worden wäre. Ich
wollte photographieren, aber gebannt von der Merkwürdigkeit des
Anblicks und der eigenartigen Farbenpracht, versäumte ich den
richtigen Augenblick; denn ich hätte dazu aufentern müssen. Mit
fliegender Fahrt sauste der „Neptun" an den scharfen Korallen-
klippen vorbei, die so senkrecht abfielen, dass nur an einzelnen
Stellen eine leichtgrünliche Färbung eine geringe Böschung anzeigte.
Glänzend wurden die scharfen Biegungen genommen, und wenige
Minuten später befand sich das Schiff in der Ausfahrt zwischen
den Inseln A e und Madjerurik, und hinaus ging's in die See —
nach den Gilbertinseln.

Fünftes Kapitel.

Fahrt nach den Gilbertinseln.

Zwei Tage dauerte bei einer steifen Nordostbrise die Überfahrt von Djalut nach Butaritari, der nördlichsten der Gilbertinseln. (Fig. 15.) Butaritari bildet ein Dreieck mit der Spitze nach Süden. Wir bekamen zuerst die an der Westspitze gelegene Insel Pikät in Sicht, und fuhren dann an der Südwestseite des Atolls dahin, welche aus zahlreichen kleinen Inseln besteht. Nur in der Mitte dieses Dreieckschenkels liegt eine grössere, einen stumpfen Winkel bildende Insel, auf welcher wir mehrere Eingeborenenhütten sahen und welche auf den Karten Tukurere heisst. Es soll der Sitz des Königs sein, welcher wegen Erkrankung an Syphilis häufig hierher sich zurückzuziehen pflegt. Zwischen dieser Insel und der Südspitze des Atolls liegt die grosse Einfahrt, ungefähr 500 m breit und ohne wesentliche Untiefen mit Ausnahme eines grossen Steines nahe der Königsinsel. Auf der anderen Seite der Passage, in die wir aber nicht einfuhren, sahen wir auf dem Riff die Trümmer eines gestrandeten Schoners, des „Flink" der Jaluitgesellschaft, der hier in Lee zu Anker gehen wollte, aber dabei strandete. Ein bald eintretender Weststurm besiegelte sein Schicksal und brach ihn in drei grosse Stücke, die getrennt voneinander herumlagen. Weiter ging es an der Südwestseite der grossen Hauptinsel Butaritari entlang bis zur Südspitze, von der aus sich die Insel noch weit nach Nordosten hin ausdehnt. Sie nimmt fast ununterbrochen nahezu die ganze Südostseite des Dreiecks ein, welche also einen grossen Wall bildet, während die Nord- und Südwestseite aus zahlreichen kleinen und kleinsten Inselchen in mehr oder wenigen grossen Abständen voneinander zusammengesetzt

ist. Kurz vor der Südspitze sah man ein grosses Dorf mit Namen
Okianga in einem dichten Palmenwald versteckt liegen. Hier war
wenige Jahre vorher der Koprahändler Kannegiesser aus Berlin
ermordet worden, angeblich weil er sich mit einer Eingeborenenfrau
eingelassen habe. Der eifersüchtige Mann hatte ihm in seiner Wut
den Bauch aufgeschlitzt, was durch den englischen Kommissionar
mit dem Strang gesühnt wurde. Kapitän Kessler wusste mir
manch interessantes Geschichtchen aus dem Liebesleben jener Insulaner zu erzählen und warnte mich, keine verheiratete Frau auf
dem öffentlichen Wege zu grüssen oder gar anzusprechen. Geht
der Weisse auch schliesslich straffrei aus, so haben es doch die
armen Frauen zu büssen, wenn ihre Männer vor Eifersucht ent-
brennen. In solchen Wutanfällen greifen sie mit Vorliebe zu ihren
mit Haifischzähnen besetzten Dolchen, um ihren Ehehälften Gesicht,
Brust oder Rücken zu zerfleischen. Ich habe während der Kreuzfahrt zahlreiche Wahrheitsbeweise hiervon gesehen, um die Richtigkeit dieser Angaben bestätigen zu können.

Als wir die Südspitze passiert hatten, den Kurs südsüdöstlich
nach Maraki, kam eine schwere Regenbö nieder. Trotz der unruhigen See blieb aber der kleine „Neptun" recht ruhig liegen,
wie er denn überhaupt während der folgenden Fahrt prächtige
Segeleigenschaften zeigte. Es war fast wie ein Wunder, wenn man
sah, wie er bei flauer Brise hart am Winde drei bis vier Seemeilen lief.
Kam aber der Wind von achtern, und hatte er seine Breitfock
gesetzt, so flog er wie ein Schnelldampfer dahin; kein Wind schien
ihm kräftig genug. Wir haben in der Tat die für einen Schoner
recht ansehnliche Fahrtgeschwindigkeit von 10—12 Seemeilen mehrfach erreicht. Es war eine Lust, mit diesem Fahrzeug zu segeln.
Trat während dieser Seetage eine Windstille ein, so warf ich rasch
meine Planktonnetze aus, um Schleppfänge zu machen. Man sah
zwar an der Oberfläche in diesen Meeresbreiten nicht viel, höchstens
einige Velellen und fliegende Fische, welche von Seetöl-
peln gejagt wurden. Am Mittag des 16. Dezember schoss ich einen
solchen, einen Sula mit schwarzgrauem Gefieder und stahlblauen
Schwingen. Er hatte wirklich im Magen zwei fliegende Fische
von 15 und 10 cm Länge und im Darme zahlreiche dünne Band-
würmer, deren Glieder beim Abgang wahrscheinlich von den Fischen

gefressen werden, durch letztere gelangt die Finne wieder in die
Vögel.

Am Abende desselben Tages war herrliches Meerleuchten.
Eine grosse Anzahl von Salpenketten trieben wie grosse Feuer-
schlangen am Schiffe vorbei, das leider zuviel Fahrt machte, um
ihrer habhaft werden zu können. Auch mit dem Netzchen gelang
es mir nicht, eine dieser Tierkolonien zu fangen, die schon Chamissos Interesse in diesen Gewässern so lebhaft erregt hatten; dafür fand ich unter meiner Ausbeute ein merkwürdiges Stück, einen
plattgedrückten handtellergrossen Krebs, platt wie ein Blatt, das
jugendliche Phyllostomastadium der Languste. Auch am folgenden Tage war Windstille, und wir trieben mit dem Nordweststrom
wieder auf Butaritari zu, das wir morgens in Sicht hatten. Ich
verbrachte viele Stunden auf dem Bug des Schiffes sitzend und
starrte in das blaue Wasser, nach Meerestieren ausspähend, stundenlang, ohne etwas Besonderes zu entdecken. Nur einmal, als ich
sinnend mit den Beinen über dem Wasser baumelte, tauchte plötzlich in meiner nächsten Nähe ein 4 m langer Haifisch auf, ein
Riesentier, ein Carcharias, der mich anäugte. Ich bekam einen
Todesschreck, da meine Füsse beim Einstampfen des Schiffes beinahe das Wasser berührten, und so suchte ich schleunigst das Deck
zu gewinnen, in solcher Eile, dass ich beinahe ins Wasser gefallen wäre. Es war mir jäh das Ereignis im Jahre 1893 zu
Apia in den Sinn gekommen. Damals lernte ein Matrose des
Kreuzers „Sperber" längseit des Schiffes im Apiahafen an der
Leine schwimmen. Da in seiner Nähe sich eine Flosse über dem
Wasser zeigte, wurde er unruhig und wollte heraus, was aber sein
Schwimmlehrer erst lachend ablehnte, da es nicht bekannt war,
dass jemals auf Samoa ein Haifisch einen Menschen angefallen
hätte. Schliesslich aber gab er nach. Kaum war der Schwimmende
herausgeklettert und stand auf dem untersten Fallreepsboden, als
der Haifisch ihm nachkam und, aus dem Wasser schnellend, dem
Manne einige Pfund Fleisch aus dem Hinterteil riss. Nur mit
Mühe gelang es dem Schiffsarzt, ihn wiederherzustellen. Man wird
daher meinen Schreck begreifen. Der Fisch umkreiste noch einige
Male das Schiff, als ich aber meine Büchse geholt hatte, war er
wieder verschwunden.

Am Montag waren wir aus der Djalutlagune gesegelt, und erst am Sonnabendnachmittag ging der „Neptun" an der Westseite von

Maraki

zu Anker. Zu den 70 Seemeilen von Butaritari nach dort hatten wir drei Tage gebraucht. Glücklicherweise ging es später besser, sonst wäre ich wohl erst nach Jahren wieder nach Djalut zurückgekehrt. Auch Maraki bildet ein Dreieck, aber mit der Spitze nach Norden; dabei hat es in der Mitte beiderseits eine Einschnürung wie ein Eierbecher. Es ist ein nahezu völlig geschlossenes Atoll von annähernd 12 km Längsdurchmesser, aber auch nur

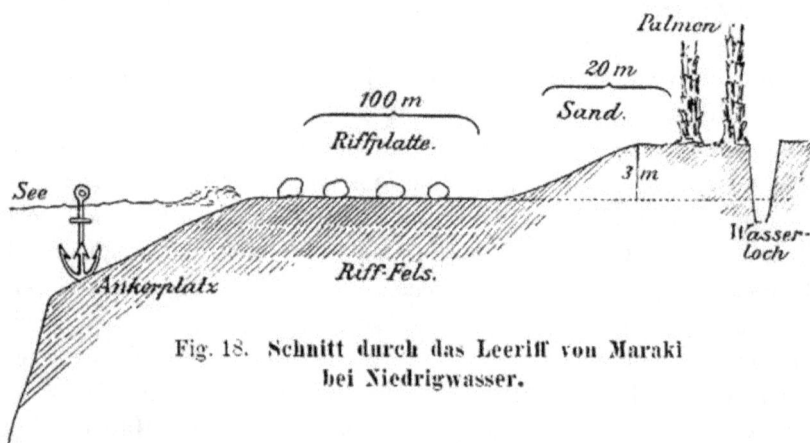

Fig. 18. Schnitt durch das Leeriff von Maraki bei Niedrigwasser.

nahezu geschlossen, denn an der Westseite, südlich der Einbuchtung, liegt eine enge Bootspassage. Während die Lagune im Norden sehr flach ist, und bei Niedrigwasser teilweise trocken fällt (siehe Fig. 18), sollen im Süden Tiefen von 30 m vorhanden sein. Trotz seiner Kleinheit, ernährt das Atoll doch eine ansehnliche Bevölkerung; denn der Inselring ist allenthalben sehr breit und fruchtbar. Ist doch an der Nord- und Nordostseite das feste Land fast 1000 m breit. Und dass der nördliche Teil der Lagune in nicht allzuferner Zeit ausflachen wird, beweisen zahlreiche kleine Sandbänke und Laguneninseln, auf welchen sich schon vereinzelte Kokospalmen angesiedelt haben. Wie Wasserpflanzen, wie bebüschelte Telegraphenstangen entsteigen sie, aus der Ferne gesehen, der spiegelnden Fläche. In dem Werke The coral Reefs of the Pacific

Tafel 9 (siehe Seiten 262 und 354). **Dorfplatz auf Maraki.**

von Alexander Agassiz finden sich gute Abbildungen dieser Laguneninseln wie von Maraki überhaupt.

Einen Kilometer von der Nordspitze entfernt, ging der „Neptun" an der Westseite der Insel zu Anker. Vorsichtig kreuzte er auf nach der Riffkante zu, und warf, kaum 100 m von derselben entfernt, auf den Fuss des Riffes in 15 m Tiefe seinen Anker. Es war ein schwieriges Manöver; denn wenige Dekameter weiter nach aussen wäre das Eisen in die Tiefe gefallen. So jäh fällt hier das Riff an der Leeseite ab. An der Ankerstelle hatte der Riffrand eine kleine Auskerbung, eine flache Bootspassage, welche durch Strafarbeiter von unbequemen Steinen gereinigt worden war, so dass wir bei dem wehenden Nordost-Passat an der stillen Leeseite leidlich gut hier landen konnten. Ist der Wind westlich, so ist der Verkehr mit der Insel so gut wie ausgeschlossen, weshalb sie mit Berücksichtigung des schlechten Ankerplatzes von kleineren Schiffen gern, von grösseren ganz gemieden wird. Maraki ist deshalb eine selten besuchte Insel, und alles weist eine gewisse Ursprünglichkeit auf. Es war für mich eine vortreffliche Gelegenheit, hier mit der Erforschung der Gilbertinseln beginnen zu können. An der Landungsstelle lag eine grosse Dorfschaft von 200—300 Bewohnern. Eine breite Dorfstrasse zog längs dem Strande, welche auf Geheiss der englischen Regierung angelegt worden war; denn die Gilbertinseln unterstehen dem englischen Protektorate. Kapitän Kessler und ich besuchten noch am ersten Abend die Koprahändler Forster und Haldorsen, welche sich hier angesiedelt hatten. Bis spät in die Nacht hinein sassen wir in dem einfachen Hause des letzteren, und ich erhielt dabei die erste Lektion in Gilbertsprache und Gilbertsitten.

Dabei lernte ich zwei höchst merkwürdige Tiere kennen, einen Käfer und einen Fisch, deren Eigenschaften mir bislang fremd gewesen waren. Als wir nämlich um den grossen Tisch herumsassen, auf welchem die Petroleumlampe stand, sammelten sich an dem Lampenschirme zahlreiche schwarze Käfer, kurz wie ein Graphitstiftstück und hinten scharf abgeschrägt. Meine Gastgeber waren sehr sorgsam, dass dieselben ihnen nicht in die Gläser fielen, und als ich sie nach der Ursache frug, erklärten sie mir, dass das Getränke durch den Käfer ungeniessbar würde. Liege er einige

Zeit in der Flüssigkeit, so habe man nach dem Genuss derselben am anderen Morgen eine sehr heftige Blasenreizung zu erwarten. Die Gilbertiner nennen den Käfer *te roiroi* oder *te men 'n te karéwe* und schützen ihren Palmsaft *(karéwe)* dagegen, den Toddy, welchen sie sehr lieben. Nach der Bestimmung des Herrn Fischer in Stuttgart heisst der Käfer Anacomoca dentata Karsch und gehört zur Familie der Canthariden, wodurch die Wirkung verständlich wird. Denn spanische Fliegen sind keine Leckerbissen.

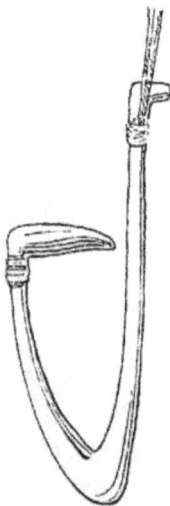

Fig. 19. Haken für den Fang des Purgierfisches.

Hatte sich der Käfer auf das Getränke geworfen, so blieb dem Fische das Darmsystem vorbehalten. Die englischen Koprahändler nennen ihn deshalb „Castoroilfisch" und nicht mit Unrecht, denn allenthalben in seinen Knochen, besonders in den Rückenwirbeln, besitzt er ein dünnflüssiges Öl, das eine angenehme aber äusserst frappierende Wirkung hat. Man brachte uns einen solchen Fisch an jenem Abend in dem Dunkel der Nacht, ein mächtiges Tier von der Grösse eines zwölfjährigen Knaben, mit wunderbar grossen Augen von dem Umfang eines Fünfmarkstückes. Es war gerade Neumondzeit, während welcher allein der Fang dieses Fisches möglich ist. Wie eigenartig ist dieser Fang! Der Fisch lebt in der Tiefe von 200 m an solchen Stellen, wo der Riffuss sehr steil abfällt, wofür der Ankerplatz eben ein Beispiel gab. Ein eigentümlicher Haken dient für den Fang (Fig. 19), welcher mit dem Fleisch des „Schleimfisches" *(dentaritari)* beschickt wird. Der Fang des Köderfisches muss dem des Purgierfisches vorangehen, und man fängt ihn an derselben Stelle in 50—100 m Tiefe gleichfalls mit einem Haken, aber dieser mit Krebsen oder Muscheln beködert.

Hat man nun den grossen Haken mit je einer Schleimfischseite beiderseits bekleidet, so lässt man ihn mit einem Stein als Senker in die grosse Tiefe hinab. Bedingung ist aber, dass es absolut stockdunkel ist, weil der Purgierfisch mit seinen grossen Augen alles sieht, weshalb ihn die Eingeborenen im Vergleich mit der Fledermaus *te ika ni peka* [1] nennen. Wittert er nun den Schleim-

---

[1] *pe'a* im Samoanischen der fliegende Hund, *pe'ape'a* die Fledermaus.

fisch, so stösst er offenbar von oben auf die Beute, und wenn er
mit einem Mundwinkel zwischen den Widerhaken und den Stamm
gerät, so kommt er fest und lässt sich verhältnismässig leicht aufholen. Erst in dem Augenblicke, da die grossen Augen über
Wasser kommen, soll er furchtbar zu schlagen anfangen, und man
muss ihn dann mit Handnetzen *(te rien)* rasch herausheben, weil
sein Leib wegen der sich sträubenden, gabelförmig gespaltenen,
scharfen Schuppen mit den Händen nicht angefasst werden kann.
Die Gilbertiner lieben das weisse, blätterige Fleisch dieses Fisches
ungemein, vielleicht nicht so sehr der angenehmen Wirkung halber,
welche bei dem gekochten Fische weit milder ist als bei dem rohen,
als vielmehr, weil sie reiches, öliges Fleisch (vgl. die Nahrung der
Ralik-Rataker achtes Kapitel und das folgende Kapitel) allem anderen vorziehen, wofür ich bei meinem Schlussaufenthalt in Butaritari
noch weitere Belege bringen werde. Diesen letzten Aufenthalt benützte ich noch im besonderen dazu, um auf der nicht weit davon
entfernten Korallenbank Makin Näheres über den Purgierfisch zu
erfahren. Ich hatte dort auch Gelegenheit, den Fisch selbst zu
kosten und auf seine Wirkung zu erproben, indem ich einen taler-
grossen Wirbel und ein apfelsinengrosses Stück Fleisch verzehrte,
worauf ich mich in die Einsamkeit an die Luvseite der Insel begab.
Dreimal musste ich dort schmerzlos in die Brandung wandern, dann
war es überstanden. Ich bitte meine Leser und besonders meine
Leserinnen um Verzeihung, wenn ich dieses Thema vielleicht hier
etwas ausführlich behandelt habe, aber der Arzt und Naturforscher
muss alles in den Kreis seiner Betrachtungen ziehen, nichts ver-
schweigen und nichts hinzusetzen.

Wer sich im übrigen näher für den Fisch interessiert, der
findet seine Abbildung und Beschreibung im Globus Band 79
Seite 182, wo ich ausführlicher über ihn gehandelt habe. Die
Wissenschaft nennt ihn Ruvettus oder Thyrsites, und er ist
vielleicht gleichbedeutend oder doch sehr nahe verwandt mit der
Species pretiosus, welche im Atlantischen Ozean vorkommt und
welchen Bonaparte in seinem grossen Fischwerk beschrieben hat.
Genug von ihm. An jenem ersten Abend auf Maraki erhielt ich
nur seinen Kopf und Schwanz, den ich in Formalin konservierte und ins Stuttgarter Naturalienkabinett schickte. Das war

eine interessante Einführung, und herrlich war auch der Anblick,
als wir gegen 10 Uhr an Bord zurückkehrten und das stille Meer
weit hinaus von zahlreichen Lichtern erhellt sahen. Es waren die
Fackeln der Eingeborenen, welche in ihren Booten segelnd den
Fang der fliegenden Fische betrieben, beim Fackellicht, um die
Geblendeten mittelst langgestielter Handnetze aus dem Wasser zu
heben.

Am anderen Morgen ging ich an Land, um mir alles genau
anzusehen. Die Riffplatte lag trocken, war ziemlich eben und mit
zahlreichen kniehohen Korallenblöcken bedeckt. Wenn sie bei Mittel-
Niedrigwasser ungefähr in der Höhe des Meeresspiegels lag, so war
die eigentliche Insel nur um 3 m höher. Zu ihr hinauf führte ein
20 m breiter Sandstrand. War die Riffplatte hier an der Leeseite
nur 100 m breit, so dehnte sie sich an der dem Passat ausgesetzten
Nordostseite, die ich alsbald besuchte, weit um das doppelte aus
und zeigte auch dort keine Korallenblöcke. Völlig glatt gefegt,
einer Asphaltstrasse gleich war dort das Riff, wie ich es schon von
Djalut beschrieb. Als ich nach der Landung den Sandstrand hin-
aufstieg, spielte dort eine Schar von Kindern auf dem Sande.
Bei meinem Anblick nahmen sie brüllend und heulend Reissaus,
als ob ich der Teufel wäre. Ich blieb stehen und lockte sie
langsam durch kleine Geschenke wie kleine Hundchen an mich,
und bald hatte ich sie so zu meinen Vertrauten gemacht, dass sie
mich, in der Zahl über ein Dutzend, auf meiner Wanderung begleiteten und alles für mich herbeischleppten, dessen sie habhaft
werden konnten: Schmetterlinge, Käfer, Blumen, Meerestiere usw.
Erst redete ich noch marshallanische Worte zu ihnen, wenn sie
etwas Gutes oder etwas Schlechtes brachten, z. B. *eman* —
es ist gut, *eman patuta* — es ist sehr gut und *enana* — es ist
schlecht, was ihnen eine unglaubliche Freude bereitete und unendlich
oft von den kleinen Mäulern wiederholt wurde. Bald sagten sie
mir aber auch die einheimischen Worte hierfür: *erauri*, *ebäd erauri*
und *ebuar*. Und als ich erst die Frage heraus hatte: Was ist der
Name? *digara arana?*[1], und ich so die Namen aller der Knaben
und Mädchen erfuhr, und sie rufen konnte, wollte der Jubel kein

---

[1] Auf den südlichen Inseln *tera arana.*

Bild 35. Mann und Kinder von Maraki.

Ende nehmen. Ich erfuhr aber so auch alle die Namen der Gegenstände, welche ich sammelte, und notierte sie sofort in mein Buch. Alles war für diese Kinder interessant, jeder Bleistiftstrich, Tasche, Messer, Uhr, Streichholzbüchsen, und ich kam mir vor wie ein Agoston. Und wenn ich durch das Dorf zog, mit meinem zahlreichen Gefolge hinterher, dann konnte der Rattenfänger von Hameln einpacken. Ist mit Kindern zu spielen schon bei uns ein Vergnügen, d. h. wenn sie artig und nett sind, so ist es dort auf jenen Inseln eine wahre Wonne bei der Natürlichkeit und dem Frohsinn dieser Geschöpfe. Ihre einfache Kleidung, die nur aus einem kurzen Grasröckchen besteht, und die so trefflich zu ihrer braunen Haut passt, trägt dazu bei, sie vollends unwiderstehlich zu machen. Man sehe sich nur das Bild 35 an, die schalkhaften Gesichter mit den dunkeln Augenbrauen, überschattet von den schlichten, rauchschwarzen Haaren!

Auch die Männer tragen auf Maraki einen Bastrock, während diese im Süden des Archipels mit Matten bekleidet sind. War das ein Hallo bei jung und alt, wie ich meinen photographischen Apparat aufbaute! Erst umstanden sie mich alle scheu, wohl in dem Gedanken, dass ich eine Kriegsschiffkanone mitgebracht hätte. Als ich aber einige herzhafte Männer herangerufen und dazu vermocht hatte, unter dem schwarzen Tuch auf die Mattscheibe der Camera obscura zu sehen, da brachen sie fast einstimmig in den Ruf *éang* — das ist Zauber, *akiangáira* — Wunder, Hexerei, aus. Nur wenige vermochte ich indessen dazu zu bewegen, auf dem Dorfplatz sich photographieren zu lassen, einige Kinder und alte Weiber und zwei der Mission angehörige Lehrer. Die Tafel 9 zeigt besser als eine lange Beschreibung die Anlage der Häuser und des Dorfes, beschattet von Brotfruchtbäumen und Kokospalmen. Ein grosses Versammlungshaus war hier nicht vorhanden; nur die auf dem Bilde sichtbaren Steinpfeiler deuten die ehemalige Lage an.

Am Nachmittage hielt ich dann in einem Eingeborenenhause eine öffentliche Sprechstunde ab (für unbemittelte Kranke), welche sehr zahlreichen Besuches sich erfreute. Ich verteilte einige Arzneien und machte mehrere Verbände. Als ich aber einige Schmucksachen als Gegenleistung haben wollte, fand allgemeiner Rückzug statt. Man sieht, dass die Neigung, dem Arzte kein Honorar zu zahlen, durchaus eine natürliche Gefühlsregung ist. Wie interessante psychologische Aufschlüsse bringt doch das Studium der Naturvölker! Ich bekam überhaupt nur drei Gegenstände hier, ein vielsträhniges Halsband, aus Menschenhaaren geflochten, wie es der Mann auf Bild 35 trägt, *te buna* genannt, einen Bastrock *te rid*, und eine Hüftschnur, *te kadau*, zusammen für 8 Mark. Die von der Kultur noch wenig berührten und deshalb nicht habsüchtigen Eingeborenen hatten reiche Erträge ihrer Pflanzungen gehabt und zeigten wenig Neigung, ihre eigenen Schmuckstücke fortzugeben; ausserdem waren sie durch den Kopraverkauf an die Händler reichlich mit europäischen Waren versorgt.

Nachmittags wanderte ich vom Leestrande aus quer über die Insel nach der Lagune, wozu ich 15 Minuten brauchte, ein Zeichen für ihre Breite. Die letzten 400 m standen durch die während der vorhergegangenen Woche häufig niedergegangenen Regenfälle unter Wasser und waren mit einer Myrthacee nur spärlich bewachsen. Einige Jungen, die mich begleiteten, brachten mir hier ein Stück Bimstein, welcher zeitweise antreibt. Als ich ihn Kapitän Kessler zeigte, erzählte er mir, dass fünf Monate nach dem Ausbruch des Krakatau sehr viel davon auf Maraki angeschwemmt worden sei, was ich ohne Kommentar berichte. Auf dem Rückwege von der Lagune, deren Flachheit auf der Westseite ich schon oben betont habe, entdeckte ich noch einige grosse Löcher, oder vielmehr Erdgruben, in welchen Taro angepflanzt war. Die Tiefe der Gruben war wohl 2 m, und auf dem Boden derselben waren einzelne Erdhügel von 2—3 Fuss Durchmesser, auf welchen die mannshohen Pflanzen, auf jedem Hügel eine [1], standen. Besonders eigenartig ist die Düngung derselben, welche durch Körbe voll von Blüten einer kleinen, gelben Malvenart bewerkstelligt wird. Diese Pflanze ist ein gemeines Unkraut auf jenen Inseln, 2—3 m hoch, stellenweise dicht den sterilen Boden bedeckend. Dort heisst sie *te goura*, während die Wissenschaft sie Sida fallax Walp nennt. Der Erfolg ist jedenfalls ein glänzender, denn die Rhizome der *te papei* genannten Taroart werden zentnerschwer,

[1] Die Erde der Hügel ist durch einen besonderen runden, netzförmigen Erdsieber fein gemacht.

so dass sie wie Kalebstrauben von zwei Männern an einem Stabe getragen werden müssen.

Am Abend besuchte ich Haldorsens Frau Harietta, eine Samoanerin, und plauderte mit ihr über ihre schöne Heimat und über Mata'afa und über Djalut. Sie war einst auch um 1880 mit fünf anderen jungen Samoanerinnen dort gewesen, um Nesis Haus, eine Art Hotel, zu versorgen. Wer war Nesi? Kapitän Kessler erzählte mir später, dass sie die weggejagte Frau Kubarys gewesen sei, des bekannten Forschers im Dienste des Hauses Godeffroy, welcher erst vor wenigen Jahren auf Ponape verstorben ist. Nesis Unternehmung ging natürlich bald in die Brüche, und Harietta strandete auf Maraki als Gemahlin eines Koprahändlers, wo sie nun wohl ihre Tage beschliessen wird.

Am folgenden Morgen verliess der „Neptun" den nördlichen Ankerplatz und ging in der Westbucht zu Anker, wo ein kleines Dorf von annähernd drei Dutzend Häusern lag, und wo der alte Sandberger wohnte. Hier musste der „Neptun" noch näher am Riffrande ankern als nördlich, da in der stilleren Bucht der Riffuss noch steiler abfiel, wie auch das Riffflach kaum 50 m breit war. Hier waren am Strande viele Knaben und Mädchen versammelt, auch sah ich auf Pfählen gefesselte Fregattvögel sitzen, welche die Eingeborenen mit fliegenden Fischen fütterten. Man liebt diesen Vogel auf den Gilbertinseln sehr und hält ihn wie bei uns die Damen ihre Papageien. Mehrere Männer im Dorfe waren am ganzen Oberkörper und an den Beinen reich tatauiert. Einen älteren Herrn mit einer Maurerfreese, die der unserer Nordseefischer nichts nachgab, vermochte ich zu einer Stehung zu bewegen, und man mag im Bild 36 bewundern, wie artig er sein Röckchen hochhielt, damit ich ihm seine Tatauierung abphotographiere. Leider war der Erfolg sehr mangelhaft, denn das dunkle, verwaschene Blau hebt sich von der braunen Haut nur wenig ab, und nur mit Blitzlicht scheint man vorteilhaftere Aufnahmen erzielen zu können. Da ich die Muster indessen stets zugleich auch abzeichnete, so vermag ich im folgenden Kapitel eine nähere Beschreibung derselben zu geben. Als der „Neptun" die aufgestapelte Kopra von den Händlern übergenommen hatte, ging er noch am selben Abend des schlechten

Tafel 10 (siehe Seite 272). Haus des Händlers Holmes in Témanok.

Bild 36. Greis von Maraki names Tenákau, seine Tatauierung zeigend.

Liegeplatzes halber Anker auf und fuhr um die Südseite des Atolls
herum ostwärts, um Länge zu gewinnen, denn das nächste Ziel
war die südlichste der Inseln,

Onoatoa.

Drei Tage später, nachdem wir tags zuvor gegen Mitternacht
den Äquator passiert hatten, befand sich der „Neptun" in der
Frühe 30 Seemeilen östlich von Onoatoa. Die Fahrt ging um die
Südspitze herum, wo ich, reichlich zwei Seemeilen vom Lande ab,
deutlich den Korallenboden streckenweise sehen konnte, und weiter
an der Leeseite hinauf bis zur Nordspitze, in deren Schutz der
Ankerplatz für grössere Schiffe ist.   Onoatoa bildet einen nach
Westen offenen Halbkreis, dessen beide Landenden ungefähr 13 See-
meilen voneinander entfernt liegen, in der Richtung Nordwest zu
Norden rechtweisend und nicht Nordwesten, wie die englische
Admiralitätskarte angibt.   Auch die Form und der Verlauf der
Leekante ist höchst unvollkommen eingetragen.   Wohl ist in der
Mitte eine westliche, ins Meer hinauslaufende Spitze angedeutet und
nördlich von ihr der Ankerplatz; aber zwischen dieser und dem
Nordkap ist noch ein zweiter Wall, ein niederer Riffrand, vor dem
südwärts zahlreiche, tischgrosse Felsblöcke bei Niedrigwasser an
der Luft liegen.   Dieser zweite Wall bildet mit dem Nordrande
der vorspringenden Zunge einen Trichter, durch den man mit Booten
in die Lagune gelangen kann.   Auch südlich von der grossen, über
die genannte Verbindungslinie der Landspitzen weit vorspringenden
Zunge liegt eine kleine Bootpassage, gegenüber einem grossen Dorf
auf dem Inselhalbring.   Wenn man also von Süden nach Norden
an der Leeseite hinauffährt und in halber Höhe die Zunge passiert
hat, so darf man durchaus nicht, wie aus der Karte zu schliessen
wäre, nordöstlich nach dem Ankerplatz fahren, weil man sonst un-
fehlbar stranden würde.   Man muss vielmehr einen grossen Bogen
nach Westen machen.   Als wir mittags diese Stelle passierten, war
gerade Springniedrigwasser, und man konnte den Ostwestwall
prächtig liegen sehen, am äusseren Teil gegen Norden hin von
grossen Brechern überschüttet, während an der ruhigen Südseite
die grossen roten Steine 1—2 Fuss hoch aus dem Wasser heraus-
ragten.   War schon der südliche Teil der Leekante, im Süden der

Zunge, bei dem tiefen Niedrigwasser stellenweise unsichtbar, so
kann man sich denken, wie schwierig die Navigation in diesen
Inseln für einen Seemann ist, welcher nicht genau mit den Riffen
vertraut ist. Kapitän Kessler kannte sie aber alle glücklicherweise
ausgezeichnet, und so lagen wir am Nachmittage desselbigen Tages
glücklich in der Nordbucht zu Anker, südsüdwestlich von der westlichsten Spitze der Insel T e m a u, drei Seemeilen ab in 18 m Wasser.
Die Lagune von Onoatoa ist grösstenteils versandet, namentlich im
nördlichsten und südlichsten Teile, und nur auf der Strecke zwischen
der südlichen Bootpassage und dem ihr gegenüberliegenden grossen
Dorf sollen teilweise 20—25 m Wasser sein. Wir fuhren nach
dem Ankern sofort an Land, nach dem etwas östlich von dem
Ankerplatz gelegenen Dorf T e m a u, über dessen Hütten man schon
aus der Ferne zwei mächtige Versammlungshäuser hervorragen sah.
Hier wohnte ein bejahrter, englischer Trader namens H a r r y
W i l l i a m s, in dessen Hause ich die folgende Nacht verbrachte.
Ein Genuss war's freilich nicht, denn der alte Herr hatte sich als
erstes Handgeld für seine zu liefernde Kopra eine von den viereckigen, berüchtigten Wacholderschnapsflaschen geben lassen, der er
nach langer Abstinenz freundliche Liebkosung erwies. Wer dieses
elende Gesüff, welches als Squarebottlegin einen trüben Ruf hat,
kennt, das schlimmer als Schwefelsäure im Halse brennt, der muss
sich wundern, wie die weissen Händler bei solchen Orgien ein
hohes Alter erreichen können. Mein Gastgeber schrie und lärmte
die ganze Nacht in seinem Schnapsrausch, und wenn er zeitweise
wieder etwas ruhiger wurde, so gab ihm zur Unterhaltung des
Feuers seine junge gilbertinische Gattin in einer Untertasse eine
neue Ladung. Noch heute sehe ich diese Untertasse, wie sie in
dem von einer flachen Petroleumlampe düster erhellten Raume wie
eine magische Kugel durch die Luft sich hob, worauf jedesmal ein
angenehmes Grunzen und dann ein wütendes Gebrüll erfolgte, und
ich begrüsste den jungen Tag mit besonderer Freude. Die junge
Frau, welche eine durchaus hübsche Erscheinung, schlank von Wuchs
und von angenehmen Gesichtszügen war, hatte erst vor kurzem die
Nachfolge ihrer verstorbenen Schwester angetreten, von welcher
mehrere Kinder vorhanden waren. Das ist so Sitte bei den Gilbertinern, wer die älteste der Töchter einer Familie zur Frau hat, dem

unterstehen auch deren Schwestern, und keine derselben darf heiraten
ohne seine Genehmigung. Ein liebliches Beispiel hierfür gewahrte
ich bald danach auf einer der nördlichen Inseln, wo ein deutscher
Pfarrersohn Koprahändler war. Als ich mit ihm eines Abends in
seinem Hause bei einer Flasche Bier sass, die einzige, welche der
Mann hatte, und zugleich die einzige, die ich auf den Gilbertinseln trank, spielte im Nebenzimmer am Boden eine gut aussehende, junge Gilbertinerin mit zwei Kindern, für deren Mutter
ich sie hielt. Nach einiger Zeit erschien ein zweites, jüngeres
Mädchen, die ich als deren Schwester einschätzte, und als ich den
Hausherrn nach der Richtigkeit dieser meiner Mutmassung fragte,
erklärte er, vielleicht aus Sorge um eine Einengung seines Besitz-
standes: Diese Ältere da ist meine Frau und die andere ist ihre
Schwester; von der letzteren habe ich die Kinder. Das war mir
denn doch eine zu weitgehende Akklimatisation an die Landessitte! Damit soll aber über die Pfarrersöhne in der Südsee nicht
der Stab gebrochen werden, denn Herr Kapitän Kessler war selber
einer, und was dieser tüchtige Mann in entsagendem Seeleben alles
leistet und geleistet hat, geht genugsam aus diesen Zeilen hervor.

Am Vormittag des 24. Dezember durchquerte ich, von Temau
aus, die Insel, welche hier an der Nordseite nahezu 2 km breit
ist, also noch breiter als Maraki. Stetig ging es unter Kokospalmen und Pandanusbäumen dahin und durch Gebüsch von
herrlich duftenden Fragräakräutern *(te uli)*, von Scaevola und '
Morinda, von denen ich weiter unten im achten Kapitel bei
Ailinglaplap Näheres berichten werde. Der Schuttwall draussen
an der Luvkante erwies sich als recht schroff, nur 10 m breit bei
3 m Höhe, und zu seinen Füssen dehnte sich eine 300—400 m
breite Riffplatte aus, glatt wie ein Parkett gleich dem von Maraki.
Trockenen Fusses wanderte ich hinaus bis zur Brandung. Es war
gerade Neumond, und das Meer hatte zur Mittagszeit seinen tiefsten
Stand erreicht. An 40 m breit lag die Riffkante frei, schroffe
Zacken und Rinnen allenthalben, rot in der Sonne brennend, hier
wie ein kleines Dolomitengebirge, dort wie ein Schlackenfeld von
roten, verbrannten Laven. Fast einen halben Meter hoch ragte
der zerfressene Kalk über das Wasser empor. Einzelne Felsgruppen
waren durch 1—2 m breite und tiefe Kanäle voneinander getrennt,

in welche sich in kurzen Intervallen die zweimannhohen, mächtigen Seen hineinstürzten, alles überflutend, um dann durch die Kanäle wieder abzufliessen. Lange verweilte ich einsam hier draussen, zeichnend, photographierend, sammelnd und diese mächtige, spröde Natur anstaunend. Dann kehrte ich wieder ins Dorf zurück. Die Eingeborenen waren hier nicht so sauber wie auf Maraki. Sie tragen zwar noch nahezu alle den Bastrock, aber die Frauen bedecken daneben die Brüste fast stets mit einem dreckigen Lappen europäischen Stoffes. Fast noch scheuer als in Maraki liefen die Mädchen bei irgendeiner Bewegung meinerseits oder auch nur beim blossen Anblick wie von der Tarantel gestochen davon, so dass es mir hier bei dem kurzen Aufenthalt nicht möglich war, Bilder zu erzielen.

Und wie zitterten die Knaben, wie standen sie mit schlotternden Knien, wenn ich sie, die mutvoll Stehengebliebenen, am Handgelenk fasste. Erst wenn ich ihnen einige Streichhölzer oder Bonbons geschenkt und sie frei gelassen hatte, hellten sich ihre Züge auf, um sich dann von ihren Genossen auslachen lassen zu müssen. Wie auf Maraki, so erhandelte ich auch hier nicht sehr viel, einen Halsschmuck aus Konusböden, den bekannten *te nikabono*, und je einen aus Delphinzähnen und Pandanusgeflecht mit Menschenhaaren. Daneben erhielt ich einige der reizenden Körbchen, einige Schlafmatten *(te gie)* mit verschiedenen Ornamenten, ferner Fächer aus Kokosblättern *(te iriba)* und einen Hut aus Pandanus *(te tario)*. Im allgemeinen kauft man hier alles für Tabak, welchen man in der Form des Plattentabaks in einzelnen Strähnen verausgabt. Eine solche Strähne hat den Wert von 5—8 Pfennig und ist so gross wie eine dünne Stange Siegellack. Um kleineres Geld zu erzielen, zerbricht man sie in mehrere Teile. Aber auch das englische Geld ist schon bekannt, *te man*, nach money benannt, in der Berechnung nach Dollar, wie im alten Samoa und auf Djalut. Die Zivilisation ist weniger durch den weissen Händler als durch die Mission eingedrungen, welche hier eine weisse Steinkirche besitzt mit einem samoanischen Eingeborenenmissionar als Prediger.

Als ich am Nachmittage in das Haus des Händlers zurückkehrte, schlief dieser noch die Bacchanalien der letzten Nacht aus. Ich kehrte deshalb an Bord zurück, sobald es die Wasserverhältnisse

erlaubten, und abends tranken wir in der heissen Messe eine
Schüssel voll noch heisseren Glühweins zusammen aus, der Kapitän,
der Steuermann, der Bootsmann und ich. Es war Weihnachtsabend,
und so feierten wir das Fest zwar nicht sehr feierlich, aber in
herzlichem Austausch unserer Erinnerungen und Gedanken. Erst
um 11 Uhr, als das Schiff Anker auf gegangen war und durch das
schwierige Fahrwasser hinausfuhr, träumte ich, allein am Heck
sitzend, den klaren, tropischen Sternenhimmel über mir, hinüber in
die ferne Heimat. Am folgenden Morgen, am Christfest, kam die
Südspitze der nächst nördlich gelegenen Insel

Tapitúea (mit dem Akzent auf dem u gesprochen)

in Sicht, deren Land ähnlich wie Onoatoa am südlichen Ende
wenig umgebogen ist. Genau wie vorher verzeichnet die Karte
die nur wenig oder gar nicht sichtbare Leeseite der Insel viel zu
nahe am Lande liegend, während doch das Riff wenigstens zehn
Meilen weit im südlichen Teile nach Westen reicht. So weit musste
der „Neptun", als er das Land in Sicht bekommen hatte, nach
Westen fahren, um dann erst in nördlicher Richtung auf die Nordspitze zufahren zu können, wo auch hier der Hauptankerplatz liegt.
Und trotzdem man weit draussen in See war, so dass man das
Land kaum mehr sehen konnte, fuhr man oft lange Zeit über
schwarz gefärbte Stellen, welche den bewachsenen Steingrund an-
zeigten, über grün schillernde Korallenstellen und hellblaue Sandbänke, alles ein grosses, unterseeisches Riff, da wo auf der Karte
„Nautilus shoal" steht und ein kleines Ringlein eingezeichnet ist.
Ein eigentlicher Riffrand wird nur an wenig Stellen durch schwache
Brecher angedeutet, wenn er auch allenthalben mehr oder weniger
deutlich vorhanden ist, freilich zumeist versandet und verödet. Ja
man kann auf Tapitúea drei allerdings nur wenig voneinander ge-
trennte Lagunen unterscheiden, zwei breitere nahezu ovale im Süden,
deren jede einen ansehnlichen Booteinlass hat, und eine langgestreckte, schmale im Norden. Im letzteren Teile liegt die Hauptinsel mit dem wichtigsten Ort Utiroa, unvorteilhaft bekannt durch
die amerikanische Expedition unter Wilkes, welche hier im
Jahr 1840 den Eingeborenen ein Gefecht wegen der Ermordung
eines ihrer Schiffsangehörigen liefern musste. Ein Dutzend der

Tapituéer mussten dabei ihr Leben lassen, und das grosse, schöne Dorf ging in Flammen auf. Und das mit Recht, denn die Eingeborenen galten hier immer als händelsüchtig und streitbar. Auch nach der Bestrafung durch Wilkes wurden gestrandete Schiffe oder schlecht bewachte Fahrzeuge hier immer mit Vorliebe geplündert. Als ich nachmittags nach zweistündiger Bootfahrt von dem fast acht Seemeilen entfernten Ankerplatz an Land kam, fanden wir eine friedlichere Bevölkerung vor, der die Lust zu Ausschreitungen nunmehr vergangen zu sein scheint, wofür das stramme englische Regiment sorgt. Erst fuhr Kapitän Kessler zu dem Händler Higgins auf Utiroa, und während beide über die Kopra unterhandelten, besichtigte ich das Versammlungshaus, wo gerade grosses Tanzfest war. Denn nur an drei Tagen des Jahres war den Gilbertinern das Tanzen erlaubt, am Christfest, am Neujahrsfest und an Queen's birthday. Ich werde auf die Tänze, welche ich am zweiten Termin in Apamama sah, dort zurückkommen. Der Aufenthalt war hier auch nur kurz, denn es galt, noch den Händler Holmes in dem 12 km nördlich von Utiroa gelegenen Témanok am selben Tag zu besuchen, wohin wir im Walboot segelnd nach kurzer Zeit gelangten. Témanok schien mir für meine Studien passender als Utiroa, und da der Aufenthalt wegen der in Aussicht stehenden 30 Tonnen Kopra und bei der weiten Entfernung des Schiffes auf der Reede drei Tage in Anspruch nehmen musste, so beschloss ich, mich in Témanok häuslich niederzulassen, und zwar buchstäblich häuslich, denn ein Eingeborener bot mir durch Vermittlung von Holmes sein Vorratshaus für 1 Shilling Miete pro Tag an. Es war auch danach. Eigentlich war es ein auf vier Pfählen ruhender Hundestall, durch dessen kleine Öffnung man auf einer Leiter, Arme und Kopf voran und die unteren Teile nachschiebend, hineingelangte und umgekehrt, d. h. mit den Beinen voran, wieder hinaus. Den Tag über hielt ich mich auch nie darin auf, da es in der prallen Sonnenhitze am Sandstrande lag und in der Mittagsglut einem Backofen glich. Aber während der Nacht schlief ich hier ganz nett und abgeschieden, und hatte nur immer das Gefühl, dass mir einer der blutdürstigen Eingeborenen zu seiner Unterhaltung eine Haifischzahnwaffe durch die Fugen des Stabrostes, auf dem ich lag, in die Rückseite stechen könnte.

Tapitúea ist das eigentliche Land dieser Haifischzahnwaffen und der gegen dieselben schützenden Panzer, deren beider eine stattliche Anzahl ich in dem meiner Villa benachbarten Gehöfte einzutauschen Gelegenheit hatte. Dort verbrachte ich einen grossen Teil des Tages, handelnd, zeichnend, photographierend unter dem luftigen Dache des zweistöckigen Hauses oder in dem palmenbeschatteten Hofe des Herrn Holmes, nach dem die Eingeborenen zusammenströmten. (Tafel 10.) Hier suchte ich auch zu ergründen, auf welche Weise die Tapituéer in ihren Panzern gefochten haben; und die sie zum Tauschhandel brachten, die bewog ich dazu, sich in Rüstung zu werfen. Bild 37 zeigt eine Truppe kampfbereit in Kompaniefront und Tafel 11 dieselben in Fechterstellung. Die Panzer sind aus starkem Kokosnussgeflecht an beiden Seiten zum Auseinanderklappen, damit der Oberkörper hineinkriechen und der Kopf durch das Kopfloch hindurch kann. Zum Schutze des von einer Igelballonfischkappe bedeckten Hauptes ist noch ein Schild auf die Rückenseite des Panzers aufgesetzt. Arme und Beine hingegen stecken in einer Jacke und Hose aus grobem Kokosnetz, wie die Mittelfigur im Bild 37 zeigt. Alles das geschieht, um die Vorkämpfer gegen die rasiermesserscharfen Haifischspeere zu schützen. Solch ein Vorkämpfer ist natürlich in seiner dicken, heissen Kleidung sehr ungeschickt und ermüdet leicht, weshalb ein Sekundant immer hinter ihm steht, ihn führt und leitet, wie aus Tafel 11 ersichtlich. Diese Sekundanten haben nur eine einfache mit Fransen besetzte Matte mehrfach um den Leib gewickelt und oben drüber einen Gürtelpanzer aus stachelbesetzter Rochenhaut, wie auf Bild 37 bei der vierten Person von links deutlich zu sehen ist. Man erzählte mir, dass ums Jahr 1880 noch grosse Kämpfe in solchen Panzern stattfanden, die ungemein zahlreich gewesen sein müssen. Es soll sich um einen Religionskrieg schönster Form gehandelt haben, veranlasst durch einen hawaiischen Missionar, welcher die Christen gegen die Nichtchristen aufhetzte. Tausende sollen damals bei dem Dorfe Tewai erschlagen worden sein, und der dort befindliche Inselkanal sei über und über von zerfleischten Leichen gefüllt gewesen, die erst durch die Flut zerstreut wurden. Welch namenloses Unglück hat auch hier in der Südsee der verwerfliche Kampf der Kirchen den fröhlichen Naturkindern gebracht, von

Tafel 11 (siehe Seite 272). **Die Panzerfechter beim Kampfe.**

Bild 37. Eine Gruppe von Panzerfechtern auf Tapitéua.

deren Kämpfen und Menschenfressereien so viel Schauderhaftes von
den Missionaren berichtet wurde. Und doch waren diese Opfer,
wie Kotzebue mit Recht von Tahiti betont, verschwindend
gegen die, welche fanatische Priester ihnen verursachten. Zu meiner
Zeit hatten die hawaiischen Missionare sowohl die Marshallinseln
wie auch die Gilbertinseln längst verlassen, und die ganze Aus-

Bild 38. Krankenisolierstation am Aussenstrande bei Témanok
auf Tapitúea.

übung des Kirchendienstes war in die Hand von Eingeborenen-
missionaren gelegt.

Als ich in Témanok hörte, dass ein katholischer Pater namens
Richard nur wenige Stunden nördlich sich angesiedelt habe, um
die günstige Chance der Abwesenheit seiner weissen protestantischen
Glaubensbrüder auszunützen, so machte ich mich zu ihm auf.
Unterwegs besuchte ich auch die Luvseite der Insel und fand nicht
weit vom Dorfe Témanok zu meinem Erstaunen einige Hütten an der
Seeseite von einem grossen Zaun umgeben (Bild 38), in welchen viele

Kranke untergebracht waren. Erst dachte ich, es sei ein mildes Werk der katholischen Mission, aber als ich später den Bruder Richard frug, ob er auch den armen Kranken seine Fürsorge zuwende, da war ich erstaunt zu hören, dass er von denselben gar nichts wusste.

Die Gilbertiner scheinen ihre ansteckenden Kranken aus eigenem Antrieb von dem allgemeinen Verkehr abzuschliessen. An zwei Dutzend waren hier untergebracht, meist von tertiärer Syphilis und von Lepra befallen. Nicht allein, dass tiefe Eitergeschwüre die Bedauernswerten verunstalteten, auch ganze Arme und Beine schienen weggefallen zu sein, wie ein Taschenkrebs sich seiner Scheren entledigt. Auch sonst sah ich viele Hautkranke hier, besonders den schon bei Djalut beschriebenen Schuppenringwurm, dort *gogo* genannt, hier *te kunakiaki*. Hier war es, wo ihn die Ärzte der Wilkesexpedition zuerst sahen und beschrieben, und von wo er sich durch eingeborene Missionare nach Samoa verbreitete. Die gemeine Kleienflechte (Pityriasis versicolor) wurde als *te daudau* wohl unterschieden. Ferner sollen plötzliche Magenauftreibungen auftreten, die häufig mit Tod endigen.

Als ich beim Bruder Richard eintraf, fand ich ihn in einer Art Gartenpavillion sitzend, in welchem er völlig offen den Augen der Bevölkerung preisgegeben wie ein Einsiedler lebte. Nicht weit von ihm hatten zwei katholische Schwestern eine Art Erziehungsanstalt für junge Mädchen errichtet. Sie alle freuten sich, wieder einmal einen gebildeten Weissen zu sehen und etwas von der Aussenwelt zu hören. Als ich am Abend wieder allein den 2 m breiten, sandigen Weg zurückmarschierte, welcher, auf Geheiss der Regierung angelegt, sich fast auf allen Inseln zwischen den bewohnten Plätzen an der Lagune hinzieht, war es drückend heiss, so dass ich schliesslich in dem weichen Sande kaum mehr vorwärts kam. Wohl wehte draussen an der Luvseite der frische Passat, aber durch die einige hundert Meter breite Palmenpflanzung der Insel drang er nicht durch. So lange man im Winde sitzen und gehen kann, lässt es sich in den heissesten Tropentemperaturen immer noch aushalten, aber in der Windstille ist es oft geradezu entnervend.

Von heftigem Kopfweh geplagt, konnte ich in der folgenden Nacht lange nicht einschlafen, und erst die Morgenfrühe vermochte mir die heissen Schläfen wieder zu kühlen.

18*

Der letzte Tag brachte mir noch einige hübsche Arbeiten.
Vormittags besah ich mir das Dorf genauer, welches ein besonders
grosses Versammlungshaus besitzt, mit Namen A t a n i k a r á o a.
(Siehe Bild 39.) Die Bilder, welche ich davon anfertigte, illustrieren
besser als Worte die Grössenverhältnisse, welche alles übersteigen,
was in der Südsee und vielleicht überhaupt auf dem Erdball von
Eingeborenenhäusern existiert. Dafür fehlt freilich eine Ornamentierung, ein besonderer Schmuck dieser Häuser fast ganz, und nur
an der unteren Seite des Firstbalkens sieht man auf Bild 40 eine
Reihe von weissen Ovulamuscheln, welche dem gleichmässigen Gelb-
braun des Inneren etwas Leben geben. Auch die auf die Rand-
pfeiler gestützten Pfetten zeigen an einigen Stellen ringförmigen,
schwarzweiss abwechselnden Bänderschmuck, jedoch nirgends ein
Schnitzwerk. Drei Sorten von Pfeilern stützen das gewaltige Dach,
die grossen, zentralen Firstpfeiler, die schon erwähnten Rand-
pfeiler und zu unterst und aussen 1—1½ m hohe Korallensteine,
welche die Dachtraufe tragen, welch letztere aber überdies noch
durch zahlreiche Gabelpfosten gestützt wird. Ein herrlich kühler
Aufenthalt bietet sich unter dem hohen, luftigen Dach bei dem
mittäglichen Sonnenbrand, und alles flüchtet gerne hierher, wo viele
hundert Personen zugleich Platz finden. Am liebsten sitzen die
Eingeborenen in dem verhältnismässig schmalen Gange zwischen den
beiden äusseren Pfeilerreihen, oder sie ergehen sich dort, wie die
wahrhaften Peripathetiker, denn gleich einem Peristyl umzieht dieser
Gang den ganzen grossen Innenraum, der den Tänzen oder dem
Volke vorbehalten bleibt. Von dem Firstpfeiler des Hauses Atanikaráoa hing an einer langen Leine ein von einer grossen Schild-
krötenschale überdachter Korb, welcher auch mit Ovulamuscheln
geschmückt war. Angeblich enthielt er die Gebeine eines längst
verstorbenen Königs von P e r u, welche Insel ungefähr einen
Längengrad genau östlich von Tapitúea liegt. Dieser alte König
hiess K o r a b (genau so wie die Krabbenverkäufer in Kiel die
Strasse entlang brüllen). Die Tapitúeer erzählten, dass er mit wenig
Kriegern dereinstens von Peru herübergekommen sei, um sie zu
unterwerfen, und dass er zahlreiche mannshohe Steine habe aufrichten lassen, welche die Angegriffenen für Leute hielten, so dass
sie blindlings entflohen und sich unterwarfen. Einer von den Steinen

Bild 39. Das grosse Haus Atanikaráoa in Témanok.

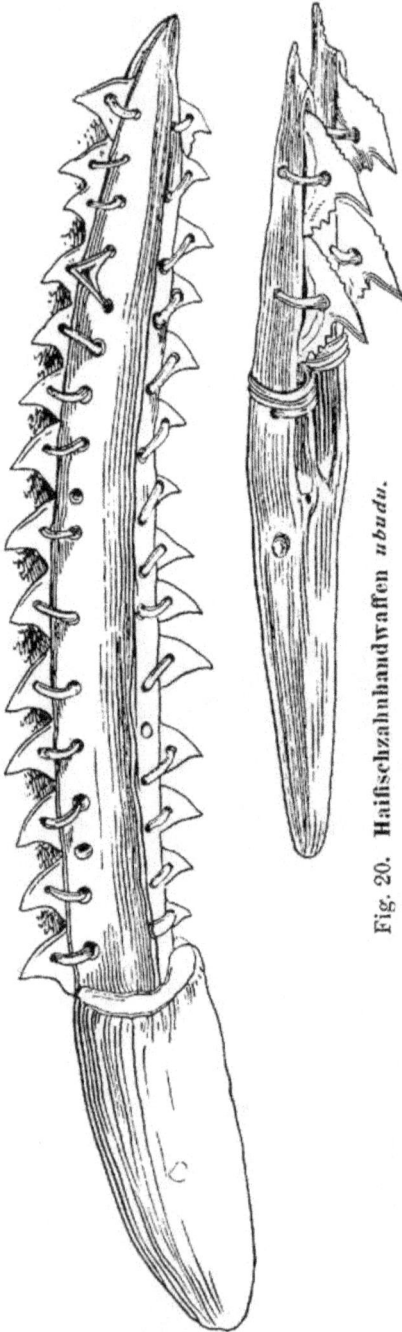

Fig. 20. Haifischzahnhandwaffen *ubudu.*

sei von selbst in das grosse Haus gewandert, wo man mir ihn zeigte und seinen Namen Teátinari angab. König Korab soll auf ihm liegend gestorben sein. Verwandte des alten Königs leben jetzt noch in Témanok und seine Gebeine liegen länger als hundert Jahre in dem Korbe. König Korab scheint auch die anderen Inseln südlich des Äquators unter seine Botmässigkeit gebracht zu haben, denn Peru gilt jetzt noch als der Vorort des ganzen südlichen Teils. Sonst scheint man im Süden wenig Grosshäuptlinge von jeher gehabt zu haben. Besonders Tapitúea scheint immer republikanisch gestaltet gewesen zu sein, und Wilkes gab auch schon an, dass kein Häuptling hier gewesen sei, der ein besonderes Ansehen besessen hätte. Dorf stand gegen Dorf, und ewige Landstreitigkeiten bildeten die Ursachen blutiger Kämpfe. Unter den älteren Männern sah man denn auch viele narbenvolle Gesichter und Leiber; aber auch unter den Frauen waren narbige Rücken durchaus keine Seltenheit, und in einzelnen Fällen sahen sie aus, als ob ein Kind darauf seine ersten Schreibversuche gemacht hätte. Tapitúea ist ja

Bild 40. Das Innere des grossen Hauses.

auch das Land der Dolche und Handwaffen, deren ich im Tauschhandel hier eine grosse Zahl erhielt, einfach messerähnlich oder doppelt,
wie ein Taschenmesser mit zwei Klingen nebeneinander. (Fig. 20.)

Letztere sind im übrigen besonders bei den Damen beliebt, welche,
die Waffe in der Hohlhand verbergend, lächelnd ihrem untreuen Geliebten sich zu nahen pflegen, um ihm unversehens die scharfen Zähne
durch das Gesicht zu reissen. Wer würde solch eine Blutgier bei den
lieblichen Mädchen vermuten, welche Bild 41 zeigt, und welche mir
am Nachmittage vertrauensvoll ihre tatauierten Arme zeigten, um
deren Muster ruhig abzeichnen zu lassen. Alle jungen Männer und
Frauen hatten nur noch Arme und Hände beschlagen, und nur bei
alten Weibern sah man noch die grossen viereckigen, blauen Flächen
auf dem Rücken, an den Lenden und um die Unterschenkel, von
denen ich im nächsten Kapitel noch eingehender berichten werde.

In der Frühe des Dienstags, am 28. Dezember 1904 fuhr ich
wieder an Bord zurück und verbrachte den Tag damit, meine
reichen Sammlungen von Tapitúea zu etikettieren und mein Tagebuch zu vervollständigen. Nicht weniger als 70 Stücke hatte
ich hier für wenig Tabak und Geld erhalten. Man denke sich,
dass einer der grossen Panzer, an dem ein Mann wohl viele Monate,
wenn nicht Jahre zu arbeiten hat, mir für 2—4 Mark angeboten
wurde, und die denen der Salomonier ähnlichen Ketten *te umone*,
abwechselnd aus weissen Muschel- und schwarzen Kokosscheibchen
bestehend, standen so nieder im Preise, dass ich meterlange Schnüre
für Tabakstückchen im Preise von 5 Pfennig erhielt und sie schliesslich ablehnen musste. Freilich schien es, als ob eine Teuerung
während der letzten Jahre hier gewesen war, eine allgemeine Trockenheit, welche die Erträge der Palmen verringert hatte; aber schon
Wilkes erwähnte, wie gierig die Tapituéer nach Tabak waren,
den sie vor seinen Augen wie Sardellen verschlangen.

Um Mitternacht ging nach viertägigem Aufenthalt der „Neptun"
Anker auf und hatte am folgenden Morgen programmässig die
nächst nördlich gelegene Insel

Nonuti,

bei den Eingeborenen auch **Nonudji** ausgesprochen, in Sicht. Die
östliche Inselseite verläuft hier in ähnlicher Richtung wie die beiden

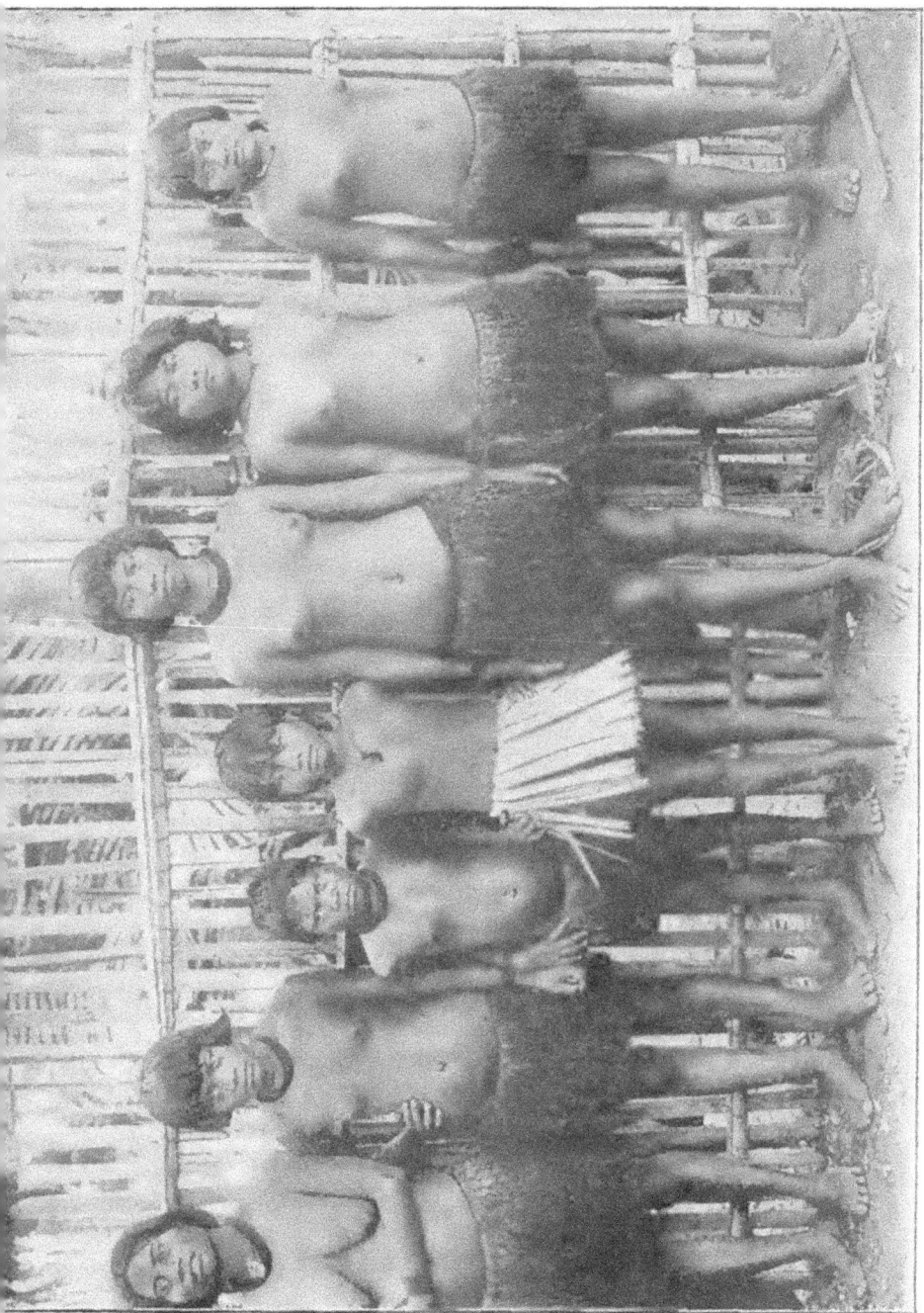

vorhergehenden, aber nicht knieförmig wie auf der Karte, sondern
ähnlich einem gebückten Greis mit schlotternden Knien. Genau
wie bei den beiden vorhergehenden Atollen ist auch hier die Lagune
und die Leekante, soweit man von einer solchen überhaupt sprechen
kann, viel weiter nach Westen ausgedehnt, als auf der Karte verzeichnet steht. Ein gabelförmiger Eingang führt zwischen zwei vorspringenden Zungen in die Lagune, allmählich sich verengend, bis
die enge Passage kommt. Und was war das für eine Passage!
Was Kapitän Kessler bisher geleistet hatte, war entschieden bewundernswürdig, aber die Einfahrt und die Durchquerung der
Lagune von Nonuti war ein Meisterstück ersten Ranges. Ein Fels-
gewirre von hausgrossen, grün und braun schimmernden Steinen,
zwischen denen die hellen Sandstellen leuchtend blau durchschienen,
empfing uns hier. Wenn ich sage, dass der Kurs schlangenförmig
ging, so reicht dies nicht annähernd hin, um die Kurslinie anzudeuten. Einige Male ging es in der Linie eines römischen S wieder
rückwärts, um dann über neue Farbenteppiche hinweg in schmutzigeres,
versandetes Wasser zu kommen, in dem ein Weiterkommen kaum
mehr möglich schien. Und dies alles mit einem Segelboot von
140 Tonnen! Wer solch ein Manöver nicht mitgemacht hat, wird es
kaum für möglich halten. Der Dampfer „Arthur“, der viermonat-
lich diese Inseln Kopra suchend anläuft und dem der flinke „Neptun“
häufig die Ladung wegschnappte, hatte sich hier bei der Einfahrt
kurz vorher auf einen der Steine gesetzt, von dem er nur mit Mühe
bei Hochwasser wieder frei kam. Die Lagune ist im übrigen so
versandet, dass der Neptun trotz seines geringen Tiefgangs in drei
Seemeilen Entfernung von Lodjemar zu Anker gehen musste,
einem grossen Dorfe auf der nördlichsten von den vier bedeutenderen
Inseln, welche den Ostwall bilden. Ein deutscher Händler namens
Brechtefeld hatte in Lodjemar ein nettes Haus. Als wir auf
seiner Veranda sassen und ihm über die Vorgänge der Welt erzählten, hörte ich ein starkes Lärmen von Menschenstimmen, das
mich fortlockte. Ich fand in nächster Nähe des Händlerhauses
einen grossen, von Palmen eingerahmten, viereckigen Platz, in dessen
Mitte ein ansehnliches Versammlungshaus stand. Es war gefüllt
von Eingeborenen, welche rings in den Wandelgängen sassen und
im Vertilgen von Kokosnüssen und Pandanusbohnen begriffen

waren. Ostwärts aber auf dem freien Platze, in den von Norden und Süden her der breite Inselweg einmündete, waren viele Eingeborene beim Ballspiel beschäftigt. *Te óreak* oder *oreáko* wurde es genannt. Es spielten immer zwei Partien von 10—20 Männern oder von ebensoviel Weibern je einer Dorfschaft gegeneinander, aber nur Männer gegen Männer und Weiber gegen Weiber. Die Parteien standen in 15—20 Schritt Entfernung voneinander. Einer der Spielenden warf einen Ball von Kindskopfgrösse ein wenig in die Höhe und schlug ihn dann mit der flachen Hand nach der Gegenpartei. Fing diese ihn auf, so erhielt sie einen Strich gut, verfehlte sie ihn, so erhielt die werfende einen. Fünf Striche verschafften den Sieg, meist eine gute Mahlzeit. Es war possierlich anzusehen, wie geschickt die Frauen mit ihren kurzen Grasröckchen sich dabei benahmen, damit sie sich keine Blösse gaben. Zur Sicherheit hatten freilich die meisten eine Schnur um den unteren Teil der Fransen herumgebunden. Der Ball bestand aus einem kugelich zusammengekrüllten, durch Kokosschnüre zusammengehaltenen Stück Zeug, Matte oder Kokosblattscheide, das einen steinigen Kern umschloss.

Aber noch ein anderer Ball diente vornehmlich den Kindern hier zum Spielen, faustgross, würfelförmig, aus Pandanusblättern grob geflochten. Auch er hatte in der Mitte einen kleinen Stein, der aber lose in dem Hohlraum schätterte. Dieser Ball hiess *te ikatókatok,* und die Kinder spielten so damit, dass sie ihn mit den Fäusten in die Luft schlugen; wer ihn niederfallen liess, erhielt einen Puff. Ich spielte sofort mit und hatte dabei Gelegenheit, alles weniger störend betrachten zu können, wobei ich natürlich einmal den Ball gründlich ausliess, was ich mit einigen blauen Flecken büssen musste. Eine der Oreakballspielparteien hatte nämlich gerade einen Sieg errungen, und in die Hände klatschend sangen sie mit mächtigen Stimmen:

> *i eiangáe dúwono*
> *akiaba káreke te nron.*

Vielleicht kann mir einer der Leser es übersetzen; ich weiss nur, dass *káreke* — gewinnen heisst. Mehr konnte mir auch der Händler, der angeblich gut die Sprache verstand, nicht sagen. Dagegen

machte er mich darauf aufmerksam, dass sie häufig beim Spielen
eine eigenartige Konjugation gebrauchen, nämlich:

erekerû — ich habe (den Ball) gefangen

erekerum — du hast (den Ball) gefangen

erekerun — er hat (den Ball) gefangen.

Es ist also hier ein Verbum, durch das Possessiv mein, dein,
sein gebrochen, über dessen Suffigierung ich bei der Erläuterung
der Sprache der Ralik-Ratakinseln im achten Kapitel einiges gesagt
habe.

Als mir die Knaben allzusehr zusetzten, kamen glücklicherweise einige alte Männer mit Besen und verjagten sie. Die alten
Herrn waren hier überhaupt ausnehmend freundlich. Viele unter
ihnen hatten ausgebreitete Tatauierungen auf dem Rücken, während
bei den sehr scheuen jungen Mädchen, welche ich auf Distanz
studieren musste, nur die Arme und Finger, wie auf Tapitúea, verziert waren. Es mag diese Scheu daran gelegen haben, dass alle von
Djalut kommenden Schiffe bei den Gilbertinern wegen der dort
herrschenden Syphilis besonders gefürchtet sind, unter den alten
Weibern sah man hier viele Gesichter mit eingefallenen Nasen,
welche wohl den jüngeren als lebendige Warnung dienen. Auch
sah ich viel Schuppenringwurm, den sie hier *i goro* hiessen, und
Kinder mit Framboesie, im Samoanischen *tona*, hier *totongai* geheissen.

Noch ein drittes interessantes Spiel sah ich auf dem Dorfplatz, das in Polynesien verbreitete Schaukelspiel *(te dié)*. An die
Krone einer überhängenden Kokospalme war eine daumendicke
Kokosleine gebunden, in deren unteres Ende, in eine Bucht, eine
Matte eingelegt war. Ein Mädchen wurde hineingesetzt und zum
Schaukeln gebracht, und bei jeder Schwingung sprang nun einer
der jungen Männer, als sie unten angekommen war, an der Leine
über der Bucht sich festhaltend hinzu, um einmal mit dem Mädchen
in die Luft zu fliegen. Bei der Rückkehr sprang er wieder ab,
und als das Mädchen nach der anderen Seite allein ausgeschwungen
war, kam im nächsten Augenblick ein neuer daran und so fort in
unermüdlichem Spiel. Als ich einen der Alten mit dem bisschen
Gilbertinisch, das ich nun mählich zu lernen begann, frug, warum
denn nicht ein Knabe auch einmal auf die Schaukel gesetzt würde,

erklärte er mir lachend, dass dann keiner der Jünglinge sich bereit finden würde, auf die Schaukel zu springen. Man sieht, welche Anziehung auch hier das schöne Geschlecht besitzt.

Obwohl das Verladen der Kopra noch am Abend des 30. Dezember beendigt war, gingen wir dieses Mal doch erst am folgenden Morgen um 9 Uhr Anker auf, weil der Kapitän für die schwierige Ausfahrt aus der Lagune die Sonne im Rücken haben wollte. Sicher glitt der „Neptun" wieder durch den Irrgarten in die See hinaus, und nordwärts ging's weiter nach dem nur 50 Seemeilen entfernten

Apamama.

Es war Silvesterabend, als wir den Gleicher passierten, und eine recht steife Brise aus Nordost war aufgekommen. Erst suchten wir wieder bei einer Schale Glühwein das alte Jahr abzufeiern, aber die Bewegungen des Schiffes wurden bald so unangenehm, dass ich es vorzog, die freie Luft mit der engen Messe zu vertauschen. Ich musste wieder einmal die traurige Erfahrung machen, dass es hinunter besser schmeckt als herauf, und war froh, als am anderen Morgen Apamama pünktlich in Sicht war, an dessen stiller Leekante der „Neptun" beschaulich dahinglitt. Hier war wirklich eine Leekante. An 200 m breit zieht sich das bei Ebbe trocken fallende Riff dahin, das an mehreren Stellen kleine Schuttflächen zeigt, und am Eingang in die Lagune liegt sogar eine recht ansehnliche Insel, Pik genannt (an der Stelle, wo auf der Karte Entrance Island steht).

Und auch einen guten Neujahrsbraten hatte der Vater Neptun seinem Namenskinde beschert, denn dicke, feiste Bonitos bissen an jenem Morgen wie wütend in den beim friedlichen Segeln ausgeworfenen Blänker. Die Passage bei der Insel Pik ist breit und schön und auf beiden Seiten wohlbegrenzt. Da aber der Wind gerade in sie hineinblies, so musste das Schiff alle Augenblicke über Stag gehen, um in die geräumige Lagune zu gelangen. Sie hat zwar auch zahlreiche Steine, doch blieb genügend Raum übrig, um bequem und sicher zwischen ihnen durchfahren zu können. Im Gegensatz zu den drei südlichen grossen Atollen ist Apamama nur wenig versandet und hat fast durchweg Tiefen von 15—30 m.

Dies machte sich auch beim Ankerplatz angenehm geltend, da wir
dadurch nicht so sehr weit vom Lande ablagen, und bei Niedrigwasser
nicht erst noch 2—3 km über den trocken gefallenen Sand der
Lagune zu wandern brauchten. Um $9^1/_2$ Uhr lagen wir schon vor
dem Königssitz Binoinano vor Anker, und es dauerte keine
Stunde, da war auch schon der Beherrscher von Apamama, der
König Tentebauru, was „Herr Paul" heisst, an Bord, und mit
ihm kam sein Minister Tingoa und die Königin Neikandak. Sie
tranken Kaffee mit uns und sahen mir eifrig zu, wie ich die Tatau-
ierzeichnungen von den südlichen Inseln ausbesserte und kolorierte.
Ihr besonderes Interesse erregte auch Ratzels Völkerkunde, deren
Bilder sie mit grossem Eifer besprachen. Der nun auch leider
dahingegangene Meister hätte sich wohl solch einen Erfolg seiner
Werke nicht träumen lassen. Die Kaffeegesellschaft dehnte sich
so lange aus, dass ich erst nachmittags um 4 Uhr mit unseren
Gästen zusammen an Land kam. Ich hatte gleich alles mitgenommen, um einer Einladung des Königs gemäss während der
Zeit des Aufenthalts des „Neptun" in der Lagune am Lande
wohnen zu können: meinen Frühstückskorb, mein Moskitonetz, meine
Flinte, einige Konserven und mehrere Tauschgegenstände. Obwohl
die Eingeborenen hier recht friedlich schienen, und es seit langer
Zeit sind, wie aus den Schilderungen Stevensons' hervorgeht,
der seinen Aufenthalt bei Tembinoka in seinem Buche „In the
Southseas" mit bekannter Meisterschaft geschildert hat, so über-
schlich mich doch ein eigenes Gefühl, als das Boot mich allein
unter den Eingeborenen zurückliess. Ich war ja unter den viel
wilderen Tapituéern und an vielen anderen Plätzen bei den Eingeborenen zu Gaste gewesen, aber allenthalben fühlte ich mich
doch noch im Bereich einer weissen Seele; hier war ich der einzige
Weisse unter einem mir völlig fremden Volke, dessen Sprache ich
nur sehr unvollkommen verstand. Denn der König von Apamama
hatte noch keinem weissen Händler gestattet, eine Handelsstation
auf seiner Insel zu gründen. Er wollte das Geschäft allein für
sich machen und verkaufte durch seinen Minister die Kopra direkt
an die Schiffskapitäne. Dies hatte der Vater des jetzigen Königs,
der tatkräftige Tembinoka so gehalten, und der Sohn hatte keinen
Grund, davon abzuweichen. Freilich hatte der alte König auch

seine schlechten Erfahrungen dabei gemacht. Er hatte sich von den reichen Kopraerträgen ein eigenes Segelschiff in Sydney kaufen lassen, um seine Produkte direkt auf den Weltmarkt zu bringen. Aber entweder war das Schiff gescheitert, oder einer der schlauen Kapitäne war ihm damit durchgebrannt — er hatte es jedenfalls verloren. Es war eine Usurpatoren-Familie, diese Tembinokas, da der Grossvater des jetzigen Königs, Tembédike mit Namen, die Herrschaft an sich gerissen hatte. Nach Tembinokas Tod um das Jahr 1890 herrschte dessen Bruder noch 18 Monate, bis der junge zehnjährige König die Regierung übernahm. Stevensons berichtet über die Königsgeschichte manche interessante Daten.

Als ich in das grosse Haus kam, welches mitten auf dem Dorfplatz steht (Tafel 12), und in welchem gerade der grosse Neujahrstanz stattfand, sah ich die Reliquien des alten Tembinoka von der Decke hangen, seinen mit Ovulamuscheln geschmückten Thron *(te bau)*, und an einem Pfeiler seinen Grasrock, seine Leibmatte und sein Staatskleid, die Hose. In der Mitte auf dem Boden unter dem hängenden Thron lagen die alten Häuptlinge hingestreckt, am einen Ende des Hauses war eine Gruppe tanzender Männer und am anderen eine gleich grosse Schar Weiber, welche, abwechselnd und getrennt wie auf Nonuti, stehend tanzten und sangen. Sie drehten den Oberkörper in den Hüften hin und her und gestikulierten mit den Armen, und wenn der Gesang zu Ende ging, dann hörten sie immer mit einem *ïi, ïi, ué, ïi, ïi, ué* auf.

Als ich eine Stunde zugeschaut hatte, begab ich mich nach der Luvseite der Insel, um die Gegend etwas kennen zu lernen.

Ich will nun das, was ich an jenem Abend und am folgenden Tag sah und hörte, im Vorweg an der Hand der Skizze Fig. 21 erläutern. Binoinano liegt an dem Ende einer Insel des Atollringes, und wie fast alle Dörfer, am Sandstrand der Lagune. Der schmale Durchlass zwischen Binoinano und der nächstfolgenden Insel ist vom früheren König Tembinoka an der schmalen Lagunenseite zugeschüttet worden, um Land zu gewinnen. Zum selben Zweck sind an den beiden engsten Stellen des Durchlasses zwei Steinwälle *(te bono)* aufgerichtet, um die Versandung und Verschlammung des noch offenen Tümpels zu befördern. Der der Lagunenseite zugewandte Steinwall dient zugleich als Brücke für

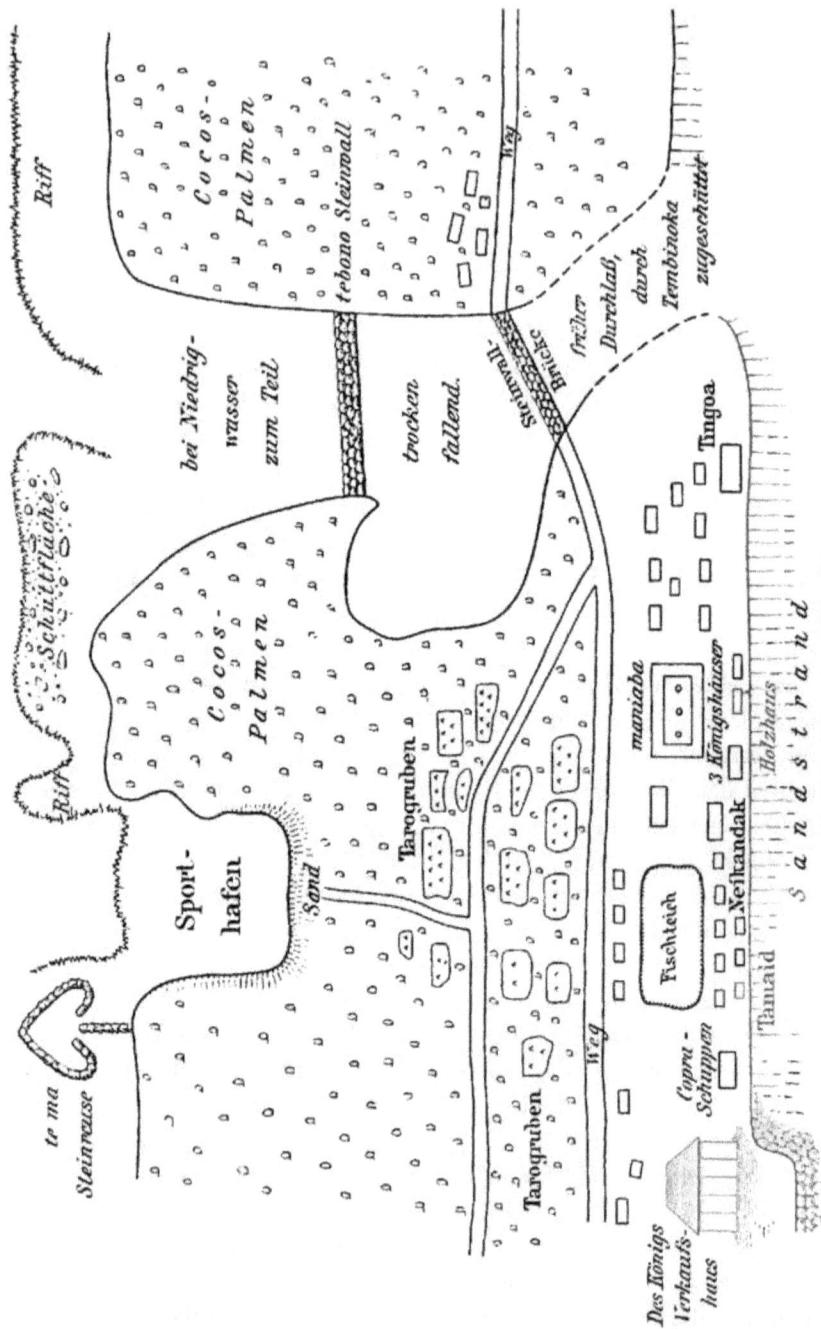

Fig. 21. Plan von Binoinano.

Labels within the figure:

Riff

Cocos-Palmen

tebono Steinwall

bei Niedrigwasser zum Teil

trocken fallend.

Schüttfläche

Riff

Cocos-Palmen

Steinwall

Brücke

früher Durchlaß, durch Tembinoka zugeschüttet

Weg

te ma Steinreuse

Sporthafen

Sand

Taroqruben

Taroqruben

Taroqruben

Fischteich

maniaba

3 Königshäuser

Tingoa

Neikandak

Holzhaus

Tanaid

Cypra-Schuppen

Des Königs Verkaufshaus

Weg

S a n d s t r a n d

Tafel 12 (siehe Seite 287). Das Innere des grossen Hauses in Binoinano auf Apamama.

den Inselweg,
welcher an Bi-
noinano vor-
beizieht. Diese
Weitsichtig-
keit Tembino-
kas bei der An-
lage des Stau-
wassers wird
nach dem schon
Gesagten
kaum mehr
sonderlich
überraschen.
Er war ein
durchaus prak-
tischer
Mensch, der
den Handel
nicht den frem-
den Weissen
überliess, son-
dern an sich
riss, und zwar
nicht allein
den Kopra-
handel, son-
dern auch den
Verkauf von
Kurzwaren, die
er von den Ko-
prakapitänen
sich geben
liess, um sie
an seine Unter-
tanen zu ver-
teilen oder zu

Fig. 22. Pfahlbauten des Dorfes Binoinano.

verkaufen. Ein grosses Vorratshaus mit einer Steinwerft davor, am nördlichen Ende des Dorfes gelegen, und dicht dabei ein Kopraschuppen (Fig. 22 links) sind noch die heutigen Zeugen seiner Tätigkeit, welche sein junger Sohn übernommen hat. Die Häuser am Strande der Lagune, die Wohn- und Schlafhäuser des Königs, seines Ministers Tingoa, welchen Titel er sich selber beilegte, der Königin Neikandak, der Benuiakoi und der Tamaid waren hier zu meinem Erstaunen alle auf hohen Pfählen erbaut (siehe Fig. 22). Es waren allerdings keine Pfahlbauten im eigentlichen Sinne, da sie völlig auf dem Trockenen standen; sie dienten nur dazu, um das Schlafen in luftiger Höhe zu ermöglichen. Denn man hält das Schlafen auf ebener Erde, in Samoa so schön und beliebt, hier für ungesund. Eines der Häuser war sogar auf einer Steinwerft etwas seewärts gerückt, um möglichst des kühlenden Nachtwinds teilhaftig zu werden. Inlands von den Strandhäusern liegt ein Fischteich, und dabei sind einige Wasserlöcher, in welchen die Eingeborenen häufig sich baden; und weiter südlich das grosse Versammlungshaus, das *maniaba*, „Haus der Insel" auf deutsch, von dem schon die Rede war. Inlands davon lag die Inselstrasse, welche die ganze Dorfanlage von den Pflanzungen scheidet, denn grosse Tarogruppen und Kokospflanzungen liegen meerwärts von ihr.

Als ich auf einem Seitenweg die nicht sehr breite Insel durchquert hatte, kam ich plötzlich an einen bassinartigen Landausschnitt, welchen ich auf der Skizze Sporthafen benannt habe. Hier halten nämlich die Eingeborenen mit eigens dazu gebauten Segelbooten, deren Bootsleib kaum länger als 1 Fuss zu sein pflegt (siehe Bild 42), grosse Segelwettfahrten ab. Wenn also unsere neuerdings zwecks Bootsmodellsegelwettfahrten gegründeten Vereine glauben, dass dieser Sport modern sei, so befinden sie sich in einem chaotisch tiefen Irrtum. Das Merkwürdige bei dem Gilbertinischen Spielboot ist der in Anbetracht des kleinen Bootskörpers *(te doñ)* ganz unverhältnismässig lange Ausleger *(giaro)* und das kleine Floss *(te rama)*, welches eine ähnliche Grösse hat wie der Bootsleib. Da nun ein ungewöhnlich grosses Segel *(te ie)*, aus dünnen, gespaltenen[1] Pandanusblättern

---

[1] Man trennt hierfür nicht die ganze Oberschicht des Blattes von der Unterschicht, sondern lässt an beiden Rändern einen Streifen in der ganzen Dicke

gefertigt, dem kleinen Fahrzeug eine hohe Geschwindigkeit geben soll,
und deshalb ein sehr starker Segeldruck das Floss aus dem Wasser zu
reissen droht, so sind am äussersten Ende der Auslegerstangen über
dem Floss kleine, spitze Stäbchen *(daurama)* angebracht, in welche
als Ballast junge, ei-
grosse Kokosnüsse
(tenemoimoi) einge-
spiesst werden. Der
Mast *(aniang)* wird
durch Stage und
Wanten am Bug-
spriet *(auina)* und am
Ausleger aufrecht ge-
halten. Wie kunstvoll
solch ein Fahrzeug
ist, wie niedlich der
kleine Bootskörper
aus Pandanusblät-
tern als Planken und
dünnen Kokosblatt-
rippen als Spanten
gebaut ist, muss er
die gerechte Bewun-
derung jedes Segel-
freundes hervor-
rufen. Und es ist
nicht nur eine Spie-
lerei, es ist ein rich-
tiger Sport, welchen
die Apamama-
Häuptlinge treiben,

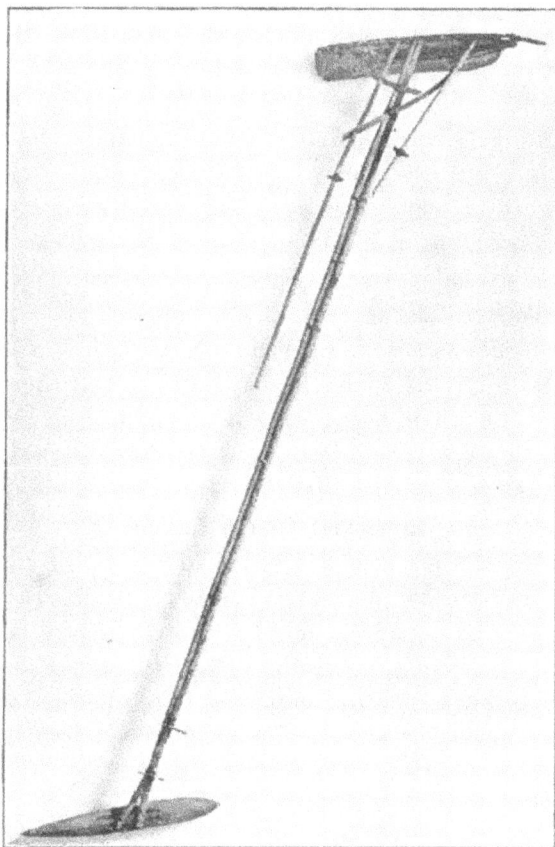

Bild 42. Spielboot *te maggi*, Apamama.

wie auch die von Maiana und Tárava. Es gibt Leute dort,
welche als Spezialität diese Boote bauen, und genau wie unsere Jacht-
konstrukteure auf Mittel und Wege sinnen, um die Geschwindigkeit

stehen, als Nahtstelle. Jedes Kleid des Segels ist ein ganzes Blatt und mit dem
folgenden am ungespaltenen Rande zusammengenäht.

ihrer Fahrzeuge zu erhöhen. Ganze Schulen bilden sie heran, die
Schüler mit ihrer Lehre durchtränkend, so dass diese auf andere nicht
mehr hören. Wenn die Apamamawoche beginnt, kommen alle die
Spielbootbesitzer nach dem Aussenstrande zum Sporthafen, und
wenn das Wasser einkommt und nicht viel über die Knie reicht,
dann begeben sich die Starter mit ihren Booten an das äussere
Ende der Bucht und setzen im Wasser stehend die zurechtgetakelten
und rennbereiten Maschinen auf ein gegebenes Zeichen rasch ein,
um sie nach dem Innenstrande laufen zu lassen, wo andere Leute in
ca. 100 m Entfernung bereit stehen, um die Renner aufzufangen. Dies
muss ein schwieriges Unterfangen sein, denn bei dem geringen Wasser-
widerstande und der ungeheuren Segelfläche sollen die Boote pfeilschnell dahinfliegen. Leider fanden während meiner Anwesenheit keine
Segelwettfahrten statt, und so muss ich mich begnügen, das wiederzu-
geben, was mir die Eingeborenen zeigten. Auf Maiana und Tárawa soll
der Sport besonders leidenschaftlich betrieben werden. Die Händler
erzählten mir, dass erst Dorf gegen Dorf, dann Distrikt gegen Distrikt
und schliesslich Insel gegen Insel spiele, wochen-, monatelang, ja
über Jahresdauer hinaus. Ganze Inseln wurden oft regelrecht kahl
gefressen, da niemand mehr um die Pflanzungen sich kümmere.

Als ich das Riff ausserhalb des Sporthafens besuchte, fand
ich dort eine grosse pfeilförmige Steinreuse, mit zwei Öffnungen am Ansatz der Pfeilspitze, am Schafte. Die Einrichtung,
te ma genannt, welche übrigens in ähnlicher Weise weit über Ozeanien
verbreitet ist, dient dazu, bei Ebbe die seewärts wandernden Fische
aufzunehmen, so dass sie bei Niedrigwasser nicht mehr entweichen
können. Diese Reuse arbeitet selbsttätig Tag und Nacht, und wenn
viele Fische darin gefangen werden, so setzt man sie in den Dorf-
teich ein, besonders den „Seebarsch“, *te guau* (der samoanische
gatala, der weissgelbgefleckte Serranus albofuscus Bleek)
und die Meeräschen, die Mugilarten, welche sich gut zum Füttern
eignen. Erscheinen aber viele Fische in der Lagune, so veranstalten
die Eingeborenen ein grosses Treiben, um sie in die Fischreuse
hinein zu bekommen, ähnlich wie ich es vom *atule*-Fang auf
Manu'a weiter unten schildern werde. Wie mächtig diese Steinreuse ist, zeigt das Bild 43, nimmt sie doch fast die ganze Breite
des über 200 m ausgedehnten Riffes ein.

Am Aussenriff sitzend, sah ich ferner einen Fischer, welcher Einsiedlerkrebse samt ihren Schneckenhäusern mit Steinen zerschlug und in Absätzen in das Wasser warf. Im selben Augenblick warf er dann jedesmal seinen mit einem Krebsschwanz beschickten Haken hinterher und holte so fast ununterbrochen Fische heraus. Unter denselben waren die eben genannte Seranusart und einige andere, die er *te baice* und *te bugebug* nannte.

Bild 43. Ein Teil der Fischreuse *te má*.

Endlich sah ich draussen in der Lagune noch einige ältere Frauen, Steine absuchend. Da sie in würdigem Alter waren, hielt ich es für nicht gefahrvoll, sie anzusprechen, um ihre Absichten zu erfahren. Sie zeigten mir Würmer, die sie aus den Korallen heraus-zogen, und als ich sie frug wozu, zerrieben sie einen in der Hand und hielten mir sie mit dem Ausruf *e boierar* unter die Nase. Es roch stark nach Jodoform. Sie brauchten die Würmer zu dem bevorstehen-den Tanz, um sich damit einzureiben und wohlriechend zu machen. Bei den Gilbertinern heisst der Sipunculide (Ptychodera flava Eschsch) *te bonubonu*. Jedes Mühmchen hat eben sein Parfümchen.

War hier recht viel Eigenartiges zu sehen, nicht minder merkwürdig als der Platz war seine Bevölkerung. Als ich Binoinano
betrat, war es mir, als ob ich aus den Gilbertinseln in einen
anderen Archipel gelangt wäre. Während bei der Bevölkerung der
südlichen Inseln die Nase mehr polynesisch geformt ist, zwischen den
Augen flach und der Nasenrücken hohl, die Wurzel breit angesetzt,
und die Luftlöcher rundlich, war sie auf Apamama bei Dreivier-
teilen der Eingeborenen hochrückig. Die Augen schienen überall näher
zusammengerückt und der Sattel zwischen ihnen bis zu 1 cm hoch,
der Nasenrücken gebogen und die Wurzel verhältnismässig schmal,
kurzum richtige Adlernasen. Dabei waren die Lippen wohl etwas
vorspringend, aber nicht sehr breit und von hübscher Form, Kinn
und Stirn hingegen leicht zurücktliehend. Mehrere Greise, welche
ich beim Tanz im *maniaba* sah, hatten unter ihren wallenden,
weissen Haaren durchaus das Aussehen von nordamerikanischen
Indianern, und auch die Frauen und Mädchen, welche u. a. Bild 44
zeigt, erinnerten mich lebhaft an die Araukanerinnen, welche ich
wenige Monate vorher in Chile gesehen hatte.

Als ich mich am Tage nach der Ankunft vormittags ins *maniaba*
begab, war man gerade dabei, den Neujahrstanz noch um einen Tag
zu verlängern. Wieder sassen die Männer um den südlichen Pfosten
und um den nördlichen die Weiber. Hier war alles noch echt, und
keine europäischen Gewänder waren bei den Tanzenden zu sehen.
Die Männer (siehe Bild 45) trugen neben einem Halsschmuck und den
Pandanusrollen in den Ohren als Kleid die verschieden gemusterten
Matten um die Hüften bis an die Knie durch einen vorne gebundenen Haarstrang festgehalten, die Weiber den Grasschurz und
und unmittelbar darüber einen doppelten Leibring aus zehnpfennig-
stückgrossen, dunkel gefärbten Kokosscheibchen (siehe Bild 44),
teilweise mit Pandanusblättern umwunden (siehe Bild 46), eine
benugon genannte Eigenart von Apamama. Das Fest begann damit,
dass Frauen und Männer abwechselnd den Vers eine Liedes sangen.
Während die Weiber dabei stehen blieben, warfen sich die Männer
bei jedem Schluss des Verses auf den Boden, so dass sie auf den
Rücken zu liegen kamen. Verschiedene Lieder wurden so gesungen,
die ich bei mangelndem Dolmetsch natürlich nicht verstand, und
von denen ich mir nur zwei Schlussstrophen zu notieren vermochte.

Bild 44. Weiber von Apamama.

Ai   Ai   O mea-ga-na O me-a-ga-na nei - ei - ō!

(Ausruf!)

ti - a - ma-ron   de - du - re - dērēgĕá !

Bei allen den Aufführungen und Tänzen der Männer machte König Paul willig mit, allerdings nicht im grossen Haufen, sondern auf der linken Seite desselben, einige Schritte ab und etwas nach vorne. Seine Bewegungen waren aber meist ziemlich abgemessen und träge, und die Teilnahme schien für ihn mehr eine lästige Pflicht als ein Vergnügen zu sein. Auch unter den Frauen 'gewahrte ich ein junges Mädchen, jünger, anmutiger und heller als die übrigen. Sie sass teilnahmlos auf der Seite und kam erst nach mehrfacher Aufforderung zeitweise zu den anderen, um wie zu Gefallen der Bittenden mitzumachen. Man merkte es ihr an, dass sie in schrecklicher Besorgnis war, sie könne durch ein Zuviel sich etwas vergeben. Ich ahnte, dass sie etwas Besonderes sein müsse und erfuhr zu meiner Befriedigung, es sei Kabuibniea, die Schwester des Königs. Ich weiss nicht, ob es aus Interesse war an dem zierlichen Geschöpf, oder ob wissenschaftlicher Durst mich vorwärts trieb, jedenfalls

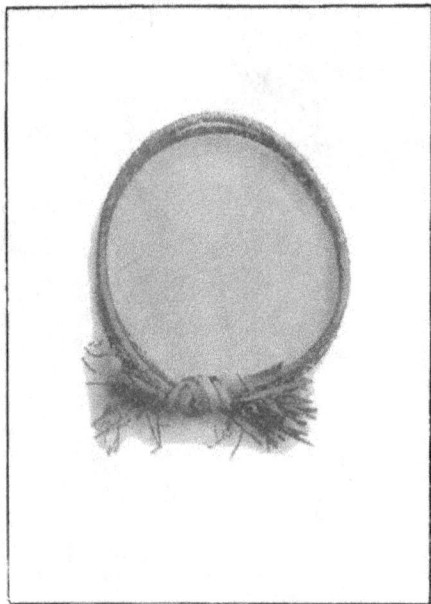

Bild 46. Tanzgürtel mit Pandanusblättern umwickelt, aus Apamama.

Bild 45. Männer von Apamama.

hatte ich mich zu weit nach vorne vor die mittlere Pfostenreihe begeben, und musste mir es deshalb gefallen lassen, dass man mich
wieder in den Zuschauerraum verwies. Das Lied, das nun kam,
war aber auch im höchsten Grade merkwürdig und wurde von den
Frauen des Königs angestimmt; es war der sogenannte Libellentanz.
Eine Libelle kommt geflogen, sie setzt sich auf die weisse Hand
und auf den weissen Fuss. Es folgen die Worte:

Gameina béiu	weisse Hand
gameina raéu	weisser Fuss
edji gunä geigei	herbei schwirrt die Libelle:
té géged djö!!	und setzt sich hin.

Ist das Bild nicht lieblich? Die weisse Hand weist auf die
helle Haut der Höherstehenden hin, wie ja auch Sina, „weiss“, bei
den Samoanern ein häufiger Name der Häuptlingstöchter ist, die
ihnen so glänzend vorkommen wie der Mond *masina!*

Nach diesem Gesang kam ein Spiel der Männer mit den
Weibern, *te dagá gábo* genannt. Die Weiber sangen in wilden,
schrillen Tönen:

Biri mai ó,	komm her,
Noka mai ò,	komm her,
Wagĕnéi ó,	zieh mich an den Haaren,
Katsekai ó!	zieh mich am Arm!

Alsbald stürzten sich dann zwei Männer auf die Frauen und
holten eine zu sich herüber. Ziemlich alle kamen so daran, nur
an Kabuibuica traute sich keiner; sie war auch hierzu zu fein.
Und dabei trug sie ein Band um den Knöchel. Sollte es ein Liebes-
oder Krankheitszauber sein?

Als dieses Spiel zu Ende war, kam das Gegenspiel der Frauen,
te dauberé geheissen, wie man im übrigen den Fliegenwedel nennt,
eigentlich ein Kinderspiel. Die Kinder locken nämlich mit Süssig-
keiten die Fliegen an, um sie mit der Rute aus Kokosblattrippen
zu erschlagen. Also gingen auch zwei Frauen mit Fliegenwedeln
zu den Männern hinüber, suchten einen mit der Rute heraus und
setzten sich mit ihm auf ihre Seite hinüber. Ich hörte, dass der
Transportierte *tánuma* genannt werde, und dass die eine der holenden

Frauen *tunuma te bucibuéiu* und die andere *tunuma te mata* heisse.
(Im Samoanischen heisst *tunuma* die Hülse für die Tatauierhaken.)
Als dieses Spiel nahezu beendet war, kamen einige Eingeborene
zu mir, um meine ärztliche Hilfe zu erbitten, da sich bei einem
Streit ein Mann den Arm gebrochen hatte. Ich sagte den Leuten,
sie sollten einstweilen Umschläge mit Wasser machen und versprach,
sofort zu kommen, wenn ich das Spiel zu Ende gesehen hätte. Als
ich aber bald nachher in das bezeichnete Haus am Ende des Dorfes
kam, hörte ich, dass der Mann schon fort sei und sich selbst ge-
holfen habe. Der Tanz dauerte bis 3 Uhr nachmittags. Zum
würdigen Beschluss des Festes liess der König vier Kisten voll
Stangentabak, die ihm Kapitän Kessler für einen Teil der Kopra
bezahlt hatte, an sein Volk verteilen. Ich wartete das Ende ausserhalb des Hauses ab, um einige photographische Aufnahmen von
den alten Männern zu erhalten, die sich jedoch nicht dazu hergeben
wollten. Glücklicher war ich mit König Paul, den ich bat, mich
der Prinzessin Kabuibuiea vorzustellen und mir mit ihr zusammen
eine Aufnahme zu gewähren. Freundlich ging er darauf ein und
brachte sogar noch seine jüngste Schwester Ikabóemen mit, wie
Tafel 13 zeigt. Auch glückte es mir, eine Tanzgruppe zusammen
zu bekommen, welche einen Stehtanz ausführte. Das Bild 47 zeigt
eine Momentaufnahme desselben.

Als der Abend nahte, begab ich mich in mein einsames Nacht-
quartierhaus, den am Ende des Dorfes gelegenen Warenspeicher
des Königs. Es war ein viereckiges, geschlossenes Holzhaus mit
hohem Blätterdach, unter dessen ausladender Dachtraufe eine schmale
Veranda vorne und an den Seiten sich hinzog. In der nördlichen
blinden Ecke hängte ich mein Moskitonetz auf und legte einige
der erhandelten Matten auf den Bretterboden. Hier kampierte,
hier schlief ich für mich allein, von niemanden gestört, denn das
Warenhaus des Königs war für die Eingeborenen *tabú*. Nach
einem kargen Abendbrot ging ich in der abendlichen Kühle im Dorfe
noch etwas spazieren und besuchte dabei König Paul. Er lag
auf einer Matte am Boden vor einem seiner Schlafhäuser, und ich
setzte mich zu ihm, um noch etwas, so gut es ging, zu plaudern.
Zur Kurzweil spielte ich Mundharmonika, und als er sie wohlgefällig anschaute, schenkte ich sie ihm, um ihn milde zu stimmen.

Denn abgesehen von seiner Gastfreundschaft und dem Schutze, den
er mir angedeihen liess, hatte ich unter dem Dach seines Speichers
zwei schöne Haifischzahnspeere hängen sehen, auf die ich ein bedeutendes Auge geworfen hatte.

Ich hatte mir den Angriff auf den folgenden letzten Tag vorbehalten. Für diesen Abend empfahl ich mich, um in meine ein-
same Klause zurückzukehren. Als ich allein dort lag, auf die stern-
beglänzte Lagune hinausblickend, das Geräusch der Inselmusik im
Ohr, kamen mir auf einige Zeit doch beängstigende Gedanken. Die
Eingeborenen sind ja im allgemeinen jetzt friedlich; aber wenn sie
bei Festen ihren Palmwein im Übermass getrunken haben, sind
sie wie alle Berauschten leicht erregbar, und ich hatte am Nachmittage einen jungen Mann zum Zorn gereizt, als ich seine Frau
vor den Apparat führen wollte. Die Gilbertiner mögen gute Leute
sein, aber in Frauensachen verstehen sie keinen Spass. Die Koprahändler der Inseln pflegen bei solchen Festen stets ihre Türe zu
verrammeln, und ich lag hier in der offenen Luft allein schutzlos
am Strande. Was half's! Die geladene Flinte an meiner Seite
lagerte ich mich halbschläfrig hin. Es mochte wohl eine Stunde
vergangen sein, als plötzlich schürrende Kiesel mein Ohr trafen.
Ich fuhr auf und horchte. Sollte es ein Hund sein? Nun hörte
ich Schritte in meiner nächsten Nähe, es mussten mehrere Personen
sein. Die Flinte in der Hand trat ich ihnen entgegen und unterschied in der Dunkelheit zwei Männer und eine Frau. Da sie
friedliche Absichten zu haben schienen, zündete ich eine Stearin-
kerze an, und siehe da, es war Seine Majestät mit einer seiner
vier Frauen und sein Minister. Ich hiess sie willkommen und nach
einigen Höflichkeitsworten frug ich nach seinem Begehren. Da
erfuhr ich denn, dass der gute Mensch Mitleid mit mir hatte, dass
ich so allein in der Abgeschiedenheit schlafen müsse, und dass er
mir deshalb eine Gefährtin mitgebracht hätte. Glücklicherweise
hatte er nicht gerade die schönste unter seinen Frauen heraus-
gesucht, und so fiel es mir nicht schwer, der Versuchung zu widerstehen. Ich dankte ihm herzlich, und mit der zartesten Rücksicht
auf die liebenswürdige Frau erklärte ich ihm, dass ich zu Hause eine
Frau habe, und dass es bei uns den Ehemännern streng verboten sei,
mit anderen Frauen allein unter einem Dach zu schlafen. Diese

Bild 47. Männertanz auf Apamama.

Notlüge schien ihm nicht übel zu gefallen, und erleichterten Herzens
zogen bald darauf die drei wieder ab, offenbar in dem Bewusstsein,
ihr möglichstes für das Wohlbefinden des Gastes getan zu haben.
Der scheinbare Widerspruch zwischen dieser Handlungsweise und
der sonst so leicht geweckten Eifersucht erklärt sich leicht, wenn
man die Tatsache erwägt, dass auch hier mit Erlaubnis zu sün-
digen etwas anderes ist als unerlaubt. Davon noch später.

Durch mein Ablehnen schien ich meinem hohen Gastgeber
imponiert zu haben, denn er schenkte mir am folgenden Tage
auf meine Bitte hin nicht allein die beiden Speere, sondern bat
mich beim Abschied sogar gerührt, ich solle doch bei ihm bleiben
oder wiederkommen, er wolle mir dann seine Schwester Kabuibuiea
zur Frau geben. Ich sagte ihm denn auch zu, dieses ehrenvolle
und liebliche Anerbieten weiter zu erwägen.

Der letzte Tag brachte wenig Neues mehr; ich studierte und
sammelte. Die Tatauierung der Männer war gleich wie auf den
früheren Inseln. Etwas Neues sah ich nur bei einem älteren, bär-
tigen Manne, welcher auf Stirne und Wangen einige senkrecht
stehende Fische in dunklem Blau aufwies, genau so wie dies auf
den Westkarolinen der Fall ist, und woran die mit Haaren ein-
geflochtenen Rauten auf den Panzern in stilisierter Form erinnern.
Die Frauen waren wenig tatauiert und zeigten höchstens auf der
Innenseite der Arme eine oder zwei lange Linien, wie allgemein
auf den nördlichen Gilbert- und auf den Marshallinseln.

Noch ein Beispiel von der Herrscherwut König Pauls will ich
hier zum Schluss bringen. Er hatte mir erlaubt, seine verwilderten Hühner in den Pflanzungen hinter dem Dorf zu schiessen, da
es zahme Hühner nicht gab und mein Verlangen nach einem
Huhn im Topfe stand. Als ich bald darauf vom Aussenstrande
mit einigen Strandläufern und Brachvögeln nebst einem Huhn
zurückkehrte, traf ich bei meiner Wohnung auf Tentebauru, welcher
im Begriff war, mich zu besuchen. Die Beute war es indessen
nicht, die er bewunderte, sondern die Flinte, die solch ein Wunder gezeitigt hatte. Er wollte sehen, wie sie geladen wird, und
als die Waffe schussgerecht war, wollte er auch nach irgend etwas
schiessen. Aber nichts Weidgerechtes war naturgemäss am Innenstrande wahrnehmbar. Enttäuscht legte er plötzlich auf ein kleines

Kind an, das gerade des Weges getrollt kam. Ob er wirklich
geschossen hätte, weiss ich natürlich nicht; ich hob nur rasch
den Lauf etwas in die Höhe und entwand ihm sanft das Gewehr.
Ich blieb die letzte Nacht noch an Lande, und in der folgenden
Morgenfrühe um $7^1/_2$ Uhr holte mich Kapitän Kessler an Bord
zurück zur Weiterfahrt, nach dreitägigem Aufenthalt auf Apamama,
des schönsten und eigenartigsten, den ich auf den Gilbertinseln
erlebte. Die Fahrt ging an der Leeseite nordwärts an der westlichen Insel An d o r a (auf der Karte steht A p a t i k u) vorbei nach

Maiana,

das schon um 5 Uhr in Sicht kam. Dieses Atoll bildet ein nahezu
vollkommenes Viereck mit der Spitze nach Norden. Auch hier ist
die Leekante recht gut ausgeprägt, an der Nordwestseite allerdings nicht so deutlich, wie auf der Karte zu sehen ist. Auch
reicht die Versandung dort einige Seemeilen weit ins Meer hinaus.
Das Schiff musste deshalb einen kleinen Umweg machen, um die
durch hohe Marksteine bezeichnete, flache Passage anzusegeln, vor der
es um 7 Uhr 20 Minuten zu Anker ging. Diese Passage ist von der
Regierung angelegt worden und liegt nur wenige Seemeilen von der
Nordspitze entfernt. Die Eingeborenen nennen sie B e t a u t a r á u a
und die nördlich vom Eingang gelegene Insel, an deren Südende
der englische Händler C o r r i e seine Handelsniederlassung hatte,
T e b í g g ě r e i. Die Nordspitze selbst bildet eine winkelförmige
Insel, P i k i n a m á m a r a genannt. Der ganze Nordteil der Lagune
ist vollkommen ausgesandet und fällt bei Niedrigwasser grösstenteils trocken. Eine bewaldete Insel, T e g e n d u m a genannt, liegt
dort nahe am nordöstlichen Inselwall und ist mit diesem durch eine
Sandbank verbunden, so dass man fast schon von einer Halbinsel
sprechen kann. Nicht weit aber von dieser Laguneninsel entfernt
und etwas nach Süden gelegen, befindet sich das Dorf T e k a r a n a,
und mitten im südöstlichen Inselwall das grosse Dorf T i p i a u é a,
wo der König M ó n i b a wohnt. Am folgenden Tag machten wir
eine Segelpartie dorthin und fuhren dabei quer durch die an vier
Seemeilen breite Lagune, welche nur in der Mitte 15—30 m tief
ist, aber an den Seiten allenthalben so flach, dass ein Segelschiff
nicht in dieselbe hineinkommen kann. Maiana ist das glänzendste

Beispiel, neben dem kleineren Maraki, von der langsam vor-
schreitenden Versandung eines Atolls.

Der Königsitz Tipiauéa war entschieden hübsch. Die Haus-
anlagen waren in Ordnung, der Boden sah rein aus, und allenthalben sah man Tabak um die Häuser angepflanzt. Ein dort ansässiger
Halbblutjüngling führte mich herum und zeigte mir in der Nähe
des Dorfes einen hohen Calophyllumbaum, von den Gilbertinern
titei genannt, welcher bei einem Weststurm angeschwemmt sein
soll. Nach einem halbstündigen Aufenthalt wurde die Heimfahrt
wieder angetreten, bei schönem Wetter wie zuvor. Nicht weit vom
Dorfe entfernt, sprang plötzlich in der Nähe des Bootes ein grosser,
schwarzer Fisch aus dem Wasser, den der uns begleitende Halb-
weisse Diamondfisch nannte, die Eingeborenen *te nou*. Sie gaben
an, dass sein Springen Regen anzeige, und wirklich überraschte
uns bald nachher eine Dusche. Dem Aussehen nach zu schliessen,
wird es sich wahrscheinlich um eine Art Meerteufel (Lophius) gehandelt haben. Den letzten Teil der Fahrt verkürzte uns ein junger
Eingeborener mit einem eigenartigen Gesang, die linke Hand an
die Wange gelehnt und jedesmal am Schluss eines Verses die Luft
durch die Zähne einziehend gleich einem aspirierten f. Diesmal
hatte ich endlich einen Kundigen, der mir den Text übersetzte.
Die Weise lautete folgendermassen:

A - ro - wai djimu djenge meang e-ka-be-ka me-no-u,   e-nan-gi

ri-e-nok ba - nei-a   ne -gau men ka-man-gang ten ta - kei-na-ba-u f-f.

Den Abend verbrachte ich noch am Strande bei Corries Haus,
den Weibern zuschauend, welche an Stelle der Männer die Kopra-
säcke in die Boote schleiften (Bild 48), und in die trockene Lagune hinausblickend, in der ein grosses Schlafhaus auf Pfählen zu
sehen war. Auch mit den Kindern hatte ich hier noch manches

Tafel 13 (siehe Seiten 299 und 338). König Tentebauru und seine Schwestern
Ikabóemen und Kabuibuiea.

Vergnügen. Sie fingen im Sand in den Löchern die handtellergrossen
tegoge-Krabben, komisch aussehende Dwarsläufer mit becherförmig
gestielten Augen (Ocypode Kuhlii Dehaan), und sie konnten es
nicht lassen, sie in den Lüften schwingend vor mir beim Abendsonnenschein unermüdlich herumzutanzen. Als es aber Nacht wurde,
zogen wir uns in Corries Haus zurück, das jetzt auf hohem Sand-

Bild 48. Frauen Kopra tragend. Maiana. Im Hintergrund ein
Schlafhaus in der Lagune.

strand steht, da, wo vor zehn Jahren bei Hochwasser noch alles
überschwemmt gewesen sein soll. Und welch ein Anblick war es
von dem oberen Teil des Hauses aus, als man beim Sonnenuntergang auf die weiten Sandflächen hinaussah. Man hätte glauben
können, in der Wüste zu sein und nicht auf einer Südseeinsel.
Der Abend hatte uns noch einen Gast aus Tekarana gebracht, den Händler Murdock, welcher für einen der wenigen
guten Kenner der Gilbertsprache gilt und Dolmetsch für die Regierung war. Viel Gutes bekam ich hier über die Eingeborenen

zu hören, von dem Spielbootsport, aus der alten Geschichte, von Tänzen und Gesängen, und nichts hätte ich lebhafter gewünscht, als hier wenigstens einige Wochen bleiben zu können, denn bis hierher war mir ein guter Dolmetscher auf den Gilbertinseln noch nicht begegnet. Ich hoffte, dass ich auf Butaritari vielleicht noch einen treffen würde, wo ich ja noch einige Zeit mich aufhalten musste. Aber ich kann voraussagen, dass es eine Täuschung war. Hier hatte ich auch noch die Freude, von Herrn Corrie für einige ärztliche Hilfeleistungen in seiner Familie mehrere hübsche Sachen zu erhalten, so z. B. ein Halsband aus 700 Delphinzähnen, welche der Dampfer „Arthur" mit 3 Shilling für 100 Zähne bezahlt, um sie in Fidji für 7 Shilling an die Salomon-Insulaner abzusetzen, ferner eine Leibkette aus Konusscheiben usw. Am anderen Morgen früh um 3 Uhr gingen wir nach eintägigem Aufenthalt nach

Tárava,

das nur 17 Meilen von Maiana entfernt ist. Schon um 1 Uhr nachmittags ging der „Neptun" in 10 m Wasser zwei Seemeilen vom Lande ab zu Anker, und zwar beim Händler A. Wilson.

Tárava ist der Sitz der englischen Verwaltung. Da mir dieses Atoll verschiedene, sehr interessante Fingerzeige für die Bildung der Koralleninseln lieferte, so will ich meine Ausflüge daselbst auch aus diesem Grunde etwas eingehender schreiben, obwohl im Vorhergehenden schon genug über das letztere Thema gesprochen wurde. Figur 23 gibt eine Skizze des Atolls, welche aber keineswegs auf genaue Eintragung der Plätze Anspruch machen kann, sondern nur das Verständnis meiner Mitteilungen im allgemeinen zu fördern bezweckt. Wie man sieht, ist die Lagune nahezu völlig abgeschlossen bis auf das Mittelstück an der Leeseite, welches zwar voll von Steinen ist, aber bei Hochwasser doch allenthalben 4—10 m Wasser haben soll, so dass kleinere Schiffe eine breite Einfahrt haben. Aber auch für grosse Schiffe ist an der Südseite zwischen dem mittleren und südlichen Drittel eine tiefe Einfahrt vorhanden, welche bei 20—25 m Tiefe eine Breite von nahezu 300 m hat. Ganz aussen befindet sich allerdings ein gewaltiger Stein, der nur 6 m Wasser über sich hat und den grosse Schiffe deshalb beachten müssen.

Das Innere der Lagune hat in der Mitte zwar eine Tiefe von
10—40 m, doch sind im Süden und Norden sehr viele Sandbänke

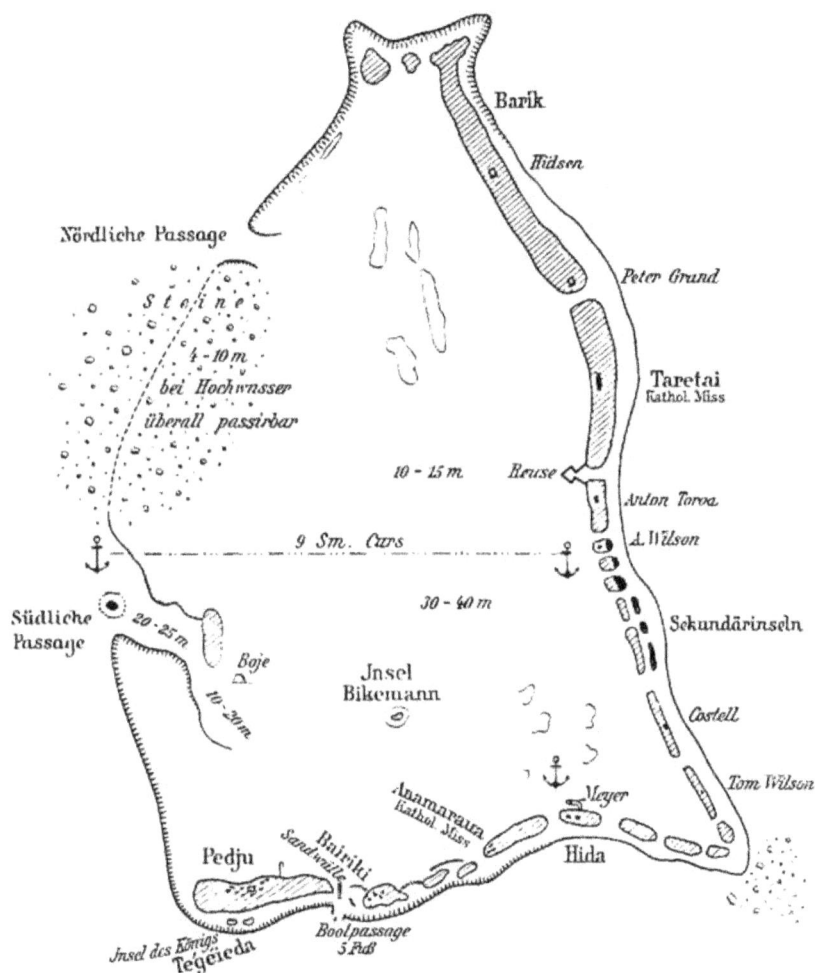

Fig. 23. Schematischer Plan des Atolls Tárava.

und Steine, ja ganze Säulenriffe vorhanden, welche die Fahrt
beschwerlich machen. In der Nähe des Inselringes macht sich
ausserdem eine starke Versandung bemerkbar, welche das Ankern
nur in einer Entfernung von mehreren Seemeilen gestattet. So lag
der „Neptun" auf dem südlichen Ankerplatz in der Lagune bei

20*

Hida ungefähr sechs Seemeilen, also 10 km vom Lande ab, und
wir brauchten zwei Stunden mit dem Boote, um an Land zu kommen.
Der „Neptun" war dorthin noch am Tage der Ankunft versegelt.
Hida ist ein grosses Eingeborenendorf auf einer 200 m breiten,
gleichnamigen, kleinen Insel, und dort hatte ein Deutscher namens
Meier eine recht ansehnliche Handelsniederlassung gegründet, aber
nicht auf der Insel selbst, sondern auf einer langgestreckten Sandhalb-
insel, die wie eine grosse Mole in die Lagune hinauslief, bei Hochwasser
einen nach Westen offenen, grossen Bootshafen bildend. Bei Ebbe fiel
aber auch hier der Strand weithin trocken, eine grosse Sandwüste.

Am Abend nach der Ankunft war Vollmond, und die Kinder
versammelten sich am Strande, mit denen ich wieder die erste
Freundschaft schloss, und die mir viele hübsche Lieder vorsangen.
Darunter war ein Sang der Mädchen, welcher von all den Inseln
von Maiana nordwärts handelt, und dessen Text ich ohne Übersetzung geben muss:

> *Airiroana gaueina nakonako*
> *ndiriena ndo oudabóneme*
> *Maiana, Apaiang ngo Tárara*
> *Makin e Butaritari*
> *manaoaró*
> *ma banonōuroá.*

Wer einige von den Sängerinnen kennen lernen will, der möge
Bild 49 betrachten, das die lustigen Dinger wiedergibt, welche mir
an jenem Vollmondabend in Hida die Zeit verkürzten. Welch
Vergnügen machte es ihnen, als ich in der Helligkeit der Mondnacht
mir ihre zehn- bis zwanzigmal diktierten Worte niederschrieb, wenn
ich sie ihnen dann wieder vorlas und sie mich verbesserten, bis ich
es einigermassen richtig aussprach. Und dann welche überquellende
Lustigkeit, als ich ihnen das Libellenlied von Apamama bei-
brachte, *gameina béiu, gameina raéu* usw., das ich ihnen mit allen
Handbewegungen nicht oft genug vormachen konnte, bis schliesslich
ihre Angehörigen sie riefen und sie rasch im dunklen Schatten der
Palmen wie Libellen hüpfend verschwanden.

Am folgenden Vormittag, am Sonntag den 9. Januar, fuhr
ich mit Herrn Kapitän Kessler im Walboot nach Pedju, dem

Regierungssitz. Pfeilschnell vor dem Winde flog das Boot dahin, und wir waren schon nach anderthalb Stunden am Ziele, trotz des langen Weges. Pedju ist ein kleines Eingeborenendorf, und mitten zwischen den Hütten steht ein einfaches, kleines, zweistöckiges Holzhaus mit

Bild 49. Mädchen von Hida. Im Hintergrund
Meiers Anwesen.

einer schmalen Veranda auf der Südseite. Bescheidener kann man sich das Haus des Resident Commissioner, welcher über die Gilbertinseln herrscht, kaum vorstellen. Herr Campbell war eben auf Urlaub in Sydney, was ich ihm angesichts seines Regierungspalastes nicht verdenken konnte. Dagegen war der zweite

im Range zugleich der letzte des Regierungsstabes, der Deputy
Commissioner J. C. I. Potts anwesend, welcher aber anstatt eines
Bretterhauses sich mit einer zurecht gemachten Eingeborenenhütte
begnügen musste. Damit war der Bestand an Weissen erschöpft,
da die Handeltreibenden den Regierungssitz bis jetzt nicht besiedelt
haben. Gegen Pedju ist Djalut ein wahres Paradies, und glücklich darf sich der Regierungsvertreter preisen, der von beiden das
letztere erwählt hat. Herr Potts führte mich in bekannter englischer
Zuvorkommenheit an dem kleinen Platze herum. Nachdem ich das
Diner bei ihm genommen hatte, besuchten wir auch die Kranken. Ich
sah zahlreiche Leute mit Beingeschwüren und lernte die Behandlungs-
art der Eingeborenen kennen. Diese besteht darin, dass sie die
Blätter der auf den Marshallinseln näher beschriebenen *adút*-Pflanze,
der Triumfetta procumbens, bei den Gilbertinern *te giau*
genannt, mit Wasser in einer Kokosschale kochen und den dicken
Brei auf die Wunde aufstreichen, worüber dann ein Morindablatt
gedeckt wird. Dann aber sah ich noch ein Leiden bei zwei Frauen,
welches sie *daurogou* nannten, und welches mir neu zu sein schien.
An Füssen, Armen, auf dem Rücken und im Gesicht, namentlich
am Nasenseptum sah man scharf sich abhebende Granulations-
geschwülste bis zu Wallnussgrösse, an der Oberfläche voll Schrun-
den. An einigen Stellen wund und mit schmierigen, grauen Borken
bedeckt, waren sie im ganzen von schwefelgelber Färbung, wie
beim Favus. Die Betroffenen klagten über Kopfschmerzen. Mög-
licherweise handelt es sich auch um eine syphilitische Erkrankung,
oder um Framboesia tropica; aber im ganzen machte mir doch die
Erkrankung einen so fremdartigen Eindruck, dass ich sie nicht
recht in den Rahmen des Bekannten unterbringen konnte.

Die Zeit drängte. Auf $3^{1}/_{2}$ Uhr war die Abfahrt angesetzt, da man
heimwärts gegen den Passat ankreuzen musste. Ich wollte auch noch
den Aussenstrand besuchen, auf dessen breiter Riffläche zwei kleine
Inseln sich befanden; eine die „Insel des Königs" genannt und mit
dem Lande durch einen Steindamm verbunden. Rings um die beiden
Inseln war neugebildeter Sandstein, zum Teil recht zerfressen und
schwarz aussehend wie Basalt. Auf der Insel sah man Pandanus,
Morinda, Scävola von Cassytha überzogen usw., in der Tat ein
luftiges Plätzchen für das Nachmittagsschläfchen eines Häuptlings.

War die Herfahrt rasch vonstatten gegangen, so dauerte die Heimkehr um so länger. Sechs volle Stunden mussten wir im Boot verbringen, in kurzen Schlägen stets durch den Wind gehend, um möglichst im Schutze unter Land zu fahren. Letzteres war für mich ein Glück, denn wir kamen dem Lande dabei bei dem eingetretenen abendlichen Hochwasser so nahe, dass ich es manchmal fast mit der Hand hätte berühren können. Und so sah ich denn auch zwischen Pedju und der nächst gelegenen Insel Bairiki, da wo ein flacher Booteinlass nach der See zu sich befindet, eine Reihe von Sandbarren, deren Bildung ich bislang für unmöglich gehalten hätte.

Wie ein steiles Kirchdach, so stiegen die Sandhaufen viele Meter hoch aus dem Meeresgrunde empor, und zwar genau bis an die Oberfläche. Es war kurz vor 6 Uhr, und bei dem vorhandenen Syzygium fiel das Springhochwasser in dieselbe Zeit. Noch kam die Flut von draussen, vom Meere her, herein, während der Passat in kräftigem Wehen das Lagunenwasser vor sich her südostwärts nach aussen, der Flut entgegentrieb. Von Bairiki aus lief eine lange Barre wie eine Mole nach Westen, und auf ihr tanzte gerade das Wasser, da, wo beide entgegengesetzte Strömungen, an den Hängen der Barre sich hinaufschiebend, zusammentrafen. Die Skizze 23 zeigt in dunklen Strichen die von den Inseln ausgehenden, auch ostwärts wiederkehrenden Barrenbildungen. War das nicht eine demonstratio ad oculus, auf welche Weise die Zwischeninseln Lücken sich ausfüllen können, und wie überhaupt Inselringe sich zu bilden vermögen?

Noch eine zweite, merkwürdige Bildung sah ich zwei Tage später an den kleinen Inseln, südlich von A. Wilsons Platz wohin der „Neptun" am Dienstag den 11., um Kopra zu nehmen, zurückgekehrt war. Ich habe schon bei Djalut von dem welligen Land der Inseln gesprochen und die Erklärung gegeben, dass jede Welle durch einen neuen Anwurf eines Schuttwalles im Laufe vieler Jahrhunderte entstanden sei. Hier auf Tárava fand ich den Beweis für die Richtigkeit der Behauptung. Denn alle die kleinen Inseln südlich von Toróa zeigten an der Seeseite eine erhebliche Verstärkung durch Schuttanhäufung, ja die drei südlichsten von den fünfen hatten eine regelrechte Barriere vor sich, welche

durch Kanäle voneinander getrennt waren. Da diese bei Niedrigwasser völlig trocken fielen, so ist die Zeit wohl abzusehen, da
aus der Doppelinselkette ein einziges Band entstanden sein wird.

Da der Inselring an jener Stelle in südöstlicher Richtung
streicht, so ist diese Wetterseite besonders dem Nordost-Passate
ausgesetzt. Toróa, die Insel, auf welcher der deutsche Händler
Anton ansässig ist, hat eine Breite von 300 m. Die beiden
grossen Inseln nordwärts von ihr weisen noch grössere Breiten
auf. Bemerken will ich hier auch noch, dass ich in dem Kanal
zwischen Toróa und der nördlich von ihr gelegenen Insel eine
praktisch angelegte Steinreuse sah, welche Figur 36 in situ zeigt.

Am Mittwoch den 12. versegelte der „Neptun" nach der südlichen Passage, um dem Kommissionär nach Pedju Waren und
Lebensmittel zu bringen. Da das Schiff deshalb 24 Stunden liegen
blieb, und ein starker Gezeitenstrom sich in der tiefen Einfahrt
bemerkbar machte, so benützte ich diesen für Planktonarbeiten
selten günstigen Liegeplatz, um eine Reihe von Messungen bei
Hochwasser und bei Niedrigwasser zu machen, über welche ich im
Anhang die überaus lehrreichen Resultate erläutern werde. Gilt
doch die Tárava- und die Apaiang-Lagune, die wir am folgenden
Tag besuchten, bei den Seeleuten als besonders trübe, so dass man
die Steine meist schlechter sehen kann als in den übrigen Lagunen.

Schon um 12 Uhr des folgenden Tages, am Donnerstag den
13. Januar ankerte der Neptun nach viereinhalbstündiger Fahrt in
der Lagune von

Apaiang,

und zwar diesmal weniger als eine halbe Seemeile vom Lande ab,
in 6 m Wasser, bei dem Königsplatz Koinoa. Die Lagune ist
hier an einigen Stellen im Norden gegen 50 m tief und im Süden
ungefähr 25. Nur der südlichste Winkel, bei dem die Haupteinfahrt
liegt, scheint stärker versandet zu sein und ebenso die Nordecke,
in der sich einige Sandbänke mit Inseln darauf befinden. Die
Gestalt von Apaiang gleicht der von Apamama, ein von Süd-
ost nach Nordwest streichendes Rechteck, dessen Ostspitze abgerun-
det ist. Und auch darin gleichen sich beide, dass eine deutliche
Leekante sich an der Südwestseite befindet. Koinoa liegt in der
Mitte der Nordostseite. Es ist ein langgestrecktes Dorf mit vielen,

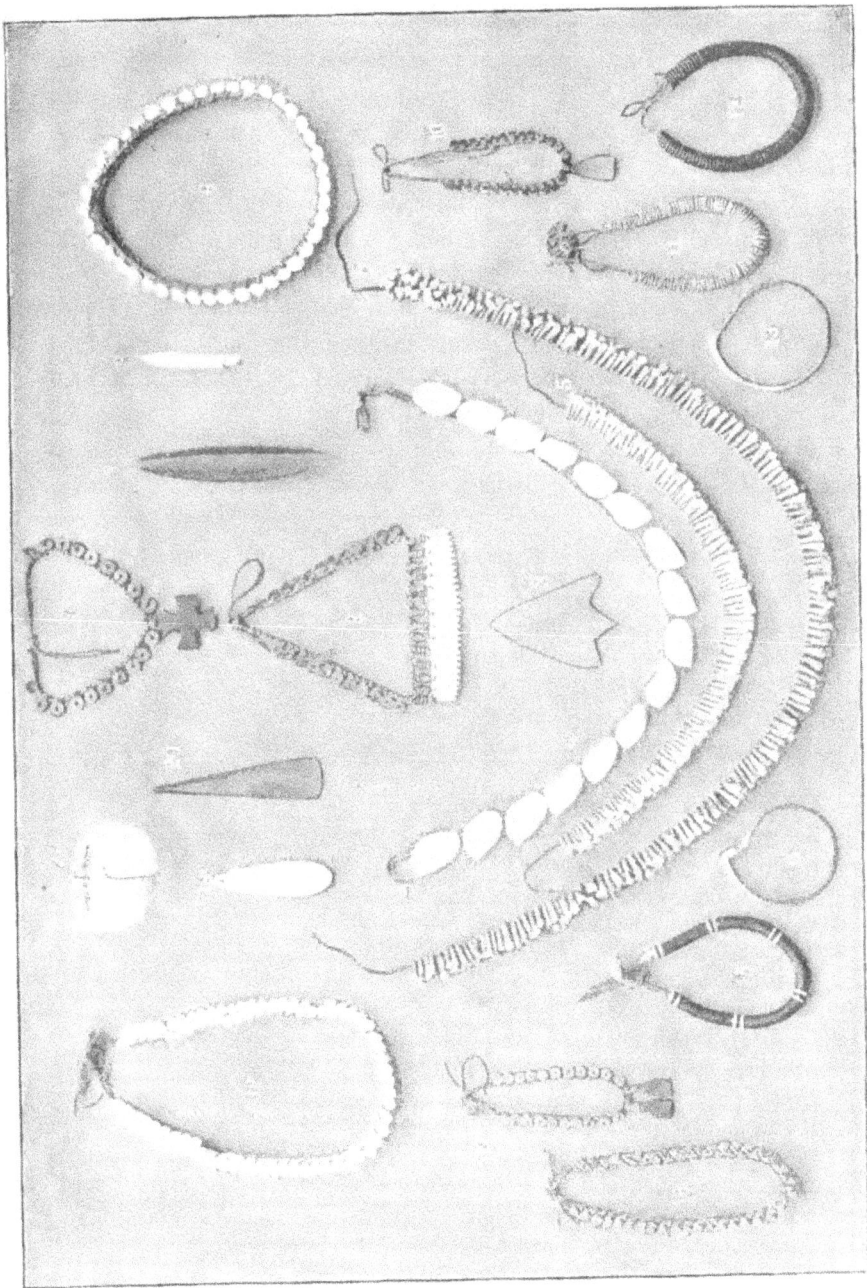

Bild 50. Schmucksachen von den Gilbert- und Marshallinseln.

gut aussehenden Häusern. Als ich den Häuptling Tékea im südlichen Teile des Platzes besuchte, zeigte er mir ein Halsband aus
den Schneidezähnen seiner Ahnen (siehe Bild 50, No. 5)[1]. Ich merkte
es ihm an, dass er es gerne verkaufen wollte, aber eine mächtige
Angst vor seinen Verwandten hatte. Als er zu zaghaft war, zog
ich ein englisches, goldenes Pfundstück heraus, um ihn psychisch
zu röntgenisieren. Ich liess es auf der Fingerspitze tanzen, so
lange, bis ihm der Schein durch Mark und Bein gedrungen war.
Mit Rührung zeigte er mir die Eck- und Schneidezähne, welche er
erst kurz vorher dem Schädel seiner Grossmutter entnommen hatte,
um sie der Zahngalerie einzuverleiben, dann zeigte er mir seinen
Vater und Urgrossvater, seinen Onkel und viele andere, welche ich
mit Andacht betrachtete. Dann aber machte ich ihn darauf aufmerksam, dass, wenn die Missionare davon erführen, es ihm weg-

---

[1] Liste der Schmucksachen aus Marshall (Marsh.) und
Gilbert (Gilb.).

1. Halskette mit Kreuz, *ad* (Marsh.).
2. Königshalsband, *buni* (Marsh.).
3. Halsschmuck aus dem Backenknochen einer Bonitoart, Ailinglaplap (Marsh.).
4. Halsband, Liekiep, *buill* (Marsh.).
5. Halsband aus Schneidezähnen der Familie Tékea in Koinoa, Apaiang, *uina-medj* (Gilb.).
6. Leibschnur aus menschlichen Zähnen, Apaiang, *uinamedj* (Gilb.).
7. Nadel zum Anstecken der Pandanusblätter beim Hausbau, Tapitúea, *te kai-muairau* (Gilb.), (*uin dôkua*, Walzahn). Früher stand auf der Etikette „Hals-schmuck *uin dogua*".
8. Blänker für Angelhaken, Tapitúea, *te kanied* (Gilb.).
9. Stirnband Arorai, *te dumara* (Gilb.).
10. Halsband, *lad* (Marsh.).
11. Halskette, *ad kidjebaul* (Marsh.).
12. Halsband, Djalut (Marsh.).
13. Armring aus Trochus mit Ornament (Marsh.).
14. Armring aus Trochus, nicht ornamentiert (Marsh.).
15. Halsband (Marsh.).
16. Halsband mit Schalen Engina-Spec. (Marsh.).
17. Halsband, *ad* (Marsh.).
18. Anhänger, Gwadjelin, *malar androdo* (Marsh.).
19. Stirnband, Ailinglaplap (Marsh.).
20. Löffel zum Essen, Tapitúea, *te ria* (Gilb.).
21. Armring, Maloelap, aus Konus (Marsh.).

genommen würde und er dann gar nichts davon hätte. Dieser Einwurf wirkte sichtlich, konnte aber seine Bedenken noch nicht vollständig zerstreuen. Erst als ich ihm sagte, dass er es wieder zurückverlangen könne, bekam er sein Gleichgewicht wieder. Ich musste ihm meine Adresse aufschreiben und die Stadt, in welcher es niedergelegt werden würde, worauf er es schliesslich hergab. Stuttgart möge sich also vorsehen, dass ihm diese Reliquie nicht entrissen werde. Halsbänder aus Schneidezähnen sind eine Seltenheit und sehr kostbar, während man lange Ketten aus Backzähnen für geringen Entgelt erhalten kann. Nachdem ich im Dorf noch das Grabdenkmal des Königs Te Kiea angesehen hatte, kehrte ich gegen Abend wieder an Bord zurück, um in der folgenden Morgenfrühe dieses Atoll mit dem „Neptun" wieder zu verlassen.

Das nächste Ziel war Butaritari, wo die Kopra abgeliefert werden sollte. Als wir wieder in See waren, sah ich erst, was der „Neptun" während der Inselreise alles „gefressen hatte", denn er war nun voll bis zum Überlaufen. Das Schiff hatte einen Gehalt von 140 Tonnen nach dem Messbrief. Als Segelschiff fuhr es 35 Tonnen Ballast. Und nun hatte der Kapitän noch 180 Tonnen Kopra hineingeworfen; also die Ladefähigkeit war weit überschritten. Trotz des ruhigen Wetters, das bei der Überfahrt vorherrschte, lief das Wasser in Lee beim Überlegen des Schiffes stetig durch die Relingklappen an Deck. Das war auch nicht anders möglich, denn wenn das Schiff horizontal lag, so schauten nur noch drei Planken von Handbreite aus dem Wasser. Das Deck war also nur einen Fuss hoch über der Meeresoberfläche. Wie das bei schwerem Wetter hätte werden sollen, das malte ich mir lieber nicht aus. Das freie Mitteldeck war mit Koprasäcken so voll gestaut, dass man aus der Kajüte vorne nicht mehr hinauskonnte und den Weg hinten durch die Messe nehmen musste. Es war aber auch eine glückliche Kreuztour gewesen. Seit dem Anlaufen von Maraki am 18. Dezember bis zur Ankunft in Butaritari am 15. Januar waren nur 28 Tage verstrichen, und dabei hatten wir neun Inseln besucht und alles an Kopra weggenommen, was zu ergattern war. Das Geschäft stellt sich so: Das Pfund sonnengetrockneter Kopra (ein englisches Pfund = 450 gr) kaufen die Händler für 1 cent (4 Pfennig) von den Eingeborenen und

verkaufen es zu 6 Pfennig an die Schiffskapitäne, die ihnen vertrags-
mässig den Betrag halb in Geld, halb in Waren erstatten. Die
Arbeitslöhne für das Füllen der Kopra in Säcke und das Tragen
derselben in das Boot bezahlen der Kapitän und die Händler zu
gleichen Teilen. Die kleinen Nüsse auf den Gilbertinseln liefern
jede nur ungefähr ein halb Pfund, so dass der Ertrag eines Baumes
kaum auf 4 Mark im Jahre kommt, während auf den vulkanischen
Inseln derselbe stets über 1 Dollar zu sein pflegt. Einige Jahre
vorher hatten die Eingeborenen noch 8 Pfennig für das Pfund bekommen, aber ein allgemeines Sinken der Koprapreise auf dem
Weltmarkt war eingetreten, so dass die armen Bewohner der Koralleninseln, obendrein von einer grossen Dürre heimgesucht, schwere
Zeiten durchgemacht hatten. Aber auch die Koprahändler waren
nahezu alle verschuldet. Der Preis der Tonne Kopra (2240 englische Pfund) war um jene Zeit in Sydney 140—170 Mark und
in Deutschland ungefähr 250 Mark, woraus man ersehen mag,
wie hoch die Verschiffungskosten sich belaufen und wieviel der
Zwischenhandel verschluckt, so dass nur Gesellschaften mit grossem
Kapital und mit grosser kaufmännischer Routine in diesem Geschäfte
etwas leisten können. Kapitän Kessler lieferte die Kopra in Butaritari an die Jaluitgesellschaft ab, welche sie in ihren Schiffen
nach Marseille, Liverpool oder Hamburg befördert, und zwar jedesmal dahin, wo augenblicklich die Preise am günstigsten notiert
werden.

Gegen Mittag des 15. Januar also ankerte der „Neptun" in
der Lagune von

Butaritari

vor der Niederlassung der Jaluitgesellschaft. Zu meinem Bedauern
hörte ich, dass drei Tage vorher ein grosses Segelschiff der Gesellschaft hier gewesen war, um die Kopra wegzuholen und eine Rundtour in den Marshallinseln anzuschliessen. Diese Gelegenheit war
also verpasst. Sie hatten auch nicht denken können, dass der
„Neptun" so bald wieder zurückkehren würde. Es blieb mir nichts
anderes übrig als zu warten, bis die nächste Gelegenheit sich bieten
würde, um von dem wenig besuchten Platze fortzukommmen. Die
Leiter der Gesellschaft in Djalut hatten versprochen, mich nicht
sitzen zu lassen, und so war ich schliesslich froh, dass mir noch

einige Zeit übrigblieb, um meine Studien über die Gilbertinseln
ein wenig zu vervollständigen.

Ich zog sofort an Land, da mich Herr Klimann, der Vertreter der Gesellschaft eingeladen hatte, bei ihm Quartier zu nehmen.
Auch hatte ich noch an Bord die Bekanntschaft von Herrn Dolch
und Frau gemacht, zwei liebenswürdigen Sachsen, welche mich eingeladen hatten, einige Tage von meinem Aufenthalt bei ihnen in
Kiuea zuzubringen. Drei Tage nach der Ankunft machte ich mich
denn auch auf den Weg, und zwar wegen der hier herrschenden
Hitze und der Gezeitenverhältnisse, schon früh um 5 Uhr, denn
ich hörte, dass ich eine lange Furt zu passieren habe. Zwei
Stunden lang führte der Weg durch Palmenpflanzungen, bis ich
plötzlich vor einem weiten, des Pflanzenwuchses baren Felde stand.
Zwar ragten hie und da noch kleine Baumgruppen wie Oasen in
der Wüste aus dem braunen Untergrunde hervor, aber es war mir
doch sofort klar, dass hier eine grosse Zerstörung stattgefunden
haben müsse. Es war eben Niedrigwasser, und zahlreiche Tümpel
erinnerten noch an die vorangegangene Flut. Als ich einige hundert
Schritte weit, zur Rechten den weiten Ozean, zur Linken die stille
Lagune, vorsichtig den Tritt suchend vorangeschritten war, hörte
ich eine Stimme hinter mir. Es war Herr Dolch, welcher zufällig
Geschäfte halber sich nach Süden begeben hatte. Er erschien mir
wie ein Retter, denn wenn auch bei einer grossen Flut die Pflanzendecke der Inseln nur wenig Schutz gewährt, so hindert sie doch
den Ausblick und bringt unwillkürlich ein Gefühl der Sicherheit.
Hier aber auf dem niederen Flach kam mich eine Art Platzscheu
an; und der Gedanke, dass man von der einkommenden Flut
überrascht werden könnte, hatte etwas Ungemütliches. Mein Begleiter erzählte mir, dass vor ungefähr drei Menschenaltern eine
Sturmflut diesen ganzen 2 km breiten Inselteil aus dem Ring weg-
gewaschen habe[1], wie man es so häufig auf jenen Inseln hört und
wie die jüngste Geschichte von Djalut am 30. Juni 1905 von
neuem lehrt. Bald nachdem wir diese Blösse überschritten hatten,
kamen wir in dem nordwärts gelegenen Kiuea an, wohin mein

---

[1] Im Anschluss daran trat, wie häufig neuerdings in Ozeanien beobachtet,
eine Ruhrepidemie auf.

Gastgeber nach vielen einsamen Jahren als Junggeselle sich eine
Frau aus seiner Heimat geholt hatte. Endlich mal ein vernünftiger
Mensch auf jenen Koralleninseln. Alles was ich vorher und nachher
von solchen Ehen mit Eingeborenen gesehen habe, ist doch nur ein
Kompromiss mit der Sinnlichkeit. Eine Ehe nach unserem Sinne
und ein wirklicher Hausstand ist es nie. Herr Dolch war freilich
auch gebildeter als seine Handelskollegen, und seine Kenntnis der
Sprache und der Eingeborenen verschaffte mir viel reiche Belehrung.
Besonders aber das saubere, nette Häuschen, in dem er mit seiner
Frau wohnte, und wo ich zum erstenmal seit langer Zeit wieder
saubere Gardinen, einen blanken Fussboden und ein reines Tisch-
tuch sah, erquickte mich in hohem Masse. Dorthin bestellten wir
uns einige alte Leute aus dem Dorfe, um sie über Sitten und Geschichte zu befragen, und viele der Notizen, welche das folgende
Kapitel zusammengefasst bringt, verdanke ich diesem Aufenthalte.
Auch das Dorf Kinea bot manches Sehenswerte. Es war dort
z. B. ein altes Massengrab aus alter Zeit, eine tiefe, trichterförmige
Grube, auf deren Grunde zahlreiche Steinplatten so im Geviert zusammengestellt waren, dass eine kleine Höhlung oben übrigblieb,
damit den Manen der Verstorbenen ein paar Kokosnüsse hineingelegt werden können. Ferner waren hier noch die Reste eines
sehr grossen *maniaba*, dessen Dach längst zusammengebrochen war.
Die noch stehenden Steinpfeiler waren so gross und schwer, dass
sie von der jetzigen Generation beim Bau eines neuen Versammlungs-
hauses nicht fortgeschleppt werden konnten, sondern dass sie sich
darauf beschränken mussten, einige zu zerbrechen. Es ist dies
wohl so zu erklären, dass hier früher ein grosser, mächtiger König
lebte, welcher Sklaven zu dieser Arbeit zwang. Dieser König hatte
über hundert Weiber in diesem Haus, und jedem Manne war es
bei Todesstrafe verboten, es zu betreten. Deshalb war um das
ganze Haus herum ein tiefer Graben gezogen, dessen Reste noch
sichtbar waren. Nur bei besonderen Festen kam alles hier zusammen.

Und noch ein anderer König lebte hier vor fünf Menschenaltern, Nákowudj mit Namen, der ein grosser Menschenfresser
war und die Leute nach seinem gutbewässerten Brunnen lockte, um
sie zu ermorden. Also erzählte ein alter Mann namens Nangana,

der in seiner Jugend eine vor Alter kriechende Frau gekannt hatte, welche den Nákowudj noch kannte.

Vieles über die Wetter- und Strömungsverhältnisse auf den Koralleninseln hörte ich hier, so von einem Hügel, bei dem nördlich von Kiuea gelegenen Dorfe Kuma, wohin sich die Bevölkerung bei Sturmfluten flüchtet, *te maun armida* genannt, der Leuteberg. Seine Entstehung verdankte dieser Hügel auch einer Sturmflut, die bald schaffend, bald zerstörend wirkt. Wusste doch Herr Dolch von einer der Ellice-Inseln zu erzählen, dass dort nach einem Weststurm plötzlich eine so hohe Sandanhäufung entstanden sei, dass die Palmenhäupter wie Grasbüschel aus ihr herausschauten. Nach solchen starken, westlichen Winden treiben an der östlichen Luvseite von Kiuea häufig grosse Baumstämme an, welche den westlichen Inseln in Melanesien entstammen. Herr Dolch hat es selbst erlebt, dass auf solch einem Baume ein Krokodil antrieb, das, schwach von der langen Reise, von den Eingeborenen leicht getötet werden konnte, die ihm die vielbegehrten Zähne abnahmen, während er sich mit der Haut begnügte. Auch die vom oben (Seite 253) erwähnten, gestrandeten „Flink" abgetriebenen Gegenstände trieben hier nach einer Reise gegen den Nordost-Passat am Aussenstrande von Kiuea an, ein Beweis, wie eigenartig die Strömungsverhältnisse an den Riffen entlang sind. Als ich mich wieder auf den Weg nach dem Süden machte, brachten mich meine Gastgeber mit dem Boote nach dem südlich von der grossen Blösse gelegenen Dorfe Tedau, von wo ich die zweistündige Rückwanderung antrat, nicht ohne dem unterwegs auf seinem Landaufenthalt befindlichen König beim Dorfe Teinemeiek einen Besuch abzustatten, der mir etwas Papai und gesalzenen Fisch zum Essen eintrug. Im übrigen verkehrte ich aber während meines ferneren Aufenthaltes auf Butaritari nicht mit dem König und seiner Familie. Ich hatte in den vorhergehenden Wochen und Monden so viel mit Fürsten und Prinzen verkehrt, dass ich ordentliche Sehnsucht hatte, mich mal wieder unter das Volk zu mengen. Zudem hatte diese hohe Familie auf Butaritari wenig Anziehendes für mich. Denn sowohl der König wie seine beiden Söhne waren so unbeschreiblich dick, dass man unwillkürlich zu transpirieren anfing, wenn man ihrer in der hier stets über 30° C betragenden Hitze ansichtig wurde. Auch

waren die Prinzen Badudoma und Nau Tiata sehr von der
Halbkultur beleckt, und noch schlimmer stand es mit der Tochter,
der nicht minder dicken Nikomónoe. Diese war durch Erb-
schaft von anderen Häuptlingsfrauen in den Besitz des meisten
Landes gekommen und galt für die mächtigste Person auf Butaritari. Sie hatte kurz zuvor einen Mann von Kiuea so begehrens-
wert erfunden, dass sie dessen Frau gezwungen hatte, von ihm
wegzulaufen. Alle fürchten sie, und wenn einer etwas verkaufen
will und findet keine Gegenliebe und sagt das berühmte gilbertinische Wort mit Bezug auf diese hohe Person: *kanam kim Niko-*
mónoe (ich esse den Allerwertesten der Nikomónoe), so kann er
sicher sein, das Ziel zu erreichen. Mit dieser Dame mich zu be-
freunden, lockte mich nicht.

Der König Teburesimoa galt freilich trotz seines Geizes für
tüchtig. So liess er bei der Handelsniederlassung eine weit in die
Lagune hinauslaufende, breite Steinwerft bauen, um seine Schoner,
die er sich gleich dem König von Apamama anschaffen wollte,
direkt daran anlegen zu lassen. Drei Monate arbeiteten seine
Untertanen an diesem Werke. Als es fertig war, liess er sich
von den fremden Schiffen 3 Dollar pro Tag und Schiff Liegegebühr
bezahlen, und auch von den Händlern verlangte er 100 Dollar jährlich Handelsspesen. Dies hat ihm freilich nun die englische Regierung
gelegt, aber er macht doch noch gute Privatgeschäfte, z. B. wenn
er zu Galatafeln zahlreiche Einladungen ergehen lässt und dann jedem
Gaste 2 Mark für etwas gesalzenen Fisch und Papai abnimmt.

Ich fand hübscheren Verkehr im Dorfe, denn dicht bei der
Niederlassung waren einige Hütten, mit deren Insassen ich mich
bald anfreundete. Besonders waren es einige Mädchen, welche, von
anderen Inseln gebürtig hier zu Besuch waren, und deshalb grössere
Freiheit in der Bewegung hatten als die Angesessenen. Nika-
daūa Neitebadjiku von Anamaraua auf Tárava, Eda-
karoro Eioki von Maraki, Edóbada Eedogódora von
Apaiang und Te Géaciruru a Móniba von Maiana. Besonders Edóbada, die mit den beiden erstgenannten Bild 51 zeigt,
war mein erklärter Liebling. Mit welcher Ausdauer mich die guten
Mädchen stundenlang in der Sprache unterrichteten, mir alles erklärten, soweit ich es verstehen konnte, Lieder, Gesänge, Tänze,

Bild. 51.   Etóbada.   Nikadáua.   Edakabúroro.

war auch rührend. Sie zeigten mir, wie man die Halsketten macht
und die Baströcke, wie man flechtet und sich schmückt, wäscht
und badet.

Sie lehrten mich u. a. auch den Gesang, den man beim
Spazierengehen auf Butaritari häufig aus der Höhe herabtönen hört,
als ob unsichtbare Dämonen über den Palmen schwebten. Erst
nach einigem Suchen pflegt man in irgendeiner Palmenkrone einen
braunen Klumpen zu entdecken, einen Eingeborenen, der den Blütenschaft zurechtschneidet und eine Kokosschale unter den Abschnitt
hängt, um Palmwein zu gewinnen. Seit nämlich König Tebureimoa
einen Neugierigen von einem Baume herunterschoss, welcher in
geheimnisvoller Stille oben sass, um die königlichen Frauen beim
Baden an der Werft zu beobachten, seither singen alle, die auf
den Bäumen etwas zu schaffen haben. So ersetzen die Leute von
Butaritari die fehlenden Singvögel, und eintönig hört man das Lied
erklingen: *aubinó oideboinano-cágidok denánanda dá dá auíneió* usw.
Wie oft habe ich diese Worte gesungen, ohne ihren Sinn zu verstehen, denn so weit brachten es auch meine Lehrerinnen nicht,
und von Herrn Dolch, dem ich sie später zur Übersetzung sandte,
habe ich nie wieder etwas gehört.

Von besonderem Interesse war mir ein Tanz, den mir eines
Abends Edóbada verschaffte. Ich hatte längst gewünscht, einen
der merkwürdigen Handschlagtänze zu sehen, *dúgaubúre* genannt.
Weil aber das Tanzen ausser an den schon oben genannten drei
Festtagen verboten ist, so hatte ich die Hoffnung schon aufgegeben.
Da, an einem Spätnachmittage, als ich von einer Botanisiertour
nach Hause kam, rief mich Edóbada schon von ferne und winkte
mich in das Eingeborenenhaus, dessen eine Hälfte einen sehr
erhöhten Boden hatte, einen Vorrats- und Schlafraum. Es musste
was Besonderes los sein, denn Edóbada hatte statt ihres europäischen
Musselingewandes ihr Festgewand an, einen Grasschurz. War mir
das auf den südlichen Inseln aus Gewohnheit nicht mehr aufgefallen,
so berührte es doch hier eigentümlich, eine so schöne, schlanke,
voll gewachsene, sonst bekleidete Gestalt nun plötzlich in dem kleinen
Grasröckchen zu sehen. Sie nahm mich bei der Hand, und geheimnis-
voll stiegen wir eine höchst primitive Leiter hinauf über einen
Absatz in den höchstgelegenen Teil des Hängebodens. Drei Männer

folgten nach. Sie setzten sich zu vieren auf den Boden, wie man sich um einen Tisch setzt, nur ganz nahe aneinander, so nahe es bei den unterschlagenen Beinen möglich war. Nun begann ein melodischer Gesang, dessen Text ich mir notiert habe, den ich aber als unübersetzbar vorenthalten muss. Und zu dem Gesang begannen sie sich leicht in den Hüften zu wiegen, was sie *kabudj* oder *tegamei* nennen, während mit den Köpfen zu nicken *debo* heisst, und gleichzeitig schlugen zwei Gegenübersitzende, die Fingerspitzen nach oben, die Handflächen zusammen, die Rechte des einen gegen die Linke des Nachbars und umgekehrt, und dann alle vier im Kreise herum, oder rechts und links und gegenüber, und fast jedes ohne sein Ziel zu verfehlen. Das war ein Gewirre von Händen, als ob unsere Kinder Hände-aufeinanderlegen spielen. Plötzlich aber verstummte der Gesang, alle sahen sich erschrocken an und hielten den Finger auf den Mund zum Zeichen des Schweigens. Ich liess alles ruhig geschehen, was nun kam. Die Männer nahmen mich nämlich und legten mich der Länge nach auf den Boden und Edóbada neben mich. Dann verschwanden sie. Erst dachte ich, sie hätten etwas Verfängliches im Sinne, oder es ginge mir an den Kragen. Aber ersteres braucht man sich bei den Wilden durchaus nicht einzubilden, da es ihnen gar nicht einfällt, ihre Frauen mir nichts dir nichts den Weissen aufzudrängen, und das letztere war auf Butaritari kaum denkbar. Nachdem wir einige Zeit oben gelegen hatten, wobei Edóbada mich freundlich durch Zeichen unterhielt und lachend Badudoma flüsterte, entstiegen wir mählich unserem Versteck. Die Ursache war bald gefunden. Prinz Badudoma hatte Lunte gerochen und war unten ins Haus gekommen. Vielleicht wollte er auch die schöne Edóbada besuchen, kurzum, er war da. Es sollte erst abgewartet werden, ob er nicht wieder fort ginge. Dies fiel aber dem Prinzen gar nicht ein. Ich konnte den Kerl nie leiden, aber als ich beim Abstieg von der Leiter sein fettes, lächelndes Gesicht sah, war ich nahe daran, ihm eine Backpfeife abzusetzen.

Am dritten Tag der Rückkehr von Kinca erfuhr ich, dass ein Boot unter der Führung des Händlers Kapelle nach Makin zu fahren beabsichtige. Das Fahrzeug war zwar nur klein, kaum grösser wie ein Kriegsschiffkutter und völlig offen, aber die Gelegenheit, diese interessante, kleine Insel noch kennen zu lernen, war

doch zu verlockend, als dass ich hätte widerstehen können. Am
Sonnabend, den 22. Januar, früh um 6 Uhr legte das Boot von der
Mole von Butaritari ab. Die Frau des Herrn Kapelle, eine Gilbertinerin, Edádeke mit Namen, ferner des Häuptlings Na Baduku
Schwester Nikáwano und ein Eingeborener von Kusaie waren
mit von der Fahrt. Mit dem Schlachtruf: *Mánaeó*[1], *Pápaió*, *Mákinó*
fuhren wir südwärts zur grossen Passage hinaus, um von der Südspitze
des Atolls aus an der östlichen Luvseite entlang zu fahren bis zum
Nordkap, von wo der Ankerplatz nur noch sechs Seemeilen entfernt
war. Das war rascher gesagt als getan. Da wir gegen den östlichen
Wind ansegelten, und die Strömung, von der ich oben sagte, dass sie
meist um die Insel herum nach Osten führe, diesmal natürlich gegenan
war, so senkte sich die Nacht auf das Meer, als wir noch nicht
einmal das Ostkap von Butaritari erreicht hatten. In einem kleinen
offenen Boot auf hoher See übernachten, das war mir noch neu.
Als ich mich nachts zwischen zwei Ruderbänken in ein bisschen
Segelleinen eingewickelt. aufgeschossen hatte, träumte ich von ver-
schlagenen Booten und abgetriebenen Eingeborenen, welche vom
Hunger überwältigt losen, wer zum Verzehren zuerst darankommt.
Natürlich viel jedesmal das Los auf mich, und Herr Kapelle und
Mr. George von Kusaie blickten mehrfach besorgt auf mich, wenn
ich mich im Halbschlafe erhob, um nach dem Lande auszublicken.
Nur das stille Brummen der Brandung war auszumachen, und er-
geben in mein Schicksal legte ich mich dann wieder hin.

Glücklicherweise hielt die flaue Ostbrise an, und so erreichten
wir in der folgenden Morgenfrühe die Leeseite von

Makin.

Wie Peru Nukunau, Tamana und Árorai im Süden, so
bildet Makin im Norden nur eine einzige langgestreckte Korallenbank, der eine Lagune an der Leeseite mangelt. Zwar ist an der
keulenförmig verdickten Nordspitze Makins ein kreisrundes Binnenwasser vorhanden, welches wohl fast 2 km im Durchmesser hat
und nach der See zu ausmündet. Aber dieses ist nicht als die
Lagune eines Atolls aufzufassen, sondern als ein Reliktensee, durch

---

[1] Eine schwarze Taschenkrebsart.

luvwärtige Vergrösserung der Insel entstanden, wie der Tümpel zu
Djalut. Ist doch gerade dieser Nordostteil dem Passat besonders
ausgesetzt. Im übrigen ist westwärts von dieser Salzwasserlagune
noch ein zweiter Binnensee, mit dem ersteren durch einen Graben
verbunden, aber ausgesüsst, da er von der Flut nur in geringem
Masse erreicht wird. Die dünne Landzunge zwischen den beiden
achterförmig gelagerten Seen ist aber gut passierbar, und die
Abflussstelle des Süsswassersees fand ich bei meinem Besuche durch
ein Fischnetz abgeschlossen. Es enthielt zahlreiche Fische, die
nicht gegessen werden und die man allenthalben wie Goldfische
im Aquarium herumschwimmen sah. Leider konnte ich keines habhaft werden. Südwärts von dieser breiten, nördlichen Anschwellung
wird die Insel bedeutend dünner, um ungefähr in der Mitte der
ganzen Bank abzubrechen. An diesem Mittelteil verbreitert sich
das Riff wieder seewärts sehr stark, ohne dass es aber zu einer
wesentlichen Inselbildung käme. Nur am äussersten Ostkap ist
eine kleine, runde Trümmeranhäufung, mit wenig Vegetation. Von
hier aus verjüngt sich das Riff von neuem, in südwestlicher Richtung streichend und zwei langgestreckte Inseln tragend, welche
Kioe und One genannt werden. Bewohnt ist nur die Nordinsel,
an deren langgestreckter Leeseite nordwärts bis über das Knie
hinaus sich das einzige, schön gehaltene Dorf hinzieht. Im südlichen
Teil des Dorfes wohnte ein deutscher Händler namens Schlüter,
ein würdiger Herr von 62 Jahren, der schon im Jahre 1871 nach
Samoa gegangen war, um dieses schöne Waldland im Jahre 1894
mit der kleinen Koralleninsel zu vertauschen. Er hatte eine samoanische Frau mitgebracht, die aber kurz vor meiner Ankunft gestorben
war. Und nun hatte er eine junge Gilbertinerin aus Arorai zu
sich genommen, welche an schwerem Gelenkrheumatismus mit Herz-
geräuschen litt. Diese Süd-Gilbertinerin bot mir ein treffliches
Vergleichsmaterial mit den Bewohnerinnen von Makin, von denen
Wilkes dereinst gesagt hat, dass sie von allen übrigen Gilbertinern
verschieden seien. Diese Ansicht hat zwar Finsch schon zu widerlegen versucht, aber worin der Unterschied besteht, wurde bislang
nicht angegeben. Das Bild 52 mit drei Mädchen von Makin zeigt
am besten, dass er nicht gross ist. Mir fiel die Ähnlichkeit mit
den südlichen Ratakern sofort auf, und da Makin von dem nächst

gelegenen Mille nur 180 Seemeilen entfernt ist, so ist es im höchsten
Grade wahrscheinlich, dass eine Besiedelung von dort aus und eine
spätere Vermischung mit Gilbertinern stattgefunden hat. Da ich
von Herrn Schlüter eine recht ansehnliche Wörtersammlung geschenkt erhielt, welche wohl vorzugsweise Makin entstammt, und
von Herrn Kapelle eine ebensolche noch umfangreichere, welche
auf Butaritari zusammengestellt wurde, so wird sich diese Vermutung wohl auch linguistisch beweisen lassen.

Als wir abends vor Schlüters Haus sassen, sahen wir in nächster
Nähe auf dem stillen Wasser des Meeres einige Fackeln aufleuchten,
die bald wieder erloschen. Es waren einige Eingeborene, die Herr
Schlüter ausgesandt hatte, um mir zum Abschied einen Purgierfisch
überreichen zu können. Mittags war ich bei Niedrigwasser an der
nur wenige hundert Schritte entfernten Leekante tätig gewesen,
und ich hatte es kaum für möglich gehalten, dass hier, während
man ostwärts draussen die Brandung donnern hörte, die See so
friedlich sein konnte. Kaum merkbar hob sich in langen Atem-
pausen die Dünung um 1, höchstens 2 Fuss. Gemächlich konnte
man sich also hier an den Rand des Riffes stellen, die Beinkleider nur bis an die Kniekehlen aufgerollt, und durch die spiegel-
blanke Oberfläche hinabschauen auf den farbenschillernden Riffuss,
welcher wie eine Treppe scheinbar fast senkrecht in dem dunklen
Blau der Tiefe verschwand. Das war ein Ort für den Fang dieses
eigenartigen Fisches, denn fast in Steinwurfweite ausserhalb des
Riffes waren schon Tiefen von hundert Faden und darüber vorhanden, und so sollte ich denn auch am selben Abend ein prächtiges
Exemplar vor mir liegen sehen, das ich als Geschenk unseres Gast-
freundes am folgenden Morgen nach Butaritari mitzunehmen beschloss,
um es zu konservieren und nach Hause zu senden. Leider dauerte
aber die Fahrt am folgenden Tage wieder zu lange, so dass das
schöne Tier bei der Ankunft in Butaritari schon in Verwesung
übergegangen war. Fröhlich stiegen wir aber trotzdem alle an
Land nach der langen, mühseligen und gefahrvollen Seefahrt, gedenk
des hübschen, kleinen Eilandes, wo es so viele gute Krebse und
so prachtvollen Taro gibt, und immer wieder, wenn sich die Teil-
nehmer der Fahrt während der folgenden Tage begegneten, dann
ertönte das Losungswort: *Mánaeó, Papaió, Mákinó!*

Bild 52. Mädchen von Makin.

Nur wenige Tage blieben mir bis zur Abfahrt übrig. Schon
am Tage nach unserer Ankunft, am 25. Januar, kam der „Merkur"
in Sicht. Zwar ging er des flauen Windes halber erst am folgenden
Abend vor Butaritari zu Anker, aber die Tage waren und blieben
gezählt. Fast jede Stunde musste ausgenützt werden zur Entwicklung der Platten, Vervollständigung des Tagebuches und Einpacken der ethnographischen und zoologischen Sammlungen, davon
ich vier Kisten in Butaritari zur gelegentlichen Sendung in die
Heimat zurück liess. Am 27. Januar feierten wir noch unter
Zusammenlauf des halben Dutzend Deutscher Kaisers Geburtstag,
und am Sonntag, den 30. Januar, nachdem ich herzlichen Abschied
von meinen Gastgebern und meinen drei Freundinnen genommen
hatte, schiffte ich mich vormittags auf dem „Merkur" ein, um die
Rückreise nach Djalut anzutreten. Ziemlich um dieselbe Zeit
verliess auch der „Neptun" wiederum die Lagune, um eine neue
Kopraladung von den Inseln zu holen. So schön wie auf diesem
Schiff bekam ich es nicht wieder, denn der „Merkur" hatte nur
50 Tonnen und bot wenig Bequemlichkeit, obwohl er den ganzen
Postverkehr der Marshallinseln mit den nächst gelegenen Archipelen besorgte. Drei Tage dauerte die Überfahrt, während der
mein Hauptvergnügen war, die kleinen Insekten, die Meerläufer
(Halobates), zu fangen, welche auf der Wasseroberfläche dahin-
rennen. Leicht konnte ich die fliegengrossen Tiere, deren beiden
Hinterbeinpaare spinnenartig verlängert sind, von dem niederen
Deck aus mit dem Schmetterlingsnetz fangen. Setzte ich die frisch
aus dem Wasser kommenden auf das Holzdeck, so machten sie
Sprünge bis zu 5 cm hoch, während sie aus einer bis zum Rand
gefüllten Glasschale trotz Hin- und Herjagens nicht zu entweichen
vermochten.

Wenn ich sie aber unter einer flachen Glasschale unter Wasser
hielt, so waren sie nach zwei bis drei Minuten ertrunken. Ist es nicht
merkwürdig, dass diese Insekten, welche ihre Heimat ganz auf dem
Wasser haben, sich so wenig an das Leben im Wasser angepasst
haben? Sonst sah ich nur noch einige kleine Quallen und zahlreiche
Physalien, und so war ich froh, als am Donnerstag, den 3. Februar
wieder die Palmen von Djalut über dem Horizont erschienen. Wie
oft musste ich während jener Fahrt und später an den Abschieds-

tag von Butaritari denken! Der ganze Ort lag in dicken Rauch gebettet, und ein Brandgeruch wie bei Grossfeuer beizte Herz und Augen. Allenthalben sassen die Eingeborenen und brieten stinkende Delphinstücke am offenen Feuer. Ob die paar Tränen im linken Augenwinkel daher rührten, oder weil· ich Edóbada zum letzten Male die Hand schütteln musste?

Sechstes Kapitel.

Die Bewohner der Gilbertinseln.

Es kann nicht meine Absicht sein, hier ein vollständiges Bild über die Gilbertiner einzuschieben. Ich würde dazu nötig haben die Arbeiten von Wilkes im fünften Band der United States Exploring Expedition, Finschs „Ethnologische Erfahrungen und Belegstücke aus der Südsee" (dritte Abteilung Mikronesien), Parkinsons Abhandlung im zweiten Band des Internationalen Archivs für Ethnographie, eine englische Missionsarbeit im ersten Band des Journal of the Polynesian Society und eine französische von Hartzer „Les Iles blanches des mers du sud" nebst zahlreichen kleineren heranzuziehen, deren kritische Würdigung allein einen Band für sich in Anspruch nehmen würde. Damit soll aber nicht gesagt sein, dass die Gilbertinseln ethnographisch gut bekannt wären. Überall Notizen und Andeutungen, aber keine ausgiebige wissenschaftliche Behandlung. Das was ich in dem folgenden bringe, sind im wesentlichen nur meine eigenen Beobachtungen, die bei dem vagabundierenden Leben und mangels eines guten Dolmetschers auch nur recht unvollständig sind. Über vieles ist schon im vorhergehenden Kapitel berichtet, im besonderen über die Geographie der noch so schlecht vermessenen Atolle, von denen ich ihres gleichmässigen Aussehens halber nur wenig Abbildungen bringe. Hat doch gerade solche, sowohl von den Gilbert- als auch von den Marshallinseln in ausgezeichneter Grösse und Ausführung Alexander Agassiz in seinem Werke „The coral reefs of the tropical Pacific" gebracht, lauter Lichtdrucktafeln, fast in Quartformat! Wer könnte mit solcher amerikanischen Munifizenz wetteifern! So ist es mir möglich, meine Studien hier kurz zusammenzufassen. Die

Gilbertiner sind für sich eine einheitliche Rasse, wenn auch die auf den südlich des Gleichers gelegenen Inseln viel mehr polynesische Anflüge zeigen als die im Norden befindlichen, welche andererseits nähere Beziehungen zu den Marshallinseln, und namentlich zu den Karolinen zeigen. Dies drückt sich, freilich in geringerem Grade, auch in der Sprache aus. So kommt z. B. im Süden noch das Wort *mata* für Auge vor, während im Norden das ralik-ratakische *medja* gebraucht wird, *aomata*, Mann, heisst im Norden auch *amedj* nach dem marshallanischen *armidi* usw. Auch wird das samoanische *ra'a* Schiff, im Süden *te vá* genannt, im Norden *toa* ausgesprochen, und zahlreiche andere Worte finden sich, welche mehr oder weniger grosse Unterschiede zeigen. Ich will mich aber bei der Sprache nicht lange aufhalten. Die beiden Wörterbücher, welche ich, wie oben bemerkt, von Herrn Kapelle auf Butaritari und Herrn Schlüter auf Makin geschenkt erhielt, geben mir mit meinen zahlreichen, eigenen Wortsammlungen und einem Dictionary Gilbert-Englisch von einem französischen Pater (1898 in Nantes herausgegeben) ein schönes Material in die Hand, um eine leidlich gute Grammatik und Wortsammlung der Gilbertsprache herausgeben zu können. Was die Sprache vom Ralik-Ratakischen, worüber im achten Kapitel Näheres einzusehen ist, unterscheidet, ist vor allem der Vokalreichtum gleich den polynesischen Sprachen, und dass die meisten Worte mit einem Vokal endigen. Man beachte das Wort *te ruóeia* für „Tanz" als schönes Beispiel, das alle fünf Vokale nebeneinander hat. Ferner haben die meisten Hauptworte vor sich einen Artikel *te*, und die im Marshallanischen regelmässige Umwandlung von *t* in *dj* ist hier zwar auch vorhanden, aber doch selten. Die Inselnamen Nonudj, Pedju (auf Tárava) zeigen es an. Auch die Bildung der Zahlwörter ist polynesisch, während die Possessivpronomina „mein, dein, sein" wie im Marshallanischen gebildet und angehängt werden, wie im achten Kapitel zu sehen. Genug davon.

Was den Eingeborenennamen des Gilbertarchipels betrifft, so gibt es einen bestimmten nicht. Die Marshallaner nennen die Gilbertinseln **Pitt**, und die Nord-Gilbertiner sagen Temeiek *(meiaki* heisst auf den südlichen Inseln „Süden"). Es gibt aber doch eine Teilbenennung. Ebenso wie die Marshallinseln in die östlichen

Ratak- und die westlichen Ralik sich scheiden, so trennt der
Gleicher die südliche Ni[1] Peru-Gruppe von dem nördlichen
Ni Makin. Wie bei Tapitúea zu ersehen war, hatte die Insel
Peru im Süden ehemals die Vorherrschaft, und ähnlich scheint es
mit Makin im Norden gewesen zu sein. Will man also die Gilbertinseln mit einem Eingeborenennamen bezeichnen, so müsste man
sie **Makin-Peru** nennen.

Über den Ursprung der Gilbertinsulaner ist nichts Bestimmtes
bekannt, da die Angaben der früheren Autoren über die Herkunft
derselben von Banaba oder von den Karolinen nicht genügend belegt sind, um als dokumentär gelten zu können. Als sicher kann man
annehmen, dass die schon besiedelten Inseln vom Süden her, von
Samoa und Tahiti aus besucht worden sind. So ist eine Legende
von der Reise des Nareau von Samoa nach Tárava und zurück
im Journal of the Polynesian Society (Band 4, 1895) von Newell
mitgeteilt worden; besonders aber die südlichen Inseln wissen viele
Geschichten von solchen Besuchen. Mir wurde erzählt, dass der
bei Tapitúea erwähnte König Nákowudj ursprünglich von Makin
aus die nördlichen Inseln unterworfen habe. Dann habe er nach
Einnahme von Peru, welches als erster Siedelungsplatz der südlichen Inseln gilt, die letzteren unterworfen. Es seien aber schon
früher grosse Doppelboote mit Häusern darauf aus Dámoa (Samoa)
und Bútuna (Futúna) gekommen. Ein König namens Báduk sei
einer der Anführer gewesen und habe den Gilbertinern, mit denen eine
Verständigung nur schlecht möglich war, ihr Land weggenommen.
Auch seien Boote nach Bútuna wieder zurückgefahren. Es ist also
bestimmt anzunehmen, dass ein Verkehr mit Samoa und selbst
mit Fidji, das ja mit ersterem in Verbindung stand, stattgefunden
hat, und schon daraus erklären sich bestimmte, negritische Bluts-
mischungen, von den nördlichen und westlichen vollständig abgesehen.
Im übrigen scheinen die fremden Einwanderer den kürzeren gezogen
zu haben. Zahlreiche Legenden besagen, dass die fremden Männer
von den Gilbertinern alle niedergemacht und nur die Frauen erhalten wurden, ebenso wie die Israeliten es mit den Midianite-

---

[1] Auch *Di* statt *Ni* hörte ich sagen, aber der letztere Genetivartikel scheint
mir richtiger.

rinnen hielten. So erklärt sich auch am einfachsten das mikrone-
sische Mischverhältnis (nämlich malaiische Frau und negritischer
Mann). In der Tat entsprechen die anthropologischen Verhältnisse
vollständig diesem Sagengewebe.

Die Südinseln sind mehr polynesisch, während das nördlichste
Makin, wie oben betont, deutlich den Marshalltypus aufweist. Die
zahlreichen Abbildungen von Eingeborenen zeigen im übrigen genügend die Gemeinsamkeit der schlichten Haare in ganz Mikronesien
und die fremdartigen Gesichtszüge, wobei noch einmal auf A p a -
m a m a hingewiesen sei.

Betreffs der Sage über den Ursprung der Gilbertiner sei noch
darauf hingewiesen, dass es auch hier an solchen nicht fehlt, welche
die Entstehung im eigenen Lande annehmen. Besonders T á r a v a,
was in der Sprache „oben" heisst, im Gegensatz zur Unterwelt
mone, rühmt sich, dass auf ihm in ältester Zeit ein Baum namens
K a i e g i g gestanden habe (andere sagen, es sei ein *te ibi*, im
Samoanischen *ifi* — Inocarpus edulis, gewesen), aus dem die ersten
Menschen entsprossen seien. Sie hätten bei der Entstehung Haare
über dem ganzen Körper gehabt und seien damit herumgeflogen.
Einige Menschen seien aber auch im Himmel entstanden. Diese
Ureingeborenen hätten sich mit Leuten vermischt, welche in Booten
zu ihnen gekommen seien, und daraus sei die heutige Rasse ent-
standen. Also wie auf Samoa, so wissen auch hier die Eingeborenen von ihren ersten Wanderungen nichts mehr.

Über die staatliche und soziale Organisation, welche derjenigen
der Marshallinseln mehr gleicht als der samoanischen, möchte ich
einiges wenige sagen. Es gibt mächtige Grosshäuptlinge, namentlich
auf den nördlichen Inseln, welche eine absolute, persönliche Macht
besitzen; die Südinseln sind mehr demokratisch veranlagt. Allgemein
gibt es aber einen Adel *(aomata)*, welcher im Besitze des meisten
Landes ist, einen Mittelstand, *te rau* genannt, und Sklaven,
te kanna. Es gilt, dass ein Aomata die Tochter eines Bürgers
nicht beiraten darf, viel weniger ein Mädchen aus dem Sklaven-
stande. Ja er darf mit letzterer nicht einmal ausserehelich verkehren, wenn sie ihm untertan ist, während die Sklavin eines
anderen Adeligen nicht für ihn verboten ist. Ein Mädchen aus
dem Bürgerstande hingegen ist unter allen Umständen würdig,

wenn auch nicht geheiratet, so doch sonst mit der hohen Liebe
eines Adeligen beschenkt zu werden, und die Väter sind darauf aus,
ihre Töchter den Hochstehenden gegen Entgelt anzubieten.

Daher kommt das Wort *nikirauroro* für ein *rau*-Mädchen,
was gleichbedeutend ist mit Buhlerin. Gibt sich aber ein *rau*-
Mädchen weg ohne Entgelt an ihre Familie, so gilt dies als schändlich
und gemein. Ein adeliges Mädchen darf aber unter keinen Umständen mit einem Bürgerlichen verkehren, wenn sie nicht ihres
Landbesitzes verlustig gehen will. Dies hängt eng mit dem im
achten Kapitel bei den Marshallinseln erörterten Mutterrecht zusammen. Dass ein Ehemann das Recht der Verfügung über alle
Schwestern seiner Frau hat, wurde schon oben erwähnt. Bei solchen
öffentlichen, sozialen Verhältnissen muss es wundernehmen, dass
Eifersuchtsszenen einen so breiten Raum in dem Leben der Gilbertiner einnehmen, und dass das Wort für Eifersucht, *koko*, täglich
über ihre Lippen kommt.

Dies hängt damit zusammen, dass die durch ein Liebes- oder
Eheverhältnis gebundene Person Treue zu halten verpflichtet ist.
„Will aber z. B. eine der beiden Ehehälften einmal fehltreten, so
ist das durchaus nicht schlimm, wenn nur die Erlaubnis dazu vorher
eingeholt ist." Die verheiratete Frau ist deshalb als solche sehr
respektiert, und wenn sie ausserhalb eines Dorfes die Strasse entlang geht, so treten die Männer beiseite, um sie ungesehen passieren
zu lassen. Im übrigen sind die Männer ihren Ehefrauen häufig
sehr ergeben, und Pantoffelhelden *(érairan diringabuna)* sind durchaus keine Seltenheit. Kurz vor meiner Ankunft in Kione hatte
sich ein Mann erhängt, weil ihn seine Frau schlecht behandelt hatte.
Hiebe sind überhaupt an der Tagesordnung, werden gern gegeben
und genommen, weshalb die englische Regierung bei der Besitzergreifung im Mai 1892 zuerst das Prügeln der Frauen verbot. Es
war damals sogar vorgekommen, dass ein grausamer Ehemann seine
untreue Frau dadurch bestrafte, dass er ihr die Füsse in ein
loderndes Feuer hielt so lange, bis sie verkohlt waren, und dass
der König von Butaritari während seiner Abwesenheit früher seine
Frauen in Matten einnähen liess, wurde schon von anderer Seite
berichtet. Grausamkeiten waren also an der Tagesordnung, wie
von den schrecklichen Entstellungen durch den Haifischdolch *ubudu*

schon oben des öfteren die Rede war. Andererseits kommt es oft
vor, dass hingebende Frauen, wenn ihnen aus irgendeinem Grunde
der eheliche Verkehr nicht möglich ist, ihren Männern Freundinnen
oder Verwandte zuführen, nur um sie zu befriedigen. Auch ist es
die Regel, dass eine Frau während ihrer Schwangerschaft in das
Haus von Verwandten sich begibt, um dort ihre Niederkunft abzuwarten, während der Mann mit einer anderen Frau zusammen lebt.
Man sieht also, dass nur eine heimliche Untreue missachtet wird.

Wenn also eine Frau ihrer Niederkunft entgegen geht (sie
pflegen dann häufig eine Leibbinde, *apaiánua*, aus Pandanusblättern
zu tragen), sucht sie nach Pflegeeltern für das erwartete Kind, da
Adoption hier wie anderwärts in Ozeanien vorherrschend ist. Im
Hause des Pflegevaters, des *djibúm*, wird das Kind geboren. Die
Geburt findet in hockender Stellung in der Kniebeuge statt. Eine
alte Frau stützt die Gebärende von hinten, während eine andere
mit einem Bausch Kokoshüllenfasern von vorne die Ankunft des
Kindes erwartet, um dann diesen Bausch, sobald die Frucht und
die fast immer sofort folgende Nachgeburt entleert ist, mit dem
Fuss gegen die blutende Öffnung zu pressen, wo das Bündel später
dann durch Pandanusblattstreifen befestigt wird. Die Beförderung
der Wehen geschieht hauptsächlich durch Pressen mit den Händen
(takabille) unter den Rufen: „*áia, áia, áia*“, und die Geburt erfolgt
stossweise. Dem neugeborenen Kinde beisst die Mutter alsbald die
Nabelschnur ab und knotet sie am Kinde. Dann erhält der neue
Weltbürger eine junge, süsse Kokosnuss *(te buni)* zu trinken und
wird abgewaschen. Die Mutter aber nimmt ein Bad im Meer.
Fand die Geburt im eigenen Hause statt, so zieht die Mutter mit
dem Neugeborenen sicher bald in das Haus des Pflegevaters, der
ihm den Namen gibt. Oft zieht auch der Mann nach; doch das
samoanische Sprichwort: „Schreite nicht über die stillende Wöchnerin“,
gilt auch hier für mindestens zwei Monate, während vor der Niederkunft ein Verkehr nicht untersagt ist. Im allgemeinen ist es Sitte,
dass ein Ehepaar nicht mehr wie drei Kinder erzeugt. Steht ein
weiteres in Aussicht, so wird es meistens wie allenthalben durch
Kneten des Uterus abgetrieben, während man die neugeborenen
Kinder nicht gerne tötet. Eine Übervölkerung der Inseln scheint
im übrigen nicht so sehr befürchtet zu werden; vielmehr ist Eitelkeit

und Sorge um Ernährung die wahrscheinlichere Triebfeder. Von den Sitten bei der Heirat hat Wilkes interessante Notizen gegeben. Weniger bekannt ist die Sitte des Kotessens. Auf Butaritari z. B. galten die Worte: *kanam dibudea*, „ich esse deinen Kot" als tiefste Erniedrigung und vermochten häufig, von Todesstrafe zu befreien. Wer mit der Geschichte der Azteken vertraut ist, wird wissen, dass diese Sitte auch anderwärts in Übung ist. Von dem *kanam kim* Nikomónoe war schon bei Butaritari die Rede. Erwähnt sei noch von dieser holdseligen Jungfrau, welche im Alter von acht Jahren schon über einen Zentner wog, dass bei dem ersten Auftreten ihrer Regel alle Frauen der Insel sich die langen Haare abschnitten, um ihr das königliche Blut damit zu stopfen. Betreffs der Jünglinge sei hier noch erwähnt, dass Beschneidung nicht allgemein üblich war; sie wurde bei denjenigen vornehmlich ausgeführt, welche nach Tahiti oder nach Samoa reisten, was auf die polynesische Sitte hinweist. Die einfache Spaltung des Praeputium hiess *e min*, während die fidjianische Circumcision *kortóbib* genannt wurde.

Doch genug von diesen eigentümlichen Sitten, betrachten wir kurz, wie sich diese Insulaner kleiden und schmücken. Dass sie beides nicht im Übermasse tun, muss jeden, der auch nur eine Spur künstlerischen Empfindens besitzt, wahrhaft erfreuen. Man möge nur immer und immer wieder die Bilder von Maraki, Tapitúea und Apamama betrachten, um zu begreifen, wieviel schöner bei diesen Völkern eine natürliche Kleidung ist als eine Verunzierung mit europäischem Tand. Wieviel besser passt der Grasrock zu der braunen Haut, die leuchtet in dem warm-goldigen Ton der gebrannten Sienna, allerdings hier häufiger als auf Samoa mit dunkleren Tönen gemischt. Man möchte allerdings manchmal wünschen, dass beim weiblichen Geschlechte der Bastrock bis über die Knie reichte, weil, wie dieselben Bilder zeigen, X-Beine recht häufig sind. Der Condylus internus des Oberschenkels tritt am Knie meist knüppelförmig hervor, und wenn man eine Frau von hinten gehen sieht, so wirkt dies leicht unschön. Dass diese Form der Beine eine physiologische ist und dem weiblichen Geschlechte des breiteren Beckens halber mehr zugehört als dem männlichen, habe ich im zweiten Bande meiner Monographie der Samoa-Inseln schon beleuchtet. Denn dass diese Insulaner nicht alle an englischer Krankheit leiden, werden auch Streitsüchtige zugeben müssen. Die englische Krankheit, die diese Leute befällt, besteht mehr in dem Mrs. Hobbart-gown, das ihnen von den englischen Missionaren aufgenötigt wird. Der Grund für das häufige Vorhandensein von X-Beinen bei den Gilbertinerinnen ist hauptsächlich darin zu suchen, dass man sie bei ihnen sieht und anderwärts nicht. Glücklicherweise steht dem mangelhaften Gestell ein schöner Oberkörper gegenüber, wenn er sich auch mit dem der Samoanerinnen nicht messen kann. Über dem Ganzen aber schwebt als schönster Schmuck die reiche Fülle des braunschwarzen Haares, das wie eine Flut vom Scheitel niederquillt. Im allgemeinen wird das Haar auf den südlichen Inseln kürzer getragen als im Norden, aber immer umwallt es reichlich Angesicht und Nacken. Dabei tragen die Männer gerne kleine Schnurr- und Vollbärte, ja sogar Freesen, und auch die Weiber rasieren sich unter den Armen nicht. Zur Ordnung der Haare dienen ihnen keine Kämme wie den Melanesiern, wenn man vom natürlichen Kamm der Hand absehen will, sondern nur ein spitzes Stäbchen *(te gangen)* wird angewendet. Zur Reinigung brauchen sie auch keinen Kalk wie die Polynesier, und dem mag es zuzuschreiben sein, dass Läuse bei ihnen häufiger angetroffen werden als z. B. auf Samoa. Es wurde mir erzählt, dass dieselben hier gerne gegessen werden, und es gibt Jünglinge, welche sich zum Wohlgefallen der Geliebten eine richtige Zucht halten. Damit soll indessen nicht gesagt sein, dass die Gilbertiner unreinlich wären. Allenthalben bei den Ansiedlungen trifft man im Korallenboden auf tiefe Löcher, in welchen Regen- oder Brackwasser sich sammelt, und in denen die Eingeborenen täglich des öfteren sich baden. Dass bei dem Wassermangel und bei der Zahl der Badenden das kleine Loch häufig einen grün-bräunlichen Inhalt zeigt, ist eine Sache für sich. Ich sah auf Apamama, dass die Frauen trotzdem damit ihre Leiber sehr schön rein bekamen, allerdings wohl hauptsächlich dadurch, dass sie nach dem Eintauchen die Flüssigkeit mit Kokosblattfiedern abschabten, etwa wie bei uns ein Pferd nach dem Rennen vom Schweiss befreit wird. Dabei hatte ich Gelegenheit, ihre Schamhaftigkeit zu bewundern. Nicht allein, dass ein besonderer Zaun, in den man sich duckt (merkwürdigerweise *mandukeduk*

geheissen), um die Löcher herum vorhanden ist, die Frauen legen
auch beim Baden ihren Bastrock nicht ab, wenn sie nicht ein
Reservestück zur Verfügung haben, während die Männer wie allenthalben sorgloser sind. Meine liebe Edóbada badete bei dem auf
Butaritari herrschenden Wassermangel immer so, dass sie mit einer
Kokosschale sich Wasser über Rücken und Brust goss. Wer weiss,
wie man mit zwei Liter Wasser sich in den Tropen eine schöne
Dusche bereiten kann, der wird das gute Mädchen deshalb nicht
geringschätzig beurteilen. Im Gegenteil, man muss es den Bewohnern der Koralleninseln hoch anrechnen, dass sie bei den so
überaus traurigen Wasserverhältnissen einen solchen Luxus sich so
häufig gestatten. Dabei ist in Betracht zu ziehen, dass das Einreiben des Körpers mit Kokosnussöl *(te ba)* der Reinlichkeit Vor-
schub leistet.

Viel Schmuck haben die Frauen nie. Am liebsten tragen
sie, wie auch die Männer, im täglichen Leben ein Halsband aus
Menschenhaaren. Ob dick oder dünn, immer besteht es aus mehr
oder weniger vielen geflochtenen Haarsträhnen, jede etwa bind-
fadendick, locker beisammen wie Garnsträhne. Dieser Halsschmuck
heisst *te buna*, oder auch bei den Männern auf Tapitúea *te mai*. Oft
hängt auch ein rotes Muschelstück daran, oder ein Zahn, oder
Blätter sind ringsum angereiht (Tafel 13), und danach wechseln die
Bezeichnungen. Auch als Armbänder am Handgelenk oder um
den Leib *te mióda* (Bild 41) werden sie getragen, wobei ich
nochmals an die Apamama eigentümlichen Leibringe aus Kokosscheibchen, nackt oder mit Pandanusblättern umkleidet (Bild 46),
erinnere, welche wie die *te mióda*-Haarbänder als oberer Abschluss
des Bastrockes getragen werden. Diese Haarbänder sind eine
besondere Eigentümlichkeit der Gilbertinseln, und das Material zu
denselben liefern liebe Anverwandte, geliebte Frauen und Männer.
Neben den Apamamaleibringen, *benugon* genannt, gibt es auf den
übrigen Inseln noch mehrfach gelegte Leibketten, bei denen die
Scheibchen nur ca. 7 mm breit sind und bei denen auf 50 bis
60 schwarze (Kokos) jedesmal zwei weisse (Kalk) kommen. Sie heissen
te katau und gleichen den bei Tapitúea genannten *te umon*. Wenn
man sich vergegenwärtigt, dass diese Leibringe, die über den Oberkörper gestreift werden müssen, nur ca. 75 cm im Umfang haben,

so kann man daraus einen Schluss ziehen auf die Grazilität der Gilbertinerinnen.

Der Bastrock nun, *te rid* genannt, auf einigen Inseln auch *te riri*, ist die eigentliche Kleidung der Frauen. Zwar habe ich ihn auf Maraki auch bei Männern gesehen, und auch noch anderwärts teilweise, aber dann waren die einzelnen Strähnen gröber, wie Bild 35 und 36 zeigt. Man darf sich den Bastrock nicht um die Weichen gebunden denken, wie bei unserer europäischen Kleidung der Frauenrock es ist, sondern der Strang läuft vom Kreuzbein über die Hüften, und zwar in der natürlichen Einkerbung zwischen dem oberen Darmbeinrand und dem Trochanter, dem grossen Rollhügel des Oberschenkels, nach vorne in die Gegend über dem Schambein. Wie fest sitzt hier die Kleidung, und viel anmutiger und schlanker macht sie die Gestalt! Man möge sich durch Betrachtung von

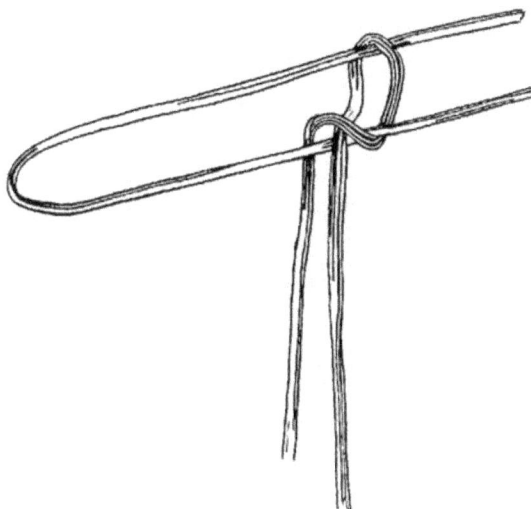

Fig. 24. **Einschlagen der Hängefäden in die Ketten des Bastrockes** *te rid.*

der Wahrheit dieser Worte überzeugen. Unseren Damen, welche gerne J. P. Müllerige Luftbäder nehmen, und den Herren im Weissen Hirsch kann ich eine solche Kleidung statt der fürchterlichen Badehose nur angelegentlichst empfehlen. Denn immer soll man neben der Praxis auch der Schönheit Aufmerksamkeit gönnen. Deshalb will ich hier kurz beschreiben, wie man einen solchen Bastrock anfertigt. Man nimmt eine doppelt gelegte, kräftige Schnur und reiht an dieser die Fäden in der Weise auf, wie sie Fig. 24 zeigt. Bei den Gilbertinern besteht die Schnur aus Kokosbindfaden *(dógora)*. Die Fäden bereitet man aus den Fiedern der Kokospalmen, nachdem sie von den Rippen befreit, zusammengefaltet und gekaut worden sind. Dann werden die einzelnen Blätter mittelst Nadeln oder durch spitze Pinnamuscheln *(te buerre)* geschlitzt, bis dünne, grasähnliche Fäden entstehen. Ich möchte nicht missverstanden werden, denn es fällt mir nicht ein, den Damen und Herren zuzumuten, dass sie ihre Zimmerpalmen abblättern und durchkauen; eine Schnur und einfache Garnfäden werden sicher denselben Zweck erfüllen!

Halsbänder aus Blüten des *te uli*-Baumes, im Norden *tóori* genannt, die lieblich duftenden weissen Blumen der **Fragraea Berteriana** werden ähnlich den Grasröcken, nur mit drei Kettenfäden hergestellt. Auch hierzu verwendet man Kokosfiedern, welche doppelt geknickt werden, damit die innere matte Schicht von der äusseren glänzenden abgezogen werden kann. Häufig sieht man die Frauen in den Hütten sitzen, das eine Ende der Kette am grossen Zehen, das andere im Mund und mit den Händen gewandt in die gespannten Fäden die kurzen Blattstücke einschlagen und zwischen je zweien immer eine Blüte befestigen. Diese Blütenketten heissen *te dokdok*.

Aber auch andere Blumen verschmäht man nicht; sogar die gelben *te góura*-Blüten (siehe Maraki) und die unscheinbaren weissen des Salzwasserbusches *te mau* kommen zur Verwendung.

Dagegen durchlochen sich die Frauen in der Regel die Ohrläppchen nicht, um Schmuck darin zu tragen. Dies überlassen sie wie auf den Marshallinseln den Männern, ohne dass indessen die Gilbertiner zu jenen unten beschriebenen monströsen Ausweitungen ihrer Nachbarn sich verleiten liessen. Die Löcher pflegen den Durchmesser eines Fingers nicht wesentlich zu überschreiten, damit eine Pandanusblattrolle *(te góobere)*, in deren vorne ausgefranstes Ende gerne eine Blume (z. B. eine Pandanusblüte, *te kabuérre)* gesteckt wird, darin getragen werden kann. (Bild 45.) Eines Schmuckes aber, den beide Geschlechter zeitweise tragen, nicht allein bei Festen wie die Samoaner, das ist ein Band aus Kokosblättern, Pandanus usw., um den Unterschenkel über dem Fuss, *te gánëe* genannt. Sie schreiben solchem Schmuck die magische Kraft zu, Gegenliebe hervorzurufen, und sollte es auch Monde und Jahre dauern. Daneben flechten sie aus Kokosblüten Kreuze, Bänder und sonstige Figuren und tragen sie als Liebes- oder Krankheitszauber. Sie nennen solche *te gigona*, oder als Schnur *dógora dabuki* oder *te kaina*. Wer denkt dabei nicht an das Kainakaki, das Elysium, das Wunderland der Seelen.

Junge, halberwachsene Mädchen tragen statt des Grasrockes auch gerne ein ähnliches Kleid aus schiefstehenden, jungen Pandanusblättern, wie Bild 41 zeigt. Es heisst *gamaguroguro*, und wenn dazu noch ein Häubchen getragen wird, *te baraidoa*, so gewähren sie einen besonders hübschen Anblick. Die Form dieser Häubchen ist die einer zusammengelegten Serviette, an zwei nebeneinander liegenden Seiten offen, und so aufgesetzt, dass eine Spitze nach unten über die Ohren reicht, die andere nach oben sicht; sie bestehen aus feinem Pandanusgeflecht.

Auch die Männer tragen zeitweise Hüte aus Pandanusblättern, helmförmig, dreispitzig, *te taráo* genannt, während im allgemeinen Hut *te bára* heisst. In Butaritari erhielt ich einen zylinderähnlichen mit Krempe, aus dem Patt der Schildkröte *(don)*

banemei, „alle kommen".

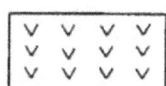

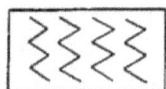

te huboni baineidei, zwei Ornamente aus dem Tanzstab *baineidei* (siehe Bild 53) abgeleitet.

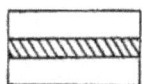

te atun nukun, die „Ortskrieger".

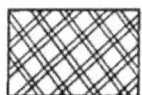

tanga mairiri, Wort für „Tanz" im Süden (siehe die Matten auf Bild 47).

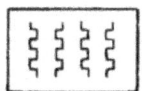

toaini makauro.

Fig. 25. Ornamente der Gilbertmatten.

gefertigt. Der stolze Träger desselben antwortete mir, als ich darauf zeigend „*digara aróna*" sagte (wie heisst das?), lakonisch ihn abnehmend: *bárandon*, worauf ich unwillkürlich „Krämer" stammelte, in Erinnerung an den bekannten Namen. Von den Kampfhelmen der Männer, *baranán*, wird noch später die Rede sein. Erwähnt sei nur noch, dass die Männer bei Schaustellungen schön geformte Perücken, *te dúona* genannt, tragen, deren aus Kokosblattrippen gefertigtes Gestell mit seinen konzentrischen Ringen und Radiärstrahlen von unten gesehen ganz einem Spinnengewebe gleichen.

Bild 53. Tanzstab *te gainduru* aus Fregattvogelfedern *(baineidei)*, Butaritari.

Das Hauptkleid der Männer ist indessen die Matte, als *te giedágamai* von der Schlafmatte *te gienígiro* unterschieden. Dass das Wort *gie* dasselbe ist wie das samoanische *'ie*, z. B. *'ie toga*, die feine Matte, springt in die Augen. Diese Matten der Gilbertiner bestehen aus jungen hellen und älteren braunen Pandanusblättern, welche einfache, geometrische Ornamente, *man en te gie* genannt, bilden.

Wie auf den Ralik-Ratakinseln, so sind auch hier diese Flechtmuster nicht bedeutungslos, und ich habe auf Fig. 25 einige wenige der häufiger vorkommenden aufgezeichnet und erläutert. Besonders mache ich auf das dem Tanzstab nachgebildete aufmerksam (Bild 53). Wie die Matten getragen werden, zeigen die Bilder von Apamama zur Genüge. Sie werden von den Frauen angefertigt, welche auch in der Herstellung ganz wunderhübscher Körbchen *(te arén*, Bild 54) mit zahlreich inneren Seitentaschen, Deckel und zwei Henkeln besondere Kunstfertigkeit zeigen. Diese Körbchen gehören zu dem Hübschesten und Zweckmässigsten, was es überhaupt an solchen Dingen gibt, und dienen zur Aufbewahrung von Nähzeug, Schmuck, Nahrung usw.

Als Schmuck nun tragen die Männer namentlich bei festlichen Gelegenheiten gerne die für die Gilbertinseln eigenartigen Hals- und Leibketten von Konusböden. Die Schnecke mit ihrem giftigen Pfeilstachel ist, wie der lateinische Name Conus millepunctatus sagt, geformt wie ein Konus und zeigt eine Unzahl schwarzer, kleiner Punkte auf weissem Grunde. Die Eingeborenen nennen sie *te ganáburo* oder *ganabono*, und brechen die runden Böden heraus, um sie münzenförmig zurechtzuschleifen. Diese Scheiben, meist mit einem Loch in der Mitte (siehe Bild 54), sind die bekannten *te nikabóno* der Gilbertinsulaner. In grösserer Form von ungefähr 7 cm Durchmesser werden sie meist einzeln, seltener auch an einem Band aufgereiht um den Hals getragen, wie auch westwärts auf den Karolinen, in Melanesien und unten herum, sogar bis nach Tonga hinein, zu geschweigen von den Guanschen auf den Canaren. In kleinerer Form, in der Grösse eines Fünf- bis Zehnpfennigstückes, finden sie sich aber nur auf den Gilbertinseln, an einer Schnur aufgereiht, halb sich deckend, wie ein Backspier voll Medaillen. Oft werden sie nur in kleinen Reihen um den Hals getragen, aber ich erhielt auch eine Kette auf Maiana von Herrn Corrie geschenkt, welche 140 Scheiben trägt und wie eine Schärpe über einer Achsel beim Tanze hängt. Sie heisst *te djuaunigabongabong* (Bild 54.) Von

Bild 54. Körbchen und Konusböden *(te nikabono)* von den Gilbertinseln. Ein alter und ein neuer Marshallfächer.

nicht minderer Wichtigkeit sind ebensolche Hals- und Leibbinden aus Zähnen *(uin)*, und zwar sowohl von Menschenzähnen *(uin amedj)* als auch von Delphinen *(uin diriko)*, während Walzähne *(uin dókua)* nur vereinzelt wie die grossen Konusböden an einem Halsband getragen werden. Das Bild 50 zeigt oben solche Formen, während unten auf demselben Bilde das bei Apaiang erwähnte Halsband aus Schneidezähnen der Verwandten Tekeas zu sehen ist. Unter diesem Halsbande aber ist eine Leibbinde aus Backzähnen, welche so gern den erschlagenen Feinden entrissen werden.

Dass die Gilbertiner, namentlich die der Südinseln, sehr kampf-
lustig sind, wurde schon des öfteren erwähnt. Besonders bei Tapi-

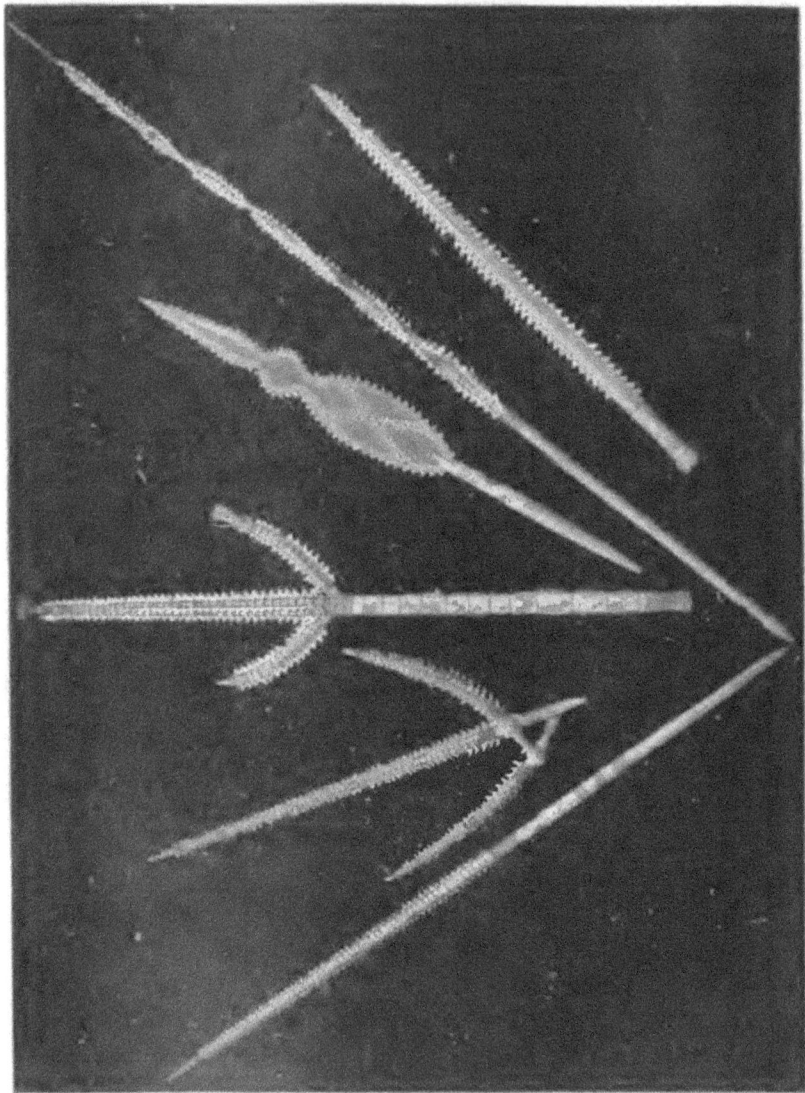

túea wurde der Haifischzahnwaffen, deren 'merkwürdig gestaltete
Formen das Bild 55 bringt, Erwähnung getan, so wie auch der
Panzer, aus Kokosschnüren geflochten, wie sie nirgend auf der Erde

in, ähnlicher Vollendung vorkommen. Während die nördlichen
Inseln immer friedlich waren, liebte die Perugruppe den Krieg
von jeher. Dolche waren zwar vorhanden, aber weniger beliebt
als grosse lange Speere, und nicht allein solche mit Haifischzähnen

Bild 56. Tatauierung der Mädchen an den Unterarmen,
auf Tapitúea.

besetzt, sondern auch glatte Kokosholzspeere, welche meist in der
Mitte Parierhölzer zu haben pflegten, wie Bild 37 zeigt.

Und neben dem Krieg die Vorliebe für Tanz und Spiele.
Dabei konnte sich der wenig bekleidete Körper besser in seiner
Schönheit zeigen. Vor allem war es die Tautauierung, welche bei

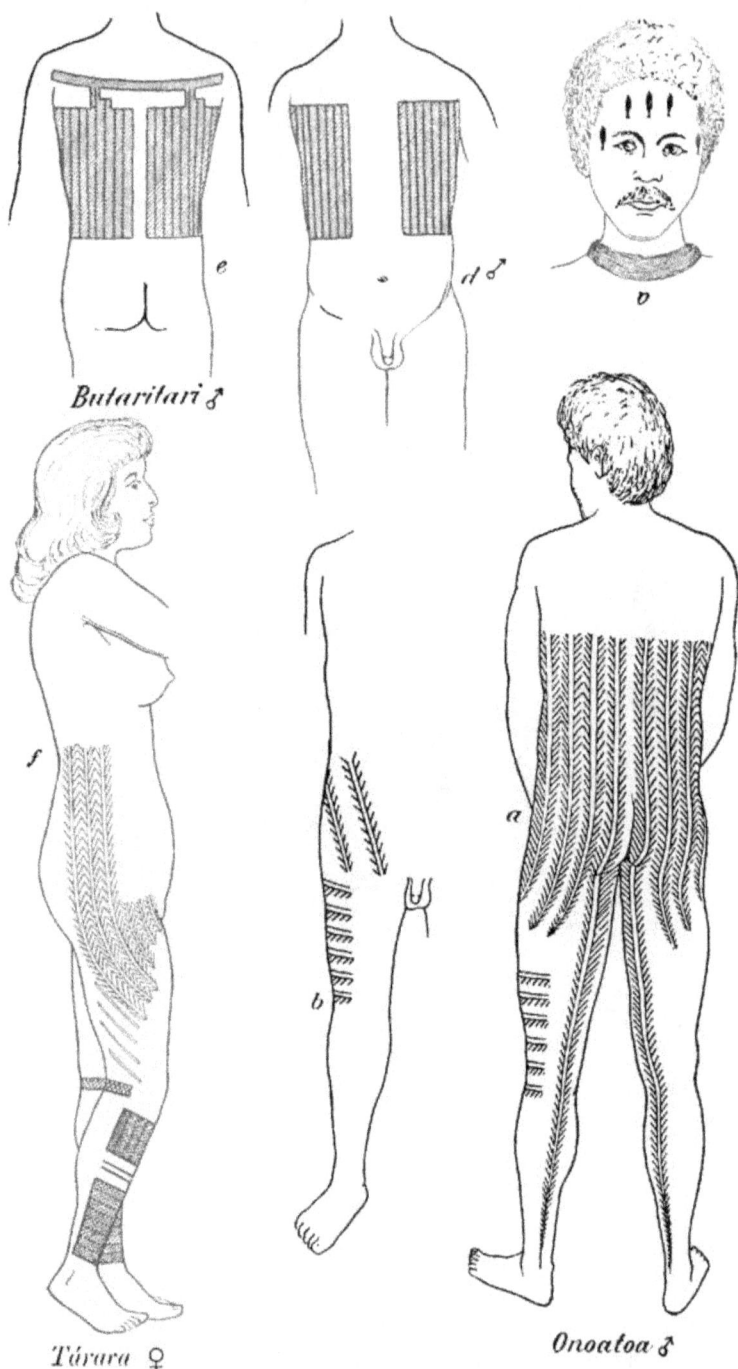

Butaritari ♂

Tárara ♀

Onoatoa ♂

Fig. 26. Tatauierung der Gilbertinsulaner.

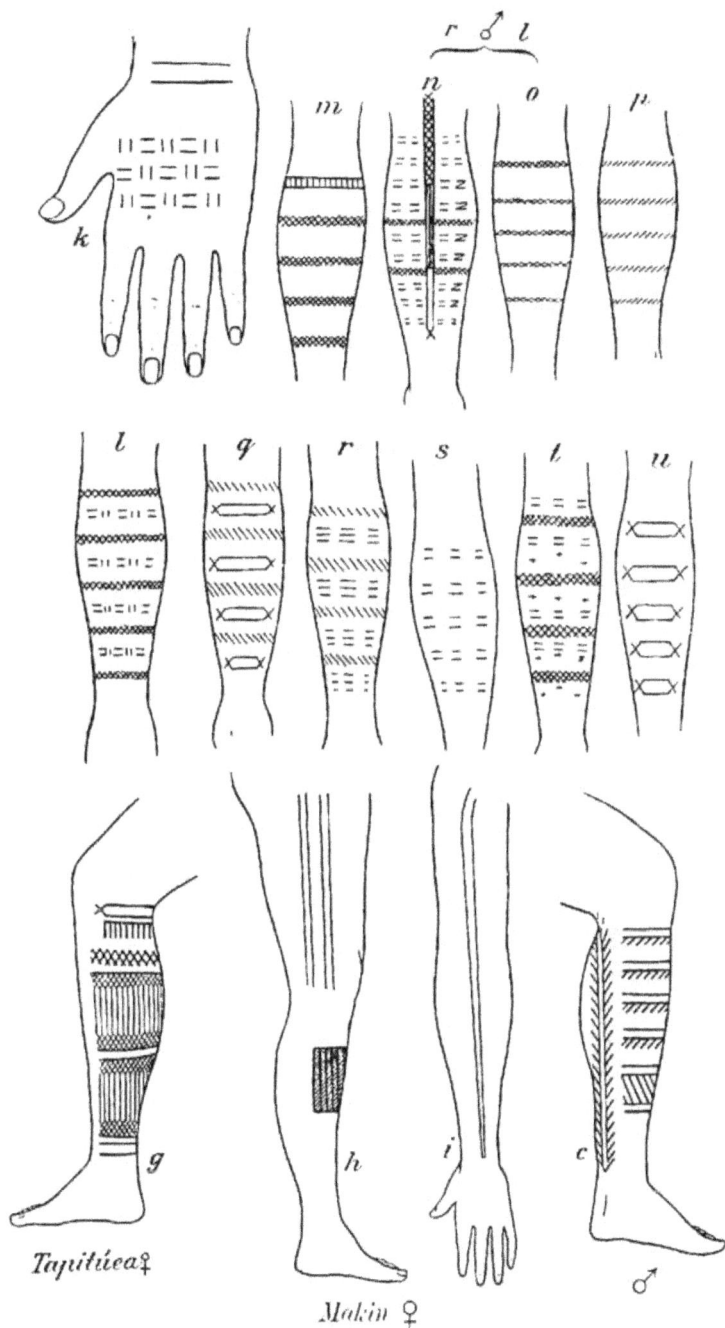

Fig. 27. Tatauierung der Gilbertinsulaner.

der im Kriege beliebten Bekleidung weniger zur Geltung kam als bei friedlichem Wettstreit.

Neben dem höchsten Gotte Tabuariki, welcher ihnen im Donner *(te ba)* und im Blitz *(tidj)* verkörpert erschien, war es der Tatauiergott Neikalikibai, den sie besonders verehrten. Die Arbeit des Farbenschlages lag wie allenthalben in den Händen besonderer Tatauierer, die im Norden *tedje deidua* und im Süden *tedje deidei* genannt wurden (*djedje* im Marshallanischen „schreiben"). Es geht die Sage, dass in alter Zeit das Einritzen der Haut mittelst der langen, geschärften Fingernägel stattgefunden habe. Jetzt hat man kleine Hacken *(neirau)*, Stäbchen von Bleistiftdicke, an deren einem Ende eine Reihe von Stahlnadeln eingelassen sind, ähnlich den fidjianischen, modernen Instrumenten. Mit solchen sah ich auf Tapitúea die Mädchen gegenseitig sich bearbeiten, wie Bild 56 zeigt. Sie trugen dabei die mit Kokosschalenholzkohle *(te ándo)* angerührte Farbe direkt auf die Haut und senkten die Nadelspitzen in stetigem Schlag mittelst eines Stabes durch die Lösung in die Haut. Dadurch erreichen sie es, dass sie 2—3 mm über die Haut erhabene Narben tief geschwärzt bekommen. Wie auf den übrigen Inseln so war es auf Tapitúea bei der heranwachsenden Jugend nur mehr Brauch, die Innenfläche der Unterarme in der auf Fig. 26 und 27 [1] m—u dargestellten Weise zu schmücken, wie auch die Rücken der Hände. Die ehemalige Tatauierung, welche man nur noch bei älteren Leuten sieht, zeigt am besten a—c bei Männern und f bei Frauen. Parkinson und Finsch, wie auch schon früher Wilkes, haben Zeichnungen des Ornamentes gebracht, ohne indessen genau zu sein; a—f zeigt deutlich eine Mittelrippe, an der Fiedern sitzen, wie auch die Gilbertiner mir erklärten, dass es

---

[1] a, b, c Mann von Onoatoa; a von hinten, b von vorne, c Wade von innen.

　　d, e Mann von Butaritari; d von vorne, e von hinten.

　　f Frau von Tárava.

　　g Frauenwade von innen auf Tapitúea.

　　h, i Frauenarm und -bein von Makin.

　　k, l Handrücken und Innenarm eines Mädchens von Tapitúea.

　　m Unterarm eines Mädchens von ebenda.

　　n, o rechter und linker innerer Unterarm eines Mannes von ebenda.

　　p—u Innenseiten der Unterarme von Mädchen auf Nonuti.

　　v Gesicht eines Mannes mit Fischen von Apamama.

Kokoswedel seien. Da aber auch sowohl auf S a m o a wie auf den
K a r o l i n e n der Tausendfuss, auf den Gilbertinseln *te roata* genannt, in ähnlich stilisierter Form auf den Tatauierungen als Zeichen
des Schmerzes dargestellt wird, so könnte man auch an die verloren gegangene Bedeutung dieses Tieres denken. Besondere Bezeichnungen und eine Ordnung wie auf den Ralik-Ratakinseln konnte
ich nicht ausfindig machen, so sehr ich mir auch Mühe gab. Die
Verschiedenheit der Muster geht am besten aus den Abbildungen
hervor, wobei ich auf die beiden Innenstriche auf den Armen bei
den Frauen von Makin hinweise, die beim Tanze ähnlich den
Marshallanerinnen die ausgebreiteten Arme gerne geschmückt zeigen.
Merkwürdig ist das Vorkommen von Fischen im Gesichte eines
Mannes auf Apamama, ähnlich wie es auf den Westkarolinen der
Fall ist. Überhaupt zeigen die viereckigen Platten auf den Unter-
schenkeln der Frauen nachdrücklich Verwandtschaft mit P o n a p e
und Y a p und den M o r t l o k i n s e l n, wie man in dem schönen
Werke von J o e s t über das „Tätowieren" sehen kann. Wie schon
Finsch betont, war die Tatauierung unter den Eingeborenen nie
sehr ausgebreitet, und höchstens ein Drittel bis ein Fünftel unter-
zog sich der Qual, obwohl der Gewährsmann von Wilkes versichert,
dass nur diejenigen des gilbertinischen Elysiums, des Kainakaki,
teilhaftig würden, welche tatauiert seien, während die Nichttatauierten
von der Riesin B a i n e abgefangen würden.

Der Vollständigkeit halber sei noch angeführt, dass Ziernarben
(te baeduru), wie in Polynesien, hier höchstens als reihenweise
Punkte, mit dem glühend gemachten Kokosnussstiel *(te daume)* ein-
gebrannt, vorkommen, nicht aber in der Tatauierung, wofür ich auf
den Ralik-Ratakinseln deutliche Anzeichen gefunden habe.

Die H ä u s e r der Eingeborenen sind einfache Satteldächer, an
beiden Giebelflächen wie auf den Langseiten mit Pandanusblättern
bedeckt, welche an Stäben aufgereiht sind. (Fig. 28.) Diese Dach-
blätter sind sehr ähnlich den marshallanischen. Die Form des
Hausgerüstes und die Bezeichnungen der Hölzer gehen aus derselben
Fig. 28 hervor. Aus den Bildern ist ersichtlich, wie wenig hoch
über dem Boden der Dachrand ist. Wenn man aber in gebückter
Stellung hineingekrochen ist, so steht man in einem schönen Raume,
nicht allein bei den grossen Versammlungshäusern, sondern auch

bei den Wohnhäusern. Die mehrfachen Stockwerke *(te buía)*, welche im Innern der Häuser oft nur wenige Meter übereinander vorhanden sind zwecks Aufbewahrung der Nahrungsmittel und des Besitzes, und welche auch zum Schlafen dienen, sah ich nur noch selten. Bei Butaritari habe ich ein solches beschrieben, wie ich auch schon die grossen Versammlungshäuser bei Tapitúea schilderte. Die letzteren heissen *te uma ni aba*, „das Haus der Insel", kurzweg *maniap* gesprochen, und sind durchaus nicht überall vorhanden. Ich sah sie auf den südlichen Inseln, während auf den nördlichen nur noch die Stätten erkennbar waren, wo sie dereinst

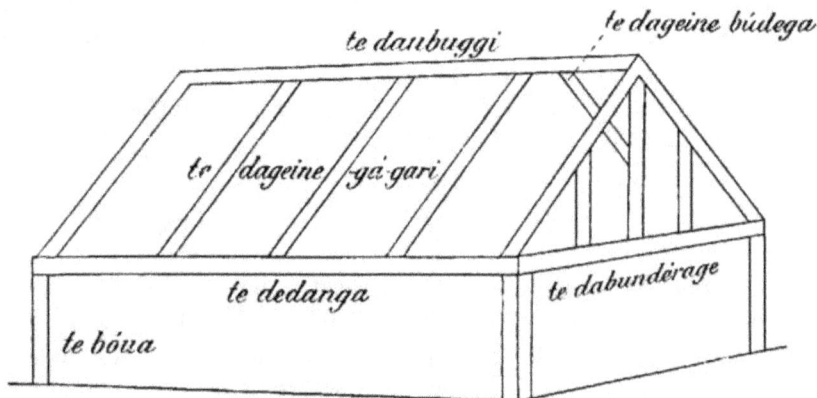

Fig. 28. Hausgerüst von Makin.

gestanden. Sie scheinen nicht mehr neu aufgebaut zu werden. Erwähnt seien noch die Häuser auf Pfählen, welche ich auf Apamama wie auf Butaritari in grösserer Anzahl sah, da die Eingeborenen es lieben, etwas erhöht zu schlafen (Fig. 22). Der Stechmücken halber werden solche Pfahlhäuser auch in der Lagune aufgerichtet, wo der Wind frei sie umwehen kann. Bild 48 zeigt in der Ferne ein solches. Die Häuser liegen nicht einzeln wie auf Ralik-Ratak, sondern in richtigen Dörfern vereint, um das Versammlungshaus herum. Nach Wilkes hatten sie in dem kriegerischen Tapitúea pallisadenähnliche Umzäunungen, welche aber jetzt längst verschwunden sind. Nirgends zeigen die Wohnhäuser irgendwelchen Schmuck, und auch bei den Versammlungshäusern ist er sehr bescheiden, ein paar weisse Ovulamuscheln, einige mit geometrischen

Figuren verzierte Pfetten (Bild 40), das ist alles. Auch das Inventar der Wohnhäuser ist höchst einfach und besteht eigentlich nur aus Matten, da man sogar Kopfschemel *(bjugubjúgu)* selten sieht. Wie allenthalben in Ozeanien sind alle Verbindungen der Hölzer (meist Pandanusbaum, *te kaina)* nur mit Kokosbindfaden *(dógora)* hergestellt, deren Verfertigung Sache der Weiber ist. Diese drehen die einzelnen Kardeele auf dem Oberschenkel mit der Handfläche.

Sache der Weiber ist auch das Kochen, und zwar der alten Weiber, da die jungen, neuerdings wenigstens, sich weigern, diese Arbeit zu verrichten. Man hat abseits gelegene kleine Kochhäuser *(te uma ni kaneie)*, in welchen sich flache Mulden, *te tum* genannt (gleich dem samoanischen *umu)*, befinden. In diese wirft man trockene Kokosnusshülsen und ausgeschabte Pandanusbohnen, welche angezündet werden, um einige derbe Korallensteine in dem Feuer zu erhitzen. Zum Bereiten des Feuers nehmen sie weiches Holz vom *te uli*-Baum und reiben es rasch mit einem spitzen Stäbchen des *tingea*-Eisenholzes. Fährt dieser harte, *te dao* genannte Stab mit kräftigem Druck sehr rasch hin und her, so erhitzt sich die Unterlage, und das sich abscheidende Mehl beginnt zu glühen. Rasch wird der Funken aufgefangen, angeblasen und ein Gekrülle aus Kokosfasern zur Entzündung gebracht. Im Kochloch wird das kleine Feuer mit Fächern *(te iriba)* angefacht. Sind die erhitzten Steine ausgebreitet, und will man z. B. Pandanusbohnen *(te dou)* kochen, von denen im achten Kapitel noch näher die Rede sein wird, so schüttet man einige Körbe voll auf die Steine, nachdem die Grube mit trockenen Kokoshüllen eingefasst worden ist.

So entsteht ein richtiger Kessel, welcher mit alten Matten zugedeckt wird. Nach kurzer Zeit lüften die Weiber nun die Decken allenthalben ein wenig und giessen Schale um Schale Wasser hinein. Haben die Bohnen eine Stunde im Dampf gelegen, so sind sie weich und werden nun auf dem Schaber *(te duairoa*, Bild 57) geschabt zwecks Gewinnung des Saftes *te duai*. Frisch genossen nennt man diesen Saft *tangauri;* meist aber giesst man ihn auf Morindablätter oder Kokosmatten aus und lässt ihn in der Sonne trocknen, bis Fladen entstehen, die braunem Filz sehr gleichen. Werden aber die ganzen, gekochten Bohnen mit einem Klöppel *(te gú* oder *te búiuk)* zerstossen, und wird dieser Brei in Kuchenform an der Sonne getrocknet, so nennt man diese Fladen *kalababa*, während dieselbe Masse in Kugelform *kurukuru* genannt wird, und lieblich wie ein Honiglebkuchen duftet und aussieht. Auf den Ralik-Ratakinseln werden aus den Pandanuskuchen die grossen Präserverollen gemacht, der *mogan* Chamissos (siehe achtes Kapitel).

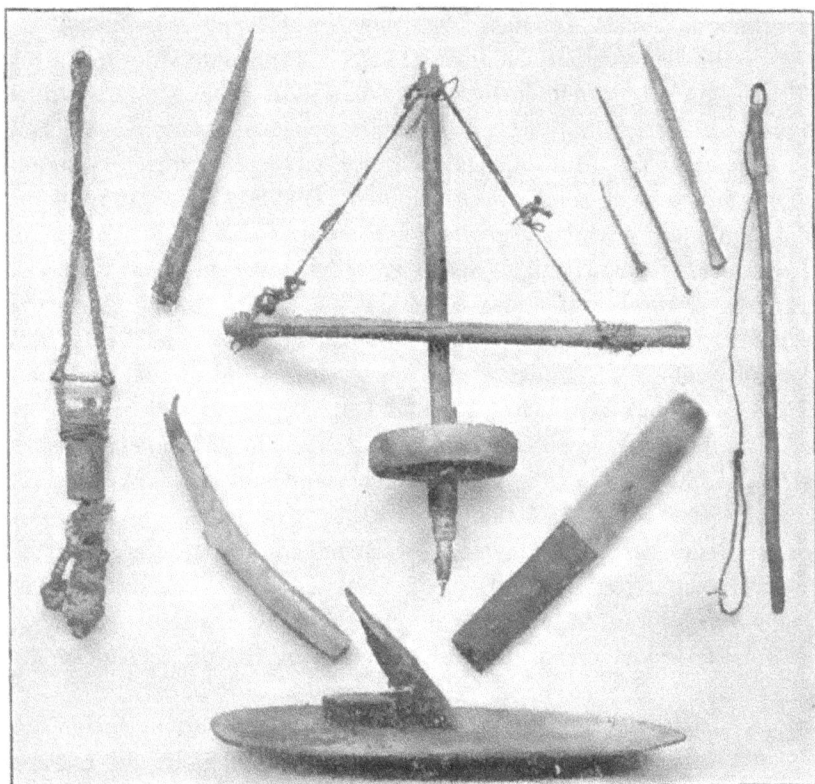

Bild 57. Geräte von den Gilbertinseln.

Auch hier findet eine ähnliche Präservierung statt, nur dass durch Zufügung von süsser Melasse die Haltbarkeit erhöht werden soll. Diese Präserve heisst *kabubu*[1] und wird gerne mit Wasser aufgeschwemmt getrunken.

---

[1] Wilkes nennt sie *kabul* und sagt, dass zwei Rollen davon der Preis für ein Haus seien.

Die Melasse nun, *te kemaimai*, ist eine Spezialität der Gilbert-insulaner, die sie auf den nördlichen Inseln gegen den *Mogan* der Ralik-Rataker austauschen. Er wird aus dem frisch gewonnenen Palmsaft, dem Toddy der Engländer, dem *te karéwe* der Gilbertiner (im Süden *te káruru*) dadurch gewonnen, dass man ihn in Kokosschalen *(te ib)* über schwacher Glut sanft eindampft. Den *karéwe* aber gewinnen sie so, dass sie einen jungen Blütenschaft kurz vor dem Ausbrechen mit Kokosbindfaden umwickeln, dann die Spitze des Triebes abschneiden und eine Kokosschale unterhängen, in deren dünnes Loch längs eines Stäbchens der Saft hineintropft. Meist, wenn die bei Maraki genannten, gefährlichen Käfer häufig sind, wird die Vorrichtung sorgfältig mit Kokosblattscheiden umhüllt, damit kein Unglück passiert. Morgens und abends wird abgenommen, und an dürren Bäumchen sieht man dann allenthalben in den Dörfern die gefüllten Nüsse hängen, zum steten Trunke bereit, so erquickend als nahrhaft. Schon nach wenig Stunden fängt er zu gären an, und nach einem halben Tage ist er schon so säuerlich und alkoholhaltig, dass er beim Genuss stark berauschend wirkt. — Auf die Angabe von Wilkes hin, dass der Palmwein, den er *karaka* nennt, nur süss genossen werde, hat man allgemein angenommen, dass die Gilbertiner erst durch die Weissen den Genuss des sauren Saftes gelernt hätten. Dies ist ein Ding der Unmöglichkeit; ich bin überzeugt, dass es auf den Gilbertinseln perpetuelle und Gelegenheitssäufer vor alters gab und heute noch gibt, trotzdem die Regierung das Betrinken untersagt hat. Daneben liebte man bei Festen ähnlich der polynesischen Kawa die erwähnte Kabubuaufschwemmung zu trinken, für welche Zwecke es besondere Holzschüsseln *(te keinemoi)* mit Schöpflöffeln *(te higogo)* gab. Die übrigen Ingredienzien aus der Kokosnuss zur Herstellung der Gerichte sind dieselben wie auf den Ralik-Ratakinseln.

Vom Taro, *te papai*, und seiner Düngung und Anpflanzungsweise war schon bei Maraki und Apamama die Rede. Auch die zentnerschweren Wurzeln, die aber nicht älter als 12 Monate sein dürfen, wurden trotz ihrer Schwere schon hervorgehoben. In gekochtem Zustande dient er den alten Weibern auf Butaritari vornehmlich dazu, ihre Kinder zu mästen, indem sie ihn vorkauen und dann die Kugeln den Kindern in den Mund schieben, wie die

Samoaner es mit ihren *manutagi*-Täubchen machen. Welche Erfolge dies hat, zeigt die Königsfamilie auf Butaritari. Auch gepulvert scheint der Taro in Rollen *(kabuibui)* als Präserve zu dienen.

Der Brotfruchtbaum, *te mai*, kam hauptsächlich nur auf den nördlichen Inseln vor, wie die Tafel 9 vom Dorfplatz auf Maraki zeigt. Der Sauerteig *(te gabu)* soll hier wie bei den Ralik-Ratakern *(piru)* vorhanden sein. Die Früchte werden auf heissen Steinen in der Haut gebacken und zwischen Matten zerquetscht.

Bananen, *te doúru*, sollen in alter Zeit vorhanden gewesen sein, aber nicht als Nahrung gedient haben.

Fig. 29. Greis und Greisin auf Apamama, *te manam* bereitend.

Aus den verschiedenen Früchten werden nun noch verschiedenere Gerichte zusammengesetzt, von denen ich nur einige wenige als Beispiele aufzählen will.

Te manam, auf Makin nach Wilkes *tagara* genannt, besteht aus gekochtem Taro, welcher mit Kokoskerndust zusammengeknetet und frisch gegessen wird, zuweilen etwas mit Melasse untermischt. Dust nenne ich den Rückstand des zerraspelten und ausgepressten Kokoskernes, des im achten Kapitel genannten Kokoskerngeschabsels, hier *te bin*. Diesen Rückstand oder Dust nennen die Gilbertiner *tóoda* und verwenden ihn also im Gegensatz zu den meisten übrigen Ozeaniern, die ihn als Abfall den Hühnern und Schweinen vorwerfen. Die Fig. 29 zeigt zwei alte Leute bei der *manam*-Bereitung.

Der alte Mann rechts knetet den Taro, während die Frau den Dust vor sich ausgebreitet hat, zur Arbeit bereit.

Te gaba wird aus frischem Pandanussaft *(te duai)* und dem ausgepressten Kokoskernsaft gemischt und frisch gegessen; es ist einem Eiercreme nicht unähnlich.

Te bódara wird bereitet aus rohem, geschabten Taro, gemischt mit Melasse, Palmsaft und dem Kern ganz junger Kokosnüsse *(te moimedj)*. Alles wird zusammen gekocht und gibt einen süssen, braunen Pudding. Dasselbe Gericht heisst in etwas feinerer Ausführung *te bigi.*

Titong auf **Nonuti** und *te eberánigai* auf **Maiana** wird eine Speise aus dem Pandanusfruchtkuchen *(kalabába)*, aus Kokoskerngeschabsel und Melasse genannt, welches süss und sehr angenehm schmeckt und einem Plumpudding ohne Rosinen gleicht.

Diese wenigen Beispiele mögen zeigen, was für Leckermäuler diese Insulaner sind und wie trefflich sie es verstehen, mit ihren geringen Mitteln sich lieblich duftende Gerichte herzustellen.

Daneben verschmähen sie fast ganz das Fleisch der **Hühner**, und **Schweine** scheinen früher nicht vorhanden gewesen zu sein, trotz ihres Verkehrs mit Samoa, wenn auch die praktische Fessel des Bildes 57 auf Wandlungen hinweist. Auch von **Kannibalismus** kann nur in untergeordneter Weise die Rede sein. Zwar wurde gelegentlich, wie allenthalben in Polynesien, ein Kriegsgefangener oder ein einzelner Teil eines verhassten Feindes aufgegessen, aber ein organisierter Menschenfrass fand nicht statt. Deshalb kochten sie nichts mit Salzwasser, da ihnen der reiche Fruchtgenuss genügend Salze zuführte. Gekocht wurde in Kokosschalen und in Tridaknamuscheln *(te áubunga).*

Verschmähen sie die Tiere des Landes, so lieben sie um so mehr die **Meertiere**. Der Fang der fliegenden Fische wurde schon bei Maraki erwähnt, während die Steinreusen und Fischteiche bei Apamama besprochen sind. Besonderer Erwähnung bedarf nur noch ein eigenartiges Instrument, der **Aalfänger**, *te kainikabó*, welcher auch **Nauru** angehört. Man findet ihn auf der rechten Seite des Bildes 57 abgebildet. Der Fischer begibt sich mit demselben an die Leeseite des Riffes und taucht hinab an die Stellen, wo er aus den Löchern am Riffrand Muränen *(te rabóno)* ·

oder Seeaale (Conger) hat hervorlugen sehen. Rasch legt er
einen saftigen Köder vor das Loch und die Schlinge des Aalfängers
um die Mündung desselben, und sobald nun der Aal seinen Kopf
herausstreckt, zieht er die Schlinge an und taucht mit dem Tier
nach oben. Viele Minuten sollen die Fischer unter dem Wasser
zubringen können, und auf Nauru wurden mir alte Leute gezeigt,
die durch den langen Aufenthalt unter Wasser taub geworden
waren. Auch Haifische *(te bebba)* werden mittelst einer starken
Schlinge *(te bau)* aus Kokosbast gefangen, indem man diese am
fahrenden Boote längsseit hält und die Haie mit dem Kopf hinein-
lockt durch den Köder, ein Fang, der viel Mut und Kraft erfordert.
Auch die Wale lieben sie, so fett sie auch sein mögen. Nicht
lange vor meinem Aufenthalt auf Butaritari war ein Riesenpottwal
im Norden dieses Atolls auf dem Riff angetrieben, und trotzdem
dass er schon in hohem Verwesungszustande war, kamen die Eingeborenen doch von allen Seiten in ihren Booten hingeströmt, um
die dicken Speckseiten herauszuschneiden, in die sie mit Wonne
hineinbissen. Besonders ist mir, wie erwähnt, noch der Tag der
Abreise von Butaritari in Erinnerung, da das ganze, lange Dorf
unter einem Duft und Qualm stand. Es war grosser Delphinfang
gewesen, und nun briet man die ausgeteilten stark übergegangenen
Stücke allenthalben am offenen Feuer. Das ist eine merkwürdige
Eigenschaft dieser vegetarisch lebenden Völker, dass sie hin und
wieder nach konzentriertem Fett verlangen, wie um sich einmal
wieder den Leib ordentlich auszuschmieren.

Bei den Samoanern ist es das Mastschwein, welches sie, wie den
dicken Kokoskern, *popo* nennen, das nicht dick und fett genug sein
kann, um als Prunkstück bei ihren Festen aufgetragen zu werden.
Gebratene Fettwürfel gehören zu den ersten Delikatessen, und wenn
sie erst Grieben kennten — nun davon will ich schweigen, sonst
könnte es einem übel werden.

Von Fahrzeugen, welche zum Fischfang und zur Fahrt in
der Lagune und zur See gebraucht wurden und zum Teil noch
gebraucht werden, gibt es vier Arten:

1. *Te ebeeb*, das kleine Fischfloss. Es besteht aus zwei
Balkenhaufen, welche durch ein Deck miteinander verbunden sind,
Das Deck liegt jedoch auf den Balken nicht direkt auf, sondern

ist durch Stäbe erhöht, welche im Sinne ganz den Gabelstäbchen
gleichen, von denen sofort beim Segelboot die Rede sein wird.
Das Fischfloss gleicht in der Tat auch vollkommen einem Auslegerboot, nur dass statt des Bootsleibes auch ein Floss, also im
ganzen zwei Flösse vorhanden sind. Des geringen Tiefganges halber
wird dieses Fahrzeug vornehmlich im flachen Wasser zum Fischen
benützt.

2. *Toa*, im Süden mehr *te rá* gesprochen, ist ein kleines Auslegerboot, nur zum Rudern bestimmt, ähnlich dem samoanischen *paopao*.

Bild 58. Auslegerboot von Maraki.

3. *Toaririk*, das Segelboot, zurzeit am häufigsten im Gebrauch.
Es ist seiner vortrefflichen Segeleigenschaften halber eines der
besten Schnellbote Ozeaniens und übertrifft sogar noch die Boote
der Ralik-Rataker. Bild 58 zeigt ein Boot von Maraki, längsseit
des „Neptun". Alles Nähere geht aus der Fig. 30 hervor. Auffallend ist der lange Ausleger, dessen drei Stangen nahe beieinander
und leicht konvergent nach aussen zum Floss verlaufen, mit welchem
die drei Stangen *(giuro)* durch die Gabelstützen *(te dodo)* verbunden
sind. Die Befestigung der letzteren am Floss *(te rama)* geschieht
dadurch, dass in etwas roher Weise Bindfaden um die ganze Dicke
des Flosses herumgebunden wird (Fig. 30 b), ähnlich wie auf Samoa.
An der Leeseite des Bootsleibes findet sich zu beiden Seiten ein

vorstehendes Holz *(te dábio)* zum Einlegen des Ruders *(te boé)* beim
Steuern. Die Plankenanordnung und Grösse bei diesem Boote zeigt
Fig. 30 c. Brotfruchtbaumholz kommt zur Verwendung, das mit
Tridaknabeilen *(te tánai)* behauen wurde. Wie auf den Marshall-

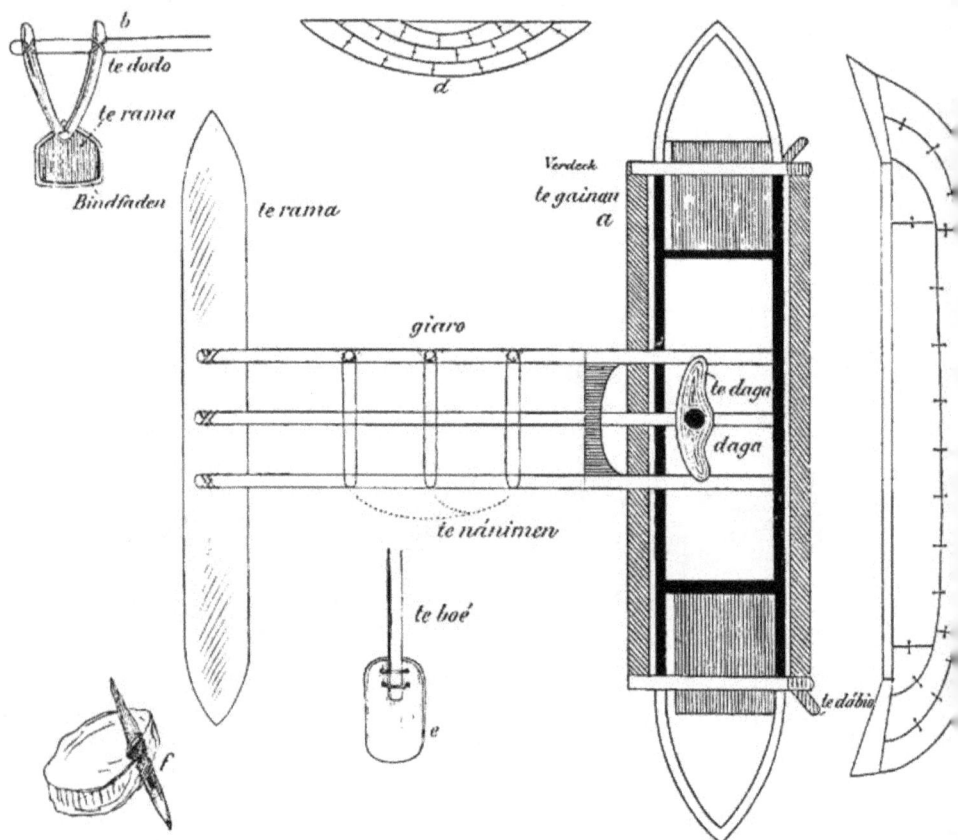

Fig. 30. Boot *te doú,* Gilbertinseln.
a Seegelboot von oben. — b Die Verbindung der Auslegerbäume mit dem Floss
durch die Gabelstäbchen. — c Die Planken des Bootes. — d Die Planken eines
grösseren Bootes. — e Ruder *te boé.* — f Anker.

inseln, so werden auch hier die Planken so genau aufeinander
gepasst, dass den Eingeborenen eine Kalfaterung nicht notwendig
erscheint. Nur die Löcher *(te buid)*, durch welche die Planken
zusammengebunden werden, verstopft man mit eingedicktem Brot-

fruchtbaumharz. Die Bohrung der Löcher geschieht mit dem Trill-bohrer *(te gaba*, Bild 57), und das Glätten des Holzes mit der Feile aus Rochenhaut *(te ikunroa)* auf demselben Bilde. Über die Take-lung ist nichts Besonderes zu sagen. Der Mast *(te aniang)* ruht auf einem besonderen Brettchen, *(te dagadaga,* Fig. 30), und das Segel

Bild 59. Fregattvogel auf Butaritari.

(te ie) besteht wie allenthalben aus Pandanusgeflecht. Zu erwähnen ist noch, dass die Boote zwecks Festigkeit besondere, gabelförmige Spanten *(te aiai)* haben, ferner ist auch der Anker *(te adjinro)* sehr einfach und praktisch, eine Steinplatte mit einem senkrecht darauf gesetzten, am Rande fest gebundenen, zweispitzigen Holze (Fig. 30 f). Endlich gibt es noch

4. *Bauru* genannte, grosse Seeboote, von denen ich indessen keines mehr sah. Sie scheinen nur vergrösserte *toaririk's* mit

erhöhtem Deck und Plattform, aber keine Doppelboote gewesen zu
sein, von denen ausdrücklich gesagt wurde, dass sie von Samoa und
Tutuna kamen. Bei dem Mangel an grossem Holze wurde der
Bootsleib aus zahlreichen kleinen Planken ungefähr in der Form
zusammengesetzt, wie Fig. 30 d zeigt.

Von den eigenartigen S p i e l b o o t e n *(te maggi)*, war schon
oben bei Apamama die Rede. Auch mehrere B a l l s p i e l e, das
Schaukelspiel usw. sind schon oben bei Nonuti erwähnt worden,

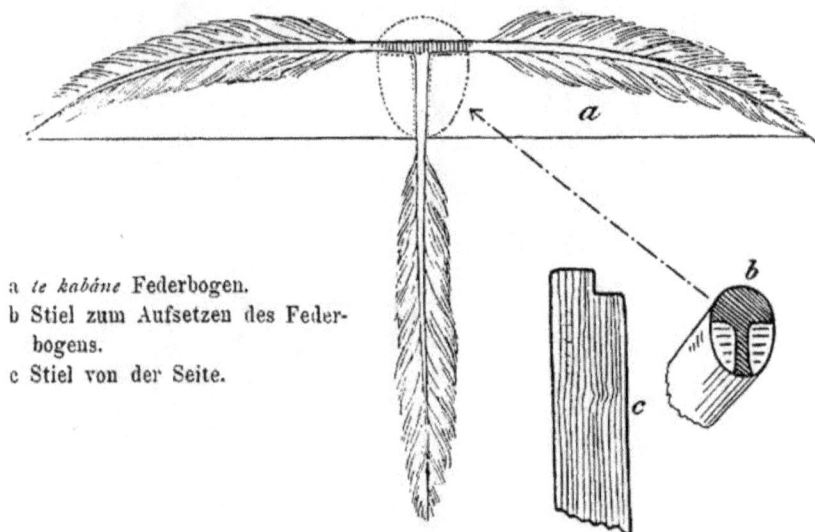

a *te kabáne* Federbogen.
b Stiel zum Aufsetzen des Feder-
　bogens.
c Stiel von der Seite.

Fig. 31. Geräte zum Federspiel *te edau*.

während ich Drachen nicht gesehen habe. Nicht gedacht wurde
aber bis jetzt des F r e g a t t v o g e l f a n g e s, welcher besonders den
Gilbertinern und den von ihnen abstammenden Bewohnern von
Nauru eigen ist. Häufig sieht man die grossen Vögel *(te idei)*
mit ihren langen, vorne scharf umgebogenen Schnäbeln gefesselt
auf T-förmigen Gestellen in den Dörfern und am Strande, ähnlich
wie man die Papageien in unsern zoologischen Gärten zeigt. (Bild 59.)
Mittelst zahmer Tiere locken sie wie in der Krähenhütte die wilden
Vögel an, im nahen Versteck sitzen die Jäger, und stösst ein
Fremdling herab, so überschütten sie ihn mit einem Hagel von
Geschossen. Diese Geschosse bestehen in wallnussgrossen Steinen

aus hartem Korallenkalk, oder aus der Tridaknaschale geschliffen, welche an einem langen Bindfaden befestigt sind. Das erst in kurzem Kreis geschwungene Geschoss wird über den Fregattvogel hinweggeschleudert, so dass die Schnur auf die weit ausgebreiteten Flügel fällt, in der er sich verwickelt. Ist der ungelenke Vogel am Boden, so vermag er ohne Wind nicht mehr aufzufliegen und kann deshalb leicht eingefangen werden. Die Ausübung des Spieles sah ich nicht mehr. Nur in Makin erblickte ich die Eingeborenen beim Federspiel *(te edañ)*, bei welchem statt des Fregattvogels auf einer hohen Stange ein Federbogen *(te kabáne*, Fig. 31) in die Luft geworfen wird, den sie mit den gefesselten Steinen zu treffen versuchen.

Dass man von den schönen Spielen auf den Gilbertinseln so wenig mehr sieht, hat seinen guten Grund, denn die Regierung der Weissen hat ihnen das Spielen ganz verboten, während wenigstens, wie erwähnt, das Tanzen noch an drei Tagen gestattet ist. Es mag interessieren, was ihnen ferner noch alles verboten war. Vor allem das Reisen. Mit dem „Neptun" durften nicht mehr wie sechs Eingeborene auf einmal von einer Insel·zur andern oder nach Butaritari reisen. Ferner war ihnen verboten, noch nach 9 Uhr abends auf der Dorfstrasse zu gehen, höchstens mit einer Laterne, damit sie sichtbar sind. Ferner durften sie den Palmwein nur süss trinken und nicht gären lassen. Erlaubt war ihnen vornehmlich das Kopraschneiden, da jede Insel jährlich eine bestimmte Menge als Taxe an die Regierung abzuliefern hat, welche die Überschüsse als die sogenannten Queenstaxes nach Fidji abführte. Da die sieben mageren Jahre während meines Aufenthaltes gerade ihren Abschluss gefunden hatten, so waren verschiedene Inseln so verschuldet, dass ihnen nur das Allernotwendigste an Nahrung verblieb. Dass unter solchen Umständen ein frisches Eingeborenenleben rasch dahinsiecht, ist begreiflich, und das völlige Verschwinden der Sitten lässt nicht mehr lange auf sich warten.

Siebtes Kapitel.

Zweiter Aufenthalt auf den Ralik-Ratakinseln. (Marshall I.)

Am Donnerstag, den 3. Februar 1898, vormittags 11 Uhr, war der „Merkur" nach viertägiger Fahrt glücklich in der Djalut-lagune zu Anker gegangen. Der Regen strömte vom Himmel, als wir uns an Land begaben, und da er auch während des übrigen Tages andauerte, hatte ich Mühe, meine Sachen einigermassen trocken zu landen. Als ich wieder den Fuss ans Ufer setzte, traf ich als ersten auf K a b u a, welcher mir im Laufe des Gesprächs mitteilte, dass seine königliche Lustjacht, welche nach seinem Töchterchen „B e n a k" genannt ist, am darauffolgenden Tage unter der Führung des Häuptlings N e l u nach den nördlichen Inseln fahren würde, um seinen Untertanen das Signal zum Kopraschneiden zu geben. Es war mir sofort klar, dass ich diese Gelegenheit benützen müsse, wenn ich überhaupt noch andere Inseln der Mar-shallgruppe ausser dem Atoll Djalut zu sehen bekommen wollte. Das Bedürfnis nach Ruhe durfte solchen prächtigen Einladungen gegenüber nicht aufkommen, und so beschloss ich meine Sachen, die ich bald darauf mit L o v e l ä g zusammen an Land holte, gleich für die neue Fahrt bereit zu stellen. Da Kabua nur seiner eigenen, heimatlichen Sprache mächtig ist, und mir eine geschäftliche Aus-einandersetzung mit ihm deshalb nicht möglich war, begab ich mich im Lauf des Nachmittages zu Nelu, um mit ihm über meine Mit-nahme zu verhandeln. Er zeigte sich sehr bereitwillig und forderte nur einen Entgelt von 3 Mark pro Tag, wofür er mir sogar ver-sprach, nur allein für mich von L i k i e p aus, dem eigentlichen Reiseziel, noch nach dem äussersten Nordosten, nach A i l u k und

Udjirik zu fahren, und da letztere Insel noch als vollständig heidnisch galt, so schwamm ich bald in einem Meer von ethnographischer Seligkeit.

Der zweite Tag nach meiner Ankunft von den Gilbertinseln sah mich an Bord der „Benak“. Es war ein kleiner Schoner von der Grösse des „Merkur“. Um 1 Uhr nachmittags schiffte ich mich ein und besah alsbald die mir angewiesene Koje unter Deck. Der Qualm, welcher mir aus der engen Kajüte entgegenströmte, war von oben schon nicht sehr einladend. Als ich mich aber in das dunkle Loch hinabgeschwungen hatte und sah, wie alles von Schmutz starrte und zu meinem Erschaudern auf meinem providentiellen Nachtlager ein Heer von Kakerlaken erblickte, welche die Grösse von kleinen Mäusen erreichten und mir leckeren Willkommgruss zublinzelten, da gab ich die regensichere Zufluchtstätte alsbald auf. Ich besorgte mir sofort einen Liegestuhl, welchen ich ganz zu achterst neben dem Ruder an der Reeling festband, und bedeckte denselben mit einem 3 m langen und breiten Stück schwarzen, wasserdichten Mosetigbatistes, den ich eigens für solche Zwecke aus Deutschland mitgenommen hatte. Er sollte mir herrliche Dienste leisten. Denn so dünn und leicht derselbe ist, er lässt doch kein Wasser durch, und wenn ich auch unter den stürmischen Regenböen bei Tag und Nacht zu leiden hatte, da das eng sich anlegende Zeug fast jeden Wassertropfen am Körper empfinden lässt, und eine starke Abkühlung verursacht, so wurde ich doch in Wirklichkeit nicht nass, und das ist bei Sturm und Regen sehr viel. Die Marshalleingeborenen hatten es hierin besser. Sie hatten mehrere der kleinen Deckshütten an Bord gebracht, welche mit Pandanusblättern überdacht sind, und welche auf den Plattformen der Eingeborenenboote der Schiffsbesatzung so ausgezeichneten Schutz vor Wind und Wetter zu geben vermögen. Das Bild 60 zeigt sie an Deck der „Benak“. Das Bild zeigt aber auch, welcherart meine Reisebegleiter waren; nur Eingeborene, Männer, Frauen, Mädchen, sassen dicht gedrängt allenthalben herum, so dass man kaum ein paar Schritte zu gehen vermochte. Nur ein Halbblutmann war darunter, ein Sohn des altangesessenen Deutschen Capelle auf Djalut, dem die Insel Likiep gehört, wohin sein Sohn zur Kopraernte fuhr. Ich war der einzige Weisse unter ihnen.

Auf Samoa ist es ein Vergnügen, mit den Eingeborenen zu fahren,
da sie in der Unterhaltung und in der Gastlichkeit uns mindestens
ebenbürtig sind. Aber wer die mürrischen, geradezu stumpfsinnigen
Marshallinsulaner kennt, der wird ermessen, dass eine solche Gesellschaft für eine Reihe von Tagen kein Vergnügen ist. Gilt es
doch für geradezu unanständig, mit den Frauen und Mädchen sich
zu unterhalten, und selbst an Nelus Frau, Ledágobar, Kabuas

Bild 60. Auf der „Benak". Deckshäuser der Eingeborenen.

Tochter, vermochte ich nicht ein Wort zu richten. Dies gestaltete
meinen Aufenthalt recht einförmig, obwohl ich mit Adolf Capelle,
Nelu und Lovelüg wenigstens etwas Englisch zu reden vermochte.
Ehe wir abfuhren, erkundigte ich mich bei Nelu nach der Art der
Navigation. Er zeigte mir stolz eine Karte der Marshallinseln
und einen Kompass, womit er das ganze Gebiet sich untertänig zu
machen behauptete, zumal da er die Schiffahrtsregeln nach den Stabkarten der Eingeborenen sehr wohl zu verstehen vorgab. Und wirklich fand ich in einem seiner Schreibhefte während der Fahrt einen

Plan sämtlicher Marshallinseln eingezeichnet, welcher in der Fig. 32 dargestellt ist. So interessant es nun war, von einem Eingeborenen

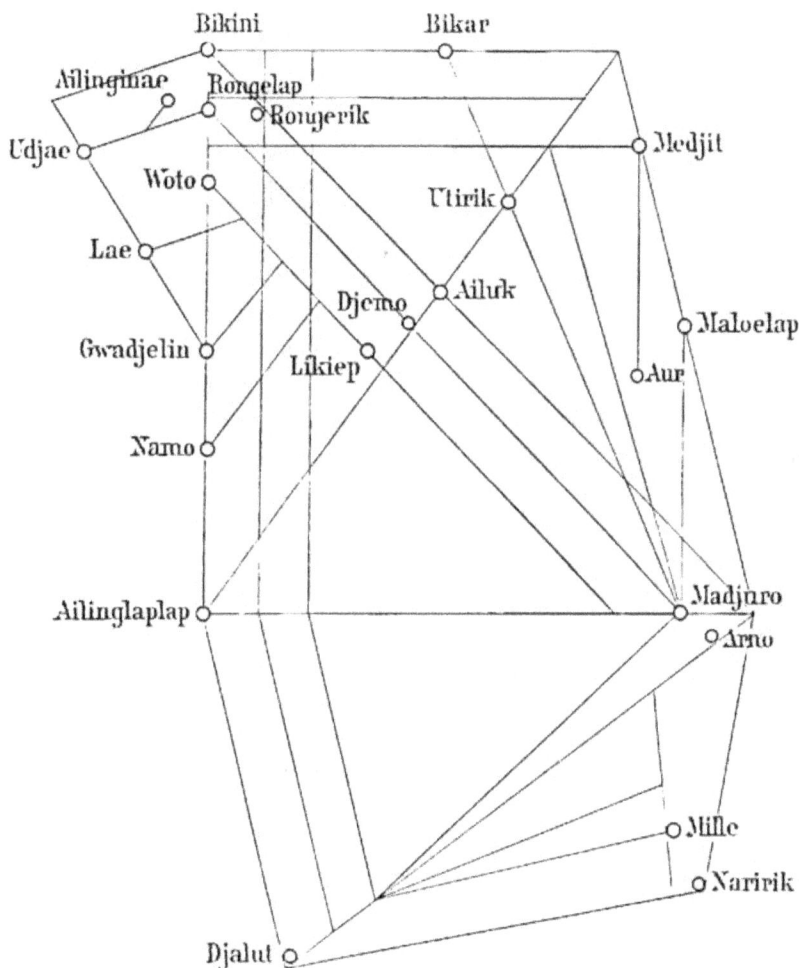

Fig. 32. Rebelip-Übersichtskarte Nelus, aus seinem Logbuch abgezeichnet.
(Fehlt Ebon, Wodje, Erikup, Namerik.)

eine Stabkarte nach unserer Art aufgezeichnet zu sehen, so begierig ich war, nun einmal diese Kunst in der Praxis gehandhabt zu sehen, und so grosse Hochachtung ich vor diesen Navigationskünsten hatte, so zog ich aus persönlicher Feigheit es doch vor, mich auf

alle Fälle mit einem Sextanten zu versehen, den ich an Land aus
gütiger Hand geliehen bekam. So sah ich guten Mutes der Zukunft entgegen, als die „Benak" ihre Anker lichtete.

Es ging direkt auf die Imrodj-Passage zu, wie der nördliche, grosse Riffeinlass genannt wird, nach der in der Einfahrt
gelegenen Insel Imrodj. Bevor wir indessen die Lagune verliessen,
wurde noch vor einer Dorfschaft nahe der Ausfahrt mit Namen
Emidj angelaufen, um Lebensmittel für die Fahrt einzunehmen.
Ehe die Nacht hereinbrach, wurde der Riffeinlass bei ausfliessendem
Wasser passiert. Alles ging zuerst gut, obwohl mehrere Untiefen
ein aufmerksames Auge und eine gute Kenntnis des Fahrwassers
verlangen, aber als wir die Nase hinausstreckten und die ersten
schweren Seen fühlbar wurden, da fasste der Strom das Schiff so
kräftig, dass es aus dem Ruder lief und in eine bedenkliche Nähe
des Riffrandes kam. Dieses erste Erlebnis verlief, so verheissungsvoll es war, durchaus gut. Die frisch einsetzende Brise gab dem
kleinen Schiffe bald Fahrt, und so segelten wir hoffnungsvoll dem
Ziel Ailinglaplap entgegen, das am folgenden Morgen fällig
war. Mit uns segelten noch zwei Eingeborenenboote, welche dasselbe Ziel hatten. Die Nacht liess sich recht stürmisch an, und
unaufhörliche Regengüsse deckten das Schiff zu, denen ich erfolgreich unter meinem Mosetigbatist trotzte. Das Holz des Schiffes
war in steter Bewegung, krächzte und quiekte, wie man es bei
einem Fahrzeuge nicht anders erwarten konnte, das unter der Obhut
von Eingeborenen sich befindet. Wäre dasselbe von Marshallanern
gebaut gewesen, so würde es sich in besserem Zustande befunden
haben. Aber die „Benak" war, wie Kapitän Kesslers „Neptun",
bei Turner in San Francisco gebaut, und zwar durch Vermittlung der Jaluitgesellschaft, der Kabua den Betrag durch
seine hohen Kopraernten herausbezahlte. Die Eingeborenen geben
nun gern grössere Summen für ein Erzeugnis unserer Zivilisation
aus, das auch wirklich gut ist, aber, wie die Spanier ihr solid ge-
bautes Haus, so lassen auch die Eingeborenen an einem solchen
gewonnenen, kostbaren Gute nur Reparaturen ausführen, wenn sie
unumgänglich notwendig sind. Zu diesen unumgänglichen Not-
wendigkeiten wird Reinmachen mit Sand und Steinen, neuer Farben-
anstrich, Instandhaltung des Eisens, Ersatz des schadhaften Takel-

werks usw. nicht gerechnet. Man fährt so lange, bis es kracht und
bricht. Dann kauft man ein neues Schiff, wenn man Geld hat.
Das ist der grosse Fehler, den die weisse Rasse beim Zivilisieren
begeht, dass sie den Eingeborenen nur die Resultate ihrer Arbeit
bringt und für gutes Geld aufhängt, aber denselben nicht die Instandhaltung beibringt und anerzieht. Ich hatte nun die Konsequenzen dieser Achtlosigkeit zu tragen, wenigstens hatte ich während
der ersten Nacht, die an einen gesunden Schlaf nicht denken liess,
reichlich Zeit, darüber nachzugrübeln. Es war ein ödes Dasein auf
dem feuchten, kalten Deck, auf dem Stuhle an die Reeling ange-
presst, über die ich nur den Arm auszustrecken brauchte, um bei
jeder auflaufenden See in das sturmgepeitschte Wasser zu tauchen.
Glüklicherweise arbeiten diese amerikanischen Schiffe so vortrefflich,
dass ich meinen Posten während der Nacht nicht zu verlassen
brauchte. Die Spritzer, welche von Zeit zu Zeit überkamen, fielen
mit dem Regen so dicht, dass man nicht zu unterscheiden vermochte, was Süss- und was Salzwasser war. Schaute ich unter
meiner Decke hervor, so sah ich nur im Schein der Steuerlaterne
den Posten am Ruder, welcher treulich seine Pflicht tat, über der
wogenden See lag dichte Finsternis. Selten habe ich das Morgengrauen so freudig begrüsst, wie an jenem Tag. Nelu war längst
auf den Beinen. Er tröstete mich alsbald, indem er mir am dunstigen
Horizonte die Linie von Ailinglaplap zeigte, war aber in Besorgnis
wegen der beiden Boote, welche in Begleitung der „Benak“ die
Reise angetreten hatten, und welche er nirgends zu sehen vermochte.
Sie schienen vertrieben zu sein oder waren zurückgeblieben. Er
beschloss, einzulaufen und sie im Hafen zu erwarten.

Gegen 10 Uhr näherten wir uns dem südlichen Riffeinlass, welcher
als der beste dieses Atolls bekannt ist. Er ist recht ansehnlich
und breit; da wir aber gegen den Nordost-Passat anzukreuzen hatten,
so gestaltete sich die Einfahrt doch recht schwierig, weil man alle
Augenblicke über Stag gehen musste. Dabei verdross es mich sehr,
dass die Marshallaner beim Wenden stets nur wenig Ruder legten,
so dass das Schiff häufig genug nicht durch den Wind ging und
abfiel, und so in eine bedenkliche Nähe der Riffe kam. Umsonst
suchte ich sie davon zu überzeugen, dass man bei einem kurzen
und breiten Schiffe hart Ruder legen müsse, um durch den Wind zu

kommen. Das war die Schule, die ich bei Kapitän Kessler auf
der Gilbertfahrt praktisch durchgemacht hatte. Aber die seetüch-
tigen Marshallaner wollten mir, dem weissen Arzte, nicht glauben,
und so kam es, dass sie nach einem misslungenen Wendemanöver
auf den westlichen Riffabfall trieben und festkamen. Glücklicherweise waren wir ja an der Leeseite der Insel, wo keine hohen
Seen von aussen einliefen, sonst wäre das Schiff rettungslos verloren
gewesen. Nun ergriff ich das Kommando und wandte alle meine
Erfahrungen an, welche ich bei einer zehnjährigen Marinedienstzeit
mir erworben hatte. Das Schiff sass mit dem Bug auf einem
prächtigen Korallenrasen, kaum 10 m von der Riffkante entfernt.
Alles versammelte sich natürlich vorne, um zu sehen, wo man sass.
Einige Marshallaner mit Riemen und Stangen wurden nun am Bug
angewiesen, das Schiff abzuschieben, während die ganze übrige Equi-
page Anweisung erhielt, sich rasch ganz nach achtern zu begeben.
Nach einiger Zeit ging auch das Schiff herunter, und wir vermochten die Kreuzfahrt weiter fortzusetzen. Trotzdem konnte ich
aber die Eingeborenen nicht zum Hartruderlegen bekehren, obwohl
ich selbst verschiedene Male mich ans Ruder gestellt und es
ihnen vorgemacht hatte, wie trefflich das Wenden beim Hartruderlegen vor sich ging. Ein starrer Eigensinn kam hier in diesen
Naturen zum Vorschein, indem sie ihre eigenen reichen Erfahrungen
nicht auf das europäische Schiff anwenden wollten, und so war ich
froh, als wir bald im Riffeinlass zu Anker gingen, an der Ostseite
der Einfahrt bei Enüebing. Der Ankerplatz ist nämlich hier in
der Einfahrt selbst, da die Lagune in der Nähe dieses Einlasses
sehr seicht ist und ähnliche grosse Bänke besitzt, wie ich es von
der Südpassage von Djalut oben geschildert habe. Es ist dies eine
Eigentümlichkeit der Riffeinlässe an der Leeseite, deren Erklärung
ich in dem besonderen Kapitel über die Korallenriffe geben werde.
Nach dem Ankern begab ich mich mit meinen Sachen alsbald an
Land, da zu erwarten war, dass der Aufenthalt mehrere Tage
dauern werde. Nelu fuhr mit mir und brachte mich nach dem
Landhause des Königs Kabua, welches er mir als Wohnung anwies.
Es war ein einfaches viereckiges Haus mit hohem Dache, mit zwei
Türen und einer Fensteröffnung, also nach europäischem Zuschnitt
gebaut, aber nach Marshallart mit Pandanusblättern verkleidet.

Bild 61. Nein und seine Frau Ledägobn, Tochter Kabuas, auf Ailinglaplap.

Hübsch lag es da auf einer sanften Erhebung unter den Kokospalmen und Brotfruchtbäumen, das umgebende Land von Unkraut
und Gebüsch gesäubert. Einige hundert Schritte ab lagen die Häuser
Nelus (Bild 61) und der anderen Häuptlinge, ziemlich nahe beieinander. Ich machte es mir in dem Hause bequem. Als einziges
Möbel befand sich darin ein Bett mit einer Matratze, was mir nicht
unangenehm war, da ich sonst auf dem kiesigen Estrich hätte
schlafen müssen. Loveläg machte mir ein Mittagsmahl zurecht, ein
feistes Huhn, welches er von den Einwohnern erstanden hatte,
und das ich vor der Türe unter einem Schutzdache verzehrte.
Einen hübschen Ausblick hatte man von hier auf den Riffeinlass,
welchen man durch das mässig dichte Gebüsch am Strande hindurchschimmern sah. Nach dem Essen schaute ich mich in der Niederlassung um. Die Dorfschaft Enüebing liegt auf geweihtem Boden
und ist berühmt in der Ralikkette. In der Ratakkette genoss
Erikup nach Kotzebue einen ähnlichen Ruf. Auf Enüebing
fanden nämlich die grossen Tatauierschlachten[1] des Westens statt,
und zwar zur Zeit der Brotfruchtreife. Dann versammelten sich
hier die Jünglinge dieser Inselkette, welche beschlagen zu werden
wünschten. Als Tatauiergötter galten Leowudj und Lanidj.
Ihnen wurde acht Tage vor dem Beginn des Schlagens auf den
heiligen Steinen geopfert. Die Opfer bestanden in Früchten, und
man nannte sie als solche *kaddok* oder *mäma*.

Während man im alten Griechenland solche Tier- und Fruchtopfer sinnbildlich im Feuer sich verzehren liess. liess man sie hier
kalt auf den Steinen liegen, und die Priester sorgten dafür, dass
sie verschwanden. Dann wurde ein grosses Haus gebaut, eine grosse
Hütte, in welcher die Jünglinge den Farbenschlag empfangen
sollten. Ehe man aber die Arbeit anfing, wurden Gebete gesungen,
und ein Häuptling tanzte mit Weibern um das Haus herum, alle
mit Palmwedeln in den Händen, und ihre Körper im Takte hin
und her wiegend, um so wilder und ungezwungener, als sie während
dieses Tanzes von den Männern nicht angesehen werden durften.
Für die Jünglinge und Männer waren sogar die eigenen Frauen

---

[1] Über das richtige Wort tatauieren gegenüber tätowieren siehe achtes
Kapitel.

während des Farbenschlags *tabú* und hiessen als solche *beoki*, während umgekehrt die Männer, deren Frauen tatauiert werden, *djomidj* genannt werden. So war es zweifellos eine heilige Handlung, welcher sich die Marshallaner unterzogen, um ihres schönsten, dauerhaftesten Körperschmuckes habhaft zu werden. Sollen doch die beiden genannten Götter in grauer Vorzeit vom Himmel herabgekommen sein und gesagt haben: „Ihr müsst euch tatauieren lassen, damit ihr schön werdet und die Haut euch im Alter nicht schrumpfe. Die Fische im Wasser sind gestreift und haben Linien, deshalb müssen auch die Menschen solche haben. Alles vergeht nach dem Tode, nur Tatauierung besteht; sie überdauert euch. Alles lässt der Mensch auf der Erde zurück, seine ganze Habe, nur die Tatauierung nimmt er ins Grab mit."

Dies deutet genugsam auf die göttliche Beeinflussung des Farbenschlags hin; ähnlich geht es aus folgendem Gebet hervor:

Im Norden dieses Hauses soll unser Flehn ertönen,
Für dieses Hauses *éé*
Im Süden dieses Hauses soll unser Flehn ertönen,
Für dieses Haus *éé*
Für der Kokosnüsse Gedeihen.
Bringt den Tatauierten ins grosse Haus,
Lang möge er leben, er dort auf seiner Matte.
Manche leben, manche sterben ja,
Aber dein Name soll gepriesen sein,
Er soll wachsen —.
Wo ist dein Land?
Namo, Madjigin!
Es baut sich auf sein Ansehen!
Das Ansehen Kabuas breitet sich aus
Über seine Inseln!

Das Ansehen Kabuas, dieses Ende des Liedes ist neu, während der Anfang als sehr alt betrachtet werden muss, wie aus dem Urtext hervorgeht. Das dämonische Ansehen der Könige, die zauberhafte Gewalt derselben, welche im Marshallanischen *debbo* heisst und gleichbedeutend mit dem polynesischen *mana* ist, das ist es, was dem Platze Enüebing seine Bedeutung verleiht, denn er ist zugleich

Königssitz, während Djalut nur das Handelsemporium der Weissen darstellt. Ebenso verhält es sich mit L e u l u m o e n g a auf U p o l u, der politischen Hauptstadt von Samoa, während Apia dieselbe Rolle wie Djalut spielt. So ist es zahlreichen alten Königsplätzen in den Kolonien der Weissen ergangen, wofür ein bekannteres Beispiel auch K a n d y und C o l o m b o auf C e y l o n ist, Kandy, der uralte Sitz der singalesischen Könige, schon der Geschichte angehörend, und Colombo, die Hauptstadt der Engländer. Jeder, der Sinn hat für Eingeborenenleben und Eingeborenengeschichte, wird angemutet von dem Zauber der Umgebung, wenn er auf dem Boden uralter Überlieferungen wandelt, und die Schöpfung der Weissen dünkt ihm, so bewundernswert sie auch an und für sich scheinen mag, schal und leer. Und so erging es auch mir, als ich mich nach kurzer Nachtfahrt von Djalut plötzlich nach dem historischen Enüebing versetzt sah. Die Geschichte solcher Plätze zu erforschen, ist die vornehmste Pflicht des Ethnographen, und ich bedauerte, dass die mangelhafte Kenntnis der Sprache und der kurze Aufenthalt mir nicht erlaubte, mehr darin zu tun als das, was mit der Tatauierung zusammenhing und was ich im Archiv für Anthropologie 1904 niedergelegt habe. Freilich, wenn man sich die Eingeborenenhauptstadt als besonders lebhaft und bunt bewegt vorstellt, so trifft dies auf Enüebing keineswegs zu. Denn als wir ankamen, schien der Platz ziemlich verlassen, und die Passagiere der „Benak" bevölkerten ihn eigentlich erst sozusagen. Aber die Marshallaner wohnen eben nirgends dicht gedrängt, sondern ihre Dörfer und Ansiedlungen sind weithin am Rande der Lagune ausgestreut. Kommt nun der König nach seinem Edelsitz, oder tritt sonst irgendein Ereignis an irgendeinem Punkte ein, so fluten die Eingeborenen von allen Seiten nach demselben zusammen. Man sieht dann allenthalben ihre Boote die Lagune durchkreuzen, wie schon K o t z e b u e und C h a m i s s o an Bord des „Rurik" bemerkten, die auch des öfteren bei der Ankunft die Dörfer verlassen fanden und sie erst mählich und mählich sich füllen sahen. Dass Enüebing trotz seiner Verlassenheit ein zentraler Platz war, ging daraus hervor, dass sich ein Koprahändler, auf deutsch auch „Träder" genannt, an dem Orte befand. Er wohnte am nördlichsten Zipfel, auf der Landspitze, welche in die Lagune hineinragt, in einem recht hübschen Holzhause mit Wellblechdach. Seine junge Frau Newa, die ich schon von Djalut her kannte und ihres frischen Wesens halber liebgewonnen hatte, fand ich hier unerwarteterweise wieder, und in Herrn Wilson lernte ich einen braven, offenherzigen Mann kennen, von dem ich manches Wissenswerte über die Eingeborenen erfuhr. Hier, in dem hübsch gelegenen Hause, weilte ich gerne und oft während meines zweitägigen Aufenthaltes.

Enüebing ist nicht nur ein interessanter, sondern auch ein hübscher Platz.

Dies ging schon aus dem Geschilderten hervor. Noch hübscher als der westliche Teil ist aber der Osten. Ein angenehmer Fussweg führt hier am Strande der Lagune entlang, teils unter den hohen, schattigen Kokospalmen sich hinwindend, teils in dichtem Gebüsch verloren. Schöne Ausblicke auf die stille, friedliche Lagune wechselten mit dem eng umgrenzten Bild eines Gehöftes der Eingeborenen, oft ganz im Grün verborgen. Und gerade das Grün, das üppige Wachstum von Pflanzen und Bäumen, welches man auf den hohen, vulkanischen Inseln der Südsee so gerne mit Entzücken betrachtet, hier auf den niederen Koralleninseln mutet es wie ein Wunder an. Schon in der Nähe des Königssitzes sah ich am Lagunenstrande einen Baumriesen, eine Hernandia (schon Chamisso nennt Hernandia sonora als „selten auf den reicheren Inseln fehlend"), von den Marshallanern *binebin* genannt. Wer würde ein solches Monstrum auf dem sterilen Korallenkalk erwarten? Steht aber dieser Baum noch vereinzelt, so gelangte ich auf meinen östlichen Spaziergängen in eine Art Urwald, welcher den Vergleich mit dem samoanischen Unterholz aushält, freilich nur mit dem Unterholze, denn die hohen Bäume des samoanischen Bergwaldes waren hier natürlich nicht zu finden. Auch war die Zusammensetzung hier keine so vielfältige wie dort, da die Zahl der Pflanzenarten auf den Marshallinseln fünf bis sechs Dutzend gross ist, während von Samoa über hundert Dutzend bekannt sind. Dies verhindert aber nicht, dass der Urwald auf Enüebing dem Neuling überaus imposant erscheint. Neben den Kokospalmen, den Brotfruchtbäumen sind es vornehmlich einige verwilderte Pandanusarten, welche mit sehr stark ausgeprägten Luftwurzeln den Wald oft als undurchdringlich erscheinen lassen. Dann war ich überrascht durch zahlreiche

Exemplare von Farnen, welche allenthalben auf Baumstümpfen
und auf dem moderigen Waldboden wurzelten, zumeist freilich lauter
Aspleniumarten.

Recht häufig war die Art Asplenium nidus mit ihren arm-
langen und handbreiten, ganzrandigen Blättern, welche wie aus
einem Blumentopf hervorspriessen, von den Marshallanern *kardib*
genannt, und ihre so unähnliche Schwester *ire*, mit den gefiederten,
feingezackten Blättchen, deren feine Stiele an der unteren Seite des
Blättchens wie ein Hackmessergriff sitzen und wechselständig an die
Mittelrippe angereiht sind. Von Schlingpflanzen war besonders
häufig eine Windenart, eine Ipomoea mit grossen, weissen Kelchen,
marbéle genannt, und die weit verbreitete Cassytha, welche blatt-
los das Buschwerk mit ihren grünen, rostbraun angehauchten
Strängen überzieht. Es ist merkwürdig, dass sie hier *kanin* heisst,
während sie auf Samoa *nau* und auf den Gilbertinseln *danini*
genannt wird. Noch auffälliger stellt sich die sprachliche Namens-
verwandtschaft der Pflanzen bei der Morinda citrifolia dar,
welche auf Samoa *nonu*, auf den Gilbertinseln *te non* und auf den
Marshallinseln *nin* heisst. — Dringt man nun durch das dichte
Gebüsch zum äusseren Schuttwall vor, wo das Meer gegen das
Riff brandet, so stösst man hier wie auf den Gilbertinseln auf die
Tournefortia *(gerén)*, deren Jungblättersaft die Hände braun
beizt und Hautwunden zur Entzündung bringt, und vor allem auf
den ungemein häufigen Salzwasserbusch. Er, die Scaevola
Königii, welche auf den Gilbertinseln *te mau* und hier *kanot*[1]
oder *kenak* genannt ist, bildet den eigentlichen Schutz des Aussen-
strandes, indem er ein dichtes, fast undurchdringliches Gebüsch
bildet. Hierfür ist er an und für sich eigentlich recht ungeeignet,
denn seine Zweige sind sehr brüchig. Aber er widersteht doch
den starken Winden durch seine Gedrungenheit und Niedrigkeit,
da er die Grösse eines Menschen nur wenig überragt. Er ist leicht
kenntlich an seinen ovalen, lederigen Blättern, den kleinen weissen
Blüten und seinen marmelgrossen, weissen Früchten, die ganz den
weissen Knallbeeren unserer heimischen Gärten gleichen, den Schnee-
beeren (Symphoricarpus racemosus Mchx.). Wie oft habe ich mich

---

[1] Nach Christian, The Caroline Islands; auf Ponape *inot*.

durch ihn hindurchgearbeitet, diesen treuesten Freund der Koralleninseln, die man sich ohne denselben und ohne die Kokospalme
kaum denken kann. Und wie der Salzwasserbusch den Aussenstrand, so schützen und festigen den sandigen Boden lagunenwärts
zwei Unkräuter, die Triumfetta procumbens *(adád)*, die Sida
fallax, die schon als Tarodüngemittel auf den Gilbertinseln erwähnt wurde, und die gelbe Komposite Wedelia *(margrewe)*.
Während die beiden letzteren holzige, von gelben Blüten gekrönte
Stengel bis zu 1 m Höhe treiben, ist erstere eine Kriechpflanze
und gleicht ganz in Blüten und Blattform der Feigwurz, der
Ficara ranunculoides, die im Frühling unsere Waldböden
schmückt. Die *adád*-Pflanze aber ist den Marshallanern von grossem
Nutzen, denn ihr Rindenbast, der Epidermis entkleidet und an der
Sonne getrocknet, nimmt eine schöne, braunrote Farbe an und
dient als Hauptschmuck für ihre Kleidmatten, von denen noch
weiter unten die Rede sein wird.

Viele hübsche Stunden verbrachte ich hier in dieser eigenartigen Wildnis. Sonst freilich war nicht viel des Interessanten,
wenigstens in ethnographischer Beziehung auszukundschaften, denn
alle Häuser, die ich hier fand, glichen vollkommen denen von Djalut,
waren also moderner Art mit Hauswänden, wie die Missionare es
von den Eingeborenen verlangen. Nur Gräber der Eingeborenen
sah ich hier zum ersten und letzten Male, ein niederer Grabhügel
in Sargdeckelform aus Korallenkieseln aufgeschüttet, woraus an
beiden Enden ein Ruder schief hervorragte. Sie lagen am Lagunenstrande und waren ostwestwärts gerichtet. Die Abreise von Ailinglaplap verzögerte sich dadurch, dass die Segel der „Benak" schon
nach der ersten Überfahrt alle schadhaft geworden waren und ge-
flickt werden mussten, so dass wir erst zweimal 24 Stunden nach
der Ankunft wieder Anker auf gingen. Wir verliessen indessen
Ailinglaplap nicht durch denselben Riffeinlass wieder, sondern nach
Durchsegelung der Lagune durch die Nordpassage, um dann graden
Kurs auf Likiep zu nehmen, welches ungefähr 140 Seemeilen genau
nördlich von Ailinglaplap liegt. Da diese Strecke fast ganz mit
halbem Winde gesegelt werden konnte, so war zu hoffen, dass die
„Benak" am übernächsten Morgen dort zu Anker kommen würde.
Das Wetter war wieder sehr regnerisch und windig und die See

recht unangenehm. Aber da die Frauen fast alle in Ailinglaplap
zurückgelassen worden waren, so gestaltete sich der Aufenthalt an
Deck etwas angenehmer. Mein Schlafplatz blieb zwar derselbe,
aber man konnte wenigstens während des Tages etwas ausschreiten.
Der verheissungsvolle Morgen des 9. Februar kam, alles schaute
nach Likiep aus, aber nirgends war am Horizonte eine Palmenkrone
zu entdecken, und so oft auch und wie hoch auch die Marshallaner
während des Tages auf den Mast kletterten, nirgends war eine
Spur von Likiep zu sehen. Ich frug nun Nelu, ob er nicht
aus den Seen erkennen könnte, in welcher Richtung von der Insel
wir uns befänden, aber er vermochte mir keine präzise Antwort zu
geben. Er hatte mir zwar vorher auseinandergesetzt, dass der
Strom sich hinter jeder Insel teile, und dass so eine Gabel ent-
stehe, innerhalb derer man sich befinden müsse, um an der Leeseite
zur Insel zu gelangen. An und für sich scheint dies auch sehr
plausibel, wenn man sich einen Pfosten vergegenwärtigt, welcher
in einem Flusslauf steht und hinter dem ein ruhig fliessendes
Wasser zwei auseinanderfliessende Streifen bildet. Im kleinen kann
man ja diese Streifen leicht sehen, aber im grossen Ozean gehört
die ganze Erfahrung und das geübte Auge eines Eingeborenen dazu,
um solche feinen Veränderungen der bewegten Meeresoberfläche zu
erkennen. Auf dieser Fahrt fiel mir übrigens ein Heft Nelus, eine
Art Logbuch, in die Hände, in welchem eine Übersichtskarte
des Archipels in Stabkartenform eingezeichnet war[1]. Über die
Eigenart dieser merkwürdigen Eingeborenenerfindung werde ich mich
im folgenden Kapitel etwas näher auslassen. Merkwürdig und neu
in diesem Falle war, dass ein Eingeborener eine solche Karte,
welche im allgemeinen doch nur ein Lehrmittel ist, sich in ein Buch
in völlig richtigen Abmessungen aufgezeichnet hatte. Zur Beruhigung
kann ich jedoch mitteilen, dass er eine englische Admiralitätskarte
der Marshallinseln bei sich hatte. Nelu schien auch ungefähr Bescheid
zu wissen, fühlte sich aber im ganzen doch recht unsicher. Nun
kam der grosse Moment für mich: Als nämlich die Nacht herein-
gebrochen war, und wir immer noch verzweifelt nach allen Rich-
tungen der Kompassrose fuhren, holte ich meinen Sextanten heraus.

[1] Die erwähnte Fig. 32.

Der nördliche Himmel war gerade sternenklar, und auch die Kimm des Meeres war deutlich erkennbar. Bald hatte ich die letztere mit dem Polarstern in eins gebracht und konnte mit einer für einen Seemann schmerzlichen, für mich aber glänzenden Fehlermöglichkeit von ungefähr 30 Seemeilen feststellen, dass wir uns zwischen 9 und 10° Nordbreite befanden, auf welcher ganzen Strecke auch Likiep liegt. Da war nun alles ganz schön, in der Breite waren wir nun gerettet, aber nicht in der Länge. Ich hatte zwar meine Taschenuhr bei der Abfahrt von Djalut genau mit einem Schiffchronometer verglichen; da ich aber abends nie zu Bett ging, sondern mich immer in den Kleidern auf den Feldstuhl legen musste, so hatte ich natürlich auch meine Uhr aufzuziehen vergessen. Nun sass ich da wie der alte Mann in Leipzig und wusste nicht, ob wir östlich oder westlich von der Insel waren. Da aber in Anbetracht des Stromes die westliche Abtrift wahrscheinlicher war, steuerten wir mutig nach Osten, und siehe, im Morgengrauen des folgenden Tages hätten wir beinahe Likiep in den Grund gebohrt. Das war ein beseligendes Gefühl, als die „Benak" durch die westliche Kabenorpassage in die Lagune einfuhr und bald darauf in einer niedlichen, kleinen Bucht der Insel

Likiep

(siehe Fig. 33) vor Anker ging.

Die Lagune hatte an einzelnen Stellen grössere Steine gezeigt, welche auch noch hie und da im Ankerplatze vorhanden waren. Nelus Kunst vermied sie glücklich, und wir lagen auf dem neuen Ankerplatz so sicher, als man hier in diesen Gegenden liegen kann. Zu gewissen Zeiten treten aber grosse Sturmfluten auf, und auch Likiep weiss davon eine Geschichte zu erzählen. Vor einem halben Jahrhundert ungefähr ging fast die ganze Einwohnerschaft des Atolls innerhalb weniger Stunden durch eine solche Flut zugrunde. Mächtige Seen rollten heran, welche die Schutzwälle durchbrachen und in furchtbarem Sturmesgeheul alles herunterwuschen, so dass selbst von den Palmen und festgewurzelten Bäumen nichts mehr übrigblieb. Likiep ist deshalb heute noch ziemlich unbewohnt, und der dünne Inselkranz, welcher nur wenig Palmen zu tragen vermag, gehört nun zwei Weissen, einem Portugiesen Anton

de Brum und dem schon erwähnten Deutschen Capelle. Sie
haben die Inseln mit Kokospalmen neu aufgeforstet und besonders
die von ihnen bewohnte Insel Likiep, nach welcher das ganze Atoll
benannt ist, trägt eine ausgedehnte Palmenplantage. Mit den beiden
Söhnen der Besitzer, Jochem de Brum und William Capelle,
welche beide kein Wort Deutsch sprachen, zog ich alsbald nach
der Ankunft an Land. Wir begrüssten am Strande den unser
harrenden alten de Brum, und nachdem die Freude des Wiedersehens mit seinem Sohne sich etwas gelegt hatte, gab er seiner
Genugtuung Ausdruck, einen deutschen, gelehrten Herrn bei sich
begrüssen zu dürfen. Der Grund dafür kam bald zutage in Gestalt

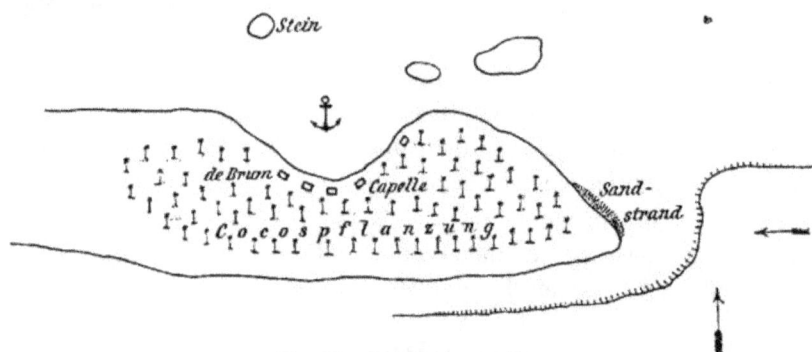

Fig. 33. Plan von Likiep.

eines Schreibens seitens der Landeshauptmannschaft in Djalut.
Alle die drei deutschen Untertanen vermochten das in Deutsch gehaltene Schreiben nicht zu entziffern und gaben ihrem Unmut darüber
Ausdruck, dass man dieses Schreiben nicht in Englisch abgefasst
habe. Da Herr William hierin das grösste Wort führte, dessen
deutschen Vater wir kurz zuvor in Djalut verlassen hatten, so benützte ich die Gelegenheit, um mich einmal vor versammelten Volke
gründlich auszusprechen. Ich betonte, dass man es ja wohl nicht
verlangen könnte, dass sie alle fliessend Deutsch sprächen, aber für
einen strebsamen Menschen, welcher lesen und schreiben könne, sei
es doch ein leichtes, sich so viel von einer Sprache anzueignen, dass
man einen Brief zu lesen vermöchte. Dass sie aber die Sprache ihrer
Regierung nicht verstünden, sei eine Schande. Möchten unsere
Regierungsvertreter draussen in den Kolonien alle so an der

deutschen Sprache festhalten, wie es zu Djalut damals geschehen ist, so wird sich unsere Muttersprache schon Bahn brechen, vorausgesetzt dass man das beste und nützlichste Erziehungsmittel nicht ausser acht lässt, die Gründung deutscher Schulen. Es ist ein trauriges Zeichen, dass ich auf den ganzen Marshallinseln weder einen Eingeborenen noch einen Halbblut kennen gelernt habe, zu geschweigen von den nicht deutsch geborenen Weissen, von denen einer Deutsch gesprochen hätte. So war mein erstes Auftreten auf Likiep kein sehr freundliches bei den Leuten, deren Gastfreundschaft ich während der nächsten Tage geniessen sollte, und bei denen ich so viel Schönes zu sehen bekam. Bereiteten sie doch für mich Tänze vor, welche man auf den Marshallinseln nicht so leicht zu sehen bekommt, wie schon aus dem früher Gesagten von Djalut hervorgeht. Anton de Brum, der alte, erfahrene Mann, welcher von den Eingeborenen wie ein alter Häuptling angesehen wird, setzte sein ganzes Ansehen dafür ein, und dies war um so erfolgreicher, als er über die Eingeborenen, welche er von Ailuk und Medjit als Arbeiter für seine Pflanzungen hergeholt hatte, auch als Brotgeber verfügen konnte. Mittags und abends, im Sonnenschein und beim Fackellicht waren die Leute unablässig tätig, freilich auch hier in europäischen Kleidern wie auf Djalut. Alles zusammen gab mir aber doch ein recht anschauliches Bild, zumal da die beiden genannten Inseln die einzigen Plätze sein sollen, wo noch die alten Tänze mit Begleitung der Trommeln getanzt werden.

Drei Tanzarten sind es vornehmlich, die ich hier zu sehen bekam:

1. Der *copdjidjet*, der Sitztanz (*cop* — tanzen, *djidjet* — sitzen), der von einem Manne sitzend getanzt wird.

2. Der *dardak*, welcher von zwei Männern oder von zwei Frauen ausgeführt wird.

3. Der *budjebudj*, den viele tänzten.

Ein Chor von Weibern singt dazu mit kreischender Stimme, wobei einige mit den Trommeln den Takt schlagen. Diese Trommeln, *adji* genannt, haben die Form einer Sanduhr, die an beiden Seiten offen ist; der obere, mit einer Riefe versehene Teil wird mit dem Magen oder der Blase eines Haifisches, *djä* genannt, überzogen.

(Fig. 34.) Die auf dem Boden sitzenden Frauen legen die Trommeln
so auf ihre linke Seite, dass der ausgeschwungene Teil sich um
ihre Hüfte schlingt, die linke Hand drückt sie an und die rechte
bearbeitet das Fell. Je nachdem die Fingerspitzen oder Hand-
ballen auf Rand oder Fläche schlagen, wird ein hellerer oder
dumpferer Ton hervorgebracht. Während der Tänze, die ich sah,
waren immer drei zugleich in Bearbeitung. Von dem Sitztanz,
welchen ich am Tage nach der Ankunft zu sehen Gelegenheit hatte,
vermag ich ein Bild zu bringen (Tafel 14). Ein Häuptling aus
Maloelap mit Namen Ládjiged tanzte ihn. Er setzte sich inmitten einer Schar von Frauen auf eine Matte unter die Palmen
vor Capelles Haus. Er war der einzige Marshallaner, den ich mit
entblösstem Ober-
körper tanzen sah.
Ja, er hatte sogar
einen grossen Bast-
rock an. Wie aber
um dies auszuglei-
chen, hatte er ein
Bettlaken um diesen
herumgeschlungen,
und auf dem Kopf
trug er einen Hut,

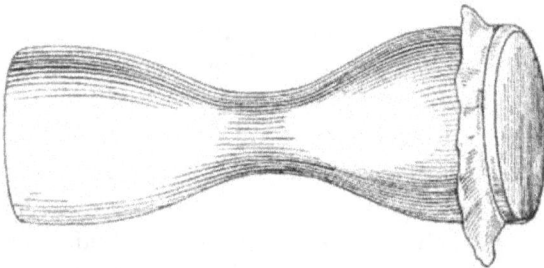

Fig. 34. Trommel *(adji)* mit Haifisch-
blasenfell *(diä)*.

geschmückt mit der langen Schwanzfeder eines Tropikvogels *(lovan-
dib)*. Auch an den Armen trug er Büschel von schwarzen Hahnen-
federn, welche ein besonderer Schmuck der Eingeborenenboote und
der Tänzer sind.

Der Tanzende wand sich im Sitzen hin und her, meist die
Arme ausstreckend und dabei den Oberkörper drehend. Das Händezittern *(äbüll)* und Augenverdrehen *(kaboröre)* begleiteten dabei stetig
seine Bewegungen. Der Tanz dauerte ungefähr eine Stunde, wobei
ich mich furchtbar langweilte. Denn etwas Neues, etwas anderes
als das, was ich in der ersten Viertelstunde gesehen hatte, kam
nicht mehr vor. Immer und immer wieder begann der wenig melo-
diöse Gesang, selten nur änderten sich Rhythmus und Tonhöhe.
Das einzige Fesselnde blieb schliesslich für mich nur noch die bar-
barische Frage, wie lange der in Schweiss gebadete Mann es wohl

noch aushalten würde. Die Eingeborenen indessen, welche den Tänzer in Scharen umsassen, schienen sich viel besser zu unterhalten, und das ist eben das Schlimme, dass wir bei Beurteilung der Eingeborenentänze mit dem Massstab unserer Unkenntnis messen. Wenn wir uns mehr Mühe geben würden, in ihre Denkweise uns einzuleben und ihre Sitten zu verstehen, so würden wir auch besser bei einem solchen Anblick abschneiden. Jedenfalls sind ihre Tänze viel interessanter als die unseren, nicht allein abwechslungsreicher, sondern auch mehr von Poesie und Musik durchdrungen. Dies wurde ich besonders am Abend gewahr, als ich die beiden anderen Tanzarten sah. Ich hatte den Spätnachmittag noch zum Photographieren benützt und mehreren Kranken meine Ratschläge gegeben. Darunter war ein alter Marshallaner, welcher an beiden Händen und Füssen eine schwielige Verdickung der Haut hatte, die völlig weiss aussah. Was das Grundleiden war, liess sich ohne weiteres nicht mehr bestimmt sagen. Es sah genau wie ein Gewerbeekzem aus, offenbar dadurch hervorgerufen, dass der Mann häufig im Salzwasser stehend arbeitete, also wohl ein Fischer. Schade, dass die Unfallversicherung dort noch nicht eingeführt ist! Zum Abendessen war ich an Bord gefahren. Sobald aber die Nacht auf Likiep herabgesunken war, begab ich mich an Land vor Antons Haus, um die Tänze zu erwarten. Anton, Jochem und William leisteten mir Gesellschaft. Bald begannen die Leute sich zu sammeln. Ein Chor von 20 Weibern setzte sich vor uns auf den Boden und begann zu singen, den Rücken uns zugewendet, wie wir nach dem nahen Strand der Lagune blickend. Zwei Fackeln aus trockenen, dürren Kokoswedeln erleuchteten die Szene. Es nahte nun von jeder Seite, aus den Kulissen, je eine Reihe junger Männer singend und tretend, die Arme erhoben, die Hände zitternd und mit Federbüscheln und Pandanusfasern geschmückt. Langsam, Schritt für Schritt, Tritt um Tritt, so rückten sie im Gänsemarsch gegen die Mitte der Szene vor, Reihe an Reihe hart sich vorbeischiebend, bis sie sich vollständig deckten; dann machten sie rechts- und linksum und wendeten uns das Angesicht zu, in einer Doppelreihe stehend. So sangen sie mehrere Lieder, worunter der Gesang vom Kokostabú, von *ämó ni*, besonderen Beifall fand. Wie das Aufschreien beim öfteren Wiederholen des dämonischen Wortes *ämó* in die Nacht hinausdrang! Wenn man die zitternden Glieder und die verzerrten Gesichter bei dem matten Fackellichte, bei dem wilden Gesang und Trommelschlag beobachtete, so konnte man fast das Gruseln bekommen. Das Wort *ämó*, welches schon dem Dichter Chamisso auffiel, der auch auf Likiep, vielleicht an derselben Stelle, geweilt hat, ist gleichbedeutend mit dem bekannten Südseewort *tabú*. Das Lied verkündet, dass durch einen an einem Stabe aufgehängten Kokoswedel die Kokospalmen für die Bevölkerung *tabú* gemacht werden, dass also die Nüsse nicht gebrochen werden dürfen, um sie für die Kopragewinnung aufzusparen (siehe Fig. 35). Ich werde den Text im nächsten Kapitel bringen.

Nachdem so mehrere Tänze der *budjebudj*-Art getanzt waren, begann der *dardak*-Tanz. Zwei Männer tanzten sich gegenüber, von zwei Frauen zeitweise abgelöst. Sie rannten hin und her in wilden Sprüngen, mit Armen und Beinen gestikulierend. Besonders die Frauen leisteten hierin Besonderes,

Fig. 35. *Ide kidju*, der Kokostabú-Mast.

indem sie wie Schmetterlinge sich bewegend hin und her flogen, mit den Händen zitternd, die Augen verdrehend, der ganze Körper wie in Krämpfen arbeitend. Und als der Eifer aufs höchste gestiegen war, kam noch einmal ein einzelner Mann hervorgestürzt, welcher alle diese Bewegungen und Sprünge in besonders ausgiebiger Weise wiederholte und überholte. Es war mir, als ob einer unserer ersten Ballettänzer hierher plötzlich auf Urlaub gegangen wäre, und doch nein: Wie anders waren doch diese Bewegungen der Marshallaner, kein Luftsprung mit Hackenschlag, keine kreisförmig ge-

schlungenen Arme, dieser Abscheu für jedes, auch nur halbwegs
kunstsinnige Empfinden. Hier wurde es einem klar, wie sich die
Eingeborenen ihre Dämonen denken, wie sie Ergötzen, aber auch
Furcht zu erwecken verstehen. Lauter und lauter erscholl der Gesang, wilder und wilder wurden die Trommeln geschlagen, bis mit
einem plötzlichen Aufschrei, der die tiefen Stimmen mächtig in die
Höhe führte, der Gesang mit dem Erlöschen der Fackeln abbrach.

Am folgenden Morgen war sozusagen Katerfrühstück. Einige
Marshallaner, welche auf ihrer Fahrt von Ailuk die kleine, un-
bewohnte Koralleninsel Temo angelaufen hatten, die nur 25 See-
meilen von Likiep entfernt und ein bekannter Brüteplatz der
Schildkröten ist, hatten von dort ein Riesenexemplar der grünen
Schildkröte mitgebracht. Dieselbe wurde im Hause von William
Capelle zubereitet, und da ich schon einige Zeit kein frisches
Fleisch mehr gekostet hatte, so schmeckte mir der Braten herrlich.

Als besonders köstlich gilt das blauschwarze Fett an der Innenseite der Oberschenkel, *ici* genannt, im Geschmack dem Kalbs-
nierenfett nicht unähnlich, aber viel reicher. Es ist dies wie ein
Teil des Darmes mit Namen *madjinal*, ein Vorzugsgericht der
Häuptlinge, und wird immer diesen gebracht. Auch die Eier, deren
das trächtige Weibchen an zwei Dutzend im Bauche hatte und
welche in Gestalt und Farbe vollkommen unseren weissen Billard-
bällen gleichen, nur dass die lederartige Haut sich weich anfühlt,
versuchte ich der Neuheit halber und fand sie recht wohlschmeckend.
Dann pflegte ich der wohlverdienten Mittagsruhe.

Von Nelu, meinem Schiffskapitän, waren an jenem Morgen die
abenteuerlichsten Gerüchte im Umlauf. Er hatte am Abend vorher
beim Tanze ein junges, hübsches Mädchen gesehen, für das sein
altes Häuptlingsherz in leidenschaftlicher Liebe entbrannt war. Als
er indessen sich am Abend um sie bemühte und gehört hatte, dass
sie nach einer anderen Insel des Atolls, wie er annahm, aus Furcht
vor ihm sich geflüchtet hatte, wollte er ihr mit dem kleinen Ver-
kehrsboote der „Benak" nachfahren. Aber wie ergrimmte sein stolzes
Gemüt, als er vernahm, dass sich einige Marshalljünglinge, worunter
sich auch mein treuer Loveläg befand, mit seinem Boote auf der
Hetze nach dem Wild aufgemacht hatten, wohl, wie er mit Recht
bezweifelte, um sie für ihn zu gewinnen. Wutschnaubend nahm er

sich irgendein anderes Boot und fuhr im Dunkel der Nacht davon, um die Liebesversammlung zu überraschen. Als er aber ankam, war das noch warme Nest leer, und die Jünglinge waren mit
dem Boot von der anderen Seite der Insel gerade weggefahren. So
kehrte er am frühen Morgen rachebrütend unter dem hämischen
Lächeln der Likieper, bei denen sich die sensationelle Nachricht
wie ein Lauffeuer verbreitet hatte, — denn so etwas ist nun einmal
das Interessanteste für diese Leute — auf die „Benak" zurück.

Loveläg hatte sich im Laufe des Vormittags bei mir einge-
funden, während Nelu an Bord sein Nachtabenteuer ausschlief.
Der Junge zeigte sich in bedeutender Angst, dass der grosse Häuptling ihm ein Leides antun möchte, und fast fussfällig bat er mich
um meinen Schutz. Ich liess ihn erst gründlich zappeln und frug
ihn unter anderem, was er denn von Nelu befürchte, worauf er betreten antwortete: If he like he kill me! Ich sagte ihm, ob denn
seine Tat wert wäre, sich einer solchen Gefahr auszusetzen, und
wie dumm und albern es sei, bei Nacht einem Mädchen nachzu-
fahren, worauf er mir versicherte, dass er das letztere von Nelu
auch denke. Schliesslich versicherte ich ihm zu seiner Beruhigung,
dass ihn nur das zu schützen vermöge, dass er der Diener eines
Weissen sei, und in dem stolzen Bewusstsein, einem Menschen das
Leben retten zu können — diplomatisch ist dies ja eine Heldentat,
während es ärztlich eine danklose Pflicht ist — sprach ich dann
in hochwichtiger Weise mit Nelu, als er nachmittags an Land kam.
Ich warnte ihn vor einer Unvorsichtigkeit wegen der deutschen
Regierung, empfahl ihm aber sehr, dem jungen Manne das Leder
zu versohlen. Ich versicherte ihm zugleich, dass, wenn ich das
Recht dazu hätte, ich es bestimmt tun würde, worauf er sich leider
völlig beruhigte. Trotzdem war Nelu an jenem Tage begreif-
licherweise so aufgeregt, dass er die für den Nachmittag angesetzte
Abfahrt nicht innehielt und erst 24 Stunden später Anker lichtete.
Als Grund gab er an, dass die Segel wieder in Unordnung seien,
womit er freilich immer recht hatte. Ich benützte den Nachmittag
zu einem Ausflug nach dem östlichen Teil der Insel, um das dortige
Korallenriff mir genauer anzusehen. Ein hübscher Weg führt am
Strand der Lagune entlang. Als ich an die Ecke der kleinen
Bucht, wo wir zu Anker lagen, kam, fand ich dort einen Mann,

Tafel 11 (siehe Seite 350). Sitztanz des Häuptlings Lädjiget aus Maloelap zu Likiep.

welcher ein rotes Halsband auf einem Steine rieb. Es war dies eines der kostbaren, roten *maramar adj*-Halsbänder, und es interessierte mich in hohem Grade, ihre Herstellung vor sich gehen zu sehen. Die Spondylusmuschelart, welche bei den Marshallanern *adj* heisst, ist ihren korallenroten Randes halber sehr geschätzt, um so mehr als sie auf den Marshallinseln nur sehr selten ist und zwecks Herstellung der Halsbänder von den K a r o l i n e n her importiert wird, ähnlich wie die Samoaner den Pottwalzahn und die Nautilusschale für ihre Schmuckbänder aus F i d j i erhandeln. Das *maramar adj*-Halsband besteht aus zahlreichen mühlsteinförmigen Scheibchen von 10—15 mm Durchmesser, je grösser und dicker, desto kostbarer. Die einzelnen Scheibchen werden aus dem roten Muschelrande ausgebrochen, mit dem Trillbohrer mitten durchbohrt und dann dicht auf eine Schnur aufgereiht. So dicht nebeneinander gepresst, werden sie auf einem Steine geschliffen, wodurch es ermöglicht wird, dass alle eine gleichmässige Grösse und Rundung erhalten. Diese Halsbänder sind der kostbarste Schmuck der Marshallanerinnen, und sind in guter Ausführung unter dem Preise von 20 Mark, wenn überhaupt, kaum erhältlich. Die Tafel 6 zeigt ein solches Halsband, ferner weist Bild 50 mehrere ähnliche auf, die *adj*-Scheiben sind dabei geringer an Zahl, kleiner und flach aufgereiht, dafür hat es in der Mitte, über der Brust baumelnd, ein bis drei kegelförmige Schildpattplättchen, *kabidjik* genannt, während beim kostbaren Königshalsband *bungi* dieses Anhängsel, ein Kamm bis zu Fingerlänge, aus Pottwalzahn oder Tridaknamuschel besteht, mit welchem die alten Häuptlinge sich den Bart kämmen (siehe Bild 50 in der Mitte). Der auf dem Stein reibende Mann konnte mir leider nicht viel Auskunft geben, da mein Dolmetsch Loveläg, nun in Sicherheit gewiegt, auch seine Nacht nachholte. So schlenderte ich am Rande der Lagune weiter, vor mir die blendende, stille Wasserfläche der Lagune, in welche sich von Zeit zu Zeit die kleinen, weissen Reiher *(gai)*, nach Fischen stossend, hineinstürzten. Nach einer kleinen halben Stunde kam ich zum Aussenrand des Riffes, wo die Insel in einem spitzen Winkel aufhört. Dicke Lager von Sandstein, welcher sich häufig am Strande der Koralleninsel bildet, wo Sand und Korallenkiesel und Muscheln durch das Seewasser verzementiert werden, standen hier am Strande

an. Vor mir, ostwärts zwischen der Insel Likiep und der nächsten
Insel des Atollringes, lag ein grosser Zwischenraum, ein flaches,
überbrandetes Riff, dem der Sturm einst seine schützende, über-
gelagerte Pflanzendecke, geraubt hatte. Das Aussenriff zeigte nicht
weit von der Inselspitze entfernt eine rechtwinklige Knickung, wie
Fig. 33 zeigt, und hier, auf dem Sandstein sitzend, ward ich nicht
müde, dem Spiel der Wellen an jener Riffknickung zuzuschauen.
Denn seewärts aus Süden kommend, trafen sie an jenem Punkte
mit denen des Oststromes zusammen, so dass eine ungeheure Kabbelung entstand, wie man sie nur selten zu beobachten in der
Lage ist. Solche Zusammentösse von Strömungen und Dünungen
sind offenbar die Lehrmeister der Marshallaner in der Seefahrt gewesen. An Korallen fand ich, hinauswatend, zahlreiche Asträaceen,
Mäandrinen, Gonioporen, Pocilloporen und viele andere,
vermochte aber keine Madreporen zu entdecken. Wohl eine
Stunde lang sass ich hier allein in der einsamen Stille dieser Natur,
ganz hingegeben der Eigenart der Umgebung, rückwärts blickend,
vorwärts blickend. Da, ostwärts lagen die ersehnten Inseln, nach
denen Nelu mich zu bringen versprochen hatte, Udjirik, Ailuk,
Medjit. Wird er sein Versprechen halten, werde ich das noch
heidnische Udjirik zu sehen bekommen? Durch William Capelle
hatte ich kurz zuvor erfahren, dass auf Nelus Seele die Boote
lasteten, welche in der ersten Nacht auf der Fahrt von Djulut nach
Ailinglaplap verloren gegangen waren, und dass er plante, möglichst
bald auf die Suche nach ihnen zu gehen.

Am folgenden Tag, Sonntag, den 13. Februar, verliess denn
auch die „Benak" die Lagune von Likiep durch die südliche Ausfahrt und begann, gegen den Nordost-Passat, in der Richtung nach
Ailuk aufzukreuzen. Mit dem „kreuzen" wenigstens hatte es seine
Richtigkeit, aber mit dem „auf" hatte es sein eigenes Bewenden.
Die ganze, folgende Nacht hindurch machte Nelu seine Schläge
zwischen Likiep und Wodje, der Insel, welche Kotzebue auf
seiner ersten und zweiten Reise besucht hat. Zum Erstaunen gewahrte ich am Montagmorgen schon Land voraus, das mir sehr
bekannt vorkam. Es war Likiep, das wir tags zuvor verlassen
hatten. Und so ging es den ganzen Montag durch, immer lag die
„Benak" hart am Winde, immer wendete sie, und immer wieder

kamen wir bei Likiep wieder heraus. Vorausgesetzt, dass Nelu nicht eine gewisse Absicht dabei walten liess, ist der starke Passatstrom dafür verantwortlich zu machen, dass wir nicht vorwärts kamen. Nelu hatte schon am Morgen vorgeschlagen, umzukehren und nach Gwadjelin zu fahren, wo er die verlorenen Boote suchen wollte, aber ich hatte ihm noch zugeredet, es doch noch bis zum Abend zu versuchen, was den genannten Erfolg hatte. Schweren Herzens gab ich abends bei Sonnenuntergang meine Zustimmung zur Umkehr, und bald flog die „Benak" vor dem Passat an Likiep vorbei in südöstlicher Richtung, nach

Gwadjelin,

wo wir schon am folgenden Morgen durch die Ostpassage in die Lagune einfuhren. All meine Hoffnungen, meine Freuden, die mich die Unbill der Reise vergessen liessen, trug sie mit sich fort. Die Fahrt durch die Lagune von Gwadjelin dauerte indessen sieben Stunden, obwohl wir mit günstigstem Winde segelten, da der Ankerplatz in der südlichsten Ecke des Atolls bei der Insel Gwadjelin gelegen war. Hatte die nördliche Fahrt eine Enttäuschung für mich gebracht, so freute ich mich andererseits, dieses Atoll besuchen zu können. Darwin hat nämlich dieses sogenannte Mentschnikoff-Atoll als einen besonderen Beweis für seine Senkungstheorie benützt, weil es aus drei Lagunen zusammengesetzt sei, von denen die südlichste durch weitere Senkung ebenfalls in zwei kleinere zu zerfallen drohe. Die 35 Seemeilen lange, stiefelförmige Gwadjelinlagune ist aber durchaus nicht dreigeteilt und sieht auch nicht so aus, wie sie Dana, der streitbare Verfechter Darwins, in seinem Buche „The Coral Island", 3. Auflage, Seite 268 abgebildet hat. Soweit ich die Lagune durchfahren habe, zeigte sie sich allenthalben, soweit ich zu sehen vermochte, ohne Hindernisse, und auch die Eingeborenen versicherten mir, dass man von einem Ende zum anderen mit einem grossen Schiffe fahren könnte, und dass nur an einzelnen Stellen grosse Steine wären. Der Aufenthalt dauerte hier nicht lange; schon am folgenden Mittag verliessen wir die Lagune wieder durch die Südostpassage, nachdem die Erkundigungen Nelus nach seinen Booten fruchtlos gewesen waren. Die Dorfschaft Gwadjelin bot auch nichts Besonderes. Die Häuser waren allenthalben schon

25*

modernisiert, und nur einige interessante Schmuckstücke und Ge-
brauchsgegenstände vermochte ich einzutauschen. Sehr spassig oder
vielmehr scheusslich war es anzusehen, wie die Eingeborenen hier
den Kokosnussräuberkrebs Birgus latro, den sie *barulep* nennen, als
Haustier sich zunutze machen. Sie reissen dem Krebse, welcher
die Grösse eines Hummers erreicht, die vier hinteren Beinpaare
heraus, so dass er nur die zwei vordersten übrig behält, aus dem
Grunde, damit er nicht weglaufen kann. So mästen sie das gut-
mütige Tier mit Kokoskernen bis sein kugelförmiger Schwanz die
Dicke eines Kindskopfes erreicht. Ich bekam auch einen solchen
gekochten Schwanz vorgesetzt und war erstaunt, das Innere nicht
aus Fleisch, wie beim Hummer bestehend, zu finden, sondern aus
einer öligen, dickflüssigen Masse, welche man mit dem Löffel wie
eine Suppe zu essen vermochte. Das Gericht schmeckt vortrefflich,
und es ist wohl begreiflich, dass die Marshallaner es als Leckerbissen hoch schätzen.

Schon auf Likiep hatte ich von dem Krebse gehört, und dass
daselbst eine besondere, unbewohnte Insel des Atolls, Enidjedj
mit Namen, zu seiner Hegung bestimmt ist.

Sogar die Güte dieses Gerichtes vermochte aber Nelu nicht
mehr aufzuhalten, obwohl ich auf Gwadjelin gern noch etwas länger
verweilt hätte, und meine etwas boshafte Frage, ob denn seine Segel
wieder in Ordnung, seien, erwiderte er mit einem unverständlichen
Blicke. Die Fahrt ging südöstlich an der Häuptlingsinsel Namo
vorbei nach der Westspitze von Ailinglaplap zur dort gelegenen
Insel

Wodja.

Hier war es, wo ich zum ersten und letzten Male eine alte
Hütte sah, wie sie in vormissionarischer Zeit Gemeingut der Marshallaner war. (Fig. 36.) Auf vier Pfosten ruht in $1\frac{1}{2}$ m Höhe
vom Erdboden ein viereckiger Balkenrahmen, auf welchem ein
Satteldach sitzt, das nach beiden Längsseiten hin abgewalmt ist.
Der Rahmen ist aber nicht offen, sondern durch zwei Längsbalken
in drei Abschnitte geteilt, die durch eine Lage von Querbalken
und Querlatten ausgefüllt sind. Zwischen den beiden Längsbalken,
welche auf Wodja etwa 5 m lang waren, befindet sich in der
Mitte ein viereckiges Einsteigeloch, durch welches man in den

Dachraum gelangt. Hier schlief die Familie, im breiteren Abschnitt
das Familienhaupt, im kleineren, jenseits des Einsteigeloch, dem
sogenannten *kabindo*, dessen Frauen. Während des Tages hielt sich
die Familie aber zumeist in dem Raum unter dem Hängeboden, wie
ihn schon Chamisso nennt, auf, wo man aber nicht stehen, sondern
nur sitzen konnte. Der Maler Ch o r i s , Chamissos Begleiter auf
dem „R u r i k“, bildet in seinen Aquarellen mehrfach Familienszenen
in solchen Häusern ab, die zeigen, welch ein Kontrast in Abstoss
und Anmut zwischen dem heutigen und ehemaligen Leben besteht.

Meine Studien über den Bau dieser Häuser, über die Bezeichnung des Balkenwerks, der Bedachung, des Werksatzes des Dach-

Fig. 36. Balikhaus mit Dachboden.

bodens usw. habe ich in einer Arbeit im Archiv für Anthropologie,
Band 3 der neuen Folge niedergelegt, auf die ich Interessenten
verweise.   Dort habe ich auch ausführlich über die Boote der
Eingeborenen und ihren Bau gesprochen.   Auf Wodja sah ich
auch ein Bootshaus, was sonst auf den Marshallinseln nicht gebräuch-
lich ist, und als ich dasselbe durchmusterte, fand ich an der Decke
hängend zu meiner grossen Überraschung eine Stabkarte, eine *medo*,
welche die Seeverhältnisse zwischen Ailinglaplap und Djalut darstellt. Darüber werde ich Näheres im nächsten Kapitel berichten.

Nicht lange dauerte der Aufenthalt hier auf Wodja, nur ungefähr
zwei Stunden, denn ein Ankerplatz war hier nicht vorhanden und
die „Benak“ war genötigt, an- und abzuliegen, bis wir mit dem Boot
wieder zurückkehrten. Diese an der Leeseite des Atolls Ailinglaplap
gelegene Insel war auf der Lagunenseite besser gegen die See

geschützt als an der westlichen Seite, welche am offenen Meer
liegt. Der Wind, welcher fast stetig aus Osten kommend, über
Lagune fegt, bringt an deren Ende eine recht respektable See zustande, so dass man glauben könnte, man befände sich an der
Aussenseite, wenigstens jemand, der die Riffverhältnisse nicht genau
kennt. Nur ein sehr kleiner Bootseinlass am Aussenriff ermöglicht
es, von See aus bei gutem Wetter auf Wodja zu landen. Als
Nelu nichts über die verlorenen Boote hier hatte erfahren können,
fuhren wir weiter nach Enüebing, das wir wenige Tage zuvor verlassen hatten. Da wir ziemlich nahe der Leekante fuhren, die
zahlreiche, kleine, dicht bewachsene Inselchen trägt, durch grössere,
sterile Riffflächen voneinander getrennt, so vertrieben wir uns den
Nachmittag wieder einmal mit Fischfang. Mehrere Bonitoarten
waren bald auf dem Achterdeck versammelt. Eine besonders schöne
Art ist der *ledjabüll*, welcher seiner vier blauen Längsstreifen auf
dem silbernen Bauche halber so genannt wird. Er hat eine spitze
Schnauze, eine Rückenflosse von 15 Stacheln und oben acht Fett-
flossen. Der ganze Rücken leuchtet im herrlichsten Kobaltblau.
Während dieser spindelförmig und in der Mitte fast kugelrund im
Durchmesser ist, ist der *ngidua*, der Zweizahn, schlanker und länger.
Er hat auf jeder oberen Kieferseite zwei lange Hundszähne und im
Unterkiefer je einen. Am ganzen Leibe silberglänzend, ist er durch
drei schwarze Flecken am Schwanze leicht kenntlich. Seine Rückenflosse hat fünf Stacheln. Eine nähere Bestimmung der Fische war
nicht möglich, da sie bald den Weg des Fleisches wanderten.
Abends waren wir wieder in Enüebing, von wo am folgenden Morgen,
nachdem auch hier nichts über die Boote hatte erfahren werden
können, die Rückreise nach Djalut angetreten wurde. Diese Rückfahrt ist mir nicht minder lebhaft in Erinnerung geblieben, als
jene erste Nacht zwischen Djalut und Ailinglaplap. Als wir uns
nämlich mitten zwischen beiden Inseln befanden, und wieder einmal
ein tüchtiger Ostwind blies, so dass alle Segel gerefft werden
mussten, bemerkte Nelu, dass das Schiff Wasser mache. Ich stieg
selbst hinab und überzeugte mich, dass es schon ein bis zwei Fuss
hoch achtern im Bilgeraum stand. Stündliche Messungen ergaben,
dass das Wasser langsam stieg, und am Abend war es schon so
hoch, dass der Kajütenboden unter Wasser stand. Die Pumpe,

welche in Tätigkeit gesetzt werden sollte, war natürlich völlig eingerostet, und der Pumpenstempel sass so fest, dass er allen Kraftanstrengungen unsererseits hohnlachte. Weder kaltes Wasser noch heisses Wasser noch Öl vermochten ihn aus seinem Starrsinn zu bewegen. Auch ein Feuer, welches unter Gefahr eines Schiffsbrandes um den Pumpenzylinder herum angefacht wurde, schaffte keine Abhilfe, und so sahen wir denn einer freudevollen Nacht entgegen. Das Wasser wurde, so gut es ging, mittels Ess- und Trinkgefässen ausgeöst, da grössere Pützen nicht zur Verfügung standen. Die Nacht verfloss unter sotanen Umständen recht langsam, und dennoch überaus spannend. Zum Glück schlief ich unter meinem Mosetigbatist bald ein im Bewusstsein der Tatsache, dass wenn es schief geht, es eben schief geht, und man beim besten Willen dabei nichts zu ändern imstande ist. Zur Sicherheit wachte ich hin und wieder einmal auf, aber bei dem gleichmässigen Geräusch des Wasserschöpfens pflegte ich immer bald wieder einzunicken. Als der Morgen graute, bemerkten wir die Inseln von Djalut.

Da aber der Wind nicht günstig war für die Einfahrt durch die zunächst gelegene Imrodjpassage, so fuhr Nelu mit seinem stattlichen Schiffe, das so ruhig und steif in seinem Wasserballast auf der See lag, noch um das ganze Atoll herum, wie um mir zu zeigen, wessen ein Marshallaner nicht alles fähig ist. Ein Eingeborener kann ja in solchen Fällen auch völlig ruhig sein. Wenn das Schiff sinkt, kommt er immer noch schwimmend an Land, wenn dieses in der Nähe ist. Ebenso sicher ist es aber, dass ein Weisser vorher ersäuft, ehe er an den scharfen Korallen in der Brandung zerschnitten wird. Nelu hat jedenfalls das Bewundernswürdigste geleistet, dass er diese Fahrt noch zu gutem Ende brachte, denn erst nachts um 2 Uhr trafen wir vor der Niederlassung Djalut wieder ein, wo ich ihm gerührt zum Abschied die Hand schüttelte, als er mich frug, ob ich nicht die Nacht noch an Bord schlafen wollte. Nelu blieb indessen mit der „Benak" nicht lange in Djalut, da er auch hier noch von seinen verlorenen Booten keine Nachricht bekommen konnte. Nachdem er die notwendigsten Reparaturen hatte vornehmen lassen, fuhr er wieder nach Ailinglaplap zurück. Dort fand er eines von den Booten endlich vor und wurde über das merkwürdige Schicksal desselben aufgeklärt. Sie waren in

jenem ersten Sturm vertrieben worden, und waren an Ailinglaplap
und Namo vorbei nach Gwadjelin gelangt, von wo sie indessen
vor unserer Ankunft schon wieder abgefahren waren. Als wir an
Namo vorbeifuhren, befanden sie sich gerade dort, und eines von
den beiden kam dann kurz nach uns nach Ailinglalap zurück,
während das andere, so viel ich weiss, ganz verloren ging.

Die fernere Zeit nach der Rückkehr von dem Ausflug nach
Norden verbrachte ich ruhig auf der Handelsniederlassung, in
meinem Heime der Landeshauptmannschaft. Die erste Arbeit galt
den noch unentwickelten Platten von der Gilbertreise her, welche
mich allein fast eine Woche in Anspruch nahm. Dann begab ich
mich ans Einpacken der Sammlungen, welche ich auf den Marshallinseln gemacht hatte, der zoologischen und der ethnographischen.
Die Mussestunden wurden durch Studien über Tatauierung, über
Haus- und Bootbau, über die Kleidmatten und die Stabkarten ausgefüllt. Lóiak half mir redlich dabei, auch Kabua, besonders aber
Lanina und seine Frau, nahe Verwandte des Königs. Ende Februar
kam der englische Dampfer „Arthur", allgemein Artscher genannt,
in der Lagune an. Er war auf einer Rundtour durch die Ellis-,
Gilbert- und Marshallinseln begriffen, welche er alle drei Monate
von Sydney aus für eine dortige Firma unternahm, um Kopra
für dieselbe einzuholen und Waren für die Eingeborenen abzusetzen,
ein schwimmendes Kaufhaus. Nun hatte er Djalut angelaufen, um
hier für das Marshallgebiet auszuklarieren, ging von hier nach
Madjuro, Arno und Mille, wo er ein Kohlenlager hatte, und
beabsichtigte dann etwa vier Wochen später nach dem Besuch von
Butaritari über Djalut und Nauru die Heimreise nach Sydney
anzutreten. Ich nahm ihn einstweilen für meine Weiterfahrt in
Aussicht, da ich dann noch reichlich Zeit hatte, meine Studien zu
einem gewissen Abschluss zu bringen. Die Fahrt nach dem Westen,
nach den Karolinen, nach den Molukken usw., schwand mehr
und mehr aus dem Bereich der Möglichkeit, selbst das ersehnte
Melanesien rückte immer weiter in die Ferne. Auf dem „Arthur"
befand sich der Deputy Commissioner Potts, den ich kurz zuvor auf Tárava kennen gelernt hatte, und den ich nie wieder
zu sehen geglaubt hatte. Die folgende Zeit verfloss ruhig, furchtbar ruhig. Fast stets sass ich zu Hause und war sogar abends

beinahe immer allein zu Hause. Einen fremden Menschen sah ich meist nur zwischen 5—6 Uhr auf der Strandpromenade für ein Viertelstündchen. Und nicht etwa ich allein machte es so: auch die übrigen Weissen ergaben sich mit Vorliebe der ozeanischen Einsamkeit. Nur einmal unternahm ich, abgesehen von den halbtägigen Riffausflügen, von denen schon oben die Rede war, einen eintägigen Ausflug nach der nördlich von dem Riffeinlass gelegenen Insel

Aneman.

Ich segelte mit Loveläg und einem anderen Marshallaner früh um 8 Uhr am 12. März von der Niederlassung ab, und wir gelangten durch die stille Lagune gegen 11 Uhr an die Nordostecke des Atollringes, da wo auf der Karte Ostkap steht. Der Zweck der Reise war, den daselbst vorkommenden Tauben nachzustellen, eine Fruchttaube, Carpophaga pacifica, welche die Marshallaner *mule* nennen, und welche in den auf Aneman befindlichen Brotfruchtwaldungen häufig vorkommt. Wir landeten an einer Stelle, wo Eingeborene eine kleine Niederlassung hatten. Aber nur wenige, kümmerliche Häuser waren zu sehen, und die Bewohner trugen einen unfreundlichen, mürrischen Charakter zur Schau. So war wenigstens mein erster Eindruck, den ich freilich mit dem Masse samoanischer Gastfreundschaft zu messen gewohnt war, wovon man hier keine Spur zu entdecken vermochte. Auch späterhin tauten sie bei dem mehrstündigen Aufenthalt keineswegs auf und betrachteten mich als absolute Luft. So zog ich denn mit Loveläg bald los. Zuerst betrachtete ich mir die Insel, welche in der Gegend des Kapes recht schmal ist. Da diese Stelle sowohl den Ost- wie den Nordwinden ausgesetzt ist, so zeigte sich die Luvkante überaus zerrissen und der Schuttwall aussergewöhnlich hoch. Auch lagen beide Teile nicht so weit auseinander wie bei der Faktorei, sondern der Zwischenraum zwischen beiden war recht gering, nur einige 20—30 Schritt breit.

Da wenige Tage vorher Vollmond gewesen war, so zeigte sich bei dem mittäglichen Springniedrigwasser der Aufbau des Riffes sehr übersichtlich. Besonders die zerschluchtete Riffkante, wo die Felsen dolomitenähnlich aus dem weissen Gischt hervorragten, wechselweise übergossen von den mächtigen blauen Seen, bot ein grossartiges

Bild. Gewaltige Riffblöcke lagen zahlreich weiter landeinwärts,
als ob ein Bergsturz hier eben niedergegangen wäre, und dicht
dahinter stieg steil der 4—5 m hohe Schuttwall empor, aus mächtigen Korallenplatten und Trümmern bestehend. So wechselt das
Bild hier auch an den einförmigen Korallenriffen, aber freilich
immer nur innerhalb bestimmter Grenzen. Leicht vermag man die
Ursache für die Bildung zu ergründen, wenn man Riff, Meer und
Gezeit aufmerksam betrachtet, und wie eine Geschichte liest man
dann diese Offenbarungen der Natur. Nach kurzem Aufenthalte
an der Aussenseite trat ich eine vierstündige Fusstour durch den
dichten Busch der Insel südlich von Kap an, Die Zeit war nicht
eben günstig für die Taubenjagd, da die Zeit der Brotfruchtreife
erst im Juli ist und auf den Brotfruchtbäumen deshalb nur wenige
Tiere zu finden waren. Die Nahrung suchten sie zur Zeit meines
Besuches in der Hauptsache auf dem *iut* genannten Baume, der
F r a g r a e a B e r t e r i a n a, dessen wohlriechende, weisse Blüten von
den Marshallanerinnen so gerne in Kopf- und Halskränze verflochten
werden. Die Früchte, *libiruk*, sind gleichfalls weiss und gleichen
an Grösse und Aussehen am ehesten einer abgepellten Esskastanie.
Auch die Früchte der M o r i n d a c i t r i f o l i a *(ninu)*, und des M u s -
k a t n u s s b a u m e s *(kidjebar)*, welche ich häufig im Busche antraf,
dürften in Betracht kommen. In dem dichten Holze sah ich überdies zahlreiche B a r i n g t o n i e n *(wutbb)* und seltene E i s e n h o l z -
b ä u m e, welche die Marshallaner *kongi* und *kedak* nennen, sowie
ginot genannte Farne, und die schon von Ailinglaplap her bekannten Aspleniumarten waren hier zu finden. Es ging sich recht
schlecht auf dem aus grossen Korallentrümmern bestehenden Waldboden, und trotz der Niedrigkeit der Bäume waren die Tauben
in dem dichten Laubwerk wie auf Samoa, so auch hier, sehr
schwer auszumachen. Es gelang mir, nur sieben Stück im ganzen
zu schiessen, wovon ich zwei abbalgte und fünf meinen Gastfreunden
auf Djalut heimbrachte. Die Exemplare glichen in ihrem ziemlich
einförmigen Graublau sehr der samoanischen *lupe*. Besonders fiel
mir hier die karminrote Iris auf. Auch die Marshallaner schätzen
die *mule* als Leckerbissen, und der Taubenfang *(djänemule)* wird
zur Zeit der Brotfruchtreife eifrig betrieben. Sie binden dann kleine
Schlingen auf die Äste der Bäume, in denen sich die Tauben fangen,

wenn sie in dieselben hineintreten, um die darunter angebundenen
Brotfruchtstückchen zu ergattern. Abends um 8 Uhr gelangten
wir wieder glücklich nach Djalut zurück. Dann war's wieder einsam
um mich; nur das hohle Brausen der See, das Schettern der Palmen
im steifen Passat und das Niederprasseln der Regengüsse meine
Musik, meine Vertrauten. Oft wenn ich nach harter Arbeit Er-
holung suchte, wandelte ich zum nahen Aussenstrand und blickte
auf das schäumende Riff und über das windgepeitschte Meer, und
schaute, auf dem Walle liegend, nach den fliegenden, häufigen Passatwolken, wie sie ihre Gestalten wechselten, ihre Farbe, ihr Licht,
und lustig ins helle Blau hineinsegelten. Und dann sah ich wohl
manchmal aus meiner Deckung einen der Samoaner am Strande
stehen und hinausblicken, ob nicht endlich das Schiff käme, das
sie holte nach ihren grünen Bergen, nach ihrem rauschenden Strande,
der duftenden Luft, den singenden Dörfern, und ich fühlte mit ihm
die Pein grenzenloser Einsamkeit!

Die letzten Tage brachten mir aber doch noch eine grosse
Freude. Ich hatte mir in Berlin vor meiner Abreise bei einem
Grosshändler Perlen verschiedener Art gekauft, zu Tauschzwecken
für die Eingeborenen der Südsee, aber ihre Ausnutzung war mir bis
jetzt nicht gelungen. Auf Samoa, auf den Gilbertinseln und zu Djalut
hatte ich sie zwar wiederholt vorgezeigt, aber sie waren immer
anderen Sachen gegenüber abgelehnt worden. Da ich nun wenig
Aussicht hatte, nach Melanesien zu kommen, so gab ich dieselben
schon für verloren, und schenkte deshalb einige Halsketten grosser,
runder blauer und röhrenförmiger, elfenbeinfarbener Perlen weg.
Dies wirkte genau so, wie wenn ein Fischer, um die Fische um
seinen Haken zu versammeln, freien Köder ins Wasser wirft; es
entstand plötzlich eine Nachfrage, die einen glänzenden Tauschhandel
einleitete. Ich hatte die Perlenschnüre und Ketten auf einem
Tisch in meinem Hause ausgebreitet, und die Farbenpracht und
Mannigfaltigkeit der Formen wirkte nun, da der Zauber sich entfaltet hatte, so mächtig, dass die Marshallanerinnen alles herbeischleppten, dessen sie habhaft werden konnten, nur um der oder
jener Perlenart teilhaftig zu werden. Besonders die vergoldeten,
kleinen Stickperlen, auch die silbernen, wurden begehrt, ferner
die undurchsichtigen roten, grünen, blauen, weissen, violetten

und die schon erwähnten grossen, nur zu Halsketten brauch-
baren. Djalut stand in jenen Tagen unter dem Perlenzeichen, und
allenthalben sah man die Schönen geschmückt mit Halsbändern
der verschiedensten Art, denn ich war sehr freigebig bei dem
Handel. Als Gegenleistung brachten mir die Mädchen ihre eigenen,
einheimischen Halsketten, ja sogar die aus den grossen, roten
Spondylusscheiben bestehenden, von deren Kostbarkeit ich schon
oben bei Likiep sprach.

So viele wurden mir angeboten, dass ich sie im eigenen Interesse
zurückweisen musste, was wohl selten jemandem auf den Marshallinseln passiert ist. Aber nicht allein im eigenen Interesse tat ich's,
sondern es lag mir auch daran, die Eingeborenen ihres schönsten
Schmuckes nicht unnötig zu berauben, obwohl dieser ja doch früher
oder später ganz verschwinden wird. Wenn der Ethnograph, der
Sammler hierin nicht etwas Pietät walten lässt, wie soll man es dann
von anderen Menschen verlangen. Am Freitag, den 25. März kam
der „Merkur" von Ponape zurück, nachdem man sich seiner grossen
Verspätung halber schon Sorgen um ihn gemacht hatte. Auf ihm
befand sich Herr Hütter, welcher vier Monate in Ponape geweilt
hatte. Wie freudig begrüssten wir ihn wieder in der Einsamkeit
des Platzes, der so lange verwaist war. Herr Hütter war als
Direktor der Gesellschaft nicht allein seinen Angestellten ein angenehmer Vorgesetzter, sondern auch mir ein opferwilliger Helfer
und Beirat geworden, und mit Bedauern sah ich die Zeit sich nahen,
die mich vielleicht für immer ihm entreissen sollte. Und es war
für immer! Eben, als ich diese Zeilen niederschreibe, zu Neu-
jahr 1905, erhalte ich die traurige Nachricht von Djalut, dass Herr
Hütter zu Ende des vergangenen Oktober eines plötzlichen Todes
an dem Orte seiner Wirksamkeit verschieden ist. Wie erinnere
ich mich noch so lebhaft jenes Abends am Tage seiner Rückkehr,
als wir in seinem traulichen Heime zu Djalut sassen, und den
Neuigkeiten seiner Erlebnisse und der Begebenheiten der für uns so
abgeschlossenen Welt lauschten. Kiautschou war soeben deutsch
geworden, und die Schulschiffe „Stein" und „Charlotte" hatten
vor Haiti der deutschen Flotte genügende Anerkennung erzwungen.

Wenige Tage später sollte auch die Stunde meiner Abfahrt
schlagen. Am 29. März vormittags kam der „Arthur" in die Lagune.

Unerwartet früh kam er, für mich wenigstens. Da er nur wenige Stunden zu Anker blieb, so musste ich in grösster Eile meine Habseligkeiten zusammenraffen und von meinen Bekannten Abschied nehmen. Ein Glück, dass meine Sammlungen alle schon verpackt waren. Ehe ich noch einen Gedanken der Trauer und des Schmerzes, wie er einen immer ankommt, wenn man einen Platz verlässt, an dem man sich längere Zeit trotz einer gewissen Öde wohl gefühlt hat, zu fassen vermochte, war ich auch schon aus der Lagune und sah die nickenden Palmen unter dem Horizonte verschwinden. *Yokure yuk, takata.* Ich grüsse dich, Doktor, klang mir noch Lóiaks Stimme in den Ohren, und Lovelägs Hand fühlte ich noch in der meinen, als er sagte: By and by you come again; we wait for you! Und Mataʿafa mit seinen Getreuen sah ich noch am Ufer stehen, und ihr flehentlicher Ruf hallte mir nach in den Ohren: Auf Wiedersehen in Samoa!

Achtes Kapitel

Die Ralik-Ratakinsulaner.

Über die Geographie der Inseln ist genügend in den vorhergehenden Kapiteln gesagt worden, es mag jedoch erwünscht sein,
noch einiges über die Lebensgewohnheiten und die Werktätigkeit
der Eingeborenen zu hören. Man rechnet sie mit den Gilbert-
insulanern und den Bewohnern des grossen Gebietes der Karolinen
zusammen zu den Mikronesiern. Der 180. Längengrad scheidet die
Südsee ziemlich reinlich; östlich von ihm liegen die polynesischen
Inseln — mit Ausnahme von Neu-Seeland, das genau südlich
von den Marshallinseln liegt — und westlich vom 180° Mikronesien und Melanesien. Was innerhalb der beiden Schenkel
des mikronesischen Winkels liegt, südwestlich im allgemeinen von
den drei Inselgruppen, fasst man unter Melanesien zusammen. Die
Melanesier, die Bewohner von Neu-Guinea, dem Bismarckarchipel und den Salomoninseln usw., kann man gemeinhin
als Neger bezeichnen, denn äusserlich betrachtet unterscheiden sie
sich von den afrikanischen Schwarzen nicht sonderlich. Sie sind
hager, häufig wadenlos und haben ein wolliges Haar. Die Polynesier hingegen sind von voller Körperform, hochgewachsen und
von hellbrauner Farbe, ihrem Urbilde, den Malaien gleichend.
Ihr Haar ist kurz bis langwellig, wie man es auch häufig bei uns
in Europa findet. Den Polynesiern nun stehen die Mikronesier
näher als die Melanesier, wenigstens körperlich betrachtet, denn
ihre Farbe ist hellbraun, nur mit etwas mehr Gelb und Schmutz ein-
geworfen als beispielsweise bei den Samoanern; auch ist ihre Körper-
bildung nicht so vorteilhaft. Unscheinbare Gestalten sind häufiger,
und die Frauen sind vielfach geradezu zwerghaft klein. Besonders

auffallend aber ist ihre Haarform, da die langen Haare glatt fast ohne Wellen auf die Schultern herabfallen. Nur die Länge der Haare teilen sie mit den Polynesiern, während die melanesischen Frauen gleich den Negerinnen vergeblich sich mühen, einen Zopf zu bekommen, wenn sie bekehrt sind. In ihrer Sprache jedoch und in zahlreichen Lebensgewohnheiten lehnen sich die Mikronesier, vor allen Dingen die Bewohner der Marshallinseln und Karolinen, eng an die Melanesier an.

Wenn man die östlichen Inseln von Melanesien besucht, die Inseln östlich und westlich vom Bismarckarchipel, so findet man dort allenthalben die melanesische Kultur von der mikronesischen beeinflusst. Thilenius, welcher nach seinem Aufenthalte auf Samoa und Neu-Seeland jene Gegend besuchte, hat in einer ausführlichen, grossen Arbeit „Ethnographische Ergebnisse aus Melanesien" das, was darüber bekannt ist, mit seinen eigenen Forschungen herausgegeben. Leider besitzen wir jedoch noch zuwenig monographische Forschungen über einzelne jener interessanten Inseln, oder besser gesagt, keine. Erst wenn solche vorliegen, wird es möglich sein, sich ein Bild von den Ab- und Zuwanderungen zu machen, sowie von den anthropologischen und ethnographischen Mischungsverhältnissen. Denn dass solche vorliegen, ist zweifellos. Einer der wichtigsten Fingerzeige jener Völker ist die Sprache, und diese ist von den Ralik-Ratakinseln gerade leidlich gut bekannt. Nicht allein dass die Missionare und einzelne Forscher wie Hale, Kubary, Doane zu ihrer Kenntnis beigetragen haben: Hernsheim war es vor allen Dingen, welcher im Jahre 1880 ein kleines Vokabular der Marshallinseln uns schenkte, das lange die einzige Quelle war. Neuerdings hat jedoch Grösser, welcher 18 Jahre lang auf Djalut im Dienste der Gesellschaft gewirkt hat, die umfassenden Aufzeichnungen des verstorbenen ersten Regierungsarztes Steinbach herausgegeben, welche als leidlich vollständig bezeichnet werden dürfen. Man darf das Wörterbuch zwar nicht mit dem fast vollkommenen samoanischen von Pratt vergleichen, aber einen gewaltigen Fortschritt bedeutet es doch. Leider ist die Grammatik dabei etwas zu kurz gekommen, und die Mitteilung von gut übersetzten Texten sucht man vergebens. Ich werde einen solchen weiter unten bringen, um zu zeigen, wie unbeholfen und schwer

verständlich jene Sprachen sind, deren Übersetzung ohne Dolmetscher
bei den gegebenen Hilfsmitteln fast ein Ding der Unmöglichkeit ist.

Die Industrie der Marshallaner, wie der Mikronesier überhaupt
ist trefflich durch F i n s c h s „Ethnologische Erfahrungen und Belegstücke aus der Südee" bekannt geworden, welcher beinahe ein
Jahr (1879/80) zu Djalut weilte. Gerne möchte ich seine Verdienste hier würdigen, aber er hat in seiner umfangreichen „Systematischen Übersicht der Ergebnisse seiner Reisen und schriftstellerischen Tätigkeit" sich selbst so ausgedehnt gepriesen, dass
ich auch hierin nicht wage, mit ihm zu wetteifern.

Wegen ausführlicher Mitteilungen über die Sprache verweise
ich auf meine beiden Arbeiten im Archiv für Anthropologie,
zweiter und dritter Band der neuen Folge. Hier nur das Interessanteste daraus, was auch weitere Kreise fesseln dürfte. Den
polynesischen Sprachen, insbesondere der samoanischen gegenüber
fällt auf, dass die ralik-ratakischen Worte in der Mehrzahl nicht
mit einem Vokale, sondern mit einem Konsonanten aufhören. Besonders auffallend ist aber bei den Ralik-Ratakern der gequetschte
Dentallaut *dj*, welcher für das polynesische *t* erscheint. So heisst
im Samoanischen *tama* Vater, *tinā* Mutter, *mata* Auge, *fetū* Stern,
wofür im Marshallanischen die Worte *djema*, *djine*, *medja*, *idju*
erscheinen.

Dieses *dj* haben wir ja auch schon im Worte Djalut kennen
gelernt, und es erscheint auch im Worte F i d j i, welches auf Samoa
F i t i heisst. Wir Deutschen belieben immer Fidschi zu schreiben,
weil die Engländer früher Fiji schrieben, für welche Schreibart der
greise bekannte Geograph K i r c h h o f f energisch eintritt, indem er
Fidji eine französische Verirrung unserer Admiralität nennt. Merkwürdig, dass die Engländer nun amtlich Fidji schreiben! Der
Laut spricht sich eben nicht wie *dsch*, sondern wie *dj* aus, weshalb
auch die Finschsche Schreibweise Dschalut keinen Eingang zu
finden vermochte. Dieses *dj* nun gehört den melanesischen Sprachen
an und kommt in keiner polynesischen vor. Auch in der Sprache
der Gilbertinseln ist es, wie oben betont, selten; da sie mehr Verwandtschaft mit der samoanischen zeigt. Dagegen ist der *dj*-Laut
auf den Inseln westlich vom Marshallarchipel fast allenthalben mehr

oder weniger vorhanden, und schon daraus kann man den Schluss
ziehen, wieviel oder wenig einzelne jener Inseln von Melanesien
her beeinflusst sind.

Das zweite Auffallende, was die mikronesischen Sprachen mit
den melanesischen und den malaiischen gleichmässig verbindet, ist
die Bildung des Prossessivpronomens mein, dein, sein. Im Samoanischen sagt man: *lo̍'u fale* — mein Haus, *lo̍'u fale* dein Haus, *lona
fale* sein Haus; im Marshallanischen: *imao, imam* und *iman*. Der Besitz
wird also durch Suffigierung gebildet, durch Anhängen der Fürwörter an das Hauptwort. Auch die hinweisenden Fürwörter
„dieser" und „jener" hängt man an, wie z. B.: *imin* dieses Haus
und *imen* jenes Haus, genau so wie man im Dänischen den Artikel
anhängt z. B.: *huset* das Haus.

Angehängt wird auch der Fragepartikel *ke*. Beim Essen hört
man z. B. häufig die Frage: *emaneke?* Ist es gut? und als Antwort: *eman* — es ist gut. Genug von diesen Suffixen, deren es
noch zahlreiche andere gibt. Erwähnt seien nur noch einige Zahlworte, die eine besondere eigentümliche Bildung zeigen. Die ersten
fünf Zahlen sind einfach und den samoanischen verwandt. Ich setze
auch die Gilbertinischen hinzu, um den Übergang zu zeigen:

Zahl	Marsh.	Gilb.	Samoa.
1	*djuon*	*duauon*	*tasi*
2	*ruo*	*nóua*	*lua*
3	*djilu*	*tinua*	*tolu*
4	*imen*	*atua*	*fa*
5	*lalim*	*nimáua*	*lima*

Während man nun im Samoanischen *ono* — 6, *filu* — 7,
valu — 8 und *iva* — 9 weiter zählt, sagen die Ralik-Rataker für
6: zweimal 3 = *djildjino*, für 7 jedoch wird noch 1 zu 6 hinzu-
addiert = *djildjilimdjuon* (6 und 1), 8 heisst: 2 nimm weg = *rua-
lélok* — nämlich von 10; bei 9 dagegen muss man zu den 2 Hin-
weggenommenen wieder 1 zugeben: *ruadimdjuon* = 2 weg und 1,
bis endlich 10 wieder als ein festes Wort *djongul* erscheint, während es
im Samoanischen *sefulu* heisst. *Djongul* heisst aber bei den Austra-
liern in Nord-Queensland nach den Angaben von Lumholtz 1,
wie überhaupt die ganze Zahlbildung nach 5, nämlich durch Addition

und Subtraktion, nach Südwesten, nach Melanesien hinweist, und
grundverschieden vom Polynesischen ist.

Die weiteren 5 Zahlen heissen zusammengestellt:

Zahl	Marsh.	Gilb.	Samoa.
6	*djildjino*	*onora*	*ono*
7	*djildjilimdjúon*	*itua*	*fitu*
8	*rualétok*	*ranua*	*calu*
9	*rúadimdjúon*	*ruaua*	*iva*
10	*djongul*	*tebuina*	*sefulu.*

Diese Tabelle behebt mich jeder weiteren Auseinandersetzung,
vor allem bezüglich der Stellung der Gilbertinseln, von denen oben
schon die Rede war.

Und wie die Zahlworte, so sind auch die ganzen Mikronesier
mit ihrer Kultur aus beiden Völkerkreisen zusammengefügt. Zuerst
sei ihre Kleidung und ihr Schmuck betrachtet. Wie schon oben erwähnt, ist die ursprüngliche Tracht heute fast ganz durch europäische Kleiderstoffe verdrängt. Die Männer trugen als Festtracht
ehemals einen Bastrock, *in* genannt. Derselbe lief aber nicht um
den ganzen Leib herum wie sonst ein Rock, sondern er bestand
aus zwei untereinander verbundenen Büscheln, die man am besten
mit zwei durch ein Band verbundene Epaulettes vergleichen kann.
Die Kantillen der Epaulettes muss man sich nur entsprechend
lang, etwa 1 m, denken. Das Band nun kommt auf dem Damm
zu liegen, während die zwei Quasten vorn und hinten hochgenommen
und durch einen Gürtel *(kangr in ir)* in dieser Lage festgehalten
werden. Auf diese Weise wurde alles gut verdeckt, wie Fig. 38
zeigt, nur die beiden Seiten der Oberschenkel und die Hanken
blieben sichtbar. Diese Seitenteile aber, sowie Brust und Rücken
wurden tatauiert, so dass eine völlige Kleidung hergestellt schien.
Dass das Wort Tatauierung richtiger ist als das veranglisierte
Tätowierung, ähnlich wie Djalut und Jaluit, habe ich schon
früher ausgeführt. Das Wort *tatau* heisst im Polynesischen „gerade, kunstgerecht", also *tā tatau* im Samoanischen „richtig schlagen".
Cook hörte das Wort auf Tahiti und schrieb es englisch tatow,
was wir Deutschen natürlich alsbald in tätowieren verdeutschten,
obwohl Reinhold Forster, der deutsche Naturforscher und

Begleiter Cooks, in seinen deutschen Veröffentlichungen richtig
„tatauieren" schrieb! Möchte sich dieses Wort wieder einbürgern!
Die Mädchen nun trugen im Gegensatz zu den Männern auf den
Marshallinseln keinen Bastrock, sondern waren mit Matten bekleidet
(auf den Gilbertinseln ist es umgekehrt), und zwar in der Art, dass
eine Matte schürzenartig vorne angelegt, und die andere gleich
grosse von hinten her über die vordere herübergeschlagen wurde,
ohne dass die beiden Zipfel sich vorne berührten, wie das Titelbild
zeigt. In dieser Lage wurden die Kleidmatten *(ir)* durch eine umflochtene Gürtelschnur, oft bis zu 50 m lang *(kangr in ir* oder *irik)*,
festgewickelt. Auch ältere Häuptlinge trugen manchmal dieses
Mattenpaar als Kleidung. (Bild 28.) Oft aber erschien eine dieser
hübsch gezierten Kleidmatten bei den Männern nur vorne über dem
Bastrock, und zwar als Schmuck bei festlichen Gelegenheiten, wie
das Bild von König Kabua in Hernsheims Südsee-Erinnerungen
auf Tafel 9 zeigt. Leider ist diese zierliche Tracht der Mädchen
heute dem langen wallenden Musselingewand, das sich mit einer
eigenartigen Virulenz über die Inseln der Südsee ausbreitet, ge-
wichen. Anstatt der Unterkleider fristet aber bei den Ralik-Ratakerinnen eine einzelne Matte heute noch ein minder schönes Dasein,
indem sie bei den Frauen verborgen so getragen wird, wie sie die
jungen Männer bei der Arbeit zu tragen pflegen, badhosenähnlich
ein Zipfel je vorn und hinten auf dem Leib festgebunden. Sic
transit gloria mundi! — Diese Kleidmatten nun hatten in der Regel
eine Grösse von 75 cm im Quadrat und sind mit verschiedenen
Schmuckbändern geziert, deren Ornamentik mein besonderes Interesse
erregte. Wenn man eine solche Matte betrachtet, so sieht man zu
äusserst die Borte *ining*, welche angenäht ist. Schwarze Figuren
sind hier zwischen die weissen Fasern eingeflochten. Das Annähen
geschieht so, dass ein Stück braunen Bastes auf die Nahtlinie aufgelegt und festgenäht wird, so dass man diese nicht sieht. Nun
folgt ein auf die weisse Matte braun aufgesticktes schmales Band,
das ich Stützband nenne und welches bei den Marshallanern
drimon heisst. Es wiederholt sich in der Folge noch zweimal und
bildet die Stützen für das grosse, braune und schwarze Schmuckband, die beide von den Stützbändern eingefasst werden. Das
braune Schmuckband *lälä* nun ist das Kunstvollste der ganzen

Matte, da es nicht aufgestickt, sondern ganz eingeflochten ist, und zwar
mit den braunroten Fasern. Die eigenartigsten Ornamente findet
man in diesem Bande, wie man an den Beispielen sehen mag (Taf. 1).
Das schwarze Schmuckband *dilledil* hingegen zeigt die Ornamente weniger kunstvoll und mit schwarzem Bast aufgestickt (*dilledil*
heisst „sticken"), ebenso wie die Stützbänder sie mit rotem Bast
aufgestickt zeigen. Diese Ordnung der Bänder, die man ähnlich
auf den orientalischen Teppichen wiederfinden kann, ist eine auf
den Inseln feststehende und zeigt sich dem Wechsel nur sehr wenig
unterworfen. Wohl kommt es vor, dass einmal das schwarze Schmuckband fehlt (*räri*), oder auch das rote (*kälörau*), je nach dem Zweck
und der Grösse einer Matte, immer aber bleibt die Grundlage der
Ordnung aufrecht erhalten. Ich habe diese Ordnung der Matten-
muster mit der griechischen Säulenordnung verglichen: denn wie
hier Säulenschaft, Kapitäl, Abakus, Architrav, so erscheint auf den
Matten: Borte, Schmuck- und Stützbänder, in fester Ordnung.
Regellos dagegen sind die Ornamente, welche nach Belieben der
Flechterin, je nach ihrer Phantasie, ihrem Geschick und nach den
Gesetzen des Flechtens entstehen und in die Bänder hineingestreut
sind. Es mag beabsichtigt sein, dass z. B. ein Schiff, ein Fisch
oder ein Geräte auf der Matte erscheinen soll. Die Flechterin
sucht es so gut wie möglich nachzubilden, soweit es überhaupt möglich ist. Gelingt es im Flechten nicht, so greift sie zur Nadel und
stickt es ein.

Es kann aber auch sein, dass die Flechterin irgendeine Figur
erzielt, die von einem launigen Beisitzer als etwas ganz anderes
gedeutet wird, als beabsichtigt war und die neue Deutung beibehält.
Diese Ursachen und Wirkungen sind so einfach und auf der Hand
liegend, dass man nicht glauben sollte, dass besondere Spekulationen
betreffs solcher Ornamente noch möglich wären. In der Tat finden
wir manche der Marshallornamente, von denen einige in Fig. 37
angegeben sind, über die ganze Welt verbreitet, wie z. B. die Zickzacklinien, das Rautenband, das Winkelband usw. Kommt doch
sogar ein dem griechischen Mäanderband sehr ähnliches vor. Deshalb ist es nicht erlaubt, aus dem Vorkommen irgendwelcher Ornamente bei verschiedenen Völkerschaften ohne weiteres Schlüsse
auf Entlehnungen oder Verwandtschaften zu ziehen, während die

Ordnung der Muster von schwerwiegender Bedeutung ist. Findet man eine solche, ähnlich gebildete und benannte bei einem anderen Volke, so ist man durchaus berechtigt, Schlüsse zu ziehen, welche der übrige Kulturbesitz unterstützen wird.

Erwähnt sei noch, dass ein Paar der hübschen Kleidmatten, von denen meist beide gleich sind, während meines Aufenthaltes 4 Mark kosteten, während für eine der grossen Königsmatten *goid* (siehe Bild 28) 20 Mark bezahlt wurde. Diese dienen den Häuptlingen zum Schlafen. Auf demselben Bild befindet sich auch noch eine kleine Matte inmitten der grossen, mit welcher man den zu Tautauierenden das Gesicht bedeckt. Auch auf die hübschen Marshallfächer, *drel*, sei dabei hingewiesen (siehe Bild 54, Seite 343).

Ebenso wie mit den Matten steht es mit der **Tatauierung.** Auch hier tritt bei den Ralik-Ratakern eine bestimmte Ordnung zutage, während die Ornamente willkürlich eingesetzt erscheinen und vielfach identisch mit denen der Matten sind. Hier beschränkt sich die Ordnung in der Hauptsache auf drei Teile vorne an der Brust und drei Teile hinten am Rücken. Man unterscheidet:

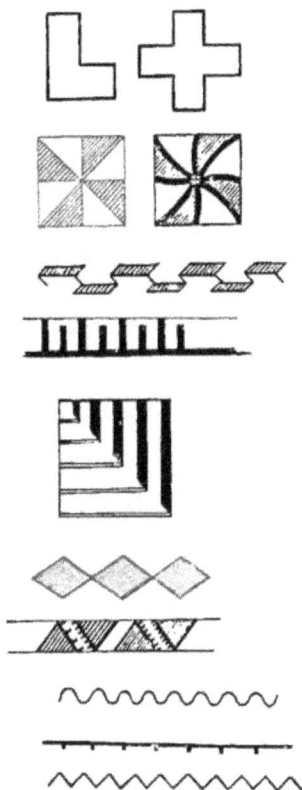

Fig. 37. Matten- und Tatauierornamente von Ralik-Ratak.

Auf der Brust (Fig. 38):

1. Das obere Brustdreieck — *menilou*, welches beide Schultern mit dem Ende des Brustbeins verbindet.

2. Das untere Brustdreieck — *drild*, das beide Achselhöhlen mit dem Nabel verbindet, und welches also von der unteren Spitze des oberen Dreiecks teilweise gedeckt wird.

3. Der Mast — *gidju*, welcher in der Mittellinie des Körpers vom Hals bis zum Nabel reicht und die beiden Dreiecke sozusagen aufspiesst.

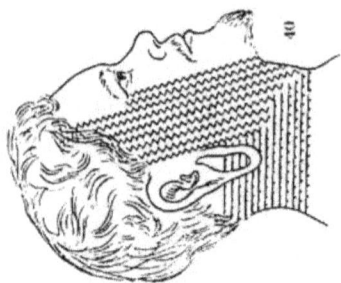
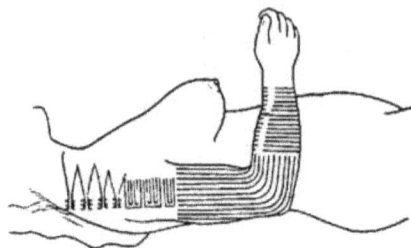
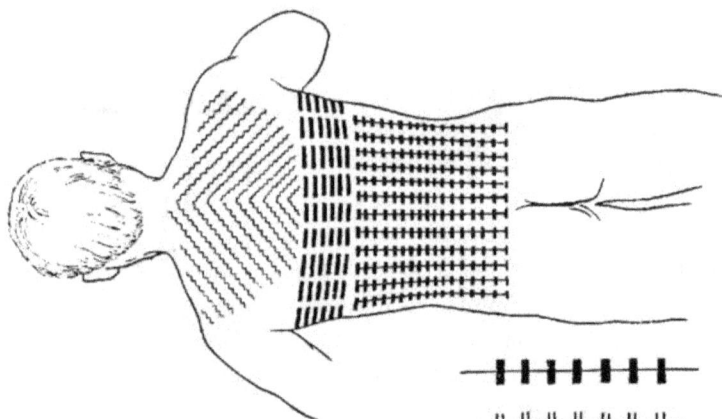
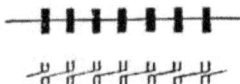
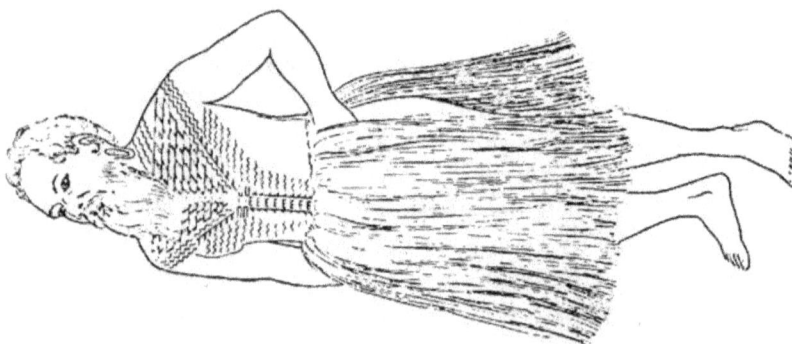

Fig. 38. Brusttatauierung bei einem Kaliker im Bastrock (*in*). — Fig. 39. Rückentatauierung nebst Feuerhaken-muster (39a). — Fig. 40. (Gesichtstatauierung eines Ratakhäuptlings. — Fig. 41. Frauentatauierung.

Auf dem Rücken (Fig. 39):

1. Das obere Rückendreieck — *oa*, wie auch die Zickzacklinien heissen, aus welchen es meist zusammengesetzt ist. Es bedeckt die Breite der Schulterblätter und reicht mit der Spitze ungefähr bis zum siebten Brustwirbel.

2. Die grosse Tatauierung — *äódalap* in wörtlicher Übersetzung, welche wie ein handbreites Band von Achselhöhle zu Achselhöhle zieht. Es besteht aus zahlreichen Pfosten, in Wirklichkeit übereinander gesetzte Linien. Diese Pfosten, *djur* wie beim Haus, haben je nach der Lage weiter innen oder aussen verschiedene Namen.

3. Die Feuerhakenfläche *dójorak*, die wie ein Viereck den Rest des Rückens bis zum Gesäss bedeckt.

Das Ornament des letzteren, die Feuerhake (Fig. 39a), ist von besonderem Interesse. Als ich das Ornament von den Rücken der Eingeborenen abzeichnete, sah ich es wie zahlreiche parallele Linien senkrecht verlaufend, deren jede zahlreiche dicke, kurze Querstriche enthält. (Fig. 39a rechts) Ich fand es wirklich auch so z. B. bei Hernsheim abgezeichnet, so dass ich mich dieses Irrtums nicht zu schämen brauchte. Als ich die Eingeborenen aber darauf aufmerksam machte, dass so eine Feuerhake doch nicht aussehe, zeigten sie mir, wie die Linie aus zahlreichen Feuerhäkchen bestehe, wie ich sie in Fig. 39a (Mitte und links) abgebildet habe.

Neben der Brust- und Rückentatauierung kommt aber noch eine solche des Gesichts (Fig. 40) und der Arme bei den hohen Häuptlingen vor, und zwar als ein Vorrecht ihres Standes. Die des Gesichtes ist zwar lange nicht so kunstreich wie die in Spiralen sich ergebende Verzierung des Gesichtes der Maori auf Neu-Seeland. Sie dürfte aber hier wie dort den gleichen Zweck erfüllen, dem Träger etwas Dämonenhaftes, Schreckliches, aber auch etwas Reiches, kurzum mehr Ansehen zu geben. Die Marshallaner erklärten mir in pfiffiger Weise jedoch noch einen anderen Zweck, dass nämlich die Gesichtstatauierung die Runzeln des Alters glätte und dass dies bei der hohen Liebe zu ihrem Volke für sie von besonderer Bedeutung sei. Überhaupt betrachten sie den Schmuck der Tatauierung gegenüber dem übrigen Körperschmuck als etwas

Dauerhaftes, Unvergängliches, von den Göttern Geschenktes, wie
aus den Mitteilungen bei Ailinglaplap oben hervorgeht.

Die Muster und Ornamente wurden von besonderen Tatauierern
mit Sorgfalt aufgezeichnet. Während bei dem Vorgang der Operation
ein Chor von Weibern die Trommeln schlug und Lieder sang, um
den Schmerz des Beschlagenen zu übertönen, dessen Gesicht mit
der kleinen Tatauiermatte bedeckt war, musste beim Zeichnen des
Musters tiefe Stille herrschen. Folgendes Lied zeigt es an:

> Die Trommler schlagen nicht,
> Damit nicht mit Farbe
> Die Finger beschmiert werden,
> Nicht hören darf man das Trommeln
> Beim Zeichnen der Linien, der Linien!
> Macht sie gut, ihr Tatauierer!

Wenn aber die Linien mit einer in Russ getauchten, dünnen
Kokosblattrippe aufgezeichnet sind und der Schlag mit der Tatauier-
hake beginnt, dann bricht ein wilder Lärm los, z. B. folgendes Lied:

> Der Gesang steigt zu den Göttern empor,
> Und Begeisterung kehrt zurück für den Zeichner;
> Schlagt die Trommeln, schlagt sie im Kreise!
> Die schwarze Tölpelseeschwalbe
> Fliegt herbei mit ausgebreiteten Flügeln,
> Ihre Schwärze fällt auf die Tatauierung!
> Macht gut die Linien, ihr Tatauierer!

Und weiter malt folgendes Lied den Vorgang aus:

> Legt an die Seite die Trommel
> Und schlagt sie für sein Tatauierhaus.
> Er seufzt, er singt aus, er schreit und bewegt sich.
> Lanülang schlägt die Hake, Redjoluba zeichnet.
> Mache Zickzacks und senkrechte Linien auf den Rücken.
> Die Leute sehen zu!
> Ein Wunder, die Farbe fällt vom Himmel!
> Fertig sind die Punkte!

Vorsichtig also gingen die Tatauierer zu Werk, und schon
Chamisso berichtet, dass sie vor der Arbeit das Orakel zu fragen

pflegten. Vielleicht war es auch ein ungünstiger Schicksalsspruch, die Rataker daran verhinderte, den Dichter zu beschlagen. Denn er mühte sich vergebens um diese Gunst.

Man ist berechtigt, aus diesen religiösen Gefühlen, aus den Opfern und den sonstigen Zeremonien, welche die Vornahme des Farbenschlages begleiteten, zu schliessen, dass die Tatauierung eine heilige Handlung war. Man muss jedoch bedenken, dass alle Taten und Handlungen im Leben der Naturvölker unter dem Druck der Naturgewalt stehen. Für sie ist die Religion noch keine Geisteswissenschaft, sondern alles, was sie tun, ist von der Furcht vor den Dämonen beeinflusst. Wie allenthalben in der Südsee, so galt auch auf den Marshallinseln die Tatauierung als der vornehmste Schmuck des Körpers, und die Gesetze der Schönheit und die Schamhaftigkeit bestimmten die Ausdehnung. Es ist bezeichnend, dass hauptsächlich diejenigen Körperteile beschlagen werden, welche nicht von der Kleidung bedeckt sind. Deutlich tritt es auch bei den Häuptlingen hervor, welche sich die Seiten der Oberschenkel verzieren lassen, die beiderseits der Bastrock in geringer Breite freilässt. Bei den Frauen indessen wird ausser einigen Linien um die Oberschenkel der Körper unterhalb des Nabels nicht tatauiert, da er von den Matten bedeckt ist, während auf den Gilbertinseln die unter dem kurzen Baströckchen hervorlugenden Beine gerne verziert werden. Bei den Ralik-Ratakerinnen sind es vornehmlich die Arme, welche bei den vornehmen Frauen und auch Männern besonders reich verziert sind, wie aus den Bildern von Choris hervorgeht und aus Fig. 41. Auch die Finger entbehren nicht des Schmuckes in Ringform, wie sich auch die Mädchen gerne die Nägel mit dem Farbstoff einer Murexschnecke *(lirir)* rot färben, wie die Orientalinnen mit Henna. Noch ein weiterer Körperschmuck tritt bei den Ralik-Ratakern merkwürdig hervor, die Erweiterung der Ohrlöcher, *rälil.* Man beobachtet sie zwar auch bei zahlreichen anderen Völkern, aber von so monströser Grösse wie hier sieht man die Ohrläppchenringe kaum je wieder. Wie die Vornehmen in Ostasien die Nägel ins Grenzenlose wachsen lassen, so suchen die Grossen der Ralik-Rataker ihren Ehrgeiz in der Grösse der durchlochten Ohrläppchen. Wenn das Läppchen selbst nicht mehr ausreicht, oder der bindfadendünne, langsam erweiterte Ring

Bild 62. Frau des Laŭina.

bricht, so nehmen sie Anleihen aus der Wange, ähnlich wie wir bei Nasenbildungen Stirn- und Wangenlappen zu Hilfe nehmen. So erreichen sie es häufig, dass sie durch das Ohrläppchen den ganzen Kopf hindurchstecken können, und kein grösserer Tort kann ihnen widerfahren, als wenn ein Gegner im Streite sich an ihren Ohren vergreift. Die Erweiterung wird durch aufgerollte Pandanusblätter erzielt.

Dem körperlichen Schmucke steht ein bunter, beweglicher entgegen. Besonderer Wertschätzung erfreuen sich die Halsbänder — *maramar*, welche aus roten Muschelscheibchen zusammengesetzt werden. Beim Besuch von Likiep war schon die Rede davon, ebenso wie beim Besuch von Ailinglaplap der Blätter und Blüten Erwähnung getan wurde, mit welchen sie sich schmücken. Auch verweise ich auf die Abbildungen, welche besser sprechen als Worte.

Die Herstellung der Kleidmatten ist Sache der Frauen. Besonders die Frau des Häuptlings Lańina, welche das Bild 62 wiedergibt, während er selbst in der alten Bastrocktracht auf Fig. 38 erscheint (siehe Seite 406). Sie war es, welche mir die Bedeutung der Ornamentik erklärte. Sie und andere Frauen versicherten mir auch einstimmig, dass bestimmte Ornamente durchaus nicht das Vorrecht gewisser Inseln seien, wie ich einmal behauptet fand, sondern dass sie freie Erfindung der einzelnen Flechterinnen seien. Es ist natürlich, dass gewiegte Kennerinnen die Produkte einzelner Inseln je nach ihren Eigentümlichkeiten auseinander kennen werden, aber bestimmte Unterscheidungszeichen gibt es nicht. Alle diese Matten sind mit der Hand geflochten; ein Webstuhl kommt auf den Ralik-Ratakinseln nicht vor, ebensowenig auf den Gilbertinseln, während er den ganzen Karolinen angehört. Nur ein Flechtbrett *(djigenät)* verwendet man als Unterlage. Die Materialien zum Flechten bestehen nur aus einer langen Nadel von den Flügelknochen des Fregattvogels zum Herausheben der einzelnen Strähnen. Zum Aufsticken der Ornamente werden Fischgräten verwendet. Das Flechtmaterial selbst liefert in erster Linie der Schraubenbaum, der Pandanus, welcher an Nützlichkeit auf den Koralleninseln die Kokospalmen fast noch übertrifft. Sind die kurzen Fiederblätter der letzteren ihrer Kürze, Härte und Brüchigkeit halber zum Flechten feinerer Matten wenig geeignet, so liefern einzelne Arten des Pandanus mit

ihren gleich geformten, aber überaus langen, biegsamen und weichen
Blättern hierfür das prächtigste Material. Die langen Blätter werden
getrocknet und vor dem Gebrauch, ähnlich dem Flachs, gebrochen,
und zwar dort mit einem schweren Klöppel *triginin*, aus der Tri-

Bild 63. **Eingeborenenhäuser auf Djalut. Im Vordergrund Bootbauer.**

daknamuschel geschliffen. Dann werden sie mit einem scharfen
Muschelstück geschlitzt.

Je nach der Breite der Strähnen wechselt die Feinheit und
der Wert der einzelnen Produkte. Bei den Kleidmatten, welche
als die feinsten gelten dürfen, pflegt die Strähne 2—3 mm breit

zu sein, so dass sie also an Feinheit die kostbare ʻie *tonga* der Samoaner nicht erreichen. Der braunrote Bast entstammt einer unscheinbaren Kriechpflanze, welche sehr häufig auf den Inseln ist, und unserer gemeinen Feigwurz (Ficaria ranunculoides) sehr ähnlich sieht, der Triumfetta procumbens, von den Marshallanern *adãd* genannt. Man schlitzt die Rinde auf, zieht sie von den Ranken, entfernt die Epidermis und trocknet sie an der Sonne, wobei der Bast eine leuchtend rotbraune Farbe bekommt.

Bild 64. **Eingeborenenboot am Strande mit Deckshäusern.**

Die schwarzen Stickmuster hingegen werden mit russ- oder schlamm-geschwärztem Hibiskusbast aufgestickt. Zu erwähnen wäre noch, dass die hübschen Fächer, *drel* genannt, in der Hauptsache nicht aus Pandanus sondern aus jungen Kokosblatttrieben, nachdem sie über dem Feuer getrocknet sind, hergestellt werden. Auch Schild-platt kann hierzu Verwendung finden. Eine besonders eigenartige Form, welche sehr alt sein muss, zeigt Bild 54, ein Geschenk des Marinestabsarztes Dr. Fontane.

Besondere Verwendung beansprucht der Pandanus auch beim Haus- und Bootbau, und zwar vornehmlich für die Bedachung und für die Segel. Über die Zusammensetzung der Häuser und Boote habe ich mich ausführlicher im Archiv für Anthropologie, Band 3, ausgesprochen. Die Häuser bieten kein grosses Interesse. Es sind einfache Satteldächer, welche nach oben und an den Giebelflächen mit Pandanusblättern bedeckt sind, mit einem Boden aus zahlreichen Balken, Längs- und Querstäben. Dieses Dach sitzt auf vier Pfosten von 1—1¹/₂ m Höhe. Die Seiten des eigentlichen Hauses fehlen also und von einem Hineintreten in dasselbe ist keine Rede, da man sonst sofort mit dem Kopf an die Decke stösst.

Bild 65. Ruderboot in der Lagune von Djalut.

Will man in den oberen Teil, in den Dachboden gelangen, so muss man durch eine viereckige Luke hinaufklettern, wie bei Wodja Seite 388 geschildert (siehe Fig. 36). Auf der breiteren Längsseite des Bodens schläft der Häuptling und auf der schmäleren seine Frauen. Heute freilich hat man einfachere, rings geschlossene Häuser, wie Bild 63 von Djalut zeigt. Neben diesen Schlafhäusern haben sie noch minderwertige, kleinere Hütten als Kochhäuser, Menstruationshäuser für die Frauen, während Bootschuppen fehlen. Wohl aber hat man noch kleine, eigenartige hundestallähnliche Deckshäuser, *büllebül* genannt, welche zum Schutz der Passagiere auf den grossen Segelbooten Verwendung finden und wie sie Bild 64 zeigt.

Alles, was mit der **Schiffahrt** zusammenhängt, ist bei den Ralik-Ratakern besonders wohl ausgebildet, und ihre Boote sind viel kunstvoller gebaut als ihre Häuser, als ob das Leben auf dem Wasser ihnen wichtiger dünkte als das auf dem Lande. Neben dem kleinen Ruderboot, *garagar* (Bild 65) und dem kleinen Segelboot, *dibenill*, ist es hauptsächlich das grosse Segelboot, *walap*, welches Aufmerksamkeit verdient. Wie die meisten Südseeboote hat es einen Ausleger, dessen Floss aber hier nicht allein von zwei geraden Auslegerbalken, sondern auch von mehreren gekrümmten, *abed*

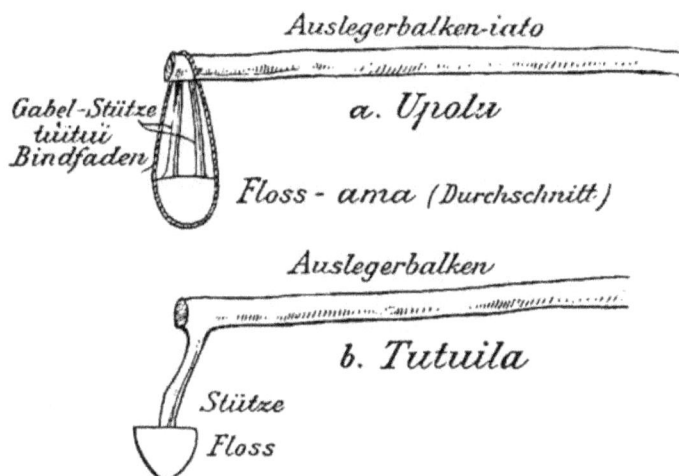

Fig. 42. Ausleger auf Samoa.

genannt, getragen wird (Bild 64 und 66). Diese Boote sind für die Marshallinseln geradezu charakteristisch, denn ich kenne solche sonst nur z. B. von Ceylon und Hawaii, wo sie aber die Stelle der geraden vertreten, wie es am deutlichsten beim samoanischen *paopao* hervorgeht, dessen Auslegerbalken auf Upolu durch Stützen mit dem Floss verbunden ist, während auf Tutuila an deren Stelle ein rechtwinklig abgehender Zweig eines Astes tritt, wie Fig. 42 zeigt. Die geraden Auslegerbalken heissen auf den Raliks *gie*, gleichbedeutend mit dem polynesischen *kiato*, deren zwei im Mindestmass allenthalben vorhanden sind. Da sie wagrecht vom Bootsdeck aus und senkrecht zum Schiffskörper auslaufen, so liegen die Enden der Balken ebenso hoch über Wasser wie das Bootsdeck und zur

Befestigung des Schwimmflosses, welches den scharf gebauten Schiffs-
leibern Halt und Stabilität gibt, müssen zwei senkrechte Stäbe
zwischen Balkenende und Floss eingefügt werden, welche ich nach
dem samoanischen *tuʻituʻi* Stützen genannt habe (Fig. 42). Die
Samoaner nun halten die Stützen dadurch in ihrer Lage fest, dass
sie die Sperrhölzer einspiessen und dann aussen herum in wenig
kunstvoller Weise eine Kokosbindfadentour um Balkenende und Floss
legen. Die Rataker begnügen sich mit einem solch einfachen Hilfsmittel nicht. Sie legen einen Jochbalken längsschiffs über die Balken-
enden und verschnüren die Enden des Joches mit dem Floss, das
an der dachförmigen Oberseite Querlöcher zu diesem Zweck hat.
Ferner sind ebensoviel Querlöcher noch auf dem Flossfirst angebracht,
als gekrümmte Auslegerbalken vorhanden sind, da auch diese, aber
unmittelbar, mit dem Floss verbunden werden. Der Zweck des
komplizierten Apparates ist die sichere Festlegung des Flosses
parallel mit dem Schiffskörper, da beim raschen Segeln, zumal in
der See, eine grosse Kraft auf denselben kommt. Diese Boote dienen
nämlich nicht allein dem Verkehr in der Lagune, sondern vornehmlich dem Zwischeninselverkehr, wozu die Samoaner nicht ihre Auslegerboote, sondern ihre grossen Doppelboote benutzen, bei denen
an Stelle des Flosses ein fast gleich grosser zweiter Schiffskörper
tritt. Solch grosse Doppelboote, auf welchen die Polynesier den
Verkehr zwischen ihren grossen, weit entfernten Archipelen aufrecht
erhielten, auf denen sie ihre Kriegszüge ausführten und ihren Tribut
einforderten, solche mächtigen Fahrzeuge scheinen den Mikronesiern
nie bekannt gewesen zu sein. Die Boote der Rataker haben die
Länge von 15 m in der Regel nicht überschritten, und wenn sie
auf Kriegsfahrten gingen, so waren viele Dutzende von Fahrzeugen
notwendig, um einige hundert Krieger mit ihren Frauen, welche
nicht fehlen durften, ins Feindesland zu überführen. Zum Zweck
des Menschentransportes ist auf dem Ausleger eine Plattform angebracht, worauf eines der kleinen Deckhäuser steht. Eine zweite
Plattform ragt aber noch weit über die Reling der auslegerfreien
Seite in die Luft empor, ein zweites Deckhaus tragend. Diese
zweite Plattform muss immer in Lee bleiben, da man nur segeln
kann, wenn der Wind von der Seite des Auslegers einkommt, so
dass also dieser in Luv ist. Dies ist eine Grundbedingung. Das

Floss darf nun beim Segeln weder aus dem Wasser kommen, noch zu tief in dasselbe eintauchen, besonders nicht das letztere, da sonst das Boot unverweigerlich kentert. Kommt aber das Floss beim Segeln aus dem Wasser, was die Westkaroliner nach Kubarys Nachrichten zu lieben scheinen, so kentert das Boot leicht nach der gegenüberliegenden Seite, nach Lee also.

Die richtige Gewichtsverteilung ist demnach eine der wichtigsten

Bild 66. Segelboote in der Lagune von Djalut.

Aufgaben des Schiffsführers und der Besatzung, die nach Anweisung oder selbsttätig sich als beweglicher Ballast je nach Windstärke und Segeldruck verteilt. Eine Eigentümlichkeit des Bootskörpers ist dabei noch hervorzuheben, dass nämlich derselbe nicht symmetrisch gebaut ist wie unsere Schiffe, sondern dass die Leeseite viel steiler ist als die bedeutend gewölbte Luvseite auf der Seite des Auslegers. Dies scheint die Geschwindigkeit der Boote zu erhöhen, da die von Luv einkommenden Seen unter dem Boot leichter durchlaufen, während sie auf der Gegenseite weniger Widerstand finden. Im übrigen ist die Geschwindigkeit der Boote keine so

grosse, wie man vielfach angenommen hat, und übertrifft die unserer
gewöhnlichen Segelboote keineswegs. Die Segelführung ist von der
in der Südsee sonst üblichen nicht verschieden. Ein dreieckiges
Segel mit einer oberen Rahe und einem unterem Baum, auf dem die
Rahe steht und festgelascht ist, während die dritte Seite frei bleibt.
Diese ist es, welche beim Segeln zu oberst kommt, namentlich vor
dem Winde, so dass das Segel in der Entfernung aussieht wie ein
Zuckerhut, der auf der Spitze steht (Bild 66). Es braucht kaum
erwähnt zu werden, dass die an dem Baum laufend angebrachte
Schot bei der leichten Kenterfähigkeit der Boote nie fest belegt
wird, sondern stets in der Hand bleibt. Der Steuermann steuert
mit einem Ruder und wechselt seinen Platz, wenn das Schiff durch
den Wind geht, bzw. nicht durch den Wind geht, denn das ist es
gerade, was die Auslegerboote nicht können. Wenn nämlich das
Boot beim Kreuzen einen neuen Schlag machen soll, so kann dies
nur dadurch geschehen, dass das Segel von vorn nach achtern gebracht wird. Der Ausleger muss immer in Luv bleiben, weshalb
Bug und Heck vollständig gleichmässig gebaut sind, damit das
Boot sowohl nach vorn als auch nach hinten segeln kann. Die
Nichtseeleute müssen sich klar machen, wie unsere Boote segeln,
wenn sie kreuzen. Segelt das Boot über den Backbordbug, ist also
die Steuerbordseite am Winde, in Luv, und muss das Boot durch
den Wind gehen, so kommt beim nächsten Schlag die Back-
bordseite in Luv, und das Schiff segelt über den Steuerbordbug.
Beim Auslegerboote bleibt aber immer nur die Auslegerseite am
Wind und nur das Segel wird geschiftet.

Erschwert wird die Seefahrt neben der geringen Stabilität des
Schiffes auch dadurch, dass die lose gefügten Planken des Schiffs-
körpers leicht Wasser machen. Der Behau der Planken ist ein
äusserst akurater, das zum Bau verwendete Brotfruchtbaumholz
quillt im Wasser und die zusammengebundenen Hölzer schliessen
sich durch das Quellen (denn ein Kalfatermaterial kommt nicht
zur Verwendung), aber dennoch muss ein Mann beständig damit
beschäftigt werden, mit einem an einem langen Stiel befindlichen,
löffelförmigen Ösfass das Bilgewasser auszuösen. Und noch weitere
Gefahren bringt die Fahrt über See. Die Marshallaner sind zwar
ausgezeichnete Seeleute und verstehen leidlich gut nach Gestirnen

und nach den Bewegungen der Seen im Zwischeninselmeer sich zurechtzufinden, aber häufig genug werden die Boote, namentlich bei schlechtem Wetter, abgetrieben und verschlagen. Besonders berühmt geworden sind ihre **Stabkarten**, an der Hand deren sie Navigation lehren und ausüben. Der Kapitän Winkler hat ihre Bedeutung, wie schon oben erwähnt, während meines Aufenthaltes auf Djalut näher erforscht und in der Marine-Rundschau 1900 veröffentlicht. Seine Resultate hat dann der Hamburger Kapitän A. Schück zur Grundlage einer monographischen Abhandlung gemacht (Die Stabkarten der Marshallinsulaner, Hamburg, Kommissionsverlag von H. O. Persiehl. 1902), in welcher er Abbildungen fast aller Stabkarten der bekanntesten Museen unserer Erde bringt und sie erläutert. Auch meine geringen Aufzeichnungen über den Gegenstand habe ich ihm zur Verfügung gestellt. Das Gesamtergebnis ist ungefähr folgendes, hauptsächlich auf Kapitän Winklers Ermittlungen sich stützend:

Man unterscheidet drei Arten:

1. *matang*, Lehrmittel,
2. *rebelip*, Übersichtskarten der ganzen Gruppe, und
3. *médo*, Einzelkarten einzelner Teile der Gruppe.

Alle Karten sind aus dünnen Stäben zusammengebunden, aus geraden und gekrümmten, welche in der Hauptsache die vorherrschenden Dünungen, nicht etwa die Strömungen, welche man nicht sehen kann, sondern die Seen im weiteren Sinne, sonst gemeinhin als Wellen bekannt, anzeigen. Allerdings werden auch die Strömungen unter gewissen Bedingungen sichtbar, wenn nämlich ein Hindernis sich ihnen entgegenstellt, wie z. B. eine Insel, wobei man sich an einen im Fluss steckenden Pfahl erinnern mag, oder wenn zwei Ströme aufeinander treffen, wobei die Kabbelung entsteht, z. B. in Rabindo beim Abfliessen des Lagunenwassers ins Meer. Lassen wir Herrn Kapitän Schück zur deutlicheren Erklärung selber reden:

„Im allgemeinen unterscheidet man: 1) Seegang; dies ist die von dem am Orte oder in geringer Entfernung herrschenden Wind verursachte Bewegung des Meeres, sie bildet mit Geräusch sich überbrechende Kämme; 2) Dünung: wenn der Wind nachlässt, verlieren die einzelnen Seen (Wellen) die sich überbrechenden Kämme,

sie bewegen sich langsamer, wälzen sich weiter, geräuschlos oder
nur mit dumpf sausendem bzw. hissendem Ton, ähnlich wie Sanddünen, daher der Name Dünung; zuletzt kann man diese mit keinem
besseren Namen bezeichnen, als dem vom verstorbenen Kapitän
Bannau ihr beigelegten: ‚Wallung‘. Die vom Wind veranlasste
Bewegung des Meeres, der Seegang, endet naturgemäss nicht da
und dann, wo der Wind aufhört, sondern einigermassen vergleichbar
einer in Bewegung gebrachten Kugel wird das Meer weit über den
Bereich des in einer Gegend wehenden Windes hinaus in Bewegung
gesetzt, d. h. als Dünung bewegt, — daher kommt diese (ebenso
wie Strömung) zuweilen und zu gewissen Jahreszeiten aus anderer
Richtung wie der herrschende Wind, sie pflanzt sich fort nach Gegenden, in denen der sie erzeugende Wind nie oder nur ausnahmsweise weht, und bildet an entfernten Gestaden unerwartete Brandung,
z. B. im nördlichen Winter die ‚Rollers‘ aus Nordwest an den Inseln
Ascension, St. Helena usw.“

Die Marshallaner unterscheiden nun vier Dünungen, aus den
vier Himmelsrichtungen, welche an Stärke je nach der Jahreszeit
und den Wetterverhältnissen wechseln. Am stärksten ist die östliche
Dünung, *no in rear*, „Dünung des Ostens“ genannt oder *drilep*,
„Rückgrat“, da sie immer sichtbar ist und dem stetig wehenden
Nordost-Passat ihr Dasein verdankt. Schwächer ist die westliche
Dünung, *kaelep*, für Geübte das ganze Jahr sichtbar, für Ungeübte
schwer bemerklich (Winkler). Dann noch die südliche Dünung,
bungdokerik (*bungdok* herkommen, *rok* Süden) und die nördliche
bungdokeing (*eang* Norden), welche nur am südlichen und nördlichen
Ende des Archipels bemerkt zu werden pflegen. Wenn nun die
östliche Dünung auf eine Insel trifft, so wird das aufgestaute Wasser
nach Norden und Süden gabelförmig abgelenkt, und zwar in mehreren
Parallelströmen. Aber auch die schwächere westliche Dünung er-
leidet ähnliche Schicksale.

Überall nun da, wo die Schleifen dieser beider grossen Dünungen, der östlichen und westlichen zusammentreffen, mathematisch
bei gleicher Stärke beider im Süden und Norden der Insel, da
bilden sich notwendigerweise Ausgleichspunkte, K n o t e n, *bot* genannt. Je mehr Schleifen vorhanden sind, desto mehr *bot* sind
vorhanden (siehe Fig. 43), und wenn man diese untereinander ver-

bindet, so erhält man eine Linie, welche auf die Insel zuführt.
Diese Linie heisst *okar* „Wurzel“, da sie, „wenn man ihr folgt,
auf den Palmbaum führt“. Wenn also der marshallanische Navigator auf solch einen Wegweiser trifft, so fährt er ebenso sicher
nach Hause, wie ein Fuhrmann auf der Landstrasse. Wenn es
aber stockdunkel ist und die Strasse ist verschneit, graben- und
baumlos, dann verirrt sich auch der beste Wegekenner, und so ist
es begreiflich, dass namentlich bei widrigem Wetter und unregel-

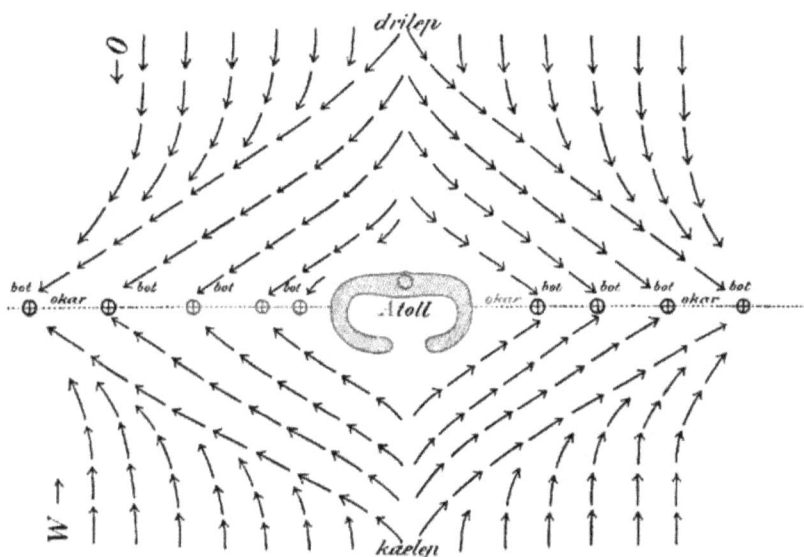

Fig. 43. **Bildung der aus den *bot*-Knoten bestehenden *okar*-Wurzellinie
aus Ostdünung *drilep* und Westdünung *kaelep*.**

mässigen Wallungen die trefflichste Seemannskunst ins Wanken
gerät. Mit den gegebenen Zeichen sind aber die Hilfsmittel noch
keineswegs erschöpft. Winkler nennt noch *rolok*, auf deutsch:
etwas verlieren, hier mit der Bedeutung: den Kurs verloren haben.
Ferner *nit in kot*, d. h. Loch für Vogelfang mit der Bedeutung:
sich in eine Sackgasse verrannt haben und zurück müssen, die nördliche und südliche Ausstrahlung der östlichen Dünung von der
Insel aus gerechnet. Während die *drilep* also schon vor der Insel
sich gabelt und auf der Höhe der Insel oder nur wenig weiter
westlich durch die Westdünung aufgehalten wird, fängt *rolok* und

nit in kot erst bei der Insel an (siehe Fig. 44). Ist die westliche
Dünung stärker, so sieht man die gleichsinnige, heugabelförmige
Strömung von Westen nach Osten reichen, nur dass sie dann *djur
in okme*, nämlich die beiden Zinken, heissen, auf deutsch: „der im
Weg stehende Pfosten". Der Nutzen ist ersichtlich. Gerät ein
Schiff von Osten nach Westen segelnd auf *rolok* oder *nit in kot*,
so hat es die Insel verfehlt. Gerät es aber auf die *djur in okme*,
so braucht es nur innerhalb der beiden Gabelzinken zu bleiben,
um zur Insel zu gelangen. Wenn man diese Angaben sich ein-
prägt und die ozeanographischen Verhältnisse sich zu vergegen-

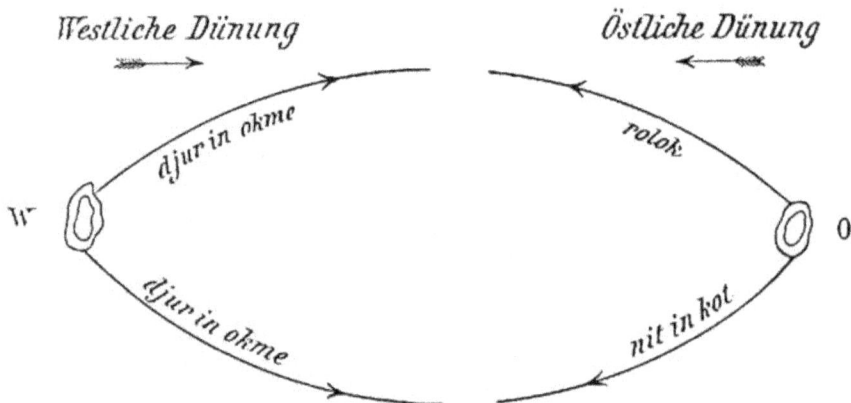

Fig. 44. *rolok, nit in kot* und *djur in okme.*

wärtigen vermag, so wird man die beiden Zeichnungen von Stabkarten (Fig. 44a und 44b) einigermassen verstehen. Beide sind
medo, also Spezialkarten der Insel Djalut. Figur 44a stellt die
viel befahrene Strecke zwischen Djalut und Ailinglaplap dar und
ist der Abriss des Gestelles, welches ich, wie oben erwähnt, in
einem Bootschuppen auf einer sehr abgelegenen Insel des letzteren
Atolles fand, hat also den besonderen Wert, unmittelbarem Gebrauch zu entstammen.

Kabua hat mir zu Djalut diese Karte näher erklärt, wie sie
auch zu seinem Herrschaftsbereich gehört. Wenn man die Ein-
zeichnungen auf Fig. 44a aufmerksam liest, wird man den Sinn
derselben leicht verstehen. Neu darin sind nur die Worte: *ür*,
äbang und *nit*, welche auf den horizontalen Stäbchen stehen und

welche alle die ostwestliche Strömung anzeigen, die zwischen Djalut und Ailinglaplap kräftig fliesst. Ob die drei verschiedenen Namen

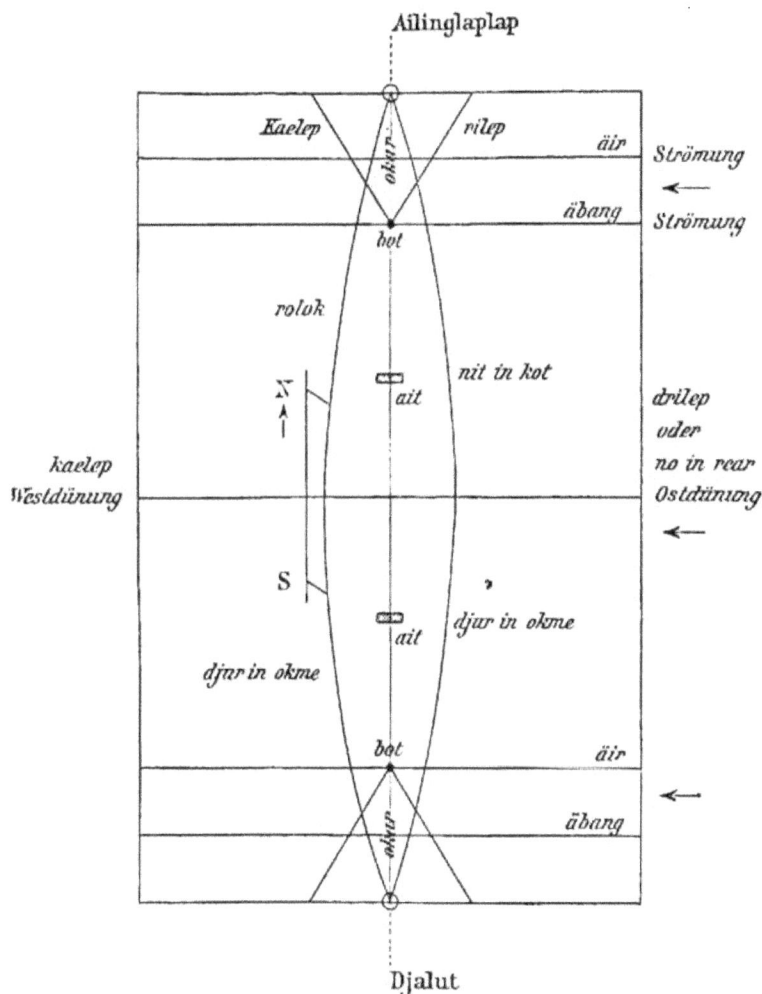

Fig. 44a. Stabkarte Djalut-Ailinglaplap.

die Entfernung vom Lande anzeigen, also schwächere oder stärkere Fahrt, vermochte ich nicht zu ermitteln. Wenn man also nach dieser Karte von Djalut nach Ailinglaplap segelt, so bleibt man vorerst im Bereich der abgelenkten Ost- und Westdünung, bis man diese beim letzten Knotenpunkt *bot* verlässt. Nach Norden segelnd fährt man jetzt senkrecht zur östlichen Dünung *drilep*, welche auf der ganzen Strecke zwischen den *übang*-Linien herrscht, bis man zum nördlichen Knotenpunkte *bot* gelangt, von dem man auf der *okar*-Linie nach Ailinglaplap fährt. Dass man vom Strome nicht westwärts vertrieben wird, dafür sollen die beiden senkrechten gekrümmten Linien dienen, welche hier nicht vor der östlichen und westlichen, sondern von der nördlichen und südlichen Dünung ergänzend gebildet werden, die *rolok*, *nit in kot* und die beiden *djur in okme*. Fährt man von Ailinglaplap zur nächsten nördlichen Insel Namo, so gebraucht man die Karte, Fig. 44b, welche ich von Lóiak erhielt. Sie ist im Sinne vollständig gleich wie die vorhergehende, nur dass hier der viereckige Rahmen fehlt und statt des einen obersten und untersten Winkels, den abgelenkten Ost- und Westdünungen *drilep* und *kaelep*, je zwei weitere zwischenliegende angedeutet sind. Wollte man das ganze Bild richtig haben, so müsste man die Winkelschenkel nach unten und oben bis zu einer Horizontalen, welche durch Ailinglaplap und Namo durchgelegt ist, verlängert denken, ähnlich wie es Fig. 44a zeigt.

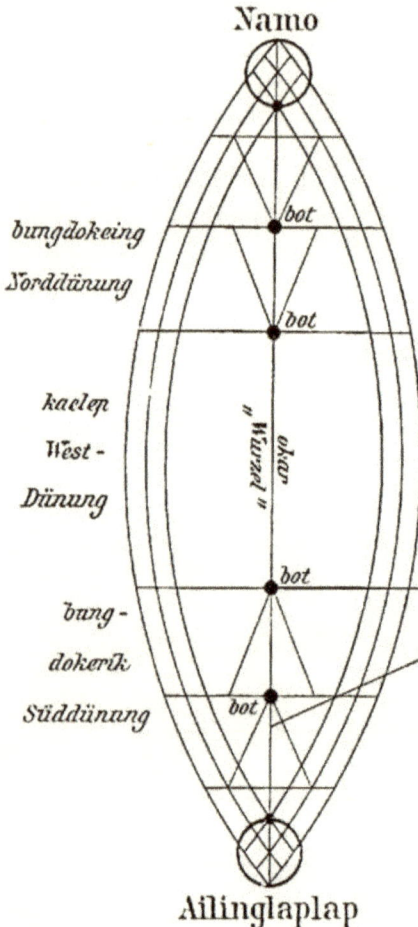

Fig. 44b. Stabkarte Ailinglaplap-Namo.

Durch die zahlreicher eingetragenen Winkel sind jederseits drei Knotenpunkte, *bot*, zur Anschauung gebracht, welche die auf die Inseln zuführende Wurzellinie *okar* anzeigen. Die horizontalen Linien deuten aber hier angeblich nicht die Strömung an, sondern nördlich die Grenze der Norddünung, *bungdokeing*, und südlich die der Süddünung, *bungdokerik*. Die kleine Nebeninsel von Ailinglaplap

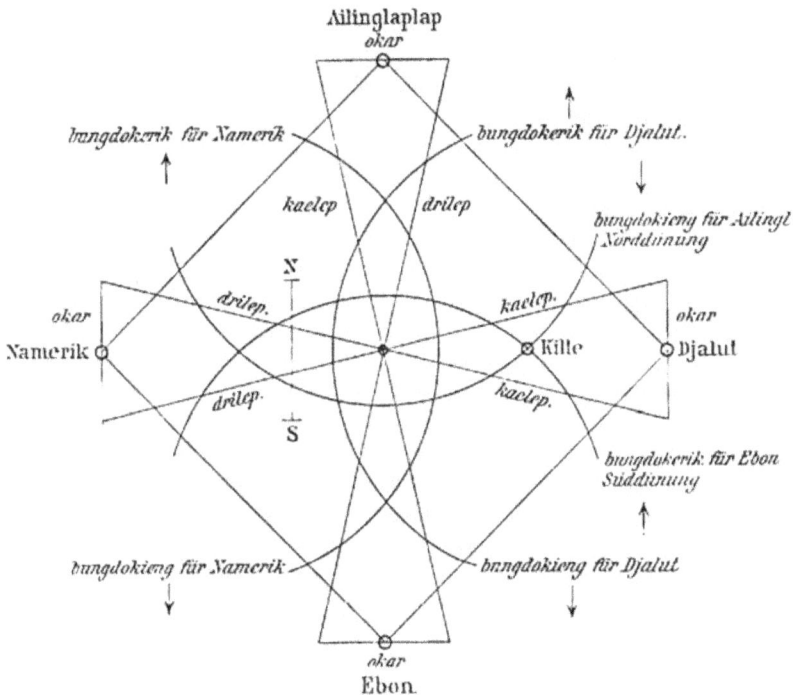

Fig. 44c. Karte der vier Inseln *(emen äni)*.

mit Namen Jabwat, welche etwas abseits vom Kurse liegt, ist besonders in einem Winkel eingetragen.

Sind diese beiden Stabkarten verhältnismässig einfacher Natur und leicht zu verstehen, so erscheint die folgende auf Fig. 44c auf den ersten Blick wesentlich komplizierter. In Wirklichkeit ist sie es auch, da es sich hier nicht um zwei, sondern vier Inseln handelt, Djalut, Ailinglaplap, Namerik und Ebon. Da diese die vier wichtigsten Inseln im Archipel sind, so heisst die

Stabkarte auch kurzweg *medo emen äni*, auf deutsch „Karte der vier Inseln". Der bei den beiden früheren Stabkarten vorherrschende Nordsüdkurs wird hier von einem Ostwestkurs gekreuzt, wodurch die Form eines Johanniterkreuzes entsteht, vier senkrecht aufeinander stehende spitze Dreiecke, welche alle die östliche und die westliche Dünung anzeigen, und, um vollständig zu sein, nach aussen verdoppelt werden müssten, natürlich so, dass die durch die Insel gehende *okar*-Linie nur einmal vorhanden ist. Ähnlich steht es mit den gekrümmten Linien, welche die Nordsüddünungen darstellen. Wer sich im besonderen für die Erklärung dieser bekanntesten aller Stabkarten interessiert, muss die Deutung in der Winklerschen und in der Schückschen Arbeit nachlesen, die von der meinen mannigfach abweicht. Man muss aber bedenken, dass jeder Häuptling sein eigenes System im Anfertigen der Karten hat und seine besondere Auslegung, und dass er diese vor seinen Untertanen streng geheim hält. Irgendeine Stabkarte der Ralik-Ratakinseln nach dem Vorliegenden ohne weiteres erklären zu wollen, ist ein Ding der Unmöglichkeit, und nur unter Beobachtung der Grundsätze kann man ungefähr fühlen, was gemeint ist. Bezeichnend ist die Erzählung Winklers, dass er den Lóiak darauf aufmerksam gemacht habe, dass ein Stäbchen falsch angebracht sei, worauf dieser verschmitzt lächelnd erwiderte, dass e r ja doch wisse, was damit gemeint sei. Übrigens wussten die Grosshäuptlinge selbst nicht immer am besten Bescheid, sondern hatten meist einen besonders befähigten Navigator zur Hand, der sie stets begleitete. So ist Kabuas rechte Hand Laumanuan, und dem Muridjil von Maloelap steht Burido zur Seite. Segelte eine Flottille aus, so segelte der Häuptling mit seinem Navigator voran, und die übrigen folgten in Kiellinie. Und so genau wussten diese Schiffsführer Bescheid auf der See, dass sie selbst bei schlechtem Wetter ihr Ziel zu finden wussten.

Dabei war es meist nicht einmal notwendig, dass die Schiffe in Dwarslinie fuhren (also in einer horizontalen), um leichter das Land in Sicht zu bekommen, sondern sie blieben häufig eines hinter dem andern. Dass natürlich eine grosse Beobachtungsgabe und eine langjährige Erfahrung dazu gehört, um diese geringen Veränderungen an der Meeresoberfläche wahrzunehmen, ist selbstver-

ständlich, aber auch bewundernswürdig. Keinem der weissen Seeleute, welche seit Jahren jene Gewässer befahren, ist es je gelungen,
sie deutlich zu bemerken, viel weniger danach zu fahren. Dass
aber die Angaben auf Wahrheit beruhen, beweist die völlige Über-
einstimmung aller Angaben der verschiedenen Häuptlinge, welche
ermittelt zu haben ein Verdienst des Kapitän z. S. Winkler ist.
Nach seinen Ermittlungen sind nur fünf Fälle aus dem letzten
Jahrhundert bekannt, in denen grössere Flottillen verloren gingen,
so dass die abfälligen Bemerkungen von Finsch und anderen streng
von der Hand gewiesen werden müssen. Im Gegenteil sind die
Stabkarten und die Beobachtungen, auf denen sie gegründet sind,
eine der wunderbarsten Errungenschaften eines Naturvolkes, aus
denen meiner Ansicht nach unsere Ozeanographie noch manches An-
regende schöpfen könnte. Mit Recht sagt von ihnen Schück: „Ehre
dem Ehre gebührt" und zitiert die Worte von S o p h u s R u g e:
„Man hat den Eindruck, dass die flüchtigen Kartenskizzen, die
von Indianern, Polynesiern und Eskimos zur Orientierung europäischer Forschungsreisen entworfen sind, mehr geleistet und der
Wahrheit näher kamen als die Mönchsarbeiten aus dem XII. Jahrhundert". Und wieviel höher stehen noch die Stabkarten der Ralik-
Ratakinsulaner!

Bei ihren ausgedehnten Seefahrten ist die **Proviantfrage** von
grosser Wichtigkeit. Die Ralik-Rataker haben sie in glücklicher
Weise gelöst durch die Erfindung einiger Konserven. An erster
Stelle steht auch hier nicht die Kokosnuss, sondern der P a n d a n u s.
Der Baum hat Fruchtkolben von 1—2 Fuss Länge. Es ist ein
Fruchtboden, an welchem zahlreiche, fingergrosse Bohnen sitzen,
wie am Fruchtboden des Maises die Kerne. Frisch herausgebrochen,
kann man die reifen Bohnen auslutschen. Der Geschmack ist in
diesem rohen Zustande sehr angenehm, süss schmeckend. Wo man
geht und steht, sieht man die Eingeborenen, Männer und Frauen,
Mädchen und Kinder, von den süssen Früchten naschen, die alten
Leute freilich nur dann, wenn ihnen die Schneidezähne von dem
gewohnheitsmässigen Auskauen der faserigen Frucht nicht verloren
gegangen sind, wie oben schon ausgeführt wurde. Für sie werden
die Früchte deshalb gekocht und der Saft über dem scharfen Rand
einer Muschel, die in einem Dreibein festgemacht ist und *iregang*

heisst (Bild 67), ausgepresst. Dieser selbe Saft dient nun zur
Herstellung der Pandanuskonserve, den man dorfschaftsweise in
grossen Massen herstellt; der Saft wird hierzu in Fladen ausge-
gossen und in der Sonne getrocknet. Die Fladen werden dann
aufgerollt wie ein Eierkuchen, Lage auf Lage, bis die gewünschte
Dicke und Länge der Rolle erreicht ist. Die beigegebene Tafel 15
zeigt eine solche Rolle, *djänogin in bob* genannt, welche ich im
Hause des Königs Kabua liegen sah. Sie ist mit Pandanusblättern
sorgsam umgeben und mit Kokosschnüren kunstrecht umsponnen.
Hat man Mangel an frischen Nahrungsmitteln, so schneidet man
wie von einer Erbswurst ein Stück ab und stellt ein Gericht daraus her. Es ist der
mogan, von dem Cha-
misso sagt, dass er
den wertvollsten, un-
verkäuflichen Besitz der
Rataker ausmache. Es
werden indessen auch
kleinere Rollen von nur
1 Fuss Länge herge-
stellt, und sind diese
natürlich leicht erhält-
lich. Ähnliche Rollen

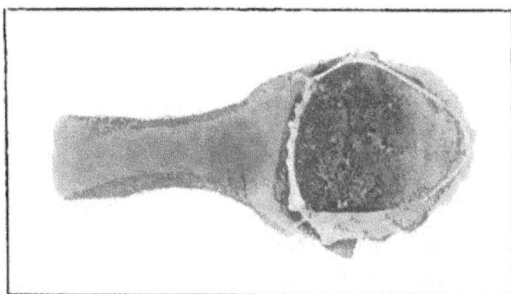

Bild 67. **Schaber** *wegang* **für gekochte
Pandanusfrüchte.**

macht man aus Brotfrüchten, die man kocht, schält, zu Brei
zerdrückt, in gleicher Weise auslegt, in der Sonne trocknet und
aufrollt. Diese Rollen heissen *djänogin in mē*. Aus den Brotfrüchten stellt man aber noch einen Sauerteig her, *piru* genannt,
ganz ähnlich dem samoanischen *masi*. Man nimmt Stücke von
Halbhandgrösse, füllt sie in Netze und legt sie für eine Nacht in
das Salzwasser. Dann kommen die Stücke in die Sonne, bis sie
weich sind, worauf man sie mit der Hand zerquetscht und in ein
mit Brotfruchtbaumblättern ausgelegtes Loch wirft, bis es voll ist.
Es dient nur als Zusatz gekochter Nahrung.

Nächst dem Pandanus ist die Pfeilwurzel, von den Ralik-
Ratakern *mokemok*, von den Deutschen „Arrowroot" benannt, das
wichtigste Bodenerzeugnis. Diese stärkemehlreichste Knollenfrucht
der Erde scheint den Korallenboden besonders zu lieben. Sie wird

zerrieben, getrocknet und als Mehl in Taschen von Pandanusblättern oder in Gestalt von Ballen aufbewahrt. Zum Zerkleinern
der Knolle wird ein dreieckiger, scharfer Stein benützt, *bjugor* genannt, der auch als Ornament auf den Kleidmatten erscheint. Der
Brei wird dann in ein Sieb gefüllt, welches wie ein Palankin auf
zwei Stangen ruht. Zwei Männer heben das *raulikelik* benannte
Siebgefäss wie eine Krankentrage hoch, man giesst Wasser auf den
Brei und lässt die Stärke auf eine feine Matte abtropfen. Diese
Stärke gibt den Gerichten etwas Gelatinöses, Gehirnähnliches, wie
unseren Hausfrauen wohl bekannt ist. Dies drückt das samoanische
Wort *fai'ai* aus, das gleichbedeutend mit dem marshallanischen
kamelidj ist, also auch „Gehirn" heisst und für ein Gericht aus
Taro und Kokoskerngeschabsel angewendet wird. Der Taro ist
ndessen hier selten, und die grossen, zentnerschweren Knollen des
gilbertinischen *papai* findet man hier nicht. Dagegen ist die Kokospalme allgemein über die Inseln ausgebreitet und bildet, wie erwähnt, neben dem Pandanus das wichtigste Ernährungsmittel und
das schönste und einzige hygienische Getränk zur Stillung des
Durstes, wenn nach langer Trockenheit Regenwasser nicht mehr
zur Verfügung steht. Denn Süsswasserquellen sucht man hier vergeblich, und die eingegrabenen Brunnen liefern meist nur schlechtes,
brackiges Wasser. Aus der Kokosnuss gewinnt man folgende
Ingredienzien für die Küche, welche scharf unterschieden werden
müssen: Das Kokosfruchtwasser, von den Ralik-Ratakern
richtig *dren in ni* benannt, von uns fälschlich Kokosmilch, — das
Kokoskerngeschabsel, *waini raneke*, da der reife Kern *waini*
auf dem Schaber *raneke* zerkleinert wird — der aus dem Kokoskerngeschabsel ausgepresste Saft, der Kokoskernsaft *eal*, welcher
allein wie Milch aussieht. Ferner sei noch das Kokosnussöl
erwähnt, welches aus dem an die Sonne gelegten Kern ausfliesst
oder ausgepresst wird, das aber hauptsächlich nur zum Einsalben
des Körpers benutzt wird.

Den Blütensaft der Gilbertiner, den sogenannten Toddy,
geniessen die Rataker nicht, weder süss noch gegoren; dagegen
lieben sie den aus dem eingedickten Saft hergestellten Sirup,
djekemoimoi, sehr und tauschen ihn von den Gilbertinern gegen
ihren *mogan* ein. Aus den erwähnten Kokosnussingredienzien, aus

dem dünnen Pandanussaft, *kalaomuremur*, aus der Pandanus-
und Brotfruchtkonserve, dem Brotfruchtsauerteig und
dem Stärkemehl setzen sie nun eine Anzahl von Gerichten zusammen, welche ich hier nicht näher aufzählen will. Neben dieser
vegetabilischen Nahrung haben sie, abgesehen von den Meerestieren, nur sehr wenig organische. Hühner und Schweine
fehlten ursprünglich vollkommen, die Seevögel sind selten und
schwer erreichbar, und nur ein Landvogel stand ihnen auf gewissen
Inseln zur Verfügung, die verschiedentlich erwähnte Fruchttaube.
Die Hauptnahrung bilden die Fische, Krebse und Schildkröten. Leider scheint es unter ersteren sehr viel giftige zu
geben, da Fischvergiftungen unter den Eingeborenen ziemlich häufig
sind. Es mag dies aber zum Teil an den traurigen Küchenverhält-
nissen liegen, da die Fische meist in der Haut am offenen Feuer
oder offen auf heissen Steinen gebraten und nur mangelhaft oder
gar nicht ausgenommen werden. Trotzdem ich alle Fische sorgsam
sammelte und die Namen der Eingeborenen aufmerksam notierte,
um ihre wissenschaftliche Identifikation zu ermöglichen (siehe Globus
1905), gelang es mir nicht, mehr giftige Fische ausfindig zu machen
als auf Samoa, wo Vergiftungen äusserst selten vorkommen. Der
Fang der Fische bietet anscheinend nichts Besonderes. Der Fang
der fliegenden Fische mit Netzen vom Boot aus beim Fackellicht,
der Fang der Bonitos mit dem fliegenden Haken vom segelnden
Boot aus, der Fang in Steinreusen, in Fischkörben, das Fische-
stechen mit dem Speer ist hier wie auf den Gilbertinseln und anderwärts in Übung. Auch Fischteiche hat man hier wie auf Hawaii.
Besonders beliebt ist neben dem erwähnten Kokosnussräuberkrebs die
Schildkröte, deren ich auf Likiep und Gwadjelin Erwähnung getan habe. Sie werden deshalb zumeist den Grosshäuptlingen gebracht.

Man kann das Volk der Ralik-Rataker einteilen in die
Grosshäuptlinge oder Könige *irodj*, in die königlichen verwandten und übrigen edelgeborenen Häuptlinge *budak*, die frei-
geborenen Landbesitzer, soweit sie nicht dem *irodj* tributpflichtig
und untertänig sind, *leatuketak* genannt, und endlich die dienenden
Besitzlosen, die Gemeinen, *kadjur* genannt. Die *irodj* herrschen
absolut über das Volk, und manche Inseln gehören ihnen völlig zu
eigen. Sie können sich beliebig viele Frauen aus dem Volke als

Frauen oder auch nur als Beischläferinnen kommandieren, denn ihr Wunsch ist Befehl. Dem gemeinen Manne indes steht nur eine Frau zu, die ihm aber die Höherstehenden nach Belieben wegnehmen können. Die Frauen des Königs hingegen sind nicht allein unantastbar, sondern die nicht mit ihnen verwandten Männer dürfen sie kaum ansehen, geschweige denn ansprechen, während die hochgeborenen Frauen ungezügelt ihre Geliebten aus dem Volke auswählen. Bei diesen Verhältnissen, die den moralischen Zustand des Volkes kennzeichnen, nimmt es kaum wunder, dass es jedem Manne aus Anstandspflicht untersagt ist, ein weibliches Wesen öffentlich allein anzusprechen, oder gar zu berühren. Denn wozu könnte das der Mann nach Eingeborenenbegriffen anders tun als in frivoler Absicht. Von diesem Gesichtspunkte aus wird man das Gebaren des Mädchens, dem Chamisso über dem tatauierten Unterarm neugierig und liebevoll strich und das sich dann von ihm wegsetzte, was der Dichter als Reinheit auffasste, besser verstehen. In Anbetracht dieser Sitten ist es leicht zu erklären, dass das **Mutterrecht** sich hier absolute Geltung verschafft hat, denn nur die Sprösslinge einer hochgeborenen Frau sind als edelgeboren bestimmt zu erachten, während der Vater nicht immer mit Sicherheit festzustellen ist. Als mir Kabua den in folgendem wiedergegebenen Stammbaum seiner Ahnen diktierte und er mir immer nur Frauen nannte, ermahnte ich ihn, mir doch auch die Männer zu nennen, wie es ja in Polynesien allgemein üblich ist. Aber er lachte und sagte, die seien ja vollständig gleichgültig, weshalb er sie auch nicht wisse. Stammbaum siehe umseitig.

Wie allgemein in der Südsee, so glaubt man auch auf den Marshallinseln, dass die Grosshäuptlinge mit dämonischer Macht ausgestattet sind. Sie gelten nicht allein als Fürsten, sondern auch als Priester. Die Arbeit der eigentlichen Zauberer, *drikanan*, beschränkt sich nur auf das Beschwören und auf das Wahrsagen. Das Leben der Eingeborenen steht unter dem Banne übelwollender Dämonen, *anidj*, und nichts fürchten sie mehr, als dass diese aus Rache die Inseln mit Sturmfluten überziehen möchten. Deshalb legen sie unter heilige Bäume, in deren Kronen die Wohnung der Geister ist, Fruchtopfer zur Versöhnung nieder. Chamisso erzählt von der jetzt unbewohnten Insel **Bikar**, dass sie ihren eigenen

Stammbaum *(ridoro)*
des Kabua. Lóiak und Nelu.

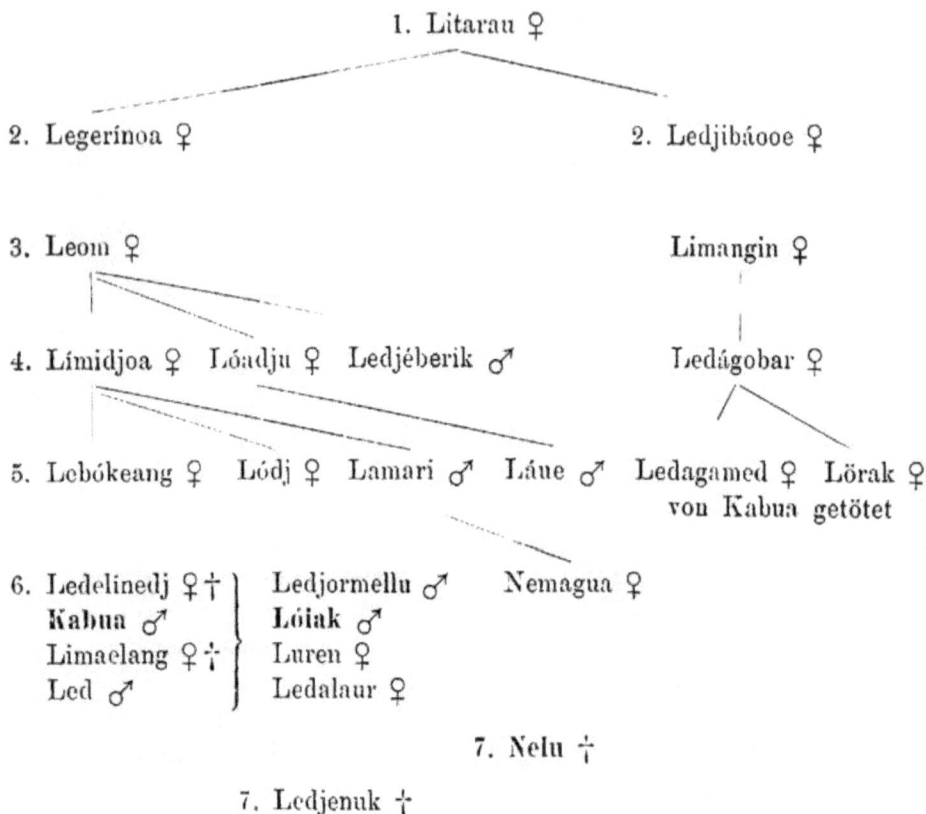

1. Litarau ♀

2. Legerínoa ♀   2. Ledjibáooe ♀

3. Leom ♀   Limangin ♀

4. Límidjoa ♀   Lóadju ♀   Ledjéberik ♂   Ledágobar ♀

5. Lebókeang ♀   Lódj ♀   Lamari ♂   Láue ♂   Ledagamed ♀   Lörak ♀
                                                              von Kabua getötet

6. Ledelinedj ♀ † ⎫   Ledjormellu ♂   Nemagua ♀
   Kabua ♂   ⎪   Lóiak ♂
   Limaelang ♀ ⁖   ⎬   Luren ♀
   Led ♂   ⎭   Ledalaur ♀

                                          7. Nelu †

7. Ledjenuk †

Litarau, Legerínoa, Leom und Límidjoa starben sehr alt, so dass
sie getragen werden mussten, besonders die Ahnfrau Litarau. Lebókeang
starb, als sie eben weisse Haare bekam. Durch Lóadjus Sohn Láue bekam Nelu
sein Erbe, der inzwischen auch verstorben ist. Der Stammbaum zeigt, dass alle
Frauen der sechsten Generation ohne weibliche Nachkommen geblieben sind, so
dass die Königslinie ausstirbt.

Es erinnert dieses Mutterrecht ganz an die Bluterfamilien, wo nur
die Frauen die Blutereigenschaft vererben, selbst aber nicht Bluter sind, wie
z. B. bei der Familie Mampel in Kirchheim bei Heidelberg, wo das
Gesetz schon seit hundert Jahren beobachtet wird. Die Männer hingegen sind
die Bluter, vererben aber, mit einem gesunden Weibe verheiratet, die Blutereigenschaft nicht. Ist das nicht eine völlige Analogie!

Tafel 15 (siehe Seite 428). Benak, Kabuas Tochter, auf einer grossen Pandanuskonservenrolle sitzend.

Gott habe. Er sei blind und habe zwei junge Söhne namens
Rigabuil, und die Menschen, die Bikar besuchen, nennen einander,
solange sie da sind, Rigabuil, damit der blinde Gott sie für seine
Söhne halte und ihnen Gutes tue. Viel mehr als uns Chamisso
über die Religion der Rataker berichtet hat, wissen wir heute noch
nicht, da die Missionare die schwere Unterlassungssünde begangen
haben, bei der Einführung des Christentums die dem Untergange
geweihte endogene Religion genauer zu erforschen. Auch mir war
es nicht möglich, eine nähere Erforschung in die Wege zu leiten,
weder hierin noch in anderen sozialen Sitten und Gebräuchen,
und ich kann Chamissos lesenwerte Schriften, die im zweiten Band
seiner Werke verzeichnet stehen und jedem leicht zugänglich sind,
nur angelegentlichst empfehlen. Nur über die Entstehung der Inseln erhielt ich eine kleine Geschichte. Sie handelt von Namerik, das südwestlich von Djalut liegt und zwischen beiden das
kleine Kille. Namerik hat die Form eines Hufeisens, dessen eines
Ende Maramar heisst. Nach der Sage war dort ehemals nur
ein kleines Riff vorhanden, auf das eine Mutter und ihr Kind einst
zuschwammen. Da kam ein grosser Mann namens Ládöbu, und
als er die beiden schwimmen sah, fasste ihn Mitleid, und er liess
aus dem Korbe, den er mit sich führte, etwas Sand ins Meer
fallen, woraus die Insel entstand. Auch der Mann kam auf das
Land und ruhte aus, währenddessen der kleine Knabe in den Korb
kroch. Als dann Ládöbu weiterging, machte der Knabe ein Loch
in den Korb, so dass der Sand herausfloss, wodurch ein Streifen
zwischen Maramar und Kille entstand. Als Ládobu dies bemerkte,
trat er mit dem Fuss den Streifen Landes weg, wodurch der Inselring von Namerik wurde. Als Ládöbu in Kille angekommen war,
kroch der Knabe heraus und blieb dort.

Diese kleine Geschichte zeigt, dass auch auf den Ralik-Ratakinseln Mythen und Sagen im Schwange sind, deren Erforschung
sich wohl lohnte. Auch die folgende Erzählung beweist dies deutlich, sowie die Lieder, welche ich noch anfüge und deren Bedeutung
aus dem Gegebenen heraus leicht verstanden werden können. Die
hohe Poesie, welche aus ihnen spricht, muss die Bewunderung
der Leser hervorrufen, und wird man es bedauern, dass es dem
Dichter Chamisso nicht vergönnt war, die Sprache jener Insulaner

zu verstehen. Ich gebe sie alle mit dem Eingeborenentext. Besonders das Märchen wird zeigen, wie unbeholfen die Sprache ist, und wie schwierig es für einen Neuling sein muss, die Texte zu verstehen, so dass man mich entschuldigen wird, dass ich nicht mehr hierin getan habe.

Die Geschichte von der Mutter, die sich in einen Fregattvogel verwandelte, um ihren Sohn zu schützen.

Die folgende Geschichte habe ich auf Djalut aufgezeichnet. Da der nachfolgende Urtext unvollständig und demgemäss in der Übersetzung schwer verständlich ist (vergleiche die gleichen Erfahrungen, die ich häufig genug auf Samoa machte), so gebe ich die Geschichte in verständlicher Form so wieder, wie sie mir von anderer Seite erzählt wurde.

Sie lautet folgendermassen:

Ein Häuptling hatte eine Frau und einen Sohn. Die Frau starb, und der Mann nahm sich noch einige andere Frauen. Eines Tags fuhr der Vater mit seinem Sohn zum Fischen. Der Mann verankerte den Kahn und tauchte mit den Fischkörben unter, um die alten zu ersetzen. Während er unter Wasser war, kam der Geist der Mutter des Knaben in Gestalt eines Fregattvogels und frug den Jungen, ob er genug zu essen habe. Als er verneinte, frug ihn die Mutter, was er denn zu essen bekomme. Er antwortete: „Die Gräten der Fische und die Stiele der Brotfrüchte, und", fügte er auf weitere Fragen hinzu, „ein ganz klein wenig Fisch." „Dann komm mit mir," sagte die Mutter. Doch der Knabe fing zu schreien an, weil er Angst vor dem Geiste hatte und der Vogel ihn pickte und biss. Der Vogel flog darauf davon. Als der Vater den Sohn schreien hörte, kam er herauf und frug ihn, was er denn habe. Der Knabe antwortete, es habe ihn ein Fisch gestochen, worauf der Alte sagte, dass alle Fische seinen Frauen (den Stiefmüttern) gehörten. — Als die beiden eines andern Tages wieder zum Fischen ausgefahren waren, erschien wieder der Fregattvogel, des Knaben Mutter, und als sie hörte, dass ihr Sohn wiederum schlechte Nahrung bekommen habe, fasste sie ihn und flog mit ihm davon. Als der Vater heraufkam, fand er seinen Sohn nicht mehr vor, und er begann nun mit seinen Frauen zu suchen. Sie sahen auch bald den Vogel mit dem Knaben, die aber beim Annähern in die Erde verschwanden. Schnell holte der Mann einen Spaten und grub. Aber wenn er die Stimmen hier deutlich zu hören meinte und er tiefer und tiefer grub, hörte er sie plötzlich an einer anderen Stelle, wo er dann rasch den Spaten von neuem ansetzte. Und so ging es weiter und weiter, bis er tot zusammenbrach.

Text mit wörtlicher Übersetzung.

Kirin   wot ngé(a).   Djuon eman kab ladrik - eo,   nedjin
Anfangen etwas ich.   Ein Mann und Knabe dieser, Sohn sein.

Ero   ilem   ángor,   redj ro   ibä,   inem
Beide gingen zu fischen, sie beide. Fischkörbe aufheben, und dann

edulok   djemen   a   ladrik - eo,   edj ber ion wa-
untertauchen Vater sein vom Knaben diesem,   er bleibt auf Schiff

eo.   Lio,   djinen   ladrik - eo ` e midj,   inem   leo
dem.   Frau, Mutter seine Knabe dieses tot, und darauf Gatte

ear bok ruo bar kara,   inem   ladrik - eo edj a ber
er nehmen zwei noch Frauen, und dann Knabe dieser er aber ist

wot ion wa - eo.   A   edj kätok[1]   djinen   ladrik-
etwas auf Schiff dem.   Aber sie flog herbei Mutter seine Knaben

eo, edj ba: Ine   rel   ge   kimruo, djema dulok du
des, er spricht: Gestern   wir zwei, Vater tauchte nach

lodj iö.   Drim iek djuon, moggan me   djuon, kóbadj
lodj-Fisch.   Gräte Fisch eine,   Stiel Brodfrucht eine, etwas

ta   alle,   djirikrik   e kidju   djen djinu.   Idj
was alle-Fisch, sehr wenig Nahrungslieferung von Müttern.   Ich

djang, a idj   mange   badj   dörr ö.
weine, denn ich werde gegessen etwas von den Fressern (Stiefmütter).

Djinen   edj ba: Kodjab idok,   djero   kätok?
Mutter seine sie sprach: Du nicht kommst, wir beide wegfliegen?

---

[1] *gätok* heranfliegen.

Ladrik edj   ba: I   badj   medjak   yuk,   iup   ko   anidj[1].
Knabe er sprach: Ich etwas fürchte dich, weil du ein Geist.

Kindji,   abidji,   kälok.
(Sie) kniff (und) zwickte (ihn und) flog weg.

E   lak   walok[2] *djemeu,   edj   djang   wot;*
Er darauf kam hervor Vater sein, er (der Sohn) weinte etwas;

inem   djemen   edj   ba: Édeke   kwodj djang?
und darauf Vater sein er sprach: Warum du weinst?

Ta   drin   ick   kane,   kidjen   djinom
Was für ein Knochen Fisch stach, die Nahrung Mutter deiner

emen, relck   beim?   E   ba: Badj   ing'   nge!
vier, steckt in Hand deiner? Er sagte: Etwas jawohl (Es ist so)!

Ber   ter   im   lak   ruidj   lokōn-eo   ero   bar
Im Hause weilend und dann aufwachend Morgen beide noch

ilem   angor,   im   lak   idok   ladrik - eo,   e ilem   gigi
gingen fischen, und dann kam her Knabe dieser, er ging schlafen

ibo-eo   A   e   ba   djinō: Kon kamane in ilodj[3]
im oberen Hausteil. Aber er sagte zur Mutter: du machst Schutzmatte

nye ao;   a   djinen-eo   djuon edj erodj   in-eo   an.
für mich; aber Mutter seine die eine sie flocht Bastrock den seinen.

A   djemen   edj kamane   limakak-eo   nedjin.
Aber sein Vater er machte (einen) Drachen (für) seinen Sohn.

Emudj,   edj   mudj   men   koak, ladrik - eo edj ilem
Es war fertig, er hatte fertig Dinge alle, Knabe der er ging

kanake[4] *in - eo   an,   im bok   kal - eo   an   im bok*
anziehen Bastrock den seinen, und nahm die Matte seine, und nahm

limakak eo   nedjin,   im   bok em lak ion   lakedj eo.
den Drachen sein Sohn, und nahm und dann auf das Lagunenriff.

Idoke,   edj   al   im   kebelok:
Er tauchte (den Drachen) ein, er sang und liess ihn fliegen:

---

[1] Sie kam in der Gestalt eines Fregattvogels.
[2] *walōketok* hervorkommen.
[3] *in ilodj = lägëbä = kal*, Matte für den Mann als Anzug über den Bastrock *in*.
[4] Ich hörte *konak*.

Limakak co   ekar,   i   engak   do   la djodj.
der Drache nordostwärts,   kreuzt den Riffeinlass

Aludje   nedji   limakak;   tu   djilidjil,   ie
Sie sehen ihn des Sohnes Drachen; es senkt sich der Stern, hier

tak   djilidjil,   ie   lang   e   djat   tu,   tu
aufgeht der Stern, hier himmelwärts und dann senkt, senkt sich

djilidjil:
der Stern:

> *Etaletal   im lak   djabou[1]   en(i)   co,   edj   o   ladrik co*
> Er ging darauf (zum) Ende der Insel, er ging der Knabe

ilo   biredj;[2]   inem   djemen   edj   al   im   ba: Kwodje
in den Boden; darauf Vater sein er sang und sagte: Du gräbst

meikubekublok[3] iä le? Ladrik co edji ba: Kimruo   ie idjen. Bukol
dich weg wo?   Der Knabe sagte: Wir zwei hier da. Ich fand

> *bungi co,   ear   djako idjin. Le kub wodj le, kub wodj le.*
> das Familienhalsband, du verloren hier.   Grabe du,   Grabe du!

Kubwadj, emok,   leo   midj. Djiri bnong.
Graben, müde, Mann tot.   Ende.

Kopra[4]-Sang, Medjidj.

Lodō nie egemur	Gut tragen die Kokospalmen, herrlich tragen sie im Norden,
Eang gedeged[5]	Sie wollen selbst gut tragen
Uedolikieng le	Es schneidet Kopra der Mann
Rótare, rótare, rótare	Er sammelt die Nüsse (dreimal)
Rótare, buine buine	Er sammelt und zählt sie,
Djiket ngä[6] djela daudjin	Er will beisammen wissen tausend
Djela daudjin	Will wissen tausend
Ubidjen bukebuke	Für uns sieht er nach,

---

[1] *djeban* Spitze.

[2] *buridj.*

[3] *kubidj.*

[4] Kopra, der geschnittene, getrocknete Kokoskern, Handelsartikel.

[5] In *gedeged* wird das *e* kaum gehört.

[6] *ngäjo* ausgelesen St. G. *daudjin* wohl aus thousand nachgebildet.

Wonen djedje éonge[1]	Die Zahl schreibt er und markiert sie,
Wonen megurio	Die Zahl für die Waren.
Kärä elok daragäleng djibō[2] (dreimal)	Wetterleuchten an der Himmelsseite kündet das Schiff an, (dreimal)
Djibeō djen näkin[3]	Das Schiff für die Kopra.

Emō[4] *ni,* das Kokostabú. Ein *budjebudj*-Tanz von Medjidj.

Das Tabú bezweckt, die Kokosnussernte für das Kopraschneiden zu ermöglichen, wodurch die Grosshäuptlinge Geld von den Händlern bekommen. Um das Tabú zu verkünden, wird an einem Mast ein Kokoswedel aufgeheisst.

Ide kidjū in kabéllok emō ni	Der Mast eröffnet das Kokostabú
Ion djabot[5]*, ion djabot kanaketok*	auf dem Platz, auf dem Platz wird es aufgeheisst.
Djab nīe midj in djere re nīe.	Nicht daran gehen, tot lieber als gehen an die Nüsse.
Laloin edj kakidjek[6]	Laloin verfertigt es
Dämun lem djebangir	Um (dem König) zu dienen
Rim, rim, rim, Rim, rim, rim, rim, rim, rim	Fest, fest, fest, fest, fest, fest, Fest, fest, fest.
aē karim	Aber macht es fest
emō ni, emō ni, emō m	das Kokostabú, macht es fest
ledrik in eang o kanéige[1]	die Burschen im Norden heissen es
ladrik in eang o kanéige	die Mädchen im Norden heissen es
kadjurir o kanéige, kanéige	die Männer heissen heissen,
kanéige, kanéige, kanéige	heissen, heissen, heissen,

---

[1] *éonge* er tut es. d. h. er legt für zehn Kokosnüsse einen Stein als Marke hin. Die Waren, die die Eingeborenen als Tausch für die Kopra bekommen, *megur* oder *móiär, (móiuk* St. G.).

[2] *djibo* = *selo* Schiffe. [3] *näkin* = *waini, nani* Kopra.

[4] *emō*, St. G. *ēmó*, von Chamisso schon als *tabú*-Wort aufgezeichnet, indentisch mit dem samoanischen *sā* verboten. Wird im Gesang breit wie *āmō* gesungen.

[5] *djabot* der Hauptplatz, der Dorfplatz, der *malae.*

[6] *kakije* rasten, ruhen St. G. *ädj* flechten?

[7] *kanéige* = *kanake* anziehen, heissen.

Djen kanéige, Djinem[1] *kanéige*	Sie heissen es, alle heissen es
Niobung inp émoruk[2]	Niobung wirft den Köder
naia?[3]	wohin?
Eribin[4] *Orabebe in.*	Am Orabeberiff.
Iri wut[5] *ilikin djele*	Ich schlage den Baum draussen
Kamarámorom	Es fallen die Blüten
Ebomrukeruk.[6]	Und schlagen auf.

Die Sturmflut von Medjidj (ca. 1850).

Ébillok[7] *rin góddoin,*	Gebrochen ist das Rückgrat des Windes
Éogon mänetok,	Es weht leichter
Öp[8] *djän ūngare.*	Wir machen das Windtabú.
Ngillido, ngillido, ngillido	Es wird stille, stille, stille
Ngilli'elok	Ganz stille
Lur, lur	Windstille, Windstille.
Angare ē	Das Windtabú, ē,
Kaelur, kaelur, kaelur	Macht Windstille, macht Windstille, macht Windstille
Djädak (neunmal)	Die Brandung (neunmal)
Rokot ngirr, rokot ngirr, rokot ngirr[9]	Stürzt brüllt, stürzt brüllt, stürzt brüllt
Erogódjegoj[10]	Sie fliesst hinauf

---

[1] *djinem* soll heissen „alle zusammen"; heisst auch „deine Mutter" siehe das *djine* beim anderen *budjebudj* von Medjidj, wo es „treten" heisst.

[2] *émoruk* den zerstampften Köder (meist Paguriden) ins Wasser werfen, um Fische anzulocken.

[3] *naia* wohin.

[4] *eribin* längsseit, *orabebe* ein Riffteil in Medjidj, woher Laloin und Niobung stammt.

[5] *wut* Baum im Gegensatz zum *wutilomar* der Fragraea, deren Blüten zu Halsketten Verwendung finden. *iri* streiten, fechten.

[6] Die Worte sind onomatopoetisch.

[7] *bullok* zerbrochen St. G.; *(d)ri* Knochen; *góddo = kedū* Wind.

[8] *Öp* wie beim Aufstossen klingend; *ángare* Windtabú.

[9] *ngir* knurren St. G.

[10] *gojegoj* Fest, Feier St. G.

Non ūāneni huimidjel[1]	Die See überschwemmt den Strand mit Schaum,
Lümen[2] *ar irik yan*	Voll des feinsten Sandes ist sie
Ebógodak allim, ebogotak allim	Aufrührend den Grund, aufrührend den Grund.
Djäludje[3] (sechsmal)	Sie klatscht
Ion i bē, engor[4].	Auf den Strand und brüllt.

Bootlandung.   Ein *budjebudj*-Tanz von Medjidj.

Djine, djine, djine[5]	Tretet, tretet, tretet
Endju lodjel, ub carere[6].	Es steigt das Meer, es schäumt.
Ledo, ledō[7] *a!*	Hierher, hierher!
Leggindake[8] *eägein?*	An welchen Landungsplatz?
Do wain lolamin[9]	Landet das Boot in der Bucht,
Gabedjerne.	Haltet es fest.
Galoridólama	Lasst es durch die Wogen gehen
Djedingim[10],	Das Boot,
Djimen dribar noug don	Alle sollen es schaffen zum Strand
Djedingim Lockenjän,	Das Boot des Lokenjän,
Djedingim, djedingim, djedingim;	Das Boot, das Boot, das Boot;
Etalem, bādole wā eo	Macht es gehen, rudert das Boot
Edjongórongor[11] *ion no*	Dröhnend durchschneide es die See
Bungūio kedūwan wäe	Abflaut der Wind für das Boot,
Rorori bādogo[12]	Und ruhiger wird die See.
Etalem, bādole wāeo	Macht es gehen, rudert das Boot,
Edjongórongor ion no.	Dröhnend durchschneide es die See.

---

[1] *lijemirmir* Brandung St. G.

[2] *limen* Trank St. G., *gan* angeblich hinweisendes Partikel.

[3] *djäludje* auch von Schiffen gebraucht, die auf Felsen stossen.

[4] *bérijit* Strand St. G.

[5] *djine* das Treten beim Tanz, *ebüll* das Händezittern, *kaboröre* das Augenverdrehen.

[6] *ubrare* ohrfeigen, mit der flachen Hand schlagen St. G.

[7] *ledo* die Richtung andeutend, wie *tok* in *itok* komm her.

[8] *leggindake* der Landungsplatz, wie einen solchen jedes Gehöft an der Lagune hat. *eägein* wo.

[9] *lolamin* eine Ausbuchtung am Lagunenstrande wie z. B. in Likiep.

[10] *djedüngim* gesprochen, poetisches Wort für *wā* Boot.

[11] *edjongorongor* onomatopoetisch das Geräusch der See beim Durchschneiden des Bootes.   [12] *bäd = no* Welle.

Tafel 16 (siehe Seite 415). Szene vom Inlanddorf Arëmbek. Im Vordergrund ein Spielboot.

Neuntes Kapitel.

Nauru.

Nach zweitägiger Fahrt an Bord des „Arthur" kam am Donnerstag, den 31. März, nachmittags 3 Uhr, kurze Zeit nach dem Passieren des Äquators, die Insel Nauru in Sicht. Die Insel liegt auf halbem Wege zwischen Ralik-Ratak und Santa Cruz, einsam im weiten Ozean, 27 Minuten südlich vom Gleicher und 166° 51′ östlicher Länge. Im Gegensatz zu der niedrigen Küstenlinie der Marshall- und Gilbertinseln sieht man hier schon von weitem kleine Berge über den Meeresspiegel herausragen. Freilich hoch sind sie nicht, kaum höher als 60 m. Aber nach dem ewigen Einerlei der Atolle kommt einem dies schon recht ansehnlich vor. Wir umfuhren das Nordkap, dessen stattliche Watobutaberge Bild 68 zeigt. Dann ging's an der Westseite hinunter, bis wir endlich um halb 6 Uhr im Südwesten vor dem Bezirksamt ankamen. Zu Djalut hatte ich an Bord den früheren Bezirksamtmann von Nauru, Herrn Jung getroffen, welcher eben seinen Posten verlassen hatte, um in anderen Weltgegenden sein Heil zu versuchen. Nach vierjährigem Aufenthalt auf der Insel hatte er sich von seinen Freunden und Bekannten unter Schmerzen und Tränen losgerissen, da der „Arthur" auf der Hinreise schon Nauru besucht hatte, und seine Rückkehr dorthin unsicher war. Und nun kehrte er doch zurück, und Herr Jung hatte die Freude, nach seinem Abschied auf Nimmerwiedersehen wieder allen seinen treuen Untertanen die Hand schütteln zu können. Dies passiert häufig so in der inselreichen Südsee, und man tut gut, niemals den Sentimentalen zu spielen, und „Lebewohl für immer" zu sagen, sondern das bequemere Wort: „Auf Wiedersehen". Da das Schiff

nur 24 Stunden hinter der Insel blieb, nicht etwa zu Anker, —
denn einen Ankerplatz für ein grosses Schiff gibt es hier nicht, —
so pries ich das Geschick, das mir Herrn Jung in den Weg geführt
hatte, den besten und wohl einzigen wirklichen Naurukenner, der
im Besitz eines völlig ausgefüllten Köhlerschen Fragebogens war
und auch den Gablenzschen Wortführer wohl versehen hatte.
Und alles dies stellte er mir bereitwilligst zur Verfügung. Da diese

Bild 68. Nordkap von Nauru. Watobutabuberge.

Sammlungen meines Wissens nicht nach Europa gelangt und jedenfalls unveröffentlicht sind, so gebe ich am Schlusse des Kapitels
einen Auszug daraus.

Sofort nach der Ankunft begaben wir uns über das Leeriff,
auf dem glücklicherweise wenig Brandung stand, in das Haus des Be-
zirksamtmanns, das nun Herr Kaiser eingenommen hatte, ein nettes,
einfaches Holzhaus, mit einer kleinen Veranda seewärts. Der „Arthur"
aber kehrte auf die offene See zurück, um während der Nacht an
und abzustehen. Ich verbrachte die Nacht im Bezirksamt auf der
luftigen Veranda, um am anderen Morgen in der kühlen Frühe das

Inland besuchen zu können, und ich tat wohl daran, denn am folgenden Mittag herrschte im Schatten eine Temperatur von 35° C, so dass ich bei der angesichts des kurzen Aufenthalts pauselosen Arbeit einige Male auf kurze Zeit zusammenbrach.

Nauru, eigentlich richtiger Nau'uru genannt, ist ein richtiges, gehobenes Atoll, nahezu ein Kreis, von dem nur im Südosten ein spindelförmiges Stück weggebrochen ist. Als wir am Tage zuvor an der Westküste herunterfuhren, sah man allenthalben aus dem unteren Palmengürtel über dem Strande graue, haushohe Felsen aufsteigen, der ehemalige, eigentliche Inselring. Ihm galt in der Frühe des 1. April mein erster Besuch. Vom Meere aus kann man das Land in der Richtung über das Bezirksamt nordostwärts folgendermassen einteilen: Erst eine 200 m breite Riffplatte, bei Hochwasser bedeckt, dann ein 30 m breiter Sandstrand, welcher auf das 3 m hohe Land hinaufführt, auf dem das Bezirksamt steht. Diese unsere Ebene bis zum Fuss der senkrecht aufsteigenden Felsen ist ca. 300 m breit. Auf meinem Wege fand ich in der Strandebene mehrere breite Trichter, offenbar zwecks Wasseransammlung angelegt, und ungefähr 50 m vom Felsen entfernt, traf ich auf einen Wall von Mannshöhe, welcher offenbar zu einer Zeit entstanden war, als die Riffplatte noch so weit ins Land hinein sich ausdehnte. Weststürme kommen hier gelegentlich vor, und Herr Jung erzählte mir, dass Ende Oktober 1896 mehrere Tage lang ein solcher Orkan gewütet habe, dass die Seen bis ans Bezirksamt hinauf gereicht hätten. Ein Eingeborener sei damals am Strande von einer See gefasst worden, die ihn ins Meer hinausgetragen habe, und nur den Bemühungen seiner Brüder sei es gelungen, nach einiger Zeit ihn zu retten. So mag es wohl verständlich sein, wenn man 250 m vom Sandstrande entfernt auf einen Wall stösst, dessen Bildung ich schon bei Djalut verständlich gemacht habe. Man braucht also nicht gleich von mehreren Katastrophen in der Hebungsgeschichte von Nauru zu reden; es ist vielmehr wahrscheinlich, dass die Insel sich in der Hauptsache mit einemmal über den Meeresspiegel emporhob. Wenig Schritte hinter dem genannten Wall erblickt man schon die Felsen, welche senkrecht wie eine Mauer aus der Ebene emporsteigen, und zwar 15 m hoch. An der Stelle, wo ich sie erreichte, sind mehrere grosse

Höhlen in dem Riffkalk, von den Eingeborenen *Meóbwa* genannt. Mehrere recht stattliche Bäume beschatten die Eingänge, und auch von oben über der Felswand grüsst lustiges Grün herab. Ich stieg in die untere Höhle einige Meter tief hinein. Es war ein kleiner, niederer Raum von der Grösse eines mittleren Zimmers, und der Boden war mit Wasser bedeckt, das mit der Gezeit seinen Stand wechselte. Nicht Auswaschungen sind es durch Regen und Verwitterung, sondern vorgebildete Riffhöhlen, wie sie allen grösseren Korallenbildungen angehören. Der Inlandsee Arénibek, dessen Besuch ich sofort schildern werde, zeigte dasselbe Phänomen des Flutwechsels, ein Beweis dafür, dass die ganze Insel ein grosser Schwamm ist.

Wenige Schritte nördlich von den Höhlen ist in der Felswand eine Bresche, durch welche man in die Höhe gelangen kann. Hat man die 15 m Aufstieg zurückgelegt, so steigt man auf sanft abfallendem Gelände hinauf auf die Höhe des ehemaligen Inselringes, die mein Aneroid auf 33 m angab. Von hier aus sah man, da der mit Felsblöcken überschüttete Boden nur mit wenig Pandanusbäumen und niederem Gebüsch bestanden war, südwärts das grosse Meer und nordostwärts die zentrale innere Hochebene. Zwischen dieser und meinem Standpunkt war aber eine Einsenkung, ein Kessel von 1—2 km im Durchmesser, in dessen Grunde der Inlandsee Arénibek liegt. Wer sich für die Topographie der Insel interessiert, den verweise ich auf die anschauliche Karte, welche der Sekretär Eggert im dritten Bande der „Mitteilungen von Forschungsreisenden und Gelehrten aus den deutschen Schutzgebieten" im Jahr 1890 herausgegeben hat, sowie auf meine Abbildungen im Globus, Band 74, 1898, wo auch nähere Angaben sich befinden. Als ich auf der Höhe war, bemerkte ich schon einige schwarze, koksähnliche Steine von Hühnereigrösse, welche sich auf der sanft abfallenden Böschung dem Inlandsee zu mehrten. In der schmalen Ebene um den See herum war ein dunkler Sand wahrnehmbar, und die Bewohner des dort gelegenen Dorfes hatten davon auch schmutzige Beine, im Gegensatz zu den am Strande recht reinlich aussehenden Eingeborenen. Ich vermutete, dass es sich um vulkanische Auswürflinge handle, und die spätere Untersuchung im mineralogischen Institut zu Marburg durch Herrn

Geheimrat Bauer hat die Richtigkeit dieser Mutmassung bestätigt. Es ist zweifellos, dass diese Mulde, der einzige Rest der ehemaligen Atollagune, der letzte Teil eines alten Kraters ist, und dies ist auch nicht weiter wunderbar, da ja die Hebung der ganzen Insel nur durch vulkanische Kraft stattgefunden haben kann.

Leider blieb mir nicht die Zeit, um die ganze Umgebung des Sees, die Böschungen und die Höhen abzusuchen, ohwohl kaum anzunehmen ist, dass anstehende, vom Kalk unbedeckte Laven vorhanden sind.

Der See ist nur klein, ungefähr 500 m lang und 100—200 m breit, soll aber im Norden doch über 10 m tief sein. Dass er unterirdisch mit dem Meer in Verbindung steht, wurde schon erwähnt, und als ich ihn besuchte, war gerade Niedrigwasser, und ein grosser Teil des schlickigen Seebodens lag trocken. Den Eingeborenen dient der See nicht allein als Fischteich, sondern auch zum Wettsegeln mittelst ihrer Spielboote, ähnlich wie es von Apamama schon beschrieben ist. Nur waren hier die Fahrzeuge nicht so kunstvoll gebaut wie dort, die Segel waren nicht so gross und die Ausleger nicht so lang, und die beiden Stangen des letzteren sind nicht parallel laufend, sondern gekreuzt wie die fidjianischen. Die Tafel 16 zeigt eine Szene aus dem Inlanddorfe und in der Mitte auf dem Baumstumpfe ein Spielboot. Auch der Eingeborenen halber bedauerte ich, dass meine Zeit so beschränkt war, denn sie waren gerade damit beschäftigt, ihre Boote fahren zu lassen.

Da der Dampfer nachmittags seine Reise fortsetzte, musste ich wieder zurück und konnte nur von der Höhe aus nach der nördlichen Hochebene hinübersehen, die das ganze Innere der Insel erfüllt. Bald nach meinem Besuch hat man dort grosse Phosphatlager gefunden, worüber Herr Franz Hernsheim im 19. Band der „Mitteilungen der geographischen Gesellschaft in Hamburg" berichtet hat. Dadurch ist Nauru, das durch seinen reichen Kopraertrag schon immer ein gern besuchter Platz war, auch eine Goldgrube für die Jaluitgesellschaft geworden, welche sich mit einer englischen Gesellschaft, die ähnliche Phosphatlager auf dem nahen Bánaba besitzt, in die gemeinschaftliche Ausbeutung beider Inseln geteilt hat.

Anfangs machte die Verschiffung über das Riff hinweg, namentlich bei Seegang, enorme Schwierigkeiten. Seit aber europäische

Ingenieure einen Plan entworfen haben, welcher es ermöglicht, eine
Drehbrücke 60 m weit ins Meer hinauszuschwingen, so dass das
Schiff direkt unter den Brückenkopf fahren kann, ist es möglich,
durch ein Paternosterwerk 1000 Tonnen Phosphat in der Stunde
zu laden, gegen 250 früher während eines Tages. Die Entstehung
des Phosphatgesteins ist auf Seevögel zurückzuführen, welche ihren
Guano auf diesen ihren Brüteplätzen niedergelegt haben. Das in
den Exkrementen lösliche Phosphat sickert mit dem Regen in das
Korallengestein und bildet so phosphorsauren Kalk, welcher sich
in den Spalten und Höhlen des ausgelaugten Gesteins in Form
von glatten Kieseln und Sand sammelt. Dieser Sand und Kies
wird dann durch neues gelöstes Phosphat verzementiert, und so
entstehen oft mächtige Konglomeratblöcke. Dies mag hinreichend
sein, um die Geographie und den Aufbau von Nauru verständlich
zu machen.

Wie eigen berührte es mich, als ich zwei Jahre später die Insel
Curaçao in Westindien an Bord S. M. S. „Stosch" besuchte, ein
mächtiges, gehobenes Atoll, dessen Inselring Berge von vielen
hundert Meter Höhe aufweist, und in dessen trocken liegender
Lagune ich eine Reihe parasitischer Vulkane, aus alten Diabasen
bestehend, entdeckte. Waren doch daselbst an der Südseite auch
grosse Phosphatlager, deren Besuch jedoch aus kaufmännischen
Gründen verboten war!

Was die Eingeborenen von Nauru betrifft (Tafel 17 und
Bild 69), so ist über dieselben nur wenig, abgesehen von den oben
genannten Arbeiten, durch Finsch und Sonnenschein bekannt
geworden. Dass sie ehemals sehr streitsüchtig waren, und Kriege
unter ihnen unausgesetzt tobten, wird allgemein berichtet. Besonders
waren es aber weisse Händler, welche sie in ihren Feindseligkeiten
unterstützten und gegenseitig schlimme Fehden ausspannen, worüber
der schon erwähnte Louis Becke in seinem Buche „Reefs and
Palms" sehr unterhaltend berichtet hat. Wie dem auch sei, seitdem
der „Eber" unter Kapitän Emsmann die Nauruaner entwaffnet hat,
gehören sie zu den friedlichsten Leuten, die man sich denken kann.
Ja es sind ihnen Tugenden eigen, welche sie vorteilhaft vor ihren
gilbertinischen Verwandten hervorheben. Besonders ist es ihr an-
mutiges, gefälliges Wesen, welches schon den früheren Walfängern

Bild 69. Kinder von Nauru.

zusagte, weshalb die Insel ihren Beinamen „Pleasant Island" mit
Recht verdient, und sich bis heute bei den Engländern und Englisch
redenden Deutschen bewahrt hat. Wurden doch die ehemaligen
Besucher von den Weibern am Strand empfangen, eingeholt und
mit Triumphgeschrei in die Dörfer geführt. Und dabei sind die
Nauruanerinnen durchaus nicht unzüchtig, obwohl sie wie die Gilbertinerinnen vor der Hochzeit frei sind. Was sie aber vor ihren
östlichen Schwestern besonders auszeichnet, ist die Treue im Ehe-

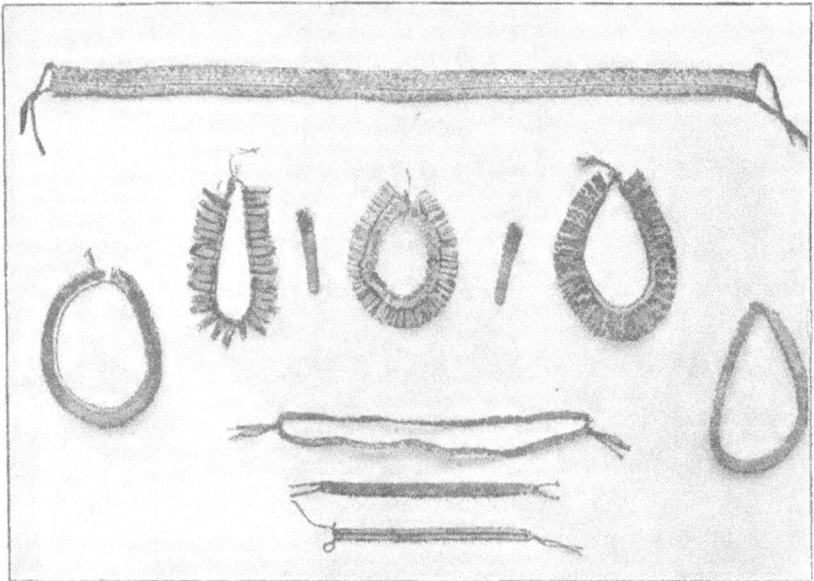

Bild 70. Schmuck von Nauru. I.

stande, welche nicht durch den *ubudu* erzwungen zu werden braucht.
Die Naurufrauen sind deshalb berühmt in der Südsee, und wer
sich von den Händlern eine Eingeborene heimholen will, wendet
gerne den Blick nach Nauru. Aber auch die Männer sind ihren
Frauen im Gegensatz zu den Gilbertinern treu und tragen während
der Schwangerschaft ihrer Ehehälften häufig einen Gürtel als Zeichen
der Enthaltsamkeit, wie er oben auf Bild 70 sichtbar ist. Zur
selben Zeit müssen sie sich gewisser Speisen, z. B. der Tiefwasser-
fische, enthalten, dürfen keine schweren Lasten heben, kein starkes
Geräusch machen usw., aus Angst vor Missgeburten.

Tafel 17 (siehe Seite 446). Eingeborene von Nauru.

Das Mutterrecht herrscht auch hier. Die Kinder gehören zum Stamme der Mutter, und nur bei Ehescheidungen hat der Vater einen Anspruch auf die Knaben. Im ganzen gibt es auf der Insel zwölf Stämme, welche auf der Eggertschen Karte ihren Wohnplätzen gemäss eingetragen sind. Endogamie innerhalb des Stammes ist ausgeschossen. Das Vermögen des Vaters erbt der Sohn, wenn er sich gut führt, und die Mädchen pflegen die Mutter zu beerben. Das Vermögen der Frau besteht in Schmuck, Hals- und Armbändern, Matten usw., welche auf die älteste Tochter vererbt werden. Sind keine Mädchen da, so werden die Sachen vernichtet. Unbewegliches Eigentum gehört beiden Ehegatten. Manchmal sollen aber auch die Erstgeborenen den Grossvater beerben, dessen Kinder dann leer ausgehen. Der Nachfolger eines Häuptlings ist nämlich meist der Enkel, und deshalb pflegt eine Häuptlingstochter, da sie dem Stamm der Mutter angehört, in den Stamm des Vaters zu heiraten. Die Verlobung der Kinder findet oft schon bei der Geburt statt, ohne jedoch immer zur Ehe zu führen. Eine besondere Feier wird dabei nicht abgehalten, dagegen bei der Vermählung ein Essen, wobei der Taburik ausgeschmückt wird. Dieser Taburik, gleichbedeutend mit dem gilbertinischen Tabuariki, hat hier wie dort in Steinen seinen Sitz, denen Kokosnüsse und andere Essgaben geopfert werden. Bei der Hochzeitsfeier erhält und gibt jeder Teilnehmende Geschenke, ebenso bei der Geburt des ersten Kindes. Eine eigentümliche Anschauung herrscht über Zwillinge getrennten Geschlechtes, da man annimmt, dass sie im Mutterleibe Unzucht treiben, und da die Inzucht mit Strafen nach dem Tode bedroht ist und Ausstossung aus dem Elysium, so wird das männliche Kind meist als Sühne getötet. Vielleicht mag auch der Grund sein, dass das nahe Zusammensein von Bruder und Schwester im Mutterleib als ungehörig gilt. Uneheliche Kinder sind verpönt. Meist folgt die Frau dem Manne in sein Haus, doch kommt auch das Umgekehrte vor. Vielmännerei kommt vor, häufiger jedoch Vielweiberei, wobei die zuerst Geheiratete als Vorsteherin gilt, und auch nur die Kinder dieser als vollberechtigt gelten. Adoption ist geübt, namentlich bei kinderlosen Familien. Die Ehen gelten als gut, und Selbstmord aus Trauer soll nicht so selten sein. Das Recht der Ehescheidungen gebührt den nächsten Familienangehörigen der

Krämer, Hawaii.   29

Ehegatten. Unfruchtbarkeit ist kein Grund, da Adoption ja zulässig. Schwierigkeiten sind aber meistens nicht vorhanden, eine Ehe zu scheiden. Leider wird von diesem Rechte von der jüngeren Generation häufig Gebrauch gemacht, namentlich nachdem Eingeborenenmissionare von den Gilbertinseln es so schlimm mit den Naurumädchen getrieben hatten, dass sie von der Bevölkerung getötet worden wären, wenn die Regierung es nicht verhindert hätte. Sie mussten die Insel verlassen. Stirbt ein Ehemann, so hat dessen Bruder das erste Anrecht auf die Witwe, und darf sie nur mit Einwilligung dieses eine neue Ehe eingehen. Dagegen herrscht hier nicht die Gilbertsitte, dass ein Mann über alle Schwestern seiner Frau verfügen kann.

Es gibt Häuptlinge, einen Mittelstand und Sklaven. Die ersteren haben keine grosse Macht und sind ihnen nur die Sklaven unbedingt untertan, welche auch ohne ihre Genehmigung nicht heiraten dürfen. Bekommt aber ein solcher die Erlaubnis zur Heirat mit einer höheren Frau, so wird er frei. Abgesehen von den Sklaven ist jeder Mann auf Nauru Grundbesitzer, und wenn er auch, wie das Sprichwort sagt, nur so viel besitzt, dass er gerade darauf sitzen kann. Stirbt ein Häuptling, so wird er in der obersten Sandschicht seines Hauses beerdigt. Man nimmt aber zum Aufschütten nicht die ausgegrabene Erde, sondern andere. Später gräbt der Erstgeborene den Schädel seines Vaters aus, und ist dieser dann Gegenstand der Verehrung seitens der Familienangehörigen. Wie es Wilkes von den Gilbertinseln berichtet, so wird auch hier der Schädel zeitweise mit Öl eingerieben, mit Blumen geschmückt und mit Muschelketten behängt. Auch wird er auf Reisen mitgenommen und in Gefahr angefleht.

Solche Häuser, in denen Häuptlinge beerdigt sind, gelten als Zufluchtsstätten, als Asyl für Verbrecher. Denn Blutrache wird ausgeübt, sei ein Mord absichtlich oder unabsichtlich begangen. Auch rechnet zu den Verbrechen Ehebruch, namentlich mit Häuptlingsfrauen, oder Zauber gegen Personen höheren Ranges. Die Ausübung der Blutrache kommt dem ältesten Familienmitgliede zu und richtet sich je nach der Schwere des Falles gegen den Übeltäter selbst, gegen seine Familie oder gegen seinen Stamm. Für einen Mörder ist es ein besonderes Glück, wenn in der Familie des Getöteten kurze Zeit nach der Tat ein Kind geboren wird, da er dann mit Bezug darauf erfolgreich um Gnade flehen kann. Meist pflegt indessen die Familie des Dahingegangenen als Erbstück sein Land zu verlangen. In leichteren Fällen, wobei Trunkenheit durch gegorenen Palmwein als Milderungsgrund gilt, kann ein Ausgleich durch Abtreten von Sklaven erzielt werden. Die Versöhnung wird meist durch ein Festessen gefeiert, manchmal auch durch eheliche Verbindungen der beiden in Mitleidenschaft gezogenen Familien. Leichtere Strafen bestehen in Kokosnüssen, Matten oder sonstigem Besitz. Die Häuptlinge sind Schiedsrichter und pflegen die Strafe stets nach der Höhe der beleidigten Person zu bemessen. Beihelfer trifft dieselbe Strafe wie die Täter, der Versuch ist indessen straflos. Bei Ehebruch wird die Ehe getrennt. Meist muss der Ehebrecher die verführte Frau zu sich nehmen. Zuweilen kommt ein Austausch der Frauen zustande. Merkwürdig ist, dass der Diebstahl hier im allgemeinen beim Volke nicht bestraft wird. Es gilt der Grundsatz: Wie du mir, so ich dir.

Schlaue Diebe erfreuen sich des Ruhmes. Auch Notzucht und Abtreibung sollen straflos sein, widernatürliche Unzucht fehlt ganz.

Natürlich führt die Blutrache häufig zu langdauernden Kriegen zwischen zwei Stämmen, wobei viel Verrat geübt wird, obwohl man den Verräter mit dem Tode bestraft. Die Weiber tragen im allgemeinen den Streitenden Nahrung und Waffen zu, und die des Inlanddorfes sollen regelrecht mitkämpfen. Nur zur Zeit der Regel ist ihnen eine Beteiligung im Kampfe untersagt. Ebenso war es den Streitenden verboten, vor dem Kampfe mit einer Frau zu verkehren oder Fische zu essen. Die Bewaffnung war ähnlich wie auf den nördlichen Gilbertinseln; Speere, Kappen und Panzer aus Rochenhaut waren am meisten im Gebrauch.

Besondere Beliebtheit erfreut sich auf Nauru der Fregattvogelfang. Nirgends findet man die Liebe zu diesen Vögeln so ausgeprägt wie hier. Viele Häuser am Strande sitzen von den gezähmten Vögeln wirklich voll, wie die Geier in Amerika, und die Eingeborenen füttern sie mit fliegenden Fischen und anderem Meeresgetier ungeachtet des eigenen Magens. Hungert der Nauruaner doch lieber selbst, als dass er seinen Liebling darben liesse. Innerhalb der Dörfer trifft man oft Schritt für Schritt auf kleine

29*

Gestelle *(danang)*, auf welchem ein Fregattvogel *(idji)* sitzt. Er ist
mittelst einer Schnur *(oan)* am Flügel gefesselt, und diese Schnur
ist nicht am Pfahl festgebunden, sondern trägt nur zur Beschwerung
einen Holzklotz *(kapanga)*. Zu gewissen Zeiten, wenn sich fremde
Fregattvögel zeigen, ziehen die jungen Männer einer Dorfschaft
zum Fang aus. Ein Platz nahe dem Strande wird abgeholzt und
und eingezäunt. Jeder Jäger lässt nun seinen Vogel, den er an

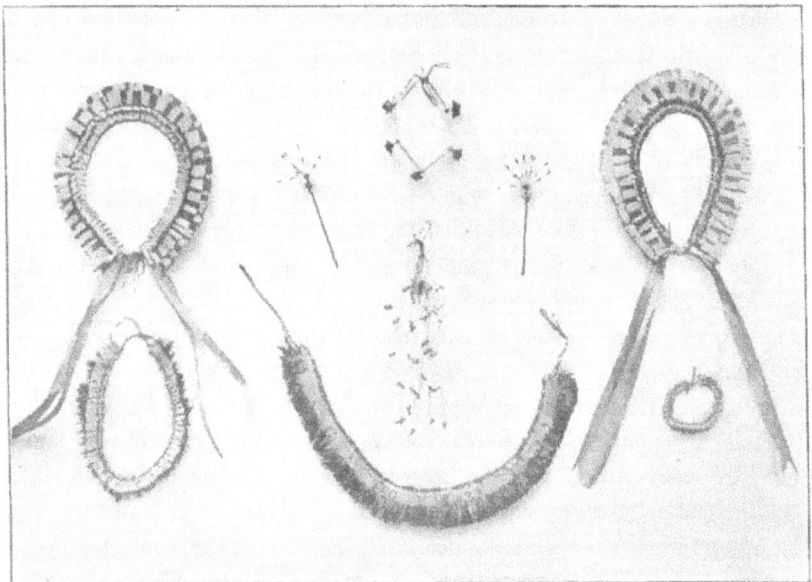

Bild 71. Schmuck von Nauru. II.

gewissen Zeichen unter den Schwungfedern der Flügel leicht erkennt, fliegen, um die fremden Tiere anzulocken. Kommt ein solches
in Schussweite, dann wirft er einen Stein mit der Leine auf den
Fremdling, und wenn es gelingt, ihn aus der Luft zu stürzen, so
ertönt endloses Jubelgeschrei. Wie besessen tanzen die Jungen am
Strande herum, schreiend, sich die Kleidung vom Leibe reissend
und Schmähworte gegen den benachbarten Tisch ausstossend.
Dreissig Vögel müssen gefangen sein, ehe der Sieg errungen ist und
die Jagdgesellschaft den Platz verlassen darf, dessen Betreten allem
Weiblichen strenge verboten ist. Und damit jeder Jäger leicht

kenntlich ist, muss er sich einen schwarzen Ring in das Gesicht hineinmalen, welcher Augen, Mund und Nase insgesamt einschliesst.

Von Spielen findet man die Schaukel, die Ballspiele usw., wie ich sie schon von Nonuti beschrieben habe. Besonderer Be-

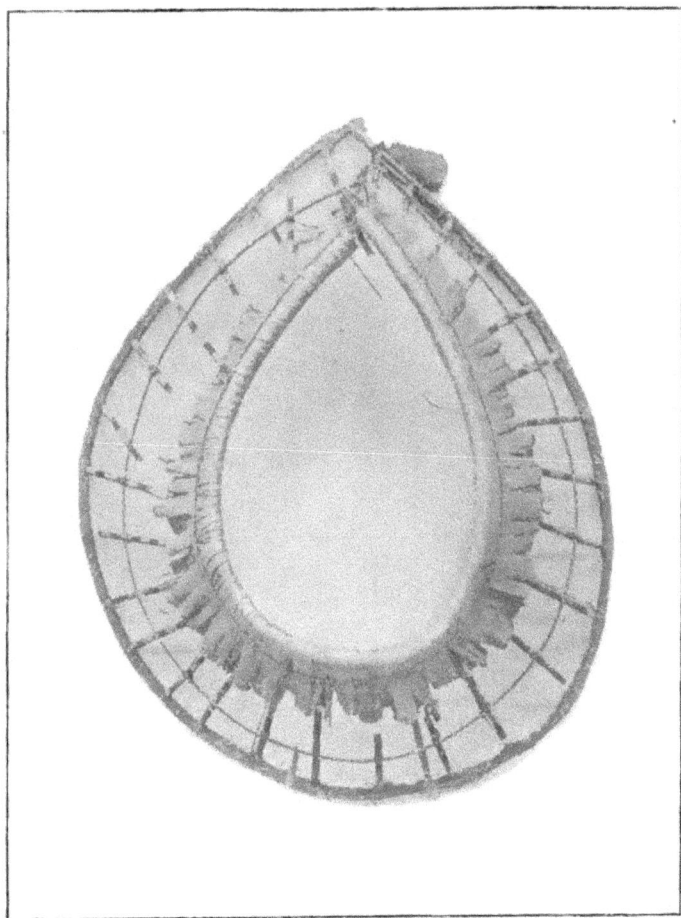

Bild 72. Tanzgürtel.

liebtheit erfreuen sich auch hier die Tänze, von denen man freilich sagt, dass sie neuerdings von den Gilbertinseln eingeführt seien und auch nicht in der Naurusprache sich bewegten. Nur ein Tanz sei in Wort und Ausführung eigentümlich, welcher bei der ersten

Menstruierung einer Häuptlingstochter gesungen werde. Dann ziehen
Männer und Weiber zum Strande und tanzen dort einander gegenüber, zeitweise die Grasröcke vorn und hinten hochhebend und sich
dem gegenseitigen Anblicke preisgebend. Dass aber alte, eigenartige Tänze vorhanden sein müssen, beweist der überaus niedliche
und zierliche Tanzschmuck des Bildes 71 und der Leibring Bild 72,

Bild 73. Boot und Haus auf Nauru.

von mir eingetauschte Gegenstände, wie sie mir weder von den
Gilbert- noch von den Marshallinseln bekannt wurden.

Mehr Anlehnung an die Gilbertinseln zeigen die Halsketten
der Bilder 70 und 71, und nur das mittelste auf dem ersteren aus
Fregattvogelfedern verrät auch hier die Eigenart. Andererseits
weisen die Halsbänder aus den roten Spondylusscheiben, welche
Muschelschalen neuerdings durch den „Arthur" von den Ellice-
inseln (Nanumea) hier eingeführt werden, auf die Ralik-Ratakinseln hin, wie auch die Bezeichnung *mar* andeutet. (Auf Djalut
maramar.)

Fig. 45. Boot von Nauru.

Auch die Häuser zeigen eine gewisse Anlehnung an die Marshallinseln, denn ein Hängeboden mit einem Einsteigeloch ist fast allenthalben vorhanden, und die grossen Versammlungshäuser fehlen.

Andererseits weisen die Boote, wie aus der Fig. 45 und Bild 73 hervorgeht, deutlicher auf die Gilbertinseln hin, wenn auch melanesische Einflüsse hier nicht zu verkennen sind.

Leider gibt die fast ganz fehlende Tatauierung keinen Aufschluss; es sollen nur Linien auf den Armen vorkommen, wie auf Makin. Ich sah auch diese nicht. Berücksichtigt man aber die Kleidung aus Baströcken, den Leib- und Halsschmuck aus Menschenhaaren, die Zahnhalsbänder und den Schädelkultus, die Käppchen und Halsschlingen der jungen Mädchen bei der Menstruation, die Ähnlichkeit der Matten und ihrer Ornamente, die Fechtkappen, den ausgebildeten Fregattvogelfang, die Aalschlinge usw., so kann kein Zweifel mehr sein, dass die Nauruaner nur ein abgezweigtes Glied der Gilbertiner sind.

Einen besonderen Beleg hierfür bringt auch noch die Sprache. Es sei hier nur die Zusammenstellung der Pflanzennamen gegeben.

Latein	Marshall	Gilbert	Nauru
Sida	merlap	te góura	youra
Triumfetta	adád	te giau	giau
Scaevola	kanot	te mau	émmed
Morinda	niun	te non	te nono
Pandanus	bob	te dou	eb'bó
Brotfrucht	mé	te mä	mä
Kokospalme	ni	te ni	ini
Fragraea	wut	te uli	gáuwe

Daran schliessen sich noch verschiedene Bäume, z. B. Calophyllum io, dessen Früchte bánio (bában Same) ein Öl liefern, welches gegen den Schuppenringwurm egómogom (Marsh. gogo, Gilb. te kune keaki) mit Erfolg gebraucht wird; Hibiskus ebane, Terminalia (Mandelbaum) teddo oder ebawa, Ipomoea, iréegogo, Baum mit Flügelfrucht téoeop. wohlriechende Pflanze tibénna, Baum an der Grotte daeo usw.

Aus den übereinstimmenden Pflanzennamen darf man nicht den Schluss ziehen, dass die Gilbert- und Nausprache sich

sehr ähnlich wären. Mit Ausnahme einiger weniger Worte herrscht
eine so gründliche äussere Umlautung, dass man nur schwer die
Wortstämme wieder findet, soweit solche überhaupt noch überein-
stimmend vorhanden sind. Trotzdem kann aus der obengenannten
Gleichheit von Sitten und Gebräuchen nicht der mindeste Zweifel
walten, dass Nauru in früherer Zeit in der Hauptsache von den
Gilbertinseln aus bevölkert worden ist.

Zehntes Kapitel.

Rückkehr nach Samoa [1] über Sydney, Neu-Kaledonien und Fidji.

Die Fahrt von Nauru nach Sydney dauerte zwölf Tage, und der Aufenthalt in letzterer Stadt zwei. Gerne wäre ich hier einige Zeit geblieben, nicht allein um mich in dem subtropischen Klima zu erholen, sondern auch um alte Bekannte und Plätze wieder zu sehen, die ich während eines mehrmonatigen Aufenthaltes auf dem „Bussard" im Jahre 1894 hier kennen gelernt hatte. Dasselbe Kriegsschiff war nun gerade auch wieder hier, und ich benützte die Gelegenheit, um die Mitnahme einiger wertvoller Privatinstrumente mitzugeben, weil ich sie an Bord des Kriegsschiffes sicherer wähnte als auf einem Handelsschiff. Aber die See vereitelte diese Hoffnungen, denn sie wusch beim Auslaufen aus dem Sydneyhafen meine Kisten vom Deck des „Bussard" herab. Ich selbst benützte die erste Gelegenheit, um mit einem Kohlendampfer nach New Castle zu fahren, da ich hörte, dass dort am Freitag, den 15. April, ein Viehdampfer nach Numea fällig sei. Die Wohlgerüche des Orients umgaben mich zwar nicht auf der weiteren Fahrt, da ich auf dem Deck immer mitten unter den Hammeln sitzen musste, aber das Essen war doch weit köstlicher als auf dem „Arthur", der so ziemlich das Schlimmste geboten hatte, was ein englischer Dampfer zu leisten vermag. Sechs Tage dauerte die Überfahrt von New Castle nach Numea, und so befand ich mich erst am Donnerstag, den 21., in

---

[1] Beachte bei Aussprache des Samoanischen, dass $g = ng$ gesprochen wird, und der Hauch ʻ einen Vokal von anderen mit starkem Absatz trennt, z. B. $fáʻi = fa—i$.

Neu-Kaledonien.

Diese Insel genauer zu erforschen, hatte mir immer besonders interessant geschienen. Denn nicht allein ist die Pflanzen- und Tierwelt hier recht eigenartig, auch die Eingeborenen sind als der südlichste Zweig des melanesischen Stammes besonderer Aufmerksamkeit wert. Aber schon in der Hauptstadt Numea sah ich, mit welchen Schwierigkeiten dies verbunden war. Es ist eine französische Stadt, wie man sie in Südfrankreich ebensogut sich denken könnte. Zwar sah man auf der Strasse, besonders bei dem Abendkonzerte, einige schwarze Kindermädchen in langen Musselingewändern, Poppinées, wie sie von den Franzosen genannt werden, sonst war aber nichts von Eingeborenen zu bemerken. Auch in der Umgebung gibt es keine Dörfer, und der nächste Urwald ist mindestens einen halben Tagritt entfernt. Dabei zeigten sich die Behörden nicht gerade entgegenkommend; z. B. liessen sie mich um einen Jagdschein zwei Tage lang mehrstündlich antichambrieren. Ein französischer Marinearzt, welcher im selben Hotel Sebastopol mit mir wohnte, machte mir nicht einmal einen Gegenbesuch, und nur der Leiter des einheimischen, ethnographischen Museums, Herr Besnier, gemahnte an die gerühmte französische Liebenswürdigkeit. Zwei Säle hatte er in einem einstöckigen Hause nahe dem Hotel unter seiner Leitung, und diese waren angefüllt mit Gegenständen vornehmlich von Neu-Kaledonien und den Neuen Hebriden, leider aber fast alles unetikettiert. Wie klagte der arme Herr über das Unverständnis der französischen Beamten und Offiziere, die er nur mit Mühe davon zurückzuhalten vermochte, sich wie aus einem Kaufladen, oder vielmehr aus einer Rumpelkammer Gegenstände zur Ausschmückung ihrer Wohnungen zu holen. Herr Besnier bewies die alte Wahrheit von neuem, dass Wissenschaft die Menschen verbindet, wenigstens die fremder Sprachen. Am wenigsten Hilfe fand ich bei einem Landsmann, einem Kaufmann, an den ich besondere Empfehlungen hatte; er liess mich später glänzend sitzen. Ich war nämlich von der Westküste von Numea aus mit meinem Halbblutdiener Paul Letard sechs Stunden nordwärts nach La Foi gefahren, um von dort aus die Insel zu durchqueren und an der Ostküste den Dampfer meines

Beschützers zu erwarten. Ich kam auch zu richtiger Zeit dort an, aber da ich vor Mangrovengebüsch die Reede nicht sehen konnte, fuhr der Dampfer wieder unbekümmert um mich ab. So blieb mir nichts anderes übrig, als wieder über das hohe Gebirge zurückzumarschieren. Nun, ich hatte wenigstens das Vergnügen, erneut die Urwälder von Neu-Kaledonien zu durchstreifen und mit einigen Libérés, den nach guter Führung entlassenen Sträflingen der Verbrecherkolonie Neu-Kaledonien, als Trägern in diesen Wäldern zu kampieren und zu übernachten. Ich hatte dabei das wirkliche Glück, in einem tiefen Waldtal auf einem isolierten Kegel ein noch fast ganz unberührtes Eingeborenendorf zu finden, wo die Männer noch in ihrer ursprünglichen Tracht, einem Stück weissen Rindenzeuges um die Pars pendula des Membrum gebunden, einherstolzierten; und in Kanala an der Westküste hatte ich eine *nagonda*-Grünsteinkeule, der Stolz jedes Sammlers, für 100 Franken erbeutet. Noch manches Interessante hätte ich hier zu erzählen, aber das geringe Ergebnis meines vierzehntägigen Aufenthaltes bei dem aufgelösten Zustande des Eingeborenenvolkes und der schlechten Unterstützung meiner insularen Wirte berührten mich zu traurig, als dass ich meine Gefühle noch hier näher preisgeben möchte. Bin ich doch auch ohne eigene Bilder aus diesem Lande gezogen, da meine in Sydney gekauften, eigens für den Zweck gewählten, angeblich frischen Kodakrollen ihren Dienst versagten. So reiste ich am Donnerstag, den 5. Mai mit einem Dampfer direkt nach **Fidji** und von dort nach einem mehrtägigen Aufenthalt in Suva und Levuka nach

Samoa.

Schon in Suva war ich übrigens mit Samoanern in Berührung gekommen. Nach dort pflegten zahlreiche Samoaner auszuwandern, wenigstens für einige Jahre, vielleicht, um sich freier bewegen zu können, ungebundener als es im eigenen Lande möglich war, besonders aber, um sich in der Fremde etwas Geld zu verdienen, da ihnen dort nicht die Anverwandten auf der Haut sitzen und alles sofort wieder abnehmen. In Suva lebte damals auch Laloifi von Iva auf Savai'i, eine *taupou* von hoher Geburt, welche ich schon im Jahre 1894 zu Apia kennen gelernt hatte. Sie war eine der besten samoanischen Tänzerinnen gewesen und schien auch auf Fidji Anerkennung gefunden zu haben, denn ihre Finger waren nicht minder mit Gold und Edelsteinen geschmückt als die einer europäischen Prima Ballerina. Und auch auf dem Dampfer, der mich von Levuka nach Samoa brachte, traf ich eine Schar heimkehrender Samoaner, darunter Tuitofá von Iva, ein Mädchen von gleichfalls guter Geburt. Diese Samoaner fuhren als Deckspassagiere, und es gewährte mir manche Unterhaltung, mich zu ihnen zu setzen, mit ihnen zu plaudern und ihren Liedern zu lauschen. Von Tuitofá lernte ich den Gesang, welcher von der Samoanertruppe Ende des Jahres 1895 im Berliner Panoptikum gedichtet worden war, offenbar ein Liebeserlebnis, wie die folgenden Verse zeigen. Ich füge die eigenartige Melodie als ein Beispiel samoanischer, moderner Melodik hinzu:

1. Aua iloa lava,
Ae te'a i le vasa,
Tau 'o le tepa le gagana,
'Oe le pele i 'upu, le pele i tala,

'Ua alu ia i lo'u agaga.

1. Längst weiss ich,
Dass ich aufs Meer fort muss,
Sieh her auf meine Rede,
Du bist der Liebste im Wort,
        der Liebste im Gespräch,
Du zogst in meine Seele ein.

tali:

Tofá sole'oe,
Lau amio mamoe,
'Ou te manatu ia te'oe,
'Ua lémafai ona 'aumoe
I le tu'i momomo o le loto 'e!

Refrain.

Leb wohl, Freund du,
Dein Wesen ist sanft,
Ich denke an dich,
Ich kann darüber nicht schlafen
Bei dem Drängen und Schlagen
        des Herzens!

2. Tofá lo'u pele,
Folau loto tele,
A'o aonei 'ua'ou samemo,
'Ua a'u fa'anoa i le nu'u'ese,

Ma s'ou fatu malepe.

2. Leb wohl, mein Liebster,
Ich reise mit schwerem Herzen,
Und ich bin sehr betrübt,
Ich werde traurig sein an dem
        fernen Ort
Und mein Herz zerbricht.

3. Na tagai i le casa,   3. Ich wende mich zum Meere,
Pupula mai le moana,   Her glänzt die blaue See
Faʻapea le lauri o mata,   Gerade wie der Stern des Auges,
ʻUa tusa ma se maʻa soama   Gleich wie ein Edelstein
I totonu o le tatofana.   Inmitten im Abschiednehmen.

Folgende Melodie ist für Vers und Abgesang.

To - fá so-le ʻo - e lau   á - mi-o   ma - mo - e

ʻO-u   te manatu i - a te   ʻo - e   ʻU-a léma-fai on-a ʻau

mo - e   I le tu-ʻi-mo-mo-mo o le lo - tó - e

Die Musik ist ja allerdings stark von der der Weissen beeinflusst, aber immerhin ganz hübsch!

Als das Schiff im Hafen von Apia angelangt war, kannte ich
Lied und Weise schon völlig in- und auswendig. Wie ich nun, um
Abschied zu nehmen, noch Tuitofá aufsuchte, fand ich sie von
Tränen überflutet, und als ich nach dem Grund frug, erklärte mir
ihre Umgebung, dass sie eben die Nachricht von dem Tode ihrer
Mutter erhalten habe. Ich ging hin zu ihr, reichte ihr die Hand
und sprach ihr mein Beileid aus, worauf sie zu meiner Verwunde-
rung mit von Tränen ersticktem Lachen ausrief: „Das macht gar
nichts, das ist eine lustige Sache." Nichts kennzeichnet trefflicher
die Gemütsart der Polynesier, die mit ihrer Trauer anderen nicht
lästig fallen wollen. Man sieht, dass gesellschaftliche Lügen dort
mehr noch im Schwange sind als bei uns. Also lügen auch wir
ruhig weiter, es ist natürlich. In Wirklichkeit dauert ihre Trauer
auch nie lang, und „Aus den Augen, aus dem Sinn" gilt für sie leider
nur zu sehr. Deshalb verlassen mit Samoanerinnen verheiratete

Europäer Samoa nur sehr ungern, denn wenn sie nach langer
Reise wieder zurückkehren, finden sie ihr Haus meist leer und den
Hausstand aufgelöst.

Kurze Zeit nach der Ankunft befand ich mich wieder in meinem
Haus in Sogi, wo ich Thilenius antraf, der von Neu-Seeland
unverrichteter Dinge zurückgekehrt war, da die Brütezeit der
Tuataraeidechse bei seiner Ankunft im November schon vorbei
gewesen war. Er plante eine neue Unternehmung für den kommenden September und hatte beschlossen, die Zeit bis dahin, einer
Einladung des Kommandanten von S. M. S. „Falke" folgend, zu
einer Kreuztour in Melanesien zu benützen. Erst hatte ich dazu
auch grosse Lust, gab aber die Sache bald wieder auf, da zwei
Forscher mitzunehmen für einen kleinen Kreuzer doch allzuviel verlangt war. Es war ein Glück für mich, denn so konnte ich mich
ganz auf Samoa konzentrieren. Alsbald machte ich mich fertig,
um die östliche Inselgruppe Manu´a zu besuchen, da mich Herr
Kapitän Fischer eingeladen hatte, auf seinem Kutter „Waratah"
die Fahrt dorthin mitzumachen, wofür er nur eine Kiste Bier als
Entschädigung verlangte. Wir waren rasch handelseinig, und zehn
Tage nach meiner Ankunft, am 27. Mai, verliess ich von neuem
Apia. Die „Waratah" war nur ein kleines Fahrzeug von 25 Tonnen,
und da während der ganzen Fahrt gegen den Passat angekreuzt
werden musste, so waren die folgenden Tage nichts weniger als
angenehm. Wohl war es herrlich, an der Nordküste von Upolu
und Tutuila entlang zu segeln, aber wenn man fünf Tage lang,
einschliesslich des fröhlichen Pfingstfestes, auf dem heissen, kleinen
Deck eines solchen Fahrzeuges verbringen muss, so stumpft auch
die schärfste Begeisterung ab. Und nachts, was war das für ein
Schlafen! Der einzige trockene Platz war, wenn man nicht die
heisse, kleine Kajüte aufsuchen wollte, der Aufbau über dem Nieder-
gang zu derselben. Auf diesem lag ich denn auch, aber nur auf
dem Rücken oder auf dem Bauch, denn wenn ich mich auf die
Seite legen wollte, und der Baum ging beim Wenden über, so kam
ich in Gefahr, in die See geschlagen zu werden. Lag ich aber auf
dem Rücken, so war mein einziger Halt eine 5 cm hohe Leiste, an
die ich mich instinktiv während des Schlafes wie ein Affe mit den
Zehen und Fingern anklammerte, wenn das Schiff überholte. Wie

begrüssten wir freudig die starren Wände von 'Ofu und den luftigen
Rücken von Olosega, und wie jubelte die Seele, als das Schiff
am 1. Juni an der Nordkante des Korallenriffs zwischen beiden zu
Anker ging.   Bild 74 zeigt das hohe westliche 'Ofu mit seinen
spitzen Zacken von der Südküste von Olosega aus.   Etwas weiter
östlich von der Stelle, von der die Photographie aufgenommen wurde,
liegt an der Südküste der Insel Olosega das Dorf Olosega,

Bild 74. 'Ofu von der Südküste von Olosega aus. Im Vordergrund
Eingeborene mit spinnwebbesetzten Angelhaken Hornhechte fischend.

wo der Oberhäuptling, Tuiolosega genannt, seine Residenz hat.
Die beiden Inseln, welche annähernd gleich hoch sind, liegen in
gerader Verlängerung voneinander und sind durch eine flache
Korallenrifflagune verbunden. In der Tat fehlt nur wenig, um sie
beide für eine Insel anzusprechen. Politisch war jedoch ein grosser
Gegensatz hier in alter Zeit vorhanden.

Das stärkere Olosega nämlich suchte stets seine Nachbarinsel
'Ofu unter seine Botmässigkeit zu bringen. Deshalb rief der König

von 'Ofu, der Tui'ofu, die Hilfe von Taú, der dritten Insel von Manu'a, an, welche ihm viele Jahre lang gewährt wurde. Eines Tages aber zogen sich diese Bundesgenossen zurück, und nun war das schwache 'Ofu der Willkür von Olosega preisgegeben. Schlacht auf Schlacht ging verloren, und als die 'Ofuleute nach dem äussersten Westkap zurückgedrängt waren, dem eine hohe Felseninsel, Lenu'u genannt, vorgelagert ist, beschloss der Tui'ofu, diesen seinen Titel aufzugeben und seinen gewöhnlichen Namen Fo'isia wieder anzunehmen. Stark und streitbar wie er war, wollte er sich nicht ergeben, und deshalb schwamm er, als alles verloren war, nach dem Felsen Lenu'u hinüber, um dort stehend wie ein Held zu sterben. Wenn die Samoaner diesen Felsen passieren, so zeigen sie auf eine Steinsäule hoch oben, welche über das Massiv hervorragt, und sagen, dass es der versteinerte Fo'isia sei, der hier stehend seinen Wunden erlag. Seit jener Zeit wird der Titel Tui'ofu nicht mehr vergeben.

Als ich im Hause des Tuiolosega auf Olosega mich befand, hörte ich auch dort eine Kriegsgeschichte, welche sich auf einem eigenartigen Felsvorsprung über dem Dorfe abspielte. Der Grat steigt dort langsam von der Zwischeninselniederung zur höchsten Spitze von Olosega empor, auf der das Dorf Siliuta liegt. Der bizarre Felsvorsprung auf dem genannten Grate wird Nu'utoá genannt, der „Kriegerplatz". Dort hauste nämlich, als Olosega hart von den Taúleuten bedrängt wurde, ein starker Kämpe namens Pa'ó. Die Lebensmittel waren knapp, und das Trinkwasser mangelte vollständig. Pa'ó gebrauchte deshalb die List, dass er sich eine Plattform baute, auf der er sich täglich im Winde vor den Augen der tief unten lagernden Feinde die nassen Haare trocknen liess, um den Anschein zu erwecken, als ob reichlich Wasser ihm zur Verfügung stehe. Dieses konnte er aber nur dadurch erhalten, dass er den Urin der Kinder auffing. Die List war umsonst, denn die Taúleute zogen nicht ab, und da er seine Krieger auch nicht dazu vermochte, den Feinden entgegenzutreten, so stürzte er sich aus Gram in die Tiefe.

Olosega ist ausserdem noch bekannt als Anbetungsplatz für die Muräne. Sobald nämlich dieser Aal mit giftigen Zähnen aus dem Wasser an Land gekrochen war, um Beute zu suchen, wurde er gefangen und auf einer Bahre überall herumgetragen und verehrt. Man betrachtete die Muräne als eine Inkarnation des

Dämonen Le Fuailagi, welchem die Erschaffung der Insel zugeschrieben wurde. War das Tier gestorben, so wurde es inlands beerdigt. Sechs Tage lang wurden Steine für das Grabmal zusammengetragen, und ebenso lange dauerte der Leichenschmaus, während am siebten alles beendet sein musste. Der Genuss der Muräne war wegen der Inkarnation auf Olosega streng verboten.

Solcher Geschichten gibt es genug in jenem sagenreichen Gebiete; man braucht nur auf dem Bilde die schroffen Hänge und die waldreichen Klippen anzusehen, um zu verstehen, dass hier die Sage webt und schläft. Besonders zog es mich jedoch nach der Hauptinsel von Manuʻa, welche Taú heisst und von Olosega durch eine tiefe Meerenge getrennt ist. In dieser Meerenge spielte sich im Jahr 1863 ein unterseeischer vulkanischer Ausbruch ab. Herrliche Anblicke bieten sich von den Höhen der Inseln Olosega auf das gewaltige Taú, das sich wie ein regelmässiger Kegel mit einer abgestumpften Spitze aus dem Meere emporschwingt. Schwarze Basaltklippen zu Füssen, vom Meere umbrandet, ein farbiges Korallenriff südwärts davon, da wo die leitende Ortschaft Taú von den bläulichgrünen Kokospalmen überschattet liegt, und darüber der breite Bergeshang bis zur Spitze von Wald bedeckt, nur an einzelnen Stellen von hellgrünen Pflanzungen unterbrochen, ein wundersamer Anblick. Diese Insel war das Ziel meiner Sehnsucht, denn allgemein ist auf Samoa bekannt, dass dort noch die ältesten Überlieferungen bewahrt werden. In der Frühe des 2. Juni ging unser Kutter ausserhalb des Riffes gegenüber der Dorfschaft Taú zu Anker. Mitten in dem Dorfe liegt daselbst ein zweistöckiges Steinhaus, einem englischen Halbblut mit Namen Young zugehörig, welcher dort Handel treibt. Er war der Vater der Königin von Manuʻa, die drei Jahre vorher in jugendlichem Alter verstorben war. Freilich, ganz rechtmässig hatte dieses Mädchen den Thron der alten Könige nicht eingenommen, und der berühmte Tuimanuʻa-Titel soll ihr auch nicht richtig gehört haben. Nordwärts vom Hause des Herrn Young, inmitten der Dorfschaft, liegt ihr Grabmal, ein Obelisk, auf dem in römischen Lettern geschrieben steht:

Moa-ʻAtoa

Tuimanuʻa Markerita — 95.

i lona toa 35.

In der 35. Erbfolgereihe sollen die Schlussworte heissen. Moa-ʻAtoa nennt sich das alte Geschlecht der Manuʻakönige, der die Königin Lika nicht mehr angehörte. Da diese Grosshäuptlinge ursprünglich über ganz Samoa herrschten, im besonderen zu Savaiʻi besondere Beziehungen unterhielten, während Tutuila und Upolu nur als Rastplätze auf den Reisen angesprochen wurden, so erklärt sich hieraus am einfachsten der Name Samoa, was also „Familie der Moa" hiesse.

Analogien hierzu sind genügend vorhanden, wie die Worte Sapapaliʻi und Salelologa auf Savaiʻi beweisen mögen. Das Wort *moa* bedeutet auf Samoa „Huhn", weshalb man auf Manuʻa der Königsfamilie halber dieses Tier *manu* benennt, ebenso wie man im Bereich der Tonumaipeʻahäuptlinge auf Savaiʻi für *peʻa* „der fliegende Hund", *manulagi* „Himmelsvogel" sagt. Das ist eine schöne samoanische Sitte, dass man in Gegenwart einer Person kein Wort ausspricht, welches ihrem Familiennamen gleicht. Niemals würde ein Samoaner in meiner Gegenwart von Krämerware zu sprechen wagen, denn ihr Empfinden ist eben hierin besonders fein. Im übrigen sind auf Manuʻa verschiedene Worte im Gebrauch, welche man im Westen kaum kennt, viel weniger benützt. Zum Beispiel *lefa* — „schlecht" statt *leaga*, *saʻa* — „tanzen" statt *sira*, *pisi* — „fallen" für *paʻu*, *pau* „alle" statt *ʻuma* usw. Es sind eben beides Worte für einen Begriff, und beide gehören dem Sprachschatz an, nur dass die Anwendung der Worte je nach Zeit und Ort wechselt, wie man ja bei uns im Norden „Dirn" und im Süden „Mädel" zu sagen pflegt. Das Wort *saʻa* für „tanzen" tritt auch in Neu-Seeland als *haka* für denselben Begriff auf, ebenso wie *pau* auf Hawaii, es sind also gute, polynesische Wörter.

Dicht beim Grabmal hatte das Wohnhaus der Königin Lika gestanden, auf dem Platze des alten Faleʻula, des „roten Hauses", in welchem die Tuimanuʻakönige residierten. Auch die eben erwähnten Maori von Neu-Seeland hatten ihr *whare kura*, gleichbedeutend mit dem somoanischen *faleʻula*, und die Häuptlingssöhne erhielten dort von den Priestern Unterricht in der alten Geschichte und mussten die Mythen, Sagen und Stammbäume daselbst erlernen. Auch auf Taú bestand ein gewisser Zusammenhang zwischen dem Königshaus und der hohen Schule, da der erste Sprecherhäuptling

Tauanu'u der Beschützer des Fale'ula ist. Er gilt aber zugleich als erster Kenner der alten Sagen und Legenden, welche rückwärts vom Königspalast in einem einsam gelegenen Haus, dem sogenannten *faletalatala*, auf deutsch „Erzählerhaus", von den berufenen Jünglingen auswendig gelernt wurden. Diese Legenden zu erhalten, war der erste Zweck meiner Manu'areise. Da Kapitän Fischer nur wenige Tage zu Tau zu bleiben beabsichtigte, und erst nach Monaten seine Rückkehr in Aussicht stellte, so galt es wieder einmal eine Entscheidung zu treffen, ob ich mich hier für längere Zeit häuslich niederlassen sollte. Glücklicherweise war es nicht nötig, dass ich mir lange den Kopf marterte, denn die jungfräuliche Königin, welche einst in Apia die Schule besuchte, hatte sich noch zu Lebzeiten die alten Gesänge in die Feder diktieren lassen, und ihr Vater bewahrte das Manuskript als ein heiliges Vermächtnis auf. Am liebsten hätte ich natürlich das Manuskript mit nach Apia zur Abschrift genommen, aber dies liess Herr Young nicht zu. Wohl aber gestattete er mir, die Texte abzuschreiben, und wenn sie auch der Übersetzung entbehrten, so hoffte ich doch in Apia dies leichthin nachholen zu können, zumal da Herr Young und die meisten Tulafale der Dorfschaft wenige Wochen später eine *malaga*-Reise nach Upolu zu machen beabsichtigten. So hoffte ich, in meinem Hause zu Apia die Manu'asprecher dingfest machen und in der Fremde am besten zum Sprechen bringen zu können, wenn die Upoluhäuptlinge versagten. Ich will gleich hier vorweg nennen, dass dies Versagen in vollkommener Weise eintrat, und dass von den Manu'asprechern keiner trotz freundlichster Einladung mein Haus betreten hat. Ich hätte diese alten Gesänge niemals übersetzen und zum Verständnis bringen können, wenn nicht der grosse Häuptling Le'iato von Aoa auf Tutuila sich meiner erbarmt hätte, welchen ich schon im Jahre 1894 unter glücklichen Umständen kennen gelernt hatte, und der sich während der folgenden Zeit als treuer Anhänger des Mata'afa zu Apia aufhielt. Wie schwer solche alte Sagen zu übersetzen sind, mag man sich auch daraus klar machen, dass ein sehr gebildeter Halbblutmann von Olosega dazu nicht imstande war. Ich hatte ihn dort zum erstenmal gesehen, und da er eine kokosnussgrosse elefantiastische Schwellung des Skrotum hatte, so versprach ich ihm, dieselbe zu operieren, wenn er mir als Gegenleistung die Manuʻagesänge verschaffe und sie mir während seines Krankenlagers in meinem Hause zu Apia übersetzen helfe. Bald nach meiner Rückkehr stellte er sich mit einem Heft voll Überlieferungen in samoanischen Texten ein; ich schnitt ihm, so gut es ging, alles fort und bereitete ihm an einer geschützten Stelle meiner Veranda ein Lager. Leider war er aber nach acht Tagen schon wieder flügge. Ich liess ihn ruhig ziehen, denn ich hatte mich überzeugt, dass er die Urtexte nicht zu übersetzen vermochte. Dazu gehört eben nicht allein eine sehr gründliche Kenntnis der Sprache, sondern vor allem eine genaue Bewanderung in der Mythologie und Geschichte des Landes, damit die in der unbeholfenen Sprache so mangelhaften Konstruktionen und die vieldeutigen Worte richtig ausgelegt werden können. Das kann kein Halbblut, denn diese sind nur Dolmetscherdienste zu leisten fähig. Wäre mir, wie erwähnt, Leʻiato nebst einigen Sprechern von Tutuila, welche er in meinen Dienst stellte, nicht beigesprungen, so wäre meine Samoaarbeit ein jämmerlicher Torso geblieben. Ein merkwürdiges Zusammentreffen muss ich hierbei noch erwähnen, dass nämlich ein grosser Teil der Übersetzungen derselben Manuʻagesänge, die ich gesammelt hatte, zur selben Zeit, als ich zu ihrem Studium auf Samoa weilte, seitens der englischen Missionare in australischen Zeitschriften erschien. Ein merkwürdiges Geschick, wie ich sagte, denn bis dahin war nichts über diese Überlieferungen bekannt geworden, und im selben Augenblick, da ich ihrer mit grösster Mühe habhaft wurde, waren sie auch schon bekannt. Und genau so ging es mir mit dem Palolo, wie man weiter unten sehen wird.

Freilich meine Sammlungen an Texten waren reicher, und überdies brachten die Missionare nur die Übersetzungen, welche ich bei der Herausgabe der Urtexte sogar freudig willkommen hiess. Denn wo eine Unklarheit für mich noch übrigblieb, konnte ich dort vielfach noch eine Ergänzung finden, so dass es mir möglich war, in meiner Monographie ein leidlich vollständiges Bild der Manuʻa-Mythologie zu bringen. Ein schöner Traum deucht es mir immer noch, heute wie ehedem, auf jenen romantischen, schönen Inselchen im Osten Samoas eine Reihe von Monden oder Jahren zu verbringen, um dieses Bild zu einem vollständigen zu machen!

Am Nachmittage des Ankunftstages begab ich mich mit Kapitän Fischer von ʻOlumá aus, wie der nördliche Teil der Dorfschaft Taú heisst, über den Bergkamm nach der lieblichen Bucht von Faleasao hinüber, wo Fischers samoanische Frau wohnte und wo er sich ein Steinhaus zu bauen im Begriff war. Der Bergkamm bildet einen breiten Grat, sanft zum Meere abfallend, und man überschreitet ihn jetzt auf einem guten, breiten Fusswege, 50 m hoch über dem Meere, in einer kleinen halben Stunde. Einen schöneren Spazierweg kann man sich kaum denken. Tief drunten an der aufgeschlossenen Felsenküste bildet das Meer einen grossen Strudel, von dem die Samoaner erzählen, dass er die abgeschiedenen Seelen aufnehme, wenn sie auf ihrer Wanderung nach Westen ins Meer tauchen, um über die Inseln hinweg endlich den letzten Strudel am Westkap von Savaiʻi zu erreichen, der ins Elysium, den Pulotu, führt. Und bei dem Strudel an der Utumanuʻa-Felswand entragt ein schwarzer Felsblock von Lastwagengrösse dem unruhigen Wasser, Fée genannt, „Tintenfisch", welcher als Vater der gefürchteten, dämonischen Fischerin, Saʻumani, bekannt ist. Tief versunken in die mystische Sagenwelt, setzte ich mich hier oft ein Viertelstündchen auf der Wanderung nieder und liess die Blicke über die schmale, blaue Meerenge hinüberschweifen nach den luftigen, grünen Höhen von Olosega und ʻOfu. Ein steiler Abstieg führt von dem Grate in die halbmondförmige Bucht von Faleasao, welche allenthalben, besonders im Rücken, von steilen hohen Felswänden begrenzt ist. Nur wenig Raum hat das kleine Dorf daselbst auf der flachen Strandebene, welche meerwärts durch ein Korallenriff geschützt ist, das die Bucht ziemlich ausfüllt. Bei Fischers Frau, welche mit ihrem Töchterchen in einem Samoahaus hier wohnte, nahm ich für die folgenden Tage mein Absteigequartier, und nur einmal verbrachte ich die Nacht in Youngs Haus zu ʻOlumá, wohin ich täglich morgens zum Abschreiben hinüberwanderte, um abends beim Dunkelwerden wieder nach Faleasao zurückzukehren. Und als ich die eine Nacht der Arbeit halber ausblieb, kamen sofort die Faleasaoleute, um mich zu holen. Nur zu bald nahte der Tag der Abreise, welcher auf Montag, den 6. Juni festgesetzt war. Da aber an jenem Tage Kapitän Fischer in Geschäften noch die nächst wichtige Dorfschaft an der Nordküste von

Taú mit Namen Fitiuta für einige Stunden anzulaufen beabsichtigte, so beschloss ich, diesen Platz auf dem Landwege zu erreichen, um mich dann für die Heimreise dort einzuschiffen. Als ich Fischers Frau gebeten hatte, mir einen Führer zu verschaffen, erboten sich zu meinem Erstaunen zwei junge Verwandte der Frau, welche im Hause als Stütze der Hausfrau lebten, Sou und Melefu. Ich hatte schon manches auf Samoa erlebt, aber mit zwei jungen hübschen Mädchen allein in die Wälder und ins Gebirge zu ziehen, das war mir noch neu. Früh um 5 Uhr, als der Himmel sich eben zu lichten anfing, brachen wir auf. Wir schritten um das nördliche Kap der Bucht, hart an die steilen Felsen gedrängt, auf die wir, unmittelbar an den Abstürzen ins Meer, hinaufstiegen. Obwohl Eile geboten war, mussten wir doch des öfteren Halt machen, um die Sehenswürdigkeiten in Augenschein zu nehmen, welche am Wege lagen.

Schon nach wenigen Schritten kamen wir in 20 m Höhe an eine steile Felspartie, welche überhängend war, ähnlich wie damals auf Nu'ulopa bei Manono. Musikpavillonartig wölbt sich hier eine Grotte unter den Fels, und am unteren Ende ist eine mannshohe Höhle, in welche bei Flut die Seen hineinbrausen, so dass inlands weitab im Walde durch ein Loch die Luft unter Gezisch entweicht. Oben aber, am Überhang, ist eine Felsenbank, als ob ein Steinsitz hier am Absturz ausgemeisselt wäre. Setzt man sich darauf, so baumeln die Beine über der Tiefe, und dies gilt als ein Mutstück. *Moega uila* — „Bett des Blitzes", nennt der Volksmund diesen Platz. Sou zeigte ihn mir, und als ich schaudernd ihn betrachtete, stieg sie ein paar Schritte hinab und legte sich der Länge nach auf die Bank. Ich war froh, als sie heil wieder oben war, und weiter ging es des Weges, der nun in derselben Höhe am oberen Rande der Steilküste bis zum Nordkap Matatafa weiter führte. Kurz vor diesem lag auf der Höhe im Gebüsch ein kleiner Dorfsprengel, zu Falesao gehörig, mit Namen Toa. Er lag noch an der westlichen Küste über einer winzigen, halbkreisförmigen Bucht, deren Begrenzung steil und schroff wie die ganze Küste ist. Meine Begleiterinnen führten mich hinab an den Strand, dem ein kleines Korallenriff vorgelagert ist. Zur Linken südwärts öffnete sich in der Felswand des Kapes eine grosse Höhle, welche die

Form eines Halbkreises hat und an der für uns unsichtbaren Seeseite des Felsvorsprunges ausmündet. Analefu, kurzweg Analef
gesprochen, die „schlimme Höhle", wird sie genannt, denn wenn
die Seen hineinstürzen, so stöhnt und dröhnt es beim Herausquellen
des Wassers an der geschützten Seite der Bucht; es ist eine Hausung
der Geister.

Nachdem wir noch das meerumbrandete Nordkap, eine gewaltige, ebene Basaltplatte, angeschaut hatten, begannen wir den
Aufstieg von Toa aus, denn Fitiuta wird von Faleasao durch einen
ziemlich steil nach dem Meere abfallenden Bergrücken getrennt,
den man in 300 m Höhe übersteigen muss. Herrlich war es droben
in dem luftigen Wald, ein betäubender Duft von den schwefelgelben
Blüten der Cananga-odorata-Bäume, des samoanischen moso'oi,
besser bekannt als Ylang-Ylang von den Sundainseln, empfing
uns, und natürlich waren in einem solch herrlichen Revier auch die
Tauben nicht fern, deren Gurren ringsum von oben tönte. Denn
sie lieben die olivengleichen Früchte dieses Baumes gar sehr. Aber
auch die Stimmen der übrigen Vögel, des manutagi (Ptilopus),
des Stares fuia, des ma'oma'o (Leptornis), fehlten nicht. Sie
sangen uns ein fröhliches Morgenkonzert. Und wie um die Lust
zu krönen, stiessen wir auf einen Spondiasbaum, vi genannt,
dessen süsse Liebesäpfel die Wonne der Samoanerinnen sind, und
die auch mir trefflich mundeten. Dann ging es wieder hinab, oft
durch dichte Farrengebüsche, so dass die gekalkten, weissen Köpf-
chen mit ihren gedrehten Löckchen über der Stirn kaum mehr aus
dem dichten Blattgewirre herausschauten. Schon brannte die Sonne,
der wir entgegen gingen, aber unter dem hohen Laubdach der
Bäume war es schattig, und der einsetzende Passat kühlte die
heissen Schläfen. Wir verspürten alle drei starken Durst, als wir
in der Niederung am Strande ankamen, und da gerade hier einige
Kokospalmen standen, so irrte mein Blick sehnsüchtig die Stämme
hinauf. Aber wie die Nüsse herunterbekommen? Sou war ein
tapferes Mädchen. Als sie mein trauriges Gesicht sah, fackelte
sie nicht lange, sondern schürzte ihr Lavalava hoch und begann
den Anstieg, ein schwaches Mädchen nach vierstündiger Bergpartie.
Zum Dank für diese wackere Tat hielt ich sie auf der Platte fest,
als sie dem leckeren Ziele nahe war (Bild 75). Welch ein holder

Klang, als die schweren Nüsse auf den harten Boden schlugen. Bald sassen wir zusammen am Strande und nahmen das Morgenfrühstück ein, obwohl wir nur eine halbe Stunde weit von Fitiuta

Bild 75. **Sou bei Fitiuta auf eine Palme kletternd.**
Im Hintergrund Olosega.

entfernt waren. Aber wir zogen vor, ein déjeuner à part zu nehmen, am windbewehten Strande, im Angesicht des schaumbedeckten Meeres. In Fitiuta, am sagenreichen Meeresufer, traf ich den Grosshäuptling Tufele, einem Zweig des Moageschlechtes angehörig, welchen ich schon von Upolu her kannte. Er hatte vor

Jahresfrist eine meiner guten Bekannten aus dem Jahre 1894 geheiratet, T a l a l a, die Tochter des bekannten S u a t e l e von S a f a t a.
Sie lebte zur selben Zeit in Matautu bei Apia mit dem neugeborenen Sohne, und Tufele sammelte in seinem Dorfe Schweine
und Taro, um sie seinem Schwiegervater anlässlich der Geburtsfeier zum Geschenke zu bringen. Aber noch höhere Ehren hatte

Bild 76. Das grosse Haus des Tufele zu Fitiuta im Bau.

er den Eltern seiner Frau zugedacht. Er war gerade dabei, ein
Samoahaus zu bauen, welches an Grösse und Schönheit alles bisher
Dagewesene überragen sollte. Zwei grosse und zwei kleinere Zimmermeister mit einer Kompanie von Gehilfen waren beim Bau beschäftigt. Der satteldachförmige Mittelteil war gerade fertig, und
man war dabei, die zahlreichen dünnen Schindelsparren auf die
grossen, gebogenen Rundpfetten aufzubinden. Bild 76 zeigt den
halbfertigen, unbedeckten Rundteil und darunter bodenwärts das
leiternförmige Gerüst für den Dachbinder. Die Höhe dieses Gerüstes

zeigt deutlicher Bild 77. Man bedenke, dass die drei grossen
Mittelpfosten nahezu die Höhe von 20 m hatten. Dieser Bau
erinnerte mich in seiner grossartigen Anlage sehr an die *maniaba*

Bild 77. Dasselbe von innen mit dem Hausgerüst.

der Gilbertinseln, nur dass natürlich diese in der Längenausdehnung
ungleich grösser sind. Aber kunstreicher sind die samoanischen
Häuser, die an Schönheit und Gleichmässigkeit der geraden und
gebogenen Linien in der Architektonik der Naturvölker ihresgleichen
suchen. Dieses grosse Haus wollte Tufele seinem Schwiegervater
nach Upolu bringen, und zwar mittelst der kleinen „Waratah".

Als ich ihn erstaunt frug, wie er dies möglich machen wolle, erklärte er mir, dass alles auseinandergenommen, an Leinen gebunden und flossartig übers Meer geschleppt werden solle. Kapitän Fischer stimmte seinen Plänen wohl in der Aussicht auf einen angemessenen Verdienst zu und erklärte das Manöver, da diese Heimfahrt ja vor dem Winde ausführbar ist, als wohl möglich. Ob Tufele es getan hat, habe ich nicht vernommen. Hoffentlich hat er das schöne, einzigartige Haus da stehen lassen, wo es gebaut wurde zum gerechten Stolze von Manuʻa. Nachdem die 30 Schweine und 200 Taroköpfe des Tufele mit ihm selbst an Bord waren, und nachdem er mir in seiner Grossmütigkeit auch noch einen lebendigen Truthahn geschenkt hatte, traten wir insgesamt die Heimfahrt an. Sou freilich und Melefo mussten wir vorher in Faleasao noch ausladen, und nicht ohne Rührung nahm ich von den lieben Mädchen Abschied, nachdem ich ihnen einige bescheidene Geschenke gemacht hatte.

Nach 36 Stunden lag die „Waratah" wieder wohlbehalten im Apiahafen vor Anker.

Die nun folgenden drei Monate Juni, Juli und August 1898 verbrachte ich in meinem Hause zu Sogi, und nur kurze Ausflüge in die Umgebung unterbrachen dieses ruhige Leben. Meine erste Sorge war, eine Bedienung zu erhalten, was nicht leicht fiel. Von Vollblutsamoanern sah ich völlig ab, da sie in der häuslichen Arbeit wohl sehr tüchtig sind, aber nicht sesshaft, nicht zu schriftlichen Arbeiten verwendbar und auf längere Zeit kaum sicher im Hause bleibend. Als Dolmetsch wurde mir ein Halbblutjüngling Fred Pace empfohlen, von den Samoanern Feleki genannt, und als Diener gleichfalls ein Halbblut namens Sione. Einen europäischen Namen schien er kaum zu besitzen, wie er sich denn überhaupt völlig samoanisch trug und nur im Lavalava ging. Sione hatte für meine leiblichen Bedürfnisse zu sorgen, hatte zu kochen, das Haus zu scheuern, musste in den Wald zum Vogelschiessen und Pflanzenholen, und auf das Riff zum Fischen. Ausserdem lag ihm noch ob, den zoologischen Garten, der sich allmählich hinter meinem Hause zu entwickeln begann, bei Leben zu erhalten. Das alles zusammengenommen scheint sehr viel, aber ich darf dreist versichern, dass sich Sione dabei nicht überarbeitet hat. Im ganzen

hat er mehr Schimpfreden als gute Worte gehört, da er meist
träumend herumsass, und als er später gegen Ende des Jahres
sich des öfteren an meinen Vorräten vergangen hatte, liess ich ihm
durch Feleki die Hölle so siedend heiss schildern, dass er kopfüber
sich auf ein Schiff stürzte und nach Tonga auswanderte. Dann
blieb alles an Feleki hängen, der Frühstück und Abendbrot bereiten
musste, um in der Zwischenzeit als Dolmetscher oder mit der Feder
am Schreibtische tätig zu sein, kurzum ein Mädchen für alles. Die
Mittagsmahlzeit nahm ich meist im nahen Matafele im Gasthaus
des Herrn Conradt mit dem Postmeister Banse — zu meinem
Schmerze ging dieser liebe Tischkamerad später am Wundstarr-
krampf zugrunde, — während dieser Zeit wanderte Feleki inlands
zu seiner Familie, um nach zwei Stunden, um 2 Uhr, zu erneuter Arbeit anzutreten. Das war oft hart, sehr hart. Ich sehe
noch den armen Kerl, die dünne Gestalt und das magere Gesicht
des mittelgrossen Menschen, wenn wir bei der Nachmittagsarbeit
auf der heissen, vorderen Veranda des Hauses sassen, wie ihm der
Kopf wiederholentlich vom Schlafe schwer über die Schreibhefte
sank. Leicht war's auch nicht für mich, das ewige Übersetzen der
Manu'aüberlieferungen, welche ich in der ersten Zeit nach der Rückkehr mit Le'iato von Aoa (Bild 78) und Tautolo von Aunu'u
vornahm. Denn obwohl ich der samoanischen Sprache leidlich gut
mächtig war, wagte ich es doch nie, eine Übersetzung vorzunehmen,
ohne dass Feleki zugegen war, der entweder meine samoanische
direkte Unterhaltung kontrollieren musste, oder, was zumeist geschah,
die Erklärungen der Alten in englischer Sprache verdolmetschte,
worauf ich dann in Deutsch alles niederschrieb. Oft aber, wenn
unsere Gewährsmänner neue Geschichten wussten, dann teilten wir
uns; Feleki zog sich mit Tautolo ins Zimmer zurück, während ich
mit 'Iato auf der Veranda blieb, und die beiden Alten diktierten
dann ihre Sagen im Urtext, während wir Jungen schrieben, was
das Papier hielt. So brachten wir in jenem Vierteljahr des Mit-
sommers 1898 die ganzen Sagen von Manu'a und Tutuila einschliesslich der *fa'alupega*, der Verwaltung und Titelordnung der
Inseln, unter, wie sie in meiner Monographie verzeichnet stehen.
Was war das für eine Lust, dem alten 'Iato zuzuhören, der von
den alten Gesängen nur so übersprudelte, und der sich selbst

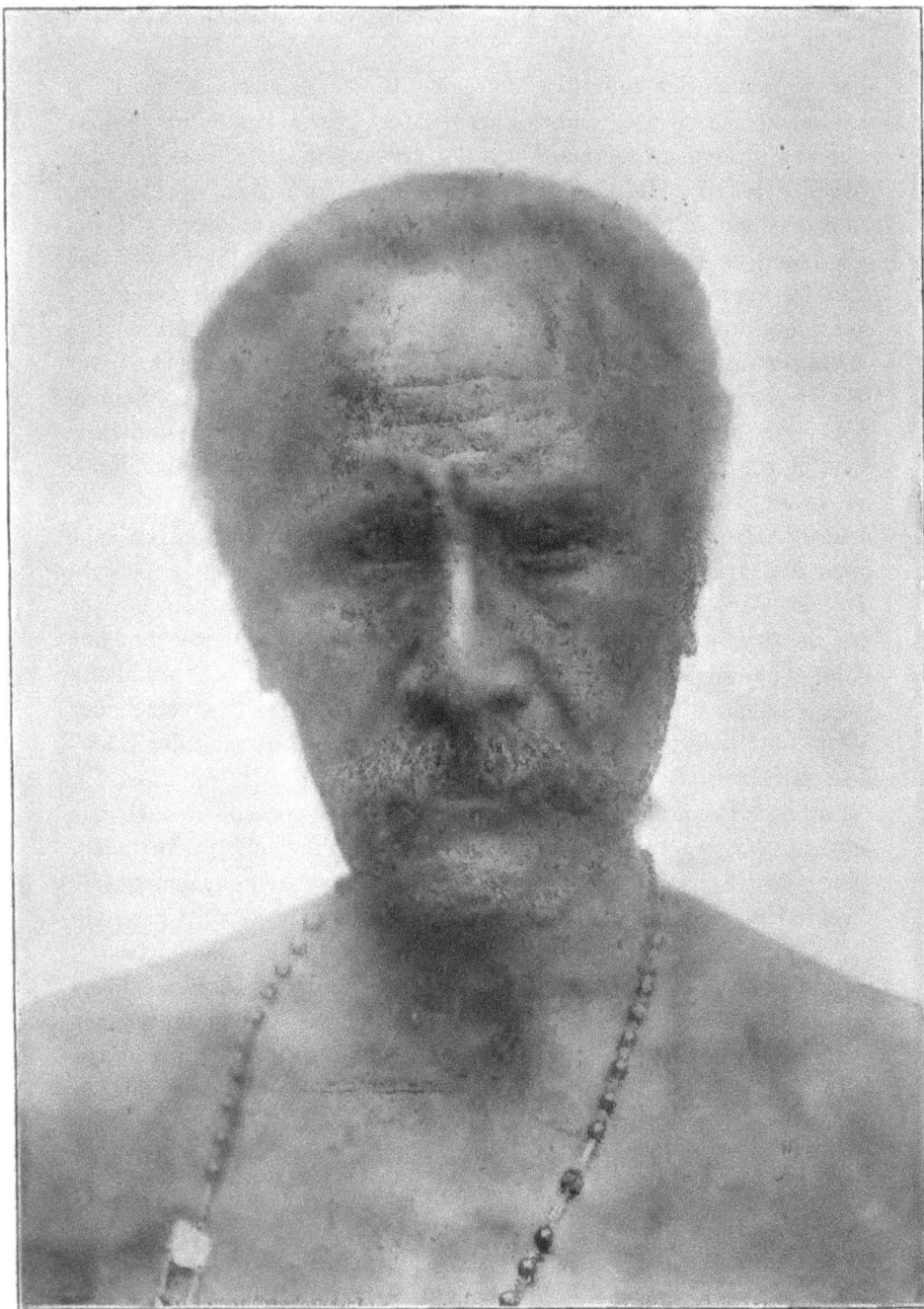

Bild 78. Der grosse Häuptling Le'iato von Aoa auf Tutuila.

glücklich dabei fühlte, seine Weisheit verewigt zu sehen. Und häufig versammelte sich ein Kreis von Häuptlingen um uns auf der Veranda, von Samoanern, die gerade des Weges kamen, und denen wir nicht versteckt genug sassen, oder die um unsere Tätigkeit wussten. Denn allen den Upoluleuten, wie ebenso denen von Savaiʻi waren die östlichen berühmten Sagen völlig fremd. Wenn es aber um heiklere Dinge sich handelte, um Stammbäume nämlich, dann musste ich alle die lieben Freunde erst hinauskomplimentieren, damit der Born ungehindert zu fliessen vermochte. Und um was arbeiteten die guten Leute in dieser ihnen ungewohnten Weise wochenlang mit mir? Ein paar Stücke Kawa, ein bisschen Tabak und nur selten einmal ein grösseres Geschenk, wie z. B. einen Regenschirm, ein Lavalava, eine Büchse Lachs oder Rindfleisch, alles Ausgaben in mässigen Grenzen.

Bild 79. Mein Gewährsmann und Fischer Salaia von Siumu.

Dazwischen beschäftigte ich während jener Zeit den Fischer Salaia von Siumu (Bild 79), welcher in Mulinuʻu wohnte, sozusagen als Landtagsabgeordneter. Er unterwies mich ähnlich wie ʻIato, im besonderen aber im Fischfang, und war mein steter Begleiter bei allen Riffausflügen, an denen sich natürlich auch Feleki und Sione beteiligen mussten. Dann zogen wir zusammen aus, in Auslegerbooten oder bei Niedrigwasser direkt von meinem Hause aus zu Fuss durch die Lagune watend, mit Brechstangen und Beilen bewaffnet, um aller der kleinen und grossen Tiere auf dem Riffe habhaft zu werden, welche dann nach Hause getragen wurden, um konserviert und ihrer späteren, wissenschaftlichen

Bestimmung zugeführt zu werden. Zu diesem Zwecke notierte ich
zugleich stets ihre samoanischen Namen, damit die Tiere auf Samoa
von jedem immer leicht identifiziert werden können. War ich aber
zu Hause beschäftigt und konnte selbst nicht an den Ausflügen
teilnehmen, so schickte ich Salaia allein oder mit Sione aufs
Wasser zur Herbeischaffung neuen Materials. Auf diese Weise
gelang es mir, fast alle Tiere, sowohl Fische als Krebse, Würmer usw.,
welche unter samoanischen Namen bekannt waren, in meine Töpfe
zu bringen.

Salaia nahm sich aber auch meiner Sammlungen von Arznei-
pflanzen an. Ich hatte nämlich auf Manu'a sowohl als auch später
auf Upolu einige hundert Eingeborenenrezepte gegen die verschiedensten Krankheiten erhalten. Die samoanischen Pflanzennamen
waren nun zu einem grossen Teile nicht identifizierbar mit den
wissenschaftlich bekannten Gattungen und Arten. Ich muss nämlich
darauf aufmerksam machen, dass wir durch den Botaniker
Dr. Reinecke, welcher von 1893—95 (während meines ersten
Aufenthaltes) zum Studium der samoanischen Flora sich auf den
Inseln aufhielt, einen recht umfassenden botanischen Katalog über
Samoa besitzen. Nur sind daselbst nicht alle samoanischen Be-
zeichnungen der Arten eingetragen, so dass ich zwecks späterer
Bestimmung auch botanische Sammlungen zu machen gezwungen
war. Merkwürdigerweise befand sich unter den von Professor
Schumann in Berlin bestimmten Exemplaren einiges neue, ein
Beweis, wie reichhaltig die Flora daselbst ist. Ist dies auch ein
Wunder, wenn man die grossen Inseln vom Meere bis auf die
höchsten Bergspitzen hinauf von endlosen Wäldern überkleidet sieht?

Waren die Riffausflüge schon recht angenehme Abwechslungen
für meine beiden dienstbeflissenen Hausgeister, so lebten sie erst
recht auf, wenn das Wort *malaga* von meinen Lippen ertönte. Denn
nichts ist den Samoanern sympathischer als Ausflüge und Reisen
nach fremden Dorfschaften. Und zahlreich waren die *malaga*, welche
ich in jener Zeit machte. Einmal stiegen wir von Apia die Siumu-
strasse hinauf, dann am Wohnsitz des Dichters Stevenson mit
Namen Vailima vorbei durch den Busch hinauf auf die Passhöhe,
wo wir an der Südseite übernachteten, im Landhaus Suateles zu
Tiavi. Am folgenden Tage erstiegen wir dann auf verborgenen

Tafel 18 (siehe Seite 488). Filo und Solema von Faleulili.

Pfaden, *alatuli* genannt, welche die Samoaner zum Jagen der verwilderten Ochsen und Schweine benützen, hinauf auf den langgestreckten Berg Maugafiamoe, den man an seinen drei schwachen
Erhebungen vom Meere aus hinter dem Apiaberg erkennt. Ich
fand daselbst einen flachen Krater mitten im Wald verborgen,
dessen ganzer nordwestlicher Teil weggesprengt ist, während die
südliche Wand die beiden höchsten Gipfel trägt, westlich der 930 m
hohe Maugafiamoe und östlich von ihm der nur etwa 30 m
niedrigere Maugamutu (von *mutu* abgeschnitten, des steilen
Abhangs halber). Der östlichste niedrigere, nicht viel mehr als
820 m hohe Teil, welcher einen halbkreisförmigen Krater bildet,
heisst Faʻalava. Von hier aus drangen wir — Oberleutnant
von Studnitz vom „Bussard" war mit — auf dem Bergrücken
ostwärts immer durch dichten Wald und teilweise recht beschwerlich
über ein Chaos von Felsblöcken nach mehrstündigem Marsche zum
Lanutoʻo vor, von wo der Heimweg wieder angetreten wurde.

Ein andermal begab ich mich zu meinem Freunde, dem Häuptling Seʻiuli nach Vaiusu, da er mir versprochen hatte, eine
Jagd nach der kleinen *manutagi*-Taube zu veranstalten. Diese
kleine, drosselgrosse Taube (Ptilopus fasciatus Peale) hat
ihren Namen „Schreivogel" daher, weil ihr kurzer, mehrfach wieder-
holter Ruf allenthalben durch die Wälder dringt, denn das Tier
ist sehr streitsüchtig. Wenn sich zwei irgendwo treffen, gehen sie
sofort aufeinander los und beissen und quälen sich, und sind sie
nicht aneinander, so rufen sie sich unaufhörlich zum Kampfe heraus.
Diese Eigenschaft benützen die Samoaner, indem sie einen gefesselten
Hahn in einem Käfig im Walde aushängen. Der Käfig ist birnen-
förmig mit einer oberen Öffnung und wird an einem Galgen auf-
gehängt, an einer Querstange innerhalb eines vom Unterholz be-
freiten Waldstücks, damit er recht gut sichtbar ist. Sobald nun
der zahme Vogel zu rufen anfängt, antwortet ein anderer in
der Ferne, dessen Stimme mählich näher und näher kommt, bis er
von einem der hohen Bäume den Lockvogel gewahrt. Im selben
Augenblick schwingt er sich schon auf den Querbalken hinab, läuft
auf diesem mehrfach hin und her, während der Vogel im Käfig,
welcher an einem Lauf gefesselt ist, wild hin und her tobt. Atemlos
sassen wir in einer kleinen Laubhütte aus Bananenblättern und

warteten auf den Augenblick, da der Waldvogel sich durch die
obere Öffnung in den Käfig stürzte, in dem alsbald zu unterst kam
und von dem Lockvogel mit den Flügeln zugedeckt wurde. Nun
war es Zeit für den Jäger, und der alte Se'iuli hüpfte wie ein
Knabe aus dem Versteck und bedeckte die Öffnung des Käfigs mit
einem Bananenblatt. Der Vogel war gefangen. Die Samoaner
lieben diesen Sport sehr, und wie die Gilbertiner bei ihren Spiel-
bootkämpfen oder Fregattvogelfängen, so spielt hier oft Dorf gegen
Dorf, jedes nur von dem Ehrgeiz beseelt, in einer gewissen Zeit
am meisten von diesen Täubchen zu fangen. Dabei dienen diese
keineswegs zum Essen, denn sie sind zäh und klein. Die Eingeborenen lieben es, jeden Vogel einzeln in einem Käfig der beschriebenen Art in den Häusern zu halten, wie unsere Damen ihre
Kanarienvögel. Man muss es sehen, wie geduldig sie bei der
Fütterung sind, wie sie viele Minuten lang marmelgrosse Kugeln
von gekautem Taro den Tieren auf dem Zeigefinger hinhalten, bis
den Täubchen es gefällt, sie zu nehmen. Der *manutagi* ist aber
auch hübsch! Ein rotes Käppchen auf dem Kopf, eine weisse
Brust, der Bauch lila und gelb, und der ganze Rücken samt den
Flügeln grün, ein fliegendes Farbenspiel! Ich hatte im Jahre 1895
vier solcher Vögel in einem Bauer vereinigt glücklich mit nach
Deutschland gebracht, nachdem es mir gelungen war, sie an gekochte Kartoffelwürfel zu gewöhnen. Lange Zeit haben sie noch
im Zoologischen Garten zu Stuttgart gelebt, bis sie allmählich
zugrunde gingen.

Umständlicher ist der Fang der grossen Fruchttaube, der *lupe*
(Carpophaga pacifica). An erhöhten Stellen im Busche werden
Lichtungen angelegt und diese mit Fanghütten aus Laubzweigen um-
randet. Die Jäger, deren jeder einen Gehilfen bei sich hat, lassen
ihre abgerichtete, zahme Taube, deren einer Lauf an einer langen
Schnur gefesselt ist, fliegen, und wenn nun die Tauben über der
Lichtung flattern, so kommen die wilden, offenbar in dem Glauben,
dass hier Futter vorhanden sei. Rasch gibt nun jeder Jäger seinem
Lockvogel mit der Leine einen Ruck, so dass das Tier zu ihm
zurückkehrt und die wilden, nachstürzenden werden mit grossen
Netzen gefangen. Kein edlerer, schönerer Sport im alten Samoa!
Leider ist er aber durch das Hintertreiben der Missionare, denen

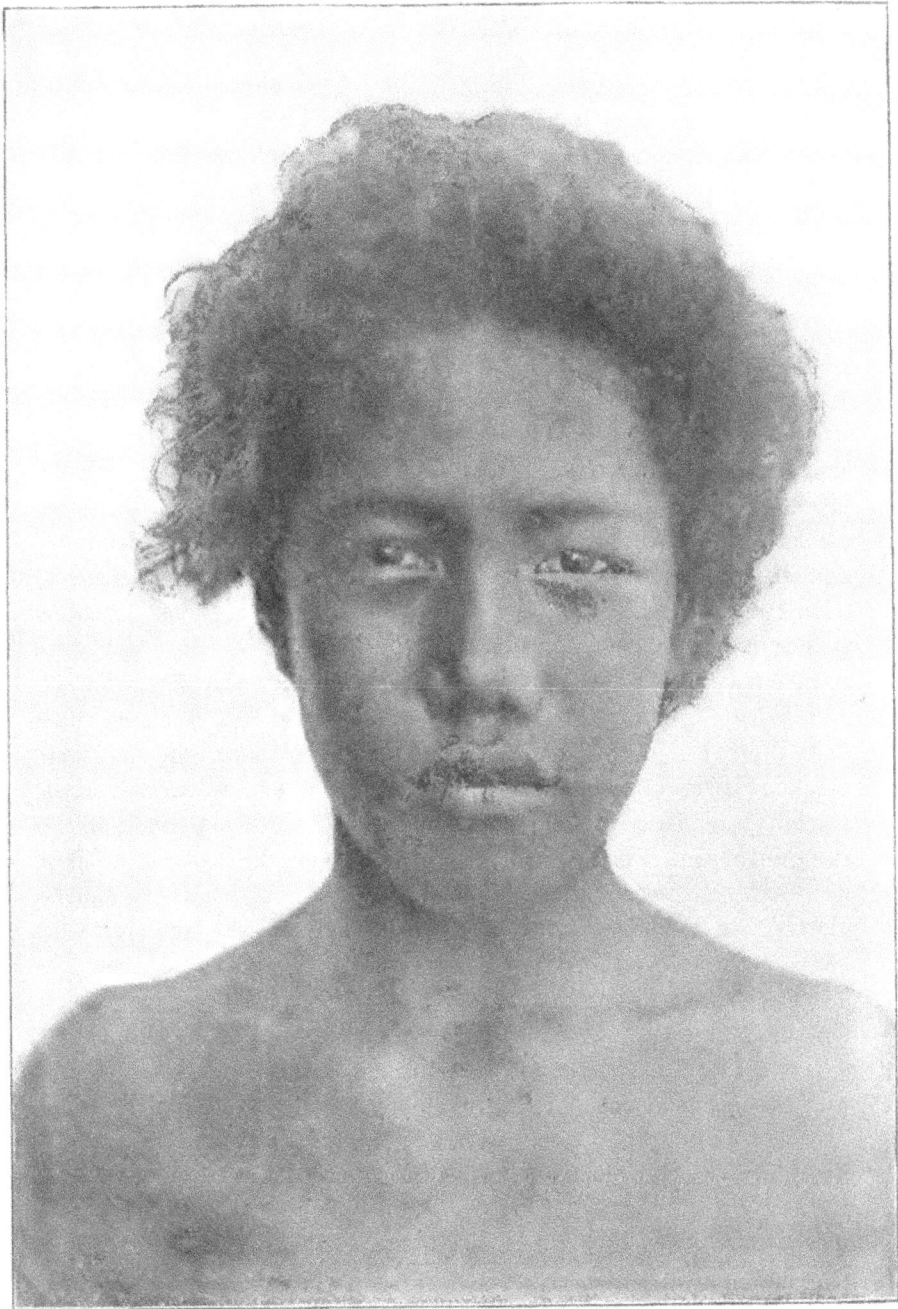

Bild 80. Tagisilao, der Sohn des Se'iuli von Vaiusu. 31*

ihre Gläubigen zu oft vom Gottesdienst fern blieben, verschwunden,
so dass ich ihn nicht mehr habe sehen können.

Schon früh morgens war ich mit Se'iuli ausgezogen in die
Wälder hinter Vaiusu, und nachmittags kehrte ich wieder nach
Apia zurück, nachdem mir mein Gastfreund noch ein herrliches
samoanisches Mittagsmahl von frischem Bonito in Kokoskerntunke,
von Brotfruchtklösen, *palusami* und Taro vorgesetzt hatte. So oft
ich überhaupt Se'iuli besuchte, was meist an den Sonnabenden geschah, setzte er mir eine andere samoanische Speise vor, um mich
mit der Küche des Landes vertraut zu machen, und konnte ich ihn
nicht besuchen, so schickte er seinen jungen Sohn Tagisilao oder
einige der in seinem Haushalt lebenden jungen Mädchen mit Essen
in meine Wohnung nach Apia. Tagisilao (Bild 80) und von letzteren
die halberwachsene Faí (Bild 81) waren meine erklärten Lieblinge,
und nie entliess ich sie, ohne mit ihnen geplaudert oder sie beschenkt zu haben. Wir sassen dann zusammen um den Tisch in
meiner einsamen Wohnung (Bild 82), und Feleki tischte die auf-
gewärmten Speisen von Vaiusu auf. Am häufigsten war dies *palusami*
und *faí'ai*. *Palusami* ist besonders beliebt bei den Weissen, und
das Wort bedeutet Gemisch *(palu)* mit Salzwasser *(sami)*, weil
nämlich dieses Gericht eines der wenigen ist, bei welchem Salz in
Gestalt von Meerwasser in Verwendung kommt. Das Gemisch besteht aus jungen Taroblattspitzen und geriebenem Kokoskern, welches
mit dem Meerwasser zusammen in einen Beutel aus Bananenblättern, in Tabaksbeutelform, eingefüllt und dieser dann zwischen
heissen Steinen gekocht wird. Durch das Kochen verlieren die
ähnlich den Tarowurzeln giftigen Taroblätter ihre Schärfe, welch
letztere allerdings erst nach dem zwei- bis dreimaligen Aufwärmen
sich in jene Milde verwandelte, welche meinem Gaumen angenehm
war. *Faí'ai* hingegen ist ein puddingähnliches Gericht, bei dem
der Hauptbestandteil das unseren Hausfrauen wohlbekannte Pfeil-
wurzelmehl ist, von dem schon bei den Marshallinseln die
Rede war.

An solchen Tagen, wenn mein samoanisches wöchentliches *aso*,
wie man den täglichen Nahrungstribut bei den Samoanern nennt,
floss, hatte ich auch häufig Besuch vom „Bussard", trotzdem es
den Herren oft nicht recht behagen wollte, wenn nach Tisch statt

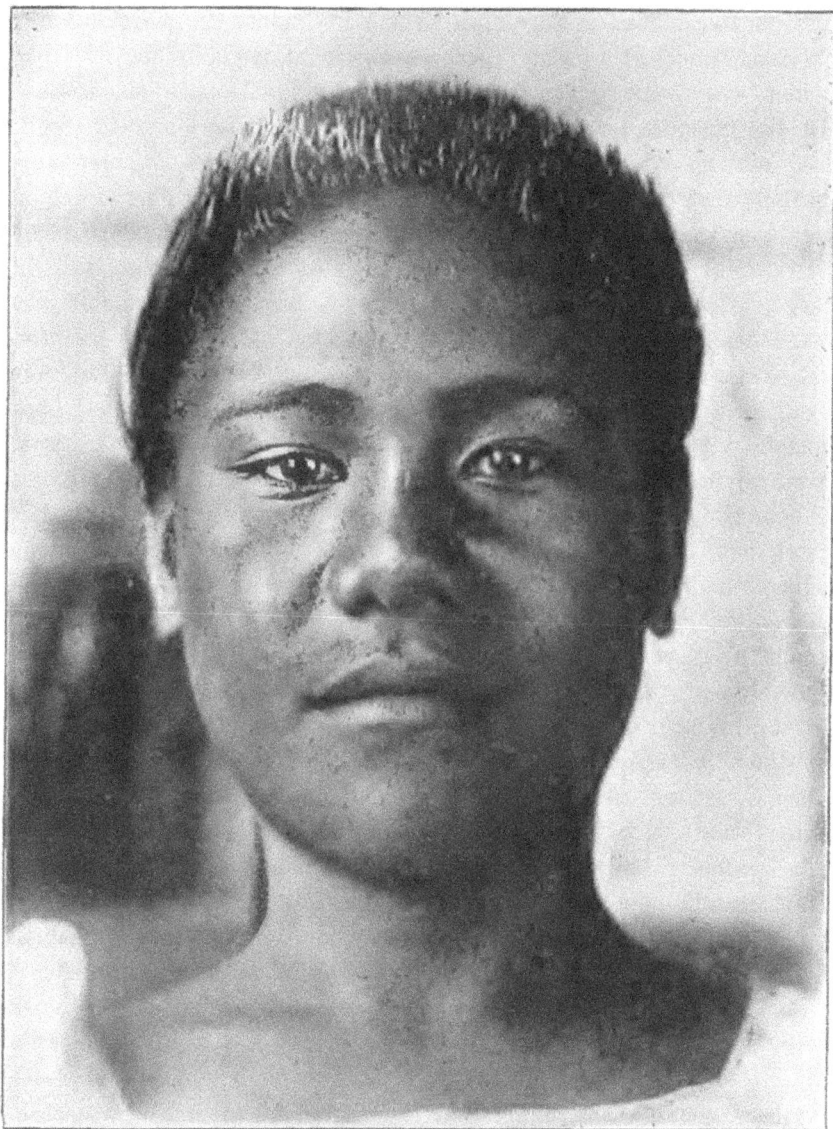

Bild 81. Fai. (Altsamoanische Haartracht der Mädchen.)

Likör der Wasserkrug herumgereicht wurde. Bild 82 zeigt ein solches Gelage. Im übrigen hatte ich gutes, kühles Wasser, das täglich von Sione aus dem einzigen Quell Apias geholt wurde, über

dessen Felsenhaus mit hygienischem Verständnis der Kirchhof der
Weissen angelegt worden war! Dies scheint unglaublich, ist aber
leider wahr. Im Jahre 1894 habe ich viele Monate ein kleines
Bretterhäuschen bewohnt, welches auf dem Quellengrundstück stand.
Bei mir zu Hause wurde der Wasserkrug stets im Zimmer aufgestellt, zwischen der vorderen und hinteren Türe, durch welche
der Passat kräftig hindurchblies, so dass das Wasser stets recht
erfrischend schmeckte. Das Staatszimmer, welches das Bild 82
zeigt, lässt den Eingang zu dem Schlafzimmer meines damals ab-
wesenden Hausgenossen Thilenius sehen. Zu meiner Rechten
ist Felekis Schreibtisch und über mir der Vogelkopf, den mir
Goâsep bei meiner früheren Abreise geschnitzt hatte. Der Türe
gegenüber lag mein Schlafzimmer, das ich damals sehr fürchtete,
weil nachts ein Geist darin umging. Sobald ich mich nämlich des
Abends niedergelegt hatte, und es dunkel war, dann zwickte er
mich mit Vorliebe an den Ohren. Sione, der teilnahmsvoll meine
Klagen anhörte und vorgab, nie im Bett eine Ursache gefunden zu
haben, schlug vor, das Moskitonetz während des Tages nun nicht
mehr aufzuschlagen, sondern es gut unter die Matten eingestopft
zu belassen, damit der Geist nicht mehr hinein könne. Dass dies
Bett aus mehreren Lagen samoanischer Matten auf dem Fussboden
bestand, habe ich schon erwähnt. Die Angriffe wurden aber nach
dem Einschluss nur um so heftiger, und eines Abends, als ich nach
einem heftigen Stich ins rechte Ohr plötzlich erwachte, riss mir
die Geduld. Ich machte Licht und tat nun das, was ich längst
hätte tun können, ich untersuchte das Lager selbst einmal. Im
Hemd, in hohen Stiefeln und mit einem Stock bewaffnet, kehrte
ich alles von zu unterst nach oben und fand bald zu meinem Entsetzen einen schlangengrossen Tausendfuss. Sione hatte es in seiner
Faulheit erreicht, dass er den Geist in mein Bett eingeschlossen
hatte, so dass ich dem heisshungerigen Tier bedingungslos als Opfer
preisgegeben war. Ich klemmte das Tier mit dem Stock an die
Wand, und es gelang mir, ihn wohlbehalten in eine Spiritusflasche
zu praktizieren, wo er den Geist aushauchte. Als ich aber nach
befriedigter Rachgier das Tier verenden sah, gewahrte ich, dass
mir ein blutüberströmtes Hemd am Leibe hing. Im Spiegel sah
ich alsbald einen bindfadendicken Strahl Blutes vom rechten Ohr

Bild 82. Mein Arbeitszimmer in Sogi.

herabtropfen, das der Scolopender mit seinen zangenförmigen spitzen
Zähnen angeschlagen hatte. Durch gründliches Auswaschen mit
übermangansaurem Kali vermochte ich eine schlimme Wirkung des
giftigen Bisses zu verhindern, und nur eine kleine Schwellung blieb
noch einige Tage zurück.

Und noch eine zweite mystische Geschichte passierte mir hier
in dieser Zeit. S o l e m a, ein Mädchen von F a l e a l i l i, brachte
mir mit ihrer Freundin F i l o häufig Garnelen vom oberen V a i s i -
g a n o fluss, für die ich den üblichen Preis, 1 Mark das Körbchen,
stets gern entrichtete. Nebenbei sei bemerkt, dass Solema ein besonders interessanter Typ war, da sie als Samoanerin negritische Haare
hatte im Gegensatz zu der langwelligen Form Filos und anderer samoanischer Mädchen, wie die Tafeln 18 und 19 zeigen. Solema war ein
gutes, liebes Mädchen, und wenn ich viele Garnelen haben wollte, so
konnte ich sicher sein, dass sie mich nicht im Stiche lassen würde.
Dies veranlasste mich, mit meinem Nachbarn Dr. F u n k und seiner
Frau Gemahlin S e n i t i m a ein Fest auf dem F i l i m o t o zu geben,
ein eigenartiges Fest mit eingeborenen Essen, mit dem wir zugleich
unsere zahlreichen gesellschaftlichen Verpflichtungen etwas begleichen
wollten. Filimoto nennt man den ersten Absatz des Apiaberges,
etwa 200 m über dem Meere gelegen. Eine herrliche Aussicht hat
man von dort über Apia und den weiten Strand. Ein grosses Essen
hatten wir daselbst beim Vollmond auf der Höhe des Berges ausgelegt, Schweine, Hühner, Tauben und alle die vielen samoanischen
Leckerbissen, aber den Glanzpunkt des Essens sollten meine Krebs-
schwänze mit der eigens fabrizierten Mayonnaise abgeben.

Jede Hausfrau weiss, dass einem eine Mayonnaise einmal vorbei gelingen kann, und so wird man es entschuldbar finden, wenn
ich dieses „einmal" an jenem Abend auf dem Filimoto gründlich
ausnützte. Ob es zuviel Essig oder Öl war, weiss ich nicht mehr, —
die Mayonnaise wollte eben nicht stehen und bildete schliesslich eine
labberige, flüssige Sauce. Da neben dem Vollmond nur einige
wenige Papierlampen das Essen kümmerlich beleuchteten, dachte
ich, meine Untat werde verborgen bleiben, aber die Gäste wollten
trotzdem gerade von meiner Speise nicht recht nehmen, und so
hielt ich mich für verpflichtet, selbst mit gutem Beispiel voran zu
gehen. Den nach dem Essen folgenden Tanz, welchen Salaia mit

Tafel 19 (siehe Seite 488). Tua und Onoliga.

den Seinen nebst einigen anderen Samoanern aus Fale'ula im flackernden Lichte der Kokosfackeln ausführte, vermochte ich noch zu geniessen. Aber als ich mich fliehend in mein Haus zurückgezogen hatte, wurde mir sehr, sehr übel. Salaia besuchte mich noch in der Nacht, da er gemerkt hatte, dass ich nicht wohl war, und als er mich so elend fand, schickte er mir seine Frau und eine Verwandte, Sialataua (Tafel 20), welche mich pflegten und die halbe Nacht bei mir am Lager sassen. Als ich mich gerade besonders schlecht befand, rohrten draussen die Katzen, was die Samoanerinnen in furchtbare Angst brachte. Denn sie versicherten mir, dass ich nun bestimmt sterben müsse, denn dies sei immer so, wenn bei einem Kranken die Katzen schrien, und obwohl ich ihnen mehrfach versicherte, dass ich gar nicht daran dächte, zu sterben, fingen sie doch immer wieder von neuem an, mich ihrer Überzeugung zu versichern. Dies ist samoanische Art, und häufig genug bringen sie ihre Kranken so in Furcht, dass diese wirklich aus reinem Schrecken eingehen.

Ende Juli machten wir vom Dorfe Maniani aus, dem Inlandfischerdorfe hinter Apia, wo Solema und Filo zu Gaste waren, einen Ausflug. Ich dingte einen Führer und zwei Träger, während Filo sich freiwillig der Partie anschloss. Das Ziel war die Stätte eines alten Samoahauses mit Steinpfeilern, auf samoanisch übersetzt *fale pouma'a*, im Volksmund auch *fale o le fe'e* genannt, Haus des Tintenfisches, da dorten in vorchristlicher Zeit der Tintenfisch verehrt wurde. Tief in den Bergtälern drinnen, in einer gewaltigen Schlucht, von einem Zufluss des Vaisigano durchströmt, liegt ganz vom Wald überwuchert der uralte Platz. Die Sage erzählt, dass der Tintenfisch, von welchem schon bei Manu'a die Rede war, von Savai'i aus nach Upolu kam, das grosse Loch in das Riff von Apia brach, welches den jetzigen Hafen bildet, und den daselbst einmündenden Vaisigano hinaufwanderte, um inlands zu wohnen. Viele Korallenblöcke, welche man im oberen Teile des Flussbettes findet, wurden zweifellos von den Samoanern dorthin gebracht, um dem Wasserdämon das Leben am Lande angenehmer zu machen. Wir stiegen von Maniani aus erst an, um dann einen steilen Abhang hinab in das Flusstal zu gelangen. Ein herrlicher Duft empfing uns unten, wo die Ufer von dem stark duftenden wilden Ingwer, dem *'avapui*, dicht eingefasst waren. Dann ging's in dem

meist trockenen Flussbett über felsigen Grund aufwärts, und nur,
wo Wasserfälle kamen, musste man die steilen Hänge aussen herum
umsteigen. Wie durchhöhlt der Lavaboden hier ist, war an mehreren
Stellen zu sehen, wo der Fluss verschwand, um weiter unten wieder
schwächer zu erscheinen. An einer Stelle sogar stürzte ein Wasserfall von der Stärke eines kräftigen Kübelgusses in ein tiefes Wasserbecken, aus dem nichts wieder abfloss. Nach zweistündiger Wanderung erreichten wir die Kultstätte an der Einmündung eines
schwachen Zuflusses. Die Steinpfeiler waren wohl erkennbar noch
vorhanden, in der Anordnung gleich den Randpfosten der jetzigen
Samoahäuser. Sie waren aber kaum höher und dicker als ein
Holzscheit. Auch zeigten sie keine Bearbeitung, sondern waren
nur roh von Basaltplatten abgebrochen, vierkant, zigarrenkistendick.
Etwas weiter ab lag eine Steinterrasse von der Grösse eines Bettes
mit einer Rücklehne, *nofoa o le feʻe* genannt, der Thron des
Dämonen. Wir bauten unsere Hütte und übernachteten. Ich war
froh, mein Moskitonetz mitgenommen zu haben, denn sobald wir
uns ausgestreckt hatten, fing das widerliche Gesumme an, das jedem,
der schon einmal eine schlaflose Nacht durch Moskitos erlebt hat,
unvergesslich bleibt. Mit Wohlbehagen hörte ich, wie sich die
Samoaner wütend auf die Schenkel knallten, und als es zu toll
wurde, Märchengesänge zu rezitieren anfingen, um sich wach zu erhalten. Dann entschlief ich sanft.

Noch eine weitere grosse Tour unternahm ich dann Anfang
September mit Sione und Feleki nach Savaiʻi. Ich hatte die Absicht, um die Einteilung der Distrikte und deren führende Dorfschaften kennen zu lernen, die ganze Insel zu umwandern, mit Ausnahme der Strecke von Palauli bis Sapapaliʻi, welche mir von
dem früheren Ausflug her ja schon bekannt war. Eine willkommene
Gelegenheit bot sich, als die samoanische Frau des Händlers
Jensen von Salailua von Apia nach ihrem Wohnplatze auf
Savaiʻi zurückkehrte und meine Bitte um Mitnahme freundlichst
gewährte. In wenig Stunden waren die Reisevorräte gepackt und
die Trägerlasten verteilt, und so sah uns der Morgen des 3. September
in dem kleinen Boote lustig westwärts segeln. Die erste Nacht
sollte in Manono verbracht werden, aber plötzlich wurde der
Entschluss umgeändert, als eine Hochzeitsgesellschaft passierte,

welche mit dem Missionar von Apia nach Satupaitea unterwegs
war. Die See war nämlich in der Apolimastrasse, soweit man
es von Manono aus sehen konnte, recht rauh, und dies hatte die
Herrin der *malaga* abgeschreckt. Da nun aber die anderen fuhren,
ging's stracks hinterher. Nach wenig Minuten passierte unser Boot
den südwestlichen Riffeinlass von Manono, und ein kleines Stündchen
brachte uns nach Savai'i hinüber, nicht ohne dass einige ins Boot
schlagende Seen gerechten Grund zur Besorgnis gegeben hätten.
Die ganze Bootsgesellschaft atmete auf, als wir das südöstliche Kap
von Savai'i mit Namen Paepae a le i'a erreichten, dessen steile
Lavafelsen so durchhöhlt sind, dass die Spritzer der Seen inlands
wie Fontänen hoch aufsteigen. An dem Dorfe Tafua ging's vorbei und dann durch das Riff hindurch in die grosse, flache Bucht
von Pala'uli, aber diesmal nicht nach diesem Platze, sondern
nach dem im Westen der Bucht gelegenen, grossen Dorfe Satupaitea.
Da der folgende Tag ein Sonntag war und als Ruhetag betrachtet
wurde, so beschloss ich, mit Sione einen Ausflug nach dem zwei
Stunden westwärts an der Südküste gelegenen Orte Pulei'a zu
machen, um die Stelle zu besichtigen, wo die schon früher erwähnten *igaga*-Fischchen aus dem Meere in den Fluss hinaufsteigen.
Der Weg führte an der Steilküste entlang durch dichten Wald.
Es war aber beim Gehen Vorsicht vonnöten, denn oftmals stand
man plötzlich vor einem kaum fussbreiten Loch, durch das man in
grosse Höhlen hinabschaute, welche die Brandung aus dem Fels
herausgefressen hatte. Das war ein herrlicher Anblick, in diese
Spalten zu blicken, in welche der weisse Gischt, gegen die Felsen
schlagend, sich ergoss, um fruchtlos wieder zurückzufallen. Hier
als Wassergeist, als Najade sich zu baden, ohne anzuecken! Nach
anderthalbstündiger Wanderung kamen wir an einen 5 m hohen
Felsabsturz, den wir hinabklommen, und wir standen auf einer jeder
Vegetation baren Lavaebene von einigen hundert Meter Breite, auf
welcher das Dorf Papa liegt. Papa heisst Fels, und es ist hier
unschwer, ausfindig zu machen, woher das Dorf seinen Namen hat.
Der Boden ist ein noch frischer Lavastrom, denn allenthalben sieht
man an der glatten Oberfläche konzentrische Ringe, wie sie beim
Hineinwerfen eines Steines ins Wasser entstehen. Von hier aus
ging der Weg wieder inlands an einem Wasserloch vorbei, aus

welchem die Mädchen von dem nur eine Viertelstunde entfernten Pulei'a Wasser holten. Denn das Wasser der Waldflüsse gilt nicht als geniessbar, sondern als *suamaló*. Das Dorf Pulei'a bestand nur aus zehn Häusern und liegt unmittelbar am Meere, einige Meter hoch auf den Felsen der Steilküste. Wenige Schritte westwärts vom Häuptlingshaus stürzt über diese ein Fluss senkrecht hinab auf den Sandstrand, in dem er sich verliert. Diesen steilen Wasserfall klettern die kleinen Fische im Jugendstadium aus dem Meere hinauf, um dann als Süsswasserfische ihr ferneres Leben zu verbringen. Der Fall heisst Le'eufilate. Wenn man den Bach überschreitet und wenige Schritte weiter geht, so sieht man in geringer Entfernung die grosse Ortschaft Tufu auf dem erhöhten Strande liegen und weiterhin die ganze Südküste von Savai'i in den trüben Nebel der Brandung gehüllt, dahinter aber das waldige, bis zu 1600 m Höhe ansteigende Bergland.

Am Abend in Satupaitea hoffte ich vergeblich den Weitergang der Fahrt für den folgenden Morgen, denn meine Samoaner hatten wiederum keine Lust, weil die Nachhochzeit eine Masse von Schweinen und Taro für ein grosses Essen am Nachmittage vorbereitete. Ein derartiges Mahl zu schinden, ist für eine samoanische Seele solch eine tiefe Befriedigung, dass eine Hintertreibung, ganz abgesehen von ihrer Nutzlosigkeit, direkt als gewissenlos bezeichnet werden muss. Als aber am darauffolgenden Tag diese Aussicht sich wiederholte, wies ich Sione und Feleki an, zu packen. Ich sagte der Frau Jensen, dass ich auf eigene Faust nun losziehen würde.

Dies rührte sie keineswegs, aber sie hatte wenigstens die Einsicht, mir ihren Bootssteurer Tia, einen *tulafale* aus Salailula als Führer mitzugeben. So traten wir am Dienstag, den 6. September die Wanderung um Savai'i herum an, stets am Strande entlang von Dorf zu Dorf[1]. Wie'er ging's westwärts, diesmal aber nicht am Strande, sondern dem Inlandweg folgend, welcher in anderthalb Stunden nach dem zu Tufu gehörigen Dorfsprengel Sili führt, welcher an der rechten Seite des Pulei'aflusses liegt. Die Wanderung von Sili nach dem nächstgelegenen, zu Taga gehörigen Dorfsprengel Nu'u, früher Faleasi'u genannt, dauerte drei

---

[1] Bei den folgenden Dorfnamen vergleiche Fig. 9, Seite 145.

Stunden. Nur fünf Häuser lagen hier auf der Steilküste. Man musste einige zehn Meter hinab und nachher wieder hinaufsteigen.

War der Marsch bis hierher durch dichten Wald gegangen an mehreren sagenhaften Steinen vorbei und teilweise auf breiten aus-gepflasterten, gartenwegähnlichen Pfaden, so wanderten wir weiter-hin bis Taga nur durch niedriges Gestrüpp, oft unmittelbar am Rande der haushohen Steilküste, von der mehrfach zwei- bis drei-mal brückenbogenähnlich durchlöcherte Lavafelsen ins Meer hinaus-liefen, von den Samoanern *mavere* genannt. Einen grossen Teil der Strecke zwischen Nuʻu und Taga nimmt nämlich ein noch junger Lavastrom ein, welcher von der Spitze des Gebirgsstockes herunter-kam, der Savaiʻi ausmacht, von jener 1600 m hohen Spitze, welche auch der Zeuge der letzten vulkanischen Tätigkeit gewesen ist. Wenn man die Insel von Norden weit im Meere draussen ansieht, so gleicht sie mit ihrer sanften Böschung sehr einem schwach ge-spannten Bogen. Deshalb nennen auch diesen Teil die Samoaner Mauga loa, den „Langen Berg", genau so, wie der ähnlich ge-staltete Riese auf Hawaii genannt worden ist, und wenn man fernerhin sich in Erinnerung bringt, dass Savaiʻi und Hawaii mit dem Hawaiki der Maori gleichbedeutend ist, so befindet man sich alsbald im Banne der polynesischen Sagengemeinschaft. Die Samoaner erzählen, dass vor langer Zeit, die auf mindestens 100 bis 150 Jahre einzuschätzen ist, ein Paroxysmus den Mauga loa aus-einandergesprengt habe und dass je ein grosser Lavastrom nördlich und südlich abgeflossen sei, die als nördliches und südliche Mū (das „Glühende") bekannt sind. Beide sind schon grösstenteils mit niedrigem Gestrüpp bewachsen, das aus Morinda, Scaevola, Wedelia, Calophyllum usw. besteht; stellenweise finden sich aber auch noch Ströme frischer Scoriae, die ganz der frisch um-gepflügten Ackererde gleichen und welche, wenn überhaupt Pflanzen-wuchs, nur wenige Farne tragen. Heute, nach den Ausbrüchen der letzten Jahre, hat sich das Bild etwas verändert; wir haben nach dem unterseeischen Manuʻa-Ausbruch den Beweis erneut be-kommen, dass die vulkanische Kraft unter Samoa noch keineswegs erloschen ist und dass also die Samoaner mit ihren Berichten über die vor nicht allzulanger Zeit stattgefunden habende Katastrophe die Wahrheit gesprochen haben. Eine Wegstunde östlich von Nuʻu

springt das Land um ein geringes nach Süden vor. Von hoher
Klippe sieht man hier in der Ferne den Tofua von Savai'i,
Apolima und den Tofua von Upolu liegen. Der Platz heisst
Va'olo. Hier hatten einst die Tamasese-Leute eine Befestigung
angelegt. Tia zeigte uns mehrere Stellen, an welchen etliche der
verwundeten Kämpfer im Handgemenge ihre Köpfe verloren haben.
Eine halbe Stunde später überschritten wir einen tiefen, trockenen
Flusslauf, Va'oto genannt, und nach einer weiteren halben Stunde
standen wir vor den Toren von Taga. Taga gehört zu den wenigst
besuchten Plätzen von Savai'i. Es ist ein romantischer Ort.
Dicht hinter den Häusern des unteren Dorfteils liegt ein flacher
Tümpel, welcher rückwärts in eine tiefe Grotte einläuft. Diese
Malufau genannte Grotte liegt in einer 10 m hohen, mauerähn-
lichen Felswand, welche die Dorfschaft nach Westen hin begrenzt.
Steigt man diese Felswand hinauf und wandert südwärts am westlichen Ufer der nach Süden sich halbkreisförmig öffnenden Bucht, so
gelangt man am Kap auf eine nur wenige Meter über dem Meeresspiegel liegende, reingefegte Basaltplatte. Ein herrliches Schauspiel erwartet hier den Wanderer. Schon lange, bevor wir uns
Taga nahten, hatten wir in rhythmischen Pausen den Dampf zum
Himmel emporsteigen sehen, hoch über den Kokospalmen in der
Sonne sich zerteilend. Eine kleine Viertelstunde hatte mich an
den Ort des Schaupiels gebracht, das ich bis dahin immer nur aus
der Ferne genossen hatte. In das ausgehöhlte Gestein donnerten
hier mit mächtigem Gepolter die langen Passatseen hinein. Die
langen, schmalen Säcke, welche inlands ein mannskopfgrosses Loch
hatten, füllten sich plötzlich mit Wasser, so dass die eingepresste
Luft zischend durch die Löcher entwich, das Wasser in einem
hohen Strahle mit sich reissend. Es war ein schauerliches Gefühl,
auf dem zitternden Boden zu stehen, wenn eine grosse See heran-
rollte; aus allen Spalten kochte das Wasser und pfiff die Luft,
bis der erlösende Strahl die Ruhe auf einige Minuten wieder zurück-
brachte. Die Samoaner nennen diese Spritzlöcher *suisui,* und sie
erzählen, dass dies der Name eines Mannes gewesen sei, dessen
Frau Maumaulega geheissen habe. Diese sei von Lealatele
nach Taga gekommen und habe die Spritzlöcher mit Steinen ver-
stopfen wollen, was sie mit dem Tode gebüsst habe.

An der Küste von Taga ist der Sage nach auch das Schiff des Lata gescheitert und in einen Stein verwandelt worden. Es ist eine polynesische Mythengestalt, dieser Rata der Maori, welcher mit Seeungeheuern kämpfte und das Doppelboot erfunden haben soll. In dem Walde zwischen Taga und Salailua wurde das Holz zu seinen Schiffen geschlagen. Hier in dieser Gegend lebte auch seine Geliebte, Sinasaulu, welche er treulos verliess und die den Untergang über ihn herabbeschwor. Als wir am Abend nach der Ankunft im Hause des Sprecherhäuptlings Faiumu nach dem Genuss eines saftigen Schweinerückens beisammen sassen, den uns die Häuptlinge Toilolo und Taulapapa als Gastgeschenk gebracht hatten, erzählten uns die Alten einige Abrisse aus diesem Sagenkreis, worüber ich in meinen früheren Abhandlungen näher berichtet habe.

Den Wald durchwanderten wir am folgenden Morgen. Da Taga noch an der Südseite liegt und Salailua schon an der Westseite, und ein Ausläufer des Gebirgskammes am Südwestkap schroff endet, so mussten wir kräftig in die Höhe steigen, um nach der Westküste zu gelangen. Es regnete in Strömen, so dass wir nur mühsam vorwärts kamen. Dafür lohnte uns ein schöner Anblick auf der Höhe des Berges. Auf dem engen Urwaldwege begegneten uns hier ungefähr ein Dutzend junger Mädchen, welche wegen des strömenden Regens ihre Kleidung auf einen Stirnkranz aus Blumen und Kräutern und einen schmalen Bananenblättergürtel verringert hatten. Ihr Lavalava trugen sie sorgsam zusammengewickelt unter dem Arme. Diese schönen braunen Gestalten in ihrer Urwüchsigkeit, wohl eingesalbt, glänzend wie eine frisch geschälte Rosskastanie, in dem feuchten, schimmernden Grün des dämmerigen Waldes stehen zu sehen, das war ein reiner, künstlerischer Genuss, wie ihn in seiner Reinheit vielleicht nur ein Arzt oder Künstler empfinden kann. Es war Tagas *aualuma*, wie man die Mädchengemeinschaft eines Ortes zu bezeichnen pflegt, welche acht Tage zu Besuch in Salailua gewesen war. Sie bedauerten lebhaft, einen so seltenen Besuch versäumt zu haben, dann zogen wir nach kurzem Wortwechsel unsere Strasse weiter.

Als wir nach vierstündigem Marsche in Salailua eintrafen, war gerade Frau Jensen mit ihrem Boote auch angelangt, allerdings

durch den Regen so erkältet, dass sie am Abend desselben Tages
ernstlich krank wurde. Salailua ist ein hübscher Ort, mit der
grösseren Ortschaft Gaga'emalae zusammen an einem flachen
Strandausschnitte gelegen, dem ein Korallenriff vorgelagert ist.
Dieser Strandausschnitt ist in vier kleinere Buchten mit kleinen
Kaps geteilt; die südlichste Bucht nimmt Salailua ein, während die
drei nördlichen von den drei Dorfteilen Gaga'emalaes besetzt sind.
Tia wäre hier in seinem Heimatorte gerne zurückgeblieben, aber
da er mich bis hierher gut geführt hatte, so bot ich ihm für den
Weitermarsch 4 Mark für den Tag an, welchen Verdienst er sich
nicht entgehen liess.

War der Weg an der Südküste, von kleinen Hebungen und
Senkungen abgesehen, eben gewesen, so galt es, an der Westküste
bergauf und bergab zu klettern. Von Taga nach Salailua hatten
wir den ersten Vorgeschmack davon gehabt, und in derselben Weise
ging's nun weiter fast bis zum Nordwestkap. Alle Dörfer, die wir
hier passierten, Sagone, Fogasavai'i, Fai'a'ai, Fogatuli,
Samataiuta Samataitai und Fagafau waren teilweise hoch
droben auf der schroff abfallenden Küste gelegen. Besonders eigenartig lag z. B. der letzte Platz, von dem man über 100 m tief in
eine kesselförmige, halbkreisförmige Bucht, Usuafeiloa'i genannt,
hinabschaute, in welche die langen Seen schäumend hineinrollten.
Bis hieher waren wir, von mehrfachen kurzen Aufenthalten abgesehen, in anderthalb Stunden marschiert. Der Weg führte dann
oben über der steilen, hohen Felsenkante weiter, und es wurde uns ein
Platz gezeigt, von dem eine Frau mit Namen Salofa mit ihrem
Kinde wegen schlechter Behandlung und wenig Essen in die Tiefe
gesprungen war. Von diesem hochgelegenen Pfade sah man nach
einer Viertelstunde Weges an dem etwas weiter abgerückten Strande
eine birnenförmige Halbinsel vorspringen, welche schwarze Basalt-
blöcke, teilweise aus dem Grün hervorschauend, zeigte. Dort drunten
lag das Dorf Si'uvao, das wir aber nicht berührten. Inlands
weiter wandernd, erreichten wir nach einer weiteren Wegstunde
einen steilen Waldabstieg mit Namen Matega, welcher an die
nun niedrige Steilküste führte, an der es fortan weiter ging. Nach
einer weiteren halben Stunde endlich erreichten wir Falelima
und von hier aus nach einer guten Wegstunde Ne'iafu, welches

Tafel 20 (siehe Seite 489). Sialataua von Siumu im Festgewande.

von letzterem durch einen 100 m hohen Berg getrennt ist. Der
letzte Abstieg führte durch eine breite Strasse, von hohen Bäumen
eingefasst, die sehr an die prachtvollen Alleen der schleswig-
holsteinischen Adelsgüter erinnerte.

Von Neʻiafu ab, wo wir Nachtquartier bei dem Sprecher Ofaʻi
nahmen, überstiegen wir wieder einen 120 m hohen Berg nach dem
auf einer Sandstrandebene gelegenen Tufutafoʻe in zweistündigem
Marsche, um dann von hier, am Fafá vorbei, dem Eingang zur
Unterwelt im Meere, eben nach Falealupo am Nordwestkap von
Savaiʻi und dem westlichsten Punkt von Samoa überhaupt, zu
wandern. Falealupo liegt zu beiden Seiten des Kapes, sowohl an
der West- als an der Nordküste, und man braucht eine gute halbe
Stunde, um von einem Ende zum anderen zu kommen. Das dünne
Kap selbst, in dessen Nähe Haus und Kirche der katholischen
Mission stehen, ist sandig und mit wenigen Lavablöcken bedeckt.
Ein frischer Passat empfing uns an der Nordseite, als wir nach
kurzer Mittagsrast bei dem Tonumaipeʻa Feáveaʻi weiter
wanderten, aus dem Gebiet der Tonumaipeʻahäuptlinge ostwärts
nach dem Distrikte Asau. Das Reiseziel dieses Tages war
Sataua. Wir passierten zuerst nach einer guten halben Stunde
die Bucht von Fagalele, welche verlassen ist, weil der blut-
dürstige Dämon Moso dort wohnt. Und doch war hier der einzige
Zufluchtsort der Boote an diesem Teil der Nordseite bei schlechtem
Wetter. Von hier aus führte der Weg durch dichten Wald auf
kleinen, mit Korallenplatten ausgelegten Wegen über einen 100 m
hohen Berg in zwei Stunden nach Papá, einem kleinen Dorfe,
welches ähnlich Faleasao in eine steile Felsenbucht an den Strand
gebaut ist. Von hier aus erreichten wir Sataua in einer kleinen
Stunde. Das Dorf liegt am offenen Strande auf Lavaklippen und
war verlassen, da die Bewohner alle zum grossen *fono* nach
Leulumoega gefahren waren.

Wie immer an den vorhergehenden Tagen brachen wir auch
an dem folgenden Morgen früh um 6 Uhr auf. Das Reiseziel war
diesmal das Inlanddorf Aopo, welches gute sechs Wegstunden von
Sataua entfernt ist. Erst berührten wir die Dorfschaften Vaisala
und den Vorort Asau, deren jede an einer besonderen flachen
Bucht liegen. Beide Buchten sind aber nur der Teil einer grösseren

Strandbucht, welche durch ein grosses Korallenriff abgeschlossen
wird, für kleinere Schoner passierbar. Von Asau führte der Weg,
langsam ansteigend, inlands bis zur Höhe von 180 m, erst zwei Stunden
durch Hochwald, dann drei Viertelstunden über das nördliche Mu,
jenseits dessen im Walde verborgen Aopo liegt. Dieses nördliche,
junge Lavafeld ist schwieriger passierbar als das südliche, weil der
Weg über dasselbe nicht wie dort an der Küste, sondern inlands
führt. Da stellenweise übermannsgrosses Gebüsch vorhanden ist,
das ohne Schatten zu spenden den Ausblick wehrt und den Wind
abhält, so wird das Überschreiten dieses Lavafeldes von den des
Weges Unkundigen mit Recht gefürchtet. Wer sich hier verirrt,
kann sich auf schreckliche Stunden gefasst machen und muss froh
sein, wenn er glimpflich davonkommt. Sione klagte, als wir mitten
drin waren, dass ihm die Füsse verbrannten, und wenn ich stehen
blieb, um ihn zu bedauern, so klebten die Gummisohlen meiner
Harburger sofort fest. Mit Freude begrüssten wir den Wald, da
wir gerade zur Mittagszeit diesen nördlichen Hang des Mauga loa,
der in seiner ganzen, heissen Schwere sichtbar über uns lag,
passierten, und eine Stunde später rasteten wir in Mamoas Haus
zu Aopo. Hier verliess uns Tia, um nach Salailua zurückzukehren,
und ich kaufte ihm zu Ehren für 8 Mark ein Spanferkel, das uns
mit einigen Tauben, Hühnern und Taro den Abschiedsabend ver-
schönte.

Von Aopo geht es in guten drei Wegstunden durch mässig hohen
Wald hinab zum Strande nach Sasina, das von dem gleichfalls
an einer schönen, grossen Bucht gelegenen Safune nur eine Stunde
entfernt ist. Safune ist der Glanzpunkt von Savai'i. Das Dorf
wird durch einen Flusslauf in zwei Teile getrennt. Dieser Fluss
ist aber nur wenige Meter lang, denn er entströmt einem kleinen
See, Siliafai, in dessen Mitte eine kleine Insel liegt. Der See
hinwiederum verdankt sein Dasein einer Quelle, ein dem Blautopf
ähnlicher Kessel von mehreren Metern Breite, aus dem das Wasser
sanft aufkocht. Schon mittags waren wir in Safune angekommen,
aber an ein Weitergehen an diesem Tage war nicht zu denken, da
Sione und Feleki aus der Mata'alelo genannten Quelle nicht
herauszuprügeln waren. Mir war's recht, denn dicht beim Hause
des Sprecherhäuptlings Taule'ale'a, wo wir abgestiegen waren,

stand ein grosses Bootshaus, in welchem noch ein ursprüngliches, samoanisches Doppelboot untergebracht war, wie es die Samoaner einstens zu ihren Fahrten übers Meer nach F i d j i und T o n g a benützt haben. Nur in S a l e a u l a sah ich am folgenden Tage noch ein zweites. Und den Aufenthalt im Hause machte uns P a e p a e angenehm, welche mich in Apia früher des öfteren besucht hatte, damit ich ihre Tatauierung studiere. Das arme, gute Ding, welches auf einem Auge blind war, starb kurz nach unserem Abschied, wie ich hörte dadurch, dass sie beim Fischen von einem niedrigen Felsen an der Steilküste herabstürzte und sich das Genick brach.

Östlich wird S a f u n e durch eine Felswand abgeschlossen, welche, in das Meer vorspringend, eine kleine, korallenriffbesetzte Bucht östlich begrenzt. Dieses felsige Kap muss man hinaufklettern, um nach S a f o t u zu kommen, einem wichtigen Orte in der politischen Geschichte Savai'is. Es ist nur eine halbe Stunde von Safune entfernt, und auf der Höhe zwischen beiden liegt das Dorf S a m a u g a, ein Zeichen, wie dicht gedrängt an diesem Teil der Küste die Ortschaften liegen und wie fruchtbar das Land hier ist. In Samauga besuchte ich Herrn v o n B ü l o w, welcher seit vielen Jahren sich unter die Eingeborenen zurückgezogen hat, und auf der Höhe nahe dem Absturz einen hübschen Garten mit einem weniger schönen Holzhäuschen darin besitzt. Wie viele treffliche Arbeiten er uns über die alten Sitten der Samoaner, deren Studium er sich widmete, geschenkt hat, wird den Ethnographen wohl in Erinnerung sein.

Safotu liegt in einer bergumschlossenen, engen Bucht. Das Korallenriff, welche diese nach dem Meere hin abschliesst, greift aber um das felsige Kap herum, hinüber nach der tieferen Bucht von Matautu, in welcher es einen Einlass für grössere Schiffe freilässt, so dass die Kriegsschiffe immer nur hier bei einem Besuche von Savai'i zu Anker zu gehen pflegen. Matautu liegt auf einer Sandstrandebene, und diese zieht sich bis zum Nordostkap hin, breiten Raum lassend für die grossen Dorfschaften M a t a u t u, S a l e a u l a und den Nordsprengel von L e a l a t e l e mit Namen S a l a g o. Bei letzterem reicht der rückständige Brackwassersumpf, welcher den meisten Sandstrandebenen zuzugehören pflegt, bis nahe an das Meer, so dass man nur auf einem kleinen Damm zum

sandigen Kap gelangen kann. Hier sieht man das meerwärts mit-
laufende Korallenriff mit der Küste umbiegen, aber schon in einigen
hundert Metern Entfernung verschwinden. Denn dort beginnt wieder
die Steilküste.

An dieser Stelle, kaum fünf Minuten vom Kap entfernt, liegt
noch auf dem Sandstrand der zweite Sprengel von Lealatele mit
Namen Tóʿapaepae. Lealatele heisst „der grosse Weg", und
in der Tat ziehen sich seine Sprengel, welche die Samoaner *ala*
oder *fuaiala* im Gegensatz zur Dorfgemeinde *ʿaʿai* nennen, über
zwei Wegstunden hin, die südlichen alle wegen der Steilküste inlands
angelegt. Wir hatten Sataputú, ein hübsches Dorf in der Nähe
der Küste an einem trockenen, felsigen Flussbett gelegen, nach
fünf Viertelstunden Weges vom Nordostkap erreicht, dem Sitz der
katholischen Mission. Da die letzten beiden Dorfsprengel von
Lealatele inlands liegen, so wandten wir uns dem grossen Walde
an der Küste zu, welcher Lealatele von der nächsten Dorfschaft
Amoa trennt. Sione und Feleki wären gerne in Sataputú geblieben, denn sie erklärten, dass ihre Beine sich nur mehr wie
Speck anfühlten und es schon 3 Uhr nachmittags und somit zu
spät sei, um Puapua, den nördlichsten Dorfteil von Amoa, zu
erreichen. Da wir seit Aopo Führer und Träger nicht mehr genommen hatten, so hatten meine beiden Lieblinge das Gepäck allein
tragen müssen, was ihnen sichtlich wenig behagte. Um überhaupt
noch vorwärts zu kommen, hatte ich an den Zwischenräumen des
Weges, wo ich von Samoanern nicht gesehen werden konnte, das
Gepäck ihnen zeitweise abgenommen. Denn wenn der Herr der
malaga das Gepäck trägt, so setzt er sich in den Augen der
Samoaner herunter. Mir lag nun viel daran, noch an jenem Tag Amoa
zu erreichen, da ich am darauffolgenden schon in Iva sein wollte,
um eine möglichst rasche Überfahrt nach Upolu zu bewerkstelligen.
Der Grund der Eile, dieser Hast, die mich um Savaiʿi herum-
jagten, die mich verhinderten, an all den hübschen Plätzen längere
Zeit zu verweilen, war die bevorstehende Rückkehr des Mataʿafa
von Djalut, von der ich im nächsten Kapitel zu reden haben werde.

Es war mir unter obwaltenden Umständen nur daran gelegen,
die geographische Lage aller der Dorfschaften und Dorfteile Savaiʿis
durch persönliche Anschauung kennen zu lernen und die Grenzen

der Regierungen und Verwaltungen festzulegen. Mit der Uhr in
der Hand hatte ich den Weg abgemessen, die Namen der Dorfteile und ihre Grenzen erfragt, und das war mir genug. So ergriff
ich in Sataputú von neuem den *amo*, den Tragestock, hing vorne
und hinten die schwersten Gepäckstücke hinauf, warf die Last auf
die Schulter, und mit dem Ausruf: *Ma te ó, tagala raivai!* (Lasst
uns gehen, ihr Schwächlinge!) stürzte ich unter dem Lachen der
zuschauenden Eingeborenen voran. Freilich, Sione und Feleki hatten
die Freude auf ihrer Seite, als bald nach 6 Uhr es zu düstern begann und der dichte Wald sich noch nicht lichten wollte. Der
wenig sichtbare Eingeborenenpfad verlor sich bald im Dunkel der
hereinbrechenden Nacht unter unseren Füssen, und nur mühsam
konnten wir ihn durch einzelne, angezündete Streichhölzer wieder
ausfindig machen. Öfter schlug ich vor, die Decken herauszuholen
und kurzerhand an irgendeinem Platze das Nachtlager zu bereiten; aber mit leerem Magen die Länge der Nacht im offenen
Busch zu überdauern, das sagte meinen Begleitern nicht zu. Weiter
und weiter suchten wir vorwärts zu kommen, wobei uns leuchtende
Pilze mehrfach irre führten, indem wir sie für glostende Streichhölzer oder Dorffeuer hielten, aber schliesslich wurde unser Rufen
doch gehört, und so sollten wir auch die letzte Nacht unter Dach
kommen im gastlichen Puapua.

Von Puapua aus umspannt das Korallenriff in einem grossen
Bogen die ganze Ostküste fast bis zum Südostkap hinab, die
Dorfschaften A m o a, S a f o t u l a f a i, S a p a p a l i῾i, I v a und S a l e -
l o l o g a einschliessend, welche alle mehr oder weniger auseinander-
gezogen an kleinen Sandstrandbuchten oder auf niedrigem Lava-
gelände unmittelbar an der Lagune liegen. Es ist der wichtigste
Distrikt von Savai῾i, F a῾a s a l e l e a g a genannt, mit der führenden
Dorfschaft S a f o t u l a f a i, auf welche die übrigen fünf Distrikte
von Savai῾i hören.

Am Dienstagmittag, am 13. September 1898, war ich wieder in
Iva, ein Beweis, dass man Savai῾i in acht Tagen leicht umlaufen kann,
denn in einem halben Tage hätte ich von Iva nach S a t u p a i t e a
noch wohl gelangen können. Ich vermochte indessen am selben
Tage in Iva keine Überfahrtsgelegenheit mehr zu bekommen, da
Herr A l l e n angab, dass sein Boot lecke. Dagegen hörte ich, dass

ein samoanisches Boot am folgenden Morgen von Salelologa aus
nach Aana führe. Wir waren bald handelseinig (um 5 Dollar),
und so sah uns der folgende Mittwochmorgen wieder auf der
Meerenge bei Apolima. Um 6 Uhr hätte es schon losgehen sollen,
aber da keine Riemen zu finden waren, und auch noch Kokosnüsse
gepflückt werden mussten, so war der halbe Vormittag schon drüber
hingegangen, bis wir endlich ins freie Wasser kamen. Die ganze
Fahrt stand unter dem Zeichen der samoanischen Zeitfülle. Das
Rudern, welches bei dem wehenden Passat und bei der Fahrt gegen
diesen notwendig war, wurde nicht allzu eifrig betrieben, obwohl
der Bootsgesang:

Papalagi e matira e,	Der Fremde ist arm,
Le'ofu e masae!	Seine Hose ist zerrissen!

tausende und abertausende Male neu angestimmt wurde, so dass
dieser Fremdling schon anstandshalber sich gar nicht mehr sehen
lassen konnte und ich des öfteren meine Kleider nachfühlte. Immer
wieder wurde der Gesang neu begonnen, steigerte sich allmählich
im Rhythmus, um mit einem mehr oder weniger gewaltigen Sport
und Aufschrei zu endigen, worauf dann stetig sich mehrende Er-
schöpfung um sich griff; wenigstens wurde die Unterhaltung in den
Zwischenpausen immer länger, so dass ich des öfteren mit einem
Dollar Abzug drohte. Dabei lief die See recht hoch, und das
Herumliegen im schlingernden Boot war keineswegs angenehm. Das
Unglück wollte es, dass auf der Höhe von Apolima ein anderes
Boot desselben Weges gezogen kam, welches unter denselben
Schmerzen litt. Der Austausch der gegenseitigen erduldeten Leiden
nahm eine weitere geraume Zeit in Anspruch und ging sogar so
weit, dass verschiedene der Bootsinsassen ins Wasser sprangen, um
sich gegenseitig zu beglücken. Unsere fremdländische *malaga* hatte
besonders zwei Mädchen angezogen, die im offenen Meer zu uns
herübergeschwommen kamen, in ihren nassen Kleidern in unserem
Boote Platz nahmen, und auch bei uns blieben, als der Ruder-
gesang endlich wieder ertönte. Als wir aber in der Höhe von
Manono auf Mulifanua zusteuerten, immer noch ausserhalb der
Korallenriffe, und die Mädchen gewahrten, dass ihr Boot in Manono
gelandet war, sprangen sie kurzerhand ins Wasser, um durch den

engen Riffeinlass und über die tiefe Lagune hinweg nach der über 1 km entfernten Insel zu schwimmen. Endlich gegen 2 Uhr nachmittags kamen wir in der Gegend von Mulifanua an. Ich benützte die erste Gelegenheit, um an Land zu springen, nachdem ich Sione und Feleki angewiesen hatte, baldmöglichst mit dem Gepäck nach Apia nachzufolgen. Ich hatte mir vorgenommen, noch am selben Abende in meinem Heime zu sein, und so rannte ich die fünf deutschen Meilen auf eigenen Füssen, da ein Pferd nirgends erhältlich war, in sechs Stunden nach Hause, um dort zu meiner Genugtuung zu erfahren, dass der „Bussard" mit Mata'afa an Bord noch nicht eingetroffen war. Er kam erst fünf Tage später, am 19. September.

Die folgende Zeit, welche ich bis Ende Januar noch auf Samoa verbrachte, war sehr bewegt durch die politischen Ereignisse, welche damals die ganze Welt bewegten. Ich werde sie im folgenden Kapitel schildern, wie ich schon erwähnte.

Diesen politischen Ereignissen zollte ich, da sie meine Studien eng berührten, meine volle Aufmerksamkeit. Daneben unterliess ich es aber nicht, mich mit der Entdeckung des **Palolowurmes** von neuem zu beschäftigen, denn wiederum nahte der Oktober und November, in welchen Monaten er ja auf Samoa erscheint. Ich habe schon beim ersten Aufenthalte erwähnt, dass dies in beiden Monaten acht Tage nach dem Vollmond zu geschehen pflegt, und zwar im Oktober auf Savai'i und im November auf Upolu. Noch einmal eine Reise nach ersterer Insel nur des Palolos halber zu machen, widerstrebte mir. Da ich indessen hörte, dass der Wurm zu Samatau am Westende von Upolu auch zuweilen im Oktober erscheine, so beschloss ich, mich anfangs Oktober dorthin zu wenden, da am 29. September Vollmond war. Vorher spürte ich aber noch einem Taschenkrebs nach, von den Samoanern *mali'o* genannt (nach den von mir gesammelten Exemplaren sehr wahrscheinlich Sesarma rotundata Hess), von dem bekannt war, dass er zehn Tage vor dem Palolo zur Zeit des Vollmondes erscheine. Er lebt inlands in Erdlöchern oder auf den Inocarpusbäumen, und um die Vollmondszeit im Oktober zieht er in grossen Scharen zum Strande, um dort zu laichen. Häufig passiert er dabei die Dörfer und wird dann von den Samoanern bei Fackelbeleuchtung gefangen, denn sie

lieben seinen Genuss als Speisenwürze sehr. Besonders die Südseite von Upolu, Safata und Siumu, sind als solche Fangplätze
bekannt.

Als ich am 26. September sah, dass der Mond einen Hof
hatte, was als günstiges Zeichen gilt, eilte ich über den Gebirgskamm nach Safata. Aber weder hier noch in Siumu fand ich
etwas von dem Krebse vor, obwohl ich zwei Nächte wartete. Der
Mond hatte nur das eine richtig prophezeit, dass es schlecht Wetter
wurde; es regnete in Strömen. Ich kehrte deshalb wieder nach
Apia zurück, wohin mir glücklicherweise am Tage nach dem Vollmond, am 30. September, ein Stück auf meine Anordnung hin nach-
gebracht wurde; aber auch in Mulinuʻu, dicht bei meinem Hause
in Sogi, wurde in jener Nacht ein Männchen gefangen, so dass ich
mit dem Weibchen von Safata ein Paar im Spiritus hatte, was für
meine Zwecke genügend war. Da das Weibchen sehr viele Eier unter
dem Schwanz trug, so war es zweifellos, dass die Wanderung zum
Meer nur stattfindet, um die Eier im Salzwasser abzulegen, wo allein
sie sich entwickeln können.

Da der Palolo in Samatau acht Tage nach dem Vollmond, also
ungefähr am 6. Oktober war, so brach ich am 4. Oktober mit einem
extra für den Zweck gemieteten Boote dorthin auf. Ich kann vorweg nehmen, dass der Palolowurm dort im Oktober jenes Jahres
nicht zum Schwärmen kam. Dafür gelang es mir aber, ostwärts
von dem daselbst befindlichen Riffeinlass Avaitolo am Aussenriff an einer Stelle, wo eine längliche Schuttfläche eine Strecke
weit nach Inland zu verlief, Steinstücke vom toten Riffels in der
Nähe der Brandung abzuschlagen, welche bei der Untersuchung
sofort nachher an Land die Würmer enthielten, die den richtigen
Palolo darstellen. Als ich nach meiner Rückkehr am Aussenriff
bei Matautu zu Apia die analoge Stelle auf dem dortigen Riff untersuchte, fand ich sie auch dort, so dass das Geheimnis betreffs des
Wohnplatzes des Palolo damit gelöst war. Ich konnte somit ruhig
dem November-Palolo zu Apia entgegensehen.

Das Erscheinen des Palolo und seine Biologie stellt sich damit
folgendermassen dar:

Der Wurm besteht aus einem vorderen dicken und einem
hinteren dünnen Teil, welch letzterer der eigentliche Palolo ist.

Der ganze Wurm lebt im toten Korallenfels in der Nähe der Brandung, und zwar an solchen Stellen, wo der Fels auch bei Springniedrigwasser nicht längere Zeit vollständig trocken fällt. Der
stärkere Wurmteil nun ist von einer dicken Schleimschicht überzogen,
welche auch auf den dünnen Teil übergreift, aber nur eine Strecke
weit. Diesen Schleim kann man deutlich zur Wahrnehmung bringen,
wenn man den ausgemeisselten Wurm in Süsswasser legt, wodurch
der Schleim sich festigt. Dann ragt der dünne Teil aus ihm hervor
wie ein durchgeschobener Graphitstift aus seinem Holzkleid. Es
ist zweifellos, dass diese Schleimhülle dazu dient, das Aussprossen
des dünnen Teils aus dem dicken zu ermöglichen und zu schützen.
Die dünnen Teile sind nämlich nichts weiter als lange segmentierte
Schläuche voll Eiern bei den Weibchen und voll Samen bei den
Männchen. Äusserlich sind die Geschlechter leicht unterscheidbar
durch die Farbe, da der weibliche Palolo braun und der männliche
grün ist. Wenn nun die Zeit des Schwärmens herankommt, die
Zeit des letzten Viertels nach dem Oktober- bzw. Novembervoll-
mond, so stösst sich der Schleim erst ab, damit die Würmer frei-
kommen können. Sehen die Samoaner in der Morgenfrühe viel
Schaum auf der Wasseroberfläche in der Lagune hinter der Brandung, so wissen sie, dass der folgende Tag den grossen Fang bringen
wird. Sie nennen deshalb den ersten Tag *salefu* nach den Fladen
(lefu), welche auf dem Wasser erscheinen. Der zweite Tag heisst
motusaga, von *motu* = „abgebrochen" und *saga* = „die Gliedmassen"
z. B. bei der Schildkröte. Dieser oder der folgende Tag heisst aber
je nach der Ausgiebigkeit auch *tateleqa*, der „grosse Fischtag". In
der ersten Morgenfrühe, wenn es noch Nacht ist, muss man dann
hinausfahren an die Stellen, wo der Palolo erscheint. Nur schwach
ist der Platz vom letzten Viertel des Mondes beleuchtet, der im
Winkel eines halben Rechten im Osten steht. Zahlreiche Boote
versammeln sich dort im Dunkel der Nacht, als ob es sich um
eine Verschwörung handelte. Noch ist niemand zu erkennen; alles
schweigt wie von Angst beseelt, dass der Wurm durch Lärm vertrieben werden könnte. Ein kühler Wind weht von den schwarzen
Bergen herab. Es scheint ewig Nacht bleiben zu wollen. Da lichtet
sich der Himmel im Osten. Einzelne fangen mit ihren Handnetzen,
welche in der Form von Tennisschlägern mit Moskitotüll überzogen

sind, an zu schöpfen, und man gewahrt auf dem Netz einige stricknadeldicke, sich windende Würmer. Rasch wird es heller. Nun
sieht man, wie die stille Wasseroberfläche, nur von der Dünung
zeitweise sanft gehoben, von zahlreichen Würmern belebt ist.
Schlängelnd durcheilen sie die Räume zwischen den Booten und
werden allenthalben abgefangen. Bald ist alles voll von ihnen und
endlos lang erscheinen sie. Niemand sieht mehr den anderen,
alles arbeitet und schüttet geschäftig die Beute in bereit gestellte
Eimer. Blickt man aber auf, so gewahrt man ein wundersames
Bild. Viele Dutzende von Auslegerboten voll von Eingeborenen,
die Stirnen mit Blumenkränzen geschmückt und stark duftende Ketten
von Pandanusbohnen und Ylang-Ylang um Hals und Brust, beleben
das Wasser, und zwischen denselben einzelne breite Kähne der
Weissen. Schon färben sich die luftigen Höhen mit sattem Grün,
während der Strand noch dunkel liegt, und seewärts weisse Gestalten
unaufhörlich aufsteigen und wieder zusammenstürzen, die Brecher
der hohl tönenden Roller an der Riffkante.

Bald hebt sich die Sonne im Osten, und der Fischer bemächtigt sich eine wohlige Wärme, die sich rasch in Hitze verwandelt. Schon strebt alles dem Lande zu, um noch vor dem
Trockenfallen der Lagune die Boote fort zu bringen, während wir,
die Ortskundigen, durch den schwierig passierbaren Riffeinlass aussen
herum über See heimkehren, um nicht unser schweres Boot über
den rauhen Korallenboden ziehen zu müssen. Bald ist wieder alles
stille am Palolotief, und man sieht die Bonitos die Nachlese halten.

Am 4. November 1898 war *salefu*, der Tag des Schaumes gewesen, und am 5. der grosse Fangtag. Um die Ergebnisse des
vorhergegangenen Jahres nachzuprüfen, hatte ich am 4. November
nachmittags von denselben Poritesfelsblöcken wie früher Stücke
losgebrochen und sie in meinem Hause in Eimer unter Seewasser
gelegt. Ich hatte aber diesmal in der Frühe des 5. November die
Vorsichtsmassregel gebraucht, ehe ich zum Fang aufbrach, sie einzuschliessen, und dies war wohl die Ursache, dass bei meiner Rückkehr kein Palolo ausgebrochen war. Der gute Salaia konnte eben
jetzt nicht nachhelfen. Und noch eine zweite Vorsichtsmassregel
gebrauchte ich zur endgültigen Erledigung der Poritesfelsen. Die
grossen Poritesblöcke nämlich, welche am Rande des Palolotiefs

bei Matautu in ansehnlicher Grösse vorhanden sind, und welche
Salaia als die Brutstätten des Palolo bezeichnet hatte (Bild 83)
zeigt die Form eines jüngeren Stockes), umgab ich in der Frühe
des 5. November mit einem grossen Ring von Leinwand, welcher
ähnlich einem Fischnetz mit Flössen und Senkern versehen war.
Kamen also die Würmer aus den Poritesblöcken, so mussten sie
sich innerhalb
des Leinwand-
ringes befinden.
Sie befanden
sich aber nicht
da. Eigentlich
wären die Ver-
suche ja auch
nicht notwendig
gewesen, da ich
den Wohnplatz
der Würmer
schon nördlich
des Palolotiefs,
zwischen diesem
und der Bran-
dung gefunden
hatte; wie ich
oben bei Sama-
tau erwähnte.
Dafür nahm ich
an jenem Tage

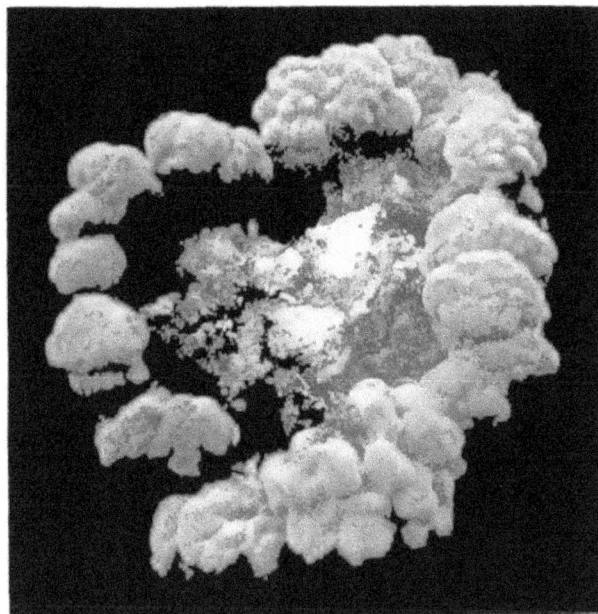

Bild 83. **Poriteskoralle.** in welcher ich zuerst den Palolo
vermutete, und welche zur Atollbildung herangezogen wurde.

des 5. November, zu Hause angekommen, die mikroskopische
Untersuchung der frischgefangenen Wurmteile vor. Natürlicherweise fand sich nirgendwo ein Kopf, und alle zeigten nur die
Form des Hinterendes, wie sie auf Fig. 46 zu sehen ist, und was
man eben Palolo nennt. Ich nahm ferner männliche Würmer in
eine Glasschale mit Seewasser und in eine andere die weiblichen,
und nachdem ich die Flüssigkeit der letzteren, welche Eier enthielten, unter das Mikroskop gebracht hatte, gab ich einige Tropfen
der ersteren hinzu, und es war nun possierlich zu sehen, wie die

Samenfäden sich auf die Eier stürzten und sie ringsum dicht besetzten, so dass sie wie eine Flimmerkugel aussahen. Es ist also der ganze Vorgang eine Hochzeitsfahrt, und der Name Palolo wurde von den Eingeborenen in merkwürdig richtiger Beobachtung gegeben, denn die mit dem Fortpflanzungsmaterial stramm gefüllten Würmer platzen *(pa)* bei der Berührung und ergiessen ihren reichen *(lolo)* Inhalt in das Wasser. Und da die Samoaner alles, was reich und fett ist, und überhaupt nahezu alles, was aus dem Meere kommt, essen, so lässt sich leicht begreifen, dass der Palolo einer ihrer Hauptleckerbissen ist, den sie roh, oder in Blättern eingeschlossen gekocht, leidenschaftlich gern essen. Auch auf dem Tisch des Weissen erscheint er, freilich mit Auswahl, in Butter gedünstet, und so ein Gericht sieht aus wie ein Teller mit Vermicelli oder Spaghetti, die man nur blaugrün zu färben braucht, um Palolo zu erhalten. Der Geschmack steht für mich zwischen Miesmuschel und Auster, aber da die Geschmäcker bekanntlich verschieden sind, so will ich niemandem vorgreifen.

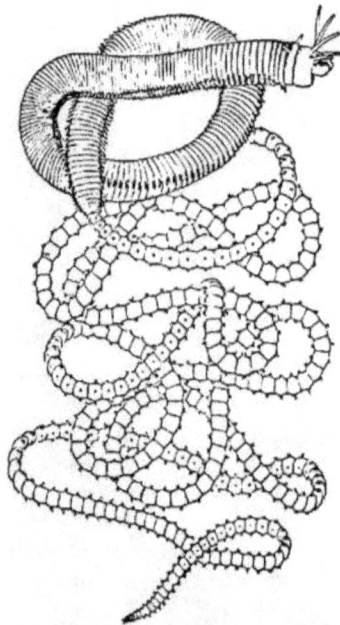

Fig. 46. Palolo (Eunice viridis Gray) nach der Zeichnung von Woodworth in richtiger Grösse.

Was die Erklärung des periodischen Auftretens des Wurmes betrifft, so sind darüber schon die merkwürdigsten Hypothesen aufgestellt worden, namentlich auch von Friedländer, welcher im Jahre 1897 sich gleichfalls zu Apia aufhielt, um den Palolo zu entdecken. Er hatte wirklich damals das Glück, mehr oder weniger zufällig einige Stücke des Wurmes zu erhalten, welche der bekannte Wurmkenner Ehlers in Göttingen als Eunice virides Gray bestimmt hat. Ich erfuhr davon erst, als ich im Jahre 1899 nach Deutschland zurückgekehrt war, so dass also meine Untersuchungen vollständig unabhängig von den seinigen vor sich gegangen sind. Aber auch im

Jahre 1898 kam ein Sendbote von A l e x a n d e r A g a s s i z aus
C a m b r i d g e in M a s s a c h u s e t t s, der Zoologe W o o d w o r t h, dem
ich freilich zu seiner Betrübnis bei seiner Ankunft Ende Oktober
eine Reihe der vollständig ausgemeisselten Würmer vorzeigen konnte.
Er liess sich aber nicht entmutigen, sondern ging nach S a m a t a u
und F a l e l a t a i, an welch letzterem Platz er in einer abgelegenen,
kleinen Bucht selbständig eine Unzahl von Würmern im Korallenfels fand, ehe sie ausgeschlüpft waren.   Es ist eine merkwürdige
Erfahrung, die sich in der Geschichte schon oft wiederholt hat,
dass eine Sache oder ein Ding, das von vielen während vieler
Jahre vergeblich zu ergründen gesucht wird, plötzlich von mehreren
fast zu gleicher Zeit unabhängig voneinander entdeckt wird.   Da
mich Friedländer bald darauf, in seinem Prioritätsglauben sich bedrängt wähnend, wütend angegriffen hat (sogar wegen meines oben
erwähnten Geschmackes setzte er mir eines ab), so habe ich, um
nicht in einen unnötigen Streit zu geraten, mein ganzes Material
meinem Freunde W o o d w o r t h übergeben, der es mit seinem zusammen ausgearbeitet hat.   Von ihm stammt auch die Fig. 46, die
er nach unserem Material zeichnete, und welche schon in meiner
Monographie über Samoa veröffentlicht wurde.   Während nun Friedländer die Mondphasen zur Erklärung in Anspruch nimmt, schliesst
Woodworth auf thermotropische und heliotropische Einflüsse.

Ich stehe auf dem Standpunkt des letzteren und lasse die
Einflüsse des Mondes nur insoweit gelten, als dieser zur Regelung der
Gezeiten so wesentlich mit beiträgt.   Im November steht die Sonne
über Samoa im Zenith und ebenso nach ihrer Rückkehr im Norden
im Februar.   Es ist früher einmal vorgekommen, dass der Palolo
im November nicht erschien, sondern erst im Februar, zu welcher
Zeit auch auf T u t u i l a zahlreiche Delphinschulen in die Nähe des
Landes kommen, offenbar zum Zweck der Fortpflanzung.   Auch
von mehreren anderen Inselgruppen in der Südsee ist das Erscheinen
des Palolo berichtet, aber es sind mir nur die Zeiten von A m b o i n a
auf den Molukken bekannt, wo der *wawo* genannte Wurm im März
erscheint, um dieselbe Zeit, wo dort die Sonne im Zenith steht.

Das grösste Springniedrigwasser tritt nun ein, wenn Vollmond
und Zenithstand der Sonne zusammentreffen.   Um diese Zeit liegen
die Korallenbänke besonders lange zur Mittagszeit trocken in der

glühenden Tropensonne, und es ist wohl möglich, dass dieser thermotropische Reiz die direkte Ursache für die Loslösung der Palolowürmer ist. Freilich, dass dies erst acht Tage nach dem Vollmond
geschieht, und zwar meist genau nach acht Tagen, wie z. B. auf
Samoa, dafür fehlt noch eine nähere Erklärung, die uns hoffentlich
Woodworth in einem in Bälde in Aussicht gestellten, näheren Berichte geben wird.

Den Beschluss meiner grösseren Expeditionen machte eine
Reise nach Aleipata vom 19. bis 26. Oktober. Aleipata ist ein
Unterdistrikt von Atua, am östlichsten Ende von Upolu. Während
die Küste von Vailele (eine Stunde östlich von Apia) an schroff
und bergig ist, fängt bei Amaile, dem Heimatort des Mataʻafa,
eine Strandebene an, welche sich bis zum Ostkap, auf welchem
Lalomanu liegt, ausdehnt. Die Ortschaften zwischen Amaile
und Lalomanu mit dem Vororte Salcʻaʻaumua bilden das eigentliche
Aleipata, und die Landschaft ist seewärts dadurch hier besonders
anmutig, dass dem Strande vier hohe Inseln vorgelagert sind, von
denen Fannatapu und Namua am Rande des dortigen Strandriffes liegen, während das grosse Nuʻutele und Nuʻulua ausserhalb, dem Kap gegenüber im offenen Meer befindlich sind. Fanuatapu besuchte ich von Amaile aus. Es ist eine schroffe Wand von
einigen fünfzig Meter Höhe, der Rest eines Kraters, dessen übriger
Teil ostwärts im Meere liegt. Ich habe die Insel näher in Peter-
manns Geographischen Mitteilungen 1900 beschrieben, so dass ich
hier davon absehen kann. Nur ein Vorkommnis bei der Rückkehr
von der Insel will ich noch erwähnen, da es den samoanischen
Charakter trefflich schildert. Zwei samoanische Jünglinge und zwei
Mädchen waren mit von der Partie. Als das Rudern wieder einmal
schlecht ging, stimmte ich das Lied „tofá pele ʻoe“ an, welches ich
oben bei der zweiten Ankunft in Samoa wiedergegeben habe.

Ich wusste gerade kein anderes auswendig und wunderte mich,
dass die immer sangesbereiten Eingeborenen nicht mitsingen wollten.
Alle meine Aufforderungen blieben unbeachtet, wirkungslos. So
machte ich allein weiter, bis ich an der Stelle „ʻaumai se kisi, sogi“
eine scharfe Verwarnung seitens der Mädchen erhielt, dass ich das
Lied jetzt sein lassen solle, denn es sei leaga. Da ich eine Erklärung nicht erhielt, ruderten wir still zurück. Erst an Land,

als ich eines der Mädchen allein zur Rede stellte, warum sie das
Lied, das zu Apia allgemein gesungen werde, für schlecht
erkläre, erwiderte sie, dass die beiden jungen Männer doch Verwandte von ihr seien. Sofort war mir alles klar. Das strenge
Gesetz, dass in Gegenwart von Bruder und Schwester oder von
Vettern und Basen nichts Zweideutiges gesprochen werden darf,
war hier im unberührteren Osten noch strenger im Gebrauch. Und
dieselben Mädchen waren doch in dem Samoanerboote mit mir gekommen, welches mich von Apia nach Amaile gebracht hatte.

Es war eine herrliche Fahrt gewesen, wie man sie sogar
draussen auf den schönen Südseeinseln nur selten erlebt. In mancher
Beziehung erinnerte sie mich an die Fahrt längs der Nordostküste
von Molokai, die oben bei Hawaii geschildert ist. Andererseits
war sie aber lange nicht so grossartig, dafür mehr ins einzelne
gehend, mehr zerrissen, mehr wildromantisch. Besonders die Fahrt
nach dem völlig abgelegenen Ti'avea ist mir noch in lebhafter
Erinnerung. Ganz verborgen liegt es in einer kleinen, halbkreisförmigen Bucht, welche rings von dicht bewaldeten Höhen eingeschlossen ist. Und als wir von dort ostwärts fuhren, musste
das Boot dicht an einem einzelstehenden Felsen vorüber, der in
seiner wunderbaren Umgebung zwar sehr schön, aber wie die Scilla
sehr gefährlich war, was auch der Name Nu'umalemo, „Ort des
Ertrinkens", andeutete. Mehrfach wurde hier das Boot vom Strudel
gefasst, und nur mit Mühe entging es den Klippen.

Wie da plötzlich die bequemen Samoaner rudern konnten, wie
sie an den Riemen hingen und ein betäubender Gesang die Brandung
übertönte. Ich lag auf dem Bug des Bootes und hatte so Gelegenheit, das schauerlich schöne Schauspiel recht aus erster Hand zu
geniessen. Und dem Felsen gegenüber, am nahen Lande, war eine
kleine Bergschlucht mit Grün ausgefüllt, in der gerade ein Haus
Platz haben mochte. Hierher, dachte ich, möchte ich mich zurückziehen, wenn ich einst weltmüde werden sollte, denn hier sah aus
allen Ecken die Einsamkeit heraus, die lebendige Einsamkeit der
wilden Natur.

Die Ursache dieses Ausfluges nach Aleipata, den ich auf die
Südseite von Upolu ausdehnte, um von Lotofaga über das Gebirge
nach Falefá zurückzukehren, war dieselbe, die mich nach Savai'i

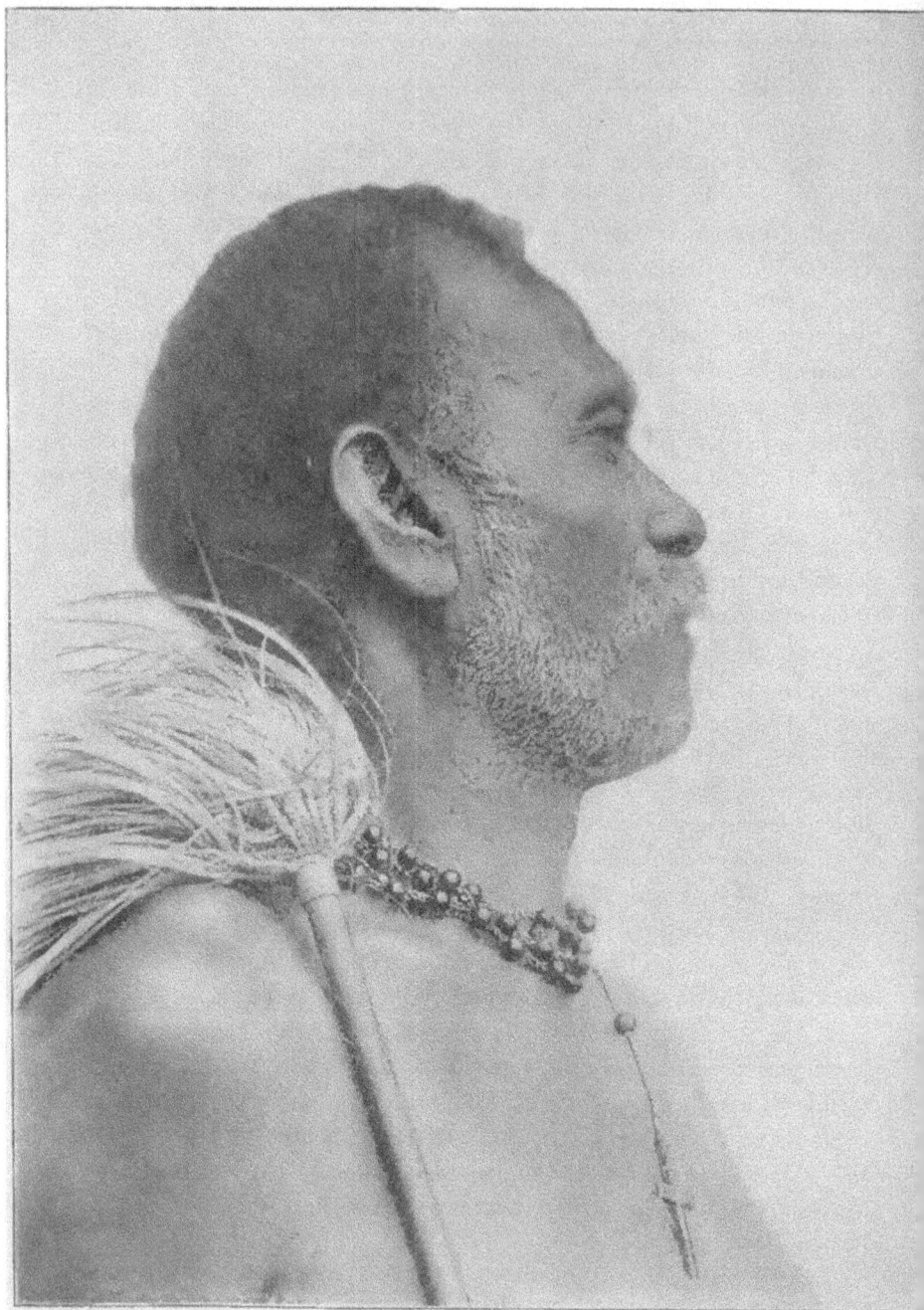

Bild 84. Sauni von Tufulele.

geführt hatte, nämlich Festlegung der Lage der Wohnplätze, der Dorfschaften und ihrer Sprengel, ihrer Verwaltung und Grenzen. Es fehlte mir somit nur noch der persönliche Besuch eines verschwindend kleinen Teils von Falealili betreffs Upolu, während ich von Tutuila bei meinem ersten und zweiten Aufenthalte nur zwei Plätze, Leone und Pagopago, besucht hatte. Hier halfen mir der schon genannte Le'iato und Tautolo aus der Klemme, so dass ich Ende des Jahres 1898 ein leidlich vollständiges Bild der *fa'alupega* von ganz Samoa zu geben imstande war. Die alte Geschichte jedoch und die Stammbäume, welche zum Verständnis der *fa'alupega* notwendig sind, erfuhr ich vorzüglich für Savai'i und Upolu in der Hauptsache von dem alten Sprecher Sauni von Tufulele (Bild 84), welcher etwas hinkte und sich ganz meinen Studien widmete, fast noch uneigennütziger als meine früheren Gewährsleute. Er war mein bester Lehrmeister, mein unwandelbarer Freund, der trotz der Anfeindungen, denen er sich durch sein Verweilen bei mir aussetzte, die Treue bewahrte. Wenn ich in jener Zeit der samoanischen Wirren sowohl den Deutschen als auch dem Oberrichter in allen Fragen, welche samoanische Sitten und Verfassung betrafen, Aufschluss zu geben vermochte, wenn ich als Dolmetsch der widerstreitenden Parteien mich zu betätigen in der Lage war, so war es wesentlich sein Verdienst, der unermüdlich Tag und Nacht bei mir aushielt, um alles zu einem würdigen Abschluss zu bringen. Wenige Jahre nach meiner Heimkehr ist auch er dahingegangen, einer der wenigen Zeugen aus der alten Zeit, die mehr und mehr zur völligen Geschichte wird. Im folgenden Kapitel will ich einen kurzen Abriss von ihr geben, welcher nötig ist zum Verständnis des Königskampfes des Mata'afa und der politischen Ereignisse im Zusammenhang mit ihm. Wer also den Schluss des elften Kapitels völlig verstehen will, wird sich schon die Mühe machen müssen, den Anfang aufmerksam durchzulesen.

Elftes Kapitel.

Die alte und neuere Geschichte von Samoa nebst den letzten politischen Vorgängen bis zu meiner Abreise.

Am Anfang war Dunkelheit und Helligkeit, *po* und *ao*, die in unregelmässigem Gemisch über den Wassern lagen. Aus ihrer Vereinigung entstand die Sonne *lá*, für die Samoaner als **Tagaloalá** die Verkörperung des höchsten Gottes. Als der grosse Gott über die Wasser flog und nirgends einen Rastplatz sah, sandte er einen Boten aus, den Regenpfeifer *tuli*, nach ihm *tuliatagaloa* genannt, um nach Land zu sehen. Aber der Vogel kam zurück, ohne solches gefunden zu haben. Da warf Tagaloa grosse Steine hinab ins Meer und zog mit Fischhaken weiteres Land aus der Tiefe des Ozeans herauf; so entstanden die Samoa-Inseln. Der Schöpfungsgesang von **Manu'a** besagt (Zeile 14 bis 25):

'Ofea le nu'u na lua'i tupu?	Wo ist der, Ort der zuerst entstand?
Na lua'i tupu Manu'atele,	**Manua'tele** entstand zuerst.
Tupu Savai'i, 'a e muli i malae Alamisi	Es entstand **Savai'i**, es folgte der *malae* **Alamisi**.
Ma le atu Tonga ma le atu Fiti,	Der **Tonga**archipel, die **Fidji**inseln,
'Atoa le atunu'u itiiti.	Und alle die kleinen Inseln.
Alamisi i Samataiuta	**Alamisi** in **Samataiuta**.
'O le nofoa a Tagaloa ma lona ta'aluga.	Ist der Wohnplatz des **Tagaloa** und seines Gefolges.
Samataiuta ma Samataitai,	**Samataiuta** und **Samataitai**.
Tagaloa e taumuli i ai.	**Tagaloa** steuerte dorthin.

ʿA e lele i lona atu luluga,	Er flog über seine Inseln im Westen,
Fuafua ma faʿalalau	Er wog ab und mass,
Le ra i muʿa, po ʿua lutusa.	Ob der Raum zwischen den Inseln gleich wäre.

Aus den Zeilen geht hervor, dass das stolze Manuʿa es für sich in Anspruch nahm, zuerst das Licht der Sonne erblickt zu haben, hernach sei Savaiʿi erstanden, und dann Upolu und Tutuila, welch letztere zwei, wie schon erwähnt, nur als Rastplätze für die reisenden Häuptlinge zwischen den ersten beiden Inseln ausgegeben wurden, wodurch sich leicht der Zorn der Upoʻluleute gegen die Manuʿaner, wie er heute immer noch vorhanden ist, erklärt.

Nun waren die Felseninseln da, aber sie waren weder bewachsen noch bevölkert. Da schickte Tagaloa den Regenpfeifer mit Schlingpflanzen hinab, welche bald über die Inseln wucherten und aus deren verrottenden Stielen Würmer und Maden entstanden. Aus diesen wurden dann die Menschen gebildet, indem zwei von Tagaloa ausgesandte Dämonen diesen Lebewesen Glieder aus dem Leib zogen und die Seele einbliesen. So entstand das Volk.

Die Häuptlingsfamilien jedoch nahmen eine höhere Abstammung für sich in Anspruch. Hier bildeten sich z. B. aus der Abend- und Morgendämmerung blaue Lavaklumpen von den Samoanern lupe gleich der „Taube“ genannt, und aus diesen entstanden durch Verbindung verschiedener Felsen- und Steinarten, Erden, Schlamm und Sumpf Tiere und Dämonen. Die Dämonenmenschen nun waren es, natürlich die weiblichen dieser Art, welche mit dem Tagaloa Verbindungen eingingen, denen die Häuptlingsgeschlechter entsprossen. Der höchste Gott Tagaloa galt aber in ältester Zeit nicht als milder, schützender Gott, sondern als grausamer Dämon, welcher die Menschen auffrass und vernichtete, ähnlich wie es in letzterer Beziehung auch öfter im Alten Testament geschieht. Nicht langsam zog Gott als Sonne am Himmelszelt seine Bahn, sondern schnell eilte er über die Erde weg. Darob waren die Menschen sehr unzufrieden, zumal da ihnen stete Vernichtung bevorstand. Als einmal einige alte Weiber so recht nach Herzenslust darüber schimpften, hörte es die Sonne und drohte, die

undankbaren Menschen zu vernichten. Um ihre Mitmenschen zu
retten, beschloss ein Geschwisterpaar, sich zu opfern, ein Jüngling
Lua und ein Mädchen Ui. In aufopfernder Liebe hielt aber die
Schwester ihren Bruder im entscheidenden Augenblick zurück, um
sich allein der Sonne preiszugeben. Sie wanderte nach Osten an
die Stelle, wo die Sonne aufging. Als diese über den Horizont
stieg, setzte das Mädchen sich breitbeinig ihr gegenüber, wodurch
sie schwanger wurde. Tagaloa war über dieses Opfer der Ui so
gerührt, dass er seine Menschenmahlzeiten aufgab. Ui entfloh nun
mit ihrem Bruder Lua nach Atafu und kam von dort nach
Fitiuta auf Taú geschwommen, wo sie am Strande einen Sohn
gebar, welcher nach dem Vermächtnis des Vaters beider Eltern
Namen Tagaloaaui genannt wurde. Es ist wohl möglich, dass
derselbe Name als Tagaloa ma Ui, die Unterlage für den ab-
gekürzten Namen Maui gegeben hat, welcher einem der bekanntesten Heroen in der polynesischen Sagenwelt zugehört. Dieser
Maui heisst im übrigen auf Samoa Ti'eti'e und vollbringt auch
hier wunderbare Taten, indem er z. B. dem Vulkan, dem Erd-
bebengott Mafui'e, das Feuer entwindet, um es auf die Erde
zu bringen. Tagaloaaui darf als der erste König von Manu'a
angesehen werden. Er heiratete das dämonische Wesen Sina-
sa'umani, welche ihm sechs Kinder gebar, den Taeotagaloa,
den Lefanoga, zwei weitere Knaben, und zwei Mädchen Mui-
u'uleapai und Moatafao. Diese Halbgötter vermitteln die Götter
und Königsgeschlechter auf Samoa. Im Namen Moatafao kam zum
erstenmal das Wort moa vor, das fürderhin der Familienname des
Königsgeschlechtes werden sollte, wie oben bei Manu'a schon erwähnt. Das Mädchen Muiu'uleapai aber heiratete den König von
Fiti, den Tuifiti, denn die Fidji-Inseln waren neben Tonga,
Tahiti usw. von Tagaloa nach der Erschaffung von Samoa in
zweiter Linie gegründet worden. Freilich galt jener Tuifiti noch
als grausamer Dämon, dem der Göttersohn Taeotagaloa nur mit
knapper Not entrann. Der Jüngling war nämlich seiner Schwester
zu Hilfe gekommen, die von dem Könige verjagt worden war, weil
er ihr die Schuld an einer eingetretenen Hungersnot beimass.
Die Riffeinlässe von Fidji waren gefährlich durch springende Fische,
welche das Boot zum Sinken brachten und durch den Zeigefinger

des Tuifiti, den er nur auszustrecken brauchte, um seine Feinde
zu vernichten. Taeotagaloa wich ihm, belehrt von Tagaloa, zur
rechten Zeit geschickt aus, und gegen die springenden Fische
deckte er rasch die Luken seines Doppelbootes zu. Nicht allein
seine Schwester befreite er aber, sondern auch den samoanischen
Papagei, den sperlingsgrossen *sega*, erhielt er zurück, welchen die
Dämonen Olo und Fana auf das Geheiss des Tuifiti aus Samoa
gestohlen hatten. Dieser kleine Vogel war sehr geschätzt seiner
roten Federn halber, die auf Manu'a nur von der Tochter des
Königs als Schmuck getragen werden durften.

Einer der Brüder des Taeotagaloa, der Lefanoga, kämpfte
gegen die Götter im achtfachen Himmel, da sie ihn durch eine List
hatten töten wollen, und brachte als Beute die Kawa auf die Erde,
und das Königshaus *fale'ula*. Endlich entstammte diesem ersten
grossen Geschlechte noch der Pili, „die Eidechse", welcher die
Fischerei und den Taro nach Savai'i und Upolu brachte, und
die dortigen Königsgeschlechter der Tuiaana und der Tuiatua
gründete, oder wenigstens zu Ansehen brachte. Seiner Ehe mit der
Tochter des Tuiaana, Tava'etele, entsprossen nämlich vier Söhne,
Tua, Ana, Saga und Tolufale, welche durch Vermächtnis von
Pili die Insel Upolu unter sich teilten, und zwar erhielt Tua die
Landschaft Atua im Osten, Saga die Landschaft Tuamasaga in
der Mitte, und Ana das im Westen gelegene Aana. Tolufale
jedoch, welcher Name „Haus der drei" bedeutet, nämlich eine Gemeinschaft von drei Sprechern, erhielt die Insel Manono mit
der Herrschaft über Savai'i. Damit beginnt die eigentliche Geschichte des heutigen Samoa. Ganz allgemein kann man annehmen,
dass diese Teilung um das Jahr 1100 unserer Zeitrechnung vor
sich gegangen ist. Damit ward die Herrschaft der Tuimanu'a
über ganz Samoa, begründet durch Fiti'aumua, gebrochen, und
ihre Macht blieb in der Hauptsache auf Manu'a beschränkt. Der
Bruch ihrer Häuptlingsmacht geschah aber zugleich durch die
Tonganer, welche von ihren Inseln im Süden Samoas auf
grossen Booten herbeikamen, um Savai'i, Upolu und Tutuila zu
unterjochen.

Diese Zwingherrschaft nun schüttelten auf Upolu die Söhne
eines kleinen Häuptlings von Faleata bei Apia mit Namen Tuna

und Fata ab. Als der scheidende König der Tonganer, der Tui-
toga, von seinem Boote aus Abschied nahm, rief er den beiden
Kämpfern zu: „Malie lau, malie toa!" und diese ehrenhafte Bezeichnung Malietoa wurde nun der Titel für diese Familie und
für die Grosshäuptlinge von Tuamasaga. Den fünf grossen Königen
der alten Zeit, den Tuimanu'a, Tuiaana, Tuiatua, Tui-
toga und Tuifiti, war nun ein weiterer, nämlich der Malietoa
hinzugefügt worden, welcher zwar anfangs ohne Bedeutung war,
aber später, vornehmlich in christlicher Zeit, für die neuere Geschichte Samoas wichtig werden sollte.

In ältester Zeit waren die Tuiatuakönige zweifellos die wich-
tigeren auf Upolu. Aber die Linie starb aus, wenigstens die Haupt-
linie, da ein Angehöriger derselben eine nahe Verwandte heiratete,
was auf Samoa immer streng verpönt war. Das kinderlose Paar
adoptierte deshalb die Tochter des Tuiaana Tamálelagi mit
Namen Salamasina, und diese ist besonders berühmt dadurch,
dass sie zuerst alle Titel auf sich vereinigte und die erste wirkliche Königin von West-Samoa war. Im Tuamasagagebiet waren
nämlich durch die verwandtschaftlichen Beziehungen der Malietoa-
häuptlinge mit der grossen Tuiaanafamilie zwei Titel entstanden,
nämlich Gatoaitele und Tamasoáli'i. Wer sich für die Entstehung dieser Titel interessiert, der muss schon meine Monographie
nachlesen. Es genügt hier, die Namen zu verzeichnen und die Versicherung abzugeben, dass die beiden Titel Gatoaitele und Tamasoáli'i die Herrschaft über Tuamasaga, Manono und Savai'i ein-
schlossen, während der Familientitel Malietoa hiermit nichts zu
tun hatte. Salamasina vereinigte also als erste auf ihrem Haupte
die vier Titel Tuiaana, Tuiatua, Gatoaitele und Tamasoáli'i und
war als solche eine Vierbetitelte, wie die Samoaner es nennen,
tafaifá. Diese Königschaft war und blieb weiterhin allein bei der
Tuiaanalinie, ohne dass damit gesagt sein soll, dass jede Generation einen Vierbetitelten besessen hätte. Salamasinas Tochter z. B.
hatte nur den Tuiaanatitel, und ebenso war deren Enkel Fau-
muiná wieder nur Tuiaana. Erst dessen Sohn Fonotí hatte
wieder alle vier Titel, und ebenso der Sohn des Fonotí mit Namen
Muagututi'a. Die Kinder dieses grossen Königs kamen nicht
mehr zur Regierung, sondern auf Muagututi'a folgte als Vierbe-

titelter der berühmte Tupua, von dem alle Nachkommen den
Familiennamen Tupua angenommen haben. Ohne diesen Namen
Tupua konnte man sich fürderhin keinen König mehr in Samoa
denken, und selbst Mataʻafa nannte sich als ein Nachkommen von
ihm Tupua Mataʻafa. Tupua nun war wie Muagututiʻa ein
direkter Nachkomme der Salamasina, aber er stammte von einer
Zweiglinie über deren Sohn Tapumanaia (siehe den Stammbaum).
Der Sohn des Tupua dann mit Namen Galumalemana war gleichfalls ein berühmter König; er war wieder vierbetitelt, und ebenso
dessen Sohn Iʻamafana. Nach diesem wurde ein anderer Sohn
des Galumalemana der Tuiaana, und zwar Nofoasaefá, welcher
als letzter, grosser Häuptling dem Menschenfrass huldigte, der im
übrigen auf Samoa niemals allgemein war wie auf Fidji, sondern
nur von einzelnen, dämonischen Häuptlingen zeitweise ausgeführt
wurde. Ein direkter Nachkomme des Nofoasaefá war nun Tamasese, welcher im Jahre 1888 von Deutschland als Gegenkönig
auf Samoa aufgestellt worden war, aber nach Übereinkunft der
Mächte einem Malietoa hatte weichen müssen.

Schon nach dem Tode Iʻamafanas war ein Malietoa hervorge-
treten, nachdem diese Familie durch erneute Verbindung mit den der
Tuiaanafamilie zugehörigen Tuimalealiʻifano von Falelatai
mächtig geworden war, nämlich der Malietoa Vaiinupo. Es war
im Jahre 1830, als die ersten englischen Missionare unter John
Williams nach Samoa kamen. An einem Augustmorgen landeten
sie zu Sapapaliʻi und wurden freundlich aufgenommen. Ein Samoaner,
welchen sie auf Tonga getroffen hatten, und ein Verwandter des
Malietoa war ihr Führer und vermittelte ihren Eingang. Den
Malietoa trafen sie aber nicht an. Man zeigte hinüber nach Upolu,
nach Aana, wo er sich befinde, und als ihre Augen über die Apolimastrasse hinüberschweiften, sahen sie drüben eine Rauchwolke zum
Himmel aufsteigen. Man sandte sofort Boten aus, und Malietoa
Vaiinupō kam unverzüglich, um seine neuen Gäste willkommen zu
heissen. Er erzählte, dass Manono mit Hilfe von Savaiʻi die Aanaleute unterworfen habe und dass das grosse Feuer zu dem Zweck
angezündet worden sei, um die gefangenen Weiber, Kinder und
Greise hineinzuwerfen, aus Rache für die Ermordung eines Manono-
häuptlings. Dieser Manonohäuptling mit Namen Tamafaigá, der

Stammbäume der **Tuiatua**, **Tuiaana** und **Malietoa**.

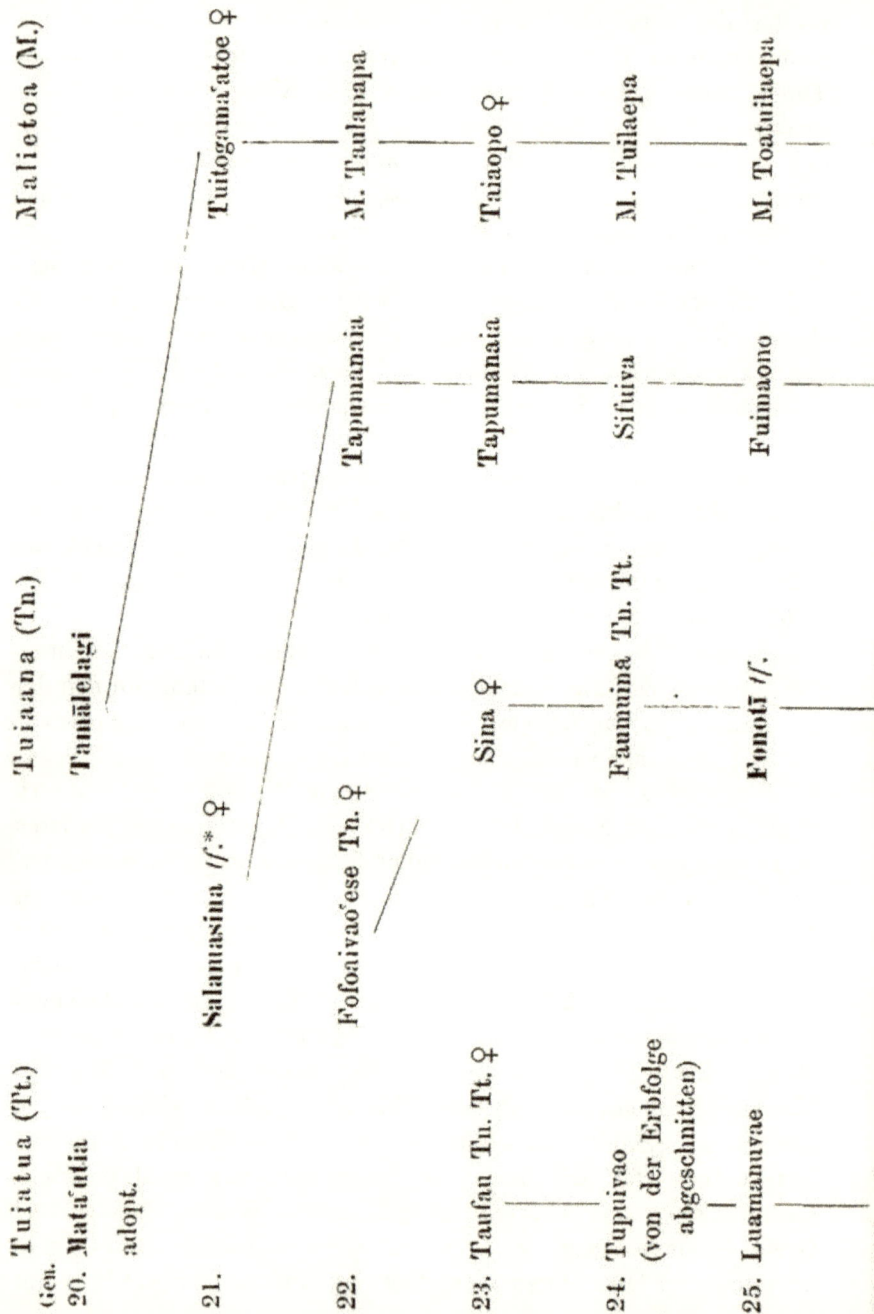

Tuiatua (Tt.)	Tuiaana (Tn.)	Malietoa (M.)

Gen.
20. Mataʻutia
adopt.

Tamālelagi

Tuitogamaatoe ♀

21.   Salamasina *f.** ♀

M. Taulapapa

22.   Fofoaivaoʻese Tn. ♀   Tapumanaia

Taiaopo ♀

23. Taufan Tn. Tt. ♀   Sina ♀   Tapumanaia

M. Tuilaepa

24. Tupuivao   Faumuina Tn. Tt.   Sifuiva
(von der Erbfolge
abgeschnitten)

M. Toatuilaepa

25. Luamanuvae   Fonotī *f.*   Fuimaono

M. Laulauafolasa

M. ia Ti'a

Fitisemanu

M. Vaiinupō *tf.*

Moli

M. Laupepa

Tanumafili

Tupua *tf.*

Galumalemana *tf.*

la'auafana † 4
Tuisi

Sailemanu ♀

Vavatau

Niuva'ai ♀ ⚭

Nofoasaefa Tn.

Leasiolagi

Moegagogo

Tamasese *tf.*

Tamasese

27. Togitau

Suafaleuana

Salaima'aloa ♀

28. Ilimatogafau

29. Tuimavave

30. Mata'afa Fa'asuamaleaui

31. Matá'afa Filisounu'u

32. Va'ailua

33. **Tupua Matá'afa**

* *tf.* bedeutet *tafa'ifa*, Besitz der vier Titel Tuiaana, Tuiatua, Gatoaitele und Tamasoali'i, die das Königtum von Samoa gewährleisten.

„schwierige Knabe", war den Aanaleuten allzu schwierig geworden
wegen seiner steten Menschenfresserei (worauf *faigi* hindeutet), und
weil er die Töchter Aanas in seiner unbegrenzten Liebenswürdigkeit
allzusehr belästigt hatte. Er galt nämlich für einen Dämonenmenschen und hatte sich durch List und Macht alle vier Titel
zwangsweise verschafft, was ihm neben seinen übrigen Eigenschaften
das Leben kostete. Die Aanaleute waren so wütend auf ihn gewesen, dass sie ihn in kleine Stücke schnitten. Dafür die blutige
Rache Manonos.

Es war wirklich ein wunderbares Zusammentreffen, dass an
jenem Tage des August 1830 Malietoa Vaiinupō mit der Aussicht auf die Königschaft Samoas von den Missionaren gerufen nach
Sapapali'i heimkehrte, und dass dies die letzteren als eine Fügung
des Himmels für sich ausgelegt haben, ist nicht weiter zu verdenken.
Dieser Malietoa war der erste seines Geschlechtes, welcher dem
Vermächtnis des Tamafana gemäss die vier grossen Titel von Samoa
hatte, und die Missionare fühlten sich in Zukunft innig verbunden
mit seinem Hause. Alle Wirren, welche während der letzten Jahrzehnte des vergangenen Jahrhunderts die Spalten unserer Zeitungen
gefüllt haben, sind darauf zurückzuführen, dass die englischen
Missionare einen Malietoa zum König haben wollten, während der
grössere Teil des samoanischen Volkes nach dem Tode des Malietoa
Vaiinupō, der in der Taufe den Namen des Thronusurpators David
— Tavita erhalten hatte, sich nach der alten Tuiaanalinie zurücksehnte. Sogar das Vermächtnis des Tavita hatte diesem Sehnen
Rechnung getragen.

Verschiedene Kronprätendenten entstanden so durch Förderung
und Bekämpfung der Mission in den folgenden Jahrzehnten. Um
das Jahr 1880 kämpften Malietoa Laupepa und Malietoa
Talavou gegeneinander, um sich dann gegen Mata'afa, zu vereinigen, welcher, wie aus dem Stammbaum ersichtlich, der Tuiatualinie entstammt, aber auch nahe Beziehungen zu den Tuiaana hatte.
Es kam dann der Krieg Deutschlands gegen Mata'afa welcher mit
dem Untergang der Schiffe im Sturme des März 1889 im Apiahafen
(Fig. 47) ein gewisses Ende erreichte. Mata'afa ergab sich später
und wurde im Herbst des Jahres 1893, als ich das erstemal eben
in Samoa eingetroffen war, nach Djalut an Bord S. M. S. „Sperber"

in die Verbannung überführt, wo ich ihn während meiner zweiten
Reise, wie oben berichtet, noch antraf.

    Am Montag, den 22. August, nachts um 11 Uhr hörte ich in
meinem Hause zu Sogi, als ich eben Platten entwickelte, Gewehr-
salven von Mulinu'u her. Malietoa Laupepa war gestorben.
Da er seine ganze Regierungszeit über mit einer Rarotonganerin,

    22. Aug.

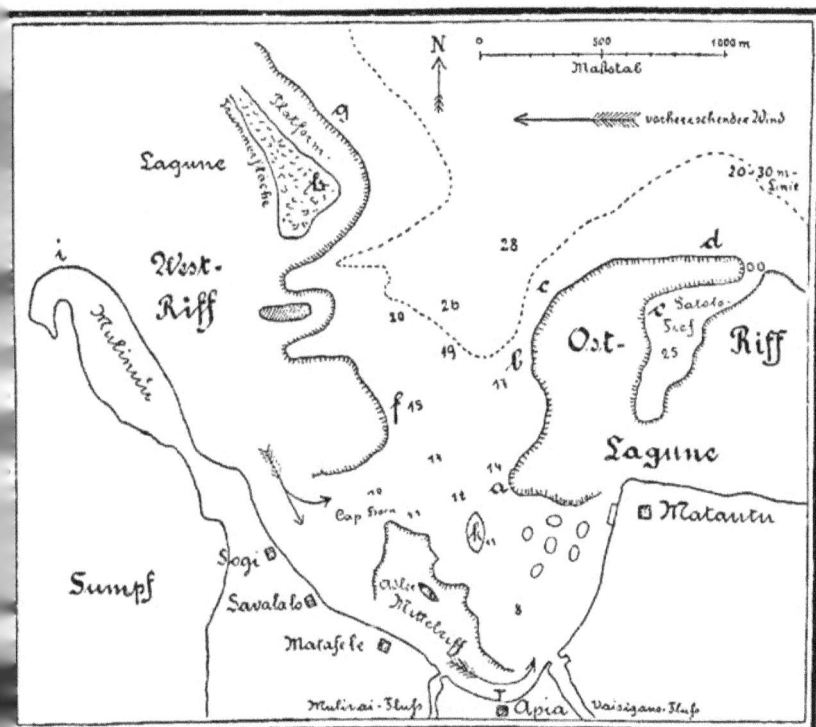

Fig. 47. Plan des Hafens von Apia.

welche ihres Vorlebens halber in schlechtestem Rufe stand, zu-
sammengelebt hatte, er, der gepriesene König der englischen Mis-
sionskirche, so starb er verlassen von seiner eigensten Verwandtschaft. Nicht einmal seine Kinder aus der früheren Ehe mit
Sisavai'i, welche ihre Herkunft von Galumalemana ableitete,
waren zugegen. (Siehe Stammbaum.)

    Diese Frau, die ihm drei Kinder gebar, ein Mädchen Fa'amú
und zwei Knaben, von denen der eine der noch vielgenannte

Tanumafili ist, diese Frau wäre berufen gewesen, dem energie-
losen König etwas mehr von jenem Prestige zu geben, ohne das
nun einmal ein Herrscher nicht bestehen kann. In der Tat war
er ja auch, obwohl er durch den Beschluss der drei Mächte, von
Deutschland, England und der Vereinigten Staaten Nordamerikas,
König von Samoa war, niemals von Atua und Aana anerkannt gewesen, deren Hauptstädte Lufilufi und Leulumoega die Tumua
genannt werden, während die Hauptstadt Afega des Tuama-
sagagebietes nebst dem dicht dabei gelegenen Orte Malie (in
der Rednersprache Tuisamau und Auimatagi), Laumua
heissen. Diese Bezeichnungen deuten im allgemeinen besonders
auf die Sprechergemeinschaften hin, sozusagen die Landtage der
Distrikte, und wenn bei grossen *fono* mehrere Distrikte als anwesend
begrüsst werden, so heisst es immer bei Aana und Atua: *toulouga*
Tumua, „gegrüsst Tumua", ebenso wie Tuamasaga als Laumua,
Manono als Aiga i le tai und Savai'i nach der Pule benannten
Hauptstadt Safotulafai kurzweg im ganzen Pule heisst. Die
Sprechergemeinschaft, das Haus der sechs zu Lufilufi und das
Haus der neun zu Leulumoega, sie sind es allein, welche
nach Anhörung der wichtigsten Häuptlinge ihres Gebietes das aus-
schliessliche Recht haben, die Titel Tuiatua und Tuiaana zu vergeben, ebenso wie die Sprechergemeinschaften von Afega und
Safata in Tuamasaga das alleinige Recht besitzen, die Titel
Gatoaitele und Tamasoáli'i zu vergeben. Den Titel Malietoa aber
verleiht das Haus der neun zu Malie, der Residenz der Malietoafamilie nach Anhörung von Manono und Safotulafai. Laupepa,
was „Blatt Papier" heisst, besass nun neben dem Malietoatitel
rechtmässig nur noch die beiden kleineren Titel Gatoaitele und
Tamasoáli'i, während die beiden grossen Titel Tuiaana und Tuiatua
ihm nur durch zwei Überläufer, die Sprecherhäuptlinge Uó aus
Lufilufi und Lemana aus Leulumoega übertragen worden waren.

Laupepa starb ebenso langweilig, wie seine ganze Regierung
gewesen war. Von deutschen Kriegsschiffen waren ihm, seit seiner
Reise auf der „Hyäne" nach Kamerun, Hamburg und Djalut
keine königlichen Ehren mehr erwiesen worden, während die Engländer und Amerikaner ihm bei Gelegenheit stets willig den Salut
von 21 Schüssen feuerten. Die Ehrenplätze im Leichenzug nahmen

die neugierigen Weissen ein; die Samoaner waren dabei sozusagen
nur geduldet. Am Grabe besorgten alles die Missionare. Über
das Grab durften ihm indessen seine Untertanen aus Tuamasaga
drei Salven nach unserer Art geben, die Kriegsschiffe rührten sich
nicht. Das Grab, in welches er an der Landspitze von Mulinuʻu
hineingelegt wurde, war nach alter Art mit Korallenplatten ausgelegt,
und erst als der Sarg in die Steinkammer hineingelegt wurde, verspürte man die samoanische Art, indem Malietoas Leibdiener Tau-
masina und der von dem Tuiatua erborgte Leibdiener Salelesi
ihr Recht ausübten, als letzte und einzige in das Grab hineinzu-
treten und den Leichnam zu betten und zu bedecken. Von seinen
Verwandten verlassen, hatte ihm in seinen letzten Tagen nur die
Frau eines Deutschen, welche der Tuimalealiʻifanofamilie entstammte, zur Seite gestanden, derselben Familie, welcher auch der
oben erwähnte König Iʻamafana angehört hatte. Kein Vermächtnis
hinterliess Laupepa, keine letzten Abschiedsworte, wie sie grosse
Häuptlinge beim Scheiden zu sprechen pflegen als Richtschnur für
die Überlebenden, nichts dieser Art, obwohl zwei Engländer gierig
danach trachteten und stetig in der Nähe von Frau Schlüter
blieben, ein Missionar und ein Rechtsanwalt. Sie verhinderten wohl,
dass er den katholischen Mataʻafa als seinen Nachfolger nannte;
denn einige Monate vor seinem Tode hatte er sich mit dessen
Familie ausgesöhnt und sogar Schritte getan, um dessen Zurück-
berufung zu erwirken.

Dies war Malietoa Laupepas Ende. Am selben Mittwoch, an
welchem er beigesetzt wurde, kam die Nachricht mit dem Dampfer
„Mariposa" (Samoa hat keine Kabelverbindung), dass Mataʻafa
aus der Verbannung nach Samoa zurückgebracht werden solle. So
wurden noch am Grabe die ersten Fäden gesponnen betreffs der
Nachfolgeschaft. Die englisch-amerikanische Partei begann alsbald,
den Mataʻafa als deutschen Kronprätendenten zu verdächtigen, weil
das deutsche Kriegsschiff ihn zurückbringen sollte und weil er auf
Djalut fünf Jahre lang angeblich so gut behandelt und verpflegt
worden war, dass kein Grund zur Übellaune seitens des hohen
Herrn im voraus angenommen wurde. Sofort versuchten auch
der englische und der amerikanische Konsul, durch Gegeneinwände
die Zurückbringung aufzuhalten, um neue Abmachungen seitens

ihrer Regierungen einzuholen, da durch den Tod Malieotas die
Sachlage inzwischen verändert sei. Die Befehle für das deutsche
Kriegsschiff lauteten aber so bestimmt, dass ein Eingehen auf diese
Einwände um so weniger möglich war, als eine Gefahr für die Ruhe
und den Frieden Samoas durch die Rückkehr des Mata‘afa unter
legalen Umständen ausgeschlossen schien. In der Tat erfuhr man
bald aus bestimmter Quelle, dass dem englischen Konsul nur in
Anbetracht der englischen Interessen die Rückkehr des Mata‘afa
19. Sept. inopportum dünkte. Es war zu spät. Mata‘afa kam am 19. September
an Bord S. M. S. „Bussard" nach Apia zurück. Auf englischen
Wunsch unterblieb jeder Empfang seitens der Eingeborenen; alles
sollte geheim sein, die drei Konsuln wollten Mata‘afa zuerst an
Bord des „Bussard" begrüssen, um dann über das Weitere zu verhandeln. Als der „Bussard" zu Anker gegangen war, fuhr ich
nichts ahnend, da ja alles geheim war, mit dem Hafenarzt Dr. Funk
an Bord wegen des einen Leprakranken unter den Deportierten,
über dessen Erkrankung und Verbleib ärztlicherseits Schritte getan
werden mussten. Nicht zum wenigsten freilich freute ich mich auf
das Wiedersehen mit den „Bussrad"leuten und auf Nachrichten von
Djalut, wo ich ja doch erst vor wenigen Monaten mit ihnen zusammen gewesen war, und endlich war ich begierig, die glück-
strahlenden Gesichter der samoanischen Häuptlinge zu sehen, deren
sehnsüchtige Klagen nach ihrer schönen Heimat so oft in der Verbannung an mein Ohr gedrungen waren.

Mein An-Bord-gehen wurde freilich seitens des englischen Konsuls
Herrn Maxse anders aufgefasst, denn er schrieb noch am selben
Abend an den deutschen Generalkonsul, Herrn Rose, der meine
Anwesenheit an Bord dazu benützt hatte, die namentliche Vorstellung sämtlicher Häuptlinge in Ermanglung eines anderen Dolmetschers zu ermöglichen (was, nebenbei bemerkt, den Regierungs-
vertretern keineswegs unangenehm schien), Herr Maxse schrieb also,
dass seiner Meinung nach meine Aufführung an Bord gegen die Häuptlinge eine solche gewesen sei, dass jedermann, welcher die Verab-
redungen und Vereinbarungen nicht kannte, den Eindruck hätte
haben müssen, dass ich mit dem Auftrag kam, Mata‘afa zu empfangen.
Dies war der Anfang des diplomatischen Kampfes, welcher späterhin
mit einer Erbitterung geführt wurde, wie sie in der Weltgeschichte

im Frieden wohl nur auf Samoa vorgekommen ist. Was die Begünstigung Mata'afas seitens der Deutschen Samoas betrifft, so muss ich hier betonen, dass man ihn an Bord während der Überfahrt von Djalut nach Apia absichtlich nichts weniger als zuvorkommend behandelt hatte, da die ehemaligen Ausschreitungen seitens der Mata'afaleute im Kampfe bei Vailele im Jahre 1888, in welchem dieselben einigen verwundeten deutschen Matrosen bei lebendigem Leibe die Köpfe abgeschnitten hatten, noch nicht ganz vergessen waren. Ich glaube sagen zu dürfen, dass innerhalb der Marine in jener Zeit Mata'afa keineswegs als König herbeigewünscht wurde. Wer indessen wachsam am Lande die Stimmung des samoanischen Volkes erkundete, dem konnte es nicht verborgen bleiben, dass Mata'afa und kein anderer der auserlesene Liebling war. Wie Richard Löwenherz, so lebte er in Liedern und Balladen während seiner Verbannung fort, und die Einwilligung in seine Rückkehr schien die einzige Gewähr für eine Beruhigung der erregten samoanischen Gemüter. Ich hatte im besonderen während meiner Savai'i-Umrundung, welche ja nach dem Tode Laupepas erfolgte und später im englischen Lager als eine Agitationsreise dargestellt wurde, Gelegenheit gehabt, diese Stimmen zu hören. Überall fragte man mich, wer König werden würde, und überall antwortete ich, dass es gemäss dem Berliner Vertrage Sache der Samoaner sei, ihren eigenen König zu wählen und dass die drei Mächte darin keinen Willen hätten. Überdies war aber am Lande eine starke Regung für den jüngeren Tamasese vorhanden, wenigstens unter den Deutschen. Denn die Zeiten waren noch nicht vergessen, da unsere Marine den alten Tuiaanaspross, den älteren Tamasese gegen Malietoa und Mata'afa auf den Thron von Samoa gesetzt hatte, was jedoch nicht die Billigung der drei Mächte fand. so dass der gekränkte Mann sich nach Lufilufi in Atua zurückzog, wo er bald darauf starb und begraben wurde.

Als ich damals, von Savai'i zurückkehrend, Aana durcheilte, sprach ich unterwegs in Nofoali'i, welches dicht bei Leulumoega liegt, bei dem jungen Tamasese vor, um ein Pferd aus seinem Marstall zu erhalten, da es von dort noch sechs Wegstunden bis Apia sind. Da aber das eine Pferd in seinem Besitz abwesend war und er mich einlud, über Nacht bei ihm in seiner kleinen Hütte

zu schlafen, lehnte ich ab unter dem Bemerken, dass ich grosse
Eile habe, weil Mataʿafa vielleicht schon am folgenden Morgen auf
dem „Bussard" in Apia eintreffen könnte, und ich bei dessen Ankunft zugegen sein möchte. Als ich ihm dann zum Abschied die
Hand drückte, fragte er plötzlich, ob er am folgenden Morgen nach
Apia kommen könne, um von meinem Hause aus die Ankunft zu
beobachten. Er kam auch wirklich am folgenden Tag, aber nicht
im grossen Boot unter deutscher Flagge, wie er sonst zu reisen pflegte,
sondern nur mit einem einzigen Begleiter in einem kleinen Auslegerboot, so dass er den langen Weg hin und am selben Tage zurück
selbst paddeln musste, nur um inkognito reisen zu können. Während
dieses Besuches frug ich ihn, um über seine Gesinnung klar zu
werden, ob er dem Mataʿafa nach seiner Ankunft nicht irgendwo
begegnen wolle, worauf er prompt antwortete: „Nein, das ist unmöglich!" Ich wusste nun, woran ich war; er erwartete, von deutscher
Seite als Kronkandidat aufgestellt zu werden, aber die Deutschen
Apias, denen diese Kandidatur sehr sympathisch gewesen wäre, waren
weit davon entfernt, sich in samoanische Angelegenheiten einzu-
mischen, zumal da es sich gezeigt hatte, dass selbst der Willen
der drei Mächte es nicht vermocht hatte, Malietoa Laupepa zu
einem Könige der Samoaner zu machen. Mir aber tat es leid, den
jungen, hochgewachsenen, im Kriege tapferen Mann, mit dem ich
befreundet zu werden anfing, für die gute Sache verloren gehen zu
sehen. Denn so, wie die Sache damals lag, schien dies vermeidlich.

Mataʿafa wurde nach seiner Ankunft am 19. September 1898
nach Mulinuʿu gebracht und mit seinen Häuptlingen verpflichtet,
nur mit Genehmigung der Konsuln seine dortige Wohnstätte zu
verlassen, eine Massnahme, die, so ungerecht und so hart sie war,
von den Betroffenen ohne Murren hingenommen wurde. Alle Sa-
monaner empfingen ihn herzlich, und die Tuamasagaleute, die Bewohner des Distriktes, welcher dem Malietoa untertan war, brachten
ihm fünf Tage später eine grosse Essenshuldigung in Mulinuʿu,
ein *taʿalolo*.

Inzwischen hatten sich die Tumua, die *aliʿi tulafale* (Sprecherhäuptlinge) von Lufilufi und Leulumoega an letzterem Platze versammelt zur Beratung über die Königsnachfolge, und schon am
27. Sept. 27. desselben Monats entschlossen sie sich für Mataʿafa, acht Tage

nach seiner Ankunft. Damit war eigentlich die samoanische Königswahl erledigt, denn der Besitzer der beiden angesehensten Titel,
die die Gefolgschaft von Aana und Atua bedeuten, ist fast gleichbedeutend mit der Königswürde.

Tamasese erklärte sich zuerst mit dem Beschluss der Tumua
einverstanden, schwenkte aber bald um, nachdem er trotz mehrfachen Versuchen seinerseits von deutscher Seite keine Zusagen
hatte erhalten können. Die Sirenenstimmen aus Malua, der Haupt-
niederlassung und Universität für Missionszöglinge in Aana, lockten
ihn in das andere Lager, und so entwich er nach Apia, in das
Haus des Tofaeono in Vaiala, eine alte Zufluchtsstätte, an dessen
Hauses Matten man nicht vergebens zu pochen pflegt. Tamasese
pochte aber doch vergebens, denn sein Gelüsten nach dem Thron
wurde dort nicht erhört, und Tofaeono legte ihm bald die Sitzmatte
vor die Tür, worauf er nach Matafagatele in das Haus des
Asi weiterzog. Da ihm seine eigene Kandidatur aussichtslos
erschien, beschloss er aus Rache gegen die Deutschen und im blinden
Hass gegen Mataʻafa, sich der Malietoapartei anzuschliessen, die
zwar offenkundig noch nicht hervortrat, aber doch schon im stillen
ihre Ränke schmiedete. Als erstes Zeichen seiner Anhängerschaft
brachte der irre geführte Mann feine Matten in das Trauerhaus
nach Mulinuʻu, wie es die Familienangehörigen beim Tode eines
hohen Häuptlings zu tun pflegen, damit feine Matten an die Sprecher
und Anhänger des Verstorbenen ausgeteilt werden können. Dieses
Austeilen, *talitoga* genannt, wurde über Wochen und Wochen hin-
gezögert, um die eigentliche Königswahl hintan zu halten, da es
alte Sitte ist, dass die Sprecher erst dann zur Neuwahl eines Titel-
häuptlings schreiten, wenn sie durch solche Matten befriedigt sind.
Aber auch dies ging vorüber.

Die Malietoapartei musste sich nun entscheiden, was werden
sollte. Zwei grosse Dorfschaften der Landschaft Tuamasaga, das
mächtige Safata und Faleata, welch letzteres, nebenbei bemerkt,
den Titel Mataʻafa vergibt, hatten sich auch für Mataʻafa entschieden und hatten ihm am 11. Oktober ihr *taʻalolo*, ihre Essens- 11. Okt.
huldigung, gebracht. Man schlug vor, mit den Tumua eine Besprechung zu haben, man solle sich aussöhnen, die alten Streitig-
keiten vergessen und zur Beratung schreiten. Erst wollten zwar

die Tumua nicht nach Mulinuʻu kommen, wie es die Malietoaleute
forderten, da dieser Platz die Hauptstadt der Weissen und
Leulumoega der angestammte Beratungsplatz der Angelegenheiten
von ganz Samoa und der alte Königssitz ist. Aber sie gaben
16. Okt. schliesslich nach, und so trafen denn am 16. Oktober in Mulinuʻu
alle Ortschaften und Distrikte zusammen. Lauati, der grosse
Redner von Safotulafai und Sprecher für Pule, also für ganz Savaiʻi,
und Alipia, der grosse Sprecher von Aana, sprachen zuerst, und
nicht gar lange dauerte es, so schritten sie aufeinander zu und reichten sich die Rechten zur Versöhnung. Denn Savaiʻi hatte fürdem,
wie erwähnt, in der Hauptsache zu Malietoa gehalten und schloss
sich dadurch dem Mataʻafa an. Ihnen folgten die Redner der
anderen Distrikte, und alle die übrigen Häuptlinge und Sprecher
trafen sich nacheinander auf dem *malae* und drückten sich die
Hände und „nasten“ sich. Kurz nach dieser Versöhnung, *soʻotaga*
genannt, entschied sich Lauati, der oben genannte Sprecherhäuptling
von Safotulafai, im Namen von Pule endgültig für Mataʻafa, und
ihm folgte also das ganze, grosse Savaiʻi nach mit Ausnahme des
kleinen Dorfes Sapapaliʻi, der Residenz der Malietoafamilie, und
der benachbarten grossen Dorfschaft Iva, welche sich abwartend
verhielten und später zum grösseren Teile der Malietoapartei an-
schlossen.

Auch im Tuamasagadistrikt folgten noch mehrere Dorfschaften
dem Beispiele des Lauati, so vor allem die Hauptplätze Afega
und Malie, in der Rednersprache, wie erwähnt, Tuisamau und
Auimatagi genannt, und fernerhin Faleʻula und Siumu, so
dass nur noch die Dorfschaft Saleʻimoa und der grössere Teil
von Vaimauga, wozu Apia und die umliegenden Dörfer gehören,
übrigblieben. Von Atua blieb der Unterdistrikt Falealili, welcher
immer ein Hort der Malietoa gewesen ist, seinen alten Grund-
sätzen treu.

Alles dies entschied sich in der Hauptsache in der Zeit zwischen
12. Nov. dem 16. Oktober und dem 12. November, an welchem Tage wieder
ein grosser *fono* in Mulinuʻu stattfand, in welchem Mataʻafa mit
dieser überwiegenden Mehrheit zum Nachfolger in der Königschaft
ausersehen wurde, man könnte sagen einstimmig, denn alle Häupt-
städte, bzw. Vororte der Distrikte von Savaiʻi und Upolu und

alle sonstigen Ortschaften, welche ein gewichtiges Wort in der Wahl eines Grosshäuptlings mitzusprechen haben, hatten ihre Stimme für Mata'afa abgegeben. Dies geht am besten aus den Unterschriften hervor, welche das Ergebnis dieses *fono* dem Oberrichter von Samoa, dem Chief-Justice Chambers von Amerika, mitteilte. Die Namen waren die folgenden:

Für **Tumua:**
    Moefa'auó aus Lufilufi in Atua,
    $\left.\begin{array}{l}\text{Alipia}\\ \hline \text{Lemana}\end{array}\right\}$ aus Leulumoega in Aana;

für **Aiga i le tai** (Manono):
    Aupa'au aus Manono;

für **Pule** (Savai'i):
    Lauati von Safotulafai, Distrikt Le Fa'asaleleaga,
    Aufa'i von Saleaula, Distrikt Gaga'emauga,
    $\left.\begin{array}{l}\text{Tapusoa}\\ \hline \text{Mata'afa}\end{array}\right\}$ von Palauli, Distrikt Fa'atoafe,
    Asiata von Satupaitea, Distrikt Salega,
    Afitu von Safotu, Distrikt Gagaifomauga;

für **Va'a o Fonoti:**
    Molio'o von Faleapuna in Atua.

Es fehlte also nur der sechste Distrikt von Savai'i, nämlich Asau, dessen erster Sprecherhäuptling, der blinde Tufuga, nicht anwesend war, und ferner Tuisamau und Auimatagi, die Vororte Afega und Malie in Tuamasaga, welche ausdrücklich ihre Rechte an die Tumua abgetreten hatten. Über das noch nicht genannte Va'a o Fonoti sei bemerkt, dass darunter Faleapuna und Fagaloa in Atua verstanden wird, da die beiden diese Bezeichnung „Schiff des Fonoti" von dem gleichnamigen Könige deshalb erhielten, weil sie ihm tapfere Hilfe zu Wasser brachten.

Wer sich die Mühe nehmen will, die *fa'alupega* in meiner Monographie einzusehen, wird leicht finden, dass diese Namen die massgebenden auf Samoa sind, und wer gar noch die Geschichte durchblättert, wird sich überzeugen können, dass kaum jemals ein Vierbetitelter mit solcher Einstimmigkeit gewählt worden ist. Bei

Betrachtung der Namen muss man aber auch immer im Auge
behalten, dass ein solcher Familienname nur auf einen der wahren
oder Adoptivsöhne übergeht, und dass nur dem Besitzer dieses Namens
auch die mit demselben verbundene Häuptlings- oder Sprecher-
würde zusteht, während die Titel selbst für eine Familie, die allein
Anspruch auf den Titel hat, nur von der Ratsversammlung der
Sprecherhäuptlinge und Sprecher verliehen werden können, welche
dann von den Betitelten mit feinen Matten ausgelohnt werden
müssen. Da diese feinen Matten, ʿie toga, nach unserem Gelde
einen Wert von 100—200 Mark haben (bei alten historischen Matten
ist er sogar imaginär), so kann man sich denken, dass nur ein
wohlhabender Häuptling, ein Sohn von Familien *(tama o áiga)*, Titel-
häuptling werden kann.

Ein solcher Familiensohn war nun Mataʿafa. Hinter ihm
standen die berühmten, alten Atuafamilien S a l e v a l a s i und
S a f e n u n u i v a o, welche mit der Tuiaanafamilie in engem, ver-
wandtschaftlichem Verhältnisse stehen, wodurch alles gesagt ist.
Kein Wunder, dass deshalb, ganz abgesehen von der sympathischen
persönlichen Erscheinung seiner durch die Verbannung verklärten
Persönlichkeit und seinem Ruf als altem Kriegsmann, die Augen
aller Sprecher mit Wohlgefallen auf ihn blickten. Sie fanden auch
ihre Rechnung, denn Mataʿafa hat, nachdem er alle vier Titel bekommen hatte, einige hundert feine Matten ausgegeben, im Werte
an 50000 Mark. Also König von Samoa zu werden, ist nicht ganz
billig.

Es wurde in jenen Tagen von englischer Seite die Behauptung
aufgestellt, dass durch deutsche Machenschaften diese Wahl Mataʿafas
zustande gekommen sei. Diese Insinuation ist an und für sich
sehr ehrenvoll, denn sie würde bewiesen haben, dass der Einfluss
Deutschlands auf die Samoaner ungefähr sechsmal grösser war, als
der Englands und Amerikas zusammengenommen. Meine eben
gebrachten Ausführungen entheben mich jedoch einer Rechtfertigung.
Es ist allerdings richtig, dass die Häuptlinge und Sprecher der
Tumua des öfteren zum deutschen Generalkonsul kamen, ebenso
wahr ist es aber, dass sie jedesmal ohne jegliche Zugeständnisse
wieder entlassen wurden. Betrachteten sie doch seit den Tagen
des alten Tamasese Deutschland als ihren besonderen Freund, denn

er sagte auf dem Sterbelager zu seinem Sohne: „Halte zu Deutschland und achte stets auf den Willen der grossen, deutschen Regierung. Beachte stets, dass du bei deinem Handeln mit den Tumua eins bist."

Aber auch die Malietoaleute kamen zur selben Zeit zu dem deutschen Vertreter auf Samoa, um seine Meinung über die zukünftigen Dinge zu hören, da eben die Konsuln als die Berater der eingeborenen, politischen Dinge gelten. Genug davon.

Ich habe festgelegt, dass am 11. November die Wahl Mata'afas zum König durch die überwiegend grosse Majorität des samoanischen Volkes gesichert war, und nun dem Oberrichter nichts mehr im Wege stand, seine Bestätigung zu geben, zumal da ein Gegenkandidat nicht vorhanden war. Er teilte jedoch am 15. November 15. Nov. mit, dass er einen Brief erhalten habe, in welchem gefordert werde, die Wahl Mata'afas zurückzuweisen, weil sie unrichtig sei. Es sei bis jetzt noch kein König gemäss den Akten von Berlin nach den Sitten und Gebräuchen der Eingeborenen gewählt worden. Die Unterzeichneten wollten einen König „richtig" wählen und überliessen dem Oberrichter die Entscheidung, ob dieser oder Mata'afa richtig gewählt sei. Man lese nun aufmerksam die Namen dieser Unterzeichneten nebst ihrer Stellung durch und vergleiche beide mit den früheren elf Unterzeichneten unter dem Wahlzettel Mata'afas. Es waren die folgenden:

Tagaloa, Häuptling von Saluafata, früher samoanischer Oberrichter unter Laupepa.

Lupetuloa, Redner von Malie, ausgestossen aus dem Haus der neun daselbst.

Fata, Verwandter des grossen Redners Fata in Afega, ohne Recht auf den Rednernamen.

Leota, Häuptling von Solosolo.

Pa'o, Sprecher von Fasito'outa.

Aiono, Verwandter des Häuptlings in Fasito'outa.

Leutele, Verwandter des Häuptlings in Falefá.

Leasio, Häuptling von Falealili.

Fuimaono, Häuptling von Falealili.

Tanuvasa, Häuptling von Nofoali'i.

Ama, Häuptling von Safata.

Aus der Tatsache, dass kein einziger grosser Redner der samoanischen Vororte, nicht mal einer von Tuamasaga dabei war, kann man ohne weiteres ersehen, dass die Ankündigung dieser Leute eine Lüge und ein Betrug war, da nicht ein einziger sich dabei befand, der bei Verleihung der Königstitel ein Wort mitzureden hatte. Nach Kenntnisnahme dieses Briefes schrieb die Mat'aafapartei, dass sie es vollständig dem Oberrichter überlasse, die Entscheidung zu treffen, und sie darauf warte. So überzeugt war sie von ihrem Rechte und empört über die Frechheit der anderen. Es verlautete inzwischen gerüchtweise, dass Tanu, der kaum herangewachsene Sohn des Malietoa Laupepa, als Kronprätendent aufgestellt werden solle, und die Presse sprach zu gleicher Zeit, ehe der Kandidat überhaupt aufgestellt war, von der Mata'afapartei als der Opposition. Dass diese Presse unter dem Einfluss der englischen Mission stand, wird sofort bewiesen werden.

21. Nov.   Am 21. November bat mich der Oberrichter, zu ihm in sein Haus nach Moto'otua, eine halbe Stunde inlands hinter Apia, zur Besprechung der Königsfrage zu kommen, und obwohl sein Weg zu mir genau so weit war wie umgekehrt, und ich der Gebende sein sollte, tat ich es doch ohne Verzug, um der guten Sache willen. Der mündlichen Auseinandersetzung schloss ich sogar auf sein Ersuchen hin ein ausführliches, schriftliches Gutachten über die samoanische Verfassung an, wie sie in den obigen Zeilen auszugsweise geschildert wurde.

23. Nov.   Der Oberrichter lud nunmehr beide Parteien auf den 23. November nach Apia ins Gerichtsgebäude ein, aber die Mata'afapartei, anscheinend über das Hinauszögern der für sie selbstverständlichen Entscheidung stutzig geworden, und nicht willens, einem solchen Gegner gegenüber zu treten, leistete unter Entschuldigungen nicht Folge, erschien aber doch zu einem zweiten Termin drei Tage später. Es muss betont werden, dass dieses Nachgeben lediglich deutschen Einflüssen zu danken war, sonst wäre schon um jene Zeit der Krieg ausgebrochen. So sehr fühlte sich die Mata'afapartei beleidigt, und nur aus Achtung gegen die drei Mächte tat sie diesen Schritt.

26. Nov.   In diesem Termin am Sonnabend, den 26. November, liess der Oberrichter erst von den 13 sogenannten Distrikten Samoas je einen Vertreter auf jeder Seite aufstellen, was die Malietoapartei

sich nicht entblödete auszuführen, ohne dass ihnen von Savai'i
überhaupt ein Mann zur Verfügung stand. Man liess es aber ruhig
zu. Hierauf wurde allen eine vier Seiten lange juristische, schwer
verständliche Epistel verlesen, worin unter anderem ausgesprochen
war, dass die Akten der Mata'afapartei seit dem 12. November
als geschlossen zu betrachten seien, und dass nun die Gegenpartei
drei Wochen Zeit haben solle, um ihren Kandidaten aufzustellen.
Also alles, was die Mata'afapartei vom 12. bis 26. November noch
an eventuellen Beweisen für sich aufzubringen hatte, wurde an
letzterem Termin nicht mehr für zulässig erklärt, die zweite Partei
aber aufgefordert, doch recht bald einen Kandidaten zu wählen.
Wenn ein solcher offiziell mitgeteilt sei, so solle zehn Tage später
die Entscheidung fallen, so hiess es. Erst sollten sie sich aber
alle schriftlich verpflichten, dass sie mit dieser Entscheidung einverstanden sein wollen.

Meine Ausführlichkeit mag manchem übertrieben erscheinen,
sie ist aber nötig, um die fälschlich als gewalttätig hingestellte
Mata'afapartei in das rechte Licht zu setzen; in Wirklichkeit waren
sie ja doch zahmer als Lämmer, dass sie sich dies bieten liessen.
Lauati sprach im übrigen während dieses Termins, und in glänzender Rede hob er das Unrecht, die Anmassung und die Unmöglichkeit des Erfolges der Gegenpartei hervor, indem er sie einlud, sich
mit ihnen zu vereinen. Hierin wurde er rasch vom Oberrichter
unterbrochen mit der Bemerkung, dass jetzt noch keine Zeugen-
aufnahme (evidence) sei. Tagaloa, welcher erwidern sollte, ver-
sagte die Antwort für diesen Tag. Diese Gelegenheit benützte Uó,
um in diplomatischer Weise die Unterschriften zu vertagen, indem
er sagte, sie wollten erst die Antwort von Tagaloa abwarten.

Am 29. November war ein dritter Termin vor dem Oberrichter. 29. Nov.
Wieder sollte die Mata'afapartei unterschreiben, aber sie lehnte ab
mit dem Bemerken, dass sie erst eine Abschrift von der am 26.
verlesenen Epistel haben möchten, um sie etwas genauer durchzu-
studieren. Die Malietoapartei hatte in längerer Rede erklärt, dass
sie nicht zur Mata'afapartei übertreten wolle, worin sie vom Oberrichter nicht unterbrochen wurde. Noch am selben Tage stellte sie
als Kandidaten den bis dahin erst gerüchteten Tanumafili auf,
und da für Donnerstag, den 1. Dezember die feierliche Salbung

Mata'afas zum Könige in Mulinu'u angesagt war, zu welcher, we
auch ungern, der Oberrichter seine schriftliche Zustimmung gegeb
hatte (I will not say you should not do that, und I will not obj
to that, but it will in no way stop my decision, so waren se
Worte), so salbte am Abend des 30. November die Gegenpar
rasch den Tanu zum König in Apia, und Tamasese, der Abköm
ling der alten Tuiaanalinie, beging die unglaubliche Anmassu

Bild 85. Festboote zu Apia.

dem Knaben ganz allein die vier Königstitel zu übertragen, die
weder selbst besass, noch über die er irgendein Verfügungsre
15. u. 22. Nov. hatte. Am 15. und 22. November war die feierliche Verleihu
der Titel Tuiatua und Tuiaana an Mata'afa zu Mulinu'u erfol
der Tuiaanaernennung wohnte ich persönlich bei, ich habe sie
oben genannter Stelle beschrieben. Die beiden kleineren Titel
hielt er erst später, da die Vorbesprechungen verschiedene Schwier
keiten ergeben zu haben scheinen. Der junge Tamasese kan
solche Schwierigkeiten nicht, er verlieh alle die vier Titel

einmal mit einer Handbewegung. Dies hatte freilich den Vorteil,
dass der arme Tanu nichts dafür zu bezahlen brauchte.

Da zehn Tage nach Bekanntgabe des Gegenkönigs die Entscheidung des Oberrichters fallen sollte, so waren die Mataʻafaleute
nun guten Mutes, sie eilten in Festbooten herbei (Bild 85), worunter sogar eines der Doppelboote von Savaiʻi war. Sie salbten
am 1. Dezember nachmittags öffentlich den Mataʻafa zum König 1. Dez.

Bild 86. **Königsalbung des Mataʻafa.**

(siehe Bild 86), unter Anwesenheit vieler Weisser, unter denen
die Frau des amerikanischen Konsuls sich befand. Mit Salven und
Hurras der zahlreich versammelten Menge endigte die Feier. Da
am selben Tage eine Bekanntmachung seitens der Tanupartei über
die Königswahl und die Übertragung der vier Titel auf Tanumafili
erfolgt war, so fertigte die Mataʻafapartei auch eine solche aus mit
dem Zwecke, die Salbung Mataʻafas zum Könige bekannt zu geben
und zugleich eine Erwiderung zu bringen. Aber, o Jammer, sie
wurde von der Presse, dem „Samoan Weekly Herald“, kurzweg

zurückgewiesen. Da dasselbe Blatt arge Unrichtigkeiten über dieselbe Partei und Angriffe gegen die Deutschen enthielt, so suchten
auch diese eine Richtigstellung zur Aufnahme zu bringen, welche
erst abgelehnt wurde, späterhin jedoch auf Druck angenommen
wurde. Das Rätsel löste sich bald: die englischen Missionare, welche
viel bei dieser Druckerei arbeiten lassen, hatten erklärt, dass
sie ihre Aufträge zurückziehen würden, wenn irgendwelche die
Mata'afapartei förderlichen Artikel Aufnahme fänden. So wurden
in dieser Zeit zweifelsfrei die Förderer der Tanupartei bekannt.
Als die zehn Tage längst verstrichen waren, und die Entscheidung
des Oberrichters immer und immer noch nicht kommen wollte, trotzdem die Stärke der Parteien Tag für Tag klarer wurde, schlug
der deutsche Konsul brieflich den beiden anderen Konsuln vor,
doch die Stimmenzählung der Parteien vorzunehmen, da dies die
Sachlage am einfachsten klären würde und der Friede dadurch für
die Inseln gesichert würde. Eine heftige Entgegnung seitens des
englischen Konsuls war die Folge, in welcher er den deutschen
Konsul beschuldigte, dass er die Absicht habe, den Berliner Ver-
trag zu brechen. Er forderte ihn auf, seiner Pflicht gemäss den
Oberrichter in seinem schwierigen Werke zu unterstützen. Der
deutsche Konsul erkannte zwar diese Pflicht im Prinzip an, lehnte
aber in diesem besonderen Falle ab, einen Richter zu unterstützen,
der sich der Parteilichkeit und Ungerechtigkeit schuldig mache.
Es wurde nämlich zur selben Zeit bekannt, dass der Oberrichter
den beiden englischen Rechtsanwälten Caruthers und Gurr Zugeständnisse gemacht hatte, dass sie im Königsprozess für die
Malietoapartei plädieren sollten, der erstere auf Kosten der Mission,
was natürlich geheim bleiben sollte, der andere für Tanu. Dies
also sollte die Königswahl nach samoanischen Sitten und Gebräuchen sein!

Für die Mata'afapartei war aber kein Rechtsanwalt vorhanden,
da der dritte Rechtskundige von Samoa abwesend war. Wieder
wollten die Mata'afaleute in heftiger Erregung über diese neue
Ungerechtigkeit zu den Waffen greifen, aber wieder wurden sie
durch deutschen Einfluss zurückgehalten. Es lag klar zutage,
man suchte die Gegner zu verleiten, irgendeine unüberlegte Handlung zu begehen und ins Unrecht zu stürzen, was um so leichter

im Bereich der Möglichkeit lag, als das kleine Häuflein Malietoaleute immer übermütiger wurde. Leute, wie z. B. der Häuptling
Asi von Matafagatele, sagten allenthalben offen zu den Mata'afa-
leuten: „Kommt zu uns herüber, die Engländer stehen hinter uns;
Deutschland vermag nichts gegen England.“

Am 9. Dezember erliess der Oberrichter endlich eine Prokla- 9. Dez.
mation, worin er seine Absicht kundgab, vom 19. Dezember ab ein
öffentliches Verfahren im Gerichtsgebäude zwecks Feststellung der
samoanischen Sitten und Gebräuche bei der Königswahl zu eröffnen,
welches zehn Tage dauern sollte; dann werde er die Entscheidung
fällen. Am selben Tage kamen gegen 20 Boote von Savai'i
nach Mulinu'u, um Mata'afa zu huldigen. Unter den Anhängern
befand sich Fa'alata, der Sohn des Malietoa Talavou, eines
Onkels des Laupepa. Alle Anhänger des Mata'afa sammelten sich
nun, was allerdings bei den Akten nicht mehr vermerkt werden
konnte, da selbige seit dem 12. November für die Mata'afapartei
geschlossen waren, und so wurde Mulinu'u viel zu klein, um alle
aufzunehmen. Sie verteilten sich auf die umliegenden Dörfer Apias,
viel Angst und Schrecken verursachend. So rannten zu Fagali'i
die Falealilileute bei der Ankunft dieser mit ihren Gewehren
inlands in der Meinung, dass es nun losgehe.

Da trotz dieser Massenansammlungen im Malietoalager über
die numerische Stärke beider Parteien falsche Gerüchte ausgebreitet
wurden, und auch die Presse, entweder aus Absicht oder Inspirierung
falsche Angaben brachte, so beschloss nun die Mata'afapartei, ihre
Zahl noch vor dem Beginn der Gerichtsverhandlungen dem Oberrichter zu zeigen, damit er nicht sagen könne, dass er falsch berichtet worden sei. Da natürlicherweise der Vorschlag einer Zählung,
wie es schon dem deutschen Konsul widerfahren war, mit Ent-
rüstung zurückgewiesen worden wäre, weil dies natürlich den Richter
hätte beeinflussen können, so wurde beschlossen, einen Aufzug ohne
Waffen zur Ehrung des Oberrichters vorzuschlagen, worauf derselbe denn auch glücklich einging. Er kam am Donnerstag, den
15. Dezember nach Mulinu'u, da er selbst diesen Platz, weil ausser- 15. Dez.
halb der Munizipalität gelegen, vorgeschlagen hatte. Zuerst wurde
Kawa getrunken, welche er jedoch mit seiner Familie ausschlug,
natürlich nicht zur Freude seiner Gastgeber. Dann zog Dorfschaft

um Dorfschaft an ihm vorbei. Es war offenkundig, dass er der Zahl der Vorbeiziehenden keinerlei Beachtung schenkte. Desto besser zählten aber die Freunde des Mata'afa, und es kam die Zahl 2750 heraus, wobei mehrere hundert Mann, welche zum Schutze des Eigentums in den umliegenden Dorfschaften zurückgeblieben waren, unberücksichtigt blieben. Ferner fehlte noch an jenem Tage der grössere Teil von Savai'i, wie z. B. 750 Mann von Palauli und Satupaitea erst am 20. Dezember in 30 Booten kamen, ferner ein grosser Teil von Atua und ganz Tutuila. Man schätzte die Gesamtstärke der Mata'afa zur Verfügung stehenden Streiter auf 5000—6000 Mann. Wenn man bedenkt, dass während der Freiheitskriege von der preussischen Bevölkerung nur 5 % im Felde standen, und sich vergegenwärtigt, dass Samoa nur 35 000 Einwohner hat, so konnte man schon daraus den Schluss ziehen, dass für die Malietoapartei nicht mehr viel übrigbleiben konnte. In der zwei Tage später erscheinenden Zeitung wurde mit Freude erzählt, dass der Oberrichter sehr scharfe Äusserungen gegen die Mata'afaleute getan habe, und er wurde seines Ablehnens der Kawa halber belobt, obwohl dies ein offenkundiges Zeichen der Feindschaft war, während alle Deutschen sie angenommen hätten; merkwürdigerweise wurde aber zu erwähnen vergessen, dass die Frau des amerikanischen Konsuls Osborne ebenso höflich gewesen war.

16. Dez.   Am 16. Dezember wurde der Titel Malietoa vom Hause der neun in Malie dem Mata'afa in feierlicher Weise verliehen, weil es nämlich seitens der Tanupartei bestritten wurde, dass er das Recht habe, sich Malietoa zu nennen. Er hatte diesen Titel, den im übrigen mehrere besitzen können, zur Zeit seiner Freundschaft mit Malietoa Laupepa wegen der gemeinsamen Verwandtschaft mit Manono bekommen; als er aber diese Freundschaft gebrochen hatte, sei ihm, sagten sie, der Titel nach seiner Gefangennahme an Bord des englischen Kriegsschiffes genommen worden. An und für sich ist ja der Titel, wie oben gezeigt wurde, für die Königschaft belanglos; aber es ist doch interessant, dass während der nun folgenden Gerichtsverhandlung Mata'afa den Titel Malietoa unanfechtbar rechtmässig besass, während Tanumafili, der Sohn des Malietoa Laupepa und Thronprätendent der Malietoapartei, ihn rechtmässig nicht hatte.

Am Tag vor dem gerichtlichen Verfahren machte ich den letzten Versuch, Tamasese zu retten. Ich hatte ihn gerufen, und er konsultierte mich einer Krankheit halber; ich benützte die Gelegenheit, ihm ins Gewissen zu reden. Für jeden Sehenden war der Ausgang klar, und selbst wenn eine fremde Macht der unterliegenden Partei mit Kanonengewalt auf die Beine half, war er doch für immer als Verräter unter seinen Landsleuten kompromittiert. Er versprach mir, es sich zu überlegen und am darauffolgenden Abend wieder zu kommen, sandte jedoch an diesem Termin einen Boten, dass er krank sei, worauf ich ihn nicht mehr sah. Ich hörte erst wieder von ihm, als ich nach Europa zurückgekehrt war, und ich mich auf seine Anklage hin zu verteidigen hatte, dass ich ihm Versprechungen seitens der deutschen Regierung gemacht haben solle. Er sagte aus und beschwor es, dass ich ihm angeboten hätte, er solle durch Deutschlands Gnade an Mata'afas Statt König von Samoa werden, wenn er von Tanu abfalle. Dass er sich durch diese Lüge nur zum Günstling der Amerikaner und Engländer machen wollte, ist zu ersichtlich, als dass es einer Bestätigung bedürfte, und auf einen Meineid kam es ihm dabei nicht an. Die letzten Ereignisse während der deutschen Regierung Samoas haben bewiesen, dass er auf der abschüssigen Bahn fortschritt, er, der dereinst berufen gewesen wäre, nach Mata'afas Tod den Thron von Samoa zu besteigen.

Kurz vor der Verleihung des Malietoatitels hatte Mata'afa auch den Tamasoáli'ititel bekommen, und am 22. Dezember, als die Gerichtsverhandlung schon drei Nächte tagte, erhielt er auch den letzten der vier Königstitel, den Gatoaitele, seitens dem Haus der zwei zu Afega, von Fata und Maulolo, womit eigentlich die Verhandlung illusorisch war.

Diese Verhandlung begann also am Sonnabend, den 19. Dezember. 19. Dez. Zwei Tage vor Beginn hatte die Mata'afapartei noch einen letzten Versuch gemacht, in einem Schreiben an den Oberrichter gegen die Verwendung von Rechtsanwälten zu protestieren, da ihre Gegenpartei zwei und sie keinen hatte. Dieser Brief wurde merkwürdigerweise beim Verfahren am ersten Tag, als die ganze Korrespondenz verlesen wurde, vergessen.

Ich will mich im übrigen über den Verlauf der Verhandlungen nicht eingehend auslassen; nach meinen bisherigen Berichten wird

man sich unschwer ein Bild über die Gerechtigkeit derselben machen
können. Nur kurz sei das Prägnanteste hervorgehoben.

Die Mata'afapartei nannte ihren Kandidaten **Tupua Mata'afa,**
worüber schon oben gesprochen wurde, während **T a n u** kurzweg
Malietoa bezeichnet ward. Wie zu erwarten war, beschwerte sich
alsbald **T o e l u p e**, der älteste Sprecher des Hauses der neun von
Malie, welches den Malietoatitel vergibt, darüber, dass diese Bezeichnung des Tanu ihnen ein schwerer Schlag ins Gesicht sei,
weil der Knabe nicht den Titel Malietoa habe, sondern Mata'afa.
Man ging darüber zur Tagesordnung über.

20. Dez.   Am 20. Dezember erschien in der Verhandlung als weisser
Vertreter der Mata'afapartei der schon bei Savai'i erwähnte Leutnant a. D. von Bülow, aber natürlich nicht als Anwalt, sondern nur
als „Hilfe gegen die Kunstgriffe der Weissen".

Der Oberrichter kündigte an, dass während der ersten drei
Tage die Mata'afaleute ihre Aussagen zu machen hätten und in
den darauffolgenden drei Tagen die Tanuleute, worauf die „Anwälte"
jeder der beiden Parteien je einen halben Tag zum Fragen haben
sollten; am 31. Dezember sollte der Urteilsspruch fallen. Dadurch
war von Bülow plötzlich Anwalt geworden.

Am dritten Verhandlungstag kam eine peinliche Szene vor, als der
grosse Häuptling **S u a t e l e** von **S a f a t a** nach seinen Ahnen gefragt
wurde und die Aussage verweigerte, weshalb ihn der Oberrichter
aus der Sitzung verwies. Jeder Landeskundige weiss, dass es seit
alters auf Samoa bei Todesstrafe verboten war, öffentlich über
Häuptlingsahnen zu sprechen, aber der Oberrichter wusste es nicht
oder kümmerte sich nicht darum. Es war bekannt, dass Suatele
kurze Zeit vorher als Katholik einige Eingeborenenmissionare
der englischen Mission verklagt hatte, da sie ihn und seinen Glauben
beschimpft hatten. Der Oberrichter hatte ihn aber mit seiner Klage
abgewiesen, worauf Suatele ihn öffentlich ein treibendes Boot genannt
hatte. Der Tag der Rache war da. In der folgenden Nacht war
grosse Aufregung in Apia. Einige hundert Eingeborene der Tanupartei kamen inlands nach dem Hause des Oberrichters gezogen,
trommelten und trompeteten ihn heraus und versicherten ihm atemlos,
dass sie ihn schützen wollten, weil Suatele geäussert habe, er wolle
ihn totschlagen. Man erfuhr später, dass ein Eingeborener von

irgendeiner entlegenen Inselgruppe zu dem Rechtsanwalt Gurr
gelaufen gekommen war, um ihm diese sensationelle Nachricht zu
übermitteln. Der folgende Morgen in der Versammlung verstrich
in einem Miserere über dieses angebliche, furchtbare Attentat und
in einer gerührten Ansprache an die Tanuleute über die zärtliche
Fürsorge um das Leben des Oberrichters.

Dafür erhielten die letzteren das Recht, mit klingendem Spiel
und bis an die Zähne bewaffnet durch Apia zu ziehen, während
allen übrigen wie immer das Waffentragen innerhalb der Munizipalität verboten war. Diese Vorrechte und die Bewachung des Ober-
richterhauses dauerten an, obwohl die Mataʿafapartei sich für ebenso
loyal wie ihre Gegner dem weissen Oberhaupte gegenüber erklärte,
und sogar den Suatele zwecks Untersuchung auszuliefern sich erboten
hatte. Nicht zufrieden damit, hatte aber der Oberrichter, um die
Sache recht aufzubauschen, auch den Schutz der drei Mächte er-
beten, worauf ihm alle drei Konsuln die Flagge schickten, damit
er sie aufheisse zum Zeichen, dass er unter ihrem Schutze stehe.
Da der Engländer ihm zugleich eine Matrosenwache von den englischen
Kriegsschiffen schickte, so schrieb der deutsche Konsul, um nicht
zurückzustehen, dass er bereit sei, ihn im deutschen Konsulate aufzunehmen, das im Bereiche der Kanonen des „Bussard" liege,
während er einen Schutz durch Matrosen inlands nicht mit absoluter
Sicherheit so vielen Eingeborenen gegenüber gewährleisten könne.
Die späteren traurigen Vorfälle im Kampfe der Engländer gegen
die Samoaner bewahrheiteten dies. Der Oberrichter aber machte
weder von der Einladung des deutschen Konsuls Gebrauch, noch
heisste er die deutsche Flagge, während die amerikanische und
englische stets sichtbar waren. Diese Unterlassung wurde später
von Neuseeländischen Zeitungen dahin ausgebeutet, dass der deutsche
Konsul dem Oberrichter den Schutz verweigert habe. Nun, man
weiss es ja, Papier ist geduldig.

Am Freitag, den 23. Dezember, nachmittags kam die Tanu- 23. Dez.
partei zur Zeugenaussage. Obwohl jeder Zeuge schwor, die reine
Wahrheit und nur die reine Wahrheit zu sagen, kamen die scham-
losesten Lügen zutage. So behauptete der Redner von Fasitoʿotai in
Aana, dass sie das erste Wort in der Vergebung des Tuiaanatitels
hätten und dass Leulumoega ohne Fasitoʿotai nichts unternehmen

könne. Dieser Mann blieb denn auch nach der Schlacht aus Angst
um seinen Kopf an Bord des englischen Kriegsschiffes. Dass er
wegen Meineids verfolgt werden sollte, wurde nicht bekannt.

Nach der Zeugenaussage versuchten die Rechtsanwälte der
Tanupartei, Mataʻafas Thronrechte auf Grund seines Stammbaumes
anzutasten, was natürlich schon an und für sich wiederum grosse
Erbitterung bei den Häuptlingen hervorrief. Sie führten aus, dass
Mataʻafa von dem König T u p u i v a o stamme, was, wie aus dem
Stammbaum ersichtlich ist, sich auch so verhält. Da nun dem
Tupuivao wegen schlechten Betragens seiner Mutter T a u f a u gegenüber die Erbfolge abgeschnitten worden war, so behaupteten sie,
könne auch sein Nachkomme Mataʻafa nicht König von Samoa werden.
Wiederum abgesehen davon, dass Tupuivao schon vor 300 Jahren
gelebt hat, stammt Mataʻafa aber auch von der Schwester der Taufau
mit Namen S i n a, deren Ururenkel T u p u a, der Vierbetitelte, ja
doch auch der Stammvater Mataʻafas ist, wie derselbe Stammbaum
zeigt. Dies hatten sie aber vergessen, zu erwähnen. Die Mataʻafaleute
hingegen unterliessen es schicklicherweise, von dem Stammbaum der
Malietoas zu reden, obwohl an demselben gar viel auszusetzen ist.

Als dies Verfahren nicht verfangen hatte, wurde Mataʻafas
Wahlmöglichkeit seitens der Anwälte in Zweifel gestellt, weil nämlich
B i s m a r c k bei den Berliner Verhandlungen nach unseren Kämpfen
gegen Mataʻafa sich ausbedungen hatte, dass dieser nicht König
von Samoa werden solle. Obwohl nun der deutsche Konsul betonte,
dass seitens der deutschen Regierung zurzeit keinerlei Einwände
gegen seine Wahl vorlägen, glaubten doch auf einmal die sonst so
deutschfeindlichen Vertreter das Deutsche Reich gegen den deutschen
Konsul schützen zu müssen.

Und der Oberrichter nahm offenkundig für die Rechtsanwälte
Partei, denn als ihn von Bülow darauf aufmerksam machte, dass
er, der Oberrichter, in einem früheren Schreiben an einen Weissen
den Mataʻafa für wählbar erklärt habe, wurde der Brief als Privat-
sache verworfen und an sein Vorlesen die Drohung geknüpft, dass
als Gegenmassregel einige Briefe über den deutschen Generalkonsul
mit sehr hässlichem Inhalt verlesen werden würden.

31. Dez.   Genug davon. Den Urteilsspruch kann man sich denken.
Die Gerichtsverhandlung, welche den Zweck haben sollte, die

samoanischen Sitten und Gebräuche betreffs der Königswahl festzustellen, endete damit, dass der Oberrichter erklärte, dass Mataʻafa
wegen jener Anmerkungen im Berliner Protokoll nicht wählbar sei,
und dass er den Willen der Mächte nicht einholen könne, weil Samoa
kein Kabel habe, dies, nachdem die Entscheidung monatelang hin-
gezögert worden war. Dafür wurde Tanu zum König von Samoa
erklärt. Am Montag, so schloss er, begännen die ordentlichen
Gerichtssitzungen wieder.

Die Mataʻafaleute waren schweigend nach Mulinuʻu gegangen.
Aber auch in Apia blieb es still, die Tanuleute jubelten nicht.
Es lag eine Gewitterschwüle über der friedlichen· Hauptstadt.

Für mich freilich, der ich neben dem Hexenkessel wohnte,
stellte sich das Bild anders dar. Dass die in ihrer Ehre so masslos
gekränkten Mataʻafaleute losschlagen würden, war für mich gewiss.
Es konnte sich für sie nur darum handeln, ob die Kriegsschiffe
durch Waffengewalt der Entscheidung des Oberrichters Geltung
verschaffen würden, oder ob es ihnen unbenommen bleibe, sich an
ihren Feinden zu rächen. Als um 3 Uhr noch alles ruhig war,
schien es fast, als ob sie sich bescheiden wollten. Der Silvesterabend nahte; auf dem Grundstück der französischen Mission am
Apiaberge wurde Feuerwerk abgebrannt. Alsbald verbreitete sich
das Gerücht, dass inlands geschossen würde, und bestürzt rannte
alles gegen 4 Uhr heimwärts. In beiden Lagern wurde es lebendig.
Ich befand mich gerade im Stadtteil Apia, als ich dem berittenen
englischen Konsul begegnete, und während wir sprachen, sah man
auf der Uferstrasse von Mulinuʻu her lange Reihen von Kriegern
kommen, welche sich bei der deutschen Schule in Savalalo inlands
begaben, um Vaimoso und den westlichen Teil hinter Apia zu
besetzen. Bald nach 5 Uhr fuhren 20 grössere und kleinere Boote
über den Hafen nach Matautu, um Apia von Osten her einzuschliessen, und so war beim Einbruch der Nacht die Tanupartei
eingeschlossen, so dass sie höchstens noch zur See hätte entrinnen
können. Aber wohin hätte sie sich wenden sollen, sie, für die
ganz Samoa Feindesland war, und die nur im Bereich der Kriegsschiffe sich noch einigermassen sicher fühlte?

Ein kriegerisches Bild bot am Silvesterabend Matafele dar, wo die
rotbeturbanten Tanuleute die Strasse verbarrikadierten, während die

weissbeturbante Gegenpartei bei der deutschen Schule ihre Vorposten
aufgestellt hatte. Als ich an jenem Abend zu einer kleinen Silvester-
feier mich zum Generalkonsul begab, konnte ich nur mit Mühe durch
die beiderseitigen Vorposten hindurchkommen. In der Tat war der
arme Konsul während des folgenden Tages schlimm daran, denn sein
dünnes Bretterhaus lag mitten zwischen den beiderseitigen Schützen-
reihen und wurde natürlich von zahlreichen Kugeln durchbohrt.

1. Jan. 1899   Am Neujahrsmorgen 1899 hatten sich die Vorposten allenthalben zuungunsten der Tanupartei verschoben, die Tanuleute
lagen westwärts am Mulivaiflusse, die Inlanddörfer Tanuga-
manono und Maniani waren von den Mataʻafaleuten besetzt
worden, und ostwärts bildete der Vaisigano die Grenze. Am
Nachmittag begannen die Vorposten allenthalben Fühlung zu nehmen,
und jeden Augenblick wurde der Beginn des Gefechtes erwartet
Da traten plötzlich am Mulivaiflusse mehrere Tanuleute zu Mataʻafa
über; vor allem die Häuptlinge Anae und Folau, und sie wurden mit ungefähr 150 Ivaleuten nach Mulinuʻu abgeführt. Er-
mutigt drangen die Vorposten, wohl 50 an der Zahl, von Matafele
aus vor, um Friedensverhandlungen einzuleiten, als plötzlich aus
den Seitenwegen rotbeturbante Krieger hervorbrachen. Ob es As
gewesen ist, der zuerst feuerte, oder ob der Kampf des früheren
Regierungspolizisten Muliaga mit dem *manaia* der Saitumu-
von Salelologa vorherging, habe ich nicht bestimmt erfahren
können. Letzterer erhielt beim Ringen um den Kopf einen Schuss
in den Unterleib und starb. Ich kam gerade die Strasse von Ma
tafele herunter, nichts ahnend von dem Kampfe, als mir die Kugeln
entgegenpfiffen, und bald knallte es von allen Seiten. Besonders
heftig tobte der Kampf in Vaiala und in Motootua, und erst
die Nacht machte dem Streite ein Ende. Der Kampf war für die
Mataʻafaleute trotz ihrer grossen Überzahl sehr schwierig, da eben
die Schlacht in Apia selbst innerhalb der Munizipalität stattfand
wo sich die Tanuleute allenthalben in der Nähe der Häuser der
Weissen leicht zu decken vermochten. Dass trotzdem keinerlei
Ausschreitungen seitens der Angreifenden vorgekommen sind, beweis
zur Genüge, von welch trefflichem Geiste die Häuptlinge unter
Mataʻafa beseelt waren, der seinen Kriegern in erster Linie die
Schonung des Eigentums der Weissen ans Herz legte.

Am folgenden Morgen wäre der Kampf wohl weiter gegangen bis zur Vernichtung, wenn die Tanupartei es nicht vorgezogen hätte, in ihren Booten sich in den Schutz des englischen Kriegsschiffes zu flüchten. So kam es, dass 36 Stunden nach der Entscheidung des Oberrichters Samoa samt der Hauptstadt Apia in den Händen der missachteten Tumua und Pule war. Dass die Mata'afatruppen von dem deutschen Generalkonsul R o s e und dem Präsidenten R a f f e l während des Gefechtes gegen das T i v o l i - h o t e l und die englische Mission, wo Tanu sich befand, geführt worden seien, wie Neuseeländische Zeitungen bald darauf berichteten, ist eine jener Zeitungslügen, welche schon so viel Unheil angerichtet haben. Einer Widerlegung bedarf es nicht.

Am selben Montagnachmittag des 2. Januar, als die Boote 2. Jan. der Entflohenen um die „Porpoise" versammelt waren, setzte eine schwere Böe mit heftigen Regengüssen ein. Bei der rasch hochlaufenden See schlugen mehrere Boote voll, und eine Unzahl von Eingeborenen wurden, dem Ertrinken nahe, von der Mannschaft des „Bussard" gerettet, welche schliesslich 350 Mann an Bord hatte, während die Engländer ihnen nur unbedeutende Hilfe leisteten. Natürlich wurde den Aufgenommenen an Bord des deutschen Kriegsschiffes die Waffen abgenommen. An jenem Montagnachmittage fanden auch schon die Friedensverhandlungen statt, nach welchen die Übergabe der Tanuleute an die Mata'afapartei erfolgte; sie wurden unter Zusicherung des Lebens und ohne Misshandlung aufgenommen und alle, an 850 Mann, in Mulinu'u noch in selber Nacht untergebracht. Es muss betont werden, dass dies geschah, obwohl das englische Kriegsschiff die Herausgabe der beiden Oberhäuptlinge Tanu und Tamasese verweigerte, und es völlig in der Macht der Sieger gelegen hätte, die Herausgabe durch Nichtannahme der dem Element Preisgegebenen zu erzwingen unter Aufopferung zahlreicher Menschenleben. Auch der späteren Aufforderung sowohl seitens der Mata'afaleute, als auch seitens ihrer eigenen gefangenen Anhänger, welchen ihre Auslieferung die Freiheit verschafft hätte, leisteten sie nicht Folge, und bei den Verhandlungen verbot der englische Konsul, die beiden hohen Gefangenen nach dem Grunde ihres Ablehnens zu fragen, weil sie unter dem Schutz der britischen Flagge stünden. Deshalb wurden die Gefangenen, nachdem sie

35*

am 6. Januar vor dem Hause Mataʿafas *ifo* gemacht (d. h. sich
unterworfen) hatten (Mataʿafa selbst war aus Höflichkeit ferngeblieben), und nach Auferlegung von 2 Dollar Kriegsentschädigung
auf den Kopf zum Teil nach Manono, zum Teil (68 Häuptlinge)
nach Tutuila abgeführt. Damit war dieses Drama, wenigstens der
erste Teil, beendet.

Den zweiten Teil erlebte ich nur noch in den ersten Anfängen.
Die Bildung der provisorischen Regierung war das erste. Unter
dem Druck der Verhältnisse versammelten sich die drei Konsuln
4. Jan. und der Präsident der Munizipalität am 4. Januar und beschlossen,
dass Mataʿafa und 13 hohe Häuptlinge unter dem Vorsitz des
Präsidenten eine provisorische Regierung bilden sollten, ohne dass
die Rechte und Privilegien der drei Vertragsmächte in Samoa dadurch angegriffen würden.

5. Jan.　　Am darauf folgenden Tag geschah das Unglaubliche, dass der
Oberrichter einen Anschlag am Gerichtsgebäude machte, in welchem
er die Eröffnung des regelmässigen Gerichsverfahrens wieder in
Aussicht stellte. Da der Präsident nicht davon verständigt war
und darin mit Recht einen feindseligen Akt gegen die neue Regierung
erblickte, entfernte er diesen Anschlag und ersetzte ihn durch eine
Bekanntmachung, dass das Obergericht geschlossen sei und nicht
wieder geöffnet werde, bis weitere Anordnungen seitens der Regierung getroffen wären. Zugleich wurde den Samoanern das Plündern
verboten, und die weissen Bürger Apias aufgefordert, die neue Regierung Samoas zu unterstützen und üble Reden sein zu lassen. Die
Folge war, dass der englische Konsul sich dadurch beleidigt fühlte,
und der englische Kriegsschiffkommandant am darauffolgenden
9. Jan. Morgen des 9. Januar drohte, Apia zu beschiessen, weil die englische
Flagge beschimpft sei. Da man in der Nichtanerkennung des Oberrichters keine Verunglimpfung der englischen Flagge zu finden vermochte, so fand allgemein ein lebhafter Protest gegen dieses Vorgehen als einem Bruch des Völkerrechts statt. Da das Gerichtsgebäude von Eingeborenen militärisch besetzt war, so wurde die
Wiedereinsetzung des Oberrichters durch Waffengewalt seitens des
englischen Kriegsschiffes für den Mittag desselben Tages in Aussicht gestellt. Der Präsident lud deshalb eine halbe Stunde vor
der angesetzten Zeit die Konsuln zu einer Vorbesprechung im

Gerichtsgebäude ein. Die Kunde hatte sich natürlich rasch verbreitet, und eine grosse Menschenmenge umstand das kleine, liederliche Bretterhaus, welches an der Ecke der Strasse nach dem Kirchhof diesen Zwecken diente. Erst gegen 12 Uhr kamen indessen von Bord der Oberrichter mit dem amerikanischen und englischen Konsul und zugleich einige Dutzend bewaffneter Matrosen. Das war eine tolle Szene, als der deutsche Konsul einerseits und die anglo-amerikanische Koalition andererseits sich gegenübertraten und in öffentlichen Reden auf der niedrigen Veranda des Gebäudes scharf sich befehdeten! Als die Reden immer ungehaltener wurden und die Situation sich zuspitzte, rief der englische Konsul die Soldaten herbei, welche das Gerichtsgebäude besetzten, während der Präsident mit seiner Regierung sich zurückzuziehen gezwungen war. Er schwang sich auf sein Pferd, und die Schlüssel zum Gerichtsgebäude hochhaltend, rief er: „Das Obergericht ist hier“, während der seines Amtes entsetzte Oberrichter mit den Worten: „Come on, come on“ auf die Veranda stürzte und durch die mit Äxten eingeschlagenen Türen in das verlassene Haus eindrang.

Hier drei Hurras, dort three cheeres! So trennte man sich erregt über dieses seltene Schauspiel, welches die Diplomaten dem Volke gegeben hatten.

Die Antwort des deutschen Generalkonsuls liess nicht lange auf sich warten. Noch am selben Abende liess er folgende Proklamation anschlagen:

Ich bringe hiermit zur allgemeinen Kenntnis:

1. Die durch Proklamation der drei Konsuln vom 4. d. M. anerkannte provisorische Regierung ist zur Erfüllung aller Aufgaben eines Staatswesens berufen. Eine Beschränkung ihrer Befugnisse auf die Ausübung polizeilichen Schutzes ist von den Beteiligten weder beabsichtigt noch ausgesprochen.

2. Die provisorische Regierung ist hervorgegangen aus dem gewaltsamen Umsturz der Entscheidung des Oberrichters Herrn Chambers in der Königsfrage, durch welche die Mata'afapartei für regierungsunfähig erklärt wurde. Eine Fortführung der oberrichterlichen Geschäfte durch den Oberrichter Herrn Chambers als Bestandteil dieser gegen seine Entscheidung

zustande gekommenen Regierung ist hiernach rechtlich ausgeschlossen.

3. Es ist somit eine zeitweilige Vakanz im Amt des Oberrichters
   eingetreten, für welchen Fall die Bestimmung in Artikel 3
   Abschnitt 2 der Berliner Generalakte Anwendung findet:
   „Die Befugnisse des Oberrichters sollen im Fall, dass dieses
   Amt aus irgendeinem Grunde unbesetzt ist, durch den Vor-
   sitzenden des Munizipalrats ausgeübt werden."

4. Hiernach können vor Eingang weiterer Instruktionen amtliche
   Akte, die der Oberrichter Herr Chambers vornehmen möchte,
   nicht als rechtsverbindlich angesehen werden.

Apia, den 9. Januar 1899.

Der Kaiserlich Deutsche Generalkonsul
R o s e.

Was soll ich noch über die Vorgänge der folgenden Zeit berichten? Leicht wird man sich ein Bild machen können, wie der
Bruch zwischen der deutschen und englischen Partei Apias einen
immer schärferen Charakter annahm, so dass eine Katastrophe fast
unvermeidlich schien. Wozu alle die schlimmen Tage sich wieder vor
die Seele malen? Die Regierungsvertreter suchten für die Ihren
und für ihre Regierung alles zu tun, was in ihren Kräften lag, und
wenn sie dabei in unnützer Erregtheit und undiplomatischer Aufregung weit übers Ziel hinausschossen, so kann man wenigstens
sagen, dass die Staatslenker zu Hause, an solche Hiobsposten von
Samoa gewöhnt, die Ereignisse glücklicherweise nicht so tragisch
nahmen, wie sie in Wirklichkeit waren. Besonders traurig dabei
war nur, dass die armen Eingeborenen es zu büssen hatten, da
England und Amerika ihnen den Krieg erklärten, und harte
Zeiten dadurch über sie hereinbrachen. Auch für mich, der ich nur
auf die Bitte des Konsuls hin einen Monat länger, als ich beabsichtigt
hatte, geblieben war, und nun, anstatt die letzte mir noch übrig-
bleibende Zeit zu einer Reise nach Mexiko zu verwenden, untätig
zu Apia zubringen musste, auch für mich war diese Zeit nichts
weniger als schön. Mit meinen Arbeiten fertig, und nicht mehr imstande, neue zu beginnen, da durch die letzten Ereignisse die Ein-

geborenen in alle Winde hinausgetrieben worden waren, verbrachte ich die letzte Zeit ausserhalb Apias unter den Eingeborenen, oder im Busche herumschweifend. Die Verdächtigungen, welche sich nun gegen alle Welt richteten, trafen natürlich auch mich, und ich sehnte die „Moana" herbei, welche mich am 25. Januar 1899 von Samoa forttrug.

Kaum dass ein lieber Bekannter mich noch an Bord geleitete, zu geschweigen von den offiziellen Persönlichkeiten, welche mich ängstlich zu meiden schienen, um nicht in den Verdacht zu kommen, mit mir gemeinschaftliche Sache gemacht zu haben. Nur das deutsche Kriegsschiff hatte es sich nicht nehmen lassen, mich in einem seiner Boote an Bord zu bringen, damit mir dort eine gute Aufnahme gesichert würde. Die Fäden spannen sich indessen noch hinüber bis ans amerikanische Festland, bis nach San Francisco, wo ich sofort nach dem Landen von Reportern überfallen wurde, welche ich ebenso höflich wie bestimmt wieder verabschiedete. Dass sie mir dafür einen kleinen Schabernack spielten, wird niemanden, der die beleidigte Grösse eines abgewiesenen

Fig. 48. Amerikanisches Zeitungsbild des Verfassers.

amerikanischen Reporters kennt, verwundern. Wen es im übrigen interessiert, einmal zu wissen, wie ein Spion aussieht, der mag sich das vorstehende Bild betrachten.

Die geschilderten Kämpfe, welche ein Jahr später zur Deutschwerdung Samoas führten, waren das Vorspiel für den Sieg der deutschen Sache auf Samoa, für die unsere deutschen Vertreter, Generalkonsul Herr Rose und der Präsident Herr Raffel, so tapfer und uneigennützig eingetreten sind, wofür ihnen der Dank des Vaterlandes gebührt. Heute, da Upolu und Savai'i glücklich

unter deutschem Schutze sich befinden, und alles für uns einen so günstigen Ausgang genommen hat, vermögen wir auch über jene Zeiten ruhig und ohne Bitterkeit zu denken. Möchte den schönen Inseln und ihren freundlichen, gastfreien Bewohnern nunmehr die Ruhe beschieden sein, welche ihnen so lange zu einer kräftigen Entwicklung fehlte. Möchte es aber auch der deutschen Regierung gelingen, die samoanische Volkskraft lebendig und gesund zu erhalten, damit nicht auch sie dahinsieche wie die der übrigen Polynesier zu Tahiti, Tonga, Neu-Seeland, Hawaii usw. Möchten es gerade wir doch einmal erreichen, was noch keinem gelang, dass dieser schöne polynesische Stamm der Samoaner, statt unterzugehen, sich mehre und ein Kulturfaktor unserer Kolonien werde.

Das ist mein inniger Wunsch!

Anhang.

Ergebnisse meiner Korallenriff- und Plankton-studien.

Wenn ich die seit meiner schon im Vorwort erwähnten Korallen-riffarbeit erschienene Literatur hier berücksichtigen wollte, so würde ich sehr geräumig ausholen müssen. Eine solche kritische Würdi-gung der neueren Forschungen an dieser Stelle ist nicht möglich. Vielmehr liegt mir nur daran, hier in kurzer Zusammenfassung die Gründe noch einmal klarzulegen, welche mich veranlassten, diese Studien von neuem aufzunehmen und im besonderen die Ergebnisse derselben zu schildern.

Zum Verständnis ist es aber nötig, einen Abriss über die Theorien betreffs der Entstehung der Atolle zu geben.

Forster, welcher Cooks erste Erdumseglung mitmachte, und Chamisso, der Begleiter Kotzebues, nahmen noch an, dass die Atolle aus den grossen Tiefen des Meeres emporwüchsen oder die Krönungen submariner Krater seien. Mit Recht wandte man gegen die letztere Ansicht ein, dass hierzu eine Menge von submarinen Kratern bis dicht unter die Meeresoberfläche gereicht haben müssten, was doch kaum möglich sei.

Darwin war es dann, welcher während einer Erdumseglung auf dem „Beagle" 1831—36 seine Senkungstheorie begründete. Er führte aus, dass an den Flanken einer stationären hohen Insel sich Strandriffe bildeten, aus denen bei eintretender säkularer Senkung Barrierenriffe entstünden. (Siehe Fig. 3, Seite 64 betreffs der Strandriffbildung von Hawaii). Dauert fernerhin die Senkung an, so sinkt schliesslich der Berggipfel der Insel unter Wasser, während das ringsum weiterwachsende Korallenriff einen Gürtel bildet. So entstehen nach Darwin die Atolle.

Dana, welcher als Geolog und Zoolog die schon erwähnte „United States Exploring Expedition" 1838—42 begleitete, und dessen Buch „Coral and Coral Islands" weite Verbreitung fand, war der erste Kämpfer für Darwin, und ebenso trat eine grosse Reihe hervorragender Gelehrter, vielleicht der grössere Teil, für die Senkungstheorie ein, bis in die neueste Zeit hinein. Die Gegner freilich blieben auch nicht aus.

Den ersten Schlag führte der Würzburger Professor Semper, welcher um das Jahr 1860 die Palauinseln besucht hatte, und den das dortige gemeinsame Vorkommen von Atollen, Barrieren- und Strandriffen auf engbegrenztem Raum, wie ich es auch für Samoa nachwies, und es von Fidji bekannt ist, neben anderen Gegengründen veranlasste, Darwins Theorie abzulehnen.

Zehn Jahre später berichtete Rein in Bonn in ähnlichem Sinne über die Bermudas.

Weitere gewichtige Gegner erstanden der Senkungstheorie in Sir John Murray, dem bekannten Herausgeber des Challenger Werkes, in Guppy, welcher die Salomonsinseln untersuchte (ich schilderte oben bei Hawaii mein Zusammentreffen mit ihm), und endlich in Alexander Agassiz, dem es dank seiner Bedeutung und seinem Einflusse in den Vereinigten Staaten gelang und immer noch gelingt, grosse Expeditionen auszuführen. Wenn jemand auf eine gründliche Kenntnis des Pacifischen Ozeans, des klassischen Meeres der Korallenriffe, Anspruch erheben darf, so ist er es.

Von den zahlreichen Deduktionen dieser Forscher interessierten mich nun einige Untersuchungsergebnisse Murrays im besonderen. Er wies nämlich nach, dass die in die Tiefe sinkenden Kalkschalen der abgestorbenen Meerestiere in Tiefen über 3000 m aufgelöst werden, wodurch sich die steile Böschung der unterseeischen Bergrücken leicht erklären lässt. Er wies auf die hohen Globigerinenfelsen an einzelnen Plätzen der Südseeinseln hin, welche bis dahin und leider heute immer noch für mächtige Korallenriffe ausgegeben werden, die nur durch Senkung und spätere Hebung entstanden sein könnten.

Die Menge der im offenen Ozean vorkommenden Globigerinen sowie sonstigen Kalkträger festzustellen, nahm ich mir als erste Aufgabe vor.

Ferner vertrat aber Murray mit zahlreichen Forschern die Ansicht, dass die Korallenriffe deshalb dem Meere zu besser wüchsen, weil die Strömungen den Korallenpolypen mehr Nahrung zutrügen, als schlechterdings innerhalb der Riffe vorhanden sein könne. Da aber, wie ich früher nachgewiesen habe, innerhalb der samoanischen Strandriffe mehr Plankton vorhanden war als ausserhalb derselben, so glaubte ich auch dasselbe Verhältnis innerhalb und ausserhalb der Atolle annehmen zu dürfen.

Dies nachzuweisen hatte ich mir als zweite Aufgabe gestellt.

Schon während meiner ersten Reise hatte ich die jeweilig durch das volumetrische Hensensche Planktonnetz gewonnenen Planktonmengen nach einem von mir selbst ausgebildeten Verfahren durch Zentrifugieren bestimmt. Da sich dieses Verfahren gut bewährt hatte, beschloss ich, es auch während der zweiten Reise beizubehalten. Nur modifizierte ich Methode und Apparate etwas, um die Fehlerquellen zu vermindern. Zu diesem Zwecke konstruierte ich für die Netze ein kreuzförmiges Eisengestell, dessen Arme je einen Ring tragen. An die zwei Ringe werden die beiden Netzöffnungsringe mittelst der drei am Netz längs laufenden Schnüre durch einfache Webleinstege befestigt und so in horizontaler Lage erhalten, wie Fig. 49 veranschaulicht. Nachdem auch die beiden Netze, um ihre Lage zu sichern, nach unten hin durch eine Schnur festgemacht waren, wurde das Kreuzgestell, mit einem Bleilot am unteren Ende belastet, in 100 m tief senkrecht hinabgelassen. Die Öffnung der Netze war ein blanker Messingring von genau 1,50 qm Fläche, während der untere filtrierende Konus des Netzes aus feinster Müllergaze No. 20 bestand. Das Aufholen des Netzgestelles geschah nun mit einer Schnelligkeit von 1—2 m in der Sekunde, wie schon bei der Überfahrt von Apia nach Djalut an Bord S. M. S. „Bussard" berichtet wurde.

War der Fang in allen Teilen gelungen, so wurde das Gestell an Deck aufrecht hingesetzt, und der im Netzeimer angesammelte Fang direkt in den Zentrifugierzylinder abgelassen. Dann wurde das Netz zweimal abgespritzt und die Spülflüssigkeit jedesmal gleichfalls in den Zylinder gelassen, um den Fang möglichst vollständig zu haben.

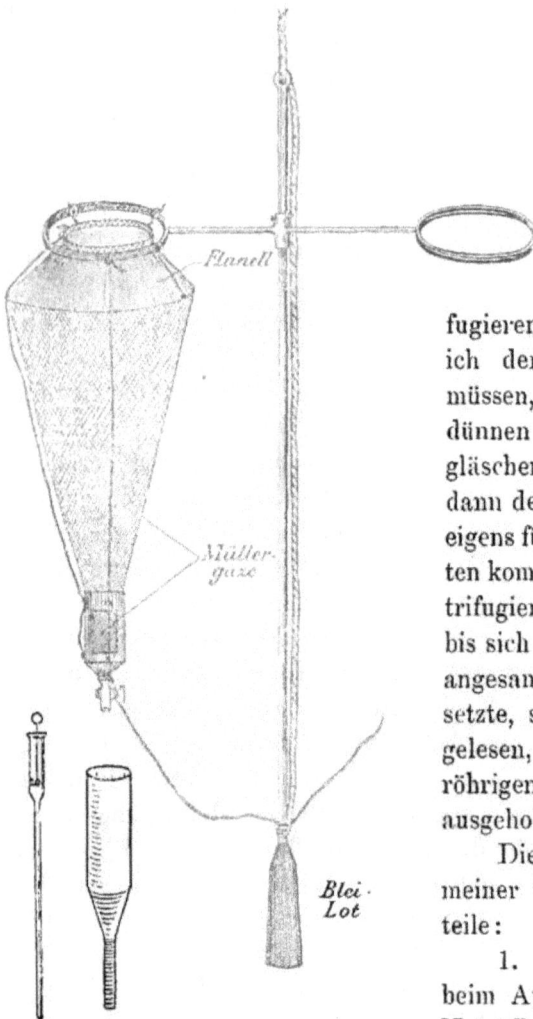

Fig. 49. Planktonnetzgestell für zwei Netze nebst Zentrifugierzylinder mit angeschmolzenem Messrohr.

Dem Zylinder nun ist unten, wie man aus Fig. 49 sieht, ein Messglas angeschmolzen, in das man also die gefangenen Planktontiere nach Abtötung mit Formol direkt hinein zentrifugieren kann. Früher hatte ich den Fang erst filtrieren müssen, um ihn dann mit einem dünnen Spatel in das Messgläschen zu übertragen. War dann der Zylinder mittelst einer eigens für den Zweck konstruierten kompendiösen Maschine zentrifugiert, und zwar so lange, bis sich der unten im Messglase angesammelte Fang nicht mehr setzte, so wurde die Masse abgelesen, und mittelst einer langröhrigen Spritze (Fig. 49) herausgehoben und konserviert.

Diese Fangmethode hat vor meiner früheren folgende Vorteile:

1. Die Netzleine kommt beim Aufholen nicht über die Netzöffnung zu liegen, wodurch Tiere mit einer ausgiebigen Eigenbewegung wie z. B. Copepoden und Sagitten, nicht so leicht verscheucht werden. Kontrollfänge mit der alten Fangart abwechselnd des öfteren wiederholt, ergaben in der Tat stets etwas mehr mit dem Netzgestell.

2. Durch die beiden gleichzeitigen Fänge ist eine Kontrolle

dieser beider unter sich möglich. Stimmen sie schlecht überein, so ist ein erneuter Zug nötig.

3. Die Zentrifugierzylinder mit angeschmolzenem Messrohr verhindern, dass vom Fang etwas verloren geht.

Dass das Material durch das Zentrifugieren nicht leidet, beweist auch diesmal die Bearbeitung des Materials, welche ein Zoologe, Herr Dr. Rauschenplat, für mich ausführte. Die Zählung und Bestimmung geschah unter freundlichem Beistand des Herrn Dr. Apstein im Laboratorium der Internationalen Meereskommission zu Kiel. Die Erläuterungen am Schluss geben darüber Auskunft.

Hier nur eine kurze Zusammenstellung der Gesamtzahlen zur Übersicht mit Beifügung des Salzgehaltes an den Stellen der Seefänge, welche Messungen ich neben den Planktonfängen während der ersten zwölf Monate ausgeführt habe. (Siehe Annalen der Hydrographie 1899, Seite 458: „Aräometer-, Meeresfarbe- und Planktonuntersuchungen im Atlantischen und Stillen Ozean.")

Die Fänge, welche in See- (Aussenwasser) und Lagunen-(Binnenwasser)fänge geteilt werden müssen, ergaben folgende Resultate:

I. See(Aussenwasser)fänge.

Nummer des Fanges	Ort	Datum und Zeit	Wasserwärme ° C	Salzgehalt °/oo	Planktonfang		Zahl der Organismen auf 1 cbm
					Tiefe in m	Masse zentrifugiert in cbcm (auf 1 cbm Wasser berechnet)	
3	10° 45′ S.	18. Nov. 98	28,6	35,0	100	0,35	—
4	175° W.	5ʰ p. m.			100	0,40	10 750
5	8° 20′ S.	19. Nov.	29	35	100	0,4	—
6	177° W.	5ʰ p. m.			100	0,35	11 500
7	6° S.	20. Nov.	28,8	35,4	50	0,4	10 200
8	179° W.	5ʰ p. m.			50	0,4	—
9	6° S.	20. Nov.	28,8	35,4	100	0,45	—
10	179° W.	5ʰ p. m.			100	0,45	—

Nummer des Fanges	Ort	Datum und Zeit	Wasser- wärme ° C	Salz- gehalt °/oo	Planktonfang		Zahl der Organis- men auf 1 cbm
					Tiefe in m	Masse zen- trifugiert in cbcm (auf 1 cbm Wasser berechnet)	
11 } 12 }	1° S. 176° O.	23. Nov. 5ʰ p. m.	27,9	35,5	100 100	0,75 0,8	— 22 000
13 } 14 }	1° 55′ N.¹ 173° 25′ O.	24. Nov. 1ʰ p. m.	27,6	35,6	100 100	0,9 0,75	18 500 —
17 } 18 }	4° N. 170° 30′ O.	25. Nov. 5ʰ p. m.	28,6	35,5	100 100	0,95 0,95	17 400 (ohne Globi- gerinen) —
19 } 20 }	3 See- meilen von Djalut	26. Nov. 9ʰ a. m.	27,6	34,3	100 100	0,5 0,6	— —
28	Maraki (100 m west- lich von der Leekaute)	19. Dez.	—	—	20	1,0	28 650

II. Lagunen(Binnenwasser)fänge.

Nummer des Fanges	Ort	Datum	Tiefe in m	Masse in cbcm (auf 1 cbm See- wasser berechnet)	Zahl der Organismen in 1 cbm Seewasser
21—24	Djalut	26. Nov. 97	18	2,5	30 000 + 1½ Millionen Rhizosolenten
25—26	Djalut	26. Nov.	18	1,9	—
29 } 30 }	Onoatoa	14. Dez.	16	1,9 1,6	— 48 900

¹ 1 Seemeile westlich von Maraki.

Nummer der Fänge	Ort	Datum	Tiefe in m	Masse in cbcm (auf 1 cbcm Seewasser berechnet)	Zahl der Organismen in 1 cbm Seewasser
31	} Tapitúea	25. Dez.	20	{ 2,3	65 700
32				2,3	—
37	} Maiana	3. Jan. 98	20	{ 1,8	—
38				2,0	122 370
42	} Tárava Binnenwasser	12. Jan.	10	23,5	172 000
43					+ 12½ Millionen Rhizosolenien
44	{ Tárava Riffpassage Niedrigwasser	13. Jan.	10	23,75	110 000 + 31 Millionen Rhizosolenien
45	{ Tárava Riffpassage Hochwasser	13. Jan.	10	{ 3,5	33 000 + 4 Millionen Rhizosolenien
46				3,0	—
52	Butaritari	16. Jan.	6	15,0	108 500 + 21 Millionen Thalassiothrix und Chaetoceros

Ich habe nur einen Teil der Fänge hier verzeichnet, denn die Resultate sind hier, wie bei allen übrigen, so in die Augen springend, dass es einer grösseren Ausführlichkeit nicht bedarf, und die erste Aufgabe ist somit zu meinen Gunsten gelöst.

Wer sich für die zoologische Zusammensetzung der Zählungswerte interessiert, für den gebe ich eine Erläuterung zum Schluss. Wichtig für meine weiteren Deduktionen sind hier besonders nur die Globigerinen in den Seefängen. Hiervon waren vorhanden:[1]

---

[1] In Fang 17 ist die Zahl unbestimmt und blieb weg. In Fang 28 waren 1500 Globigerinen und ausserdem ca. 4000 rotalia-, milliolina-, spirillina- und textulariaähnliche Arten!

im Fang 3	450
6	1500
„ „ 7	450
12	600
„ 13	3000
Summa:	6000

Somit durchschnittlich auf den Fang 1200 Globigerinen im Kubikmeter Seewasser.

Wir wollen nun berechnen, wieviel Globigerinenmaterial an den Böschungen der Koralleninseln des Zentralpacific an der Luvseite zur Ablage kommt.

Wir haben dabei folgende gegebene Grössen:

1. Eine tote Globigerinenschale von 0,1 mm Durchmesser sinkt im Meerwasser mit einer Geschwindigkeit von 7 mm in der Sekunde. (Thoulet, Expériences sur la Sédimentation. Annales des Mines 1891). Sie sinkt also in der Stunde 2500 m (nach dieser Berechnung).

2. Die während des grössten Teiles des Jahres vorherrschende Passatdrift hat eine mittlere Geschwindigkeit von einer halben Seemeile in der Stunde, also $1/4$ m in 25 cm — in der Sekunde.

3. Der Kalkgehalt des Schlammes nimmt der Tiefe zu proportional ab. Es sind vorhanden bis 500 m 86%, in 1000—2000 m ca. 70%, in 2000—2500 m ca. 45%, in den nächsten 500 m noch ungefähr 15% und jenseits von 3000 m nur noch Spuren. (John Murray, On coral reefs etc. Proc. Roy. Soc. Edinb. 1889.)

4. Das hauptsächliche Vorkommen der Planktonorganismen reicht bis zu 200 m unter der Meeresoberfläche.

Nimmt man nun ganz allgemein einen Böschungswinkel von 45° am Aussenrand einer Koralleninsel an, so lässt sich leicht berechnen, dass alle Globigerinen im Umkreis von einem Kilometer an dem Abhang bis zu 500 m Tiefe zur Ablage kommen müssen, also der Inhalt von 100—200000 cbm Seewasser in der Stunde, für jeden Meter Riffrand. Dies scheint auf den ersten Blick sehr viel; aber wenn man bedenkt, dass 1000 Schalen von 0,1 mm Durchmesser erst 1 cbmm geben, und 1000 Millionen solcher Kubikmillimeter notwendig sind, um einen einzigen Kubikmeter voll genannter

Globigerinenschalen zu füllen, und dass bei den gegebenen Grössen es ungefähr den Zeitraum eines Jahres bedarf, um den Kubikmeter voll zu machen, so wird man gewahr, wie gering in Wirklichkeit die Massen sind. Unsere Begriffe sind eben zu sehr an die Fläche gebannt, so dass wir die Grössen des Raumes leicht verkennen. Also 1 cbm Globigerinenschalen käme nach dieser Berechnung auf jeden Meter Riffrand seewärts bis zu 500 m Tiefe, also auf ungefähr 150 Quadratmeter Böschung in einem Jahr zur Ablage.

Nun, das ist doch nicht so wenig, das macht doch in 150 Jahren 150 cbm, so dass demgemäss in dieser Zeit die Böschung um einen Meter höher würde.

Wer die einzelnen Zahlen bekritteln will, der kann ja dividieren und multiplizieren, nach Belieben und Laune. Man bedenke immer, dass die Erdgeschichte Zeit hat, unübersehbar viel Zeit. Habe ich doch auch andererseits die sonstigen Kalkbildner nicht in Rechnung gezogen, die mehr sporadisch und verschiedenzeitig auftreten, die Mollusken, Ostracoden usw. Und ist auch eine durchschnittliche Grösse von 0,1 mm für alle Globigerinen nicht sehr gering angesetzt? Genug davon. Ich wollte nur eine rohe Skizze liefern, um die Kalkmasse wenigstens einigermassen veranschaulichen zu können, die das Mikroplankton produziert.

An der Hand dieser Ausführungen kann man nun auch verstehen, wie recht Murray hat, wenn er die steilen Böschungen der Koralleninseln durch den Kalkregen erklärt, der nur die Höhen der submarinen Berge trifft, in der Tiefe aber sich mehr und mehr verliert.

Es muss so sein, dass eine submarine Erhebung, wenn sie 500 m unter der Oberfläche liegt, in 100000 Jahren mit ihrer Spitze ans Tageslicht kommt. Bis zur Oberfläche kommt sie allerdings gar nicht, denn sobald die ersten roten Strahlen des Spektrums erreicht sind, was in 15—20 m Tiefe der Fall ist, beginnt auch schon die Ansiedelung der Kalkkorallen. Dass diese schon in grösserer Tiefe wachsen, habe ich schon bei der Beschreibung des Djalutatolls erwähnt, wo ich in der Tiefe von 22 m noch einen vereinzelten Madreporenschirm von 1 m Durchmesser gemessen habe. Ich bin überzeugt, und es ist auch durch Dredschen

erwiesen, dass Kalkkorallen in noch weit grösseren Tiefen zu gedeihen vermögen, aber eben nur sehr langsam und kümmerlich,
während mit der Annäherung an die Oberfläche, mit der Zunahme
des roten Lichtes, mit der Assimilierfähigkeit des schwefelsauren
Kalkes aus dem Meerwasser, das Wachstum progressiv zunimmt. Ich
hatte Gelegenheit, bei Untersuchung des „Adler"-Wracks zu Apia
im Jahre 1898 festzustellen, dass an einer Reelingstange des 1889
gestrandeten Schiffes Madreporenplatten von 30 cm Durchmesser
angewachsen waren, was ein Wachstum von 1 cbdm (1 Liter) Riffkalk in zehn Jahren verbürgt, oder pro Jahr 1 cm Rifffläche.
Wie rasch ein Korallenriff emporschiessen kann, kann man sich
danach leicht berechnen.

Durch die geschilderte Murraysche Theorie der Entstehung
der steilen Böschungen wird es auch leicht erklärt, auf welche
Weise sich die Koralleninseln seewärts zu vergrössern vermögen,
nämlich durch Verbreiterung des Talus, des Riffuntergrundes, seewärts in der angegebenen Weise. Wie dann das Riff, der Riff-
fuss sich vorschiebt, wie die Riffkante entsteht und den Brechern
trotzt, wie der Schuttwall sich formt und das wellige Land der
Inseln, darüber habe ich oben bei Djalut und in meiner früheren
Arbeit schon so ausführlich gesprochen, dass ich es füglich hier
unterlassen muss.

Dass im übrigen die Globigerinenablagerungen kein theoretisches
Gebilde sind, das beweisen die gehobenen Inseln, z. B. Eua in der
Tongagruppe, Sempers Sinoporusfelsen usw., worüber ich auch
schon berichtete. Neuerdings habe ich aber noch an Bord
S. M. S. „Stosch" die Insel Curaçao in Westindien besucht, welche
ein grossartiges gehobenes Atoll ist. Martin hatte dieselbe schon
früher geologisch untersucht, und ich bringe einen seiner Durch-
schnitte, welchen Fig. 50 zeigt. Über meine dortigen Untersuchungen
werde ich demnächst eingehender im Globus berichten. Nur so viel
sei hier erwähnt, dass der Boden des Atolls vollkommen vulkanisch
ist, und dass die Höhen nördlich und südlich über 100 m das Tal
überragen. Nördlich aber, dem offenen Meere zu, ist der dünnen,
hängenden Riffdecke die Kreide untergelagert. Martin sagt, als
er das überwachsene Küstengebirge abhandelt, und die sie bedecken-
den Kalke:

„Sie erwecken dadurch den Eindruck, als ob ihre Mächtigkeit
gleich derjenigen der Gesamthöhe des genannten Gebirges wäre,
und täuschten in diesem Sinne sogar erfahrene Geologen, während in
Wirklichkeit ihre Dicke eine relativ sehr geringe ist. Diese Korallen-
bauten liefern somit ein lehrreiches Beispiel für die Schwierigkeit,
welche die Beurteilung der Mächtigkeit von Riffen überhaupt bietet,
denn wenn dieselbe schon bei trockengelegten Bauten zu Täu-
schungen Veranlassung gibt, um wieviel mehr muss dies bei noch
stattfindender Meeresbedeckung der Fall sein!"

Wer sich den nördlichen Berg der Fig. 50 ansieht, dem wird
es auch klar werden, wie es kommen kann, dass man auf einem

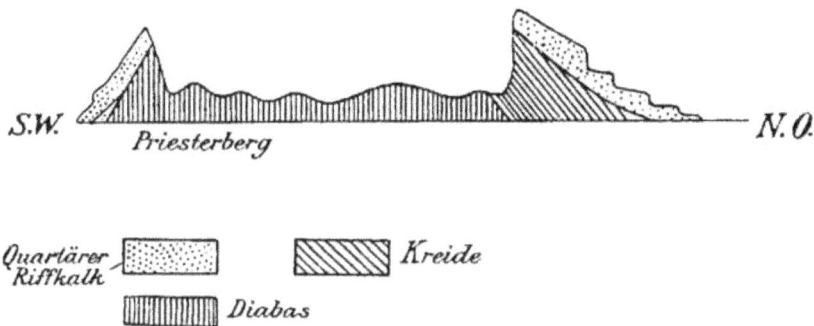

Fig. 50. Durchschnitt durch die Insel Curaçao nach Martin.
(Aus K. Martin, Bericht über eine Reise nach Niederländisch-Westindien, Karte I.)

Atoll mit vulkanischem Untergrunde Bohrungen machen kann, ohne
diesen anzuschlagen. Ob freilich auf Funafuti ein vulkanisches
Stratum nach der Oberfläche vorhanden ist, lässt sich ohne weiteres
nicht sagen. Man fand nur mehrfach, dass der feste Riffkalk in
ca. 20 m Tiefe zu Ende war. Das ist sicher, dass man nicht
planlos losbohren darf, sondern sehr die Konfiguration des Meeres-
bodens zu Rate gezogen werden muss. Jedenfalls wird der submarine Höhenrücken eher zentral als peripher, eher in Lee als in
Luv erreicht werden. Djalut oder Butaritari, in deren Binnenwasser sich mehrere kleine Inseln befinden, wäre, wie ich glaube,
kein ungeeigneter Versuchsplatz.

Und noch eines, die tiefen Lagunen bzw. Binnenwasser, wie
sind sie zu erklären?

Murray und Alexander Agassiz nehmen an, dass der von der
Riffkante und der Riffplatte durch die Brandung losgerissene Sand das
Bodenleben zentralwärts erstickt und dass deshalb der tote Kalk
aufgelöst werde, so dass also die Lagunenbildung ein Auslaugungs-
prozess wäre. Zweifellos sind diese Faktoren in einzelnen Fällen
sehr wirksam, aber es ist doch anzunehmen, dass, in der Regel
wenigstens, das Binnenwasser in der jüngsten Epoche eines Atolls
am tiefsten ist. Die Tiefe der Lagunen bringt, ich gestehe es,
die einzige wirkliche Schwierigkeit in die Erklärung der Atollbildung, aber unter Beobachtung der erwähnten Strömungsverhältnisse
und des Kalkniederschlages, sowie der Tatsache, dass nahezu alle
Atolle eine vulkanische Unterlage haben, wird man wohl, das ist
meine Überzeugung, auch ohne die Senkungstheorie auskommen.
Niemand wird bestreiten, dass durch säkulare Senkung ein Atoll
entstehen kann; aber deshalb anzunehmen, dass alle Atolle so
entstanden sind, und dass Atolle ein Senkungsgebiet anzeigen,
halte ich für durchaus mit den Tatsachen der Riffmorphologie un-
vereinbar[1].

Ich kenne ein typisches flaches Strandriff auf Samoa, das Aana-
riff. Im Osten bei Apia ziemlich schmal, verbreitert es sich mählich
der Westspitze von Upolu zu, welche es weit überragt, in seine
Schleife Manono einschliessend.

Mit der Verbreiterung nimmt aber die Vertiefung langsam zu,
so dass im Westen grössere Segelkutter im Binnenwasser fahren
können, während im Osten sogar Ruderboote bei Niedrigwasser
nicht mehr vorwärts kommen.

Wenn schon die Entstehungsfrage der tiefen Atoll-Lagunen
Schwierigkeiten bietet, so fällt dies für die Barriereriffe meines
Erachtens völlig weg. Überall, wo ein Strom auf Land trifft, muss
das an der Oberfläche rascher fliessende Wasser nach unten rück-
stromig wieder abfliessen. Dieser Rückstrom trifft mit den tieferen
auflandigen Stromschichten zusammen, und die notwendige Folge
ist, falls der Boden nicht allzu rasch abfällt, eine Barrenbildung.
Jede grössere Flussmündung bietet hierfür ein Beispiel. Besonders

---

[1] Siehe z. B. die neuen Riffabfälle des Apiahafens in „Die Samoa-Inseln",
2. Band, Fauna.

aber sind es die Gezeitenströme, welche die Barrenbildungen hervorrufen. Dass aber auch die Windtriften in ihrem Zusammenprall mit den Gezeiten unterseeische Dämme aufzuwerfen vermögen, dafür habe ich oben bei Tárava ein deutliches Beispiel gebracht. Jedenfalls erheischen diese Gezeitenströme beim weiteren Studium der Atollfrage die besondere Aufmerksamkeit der Forscher.

Erläuterungen zu den gezählten Seefängen.

Obwohl die Fänge vollständig durchgezählt sind, will ich doch hier nur die Zahlen der Hauptkomponenten bringen. Sie sind die folgenden:

| | Nummern der Fänge | | | | | |
	3	6	7	12	13	17
Diatomaceen	1500	2070	2310	5850	4600	5750
Peridiniales.	1220	1260	1250	1490	1630	2770
Titinnodes .	440	965	400	1020	305	850
Foraminiferen .	450	1500	450	600	3000	—
Radiolarien.	2420	615	725	1530	490	950
Coelenteraten .	1	—	—	50	185	—
Echinodermen .	2	5	—	10	100	—
Vermes .	10	25	5	1	265	50
Copepoden . .	4440	4909	4892	11166	6805	6010
Crustacea cetera .	6	31	—	18	10	2
Mollusken	130	—	—	200	450	—
Tunikaten	125	60	152	75	650	1040
Cysten .	—	50	—	50	—	—
Summa:	10744	11490	10184	22060	18490	17422

Unter den Diatomaceen war Planktoniella sol am häufigsten, dann kamen Rhizosolenien, Chaetoceros, Coscinodiscus, Asteromphalus, Euodia usw. Unter den Peridineen war Ceratium an der Zahl der Arten (15) vorwiegend; am meisten waren davon in Fang 17, am wenigsten in Fang 12. Ferner sechs Arten Peridinium, vornehmlich divergens. Gut vertreten war auch noch Ornithocercus, etwas seltener Podolampas, Goniodoma, Amphisolenia, Phalacroma, Dinophysis, Pyrocystis usw. Von Tintinnen war Tintinnus in ungefähr fünf Arten gut vertreten.

Ferner Codonella und Dictyocysta.

Von Foraminiferen wurde nur die Gattung Globigerina sicher gesehen.

Unter den Radiolarien (ca. 20 Gattungen) herrschte Porodiscida und Dicyrtida vor, ebenso Acanthometrida.

Von Würmern sind nur die Sagitten zu nennen; Alciopiden und Phyllodociden nur spurweise.

Unter den Copepoden beherrschten die Nauplien das Bild. Am häufigsten waren die Calaniden, Oithona, Oncaea, Corycaeus, Calocalanus usw.

Von Lamellibranchiaten sei erwähnt, dass neben einigen Larven im Fang 3 sonst nur Limacina vorhanden war.

Von Tunikaten endlich Oikopleura und Fritillaria ziemlich reichlich vertreten.

Erläuterungen zu den Binnenwasser(Lagunen)fängen.

Hier herrschten, wie erwähnt, die Diatomaceen an Zahl gegenüber den anderen Organismem vor. In Fang 23 und 24 waren ungefähr 1 640 000 Rhizosolenien, hauptsächlich Rhizosolenia calcar avis, seltener styliformis, alata und hebetata, ausserdem Chaetoceros und Coscinodiscus. In Fang 30 (Onoatoa) überwog Rhizosolenia hebetata (8000), und es trat noch neben den anderen Rhizosolenia sigma hinzu. Ähnlich gestaltete sich das Verhältnis unter den Rhizosolenienarten in Fang 38 (Maiana), nämlich 50 000:12 500:12 500 (alata) und in Fang 31 (Tapitúea), 1500:1250:500 (sigma), wo aber Chaetoceros mit 33 700 weitaus an erster Stelle steht. Eine viel grössere Menge von diesen war aber in Fang 52 (Butaritari), nämlich ca. eine Million, aber hier verschwand fast diese grosse Zahl durch ca. 20 Millionen einer Thalassiothrixart. Die höchste Zahl überhaupt behielt aber doch Rhizosolenia styliformis in Fang 44 (Tárava) mit ca. 25 Millionen neben 5 Millionen Rhizosolenia hebetata und einer Million Rhizosolenia alata.

Es sei hier nochmals darauf aufmerksam gemacht, dass dieser Fang 44 zur Zeit des Niedrigwassers im grossen südlichen Riffeinlass von Tárava (siehe Kartenskizze) gemacht wurde, und sechs Stunden später zur Zeit des Hochwassers an selber Stelle Fang 45. Da der Ebbestrom das Wasser aus der Lagune nach aussen führt, so musste also logischerweise zur Zeit des Niedrigwassers ebensoviel Plankton im Riffeinlass vorhanden sein wie in der Lagune; bei Hochwasser aber mussten an selber Stelle dem Aussenwasser ähnlichere Verhältnisse vorwalten.

Die Probe gelang ziemlich überzeugend. Statt 31 Millionen Rhizosolenien bei Niedrigwasser waren bei Hochwasser nur noch etwas über 4 da, und statt etwa 109 000 sonstiger Organismen nur noch 33 000, also mehr ähnlich dem Fang 28 von Maraki.

Von den übrigen Komponenten ist bei den Binnenwasserfängen manches Interessante gefunden worden, dessen Schilderung aber hier zu weit führen würde. Betreffs der Peridineen sei erwähnt, dass bei ähnlich grosser Artenzahl die Menge natürlich bedeutend überwog. In den meisten Fällen 2—4000, stieg die Zahl jedoch in Fang 44 auf 23 000, in Fang 45 auf 5000 (siehe was eben über diese beiden Tárava-Fänge gesagt wurde) und in Fang 52 (Butaritari) auf 28 000. In letzterem Falle war es hauptsächlich Ceratium furca, vorher Ceratium arcuatum und fusus neben Peridinium divergens.

Ganz ähnlich verhielten sich die Tintinnenarten, von denen in Fang 44 gegen 3000 gezählt wurden, in Fang 52 dagegen über 30 000.

Besonderer Erwähnung bedürfen den Seefängen gegenüber noch die Globigerinen. Wie schon oben aus der Anmerkung hervorging, zeigte der als Seefang gerechnete, weil im Aussenwasser gemachte Fang 28 (Maraki) auch in dieser Beziehung Binnenwassercharakter. Es treten nämlich neben den verhältnismässig reichlicheren Diatomaceenarten einige Gattungen von Globigerinen in diesem wie in allen Lagunenfängen auf, welche bodenlebend sind. Leider sind gerade sie nicht näher bestimmt worden; ich weiss nur, dass es sich um Arten handelt, welche den Miliolinen, Spirillinen, Textularien, Rotalien usw. sehr gleichen. Die Zahlen waren zum Teil recht ansehnlich, wie z. B. in Fang 44 (Tárava) über 10 000.

Ganz beträchtliche Zahlen brachten fast durchweg die Copepoden. Durchschnittlich waren es ungefähr 10 000, wovon allerdings stets 75 % den Nauplien zufielen. Von letzteren waren in

Fang 52 (Butaritari) sogar allein 14000 und in Fang 44 (Tárava) über 30000 vorhanden.

Endlich sei noch erwähnt, dass an Appendicularien (Oikopleura und Fritillaria) stets 500—2500 in 1 cbm festgestellt wurden.

Korallen von Djalut.

Madrepora cytherea Dana, von den Eingeborenen „Haus des Haifisches" genannt, siehe Bild 36, Seite 234.

— fistulosa Klz.

— hystrix Dana.

— appressa Ehrbg.

— cuneata Dana.

— subulata Dana.

Montipora verrucosa LK.

Porites mucronata Dana.

— compressa Dana.

Goniastraea favus Forsk.

Coeloria forskaleana Ed.

Pocillopora brevicornis Lk.

— nobilis Verz.

Distichopora violacea Pall.

— nitida Verz.

Stylophora Ehrenbergii Ed. & H. Stylaster sanguineus Val.

Millepora fasciculata Duch.

Fungia dentata Dana var. confertifolia Död.

Diese sind die häufigsten Formen, welche man auf den Riffen von Djalut findet.

Die meisten Fische habe ich schon nebst ihren Eingeborenennamen im Globus, Jahrgang 1905, mitgeteilt. Alles ist nach meinen Sammlungen von Herrn Oberstudienrat Prof. Dr. Lampert und Herrn Dr. Buchner in Stuttgart bestimmt worden.

Im übrigen ist das Leben auf dem Riff von jener Mannigfaltigkeit, die für die Tropen sprichwörtlich ist. Allenthalben sieht man die Taschenkrebse geschäftig nach Beute jagen, besonders häufig die flachgedrückten Leptograpsusarten *(maeo)*. Am Aussenriff findet man viele Squilla- und Anilocraarten, und auf dem

Land die Kokosnussräuber Birgus latro Leach *(barulep)*, von
denen bei Likiep die Rede war, die grossen Landkrabben Cardi-
soma carnifex Herbst und die Einsiedlerkrebse Pagurus
punctulatus Oliv., die eine faustgrosse Triton lampas-
Schnecke auszufüllen vermögen. Die für den Korallensand verantwortlich gemachte Ocypode Kuhlii Dehaan fand ich reichlich
auf Maiana.

Und die Zahl der Weichtiere, wer möchte sie alle aufgezählt
wissen. Obenan die viel Zentner schwere Tridacna gigas Lk.,
die so überaus zahlreichen Cypraeaarten, Arca, Lithophaga,
Haliotis, Conus, Strombus, Pterocera, Latirus, Cassis,
Terebra, Oliva, Mitra, Engina, Harpa, Malea, Trito-
nidea, Triton, Litorina, Nassa, Natica, Murex, Bulla,
Hippopus, Lithodomus, Pleurobranchus usw.

Von Tintenfischen war Octopus marmoratus Hoyle
nicht selten.

An Holothurien fand ich Holothuria monocaria Less.,
atra Less. und impatiens Forsk., eine Synaptaart, und die von
den Ralikern *gibenben* genannte kleine Orcula cucumiformis
Semp.

Von Seeigeln sei erwähnt, der in der Brandung häufig vor-
kommende Heterocentrotus mamillatus Klien., Echinometra
picta A. Ag. und eine Echinusart, von Seesternen Ophiotrix
longipeda M. Tr.

Ich mache hier zum Schluss nochmals auf die beobachteten
Tatsachen aufmerksam, dass die Ralikerinnen sich mit dem Purpur
einer murexähnlichen Schnecke zuweilen die Nägel rot färben,
und dass die Weiber von Apamama mit einem nach Jodoform
riechenden Eichelwurm den Leib beim Tanze beschmieren, worüber,
wie über zahlreiche sonstige Einzelheiten, oben berichtet wurde.

Namen- und Sachregister.

E. SCHWEIZERBARTSCHE VERLAGSBUCH-
HANDLUNG (E. NÄGELE) IN STUTTGART

DIE SAMOA-INSELN

Entwurf einer Monographie mit
besonderer Berücksichtigung
== Deutsch-Samoas ==

Von

PROFESSOR DR. AUG. KRÄMER

Marine-Oberstabsarzt

Herausgegeben mit Unterstützung der
Kolonialabteilung des Auswärtigen Amtes

2 Bände gr. 4° mit 954 Seiten, 5 Tafeln, 4 Karten,
236 Textbildern.

Preis Bd. I brosch. M. 16,—, geb. M. 19.50, Bd. II brosch.
M. 20.—, geb. M. 23,50.

Die mit aller Stetigkeit verfolgte, von allen Weiterblickenden immer mehr als notwendig erkannte Kolonialpolitik des Deutschen Reiches macht es jedem ernsten Deutschen zur Pflicht, sich über unsere Kolonien, besonders über die Perle der Südsee „Samoa" eingehend zu orientieren. Die „Samoa-Inseln" von Professor KRÄMER sind wie kein anderes Werk dazu geeignet. Bei aller Gründlichkeit bildet die fliessende, fesselnde Schilderung dieses eigenartigen, schönen Volksstammes und die überaus reiche Illustration eine im höchsten Masse interessante und lehrreiche Lektüre.

Das Krämersche Samoawerk ist daher vor
allem für jeden Politiker und Kaufmann
=== **unentbehrlich** ===

Strecker & Schröder, Stuttgart, Verlagsbuchhandlung

Allen Interessenten des vorliegenden Werkes empfehlen wir aufs beste das in unserem Verlage erschienene Buch:

Südamerika

und die deutschen Interessen

Eine geographisch-politische Betrachtung

von

Dr. Wilhelm Sievers

Professor der Geographie an der Universität Giessen

Gr. Oktav. 96 Seiten. Geheftet M. 2.—

Der bedeutende Geograph, welcher Südamerika wiederholt bereist hat, gibt in dieser interessanten Schrift an der Hand statistischen Materials wertvolle Aufschlüsse über die politische und wirtschaftliche Entwicklung und die Zusammensetzung der Bevölkerung; er schildert den Reichtum der einzelnen Länder an Produkten des Bergbaus, des Ackerbaus und der Viehzucht. Indem er unter besonderer Berücksichtigung Deutschlands die Handels- und Verkehrsverhältnisse darlegt, tritt er warm für eine Unterstützung des Deutschtums in jenen gesegneten Landstrichen ein.

Zu beziehen durch alle Buchhandlungen oder gegen Einsendung des Betrages
direkt franko vom Verlage Strecker & Schröder in Stuttgart

www.ingramcontent.com/pod-product-compliance
Lightning Source LLC
Chambersburg PA
CBHW020851210326
41598CB00018B/1631